MATHÉMATIQUES

BTS - DUT
Industriels

C. LARCHER
M. PARIENTE
J.-C. ROY

TECHNIPLUS

ISBN : 2.7135.1666.8

25, rue Monge - 75005 Paris

SOMMAIRE

1 LES NOMBRES COMPLEXES

DÉFINITIONS ET OPÉRATIONS DANS $\mathbb{C}$

Le plan est muni d'un repère orthonormé $(O, \vec{u}, \vec{v})$.
L'ensemble $\mathbb{C}$ des nombres complexes est l'ensemble des couples de coordonnées des points du plan. Il est possible d'y **définir une addition et une multiplication possédant des propriétés identiques à celles qui existent dans $\mathbb{R}$.**
Dans cette construction, l'axe des abscisses est « assimilé » à l'ensemble des nombres réels, l'axe des ordonnées permet d'introduire l'ensemble des nombres complexes **imaginaires purs** en particulier, le point de coordonnées (0, 1) représente le nombre complexe **i (ou j) de carré égal à – 1.**

1. Écriture algébrique

a et b sont deux nombres réels quelconques.

$$z = a + \mathrm{j}b \text{ avec } \mathrm{j}^2 = -1$$

$a = \mathrm{Re}(z)$ (partie réelle de z). $b = \mathrm{Im}(z)$ (partie imaginaire de z)

2. Représentation géométrique

À tout point M de coordonnées (a, b) est associé le nombre complexe $z = a + \mathrm{j}b$.
$z = a + \mathrm{j}b$ est **l'affixe du point M (a, b) ou du vecteur $\overrightarrow{\mathrm{OM}}$.**
En particulier :

$z \in \mathbb{R} \Leftrightarrow$ M appartient à l'axe des abscisses.
z est imaginaire pur $\Leftrightarrow$ M appartient à l'axe des ordonnées.

3. Égalité de deux nombres complexes

$$z = z' \Leftrightarrow \begin{cases} \mathrm{Re}(z) = \mathrm{Re}(z') \\ \mathrm{Im}(z) = \mathrm{Im}(z') \end{cases}$$

En particulier : $z \in \mathbb{R} \Leftrightarrow \mathrm{Im}(z) = 0$.
z est imaginaire pur $\Leftrightarrow \mathrm{Re}(z) = 0$

4. Addition et multiplication dans $\mathbb{C}$

Définition :
$(a + \mathrm{j}b) + (a' + \mathrm{j}b') = (a + a') + \mathrm{j}(b + b')$
$(a + \mathrm{j}b) \times (a' + \mathrm{j}b') = (aa' - bb') + \mathrm{j}(ab' + ba')$

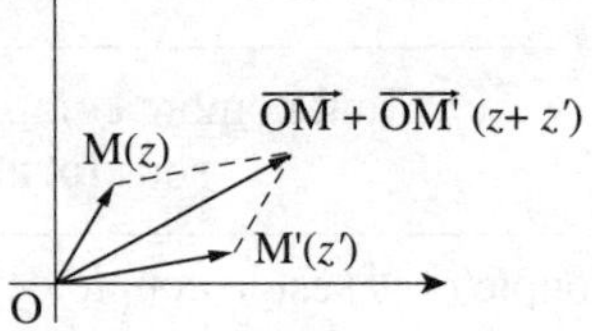

MODULE ET ARGUMENT DES NOMBRES COMPLEXES

1. Complexes conjugués

> Le conjugué du nombre complexe $z = a + \mathrm{j}b$ est le nombre complexe $\overline{z} = a - \mathrm{j}b$.

• Dans le plan muni d'un repère orthonormé, les images de z et de $\overline{z}$ sont symétriques par rapport à l'axe des abscisses.

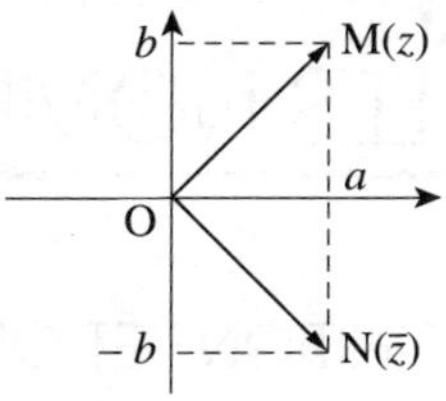

• $\text{Re}(z) = \dfrac{z+\overline{z}}{2}$ et $\text{Im}(z) = \dfrac{z-\overline{z}}{2\text{j}}$

• z est un nombre réel $\Leftrightarrow z = \overline{z}$

• z est imaginaire pur $\Leftrightarrow z = -\overline{z}$

• $\overline{z+z'} = \overline{z} + \overline{z}'$ et $\overline{zz'} = \overline{z}\,\overline{z}'$, en conséquence :
$\overline{z^n} = \overline{z}^{\,n}$ $(n \in \mathbb{N})$.

2. Module

Soit $z = a + \text{j}b$ et M son image dans le plan muni d'un repère orthonormé :

> On appelle **module de** z le nombre réel positif $r = |z| = \sqrt{a^2+b^2} = \|\overrightarrow{\text{OM}}\| = \sqrt{z\overline{z}}$

• $\forall\, z \in \mathbb{C}$, $|z| \geq 0$; de plus, $|z| = 0 \Leftrightarrow z = 0$

• $\forall\, (z, z')$, $|zz'| = |z|\,|z'|$

• $\forall\, (z, z')$ $\big||z| - |z'|\big| \leq |z + z'| \leq |z| + |z'|$: c'est l'inégalité triangulaire

• $|z| = |\overline{z}|$

3. Argument

> Soit $z \neq 0$. On appelle **argument de** z la mesure en radians de l'angle $(\vec{u}, \overrightarrow{\text{OM}})$ déterminée à $2k\pi$ près $(k \in \mathbb{Z})$.

• $z \in \mathbb{R} \Leftrightarrow \text{Arg}(z) = k\pi$

• z est imaginaire pur $\Leftrightarrow \text{Arg}(z) = \dfrac{\pi}{2} + k\pi$

• $\text{Arg}(z) = -\text{Arg}(\overline{z}) + 2k\pi$

Forme trigonométrique d'un nombre complexe, exponentielle complexe

> Tout nombre complexe z non nul de module r et d'argument θ s'écrit sous **forme trigonométrique** $\boldsymbol{z = r(\cos\theta + \text{j}\sin\theta)}$

Le couple (r, θ) est le couple de **coordonnées polaires du point M d'affixe** z.

1. Relations entre écritures algébrique et trigonométrique

$z = a + \text{j}b = r(\cos\theta + \text{j}\sin\theta)$

$$\begin{cases} a = r\cos\theta \\ b = r\sin\theta \end{cases} \Leftrightarrow \begin{cases} r = \sqrt{a^2+b^2} \\ \theta = \arctan\dfrac{b}{a} + 2k\pi, \text{ si } a > 0 \\ \theta = \arctan\dfrac{b}{a} + \pi + 2k\pi, \text{ si } a < 0 \end{cases}$$

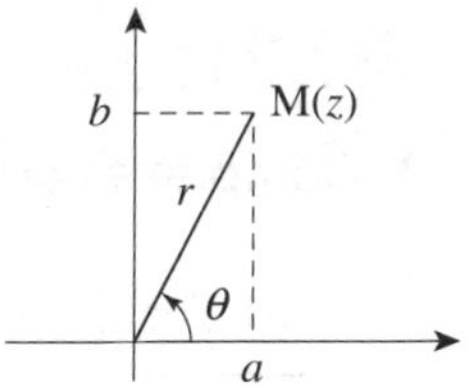

2. Égalités

Soient z et z' deux nombres complexes de modules et arguments (r, θ) et (r', θ') respectivement.

Notons les correspondances ci-après :

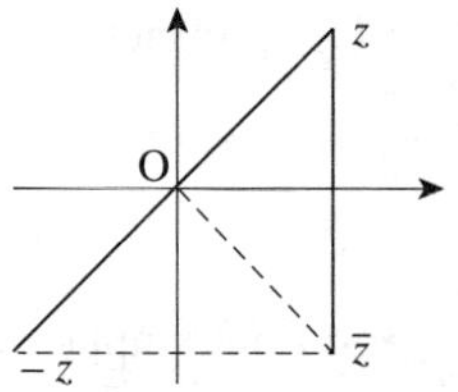

a) $z' = z \quad \Leftrightarrow \begin{cases} r = r' \\ \theta = \theta' + 2k\pi \end{cases}$

b) $z' = -z \quad \Leftrightarrow \begin{cases} r' = r \\ \theta' = \theta + \pi + 2k\pi \end{cases}$

c) $z' = \overline{z} \quad \Leftrightarrow \begin{cases} r' = r \\ \theta' = -\theta + 2k\pi \end{cases}$

3. Angle de deux vecteurs

Les nombres complexes permettent de calculer des angles et des longueurs, ainsi, bon nombre de problèmes de géométrie trouvent une solution algébrique.

Avec les notations précédentes :

- l'affixe du vecteur $\overrightarrow{M_1M_2}$ est $(z_2 - z_1)$
- la longueur $M_1M_2 = |z_2 - z_1|$
- l'angle $(\overrightarrow{MM_1}, \overrightarrow{MM_2}) = \arg \dfrac{z_2 - z}{z_1 - z}$

4. Module et argument d'un produit, d'un quotient

- Le module d'un produit de nombres complexes est égal au produit de leurs modules :

$$|z_1 z_2| = |z_1|\,|z_2|$$

- L'argument d'un produit de nombres complexes est égal à **la somme de leurs arguments** :

$$\mathbf{Arg}(z_1 . z_2) = \mathbf{Arg}(z_1) + \mathbf{Arg}(z_2)$$

- Tout nombre complexe z **non nul** possède **un inverse** $z^{-1} = \dfrac{1}{z}$ qui vérifie :

$$|z^{-1}| = \left|\frac{1}{z}\right| = \frac{1}{|z|} \quad \text{et} \quad \mathbf{Arg}(z^{-1}) = -\mathbf{Arg}(z) + 2k\pi$$

L'inverse d'un nombre complexe non nul permet de définir la **division de deux nombres complexes :** si $z_2 \neq 0$, $\dfrac{z_1}{z_2} = z_1 z_2^{-1}$.

On a alors :

$$\left|\frac{z_1}{z_2}\right| = \frac{|z_1|}{|z_2|} \quad \text{et} \quad \mathrm{Arg}\left(\frac{z_1}{z_2}\right) = \mathrm{Arg}(z_1) - \mathrm{Arg}(z_2)$$

5. L'exponentielle complexe

a) Définition

> On note $e^{j\theta} = \cos\theta + j\sin\theta$.
> $e^{j\theta}$ est un nombre complexe de module 1, d'argument θ.

En particulier :

$$e^{j2k\pi} = 1 \ (\forall\, k \in \mathbb{Z}) \quad \text{et} \quad e^{j\pi/2} = j$$

b) Conséquences

• Tout nombre complexe non nul z de module r et d'argument θ peut s'écrire sous la forme :

$$\boldsymbol{z = r\,e^{j\theta}\ (r > 0)}$$

• Des propriétés du produit de deux nombres complexes, il découle :

$$e^{j(\theta+\theta')} = e^{j\theta}.\,e^{j\theta'} \qquad e^{j(\theta-\theta')} = \frac{e^{j\theta}}{e^{j\theta'}}$$

$$(e^{j\theta})^{-1} = e^{-j\theta} = \overline{e^{j\theta}} \qquad (e^{j\theta})^n = e^{nj\theta}\ ,\ \forall\, n \in \mathbb{Z}$$

• Si l'on remplace $e^{j\theta}$ par $(\cos\theta + j\sin\theta)$ dans la dernière formule, on obtient :

Formule de De Moivre :

$$(\cos\theta + j\sin\theta)^n = \cos n\theta + j\sin n\theta$$

• On peut exprimer $\cos\theta$ et $\sin\theta$ en fonction de l'exponentielle complexe :

Formules d'Euler :

$$\cos\theta = \frac{e^{j\theta} + e^{-j\theta}}{2} \qquad \sin\theta = \frac{e^{j\theta} - e^{-j\theta}}{2j}$$

Les formules d'Euler permettent de linéariser $(\cos\theta)^n$ et $(\sin\theta)^n$; il suffit de calculer la puissance $n^{\text{ème}}$ des seconds membres. La puissance $n^{\text{ème}}$ d'une somme est donnée par :

la formule du binôme :

$$(a+b)^n = \sum_{k=0}^{n} C_n^k\, a^k\, b^{n-k} \quad \text{avec} \quad C_n^k = \frac{n!}{k!(n-k)!}$$

ÉQUATIONS DANS $\mathbb{C}$

1. Racines $n^{\text{ièmes}}$ de l'unité

L'équation $z^n = 1$ ($n \in \mathbb{N}^*$) possède dans $\mathbb{C}$, n solutions distinctes, appelées **racines $n^{\text{ièmes}}$ de l'unité.** Ce sont les nombres complexes :

$$z_k = \cos\frac{2k\pi}{n} + j\sin\frac{2k\pi}{n} = e^{\frac{2jk\pi}{n}} \qquad k = 0, 1, 2, \ldots, n-1$$

Dans le plan muni d'un repère orthonormé, les images des nombres z_k, sont les sommets d'un polygone régulier à n côtés inscrit dans un cercle de rayon 1 centré sur l'origine du repère.

2. Racines $n^{\text{ièmes}}$ d'un nombre complexe $z = r\,e^{j\theta}$ quelconque

L'équation $z^n = r\,e^{j\theta}$ possède dans $\mathbb{C}$, n solutions distinctes z_k données par :

$$z_k = \sqrt[n]{r}\left(\cos\left(\frac{\theta}{n} + 2k\frac{\pi}{n}\right) + j\sin\left(\frac{\theta}{n} + 2k\frac{\pi}{n}\right)\right) = \sqrt[n]{r}\,e^{j\frac{\theta}{n}}\,e^{j\frac{2k\pi}{n}}\ ;\quad k = 0, 1, 2, \ldots, n-1$$

En particulier, **tout nombre complexe non nul admet deux racines carrées opposées.**

3. Équations du 2° degré dans $\mathbb{C}$

• Quels que soient les nombres complexes $a \neq 0$, b et c, l'équation du second degré, $ax^2 + bx + c = 0$ a deux solutions :

$$x_1 = \frac{-b+\delta}{2a} \quad \text{et} \quad x_2 = \frac{-b-\delta}{2a}$$

où δ est une racine carrée de $\Delta = b^2 - 4\,ac$

Si $\Delta = 0$, $x_1 = x_2$, le polynôme $P(x) = ax^2 + bx + c$ a une **racine double** x_1 . Il se factorise sous la forme :

$$P(x) = a(x - x_1)^2$$

Si $\Delta < 0$ et si les coefficients *a*, *b*, *c* sont des nombres réels, alors $x_2 = \overline{x_1}$. La factorisation de $P(x)$ est alors :

$$P(x) = a(x - x_1)\,(x - \overline{x_1})$$

• Dans $\mathbb{C}$, la factorisation d'un polynôme du 2° degré est toujours possible :

$$ax^2 + bx + c = a(x - x_1)\,(x - x_2)$$

• Somme et produit des racines : comme dans $\mathbb{R}$: $x_1 + x_2 = -\frac{b}{a}$ et $x_1x_2 = \frac{c}{a}$

TRANSFORMATIONS PONCTUELLES DANS LE PLAN COMPLEXE

Le plan P est muni d'un repère orthonormé $(O, \vec{u}, \vec{v})$. Une transformation du plan est une application. A : $P \to P$

$M \to M'$

Si z désigne l'affixe du point M et z' celle du point M', la transformation A correspond à une application f de $\mathbb{C}$ dans $\mathbb{C}$. Le tableau ci-dessous résume quelques-unes d'entre elles.

A : P → P	**f : $z \to z'$**	
translation de vecteur $\vec{u}$ d'affixe a	$z' = z + a$	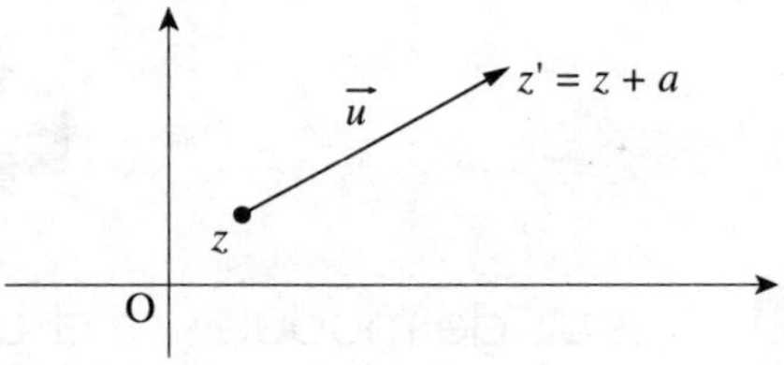
rotation de centre O, d'angle θ	$z' = e^{j\theta}z$	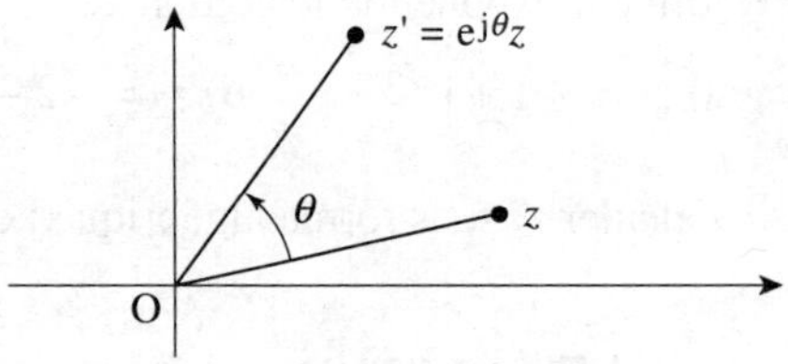
similitude de rapport $k > 0$, d'angle θ, de centre O	$z' = k\,e^{j\theta}z$	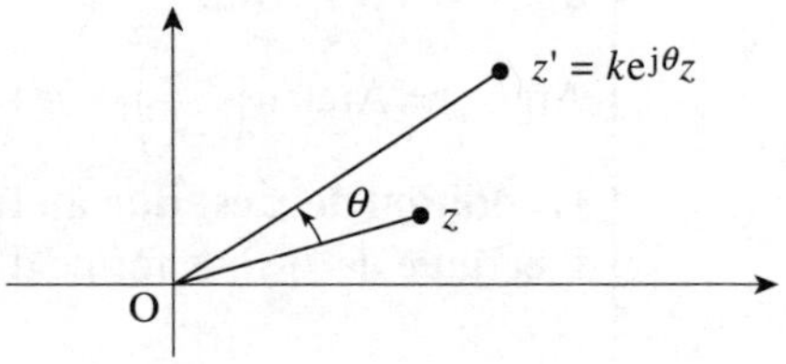

<table>
<tr>
<td>similitude de rapport $k > 0$, d'angle θ, de centre ω d'affixe $b / (1 - a)$</td>
<td>$z' = az + b$
$|a| = k$
$\arg(a) = \theta$</td>
<td>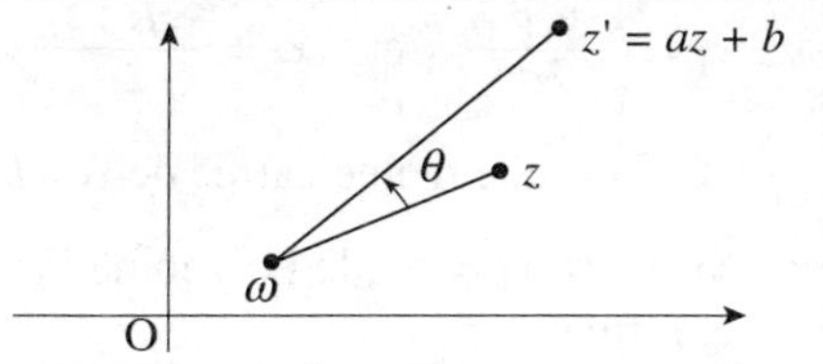
</td>
</tr>
<tr>
<td>inversion complexe</td>
<td>$z' = \frac{1}{z} \quad (z \neq 0)$</td>
<td>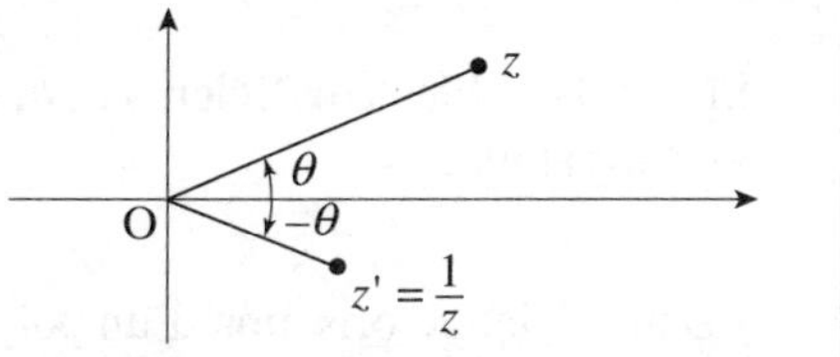
</td>
</tr>
</table>

<u>Remarque</u> : l'image, par l'inversion complexe d'une droite d'équation $x = a$ (a non nul) est un cercle de centre $1/2a$, de rayon $1/2|a|$, privé de l'origine O. Les images des points de la droite d'ordonnée positive sont les points du cercle d'ordonnée négative.

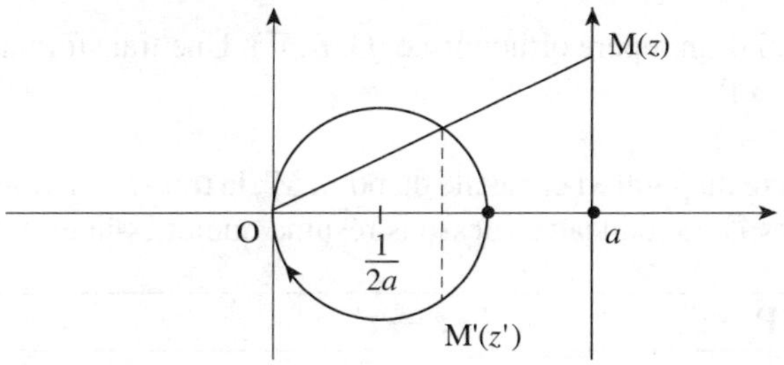

EXERCICES

1 Calculs de modules et d'arguments

Calculer le module et l'argument des nombres complexes suivants. En déduire leur écriture sous forme d'exponentielle complexe.

a) $z_1 = -\ 1 + j\sqrt{3}$ **b)** $z_2 = -2 - 2j\sqrt{3}$ **c)** $z_3 = \dfrac{\sqrt{6} - j\sqrt{2}}{2(1 - j)}$

Calculer z_3 sous forme algébrique ; en déduire la valeur exacte de $\sin(\pi / 12)$ et de $\cos(\pi / 12)$.

■ SOLUTION

a) $|z_1| = \sqrt{3 + 1} = 2$

$$\text{Arg}(z_1) = \text{Arctan}\left(\frac{\sqrt{3}}{-1}\right) + \pi + 2k\pi = -\frac{\pi}{3} + \pi + 2k\pi = \frac{2\pi}{3} + 2k\pi$$

L'addition de π est due au fait que $\text{Re}(z_1) < 0$.

L'écriture de z_1 sous forme d'exponentielle complexe est :

$$\boxed{z_1 = 2\,e^{j\frac{2\pi}{3}}}$$

b) $|z_2| = \sqrt{4+12} = 4$

$\text{Re}(z_2) = -2 < 0$, donc : $\text{Arg}(z_2) = \text{Arctan}(\sqrt{3}) + \pi + 2k\pi = \dfrac{\pi}{3} + \pi + 2k\pi$

$$= \frac{4\pi}{3} + 2k\pi$$

$$= \frac{6\pi - 2\pi}{3} + 2k\pi = -\frac{2\pi}{3} + 2k'\pi$$

$$\boxed{z_2 = 4\,e^{-j\frac{2\pi}{3}}}$$

c) $|z_3| = \dfrac{|\sqrt{6} - j\sqrt{2}|}{|2(1-j)|} = \dfrac{\sqrt{8}}{2\sqrt{2}} = 1$

$\text{Arg}(z_3) = \arg(\sqrt{6} - j\sqrt{2}) - \arg(2(1-j))$

$\text{Arg}(z_3) = \text{Arctan}(-1/\sqrt{3}) - \text{Arctan}(-1) = -\dfrac{\pi}{6} - \left(-\dfrac{\pi}{4}\right) + 2k\pi = \dfrac{\pi}{12} + 2k\pi$

$$\boxed{z_3 = e^{j\frac{\pi}{12}}}$$

Calcul de z_3 sous forme algébrique :

$$z_3 = \frac{1}{2}\frac{(\sqrt{6} - j\sqrt{2})(1+j)}{(1-j)(1+j)} = \frac{(\sqrt{6}+\sqrt{2}) + j(\sqrt{6}-\sqrt{2})}{4}$$

D'autre part, $z_3 = e^{j\pi/12} = \cos(\pi/12) + j\sin(\pi/12)$.

Donc : $\begin{cases} \text{Re}(z_3) = \cos\left(\dfrac{\pi}{12}\right) = \dfrac{\sqrt{6}+\sqrt{2}}{4} \\ \text{Im}(z_3) = \sin\left(\dfrac{\pi}{12}\right) = \dfrac{\sqrt{6}-\sqrt{2}}{4} \end{cases}$

2 Utilisation des formules d'Euler

Calculer le module et l'argument des nombres complexes suivants :

a) $z_1 = e^{2jx} + e^{-2jx}$, $x \in [0, \pi/2]$

b) $z_2 = e^{2jx} - e^{-2jx}$, $x \in [-\pi/4, \pi/4]$

c) $z_3 = e^{4jx} + e^{2jx}$, $x \in [0, \pi]$

d) $z_4 = 1 - e^{j\theta}$, $\theta \in [-\pi, \pi]$

e) $z_5 = 2j - 2e^{3j\pi/4}$

■ **SOLUTION**

a) La première formule d'Euler donne : $e^{2jx} + e^{-2jx} = 2\cos 2x$ qui est un nombre réel.

• Si $0 \le x \le \dfrac{\pi}{4}$ alors $0 \le 2x \le \dfrac{\pi}{2}$, et par conséquent $\cos 2x \ge 0$.

Dans ce cas, $|z_1| = 2\cos 2x$ et $\arg(z_1) = 0 \pmod{2\pi}$.

• Si $\dfrac{\pi}{4} \le x \le \dfrac{\pi}{2}$ alors $\dfrac{\pi}{2} \le 2x \le \pi$ et là, $\cos 2x \le 0$.

Dans ce cas, $|z_1| = -2\cos 2x$ et $\arg(z_1) = \pi \pmod{2\pi}$.

b) La deuxième formule d'Euler donne $z_2 = e^{2jx} - e^{-2jx} = 2\,j \sin 2x$.

- Le module de z_2 est $|2 \sin 2x|$.
- L'argument de $z_2 = \arg(j) + \arg(\sin 2x) = \pi / 2 + \begin{cases} 0 \text{ si } \sin 2x > 0 \\ \pi \text{ si } \sin 2x < 0 \end{cases}$

Sachant que $x \in [-\pi/4, \pi/4]$ (donc $2x \in [-\pi/2, \pi/2]$), trois cas se présentent :

- $0 < x \leq \pi/4 \Rightarrow 0 < 2x \leq \pi/2 \Rightarrow \sin 2x \geq 0 \Rightarrow \arg(z_2) = \pi/2 + 2k\pi$
- $-\pi/4 \leq x < 0 \Rightarrow -\pi/2 \leq 2x < 0 \Rightarrow \sin 2x \leq 0 \Rightarrow \arg(z_2) = \pi/2 + \pi + 2k\pi$
$= -\pi/2 + 2k'\pi$
- $x = 0 \Rightarrow \sin 2x = 0$ et $z_2 = 0$

c) $z_3 = e^{4jx} + e^{2jx}$, $x \in [0, \pi]$

Dans ce cas de figure, « l'astuce » consiste à factoriser la somme en mettant en facteur commun l'exponentielle complexe d'argument : $\dfrac{4x + 2x}{2} = 3x$ (moyenne des arguments).

Il vient :

$$z_3 = e^{4jx} + e^{2jx} = e^{3jx}(e^{jx} + e^{-jx}) = 2\,e^{3jx}\cos x$$

- si $x = \pi/2$, $\cos x = 0$ donc $z_3 = 0$
- si $x \neq \pi/2$:

$|z_3| = 2\,|\cos x|\,|e^{3jx}| = 2\,|\cos x|$ (car $|e^{3jx}| = 1$)

$\arg(z_3) = \arg(e^{3jx}) + \arg(\cos x) = \begin{cases} 3x \pmod{2\pi} \text{ si } \cos x > 0 \\ 3x + \pi \pmod{2\pi} \text{ si } \cos x < 0 \end{cases}$

- si $x \in [0, \pi/2[$, $\arg(z_3) = 3x + 2k\pi$
- si $x \in]\pi/2, \pi]$, $\arg(z_3) = 3x + \pi + 2k\pi$

d) $z_4 = 1 - e^{j\theta}$, $\theta \in [-\pi, \pi]$

$z_4 = e^{j\theta/2}(e^{-j\theta/2} - e^{j\theta/2}) = e^{j\theta/2} \,.\, 2j \sin \theta/2$

$-\pi \leq \theta \leq \pi$ donc : $-\pi/2 \leq \theta/2 \leq \pi/2$

- si $\theta = 0$, $\sin(\theta/2) = 0$ et $z_4 = 0$
- si $\theta \neq 0$:

$|z_4| = |2 \sin \theta/2|$ (car les modules de l'exponentielle complexe et de j sont égaux à 1)

$\text{Arg}(z_4) = \arg(e^{j\theta/2}) + \arg(j) + \arg(\sin(\theta/2))$

$= \theta/2 + \pi/2 + \begin{cases} 0 \pmod{2\pi} \text{ si } \sin(\theta/2) > 0 \\ \pi \pmod{2\pi} \text{ si } \sin(\theta/2) < 0 \end{cases}$

En fin de compte :

$\arg(z_4) = \theta/2 + \pi/2 \pmod{2\pi}$ si $\theta \in]0, \pi]$;

$\arg(z_4) = \theta/2 + 3\pi/2 \pmod{2\pi}$ si $\theta \in [-\pi, 0[$.

e) $z_5 = 2j - 2\,e^{j\frac{3\pi}{4}} = 2\left(e^{j\frac{\pi}{2}} - e^{j\frac{3\pi}{4}}\right)$

La moyenne des arguments est $\dfrac{5\pi}{8}$. On met en facteur $e^{j\frac{5\pi}{8}}$ et on obtient :

$$z_5 = 2\,e^{j\frac{5\pi}{8}}(e^{-j\frac{\pi}{8}} - e^{j\frac{\pi}{8}}) = -4j\sin\frac{\pi}{8}\,e^{j\frac{5\pi}{8}}$$

- $\sin\left(\dfrac{\pi}{8}\right)$ étant positif, le module de z_5 est égal à $4 \sin \dfrac{\pi}{8}$.
- $\text{Arg}(z_5) = \arg(-j) + \arg(e^{j\frac{5\pi}{8}}) = -\dfrac{\pi}{2} + \dfrac{5\pi}{8} + 2k\pi = \dfrac{\pi}{8} + 2k\pi$

3 Exponentielle complexe

1) Montrer que la fonction f : $\mathbb{R} \to \mathbb{C}$ définie par : $f(x) = e^{2j\pi x}$ est périodique de période 1.

2) Calculer le module et l'argument du nombre complexe :

$$z_1 = a + ae^{4j\pi x},\ a \in \mathbb{R}^*,\ x \in [0, 1/2]$$

Pour quelles valeurs de x a-t-on $z_1 = 0$?

3) Calculer le module et l'argument du nombre complexe :

$$z_2 = 1/2 + e^{2j\pi x} + 1/2\ e^{4j\pi x}$$

4) On considère le nombre complexe z défini par :

$$z = a_0 + a_1 e^{2j\pi x} + a_2 e^{4j\pi x} + a_3 e^{6j\pi x} + \ldots + a_k e^{2jk\pi x} + \ldots + a_{n-1} e^{2(n-1)j\pi x}$$

Les n coefficients réels $a_0, a_1, a_2, \ldots a_{n-1}$ sont tels que : $a_0 = a_{n-1}$; $a_1 = a_{n-2}$; ... ; $a_k = a_{n-k-1}$ quel que soit le nombre entier k compris entre 0 et $n / 2$, on supposera que n est un nombre pair. Démontrer que l'argument de z est une fonction affine de x.

■ SOLUTION

1) La fonction f est périodique de période 1 si et seulement si : $\forall x \in \mathbb{R},\quad f(x + 1) = f(x)$

$f(x + 1) = e^{2j\pi(x+1)} = e^{2j\pi x} \cdot e^{2j\pi} = e^{2j\pi x} = f(x)$

2) $z_1 = a + ae^{4j\pi x} = a\,(1 + e^{4j\pi x}) = ae^{2j\pi x}\,(e^{-2j\pi x} + e^{2j\pi x})$

La première formule d'Euler donne le résultat suivant : $z_1 = 2a \cos(2\pi x) e^{2j\pi x}$

• si $x = 1/4$, $2\pi x = \pi / 2$, $\cos 2\pi x = 0$ et $z_1 = 0$

• si $x \neq 1/4$

Module de z_1 : on a immédiatement : $|z_1| = |2a \cos(2\pi x)|$.

L'argument de z_1 dépend des signes de a et de $\cos(2\pi x)$.

Sachant que $x \in [0, 1/2] - \{1/4\}$ et donc que $(2\pi x) \in [0, \pi] - \{\pi / 2\}$, il faut envisager quatre cas :

	$x \in [0, 1/4[\Rightarrow 2\pi x \in [0, \pi / 2[$ $\cos(2\pi x) > 0$	$x \in]1/4, 1/2] \Rightarrow 2\pi x \in]\pi / 2, \pi]$ $\cos(2\pi x) < 0$
$a > 0$	$\mathrm{Arg}(z_1) = 2\pi x + 2k\pi$	$\mathrm{Arg}(z_1) = 2\pi x + \pi + 2k\pi$
$a < 0$	$\mathrm{Arg}(z_1) = 2\pi x + \pi + 2k\pi$	$\mathrm{Arg}(z_1) = 2\pi x + 2k\pi$

3) $z_2 = 1/2 + e^{2j\pi x} + 1/2e^{4j\pi x} = 1/2\,(1 + e^{4j\pi x}) + e^{2j\pi x}$

$z_2 = 1/2e^{2j\pi x}\,(2 \cos 2\pi x) + e^{2j\pi x x} = e^{2j\pi x}\,(\cos 2\pi x + 1)$

$\cos(2\pi x) + 1 \geq 0$, car, pour tout x, $\cos(2\pi x) \geq -1$. On peut donc écrire :

$$|z_2| = \cos(2\pi x) + 1, \text{ et } \arg(z_2) = 2\pi x$$

4) On regroupe les termes ayant des coefficients égaux puis on factorise ce coefficient :

$$z = a_0(1 + e^{2j(n-1)\pi x}) + a_1\,(e^{2j\pi x} + e^{2j(n-2)\pi x}) + \ldots + a_{n/2}\,(e^{2jn/2\,\pi x} + e^{2j(n-n/2\,-\,1)\pi x})$$

Le calcul des expressions entre parenthèses nécessite, comme dans les exercices précédents, une factorisation. Le facteur commun est l'exponentielle complexe dont l'argument est la moyenne des deux arguments. Effectuons ce calcul sur le terme général :

$$a_k\,(e^{2jk\pi x} + e^{2j(n-1-k)\pi x})$$

La moyenne des arguments donne : $\dfrac{2k\pi x + 2(n - 1 - k)\pi x}{2} = (n - 1)\,\pi x$ qui **ne dépend pas de k**.

Quel que soit k : $a_k(e^{2jk\pi x} + e^{2j(n-1-k)\pi x}) = a_k e^{(n-1)j\pi x}\,2 \cdot \cos((2k - n + 1)\,\pi x)$

Reprenons le calcul de z :

$$z = 2\left[\sum_{k=0}^{n/2} a_k \cos(2k-n+1)\pi x\right] e^{(n-1)j\pi x}$$

• Le module de z est $2\left|\sum_{k=0}^{n/2} a_k \cos(2k-n+1)\pi x\right|$

• $\mathrm{Arg}(z) = (n-1)\pi x + 2k\pi$ si $\sum_{k=0}^{n/2} a_k \cos(2k-n+1)\pi x > 0$

$\mathrm{Arg}(z) = (n-1)\pi x + \pi + 2k\pi$ si $2\sum_{k=0}^{n/2} a_k \cos(2k-n+1)\pi x < 0$

Dans les deux cas, Arg(z) est une fonction affine de x.

Remarque : un calcul analogue conduit à la même conclusion dans le cas où n est impair.

4 Sommes de cosinus – sommes de sinus

a) Simplifier la somme $S_n = 1 + e^{j\varphi} + e^{2j\varphi} + \ldots + e^{nj\varphi}$, $\varphi \neq 2k\pi$, $k \in \mathbb{Z}$.

b) En déduire la somme $u_n = 1 + \cos\varphi + \cos 2\varphi + \ldots + \cos n\varphi$
ainsi que la somme $v_n = \sin\varphi + \sin 2\varphi + \sin 3\varphi + \ldots + \sin n\varphi$

c) Soit $w_n = \sin\frac{1}{n^2} + \sin\frac{2}{n^2} + \sin\frac{3}{n^2} + \ldots + \sin\frac{n}{n^2}$. Calculer $\lim w_n$ ($n \to \infty$)

■ SOLUTION

a) S_n est la somme des $(n+1)$ premiers termes d'une suite géométrique de raison $e^{j\varphi}$

$$S_n = \frac{1-(e^{j\varphi})^{(n+1)}}{1-e^{j\varphi}} = \frac{e^{j(n+1)\frac{\varphi}{2}}\left(e^{-j(n+1)\frac{\varphi}{2}} - e^{j(n+1)\frac{\varphi}{2}}\right)}{e^{j\frac{\varphi}{2}}\left(e^{-j\frac{\varphi}{2}} - e^{j\frac{\varphi}{2}}\right)}$$

$$S_n = e^{jn\frac{\varphi}{2}} \frac{2j\sin(n+1)\frac{\varphi}{2}}{2j\sin\frac{\varphi}{2}} = e^{jn\frac{\varphi}{2}}\left[\frac{\sin(n+1)\frac{\varphi}{2}}{\sin\frac{\varphi}{2}}\right]$$

b) L'expression entre crochets est un nombre réel. En remplaçant l'exponentielle complexe par $\cos(n\varphi/2) + j\sin(n\varphi/2)$, on met en évidence la partie réelle et la partie imaginaire de S_n. D'une part :

$$S_n = \cos(n\varphi/2)\frac{\sin(n+1)\frac{\varphi}{2}}{\sin\frac{\varphi}{2}} + j\sin(n\varphi/2)\frac{\sin(n+1)\frac{\varphi}{2}}{\sin\frac{\varphi}{2}}$$

D'autre part :

$$S_n = 1 + (\cos\varphi + j\sin\varphi) + (\cos 2\varphi + j\sin 2\varphi) + \ldots + (\cos n\varphi + j\sin n\varphi) = u_n + jv_n$$

D'où :

$$\begin{cases} \mathrm{Re}(S_n) = u_n = \cos n\frac{\varphi}{2}\left[\frac{\sin(n+1)\frac{\varphi}{2}}{\sin\frac{\varphi}{2}}\right] \\ \mathrm{Im}(S_n) = v_n = \sin n\frac{\varphi}{2}\left[\frac{\sin(n+1)\frac{\varphi}{2}}{\sin\frac{\varphi}{2}}\right] \end{cases}$$

c) $w_n = v_n$ pour $\varphi = 1 / n^2$.

Soit : $$w_n = \frac{\sin\dfrac{n+1}{2n^2}\sin\dfrac{1}{2n}}{\sin\dfrac{1}{2n^2}}.$$

Sachant qu'au voisinage de 0, $\sin x \sim x$, on a successivement :

$$\begin{cases} \sin\dfrac{n+1}{2n^2} \sim \dfrac{n+1}{2n^2} \\ \sin\dfrac{1}{2n} \sim \dfrac{1}{2n} \\ \sin\dfrac{1}{2n^2} \sim \dfrac{1}{2n^2} \end{cases} \quad \text{pour } n \to \infty$$

En remplaçant chaque sinus par son équivalent, on obtient :

$$w_n \sim \frac{n+1}{2n}$$

Par conséquent : $\lim w_n = \dfrac{1}{2}$ lorsque $n \to \infty$.

5 Calcul de $\sin 2\varphi$, $\cos 2\varphi$, $\tan 2\varphi$ en fonction de $\tan\varphi$

1) Calculer le module et l'argument du nombre complexe $z = \dfrac{1 + \mathrm{j}\tan\varphi}{1 - \mathrm{j}\tan\varphi}$.

2) En déduire les expressions de $\sin 2\varphi$, $\cos 2\varphi$, $\tan 2\varphi$ en fonction de $\tan\varphi$.

3) Calculer $\tan \pi / 8$.

4) Utiliser ces résultats ainsi que le changement de variable $u = \tan(x / 2)$, pour calculer l'intégrale : $I = \displaystyle\int_0^{\pi/4} \frac{1}{\cos x}\,\mathrm{d}x$.

■ SOLUTION

1) Calcul de $|z|$: remarquons que le numérateur et le dénominateur sont des nombres complexes conjugués donc leurs modules sont égaux et $|z| = 1$.

Calcul de $\arg(z)$: $$z = \frac{\cos\varphi + \mathrm{j}\sin\varphi}{\cos\varphi - \mathrm{j}\sin\varphi} = \frac{\mathrm{e}^{\mathrm{j}\varphi}}{\mathrm{e}^{-\mathrm{j}\varphi}} = \mathrm{e}^{2\mathrm{j}\varphi} ;$$

par conséquent, $\arg(z) = 2\varphi + 2k\pi$.

2) Le résultat précédent permet d'écrire $z = \cos 2\varphi + \mathrm{j}\sin 2\varphi$. D'autre part :

$$z = \frac{1 + \mathrm{j}\tan\varphi}{1 - \mathrm{j}\tan\varphi} = \frac{(1 + \mathrm{j}\tan\varphi)(1 + \mathrm{j}\tan\varphi)}{(1 - \mathrm{j}\tan\varphi)(1 + \mathrm{j}\tan\varphi)} = \frac{(1 + \mathrm{j}\tan\varphi)^2}{1 + \tan^2\varphi} = \frac{1 - \tan^2\varphi + 2\mathrm{j}\tan\varphi}{1 + \tan^2\varphi}$$

En identifiant partie réelle et partie imaginaire, on obtient :

$$\mathrm{Re}(z) = \cos 2\varphi = \frac{1 - \tan^2\varphi}{1 + \tan^2\varphi} \quad \text{et} \quad \mathrm{Im}(z) = \sin 2\varphi = \frac{2\tan\varphi}{1 + \tan^2\varphi}$$

D'où :

$$\tan 2\varphi = \frac{2\tan\varphi}{1 - \tan^2\varphi}$$

3) La dernière relation appliquée à $\varphi = \pi / 8$ donne : $\tan\pi / 4 = \dfrac{2\tan\pi / 8}{1 - \tan^2\pi / 8}$.

Posons $\tan \dfrac{\pi}{8} = y$: $1 = \dfrac{2y}{1 - y^2}$ soit, $y^2 + 2y - 1 = 0$. La résolution de cette équation du second degré amène deux solutions : $y_1 = -1 + \sqrt{2}$ et $y_2 = -1 - \sqrt{2}$. $\tan \pi / 8$ est positif, la solution cherchée est $y_1 = \tan \dfrac{\pi}{8} = -1 + \sqrt{2}$.

4) $I = \displaystyle\int_0^{\pi / 4} \frac{1}{\cos x}\,\mathrm{d}x$

Effectuons le changement de variable $\tan(x / 2) = u$.

• D'après le résultat de la question précédente :

$$\cos x = \cos(2(x / 2)) = \frac{1 - \tan^2(x / 2)}{1 + \tan^2(x / 2)} = \frac{1 - u^2}{1 + u^2}$$

• Calcul de $\mathrm{d}x$: $\mathrm{d}(\tan(x / 2) = \mathrm{d}u$

$(\tan(x / 2))'\mathrm{d}x = \mathrm{d}u$

$1/2(1 + \tan^2(x / 2))\mathrm{d}x = \mathrm{d}u$

$1/2(1 + u^2)\mathrm{d}x = \mathrm{d}u$

D'où :

$$\mathrm{d}x = \frac{2\mathrm{d}u}{1 + u^2}$$

• Bornes de l'intégrale :

$$x = 0 \Rightarrow u = 0 \,; \quad x = \pi / 4 \Rightarrow u = \tan \frac{\pi}{8}$$

• Calcul de l'intégrale :

Remarquons que $\dfrac{2}{(1 + u)(1 - u)} = \dfrac{1 + u + 1 - u}{(1 + u)(1 - u)} = \dfrac{1}{1 - u} + \dfrac{1}{1 + u}$

I est la somme de deux intégrales :

$$I = \int_0^{\tan\pi/8} \frac{\mathrm{d}u}{1 - u} + \int_0^{\tan\pi/8} \frac{\mathrm{d}u}{1 + u} = [-\ln|1 - u| + \ln|1 + u|]_0^{\tan\pi/8} = \left[\ln\left|\frac{1 + u}{1 - u}\right|\right]_0^{\tan\pi/8}$$

$$I = \ln\frac{\sqrt{2}}{2 - \sqrt{2}} = \ln(\sqrt{2} + 1)$$

6 Conjugués

1) Déterminer l'ensemble des nombres complexes z qui vérifient :

$$|1 + \mathrm{j}z| = |1 - \mathrm{j}z|$$

2) Soit a un nombre réel. Montrer que les solutions z de l'équation

$$(E) : \left(\frac{1 + \mathrm{j}z}{1 - \mathrm{j}z}\right)^n = \frac{1 + \mathrm{j}a}{1 - \mathrm{j}a} \text{ sont des nombres réels}$$

3) Résoudre l'équation (E).

■ **SOLUTION**

1) $|1 + jz| = |1 - jz| \Leftrightarrow |j(-j + z)| = |-j(j + z)| \Leftrightarrow |z - j| = |z + j| \Leftrightarrow MA = MB$
où M, A et B sont les affixes respectives de z, j et – j. M est sur la médiatrice de [AB], ce qui signifie que z est réel.

2) Si a est un nombre réel, $1 + ja$ et $1 - ja$ sont des nombres complexes conjugués, donc leurs modules sont égaux : $|1 + ja| = |1 - ja|$, et l'on a :

$$\left|\frac{1+ja}{1-ja}\right| = 1$$

L'équation (E) implique l'égalité des modules :

$$(E) \Rightarrow \left|\left(\frac{1+jz}{1-jz}\right)^n\right| = 1 \Rightarrow \left|\frac{1+jz}{1-jz}\right|^n = 1 \Rightarrow \left|\frac{1+jz}{1-jz}\right| = 1$$

La dernière égalité implique que z est un nombre réel (question 1).

3) Résolution de l'équation (E) :

a est un nombre réel donc, $\dfrac{1+ja}{1-ja}$ est un nombre complexe de module 1 ; il s'écrit $e^{j\theta}$

avec $\theta = \arg\left(\dfrac{1+ja}{1-ja}\right) = \arg(1+ja) - \arg(1-ja) = \text{Arctan}(a) - \text{Arctan}(-a) = 2\,\text{Arctan}(a)$

On peut écrire : $\dfrac{1+ja}{1-ja} = e^{2j\text{Arctan}(a)}$

De la même manière, $\dfrac{1+jz}{1-jz} = e^{2j\text{Arctan}(z)}$ (z est réel d'après la question précédente).

(E) : $\left(\dfrac{1+jz}{1-jz}\right)^n = \dfrac{1+ja}{1-ja} \Rightarrow (e^{2j\,\text{Arctan}(z)})^n = e^{2j\,\text{Arctan}(a)}$

D'où :

$$2n\text{Arctan}(z) = 2\text{Arctan}(a) + 2k\pi$$
$$\text{Arctan}(z) = \frac{\text{Arctan}(a)}{n} + \frac{k\pi}{n}$$

L'équation (E) a n solutions :

$$\boxed{z_k = \tan\left(\frac{\text{Arctan}(a)}{n} + \frac{k\pi}{n}\right) \quad k = 0, 1, 2, ..., n-1}$$

7 Exponentielle d'un nombre complexe quelconque

Soit $z = x + jy$ un nombre complexe quelconque. On appelle e^z le nombre complexe de module e^x et d'argument y. On peut donc écrire : $e^{x+jy} = e^x e^{jy}$

1) Montrer que pour tout z et z' dans C, $e^{z+z'} = e^z e^{z'}$.

2) Montrer que $\overline{e^z} = e^{\bar{z}}$.

3) Démontrer que $\lim\limits_{x \to -\infty} e^z = 0$.

4) Démontrer : $\forall z \in \mathbb{C}\ |e^z| \le e^{|z|}$.

5) Résoudre les équations : $e^z = -1$; $e^z = -3$; $e^z = j$.

■ **SOLUTION**

1) Soient $z = x + jy$ et $z' = x' + jy'$.

• $|e^z \cdot e^{z'}| = |e^z| \cdot |e^{z'}| = e^x \cdot e^{x'} = e^{x+x'}$ (car il s'agit ici de l'exponentielle définie dans $\mathbb{R}$).

• $\arg(e^z \cdot e^{z'}) = \arg(e^z) + \arg(e^{z'}) = y + y'$.

Le nombre complexe $(e^z \cdot e^{z'})$ est entièrement déterminé par son module et son argument. On l'écrit sous la forme $r\,e^{j\theta}$:

$$e^z \cdot e^{z'} = e^{x+x'}\,e^{j(y+y')}$$

D'autre part : $e^{z+z'} = e^{(x+x')+j(y+y')} = e^{x+x'}\,e^{j(y+y')}$. Il y a bien égalité.

2) $\overline{e^z} = \overline{e^x\,e^{jy}} = e^x\,\overline{e^{jy}}$ car e^x est un nombre réel.

Le nombre complexe e^{jy} a pour module 1, pour argument y ; son conjugué e^{jy} a pour module 1, pour argument $-y$: $\overline{e^{jy}} = e^{-jy}$.

D'où : $\overline{e^z} = e^x\,e^{-jy} = e^{x-jy} = e^{\bar{z}}$.

3) $\lim\limits_{x \to -\infty} |e^z| = \lim\limits_{x \to -\infty} e^x = 0$.

4) $|e^z| = e^x$ et $e^{|z|} = e^{\sqrt{x^2+y^2}}$. Ce sont deux **exponentielles réelles**. La fonction exponentielle étant croissante, et en remarquant que : $\forall x \in \mathbb{R}, \forall y \in \mathbb{R}, x \le \sqrt{x^2+y^2}$, on peut déduire que $e^x \le e^{\sqrt{x^2+y^2}}$ d'où : $|e^z| \le e^{|z|}$.

5)

• Résolution de l'équation $e^z = -1$: posons $z = x + jy$.

L'équation s'écrit alors : $e^{x+jy} = e^x\,e^{jy} = e^{j\pi}$.

En identifiant modules et arguments, il vient :

$$\begin{cases} e^x = 1 \\ y = \pi + 2k\pi \end{cases} \Leftrightarrow \begin{cases} x = 0 \\ y = \pi + 2k\pi \end{cases} \quad k \text{ est un nombre entier quelconque.}$$

L'équation $e^z = -1$ a une infinité de solutions de la forme $z = j(\pi + 2k\pi)$.

• Résolution de $e^z = -3$. La technique est la même. En posant $z = x + jy$:

$$e^x\,e^{jy} = 3e^{j\pi} \Leftrightarrow \begin{cases} e^x = 3 \\ y = \pi + 2k\pi \end{cases} \Leftrightarrow \begin{cases} x = \ln 3 \\ y = \pi + 2k\pi \quad (k \in \mathbb{Z}) \end{cases}$$

L'équation a une infinité de solutions : $z = \ln 3 + j\pi(2k + 1)$.

• Résolution de $e^z = j$:

$$e^x\,e^{jy} = e^{j\pi/2} \Leftrightarrow \begin{cases} e^x = 1 \Rightarrow x = 0 \\ y = \dfrac{\pi}{2} + 2k\pi \ (k \in \mathbb{Z}) \end{cases} \Leftrightarrow z = j\pi(1/2 + 2k)$$

8 Racines $n^{\text{ième}}$ d'un nombre complexe

Calculer les racines $5^{\text{ième}}$ de j, de -1, de $z = 1/2 + j\sqrt{3}/2$

■ **SOLUTION**

• z est une racine $5^{\text{ième}}$ de j $\Leftrightarrow z^5 = j = e^{j(\pi/2)}$.

Posons $z = r\,e^{j\theta}$. L'équation se traduit par :

$$r^5\,e^{5j\theta} = e^{j(\pi/2)} \Leftrightarrow \begin{cases} r = 1 \\ 5\theta = \dfrac{\pi}{2} + 2k\pi \end{cases} \Leftrightarrow \begin{cases} r = 1 \\ \theta_k = \dfrac{\pi}{10} + \dfrac{2k\pi}{5} \end{cases}$$

Il y a 5 solutions différentes obtenues pour $k = 0, 1, 2, 3, 4$:
$z_0 = e^{j(\pi/10)}$; $z_1 = e^{j(\pi/2)} = j$; $z_2 = e^{j(9\pi/10)} = e^{j(\pi-(\pi/10))} = -\bar{z}_0$;
$z_3 = e^{j(13\pi/10)} = e^{j(\pi+3\pi/10)} = -e^{j(3\pi/10)}$; $z_4 = e^{j(17\pi/10)} = e^{-j(3\pi/10)}$

• z est racine 5ième de $-1 \Leftrightarrow z^5 = -1 = e^{j\pi}$.
Comme précédemment, on pose $z = r\,e^{i\theta}$. L'équation se traduit par :

$$r^5\,e^{5j\theta} = e^{j\pi} \quad \Leftrightarrow \quad \begin{cases} r = 1 \\ \theta_k = \dfrac{\pi}{5} + \dfrac{2k\pi}{5} \end{cases} \quad k = 0, 1, 2, 3, 4.$$

L'équation $z^5 + 1 = 0$ a des coefficients réels, ses racines sont conjuguées 2 à 2. Étant donné qu'il y a 5 racines, l'une d'entre elles est obligatoirement réelle : $z_2 = -1$. Les quatre autres sont :

$$z_0 = e^{j(\pi/5)} \quad \text{et} \quad \bar{z}_0 = z_4$$
$$z_1 = e^{j(3\pi/5)} \quad \text{et} \quad \bar{z}_1 = z_3$$

• $z^5 = \dfrac{1}{2} + j\dfrac{\sqrt{3}}{2} = e^{j(\pi/3)} \Leftrightarrow z = z_k = e^{j\theta_k}$ avec $\theta_k = \dfrac{\pi}{15} + 2k\dfrac{\pi}{5}$
Plus exactement :
$z_0 = e^{j(\pi/15)}$; $z_1 = e^{j(7\pi/15)}$; $z_2 = e^{j(13\pi/15)}$; $z_3 = e^{j(19\pi/15)}$; $z_4 = e^{j(25\pi/15)} = e^{-j(\pi/3)}$

9 Résolution d'équations dans ℂ

Résoudre dans ℂ les équations suivantes. Utiliser les résultats pour factoriser dans ℂ les polynômes de la variable z ; en déduire la factorisation dans ℝ des mêmes polynômes :

a) $z^2 + 1 = 0$ **b)** $z^3 + 8 = 0$ **c)** $z^5 - 1 = 0$

d) $z^2 + z + 1 = 0$ **e)** $z^2 - j\sqrt{2}\ \ z - j\dfrac{\sqrt{3}}{2} = 0$ **f)** $z^2 + 5(1 - j)z - 4(3 + 4j) = 0$

■ **SOLUTION**

a) $z^2 + 1 = z^2 - j^2 = (z + j)(z - j)$.
Les racines sont j et – j.

b) $z^3 + 8 = 0 \Leftrightarrow z^3 = -8 = 8\,e^{j\pi}$. Posons $z = r\,e^{j\theta}$:

$$r^3\,e^{3j\theta} = 8e^{j\pi} \quad \Leftrightarrow \quad \begin{cases} r = 2 \\ 3\theta = \pi + 2k\pi \end{cases} \quad \Leftrightarrow \quad \begin{cases} r = 2 \\ \theta = \dfrac{\pi}{3} + \dfrac{2k\pi}{3} \end{cases}$$

Trois solutions distinctes sont obtenues pour $k = 0, 1, 2$:

$$\begin{cases} z_0 = 2\,e^{j\frac{\pi}{3}} & (k = 0) \\ z_1 = 2\,e^{j\pi} = -2 & (k = 1) \\ z_2 = 2\,e^{5j\frac{\pi}{3}} = 2\,e^{-\frac{\pi}{3}} = \overline{z_0} & (k = 2) \end{cases}$$

Factorisation dans ℂ :

$$\mathbf{z^3 + 8 = (z - 2\,e^{j\pi/3})(z - 2\,e^{-j\pi/3})(z + 2)}$$

Factorisation dans ℝ :
On développe le produit des deux premiers facteurs en remarquant que :
$(z - z_0)(z - \bar{z}_0) = z^2 - 2\,\mathrm{Re}(z_0)z + |z_0|^2$
$z_0 = 2\,e^{j\pi/3} = 2(\cos \pi/3 + j \sin \pi/3) = 2(\frac{1}{2} + j\sqrt{3})$
$\mathrm{Re}(z_0) = 1$ et $|z_0|^2 = 4$.
Finalement : $\mathbf{z^3 + 8 = (z^2 - 2z + 4)(z + 2)}$

c) $z^5 - 1 = 0$ soit, $z^5 = 1$, les solutions sont les 5 racines 5ième de l'unité. Ce sont des nombres complexes de la forme $z_k = e^{2jk\pi/5}$, $k = 0, 1, 2, 3, 4$.

$k = 0 : \; z_0 = 1$

$k = 1 : \; z_1 = e^{2j\pi/5}$

$k = 2 : \; z_2 = e^{4j\pi/5}$

$k = 3 : \; z_3 = e^{6j\pi/5} = \overline{z_2}$ (car $\arg(z_3) + \arg(z_2) = 2\pi$)

$k = 4 : \; z_4 = e^{8j\pi/5} = \overline{z_1}$ (car $\arg(z_4) + \arg(z_1) = 2\pi$)

$z_5 - 1 = (z - 1)\,(z - e^{2j\pi/5})\,(z - e^{-2j\pi/5})\,(z - e^{4j\pi/5})\,(z - e^{-4j\pi/5})$

Factorisation dans $\mathbb{R}$:

$z^5 - 1 = (z - 1)\,(z^2 - 2\cos 2\pi/5 + 1)\,(z^2 - 2\cos 4\pi/5 + 1)$

d) $\boldsymbol{z^2 + z + 1 = 0}$

$\Delta = -3 < 0$ pas de racine dans $\mathbb{R}$, pas de factorisation dans $\mathbb{R}$.

Dans $\mathbb{C}$, le polynôme **$z^2 + z + 1$, à coefficients réels a deux racines conjuguées.**

$$\Delta = -3 = 3j^2 = (\sqrt{3}j)^2 \text{, d'où : } \begin{cases} z_1 = \dfrac{-1 - j\sqrt{3}}{2} = e^{-2j\frac{\pi}{3}} \\ z_2 = \dfrac{-1 + j\sqrt{3}}{2} = e^{2j\frac{\pi}{3}} \end{cases}$$

Dans $\mathbb{C}$ la factorisation donne : $\boldsymbol{z^2 + z + 1 = (z - e^{-2j\pi/3})\,(z - e^{2j\pi/3})}$.

e) $\boldsymbol{z^2 - j\sqrt{2}z - j\dfrac{\sqrt{3}}{2} = 0}$

$$\Delta = -2 + 2j\sqrt{3} = 4\left(-\frac{1}{2} + j\frac{\sqrt{3}}{2}\right) = 4e^{j2\pi/3} = (2e^{j\pi/3})^2$$

Les solutions de l'équation sont les nombres complexes :

$$\begin{cases} z_1 = \dfrac{j\sqrt{2} + 2e^{j\pi/3}}{2} = j\dfrac{\sqrt{2}}{2} + \left(\cos\dfrac{\pi}{3} + j\sin\dfrac{\pi}{3}\right) = \dfrac{1}{2} + j\dfrac{\sqrt{2} + \sqrt{3}}{2} \\ z_2 = \dfrac{j\sqrt{2} - 2e^{j\pi/3}}{2} = j\dfrac{\sqrt{2}}{2} - \left(\dfrac{1}{2} + j\dfrac{\sqrt{3}}{2}\right) = -\dfrac{1}{2} + j\dfrac{\sqrt{2} - \sqrt{3}}{2} \end{cases}$$

f) $\boldsymbol{z^2 + 5(1 - j)z - 4(3 + 4j) = 0}$

$\Delta = [5(1 - j)]^2 + 4[4(3 + 4j)] = 48 + 14j$

On détermine les racines de Δ **par une méthode algébrique :** posons $\delta = a + jb$ tel que $\delta^2 = \Delta$. Soit : $(a + jb)^2 = 48 + 14j$.

En identifiant partie réelle et partie imaginaire, on obtient :

$$\text{(I)} \quad \begin{cases} a^2 - b^2 = 48 \\ ab = 7 \end{cases}$$

Pour résoudre ce système plus simplement, on introduit une équation de plus donnée par la relation entre les modules :

$$\delta^2 = \Delta \Leftrightarrow |\delta^2| = |\Delta| \Leftrightarrow |a + jb|^2 = \sqrt{48^2 + 14^2} \Leftrightarrow a^2 + b^2 = 50$$

Le système (I) a les mêmes solutions que celui qui suit :

$$\begin{cases} a^2 - b^2 = 48 \\ a^2 + b^2 = 50 \text{ d'où } a^2 = 49 \,;\; b^2 = 1 \,;\; a \text{ et } b \text{ de même signe soit} \\ ab > 0 \end{cases} \quad \begin{cases} a = 7 \text{ et } b = 1 \\ \text{ou} \\ a = -7 \text{ et } b = -1 \end{cases}$$

Par conséquent $\delta = \pm (7 + j)$. Les solutions cherchées sont :

$$z_1 = 1 + 3j \text{ et } z_2 = -6 + 2j$$

10 Factorisation de polynômes

Factoriser dans $\mathbb{C}$ et dans $\mathbb{R}$ les polynômes suivants :

a) $P(z) = 1 + z + z^2 + z^3 + z^4 + z^5$

b) $Q(z) = 1 + 2z + 3z^2 + 2z^3 + z^4$; poser $Z = z + \frac{1}{z}$

c) $R(z) = 1 - 2z^2 + 4z^4 - 8z^6$

■ SOLUTION

a) On reconnaît la somme des 6 premiers termes d'une suite géométrique de raison z :

$$P(z) = 1 + z + z^2 + z^3 + z^4 + z^5 = \frac{1 - z^6}{1 - z} \quad (z \neq 1)$$

Pour factoriser le polynôme, il faut en déterminer les zéros.

$$P(z) = 0 \Leftrightarrow \frac{1 - z^6}{1 - z} = 0 \Leftrightarrow 1 - z^6 = 0 \text{ et } 1 - z \neq 0$$

Le problème revient donc à calculer les racines $6^{\text{ièmes}}$ de l'unité différentes de 1.
On obtient les 5 nombres complexes z_k ($k = 1, 2, 3, 4, 5$) 2 à 2 conjugués et égaux à :

$$z_k = e^{j\frac{2k\pi}{6}} = e^{jk\pi/3} \text{ soit : } \begin{cases} z_1 = \frac{1}{2} + j\frac{\sqrt{3}}{2} \\ z_2 = -\frac{1}{2} + j\frac{\sqrt{3}}{2} \\ z_3 = -1 \\ z_4 = -\frac{1}{2} - j\frac{\sqrt{3}}{2} = \overline{z_2} \\ z_5 = \frac{1}{2} - j\frac{\sqrt{3}}{2} = \overline{z_1} \end{cases}$$

La factorisation dans $\mathbb{C}$ donne :

$$\mathbf{P(z) = (z - z_1)(z - z_2)(z - z_3)(z - z_4)(z - z_5)}$$

Sachant que $z_1 = \overline{z_5}$ et que $z_4 = \overline{z_2}$, en multipliant les facteurs correspondant :

$$(z - z_1)(z - z_5) = z^2 - 2\,\text{Re}(z_1)z + |z_1|^2 = z^2 - 2 \,.\, 1/2z + 1 = z^2 - z + 1$$

De même : $(z - z_2)(z - z_4) = z^2 + z + 1$

La factorisation dans $\mathbb{R}$ donne : $\mathbf{P(z) = (z^2 - z + 1)(z^2 + z + 1)(z + 1)}$

b) Remarquons tout d'abord que $z = 0$ n'est pas racine du polynôme Q ; supposons $z \neq 0$ et posons $Z = z + \frac{1}{z}$. On a alors $Z^2 = z^2 + \frac{1}{z^2} + 2$.

$$Q(z) = 1 + 2z + 3z^2 + 2z^3 + z^4 = z^2\left(\frac{1}{z^2} + 2\frac{1}{z} + 3 + 2z + z^2\right)$$

$$= z^2(z^{-2} + z^2 + 2 + 2(z + z^{-1}) + 1) = z^2(Z^2 + 2Z + 1)$$

$$= z^2(Z + 1)^2 = [z(z + \frac{1}{z} + 1)]^2 = (z^2 + z + 1)^2 \text{ factorisation de } Q(z) \text{ dans } \mathbb{R}.$$

Dans $\mathbb{C}$, $z^2 + z + 1 = (z - e^{j(2\pi/3)})(z - e^{-j(2\pi/3)})$

La factorisation dans $\mathbb{C}$ donne : $\mathbf{Q(z) = (z - e^{2j\pi/3})^2 (z - e^{-2j\pi/3})^2}$.

c) $R(z)$ est la somme des quatre premiers termes d'une suite géométrique de raison $(-2z^2)$.

$$R(z) = \frac{1-(-2z^2)^4}{1-(-2z^2)} = \frac{1-16z^8}{1+2z^2}$$

$$= \frac{(1-4z^4)(1+4z^4)}{1+2z^2} = \frac{(1-2z^2)(1+2z^2)(1+2jz^2)(1-2jz^2)}{1+2z^2}$$

$$= 4\,(1-\sqrt{2}z)\,(1+\sqrt{2}z)\left(z-\frac{1+j}{2}\right)\left(z+\frac{1+j}{2}\right)\left(z-\frac{1-j}{2}\right)\left(z+\frac{1-j}{2}\right)$$

Ce résultat est la factorisation dans $\mathbb{C}$ du polynôme $R(z)$.

11 Transformations dans le plan complexe

Déterminer la nature des transformations suivantes :

a) $f(z) = 2jz + j$

b) $f(z) = e^{j\pi/3}z + 2$

c) $f(z) = \dfrac{1}{\overline{z}}$

d) $f(z) = \dfrac{2z+1}{z-j}$

■ **SOLUTION**

a) $f(z) = 2jz + j$ est de la forme $az + b$ avec $a = 2j$, $b = j$.

f est une similitude de rapport $k = |2j| = 2$ et d'angle $\arg a = \arg(2j) = \dfrac{\pi}{2}$.

Le centre ω de la similitude est le point fixe.

Son affixe z_0 vérifie :

$$z_0 = 2jz_0 + j \Leftrightarrow z_0 = \frac{j}{1-2j} = \frac{-2+j}{5}$$

c'est le point ω de coordonnées $\left(-\dfrac{2}{5}, \dfrac{1}{5}\right)$.

b) $f(z) = e^{j(\pi/3)}z + 2$.

f est une similitude de rapport $|e^{j(\pi/3)}| = 1$ et d'angle $\arg(e^{j(\pi/3)}) = \dfrac{\pi}{3}$.

Le centre de la similitude est le point fixe d'affixe z_0 :

$$z_0 = e^{j(\pi/3)}z_0 + 2$$

soit : $$z_0 = \frac{2}{1-e^{j\frac{\pi}{3}}} = \frac{2}{1-\cos\frac{\pi}{3} - j\sin\frac{\pi}{3}} = \frac{2}{\frac{1}{2} - j\frac{\sqrt{3}}{2}} = 1 + j\sqrt{3}$$

Le centre de la similitude est le point ω de coordonnées $(1, \sqrt{3})$.

c) $f(z) = \dfrac{1}{\overline{z}}$; $z \neq 0$.

Posons $z' = \dfrac{1}{\overline{z}}$. Comparons le module et l'argument de z et de z' :

$$\begin{cases} |z'| = \dfrac{1}{|\overline{z}|} \Rightarrow |z'| = \dfrac{1}{|z|} \\ \arg z' = -\arg\overline{z} = \arg z \end{cases}$$

Si M est le point d'affixe z et M' le point d'affixe z', les deux égalités précédentes se traduisent par :

$$\begin{cases} OM' = \dfrac{1}{OM} \\ \text{O, M et M' sont alignés} \end{cases}$$

f est une inversion de pôle 0, de rapport 1.

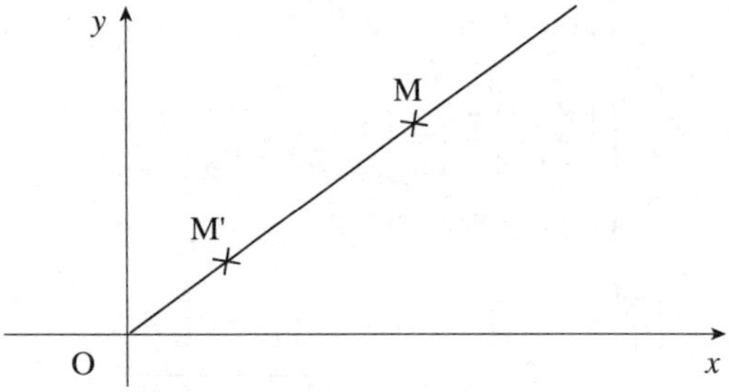

d) $f(z) = \dfrac{2z+1}{z-j} = \dfrac{2z-2j+2j+1}{z-j} = 2 + \dfrac{2j+1}{z-j} = z'$

On décompose f en transformations simples :

$$z \xrightarrow{\mathcal{T}_1} z - j = z_1 = \xrightarrow{\mathcal{I}} \frac{1}{z_1} = z_2 \xrightarrow{\mathcal{S}} (2j+1)z_2 = z_3 \xrightarrow{\mathcal{T}_2} 2 + z_3 = z'$$

$\mathcal{T}_1$ est la translation de vecteur $\vec{u}$, d'affixe $-j$, de coordonnées (0, – 1).

$\mathcal{I}$ est l'inversion complexe.

$\mathcal{S}$ est une similitude de rapport $|2j+1| = \sqrt{5}$, d'angle $\arg(2j+1) = \text{Arctan}\, 2$ et de centre O.

$\mathcal{T}_2$ est une translation de vecteur $\vec{v}$ d'affixe 2, de coordonnées (2, 0) et :

$$\boxed{f = \mathcal{T}_2 \circ \mathcal{S} \circ \mathcal{I} \circ \mathcal{T}_1}$$

12 Expression d'une symétrie axiale

Dans un repère orthonormé $(0, \vec{u}, \vec{v})$, soit D la droite d'équation $y = \sqrt{3}x$.

Exprimer la transformation du plan complexe associée à la symétrie axiale d'axe D.

■ SOLUTION

La droite D passe par l'origine, sa pente est $\sqrt{3}$. Soit $\vec{a}$ un vecteur directeur.

L'angle $(\vec{u}, \vec{a}) = \text{Arctan}\sqrt{3} = \dfrac{\pi}{3}$.

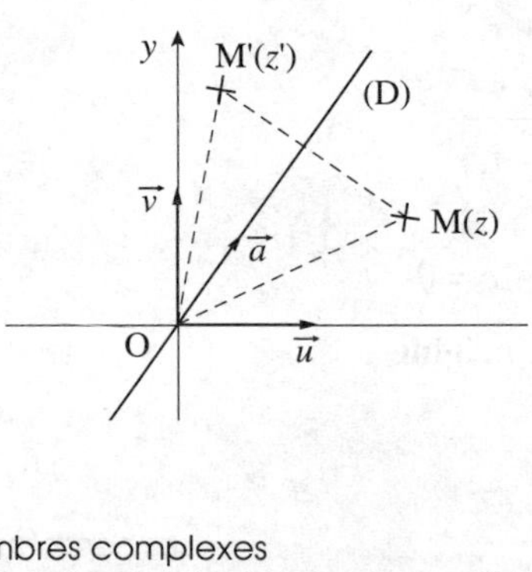

M' d'affixe z' est l'image de M d'affixe z si et seulement si :

$$\begin{cases} OM = OM' \\ (\vec{a}, \overrightarrow{OM}) = -(\vec{a}, \overrightarrow{OM'}) \end{cases}$$

Au niveau des affixes et des angles, ceci se traduit par :

$$\begin{cases} |z| = |z'| \\ (\vec{a}, \overrightarrow{OM}) + (\vec{a}, \overrightarrow{OM'}) = 0 \end{cases}$$

soit : $\begin{cases} |z| = |z'| \\ (\vec{a}, \vec{u}) + (\vec{u}, \overrightarrow{OM}) + (\vec{a}, \vec{u}) + (\vec{u}, \overrightarrow{OM'}) = 0 \end{cases}$

encore : $\begin{cases} |z| = |z'| \\ -2(\vec{u}, \vec{a}) + (\vec{u}, \overrightarrow{OM}) + (\vec{u}, \overrightarrow{OM'}) = 0 \end{cases}$

on obtient : $\begin{cases} |z| = |z'| \\ \arg z' + \arg z = 2\dfrac{\pi}{3} \end{cases}$

équivalent à : $\begin{cases} \left|\dfrac{z'}{z}\right| = \left|\dfrac{z'}{\bar{z}}\right| = 1 \\ \arg z' - \arg \bar{z} - \arg \dfrac{z'}{\bar{z}} - 2\dfrac{\pi}{3} \end{cases}$

Donc : $\dfrac{z'}{\bar{z}} = e^{j\frac{2\pi}{3}}$.

$$\boxed{z' = e^{j\frac{2\pi}{3}}\,\bar{z}}$$

13 Image d'une droite par inversion complexe

1) Démontrer que l'image par l'inversion complexe d'une droite ne passant pas par l'origine est un cercle. Étudier les cas particuliers des droites parallèles aux axes.

2) Trouver l'image de la droite d'équation $y = x + 1$.

3) Démontrer que l'image par inversion complexe d'une droite passant par l'origine est une droite symétrique par rapport à l'axe (Ox).

■ SOLUTION

Soit f l'inversion complexe :

$$\forall z \in \mathbb{C}^*, \text{f}(z) = z' = \frac{1}{\bar{z}}.$$

Ceci équivaut à $z = \dfrac{1}{\bar{z}'}$.

On pose $z = x + jy$ et $z' = x' + jy'$.

De $z = \dfrac{1}{\bar{z}'}$, on obtient : $x + jy = \dfrac{1}{x' + jy'} = \dfrac{x' - jy'}{x'^2 + y'^2}$.

En séparant parties réelles et parties imaginaires :

$$\text{(E)} \quad \begin{cases} x = \dfrac{x'}{x'^2 + y'^2} \\ y = -\dfrac{y'}{x'^2 + y'^2} \end{cases}$$

L'équation générale d'une droite est :

$$ax + by + c = 0$$

1) Image d'une droite ne passant pas par l'origine

Dans l'équation de la droite $c \neq 0$.

a) Si la droite n'est pas parallèle aux axes, a et b sont non nuls.
En remplaçant x et y par les équations issues de (E), il vient :

$$(1) \quad a\left[\frac{x'}{x'^2+y'^2}\right]+b\left[\frac{-y'}{x'^2+y'^2}\right]+c=0$$

$ax' - by' + c\,[x'^2 + y'^2] = 0$

$cx'^2 + ax' + cy'^2 - by' = 0$ soit : $c\left[x'^2 + \frac{a}{c}x'\right] + c\left[y'^2 - \frac{b}{c}y'\right] = 0$ car $c \neq 0$

$$\left[x' + \frac{a}{2c}\right]^2 - \frac{a^2}{4c^2} + \left[y' - \frac{b}{2c}\right]^2 - \frac{b^2}{4c^2} = 0$$

$$\left[x' + \frac{a}{2c}\right]^2 + \left[y' - \frac{b}{2c}\right]^2 = \frac{a^2+b^2}{4c^2}$$

On reconnaît là l'équation d'un cercle de centre $\omega\left(-\frac{a}{2c}, \frac{b}{2c}\right)$, de rayon $R = \frac{\sqrt{a^2+b^2}}{2\,|c|}$.
On vérifie, en posant $x' = y' = 0$ que ce cercle passe par 0. Cependant le point d'affixe 0 ne peut pas être obtenu car $z' = \frac{1}{z} \neq 0$.
L'image d'une droite ne passant pas par 0 est un cercle passant par 0 mais privé de 0.

b) Cas des droites parallèles aux axes

• Une droite parallèle à l'axe (Ox) est obtenue en posant $a = 0$ dans l'équation générale. Son image est un cercle de centre $\omega\left(0, \frac{b}{2c}\right)$ de rayon $R = \left|\frac{b}{2c}\right|$. Il est également privé du point O.

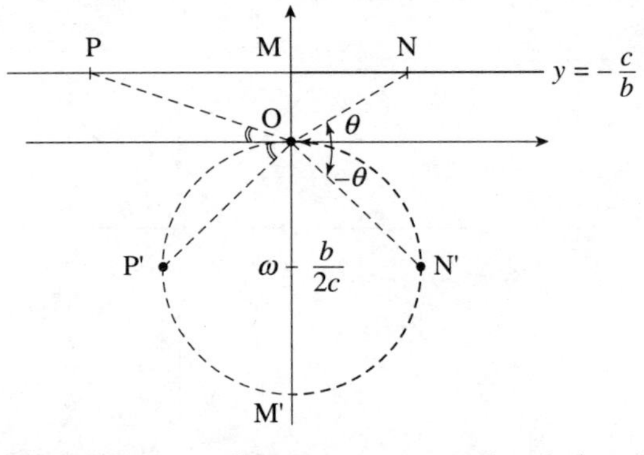

• Une droite parallèle à (Oy) est obtenue en posant $b = 0$ dans l'équation générale $\left(x = -\frac{c}{a}\right)$.

Son image est le cercle de centre $\left(-\frac{a}{2c}, 0\right)$ de rayon $\left|\frac{a}{2c}\right|$ privé du point 0 :

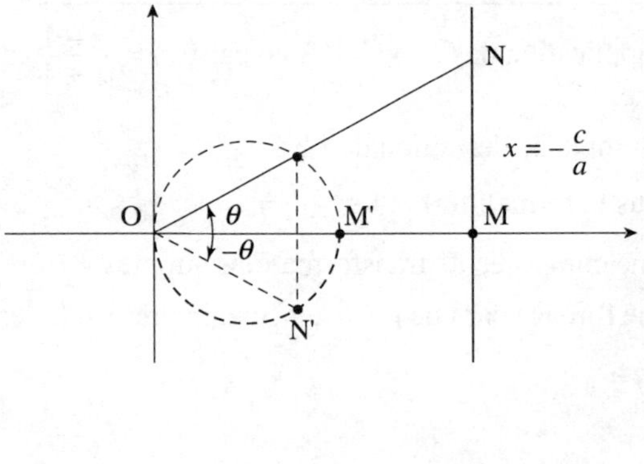

2) Image de la droite d'équation $y = x + 1$ ou $x - y + 1 = 0$.

L'image est obtenue en posant $a = 1$, $b = -1$, $c = 1$ dans la formule générale.

On obtient un cercle de centre $\omega(-1/2, -1/2)$, de rayon $R = \frac{\sqrt{2}}{2}$ privé de 0.

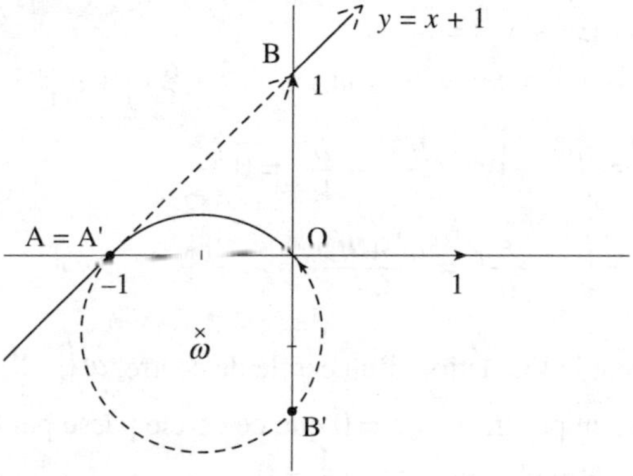

3) Image d'une droite passant par l'origine (mais privée de l'origine).

L'équation générale a un coefficient c égal à 0 : $ax + by = 0$.

De l'équation (1), il reste :

$$ax' - by' = 0$$

C'est l'équation d'une droite passant par l'origine. Son coefficient directeur est a / b alors que celui de la droite d'origine est $-(a / b)$. Ceci prouve que la droite et son image sont symétriques par rapport à l'axe (Ox).

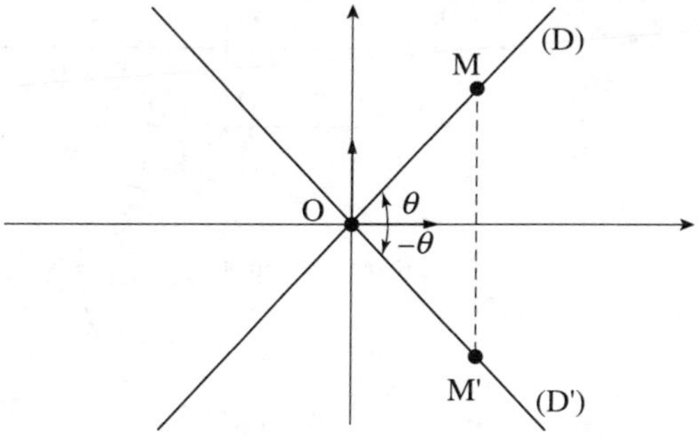

14 Transformation conforme du plan complexe

On considère l'application de $\mathbb{C} \to \mathbb{C}$ définie par $f(z) = \frac{z-1}{z+1}$ appelée transformation conforme du plan complexe.

a) Quel est l'ensemble de définition de f ?

b) Écrire f(z) sous la forme : $f(z) = A + \frac{B}{z+1}$.

c) Écrire f comme composée de transformations simples.

d) Démontrer que l'image par f de l'axe des imaginaires est le cercle de centre O de rayon 1 privé de O.

■ **SOLUTION**

a) L'ensemble de définition de f est C – {– 1}.

b) $f(z) = \dfrac{z+1-2}{z+1} = 1 - \dfrac{2}{z+1} = z'$

c) Décomposition de f :

$$z \xrightarrow{\mathcal{T}} z + 1 = z_1 = \xrightarrow{\mathcal{I}} \frac{1}{z_1} = z_2 \xrightarrow{\mathcal{S}} -2z_2 = z_3 \xrightarrow{\mathcal{T}} 1 + z_3 = z'$$

$\mathcal{T}$: translation de vecteur $\vec{a}$ d'affixe 1.

$\mathcal{I}$: inversion complexe.

$\mathcal{S}$: similitude de centre O, de rapport 2 et d'angle π.

$$\boxed{f = \mathcal{T} \circ \mathcal{S} \circ \mathcal{I} \circ \mathcal{T}}$$

d) Deux démonstrations sont possibles :

• En suivant la décomposition de f :

– l'image par $\mathcal{T}$ de l'axe des imaginaires est la droite d'équation $x = 1$;

– l'image de cette droite par inversion complexe est le cercle $\mathcal{C}_1$ de centre (1/2, 0), de rayon 1/2 (voir exercice précédent) ;

– l'image de ce cercle par la similitude est un cercle $\mathcal{C}_2$ de centre (– 1, 0) (angle π, rapport 2) de rayon 1 ;

– l'image de $\mathcal{C}_2$ par la translation est un cercle $\mathcal{C}_3$ de centre (0, 0), de rayon 1.

• On sait, grâce à l'inversion qui entre dans la décomposition de f que l'image cherchée est un cercle.

z appartient à l'axe des imaginaires $\Leftrightarrow z = jy$ ($y \in \mathbb{R}$)

$z' = \dfrac{jy-1}{jy+1}$. On vérifie aisément que $|z'| = 1$. z' appartient au cercle de centre 0 de rayon 1.

15 Diagramme de Nyquist

Soit une application $T : \mathbb{R} \rightarrow \mathbb{C}$

$$\omega \rightarrow T(\omega) = z$$

La courbe parcourue par le point M d'affixe $z = T(\omega)$ lorsque ω varie de 0 à $+\infty$ est le diagramme de Nyquist de l'application T. Il est gradué par ω.

Représenter les diagrammes de Nyquist C_1, C_2, C_3 des applications suivantes :

1) $T_1(\omega) = 1 + j\dfrac{\omega}{\omega_0}$

2) $T_2(\omega) = \dfrac{1}{1 + j\dfrac{\omega}{\omega_0}}$

3) $T_3(\omega) = \dfrac{j\dfrac{\omega}{\omega_0}}{1 + j\dfrac{\omega}{\omega_0}}$

■ **SOLUTION**

$z = T_1(\omega) = 1 + j\dfrac{\omega}{\omega_0}$ ($\omega > 0$). Soit M le point d'affixe z.

Les coordonnées de M sont $(1, \frac{\omega}{\omega_0})$. Lorsque ω varie, le point M parcourt la demi-droite d'équation $x = 1$. Cette demi-droite est le diagramme de Nyquist de T_1 .

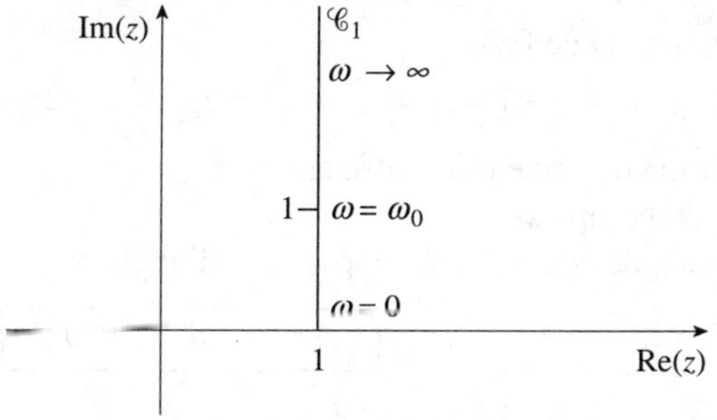

2) $T_2(\omega) = \dfrac{1}{T_1(\omega)} = \dfrac{1}{z}$

L'ensemble des points M d'affixe $T_2(\omega)$ est l'image par inversion complexe de la demi-droite précédente. Il s'agit d'un demi-cercle de centre 1/2, de rayon 1/2 dont on exclut le point O.

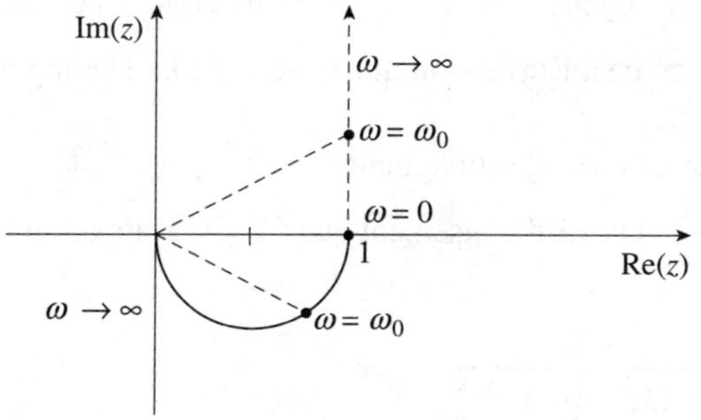

3) $T_3(\omega) = \dfrac{j\dfrac{\omega}{\omega_0}}{1 + j\dfrac{\omega}{\omega_0}} = 1 - \dfrac{1}{1 + j\dfrac{\omega}{\omega_0}}$

L'ensemble C_3 est obtenu par symétrie centrale de centre O du demi-cercle C_2 suivie d'une translation de vecteur $\vec{u}$ d'affixe 1 comme le montre le schéma ci-dessous :

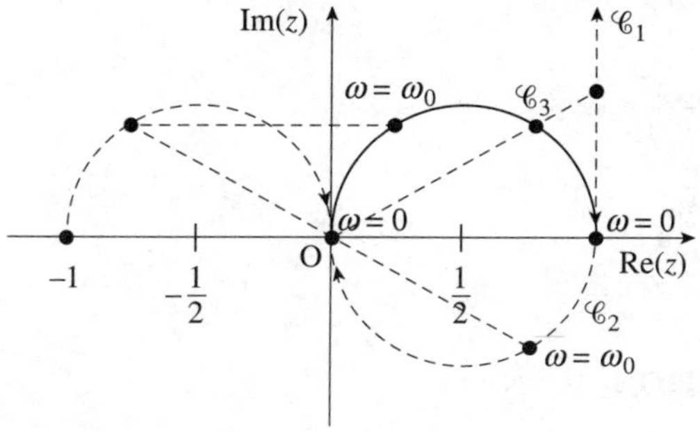

C_3 est le demi-cercle de centre (1/2, 0) de rayon 1/2 privé du point (1, 0).

2 POLYNÔMES ET FRACTIONS RATIONNELLES

Polynômes

1. Définitions

On appelle polynôme à coefficients complexes la fonction définie sur $\mathbb{C}$ par :

$$P(x) = a_n x^n + a_{n-1} x^{n-1} + a_2 x^2 + a_1 x + a_0$$

Si a_n est différent de zéro, l'entier n est le degré du polynôme.
Une constante non nulle est un polynôme de degré 0.
Le polynôme nul a pour degré $-\infty$.
La somme et le produit de deux polynômes sont encore des polynômes et :

$$d°(P+Q) \leq \sup(d°P, d°Q) \qquad d°(PQ) = d°P + d°Q$$

2. Division euclidienne

Étant donnés deux polynômes A et B $\neq 0$, il existe un couple unique de polynômes (Q, R) vérifiant :

$$A = BQ + R \text{ avec degré (R) < degré (B)}$$

Q est le quotient de A par B et R est le reste.
Si R = 0, alors A est divisible par B.

3. Racine d'un polynôme. Ordre de multiplicité

Un polynôme P est divisible par $x - a$ si et seulement si $P(a) = 0$.
Le nombre complexe a est alors appelé racine du polynôme P.

Un nombre complexe a est racine d'ordre α, ($\alpha \in \mathbb{N}^*$), d'un polynôme P si P est divisible par $(x-a)^\alpha$, mais pas par $(x-a)^{\alpha+1}$.
Une racine simple est une racine d'ordre 1.
Une racine double est une racine d'ordre 2.

4. Formule de Taylor

Soient P un polynôme de degré n et a un nombre complexe. P s'écrit suivant les puissances de $(x-a)$ sous la forme :

$$P(x) = \frac{P^{(n)}(a)}{n!}(x-a)^n + \ldots + \frac{P''(a)}{2!}(x-a)^2 + \frac{P'(a)}{1!}(x-a) + P(a)$$

où $P^{(k)}$ est la dérivée $k^{\text{ième}}$ du polynôme P.

Conséquence : Un nombre complexe a est racine d'ordre α du polynôme P si et seulement si :

$$P(a) = P'(a) = P''(a) = \ldots = P^{(\alpha-1)}(a) = 0 \quad \text{et} \quad P^{(\alpha)}(a) \neq 0$$

5. Théorème de d'Alembert

Tout polynôme dans $\mathbb{C}$, de degré $n > 0$, admet exactement n racines, chacune étant comptée avec son ordre de multiplicité.

6. Factorisation des polynômes à coefficients réels

Si un polynôme à coefficients réels admet le nombre complexe a pour racine, alors le conjugué de a est aussi racine du polynôme.

Conséquence : Tout polynôme à coefficients réels de degré strictement supérieur à deux est factorisable sur $\mathbb{R}$. Les facteurs sont des polynômes à coefficients réels du premier degré ou du second degré à discriminant négatif.

FRACTIONS RATIONNELLES

1. Définition

On appelle fraction rationnelle toute fonction de la forme :

$$\mathbf{F}(x) = \frac{\mathbf{P}(x)}{\mathbf{Q}(x)}$$

où P et Q sont deux polynômes à coefficients complexes (ou réels).

La fraction F est dite irréductible si P et Q n'ont pas de facteurs communs, c'est-à-dire, pas de racines communes.

2. Pôle d'une fraction rationnelle

Les pôles d'une fraction rationnelle sont les racines du dénominateur. L'ordre d'un pôle est l'ordre de cette racine.

3. Partie entière d'une fraction rationnelle

Soit $F = \frac{P}{Q}$ une fraction rationnelle irréductible :

- si degré (P) < degré (Q), la partie entière de F est nulle ;
- si degré (P) ≥ degré (Q), la division de P par Q donne : P = EQ + R avec degré (R) < degré (Q), soit :

$$\frac{\mathbf{P}}{\mathbf{Q}} = \mathbf{E} + \frac{\mathbf{R}}{\mathbf{Q}}$$

Le polynôme E est la partie entière de la fraction F.

4. Décomposition en éléments simples sur $\mathbb{C}$

On appelle élément simple de première espèce toute fraction rationnelle de la forme :

$$\frac{\mathbf{A}}{(x-a)^n} \quad \text{où } A \in \mathbb{C},\ a \in \mathbb{C},\ n \in \mathbb{N}^*$$

Dans l'ensemble des nombres complexes, toute fraction rationnelle irréductible dont la partie entière est nulle se décompose d'une façon unique en somme d'éléments simples de première espèce.

5. Décomposition en éléments simples sur $\mathbb{R}$

Sur $\mathbb{R}$, les éléments simples de première espèce sont du type précédent avec $A \in \mathbb{R}$ et $a \in \mathbb{R}$.
On appelle élément simple de seconde espèce toute fraction de la forme :

$$\frac{Ax + B}{(x^2 + ax + b)^n}, \quad \text{A, B, } a \text{ et } b \text{ réels.}$$

Toute fraction rationnelle à coefficients réels dont la partie entière est nulle se décompose d'une façon unique sur $\mathbb{R}$ en une somme d'éléments simples de première ou de seconde espèce.

EXERCICES

1 Racine double

Montrer que le polynôme $P(x) = x^3 + x^2 - 16x + 20$ admet le nombre 2 comme racine double. En déduire une autre racine.

■ SOLUTION

On a : $P(2) = 8 + 4 - 32 + 20 = 0$, donc 2 est racine du polynôme.
De plus : $P'(x) = 3x^2 + 2x - 16$ et $P'(2) = 12 + 4 - 16 = 0$ donc 2 est racine d'ordre au moins deux. Mais $P''(x) = 6x + 2$ et $P''(2) = 14 \neq 0$, donc 2 est racine double de P.
Le polynôme P est divisible par $(x - 2)^2 = x^2 - 4x + 4$. Effectuons la division euclidienne de P par $(x - 2)^2$:

$$\begin{array}{r|l} x^3 + x^2 - 16x + 20 & x^2 - 4x + 4 \\ \cline{2-2} x^3 - 4x^2 + 4x & x + 5 \\ \cline{1-1} 5x^2 - 20x + 20 & \\ 5x^2 - 20x + 20 & \\ \cline{1-1} 0 & \end{array}$$

$P(x) = (x - 2)^2 (x + 5)$ donc la deuxième racine est $- 5$.

2 Formule de Taylor

Écrire suivant les puissances de $x - 1$ le polynôme : $P(x) = x^4 + x^3 + x^2 + 1$.

■ SOLUTION

On applique la formule de Taylor pour les polynômes :
$P(1) = 4$
$P'(x) = 4x^3 + 3x^2 + 2x$ et $P'(1) = 9$
$P''(x) = 12x^2 + 6x + 2$ et $P''(1) = 20$
$P^{(3)}(x) = 24x + 6$ et $P^{(3)}(1) = 30$
$P^{(4)}(x) = 24$ et $P^{(4)}(1) = 24$
Le polynôme P s'écrit :

$$\begin{aligned} P(x) &= \frac{24}{4!}(x-1)^4 + \frac{30}{3!}(x-1)^3 + \frac{20}{2!}(x-1)^2 + \frac{9}{1!}(x-1) + 4 \\ &= (x-1)^4 + 5(x-1)^3 + 10(x-1)^2 + 9(x-1) + 4 \end{aligned}$$

3 Division euclidienne

Effectuer la division euclidienne de $x^3 + 3x - 2\mathrm{j}$ par $x - \mathrm{j}$.
En déduire toutes les racines de $x^3 + 3x - 2\mathrm{j}$.

■ **SOLUTION**

On pose la division :

$$\begin{array}{r|l} x^3 + 3x - 2\mathrm{j} & x - \mathrm{j} \\ \cline{2-2} x^3 - \mathrm{j}x^2 & x^2 + \mathrm{j}x + 2 \\ \cline{1-1} \mathrm{j}x^2 + 3x - 2\mathrm{j} & \\ \mathrm{j}x^2 + x & \\ \cline{1-1} 2x - 2\mathrm{j} & \\ 2x - 2\mathrm{j} & \\ \cline{1-1} 0 & \end{array}$$

Le reste est nul donc j est racine du polynôme et :

$$x^3 + 3x - 2\mathrm{j} = (x - \mathrm{j})\,(x^2 + \mathrm{j}x + 2)$$

On cherche les racines du deuxième facteur $x^2 + \mathrm{j}x + 2$.
Son discriminant $\Delta = \mathrm{j}^2 - 4 \times 2 = -9$ a pour racines 3j et – 3j

d'où les racines : $x_1 = \dfrac{-\mathrm{j} + 3\mathrm{j}}{2} = \mathrm{j}$ et $x_2 = \dfrac{-\mathrm{j} - 3\mathrm{j}}{2} = -2\mathrm{j}$.

En conclusion, le polynôme $x^3 + 3x - 2\mathrm{j}$ admet le complexe j comme racine double et – 2 j comme racine simple.

4 Factorisation dans ℝ d'un polynôme à coefficients réels

1) Soit P un polynôme à coefficients réels. Démontrer l'implication suivante :

$$a \in \mathbb{C} \text{ est racine de P} \Rightarrow \text{le conjugué } \overline{a} \text{ de } a \text{ est racine de P.}$$

2) Exprimer à l'aide de la partie réelle et du module de a le produit $(x - a)(x - \overline{a})$

3) Application : Factoriser dans ℝ le polynôme $x^5 - 1$.
En déduire la valeur exacte de $\cos 2\pi/5$ et de $\cos 4\pi/5$.

■ **SOLUTION**

1) Posons $\mathrm{P}(x) = a_n x^n + \ldots + a_1 x + a_0$

Si a est racine de P, alors $\mathrm{P}(a) = 0$ donc $\overline{\mathrm{P}(a)} = 0$

Mais $\overline{\mathrm{P}(a)} = \overline{a_n a^n + \ldots + a_1 a + a_0} = \overline{a_n}\ \overline{a}^n + \ldots + \overline{a_1}\ \overline{a} + \overline{a_0}$

Les coefficients étant réels, ils sont égaux à leurs conjugués, donc :

$$\overline{\mathrm{P}(a)} = a_n \overline{a}^n + \ldots + a_1 \overline{a} + a_0 = \mathrm{P}(\overline{a})$$

On en déduit $\mathrm{P}(\overline{a}) = 0$, ce qui prouve que $\overline{a}$ est racine de P.

2) $(x-a)(x-\overline{a}) = x^2 - \overline{a}x - ax + a\overline{a} = x^2 - (a+\overline{a})x + a\overline{a} = x^2 - 2\mathrm{Re}(a)x + |a|^2$.

3) Les racines complexes de $x^5 - 1$ sont les racines cinquièmes de l'unité :

$$x_k = e^{\frac{2jk\pi}{5}}, \text{ pour } k = -2, -1, 0, 1, 2$$

$x_0 = 1$, $x_{-1} = \overline{x_1}$ et $x_{-2} = \overline{x_2}$. En regroupant les racines conjuguées, on obtient :

$$P(x) = (x-1)(x-x_1)(x-\overline{x_1})(x-x_2)(x-\overline{x_2})$$

x_1 et x_2 ont pour module 1 et $\mathrm{Re}(x_1) = \cos 2\pi/5$, $\mathrm{Re}(x_2) = \cos 4\pi/5$, le résultat de la question 2 donne :

$$P(x) = (x-1)(x^2 - 2x\cos 2\pi/5 + 1)(x^2 - 2x\cos 4\pi/5 + 1)$$

Par ailleurs : $x^5 - 1 = (x-1)(x^4 + x^3 + x^2 + x + 1)$

donc : $(x^2 - 2x\cos 2\pi/5 + 1)(x^2 - 2x\cos 4\pi/5 + 1) = x^4 + x^3 + x^2 + x + 1$

Par identification des coefficients des monômes de degré 2 et 3 on trouve :

$$-2(\cos 2\pi/5 + \cos 4\pi/5) = 1 \quad \text{et} \quad 2(1 + 2\cos 2\pi/5 \cos 4\pi/5) = 1$$

d'où le système : $\begin{cases} \cos\dfrac{2\pi}{5} + \cos\dfrac{4\pi}{5} = -\dfrac{1}{2} \\ \cos\dfrac{2\pi}{5}\cos\dfrac{4\pi}{5} = -\dfrac{1}{4} \end{cases}$

On sait que deux nombres qui ont pour somme S et pour produit P sont solutions de l'équation $x^2 - Sx + P = 0$. Par conséquent, on résout l'équation : $x^2 + \frac{1}{2}x - \frac{1}{4} = 0$.

$\Delta = \frac{5}{4}$ et les racines sont $x_1 = \dfrac{-1+\sqrt{5}}{4}$ et $x_2 = \dfrac{-1-\sqrt{5}}{4}$.

De plus, $0 < 2\pi/5 < \pi/2$, donc $\cos 2\pi/5$ est positif, et x_1 est aussi positif tandis que x_2 est négatif.

Finalement :

$$\cos 2\pi/5 = \frac{-1+\sqrt{5}}{4} \quad \text{et} \quad \cos 4\pi/5 = \frac{-1-\sqrt{5}}{4}$$

5 Division euclidienne

Soit $\varphi \neq k\pi$, effectuer la division euclidienne de $P(x) = x^3 \sin\varphi - x\sin 3\varphi + \sin 2\varphi$ par $x^2 - 2x\cos\varphi + 1$. En déduire les racines dans $\mathbb{C}$ du polynôme P.

■ SOLUTION

$$\begin{array}{r|l} x^3\sin\varphi - x\sin 3\varphi + \sin 2\varphi & x^2 - 2x\cos\varphi + 1 \\ \hline x^3\sin\varphi - 2x^2\sin\varphi\cos\varphi + x\sin\varphi & x\sin\varphi + \sin 2\varphi \\ \hline x^2\sin 2\varphi - x(\sin 3\varphi + \sin\varphi) + \sin 2\varphi & \\ x^2\sin 2\varphi - x(2\cos\varphi\sin 2\varphi) + \sin 2\varphi & \\ \hline -x(\sin 3\varphi + \sin\varphi - 2\cos\varphi\sin 2\varphi) & \end{array}$$

En appliquant la formule : $\sin a\cos b = 1/2[\sin(a+b) + \sin(a-b)]$, on trouve :

$$2\sin 2\varphi\cos\varphi = \sin 3\varphi + \sin\varphi$$

Donc, le reste de la division est nul et le polynôme P se factorise :

$$x^3\sin\varphi - x\sin 3\varphi + \sin 2\varphi = (x^2 - 2x\cos\varphi + 1)(x\sin\varphi + \sin 2\varphi)$$

On calcule les racines de chaque facteur :

$$x \sin\varphi + \sin 2\varphi = 0 \Leftrightarrow x = -\frac{\sin 2\varphi}{\sin\varphi} = -\frac{2\sin\varphi\cos\varphi}{\sin\varphi} = -2\cos\varphi$$

$x^2 - 2x\cos\varphi + 1$ a pour discriminant réduit $\Delta' = \cos^2\varphi - 1 = -\sin^2\varphi = (\mathrm{j}\sin\varphi)^2$, ce qui donne les racines : $\cos\varphi + \mathrm{j}\sin\varphi = e^{\mathrm{j}\varphi}$ et $\cos\varphi - \mathrm{j}\sin\varphi = e^{-\mathrm{j}\varphi}$.
En conclusion, les racines du polynôme P sont : $e^{\mathrm{j}\varphi}$, $e^{-\mathrm{j}\varphi}$ et $-2\cos\varphi$.

6 Les polynômes de Tchébicheff

On considère la suite de fonctions définies sur l'intervalle $[-1, 1]$ par :

$$T_n(x) = \cos(n \operatorname{Arc}\cos x)$$

1) Calculer $T_n(1)$ et $T_n(-1)$.

2) Pour quelles valeurs de n les fonctions T_n sont-elles paires ? impaires ?

3) Étudier les variations de T_1, T_2 et T_3 puis tracer leurs courbes.

4) Montrer que T_n est un polynôme de degré n vérifiant :

$$T_n(x) = 2xT_{n-1}(x) - T_{n-2}(x)$$

En déduire T_4 et T_5.

5) Calculer les racines de T_n.

■ SOLUTION

1) $T_n(1) = \cos(n \operatorname{Arc}\cos 1) = \cos 0 = 1$
$T_n(-1) = \cos(n \operatorname{Arc}\cos(-1)) = \cos n\pi = (-1)^n$

2) $T_n(-x) = \cos(n \operatorname{Arc}\cos(-x)) = \cos[n(\pi - \operatorname{Arc}\cos x)] = \cos n\pi - n \operatorname{Arc}\cos x)$
Si n est pair : $T_n(-x) = \cos(-n \operatorname{Arc}\cos x) = \cos(n \operatorname{Arc}\cos x) = T_n(x)$ donc T_n est paire.
Si n est impair : $T_n(-x) = -\cos(n \operatorname{Arc}\cos x) = -T_n(x)$ et T_n est impaire.

3) $T_1(x) = \cos(\operatorname{Arc}\cos x) = x$; T_1 est croissante.
$T_2(x) = \cos(2 \operatorname{Arc}\cos x) = 2\cos^2(\operatorname{Arc}\cos x) - 1 = 2x^2 - 1$; T_2 est décroissante sur $[-1, 0]$ et croissante sur $[0, 1]$.
$T_3(x) = \cos(3 \operatorname{Arc}\cos x)$.
La formule de Moivre avec $n = 3$ ou les formules de trigonométrie donnent :

$$\cos 3x = 4\cos^3 x - 3\cos x$$

donc, $T_3(x) = 4\cos^3(\operatorname{Arc}\cos x) - 3\cos(\operatorname{Arc}\cos x) = 4x^3 - 3x$.
La dérivée $T_3'(x) = 12x^2 - 3$ s'annule pour $x = 1/2$, est positive sur $[1/2, 1]$ et négative sur $[0, 1/2]$. T_3 est croissante sur $[1/2, 1]$ et décroissante sur $[0, 1/2]$.

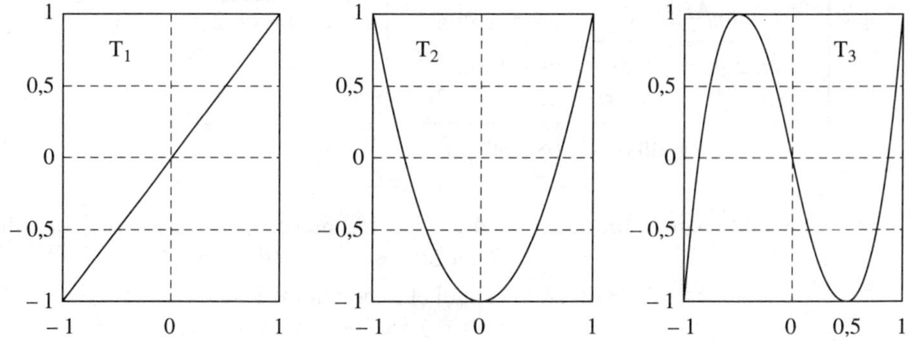

4) On a :

$T_n(x) = \cos(n \operatorname{Arc}\cos x) = \cos((n-1)\operatorname{Arc}\cos x + \operatorname{Arc}\cos x)$

$\quad = \cos((n-1)\operatorname{Arc}\cos x)\cos(\operatorname{Arccos} x) - \sin((n-1)\operatorname{Arc}\cos x)\sin(\operatorname{Arc}\cos x)$

En appliquant la formule : $-2\sin a \sin b = \cos(a+b) - \cos(a-b)$ au deuxième terme, on obtient :

$T_n(x) = xT_{n-1}(x) + 1/2\,[\cos((n-1)\operatorname{Arc}\cos x + \operatorname{Arc}\cos x) - \cos((n-1)\operatorname{Arc}\cos x - \operatorname{Arc}\cos x)]$

$\quad = xT_{n-1}(x) + 1/2\,[\cos(n\operatorname{Arc}\cos x) - \cos((n-2)\operatorname{Arc}\cos x)]$

$\quad = xT_{n-1}(x) + 1/2\,T_n(x) - 1/2\,T_{n-2}(x)$

d'où : $T_n(x) = 2xT_{n-1}(x) - T_{n-2}(x)$.

Comme T_1 est un polynôme de degré 1 et T_2 est un polynôme de degré 2, on en déduit par récurrence sur l'entier n que T_n est un polynôme de degré n.

Appliquons la relation pour $n = 4$:

$$T_4(x) = 2xT_3(x) - T_2(x) = 2x(4x^3 - 3x) - (2x^2 - 1) = 8x^4 - 8x^2 + 1$$

puis, pour $n = 5$:

$$T_5(x) = 2xT_4(x) - T_3(x) = 2x(8x^4 - 8x^2 + 1) - (4x^3 - 3x) = 16x^5 - 20x^3 + 5x$$

5) $T_n(x) = 0 \Leftrightarrow \cos(n\operatorname{Arc}\cos x) = 0$

$$\Leftrightarrow n\operatorname{Arc}\cos x = \frac{\pi}{2} + k\pi,\ k \text{ entier relatif et } 0 \le \operatorname{Arc}\cos x \le \pi$$

$$\Leftrightarrow \operatorname{Arc}\cos x = \frac{\pi}{2n} + \frac{k\pi}{n} \text{ et } 0 \le \frac{\pi}{2n} + \frac{k\pi}{n} \le \pi$$

$$\Leftrightarrow x = \cos\left(\frac{\pi}{2n} + \frac{k\pi}{n}\right) \text{ et } -1/2 \le k \le n - 1/2,\ k \text{ entier}$$

ce qui donne exactement n racines distinctes lorsque k prend les valeurs entières de 0 à $n-1$.

7 Racine triple

Trouver les racines du polynôme $P(x) = x^4 - 7x^3 - 12x^2 + 176x - 320$ sachant qu'il admet une racine triple.

■ SOLUTION

Si x est une racine triple de P, alors x est racine du polynôme dérivé seconde de P.

On a : $P'(x) = 4x^3 - 21x^2 - 24x + 176$ et $P''(x) = 12x^2 - 42x - 24 = 6(2x^2 - 7x - 4)$.

On cherche les racines de P'' : $\Delta = 49 + 32 = 81$, les racines sont : 4 et $-1/2$.

On calcule P(4) et on trouve 0, donc, si P a une racine triple cela ne peut être que le nombre 4.

P se factorise sous la forme $(x-4)^3(x-a)$ qui admet pour terme constant $4^3a = 64a$ que l'on identifie au terme constant de P. D'où $64a = -320$, qui donne $a = -5$.

En conclusion, P admet la racine triple 4 et la racine simple -5.

8 Décomposition en éléments simples de première espèce

Décomposer en éléments simples les fractions rationnelles suivantes :

a) $\dfrac{1}{(x-1)(x+2)}$ **b)** $\dfrac{3x-1}{(x-3)(x+1)}$ **c)** $\dfrac{x^3+5x^2+3x+4}{x(x+4)}$

■ SOLUTION

Dans les trois cas les pôles sont réels d'ordre un. Les éléments simples sont tous de première espèce.

a) On écrit la forme générale de la décomposition :

$$\frac{1}{(x-1)(x+2)} = \frac{A}{x-1} + \frac{B}{(x+2)}$$

Pour obtenir A et B on réduit au même dénominateur le second membre puis l'on identifie les coefficients des deux numérateurs :

$$\frac{1}{(x-1)(x+2)} = \frac{(A+B)x + 2A - B}{(x-1)(x+2)}$$

ce qui conduit au système :

$$\begin{cases} A + B = 0 \\ 2A - B = 1 \end{cases}$$

Par addition, on trouve $3A = 1$, donc $A = 1/3$ et comme $A + B = 0$, $B = -1/3$, d'où la décomposition :

$$\frac{1}{(x-1)(x+2)} = \frac{1}{3(x-1)} - \frac{1}{3(x+2)}$$

b) La même méthode conduit à :

$$\frac{3x-1}{(x-3)(x+1)} = \frac{2}{x-3} + \frac{1}{x+1}$$

c) Le degré du numérateur est supérieur à celui du dénominateur. On commence par chercher la partie entière de la fraction :

$$\begin{array}{r|l} x^3 + 5x^2 + 3x + 4 & x^2 + 4x \\ \cline{2-2} x^3 + 4x^2 & x + 1 \\ \cline{1-1} x^2 + 3x + 4 & \\ x^2 + 4x & \\ \cline{1-1} -x + 4 & \end{array}$$

Donc : $x^3 + 5x^2 + 3x + 4 = (x^2 + 4x)(x+1) - x + 4$

et :
$$\frac{x^3+5x^2+3x+4}{x(x+4)} = x + 1 + \frac{-x+4}{x(x+4)}$$

La fraction $\dfrac{-x+4}{x(x+4)}$ se décompose sous la forme $\dfrac{A}{x} + \dfrac{B}{x+4} = \dfrac{(A+B)x + 4A}{x(x+4)}$, ce qui conduit à : $A + B = -1$ et $4A = 4$, d'où $A = 1$ et $B = -2$ donnant la décomposition :

$$\frac{x^3+5x^2+3x+4}{x(x+4)} = x + 1 + \frac{1}{x} - \frac{2}{x+4}$$

9 Trois pôles simples

Décomposer en éléments simples la fraction :

$$F(x) = \frac{x^2 + x + 1}{(x^2 - 1)(x + 3)}$$

■ SOLUTION

La fraction admet trois pôles simples 1, – 1 et – 3. F(x) est la somme de trois éléments simples de première espèce.

$$F(x) = \frac{x^2 + x + 1}{(x^2 - 1)(x + 3)} = \frac{A}{x - 1} + \frac{B}{x + 1} + \frac{C}{x + 3}$$

Pour obtenir A, B et C nous allons utiliser une méthode différente de celle exposée dans l'exercice 8 mais plus efficace.

Remarquons que si l'on multiplie les deux membres par $x - 1$, puis l'on donne à x la valeur 1, on trouve directement le coefficient A.

Donc : $A = (x - 1)\,F(x)|_{x=1}$ où cette écriture représente la valeur de $(x - 1)F(x)$ au point $x = 1$, d'où :

$$A = \left.\frac{x^2 + x + 1}{(x + 1)(x + 3)}\right|_{x=1} = \frac{3}{8}$$

De même : $B = (x + 1)F(x)|_{x=-1} = \left.\frac{x^2 + x + 1}{(x - 1)(x + 3)}\right|_{x=-1} = -\frac{1}{4}$

et :

$$C = (x + 3)F(x)|_{x=-3} = \left.\frac{x^2 + x + 1}{x^2 - 1}\right|_{x=-3} = \frac{7}{8}$$

ce qui donne la décomposition :

$$\frac{x^2 + x + 1}{(x^2 - 1)(x + 3)} = \frac{3}{8(x - 1)} - \frac{1}{4(x + 1)} + \frac{7}{8(x + 3)}$$

10 Pôles d'ordre multiple

Décomposer les fractions rationnelles suivantes :

a) $\dfrac{1}{x^2(x - 1)}$ **b)** $\dfrac{x}{(x + 1)^2(x - 1)^3}$

■ SOLUTION

Les éléments simples qui interviennent dans ces deux exemples sont encore de première espèce mais avec des pôles d'ordre supérieur à 1.

a) 1 est un pôle simple et 0 un pôle double ; la décomposition a la forme suivante :

$$F(x) = \frac{1}{x^2(x - 1)} = \frac{A}{x} + \frac{B}{x^2} + \frac{C}{x - 1}$$

On a : $\quad C = (x-1)F(x)|_{x=1} = \left.\dfrac{1}{x^2}\right|_{x=1} = 1$

$$B = x^2F(x)|_{x=0} = \left.\frac{1}{x-1}\right|_{x=0} = -1$$

De plus, $xF(x) = \dfrac{1}{x(x-1)} = A + \dfrac{B}{x} + \dfrac{Cx}{x-1}$ et en prenant la limite quand x tend vers $+\infty$, on obtient $0 = A + C$, d'où : $A = -C = -1$, donnant la décomposition :

$$\frac{1}{x^2(x-1)} = -\frac{1}{x} - \frac{1}{x^2} + \frac{1}{x-1}$$

h) -1 est un pôle double et 1 un pôle triple, la décomposition a la forme suivante :

$$F(x) = \frac{x}{(x+1)^2(x-1)^3} = \frac{A}{(x+1)} + \frac{B}{(x+1)^2} + \frac{C}{x-1} + \frac{D}{(x-1)^2} + \frac{E}{(x-1)^3}$$

Pour trouver C, D et E, on va utiliser la méthode de division suivant les puissances croissantes. Posons $h = x - 1$ et remplaçons x par $1 + h$ dans l'expression de $F(x)$. On obtient la fraction :

$$F(1+h) = \frac{1+h}{(2+h)^2h^3} = \frac{1+h}{(4+4h+h^2)h^3}$$

Effectuons la division en puissances croissantes de $1 + h$ par $4 + 4h + h^2$ jusqu'à l'ordre 2.

$$\begin{array}{l|l}
1+h & 4+4h+h^2 \\ \hline
1+h+\frac{1}{4}h^2 & \frac{1}{4} - \frac{1}{16}h^2 \\ \hline
-\frac{1}{4}h^2 & \\
-\frac{1}{4}h^2 - \frac{1}{4}h^3 - \frac{1}{16}h^4 & \\ \hline
\frac{1}{4}h^3 + \frac{1}{16}h^4 &
\end{array}$$

Le résultat de la division donne : $\dfrac{1+h}{4+4h+h^2} = \dfrac{1}{4} - \dfrac{1}{16}h^2 + \dfrac{\frac{1}{4}h^3 + \frac{1}{16}h^4}{(2+h)^2}$

d'où : $$F(1+h) = \frac{1}{4h^3} - \frac{1}{16h} + \frac{\frac{1}{4} + \frac{1}{16}h}{(2+h)^2}$$

En revenant à la variable x : $F(x) = \dfrac{1}{4(x-1)^3} - \dfrac{1}{16(x-1)} + \dfrac{P_1(x)}{(x+1)^2}$

Ce qui fournit les coefficients $C = -\dfrac{1}{16}$, $D = 0$ et $E = \dfrac{1}{4}$.

De plus, $B = (x+1)^2F(x)|_{x=-1} = \left.\dfrac{x}{(x-1)^3}\right|_{x=-1} = \dfrac{1}{8}$

et $\lim\limits_{x\to\infty} xF(x) = 0 = A + C$, donc $A = \dfrac{1}{16}$

Finalement : $\dfrac{x}{(x+1)^2(x-1)^3} = \dfrac{1}{16(x+1)} + \dfrac{1}{8(x+1)^2} - \dfrac{1}{16(x-1)} + \dfrac{1}{4(x-1)^3}$

11 Éléments simples de seconde espèce

Décomposer sur $\mathbb{R}$ la fraction rationnelle :

$$F(x) = \frac{x^2+1}{(x-2)(x^2+x+1)}$$

■ SOLUTION

Le polynôme $x^2 + x + 1$ n'a pas de racines réelles. La forme générale de la décomposition est :

$$F(x) = \frac{x^2+1}{(x-2)(x^2+x+1)} = \frac{A}{x-2} + \frac{Bx+C}{x^2+x+1}$$

$$A = (x-2)F(x)|_{x=2} = \left.\frac{x^2+1}{x^2+x+1}\right|_{x=2} = \frac{5}{7}$$

$\lim\limits_{x\to\infty} xF(x) = 1 = A + B$, donc $B = 1 - \frac{5}{7} = \frac{2}{7}$

Connaissant A et B, on obtient facilement C en donnant à x une valeur simple, par exemple pour $x = 0$, on obtient :

$$-\frac{1}{2} = -\frac{A}{2} + C$$

qui donne :

$$C = \frac{A}{2} - \frac{1}{2} = \frac{5}{14} - \frac{1}{2} = -\frac{1}{7}$$

d'où la décomposition :

$$\frac{x^2+1}{(x-2)(x^2+x+1)} = \frac{5}{7(x-2)} + \frac{2x-1}{7(x^2+x+1)}$$

12 Fonction paire, fonction impaire

Décomposer sur $\mathbb{R}$ les fractions rationnelles suivantes :

a) $F(x) = \frac{1}{x^2(x^2+1)}$ **b)** $F(x) = \frac{1}{x^3(x^2+1)}$

■ SOLUTION

0 est un pôle double et le polynôme $x^2 + 1$ n'a pas de racines dans $\mathbb{R}$. La décomposition a la forme :

$$F(x) = \frac{1}{x^2(x^2+1)} = \frac{A}{x} + \frac{B}{x^2} + \frac{Cx+D}{x^2+1}$$

Mais on remarque que la fonction F est paire, donc :

$$F(x) = F(-x) = \frac{-A}{x} + \frac{B}{x^2} + \frac{-Cx+D}{x^2+1}$$

L'unicité de la décomposition conduit à : $A = -A$ et $C = -C$; donc : $A = C = 0$, d'où :

$$F(x) = \frac{1}{x^2(x^2+1)} = \frac{B}{x^2} + \frac{D}{x^2+1}$$

La réduction au même dénominateur puis l'identification des numérateurs donne : B = 1 et B + D = 0 ; donc : D = – 1. D'où la décomposition :

$$\frac{1}{x^2(x^2+1)} = \frac{1}{x^2} - \frac{1}{x^2+1}$$

b) 0 est un pôle triple. La décomposition est de la forme :

$$F(x) = \frac{1}{x^3(x^2+1)} = \frac{A}{x} + \frac{B}{x^2} + \frac{C}{x^3} + \frac{Dx+E}{x^2+1}$$

Mais la fonction F est impaire, donc :

$$F(x) = -F(-x) = \frac{A}{x} - \frac{B}{x^2} + \frac{C}{x^3} + \frac{Dx+E}{x^2+1}$$

L'unicité de la décomposition conduit à : – B = B et – E = E donc B = E = 0 et :

$$F(x) = \frac{1}{x^3(x^2+1)} = \frac{A}{x} + \frac{C}{x^3} + \frac{Dx}{x^2+1}$$

$C = x^3F(x)|_{x=0} = 1$ et $\lim\limits_{x\to\infty} xF(x) = 0 = A + D$. De plus $F(1) = 1/2 = A + C + D/2$, d'où : $2A + D = -1$ qui donne $A = -1$ et $D = 1$ et la décomposition :

$$\frac{1}{x^3(x^2+1)} = -\frac{1}{x} + \frac{1}{x^3} + \frac{x}{x^2+1}$$

13 Décomposition sur $\mathbb{C}$

Décomposer en éléments simples sur $\mathbb{C}$, les fractions rationnelles suivantes :

a) $F(x) = \dfrac{x}{x^3-1}$ **b)** $F(x) = \dfrac{4x^2}{x^4+1}$

■ SOLUTION

a) Sur $\mathbb{C}$ le polynôme $x^3 - 1$ admet trois racines qui sont les racines cubiques de l'unité : 1, $e^{2j\pi/3}$ et $e^{-2j\pi/3}$. Tous les éléments simples sont de première espèce et la décomposition a la forme suivante :

$$F(x) = \frac{x}{x^3-1} = \frac{A}{x-1} + \frac{B}{x - e^{2j\pi/3}} + \frac{C}{x - e^{-2j\pi/3}}$$

Les coefficients de la fraction F sont réels, donc A est réel et $C = \overline{B}$.

$$A = (x-1)F(x)|_{x=1} = \left.\frac{x}{x^2+x+1}\right|_{x=1} = \frac{1}{3}$$

$$B = (x - e^{2j\pi/3})F(x)|_{x=e^{2j\pi/3}} = \frac{e^{2j\pi/3}}{(e^{2j\pi/3}-1)(e^{2j\pi/3} - e^{-2j\pi/3})}$$

Mais, $e^{2j\pi/3} - 1 = e^{j\pi/3}\,e^{j\pi/3} - e^{j\pi/3}\,e^{-j\pi/3} = 2\,j\sin\dfrac{\pi}{3}\,e^{j\pi/3} = \sqrt{3}\,je^{j\pi/3}$

et, $e^{2j\pi/3} - e^{-2j\pi/3} = 2\,j\sin\dfrac{2\pi}{3} = j\sqrt{3}$

donc, $B = \dfrac{e^{2j\pi/3}}{j\sqrt{3}\sqrt{3}\,j\,e^{j\pi/3}} = -\dfrac{1}{3}e^{j\pi/3}$, et comme $C = \overline{B}$, $C = -\dfrac{1}{3}e^{-j\pi/3}$

ce qui donne la décomposition :

$$\frac{x}{x^3-1}=\frac{1}{3(x-1)}-\frac{e^{j\pi/3}}{3(x-e^{2j\pi/3})}-\frac{e^{-j\pi/3}}{3(x-e^{-2j\pi/3})}$$

b) Le dénominateur x^4+1 admet quatre racines complexes, les racines quatrièmes de – 1, qui sont : $e^{j\pi/4}$, $e^{-j\pi/4}$, $e^{3j\pi/4}$ et $e^{-3j\pi/4}$. En remarquant que $e^{3j\pi/4}=-e^{-j\pi/4}$ et $e^{-3j\pi/4}=-e^{j\pi/4}$, la décomposition est de la forme :

$$F(x)=\frac{4x^2}{x^4+1}=\frac{A}{x-e^{j\pi/4}}+\frac{B}{x-e^{-j\pi/4}}+\frac{C}{x+e^{j\pi/4}}+\frac{D}{x+e^{-j\pi/4}}$$

La fraction étant à coefficients réels, les éléments simples associés à des pôles conjugués ont des coefficients eux-mêmes conjugués ; donc : $B=\overline{A}$ et $D=\overline{C}$.
De plus, la fraction F est paire, donc :

$$F(x)=F(-x)=\frac{-A}{x+e^{j\pi/4}}+\frac{-B}{x+e^{-j\pi/4}}+\frac{-C}{x-e^{j\pi/4}}+\frac{-D}{x-e^{-j\pi/4}}$$

L'unicité de la décomposition conduit à : C = – A et D = – B. Il suffit donc de trouver A pour obtenir tous les coefficients.
On a :

$$A=(x-e^{j\pi/4})F(x)\Big|_{x=e^{j\pi/4}}=\frac{4x^2}{(x-e^{-j\pi/4})(x+e^{j\pi/4})(x+e^{-j\pi/4})}\Bigg|_{x=e^{j\pi/4}}$$

$$=\frac{4j}{2j\sin\frac{\pi}{4}\times 2e^{j\pi/4}\times 2\cos\frac{\pi}{4}}=\frac{4j}{j\sqrt{2}\times 2e^{j\pi/4}\times\sqrt{2}}=e^{-j\pi/4}$$

donnant la décomposition :

$$\frac{4x^2}{x^4+1}=\frac{e^{-j\pi/4}}{x-e^{j\pi/4}}+\frac{e^{j\pi/4}}{x-e^{-j\pi/4}}-\frac{e^{-j\pi/4}}{x+e^{j\pi/4}}-\frac{e^{j\pi/4}}{x+e^{-j\pi/4}}$$

14 Application au calcul intégral

On donne la fraction rationnelle :

$$F(x)=\frac{P(x)}{Q(x)}=\frac{x^3+x^2-x+1}{x^4-2x^3+2x^2-2x+1}$$

1) Montrer que $Q(x)$ admet 1 comme racine double.

2) En déduire la factorisation dans $\mathbb{R}$ du polynôme $Q(x)$.

3) Décomposer en éléments simples sur $\mathbb{R}$ de la fraction $F(x)$.

4) Calculer l'intégrale : $\displaystyle\int_0^{1/\sqrt{3}} F(x)\,dx$.

■ SOLUTION

1) Il suffit de voir que 1 annule $Q(x)$ et $Q'(x)$ mais n'annule pas $Q''(x)$.

$Q(1)=1-2+2-2+1=0$

$Q'(x)=4x^3-6x^2+4x-2$ et $Q'(1)=4-6+4-2=0$

$Q''(x)=12x^2-12x+4$ et $Q''(1)=4$, donc 1 est racine double.

2) Le polynôme Q est divisible par $(x-1)^2 = x^2 - 2x + 1$. La division donne pour quotient $x^2 + 1$, d'où la factorisation : $Q(x) = (x-1)^2\,(x^2+1)$.

3) La fraction $F(x)$ se décompose en éléments simples sous la forme :

$$F(x) = \frac{x^3 + x^2 - x + 1}{(x-1)^2(x^2+1)} = \frac{A}{x-1} + \frac{B}{(x-1)^2} + \frac{Cx + D}{x^2+1}$$

$(x-1)^2\, F(x)|_{x=1} = 1 = B$ et $\lim\limits_{x \to \infty} xF(x) = 1 = A + C$

De plus $F(0) = 1 = -A + B + D$. Comme $B = 1$, on a : $A - D = 0$, donc $A = D$,
et $F(-1) = \frac{1}{4} = -\frac{A}{2} + \frac{B}{4} - \frac{C}{2} + \frac{D}{2}$, qui donne : $1 = -2A + B - 2C + 2D$, donc $C = 0$
et $A = D = 1$, donnant la décomposition :

$$F(x) = \frac{1}{x-1} + \frac{1}{(x+1)^2} + \frac{1}{x^2+1}$$

4) $$\int_0^{1/\sqrt{3}} F(x)\,dx = \int_0^{1/\sqrt{3}} \left(\frac{1}{x-1} + \frac{1}{(x-1)^2} + \frac{1}{x^2+1}\right) dx$$

$$= \int_0^{1/\sqrt{3}} \frac{1}{x-1}\,dx + \int_0^{1/\sqrt{3}} \frac{1}{(x-1)^2}\,dx + \int_0^{1/\sqrt{3}} \frac{1}{x^2+1}\,dx$$

La fonction $\frac{1}{x-1}$ est de la forme $\frac{u'}{u}$ et admet pour primitive sur $[0, \frac{1}{\sqrt{3}}]$,
$\ln|u| = \ln(1-x)$ car $x - 1$ est négatif sur cet intervalle :

$$\int_0^{1/\sqrt{3}} \frac{1}{x-1}\,dx = \left[\ln\,(1-x)\right]_0^{1/\sqrt{3}} = \ln\,(1 - \frac{1}{\sqrt{3}}) = \ln\,(\sqrt{3} - 1) - \frac{1}{2}\ln\,3$$

La fonction $\frac{1}{(x-1)^2}$ est de la forme $\frac{u'}{u^2}$ et admet pour primitive $-\frac{1}{u} = -\frac{1}{x-1}$:

$$\int_0^{1/\sqrt{3}} \frac{1}{(x-1)^2}\,dx = -\left[\frac{1}{x-1}\right]_0^{1/\sqrt{3}} = -\left(\frac{\sqrt{3}}{1-\sqrt{3}} + 1\right) = \frac{1+\sqrt{3}}{2}$$

La fonction $\frac{1}{x^2+1}$ est la dérivée de Arc tan x. $\int_0^{1/\sqrt{3}} \frac{1}{x^2+1}\,dx = \left[\operatorname{Arc\,tan} x\right]_0^{1/\sqrt{3}} = \frac{\pi}{6}$
d'où le résultat :

$$\int_0^{1/\sqrt{3}} F(x)\,dx = \ln\,(\sqrt{3} - 1) - \frac{1}{2}\ln\,3 + \frac{1+\sqrt{3}}{2} + \frac{\pi}{6}$$

3 FONCTIONS NUMÉRIQUES

Généralités

1. Définition d'une fonction numérique

f est une fonction numérique définie sur l'ensemble $D \subset \mathbb{R}$ si à tout réel $x \in D$, on peut associer un unique nombre réel $f(x)$ appelé image de x.

L'ensemble des points M de coordonnées $(x\ ;\ f(x))$ est la courbe représentative C_f de f dans un repère fixé du plan.

2. Fonctions paires, impaires et périodiques

La fonction f définie sur un ensemble D centré en 0 est :

a) paire si pour tout $x \in D$, $f(-x) = f(x)$. L'axe (Oy) est axe de symétrie de C_f ;

b) impaire si pour tout $x \in D$, $f(-x) = -f(x)$. O est centre de symétrie de C_f.

La fonction f définie sur D est périodique, de période $T > 0$, si, pour tout $x \in D$, $x + T \in D$, et si $f(x + T) = f(x)$.

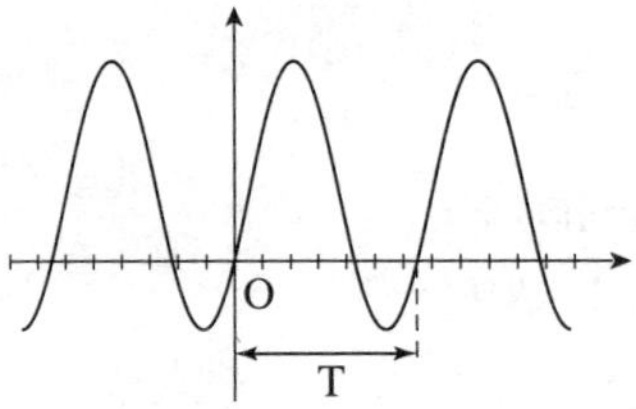

fonction périodique

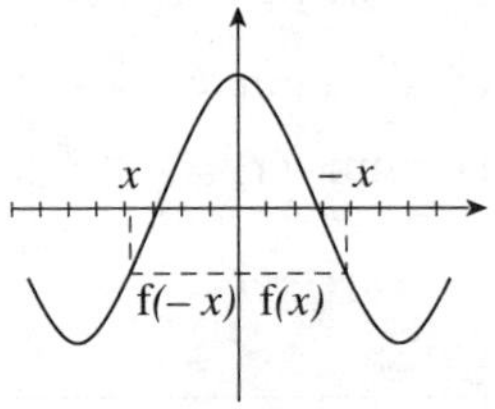

fonction paire

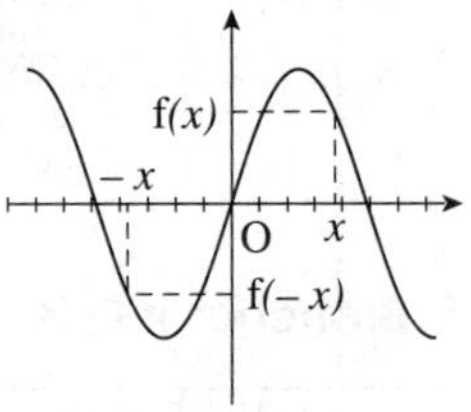

fonction impaire

3. Sens de variations

Soif f définie sur un intervalle I et soit x_1 et x_2 quelconques dans I. La fonction f est :

a) croissante si : $x_1 < x_2 \Rightarrow f(x_1) \leq f(x_2)$

b) strictement croissante si : $x_1 < x_2 \Rightarrow f(x_1) < f(x_2)$

c) décroissante si : $x_1 < x_2 \Rightarrow f(x_1) \geq f(x_2)$

d) strictement décroissante si : $x_1 < x_2 \Rightarrow f(x_1) > f(x_2)$

Une fonction croissante ou décroissante sur I est monotone sur I.

Limites

Définition

• $x_0 \in D$, f admet une limite en x_0, si $\lim\limits_{x \to x_0^-} f(x) = \lim\limits_{x \to x_0^+} f(x)$;

1. Opérations sur les limites

f	g	f + g
L	L'	L + L'
$+\infty$	L'	$+\infty$
L	$+\infty$	$+\infty$
$+\infty$	$+\infty$	$+\infty$
$-\infty$	$-\infty$	$-\infty$
$+\infty$	$-\infty$	FI

f	g	f × g
L	L'	L × L'
L ≠ 0	∞	∞
∞	L' ≠ 0	∞
∞	0	FI
0	∞	FI
∞	∞	∞

f	g	f / g
L	L' ≠ 0	L / L'
L	∞	0
L ≠ 0	0	∞
∞	L'	∞
∞	∞	FI
0	0	FI

2. Formes indéterminées

Les tableaux montrent quatre types de formes indéterminées (FI) : « $\infty - \infty$ », « $0 \times \infty$ », « ∞ / ∞ », « 0 / 0 », auxquelles il faut rajouter « 1^∞ », « 0^0 » et « ∞^0 ».

3. Limites des polynômes et fonctions rationnelles

La limite d'un polynôme en $\pm\infty$ est la limite de son terme de plus haut degré.
La limite d'une fonction rationnelle en $\pm\infty$ est la limite du quotient des termes de plus haut degré du numérateur et du dénominateur.

4. Théorèmes de majoration et d'encadrement

Si, pour tout $x \in [a\,;b[$, ($b \in \mathbb{R}$ ou $b = +\infty$) :

a) $u(x) \leq \mathrm{f}(x)$ et $\lim\limits_{x\to b} u(x) = +\infty$, alors $\lim\limits_{x\to b} \mathrm{f}(x) = +\infty$

b) $u(x) \geq \mathrm{f}(x)$ et $\lim\limits_{x\to b} u(x) = -\infty$, alors $\lim\limits_{x\to b} \mathrm{f}(x) = -\infty$

c) $u(x) \leq \mathrm{f}(x) \leq v(x)$ et $\lim\limits_{x\to b} u(x) = \lim\limits_{x\to b} v(x) = \mathrm{L} \in \mathbb{R}$, alors $\lim\limits_{x\to b} \mathrm{f}(x) = \mathrm{L}$

5. Branches infinies

$\lim\limits_{x\to a} \mathrm{f}(x) = \infty$	$\lim\limits_{x\to\infty} \mathrm{f}(x) = b$	$\lim\limits_{x\to\infty} [\mathrm{f}(x) - (ax + b)] = 0$
asymptote parallèle à (Oy) $x = a$	asymptote parallèle à (Ox) $y = b$	asymptote oblique $y = ax + b$
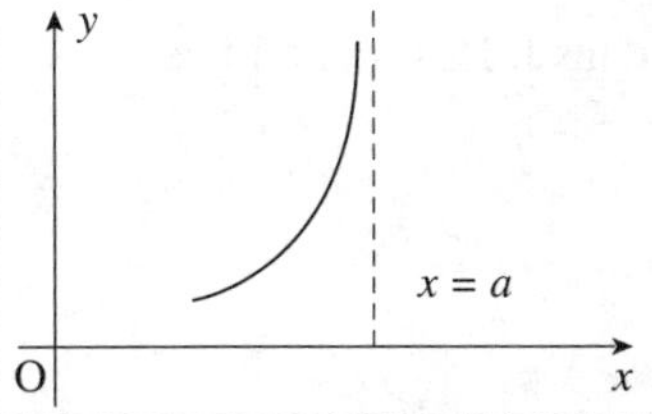	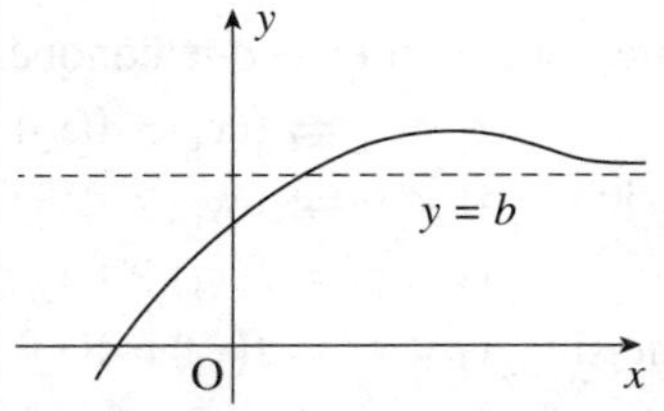	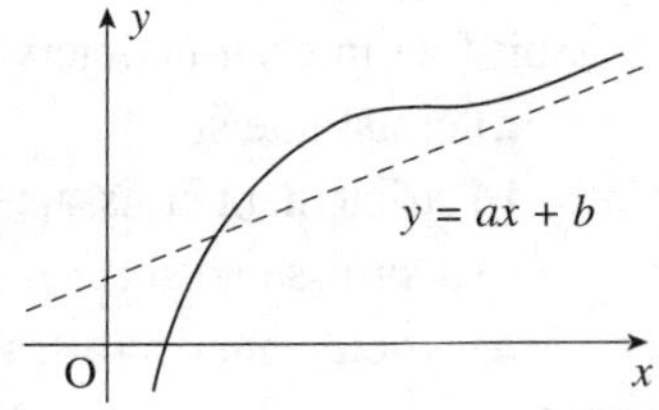

Quand $\lim\limits_{x\to\infty} \mathrm{f}(x) = \infty$, pour déterminer la nature de la branche infinie, on calcule $\lim\limits_{x\to\infty} \dfrac{\mathrm{f}(x)}{x}$:

Si $\lim\limits_{x\to\infty} \dfrac{\mathrm{f}(x)}{x}$ vaut :

1) ∞ : branche parabolique de direction (Oy)

2) 0 : branche parabolique de direction (Ox)

3) $A \neq 0$, alors si $\lim_{x \to \infty} [f(x) - Ax]$ vaut :

a) ∞ : branche parabolique de direction de la droite $y = Ax$

b) B réel : asymptote $y = Ax + B$

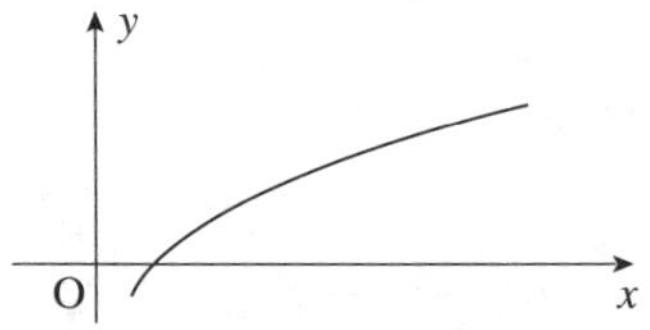

Branche parabolique de direction Ox

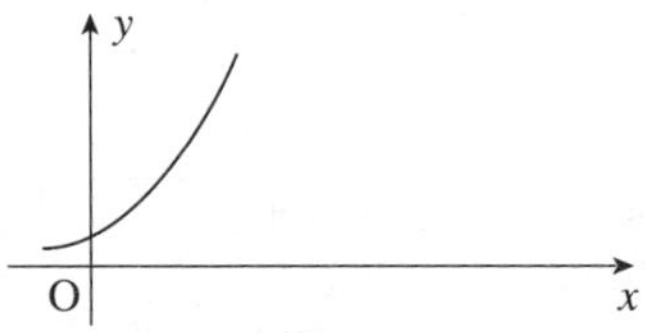

Branche parabolique de direction Oy

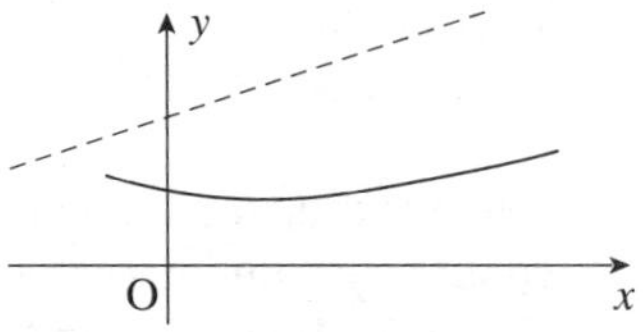

Branche parabolique de direction $y = Ax$

CONTINUITÉ

1. Continuité, continuité par morceaux

La fonction f définie sur un intervalle ouvert contenant x_0 est continue en x_0 si $\lim_{x \to x_0} f(x) = f(x_0)$.

La fonction f est continue sur l'intervalle I si elle est continue en chaque point de I.

La fonction f est continue par morceaux sur I si elle admet en chaque point de I une limite à gauche et une limite à droite.

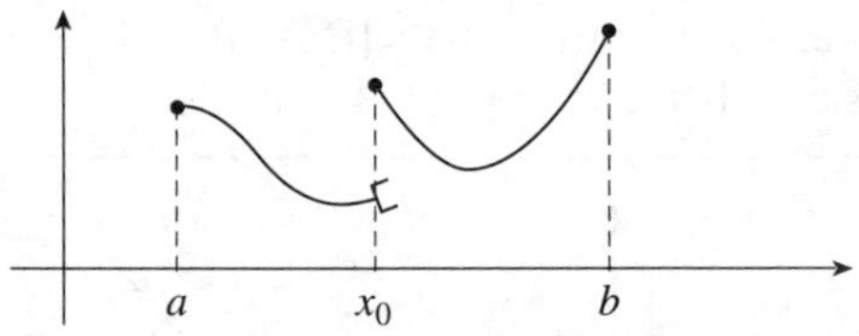

f continue par morceaux sur $[a ; b]$

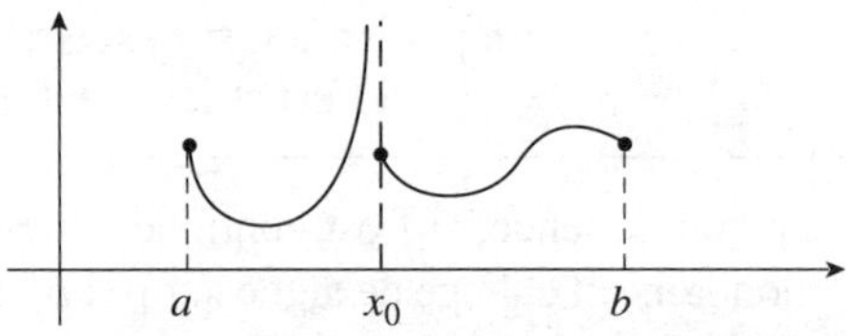

f non continue par morceaux sur $[a ; b]$
f n'admet pas de limite à gauche en x_0

2. Opérations sur les fonctions continues

Si f et g sont continues sur I, alors $f + g$, fg, $\lambda f + \mu g$ sont continues sur I et $1/g$ est continue en tout point $x \in I$ où g ne s'annule pas.

Si f est continue sur I et si g est continue sur f(I), alors $g \circ f$ est continue sur I.

3. Prolongement par continuité

Si f est continue sur l'intervalle $I - \{x_0\}$ et si $\lim_{x \to x_0} f(x) = L \in \mathbb{R}$, alors la fonction g telle que :

$$g(x) = \begin{cases} f(x) & \text{si } x \neq x_0 \\ L & \text{si } x = x_0 \end{cases}$$

est continue sur I. C'est le prolongement par continuité de f sur I.

4. Théorème des valeurs intermédiaires

L'image d'un intervalle par une fonction continue est un intervalle.

En conséquence si f est continue et change de signe sur un intervalle I, alors f s'annule dans I, c'est-à-dire que l'équation $f(x) = 0$ admet au moins une solution dans I.

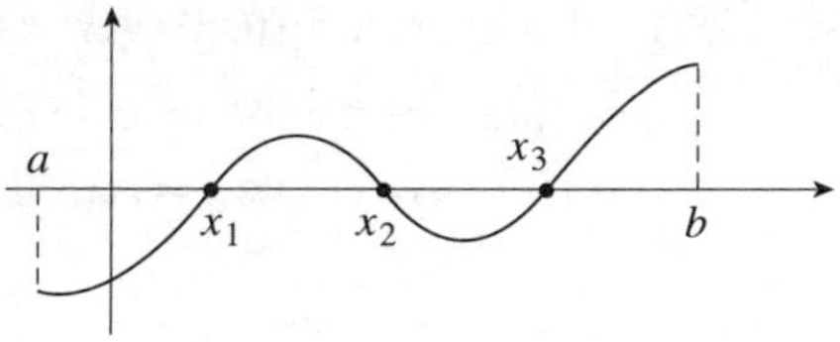

L'image d'un intervalle fermé par une fonction continue est un intervalle fermé.
$f([a ; b]) = [m ; M]$, m et M sont respectivement le minimum et le maximum de f sur $[a ; b]$.

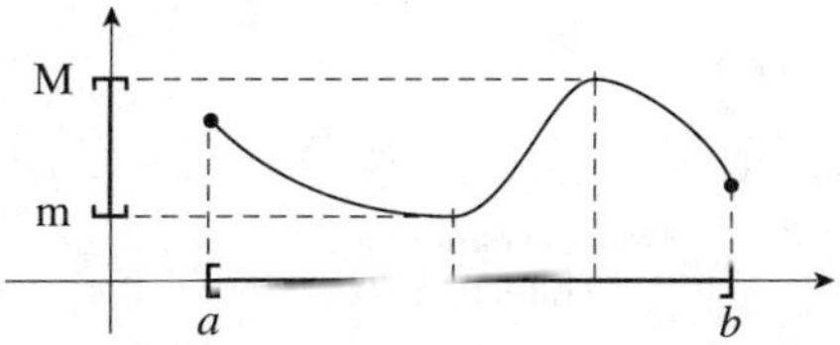

Cependant, une fonction continue ne conserve pas nécessairement la nature des intervalles autres que les intervalles fermés.

Fonction réciproque

1. Bijection

La fonction f définie sur $E \subset \mathbb{R}$ est une bijection de E vers F si, pour tout $y \in F$, l'équation $f(x) = y$ admet une solution unique dans E.

> Si f est continue et strictement monotone sur un intervalle I, alors f est une bijection de I vers f(I) et les intervalles I et f(I) sont de même nature.
>
> En particulier, si f est strictement croissante, $f([a ; b]) = [f(a) ; f(b)]$
> si f est strictement décroissante, $f([a ; b]) = [f(b) ; f(a)]$

En conséquence, si f est continue, strictement monotone et change de signe sur $[a ; b]$, alors f s'annule une seule fois dans $[a ; b]$, c'est-à-dire que l'équation $f(x) = 0$ admet une solution unique dans $[a ; b]$.

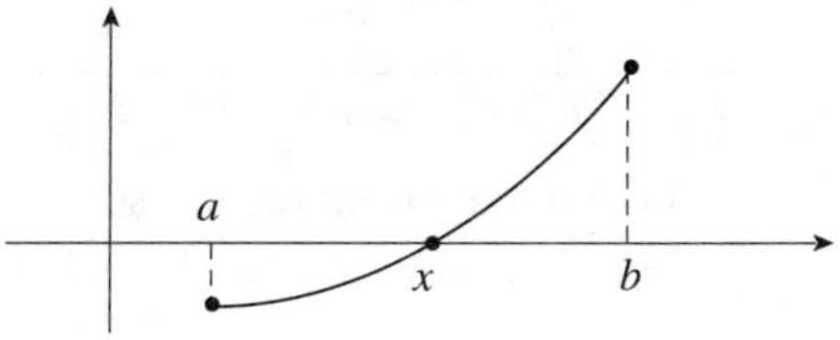

2. Définition et propriétés de la fonction réciproque

Si f est une bijection de I vers f(I), alors f admet une fonction réciproque, notée f^{-1}, qui est une bijection de f(I) vers I.

Si f est continue sur I, f^{-1} est continue sur f(I).

Si f est strictement monotone sur I, f^{-1} est strictement monotone sur f(I) et de même sens de variations que f.

Dans un repère orthonormé, C_f et $C_{f^{-1}}$ sont symétriques par rapport à la droite d'équation $y = x$.

Dérivabilité

1. Nombre dérivé en un point

Soit f définie sur un intervalle ouvert contenant x_0. La fonction f est dérivable en x_0 si le taux d'accroissement de f en x_0 : $\dfrac{f(x) - f(x_0)}{x - x_0}$ admet une limite finie quand $x \to x_0$.

Cette limite est le nombre dérivé de f en x_0 :

$$f'(x_0) = \lim_{x \to x_0} \frac{f(x) - f(x_0)}{x - x_0}$$

En posant $x = x_0 + h$, on obtient : $f'(x_0) = \lim_{h \to 0} \dfrac{f(x_0 + h) - f(x_0)}{h}$.

Si f est dérivable en x_0, la courbe représentative de f admet en x_0 une tangente d'équation :

$$y = f'(x_0) \, . \, (x - x_0) + f(x_0)$$

$f'(x_0)$ est le coefficient directeur de la tangente au point d'abscisse x_0 .
On définit de façon analogue la dérivabilité à droite ($h > 0$) et à gauche ($h < 0$) de x_0 , notées respectivement $f'(x_0^+)$ et $f'(x_0^-)$.

Une fonction est dérivable en x_0 si elle est dérivable à droite et à gauche de x_0 et si les nombres dérivés sont égaux.

Si f est dérivable en x_0 , f est continue en x_0 , mais la réciproque est fausse.

2. Allure de la représentation graphique d'une fonction

f dérivable en x_0		f non dérivable en x_0		
$f'(x_0) = L$		$f'(x_0) = \infty$		$f'(x_0^+) \neq f'(x_0^-)$
régulier	inflexion	rebroussement	inflexion	anguleux
	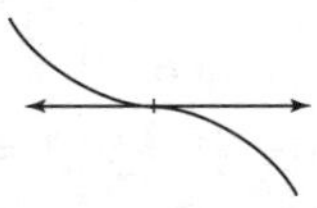	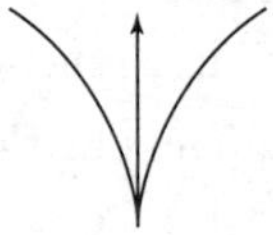	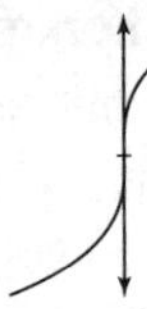	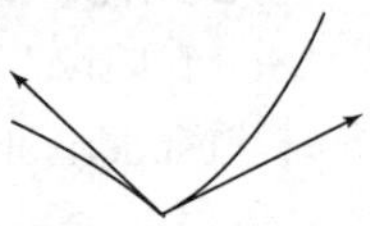

3. Différentielle

Soit f une fonction définie sur un intervalle ouvert I contenant x_0 .
f est dérivable en x_0 s'il existe une fonction φ telle que, pour tout h avec $x_0 + h \in$ I,
$f(x_0 + h) = f(x_0) + h \, . \, f'(x_0) + h \, . \, \varphi(h)$, et $\lim_{h \to 0} \varphi(h) = 0$.
On appelle différentielle de f au point x_0 la fonction linéaire $df_{x_0} : h \to f'(x_0) \, . \, h$

Notation différentielle de la dérivée :

En posant $h = dx$, on obtient $f'(x_0) = \dfrac{df_{x_0}}{dx}$.

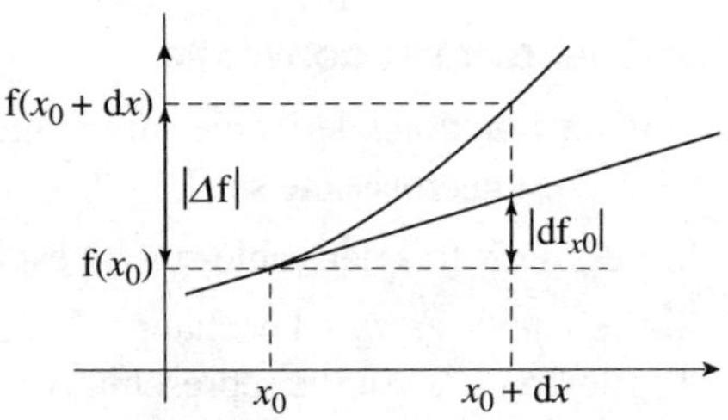

Interprétation graphique :

Pour les petites variations dx , on peut assimiler $df_{x_0} = f'(x_0) \, . \, dx$ avec $\Delta f = f(x_0 + dx) - f(x_0)$

Fonction dérivée

1. Définition, dérivées successives

Si f est dérivable en tout point de I, on définit la **fonction dérivée** : $x \to f'(x)$.

Notation différentielle : $f'(x) = \dfrac{df}{dx}$

On définit de même les dérivées successives sur I, notées $f^{(n)}$ ou $\dfrac{d^n f}{dx^n}$, $n \geq 1$.

On dit que f est de classe C^n sur $[a\,;b]$ si f est n fois dérivable sur $[a\,;b]$ et si $f^{(n)}$ est continue sur $[a\,;b]$. Si f est de classe C^n pour tout $n \in \mathbb{N}$, on dit que f est C^∞ sur $[a\,;b]$.

2. Opérations et propriétés

	Dérivée	**Différentielle**
Somme	$(f + g)' = f' + g'$	$d(f + g) = df + dg$
Linéarité	pour tout λ réel, $(\lambda f)' = \lambda f'$	$d(\lambda f) = \lambda df$
Produit	$(f \,.\, g)' = f'g + fg'$	$d(fg) = g \,.\, df + f \,.\, dg$
Quotient	$\left(\dfrac{f}{g}\right)' = \dfrac{f'g - fg'}{g^2}$	$d\left(\dfrac{f}{g}\right) = \dfrac{g \,.\, df - f \,.\, dg}{g^2}$
Fonction composée	$(g \circ f)' = (g' \circ f) \times f'$	$d(g \circ f) = (g' \circ f) \,.\, df$

3. Dérivée d'une fonction réciproque

Soit f dérivable sur I et admettant sur I une fonction réciproque f^{-1}.

f^{-1} est dérivable en tout point $y_0 = f(x_0)$ tel que $f'(x_0) \neq 0$ et $[f^{-1}(y_0)]' = \dfrac{1}{f'(f^{-1}(y_0))}$

4. Application au sens de variations

Soit une fonction f dérivable sur un intervalle I :

1) Si $f' \geq 0$, f est croissante sur I

2) Si $f' > 0$, f est strictement croissante sur I

3) Si $f' \leq 0$, f est décroissante sur I

4) Si $f' < 0$, f est strictement décroissante sur I

5) Si $f' = 0$, f est constante sur I

Si la dérivée de f s'annule en x_0 et change de signe de part et d'autre de x_0, $f(x_0)$ est un extremum (minimum ou maximum) et la courbe admet en x_0 une tangente horizontale.

5. Concavité et convexité

Soit une fonction f dérivable sur un intervalle I. f est convexe si f' est croissante sur I. f est concave si f' est décroissante sur I.

Si f est deux fois dérivable sur I, f est convexe si $f'' \geq 0$, f est concave si $f'' \leq 0$.

Si f'' s'annule en $x_0 \in I$ et change de signe de part et d'autre de x_0, le point d'abscisse x_0 est point d'inflexion à la courbe représentative de f.

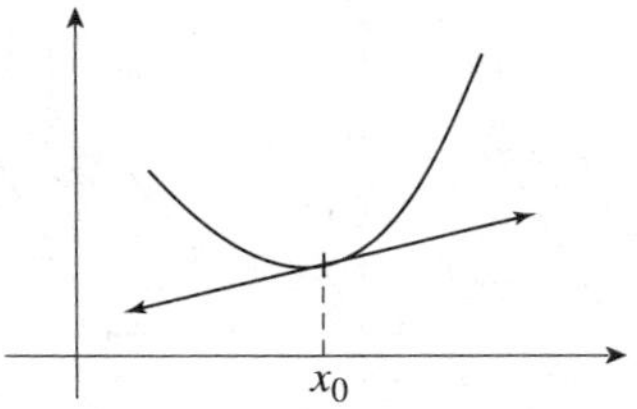

fonction convexe

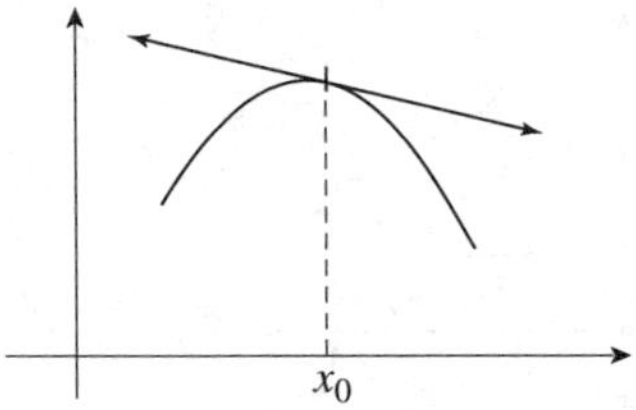

fonction concave

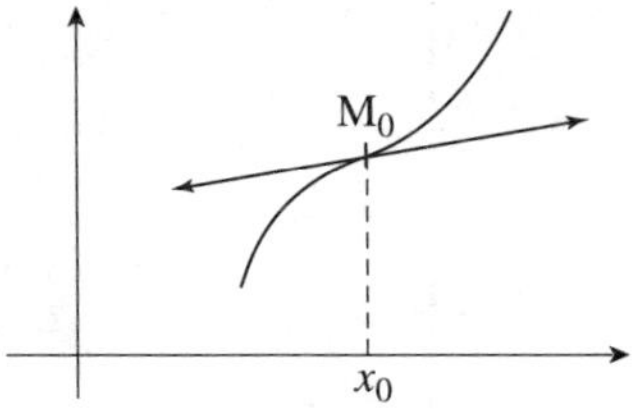

M_0 point d'inflexion

La courbe représentative d'une fonction convexe est située au-dessus de toute tangente.
La courbe représentative d'une fonction concave est située en-dessous de toute tangente.
La tangente en un point d'inflexion traverse la courbe.

EXERCICES

1 Partie entière, partie fractionnaire

1) Tracer la fonction « Partie entière » : $x \to \mathrm{E}(x)$, où $\mathrm{E}(x)$ est défini comme le plus grand entier inférieur ou égal à x.

2) Tracer la fonction « Partie fractionnaire » : $x \to [x] = x - \mathrm{E}(x)$.
Montrer en particulier que $x \to [x]$ est périodique et déterminer sa période.

3) Étudier la fonction $\mathrm{f} : x \to \dfrac{\mathrm{E}(x)}{x}$.
Exprimer f dans chaque intervalle $[n\,;\,n+1[$, n entier relatif.
Étudier les limites de f en 0, $+\infty$ et $-\infty$.
Tracer sa courbe représentative.

■ SOLUTION

1) La fonction partie entière est constante et égale à n sur chaque intervalle $[n\,;\,n+1[$, $n \in \mathbb{Z}$.
Pour tout $n \in \mathbb{Z}$, $\lim\limits_{x \to n^+} \mathrm{E}(x) = \mathrm{E}(n) = n$ et $\lim\limits_{x \to n^-} \mathrm{E}(x) = \lim\limits_{x \to n^-} (n-1) = n - 1$. Donc la fonction partie entière est discontinue en chaque valeur entière.
Remarquons que $\mathrm{E}(3{,}4) = 3$ mais que $\mathrm{E}(-3{,}4) = -4$.

2) Si $x \in [0\,;\,1[$, $\mathrm{E}(x) = 0$, donc $[x] = x$.
La fonction partie fractionnaire est périodique de période 1. En effet :
$$[x+1] = (x+1) - \mathrm{E}(x+1) = x + 1 - \mathrm{E}(x) - 1 = x - \mathrm{E}(x) = [x]$$
Il reste alors à tracer la courbe sur $[0\,;\,1]$. On obtient la courbe complète en effectuant des translations de vecteur $(1, 0)$.
Pour tout $n \in \mathbb{Z}$, $\lim\limits_{x \to n^+} [x - \mathrm{E}(x)] = \lim\limits_{x \to n^+} (x - n) = 0$ et $\lim\limits_{x \to n^-} [x - \mathrm{E}(x)] = \lim\limits_{x \to n^-} (x - n + 1) = 1$.
Donc la fonction partie fractionnaire est discontinue en chaque valeur entière.

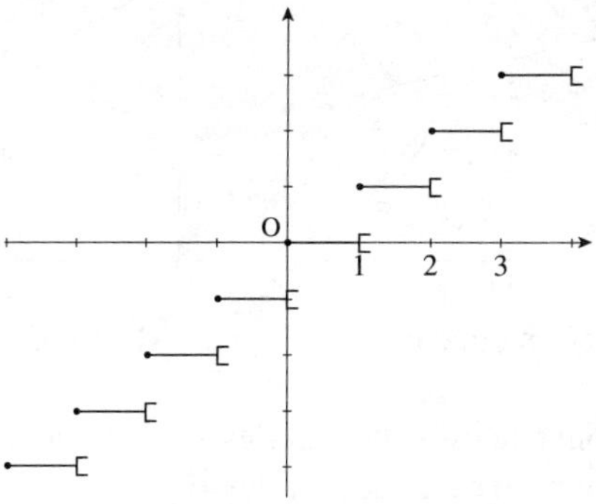

Partie entière

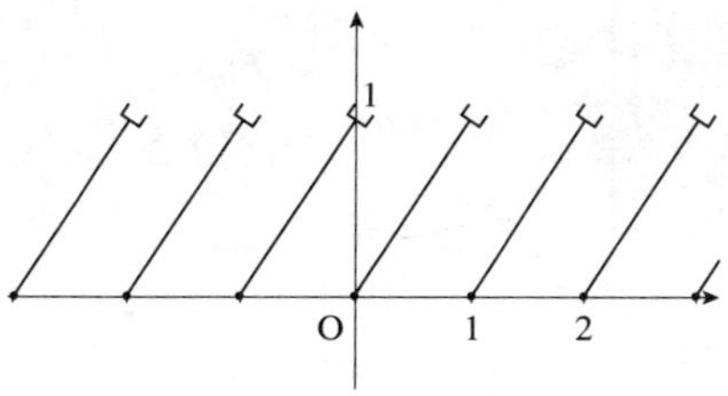

Partie fractionnaire

3) La fonction f : $x \to \dfrac{E(x)}{x}$ est définie pour tout $x \neq 0$.
Pour tout $x \in [n\,;\, n+1[$, $E(x) = n$.
Donc, si $x \in [n\,;\, n+1[$ avec $n \neq 0$, $f(x) = \frac{n}{x}$ et, si $x \in]0\,;\,1[$, $f(x) = 0$.

Étude en 0 : $\lim\limits_{x\to 0^+} f(x) = \lim\limits_{x\to 0^+} \frac{0}{x} = 0$. On peut donc prolonger f par continuité en 0 à droite en posant $f(0^+) = 0$.

Sur $[-1, 0[$, $f(x) = -\frac{1}{x}$ donc $\lim\limits_{x\to 0^-} f(x) = +\infty$. L'axe (O$y$) est asymptote verticale.

Étude en chaque valeur entière :
Pour tout $n \in \mathbb{N}^*$, $\lim\limits_{x\to n^+} \dfrac{E(x)}{x} = 1$ et $\lim\limits_{x\to n^-} \dfrac{E(x)}{x} = \dfrac{n-1}{n} = 1 - \dfrac{1}{n}$. On en déduit que f est discontinue en chaque valeur entière.

Limite en ± ∞ :
On utilise l'inégalité : $x - 1 < E(x) \leq x$.
Donc, pour $x > 0$, $\dfrac{x-1}{x} < f(x) \leq 1$ et pour tout $x < 0$, $1 \leq f(x) < \dfrac{x-1}{x}$

Comme $\lim\limits_{x\to\infty} \dfrac{x-1}{x} = 1$, on en déduit, grâce à un théorème d'encadrement, que f a pour limite 1 en $+\infty$ et en $-\infty$.

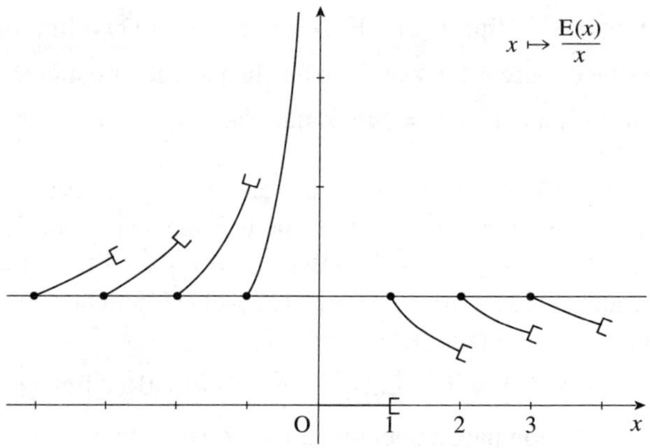

2 Fonctions échelon, porte et signal carré

Soit T un nombre réel strictement positif.

1) Représenter la fonction : « Échelon de Heaviside » : $x \to U_A(x) = \begin{cases} A & \text{si } x \geq 0 \\ 0 & \text{si } x < 0 \end{cases}$

Si A = 1, on écrira plus simplement $U(x)$.
Représenter la fonction : « Échelon retardé » : $x \to U_A(x - T)$
« Échelon avancé » : $x \to U_A(x + T)$

2) Représenter la fonction $f : x \to U(x) - 2\,U(x-1) + U(x-2)$

3) Représenter la fonction « Porte » : $x \to \Pi_{A,T}(x) = \begin{cases} A & \text{si } |x| \leq T/2 \\ 0 & \text{si } |x| > T/2 \end{cases}$

Si A = T = 1, on écrira plus simplement $\Pi(x)$.
Déterminer l'expression de la fonction porte retardée de T.

4) Représenter la fonction f_A : « Signal carré » T – périodique, et :

$$f_A(x) = \begin{cases} A & \text{si } 0 < x < T/2 \\ -A & \text{si } T/2 < x < T \end{cases}$$

■ SOLUTION

1) La fonction « échelon » est (de manière évidente) discontinue en 0.

Fonction « échelon retardé » : $U_A(x - T) = \begin{cases} A & \text{si } x \geq T \\ 0 & \text{sinon} \end{cases}$

Sa courbe se déduit de celle de la fonction échelon par une translation de vecteur (T ; 0). De même, la courbe de la fonction $x \to U_A(x + T)$ se déduit de celle de la fonction échelon par une translation de vecteur (– T ; 0).

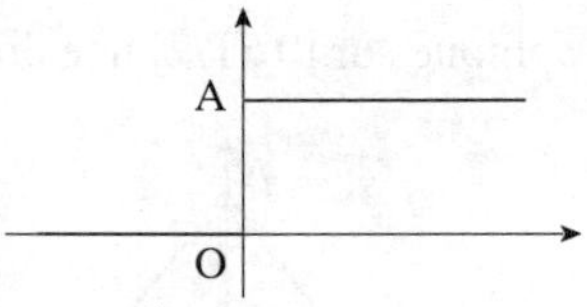

Échelon $U_A(x)$

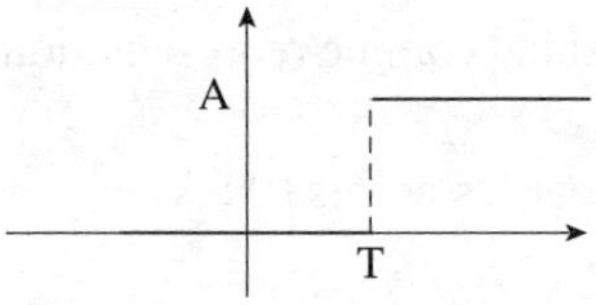

Échelon retardé $U_A(x - T)$

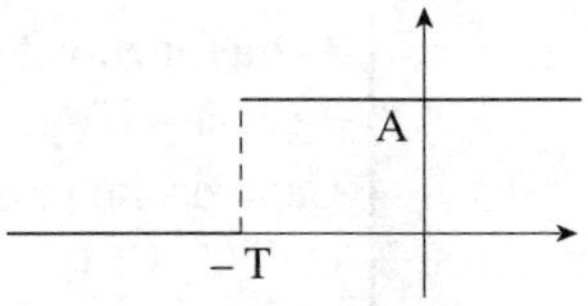

Échelon avancé $U_A(x + T)$

2) Traçons séparément les trois fonctions composant la fonction f :

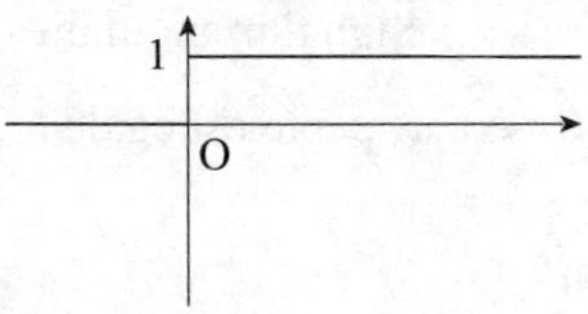

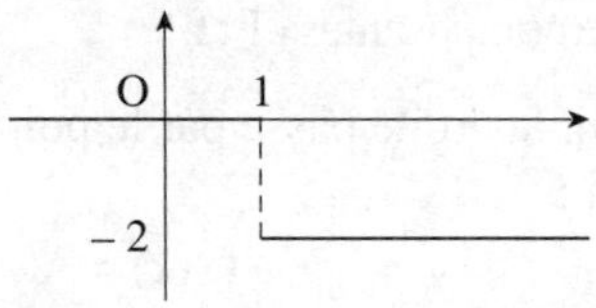

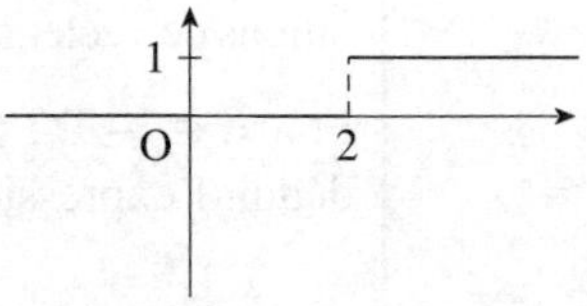

Par « addition » des trois précédents graphiques, on déduit le graphique de la fonction f ainsi que son expression :

$$f(x) = 0 \quad \begin{cases} 0 & \text{si } x < 0 \\ 1 & \text{si } 0 \leq x < 1 \\ -1 & \text{si } 1 \leq x < 2 \\ 0 & \text{si } x \geq 2 \end{cases}$$

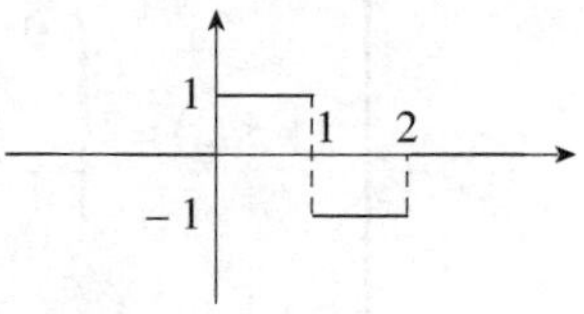

3) $\Pi_{A,T}(x) = \begin{cases} A & \text{si } |x| \leq T/2 \\ 0 & \text{sinon} \end{cases}$ c'est-à-dire $\Pi_{A,T}(x) = \begin{cases} A & \text{si } -T/2 \leq x \leq T/2 \\ 0 & \text{sinon} \end{cases}$

La fonction « porte retardée de T » est la fonction $\Pi_{A,T}(x - T)$.

$\Pi_{A,T}(x - T) = \begin{cases} A & \text{si } |x - T| \leq T/2 \\ 0 & \text{sinon} \end{cases}$ c'est-à-dire $\Pi_{A,T}(x - T) = \begin{cases} A \text{ si } T/2 \leq x \leq 3\,T/2 \\ 0 \text{ sinon} \end{cases}$

4)

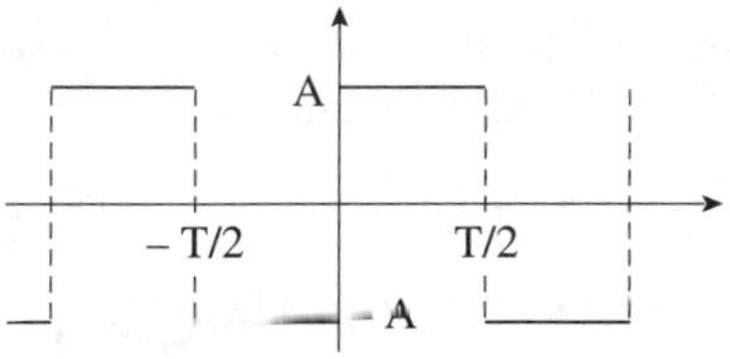

3 Signal triangulaire et dent de scie

Soit A et T deux nombres réels strictement positifs.

1) Représenter la fonction : « Signal triangulaire » : f_A est paire, T – périodique, et :

$$f_A(x) = A - \frac{2A}{T}x, \quad \text{pour tout } x \in [0, T/2[$$

Déterminer l'expression de cette fonction pour $x \in \,]-T/2\,;\,0[$.

2) Représenter la fonction $g : x \to xU(x) - 2(x - 1)U(x - 1) + (x - 2)U(x - 2)$.

3) Représenter la fonction : « Dent de scie » : f_A est T – périodique, et :

$$f_A(x) = \frac{A}{T}x, \quad \text{pour tout } x \in [0, T[$$

■ SOLUTION

1) La fonction f_A admet comme représentation graphique sur [0 ; T/2] une droite de pente égale à – 2A/T.

Cette droite passe par les points (0 ; A) et (T/2 ; 0).

On obtient la représentation graphique complète en effectuant une symétrie par rapport à l'axe (O*y*) puis par des translations de vecteur de composantes (T ; 0).

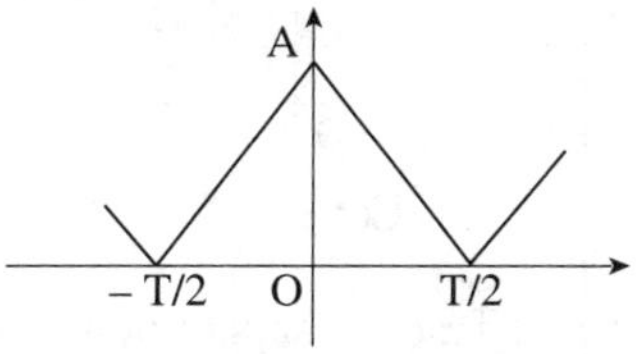

Signal triangulaire

Pour $x \in [-T/2\,;\,0]$, la droite passe par le point (0 ; A), sa pente est égale à 2 A/T. On en déduit l'expression :

$$f_A(x) = A + \frac{2A}{T}x$$

2) En utilisant la définition de la fonction « échelon », $U(x - T) = 0$ si $x < T$, il faut distinguer les intervalles : $]-\infty\,;\,0[$, $[0\,;\,1[$, $[1\,;\,2[$, $[2\,;\,+\infty[$. On obtient :

$$g(x) = \begin{cases} 0 & \text{si } x < 0 \\ x & \text{si } 0 \leq x < 1 \\ -x + 2 & \text{si } 1 \leq x < 2 \\ 0 & \text{si } x \geq 2 \end{cases}$$

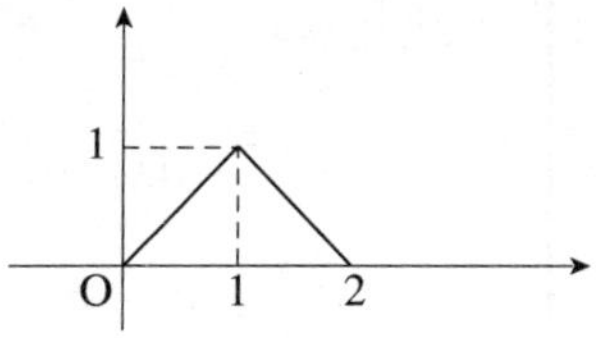

3) On obtient :

La fonction est discontinue pour chaque valeur entière.

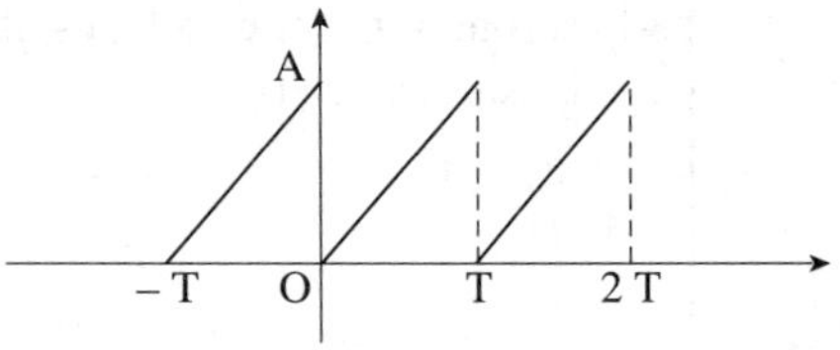

Dent de scie

4 Fonctions causales

Une fonction f est **causale** si $f(x) = 0$ pour tout $x < 0$.

La fonction « échelon unité » $U(x)$ sert à construire des fonctions causales par multiplication avec des fonctions quelconques.

Tracer les fonctions suivantes :

1) $f_1 : x \to U(x) \sin x$

2) $f_2 : x \to U(x) \sin(x - \pi)$

3) $f_3 : x \to U(x - \pi) \sin x$

4) $f_4 : x \to U(x - \pi) \sin(x - \pi)$

■ SOLUTION

1) $U(x) \sin x = \begin{cases} \sin x & \text{si } x \geq 0 \\ 0 & \text{si } x < 0 \end{cases}$

Cette fonction est continue en 0 puisque $\lim\limits_{x \to 0^+} U(x) \sin x = 0$. En revanche, elle n'est pas dérivable en 0.

2) $\sin(x - \pi) = -\sin x$. Donc $U(x)\sin(x - \pi) = -U(x)\sin x$. Les courbes des fonctions f_1 et f_2 sont symétriques par rapport à l'axe (Ox).

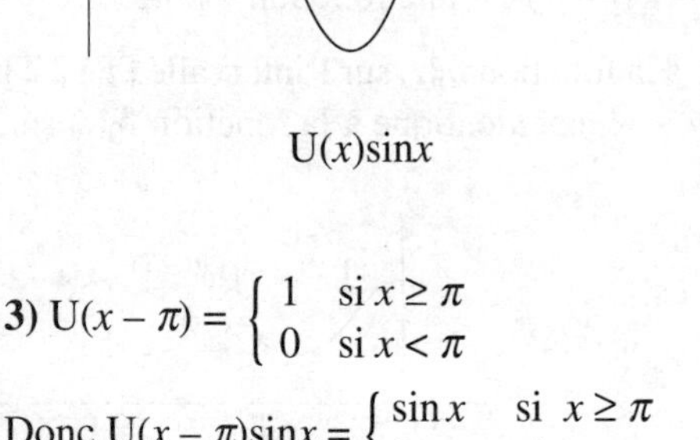

$U(x)\sin x$

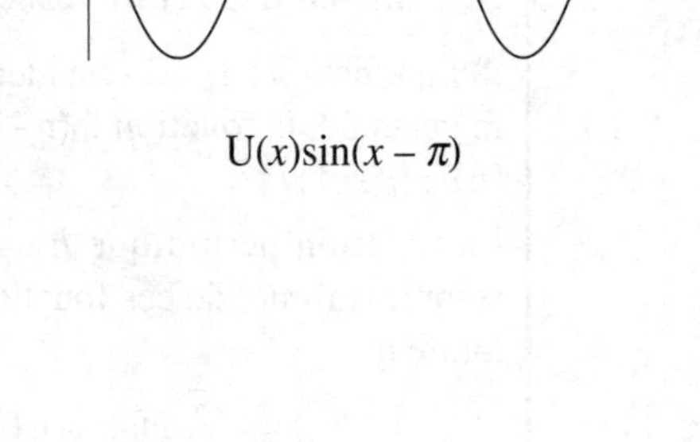

$U(x)\sin(x - \pi)$

3) $U(x - \pi) = \begin{cases} 1 & \text{si } x \geq \pi \\ 0 & \text{si } x < \pi \end{cases}$

Donc $U(x - \pi)\sin x = \begin{cases} \sin x & \text{si } x \geq \pi \\ 0 & \text{si } x < \pi \end{cases}$

4) La fonction $f_4 : x \to U(x - \pi)\sin(x - \pi)$ se traduit de f_1 par la translation de vecteur de composantes $(\pi\,;0)$.

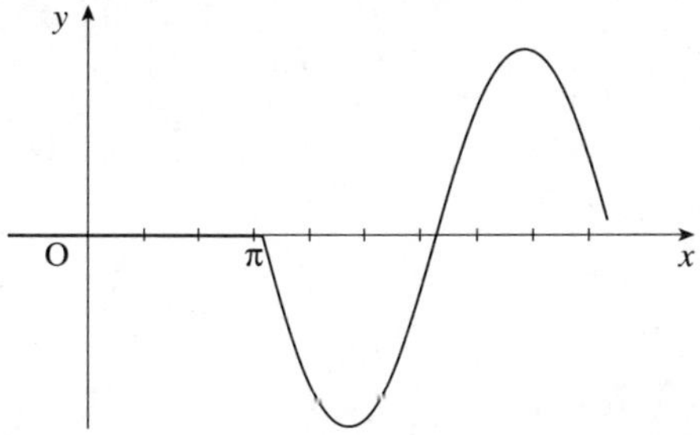

$U(x - \pi)\sin x$

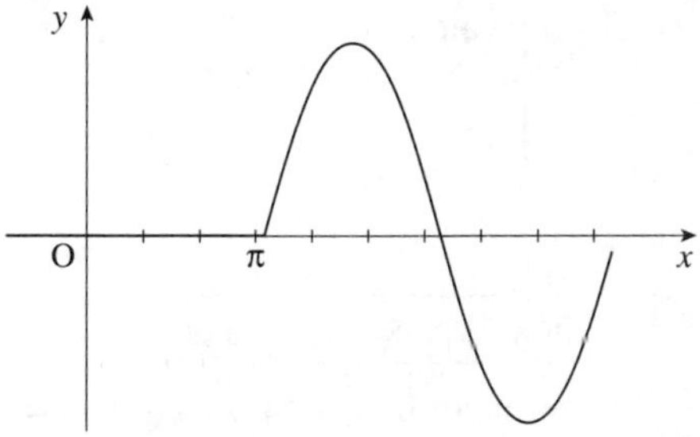

$U(x - \pi)\sin(x - \pi)$

5 Construction d'une fonction périodique

Soit une fonction f définie sur $\mathbb{R}$ et soit T un nombre réel strictement positif.

1) Exprimer à l'aide de f et de l'échelon, la fonction f_0 égale à f sur [0 ; T] et nulle sinon.

2) Construire la fonction h périodique de période T et égale à f_0 sur [0 ; T]. La fonction f_0 est appelée le **motif** de cette fonction périodique.

■ SOLUTION

1) On utilise la fonction « échelon » $U(t)$ et la fonction « échelon retardé de T » $U(t - T)$. La différence de ces deux fonctions donne une fonction égale à 1 sur [0 ; T] et nulle ailleurs.

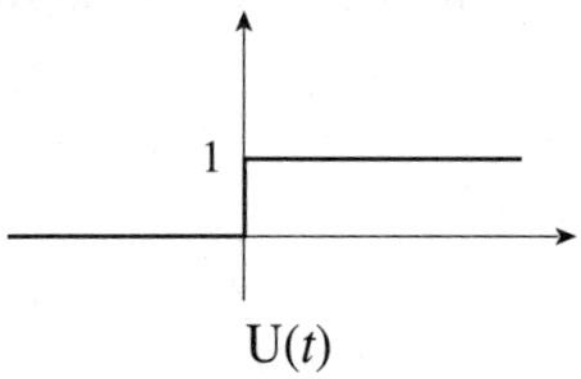

$U(t)$

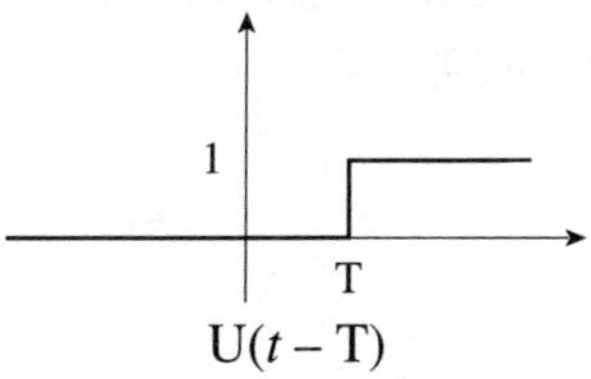

$U(t - T)$

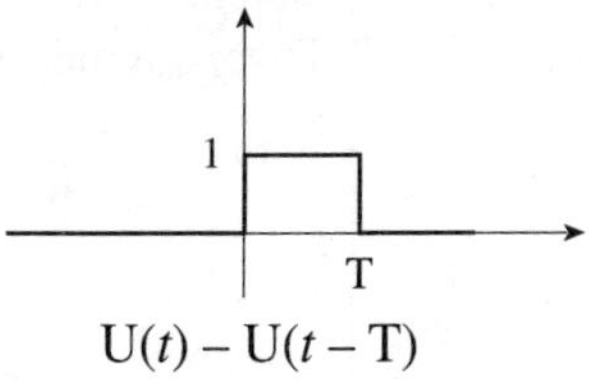

$U(t) - U(t - T)$

Il reste à multiplier cette fonction par f pour obtenir la fonction f_0 :

$$f_0(t) = f(t)\,.\,[U(t) - U(t - T)]$$

Remarquons que la différence $U(t) - U(t - T)$ est une fonction « porte ».

2) La fonction $f_0(t - T)$ est identique à la fonction $f_0(t)$ sur l'intervalle [T ; 2 T] ; de manière générale, la fonction $f_0(t - nT)$, $n \in \mathbb{Z}$, est identique à la fonction $f_0(t)$ sur l'intervalle $[nT\,;(n + 1)T]$.

La fonction périodique h est alors la somme (infinie) de ces fonctions, c'est-à-dire que :

$$h(t) = \sum_{n \in \mathbb{Z}} f_0(t - nT)$$

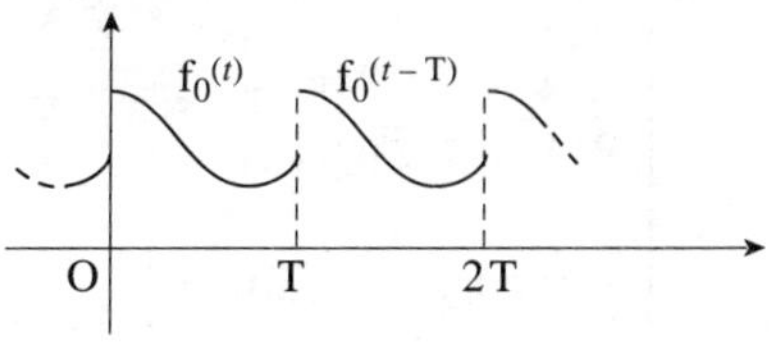

6 Somme de fonctions périodiques

1) Déterminer la période T_f de la fonction f : $t \to \sin 3\pi t$.

2) Déterminer α pour que la fonction g : $t \to \sin \pi\alpha t$ soit périodique de période $T_g = 3/7$.

3) Déterminer la période de la fonction f + g.

■ SOLUTION

1) $\sin 3\pi(t + T) = \sin 3\pi t \Leftrightarrow 3\pi T = 2k\pi,\ k \in \mathbb{Z} \Leftrightarrow T = 2k/3$. La plus petite valeur strictement positive de T convenant est donc 2/3 ; c'est la période de la fonction f.

2) $\sin \alpha\pi t = \sin \alpha\pi(t + 3/7)$. Donc $3\alpha\pi/7 = 2\pi$ et donc $\alpha = 14/3$.

3) Soit T la période de la fonction f + g. Alors $T = \lambda T_f = \mu T_g$, avec λ et μ deux entiers strictement positifs les plus petits possibles. On a donc :

$$\frac{2\lambda}{3} = \frac{3\mu}{7} \Leftrightarrow 14\lambda = 9\mu$$

Les valeurs $\lambda = 9$ et $\mu = 14$ conviennent. Finalement, $T = 6$.

7 Polynômes de degré impair

Montrer que tout polynôme réel de degré impair possède au moins une racine réelle.

■ SOLUTION

Soit $x \to P(x)$ une fonction polynôme de degré impair définie sur $\mathbb{R}$, soit ax^n son terme de plus haut degré, avec a non nul et n entier positif impair.
Supposons $a > 0$. (Le cas $a < 0$ se traitera de façon analogue).
On a : $\lim\limits_{x \to +\infty} P(x) = \lim\limits_{x \to +\infty} ax^n = +\infty$ et $\lim\limits_{x \to -\infty} P(x) = \lim\limits_{x \to -\infty} ax^n = -\infty$
La fonction polynôme est une fonction continue sur $\mathbb{R}$, et l'image de $\mathbb{R}$ par P est encore $\mathbb{R}$. D'après le théorème des valeurs intermédiaires, l'équation $P(x) = 0$ admet au moins une solution réelle.

8 Limite classique

1) À l'aide d'un encadrement des aires des triangles OMA et OTA et de l'aire du secteur circulaire $\overset{\frown}{OMA}$, démontrer que $\sin x \leq x \leq \tan x$ avec $0 \leq x \leq \pi/2$.

2) En déduire la limite quand $x \to 0$ de $\dfrac{\sin x}{x}$.

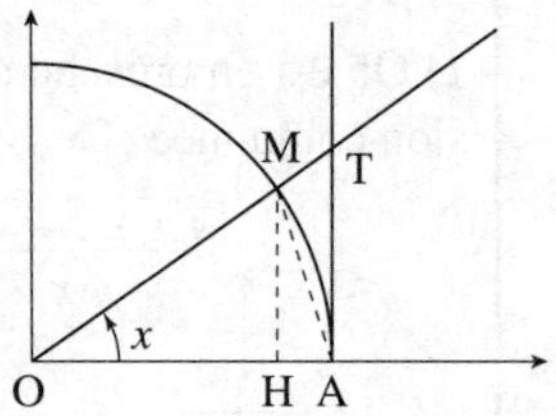

■ SOLUTION

1) Posons OA = 1.
On a l'encadrement des aires : Aire(OMA) $\leq$ Aire ($\overset{\frown}{OMA}$) $\leq$ Aire (OTA).

Aire(OMA) = 1/2 OA . MH = 1/2 . sin$x$.
Aire(OTA) = 1/2 . OA . AT et comme AT = tan x, Aire(OTA) = 1/2 . tan x.
L'aire du secteur $\widehat{\text{OMA}}$ est proportionnelle à x. Quand $x = 2\pi$, l'aire vaut $\pi R^2 = \pi$.

Donc, $\dfrac{\text{Aire}\,\widehat{\text{OMA}}}{\pi} = \dfrac{x}{2\pi}$ et Aire ($\widehat{\text{OMA}}$) = $\dfrac{x}{2}$

On a donc l'encadrement : $\sin x \leq x \leq \tan x$, pour $0 \leq x < \dfrac{\pi}{2}$.

2) Divisons cette inégalité par sin$x$: $1 \leq \dfrac{x}{\sin x} \leq \dfrac{1}{\cos x}$.

En considérant l'inverse, on obtient : $\cos x \leq \dfrac{\sin x}{x} \leq 1$.

Et quand $x \to 0$, $\cos x \to 1$, par application d'un théorème d'encadrement, $\lim\limits_{x \to 0} \dfrac{\sin x}{x} = 1$.

9 Détermination de limites

1) Déterminer $\lim\limits_{x \to 0} \dfrac{\sqrt{x+2} - \sqrt{2}}{\sqrt{x}}$.

2) Déterminer $\lim\limits_{x \to 0} \dfrac{\sqrt{x+2} - \sqrt{2}}{x}$.

3) Déterminer les limites en $+\infty$ et $-\infty$ de la fonction : $x \to \dfrac{2x + |2x-3|}{5x-1}$.

4) Déterminer la limite en $+\infty$ de la fonction : $x \to x \sin(1/x)$.

■ **SOLUTION**

Rappelons les différentes méthodes de détermination de limites :

a) Mise en facteur du terme dominant.

b) Utilisation des théorèmes sur les polynômes et les fractions rationnelles.

c) Utilisation des théorèmes d'encadrement.

d) Utilisation de l'expression conjuguée avec les radicaux.

e) Changement de variable.

f) Définition de la dérivée pour les formes indéterminées de type « 0/0 ».

g) Utilisation des développements limités ou des équivalents.

1) On est en présence d'une forme indéterminée du type « 0/0 ». On utilise ici l'expression conjuguée :

$$\frac{\sqrt{x+2} - \sqrt{2}}{\sqrt{x}} \times \frac{\sqrt{x+2} + \sqrt{2}}{\sqrt{x+2} + \sqrt{2}} = \frac{x+2-2}{\sqrt{x}(\sqrt{x+2} + \sqrt{2})} = \frac{\sqrt{x}}{\sqrt{x+2} + \sqrt{2}}$$

$\lim\limits_{x \to 0} (\sqrt{x+2} + \sqrt{2}) = 2\sqrt{2}$, donc $\lim\limits_{x \to 0} \dfrac{\sqrt{x+2} - \sqrt{2}}{\sqrt{x}} = 0$

2) On est encore en présence d'une forme indéterminée du type « 0/0 » mais on reconnaît ici le taux d'accroissement en 0 de la fonction f : $x \to \sqrt{x+2}$. La fonction f étant dérivable en 0, la limite cherchée est égale à f'(0).

$f'(x) = \dfrac{1}{2\sqrt{x+2}}$ d'où on déduit que $f'(0) = \dfrac{1}{2\sqrt{2}} = \lim\limits_{x \to 0} \dfrac{\sqrt{x+2} - \sqrt{2}}{x}$.

3) Il convient d'abord d'enlever la valeur absolue :

Au voisinage de $+\infty$, $|2x - 3| = 2x - 3$ et $f(x) = \dfrac{4x - 3}{5x - 1}$ qui admet comme limite 4/5.

Au voisinage de $-\infty$, $|2x - 3| = -\ 2x + 3$ et $f(x) = \dfrac{3}{5x - 1}$ qui admet pour limite 0.

4) On effectue le changement de variable $y = 1/x$. Alors : $\lim\limits_{x \to +\infty} x \cdot \sin\dfrac{1}{x} = \lim\limits_{y \to 0} \dfrac{\sin y}{y} = 1$

10 Point fixe

Soit f une fonction continue de $[0 ; 1] \to [0 ; 1]$. On dit alors que f est stable sur $[0 ; 1]$. Montrer qu'il existe $x_0 \in [0 ; 1]$ tel que $f(x_0) = x_0$. Le point de coordonnées $(x_0 ; x_0)$ est appelé point fixe de la fonction f sur $[0 ; 1]$.

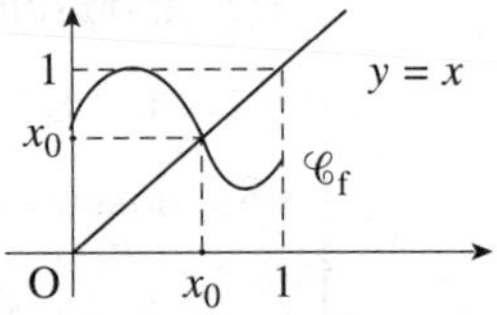

■ SOLUTION

On considère la fonction $g : x \to f(x) - x$ définie sur $[0 ; 1]$.
L'équation $f(x_0) = x_0$ est équivalente à $g(x_0) = 0$.
Montrons donc que la fonction g s'annule dans $[0 ; 1]$:
$g(0) = f(0)$, donc $g(0) \geq 0$
$g(1) = f(1) - 1$, et comme $0 \leq f(1) \leq 1$, $g(1) \leq 0$
De plus, la fonction g est continue sur $[0 ; 1]$. Le théorème des valeurs intermédiaires appliqué à la fonction g nous assure l'existence de x_0 dans $[0 ; 1]$ tel que $g(x_0) = 0$.

11 Recherche d'extrema

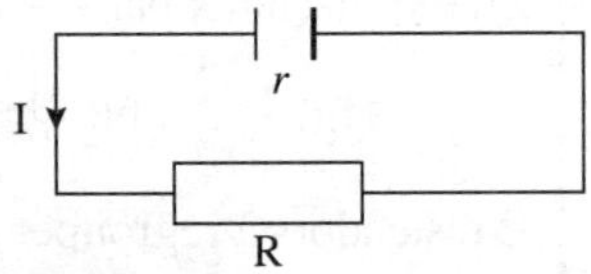

Soit un générateur de force électromotrice E, de résistance interne r et le circuit ci-contre.
Déterminer la valeur de la résistance R pour que la puissance dissipée y soit maximum. (Étudier la fonction $R \to P(R)$, $R > 0$).

■ SOLUTION

On utilise les relations : $P = RI^2$ et $E = (R + r)I$ qui implique $I = \dfrac{E}{R + r}$.

Alors $P = E^2 \cdot \dfrac{R}{(R + r)^2}$. Étudions la fonction $P : R \to E^2 \cdot \dfrac{R}{(R + r)^2}$, définie pour $R > 0$.

Cette fonction est dérivable sur $]0 ; +\infty[$ et $P'(R) = E^2 \cdot \dfrac{r - R}{(R + r)^3}$.

On en déduit le tableau de variations de la fonction P :

R	0		r		$+\infty$
P'(R)		+	0	–	
P(R)	0	↗		↘	0

La fonction « Puissance » admet un maximum pour $R = r$.

Ce maximum vaut $\dfrac{E^2}{4r}$.

12 La formule de Leibniz

On note $f^{(n)}$ la dérivée $n^{\text{ème}}$ d'une fonction f, $n \geq 0$, avec $f^{(0)} = f$.

1) Montrer que si f et g sont deux fonctions n fois dérivables, $(fg)^{(n)} = \sum_{k=0}^{n} C_n^k f^{(k)} g^{(n-k)}$.

2) En calculant de deux manières $(x^{2n})^{(n)}$, montrer que $\sum_{k=0}^{n} (C_n^k)^2 = \dfrac{(2n)!}{(n!)^2}$.

■ SOLUTION

1) Démontrons la formule par récurrence.

• Au rang 1, $(fg)' = f'g + fg' = \sum_{k=0}^{1} C_1^k f^{(k)} g^{(1-k)}$.

• Supposons la formule vraie au rang n, et montrons qu'elle est vraie au rang $n + 1$:

$$(fg)^{(n+1)} = [(fg)^{(n)}]' = [\sum_{k=0}^{n} C_n^k f^{(k)} g^{(n-k)}]' = \sum_{k=0}^{n} C_n^k [f^{(k)} g^{(n-k)}]'$$

$$= \sum_{k=0}^{n} C_n^k f^{(k+1)} g^{(n-k)} + \sum_{k=0}^{n} C_n^k f^{(k)} g^{(n-k+1)}$$

On sort de la première somme le terme $f^{(n+1)}$ et de la seconde $g^{(n+1)}$. Alors :

$$(fg)^{(n+1)} = f^{(n+1)}g + \sum_{k=0}^{n-1} C_n^k f^{(k+1)} g^{(n-k)} + \sum_{k=1}^{n} C_n^k f^{(k)} g^{(n-k+1)} + g^{(n+1)} f$$

En remplaçant k par $k - 1$ dans la première somme, on obtient :

$$(fg)^{(n+1)} = f^{(n+1)}g + \sum_{k=1}^{n} C_n^{k-1} f^{(k)} g^{(n-k+1)} + \sum_{k=1}^{n} C_n^k f^{(k)} g^{(n-k+1)} + g^{(n+1)} f$$

Il reste alors à regrouper les deux sommes :

$$(fg)^{(n+1)} = f^{(n+1)}g + \sum_{k=1}^{n} [C_n^{k-1} + C_n^k] f^{(k)} g^{(n-k+1)} + g^{(n+1)} f$$

Utilisons la propriété des coefficients binomiaux $C_n^{k-1} + C_n^k = C_{n+1}^k$. Alors :

$$(fg)^{(n+1)}g = f^{(n+1)}g + \sum_{k=1}^{n} C_{n+1}^k f^{(k)} g^{(n-k+1)} + g^{(n+1)} f$$

On réintègre enfin dans les sommes les termes $f^{(n+1)}g$ et $g^{(n+1)}f$ et finalement :

$$(fg)^{(n+1)} = \sum_{k=0}^{n+1} C_{n+1}^k f^{(k)} g^{(n+1-k)}$$

Ce qui démontre la propriété au rang $n + 1$.

2) Notons d'abord que, pour tout entier n et pour tout entier $p \leq n$, $(x^n)^{(p)} = \dfrac{n!}{(n-p)!} x^{n-p}$.

En écrivant $(x^{2n})^{(n)} = (x^n \cdot x^n)^{(n)}$ et en appliquant la formule de Leibniz, on obtient :

$$(x^{2n})^{(n)} = \sum_{k=0}^{n} C_n^k \,(x^n)^{(k)}(x^n)^{(n-k)} = \sum_{k=0}^{n} C_n^k \,\frac{n!}{(n-k)!}\,\frac{n!}{k!}\,x^{n-k}x^k = n!\sum_{k=0}^{n} [C_n^k]^2\, x^n$$

D'autre part :

$$(x^{2n})^{(n)} = \frac{(2n)!}{n!}\,x^n$$

En identifiant les coefficients de x^n, on obtient finalement :

$$\sum_{k=0}^{n} [C_n^k]^2 = \frac{(2n)!}{(n!)^2}$$

13 Demi-coniques

Étudier la fonction $f : x \to \sqrt{|x^2 + 4x - 5|}$.

Tracer sa courbe représentative.

■ SOLUTION

Définition de la fonction f :

La fonction f est définie sur $\mathbb{R}$.

$x^2 + 4x - 5 = (x - 1)(x + 5)$. Donc $f(1) = f(-5) = 0$. D'autre part :

$x^2 + 4x - 5 > 0 \Leftrightarrow x \in \,]-\infty\,;-5\,[\,\cup\,]1\,;+\infty[$ et $x^2 + 4x - 5 < 0 \Leftrightarrow x \in \,]-5\,;1[$.

On en déduit que $f : x \to \begin{cases} \sqrt{x^2 + 4x - 5} & \text{si } x \in \,]-\infty\,;-5] \cup [1\,;+\infty[\\ \sqrt{-x^2 - 4x + 5} & \text{si } x \in \,]-5\,;1[\end{cases}$

Parité et symétries :

La fonction f admet la droite $x = -2$ pour axe de symétrie puisque si $x = X - 2$, f s'exprime en fonction de X par : $f(X) = \sqrt{|X^2 - 9|}$ qui est une fonction paire.

On effectue donc l'étude sur $[-2\,;+\infty[$ puis on complète par symétrie.

Dérivabilité :

Sur $]1\,;+\infty[$, f est dérivable et $f'(x) = \dfrac{2x + 4}{2\sqrt{x^2 + 4x - 5}} > 0$ sur cet intervalle.

Sur $[-2\,;1[$, f est dérivable et $f'(x) = \dfrac{-2x - 4}{2\sqrt{-x^2 - 4x + 5}} < 0$ sur cet intervalle.

La fonction f n'est pas dérivable en $x = 1$ (car la fonction racine carrée n'est pas dérivable en 0), mais admet une tangente verticale en ce point.

x	-2		1		$+\infty$
$f'(x)$	0	$-$	‖	$+$	
$f(x)$	3	↘	0	↗	$+\infty$

Branche infinie :

$\lim\limits_{x\to+\infty} \dfrac{f(x)}{x} = 1$ et $\lim\limits_{x\to+\infty} f(x) - x = 2$ donc la droite $y = x + 2$ est asymptote en $+\infty$.

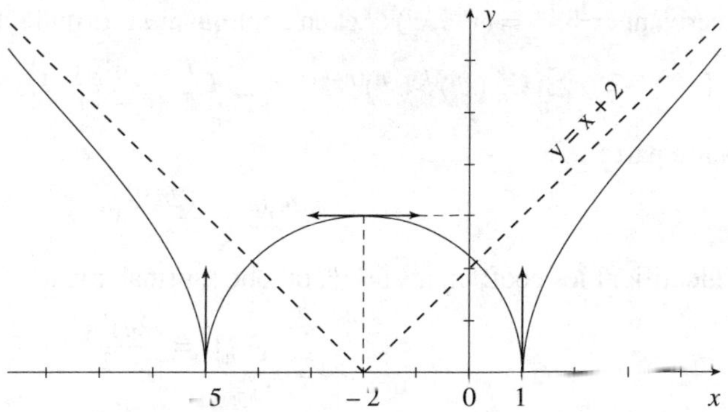

14 Strophoïde droite

On considère la fonction g : $(x\ ;\ y) \to x^3 + xy^2 + x^2 - y^2$ et la courbe S correspondant à l'équation $g(x\ ;\ y) = 0$.

1) Montrer que S est la réunion de deux courbes représentant les fonctions numériques f et – f. Expliciter f.

2) Étudier la fonction f et tracer S.

■ SOLUTION

1) $g(x\ ;\ y) = 0 \Leftrightarrow x^3 + x^2 = y^2(1 - x) \Leftrightarrow x^2(1 + x) = y^2(1 - x) \quad (1)$

Cette dernière égalité nécessite d'avoir $1 + x$ et $1 - x$ de même signe, c'est-à-dire le produit $(1 + x)(1 - x) \geq 0$, c'est-à-dire $-1 \leq x \leq 1$.

Remarquons de plus que $x = 1$ n'est pas solution de l'équation (1), et donc $-1 \leq x < 1$.

Dans ce cas, on obtient : $y = x\sqrt{\dfrac{1+x}{1-x}}$ ou $y = -x\sqrt{\dfrac{1+x}{1-x}}$

Choisissons $f : x \to x\sqrt{\dfrac{1+x}{1-x}}$ de courbe représentative C. La courbe de la fonction – f est obtenue par symétrie de la courbe C par rapport à l'axe (Ox) et S est la réunion de ces deux courbes.

2) f est définie sur [– 1 ; 1[, dérivable sur]– 1 ; 1[. Le calcul de f' donne :

$$f'(x) = \frac{1 + x - x^2}{(1-x)^2}\sqrt{\frac{1-x}{1+x}}.$$

Le signe de $f'(x)$ est celui de $1 + x - x^2$. Ce trinôme du second degré admet deux racines :

$$\alpha = \frac{1-\sqrt{5}}{2} \approx -0{,}618 \quad \text{et} \quad \beta = \frac{1+\sqrt{5}}{2} \notin\ ]-1; 1[$$

On en déduit le tableau de variations :

$f(\alpha) \approx -\ 0{,}381$

x	– 1		α		1
$f'(x)$		–	0	+	
$f(x)$	0	↘	$f(\alpha)$	↗	+ ∞

Étudions la dérivabilité en – 1 par le calcul de la limite du taux d'accroissement :

$$\frac{f(x)-f(0)}{x+1}=\frac{x}{x+1}\sqrt{\frac{1+x}{1-x}}=\frac{x}{\sqrt{1-x^2}} \quad \text{et} \quad \lim_{x\to -1}\frac{x}{\sqrt{1-x^2}}=-\infty$$

f n'est pas dérivable en – 1. La courbe admet en ce point une tangente verticale.

Enfin, $\lim_{x\to 1} f(x)=+\infty$, d'où l'on déduit une asymptote verticale $x = 1$.

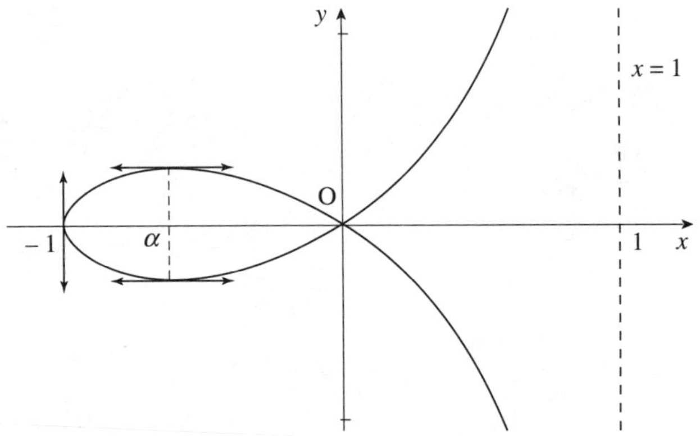

4 FONCTIONS LOGARITHME ET EXPONENTIELLE

Fonction logarithme népérien

1. Définition

Pour tout x strictement positif, $\ln x = \int_1^x \frac{1}{t}\,\mathrm{d}t$. $\ln x$ est le logarithme népérien de x.

2. Propriétés algébriques

Pour tous $a > 0$, $b > 0$ et $n \in \mathbb{R}$:

$\ln ab = \ln a + \ln b$	$\ln a^n = n \, . \ln a$
$\ln \frac{1}{b} = -\ln b$	$\ln \frac{a}{b} = \ln a - \ln b$

3. Étude de la fonction logarithme

• La fonction logarithme est dérivable sur $]0\,;+\infty[$, $(\ln x)' = 1/x > 0$. Sa dérivée est strictement positive, donc la fonction logarithme est strictement croissante sur $]0\,;+\infty[$. C'est une bijection de $]0\,;+\infty[\to \mathbb{R}$.

• $\lim\limits_{x \to 0} \ln x = -\infty$
Asymptote verticale (Oy).

• $\lim\limits_{x \to +\infty} \ln x = +\infty$ et $\lim\limits_{x \to +\infty} \frac{\ln x}{x} = 0$
Branche parabolique de direction (Ox).

• $\lim\limits_{x \to 0^+} x \ln x = 0^-$

• $\lim\limits_{x \to 0} \frac{\ln(1+x)}{x} = 1$

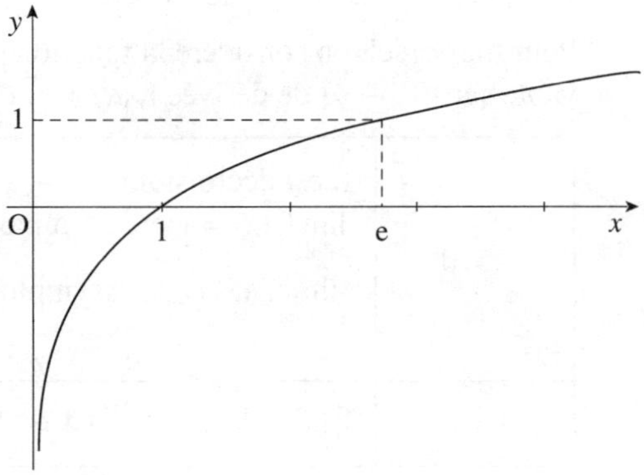

Fonction exponentielle

1. Définition

La fonction exponentielle est la bijection réciproque de la fonction logarithme.

$$\begin{pmatrix} \exp : \mathbb{R} \to]0\,;+\infty[\\ x \to y = \mathrm{e}^x \end{pmatrix} \Leftrightarrow \begin{pmatrix} \ln :]0\,;+\infty[\to \mathbb{R} \\ y \to x = \ln y \end{pmatrix}$$

2. Propriétés algébriques

Pour tous a, b, n réels :

$\mathrm{e}^{a+b} = \mathrm{e}^a \, \mathrm{e}^b$	$(\mathrm{e}^a)^n = \mathrm{e}^{na}$
$\mathrm{e}^{-a} = \frac{1}{\mathrm{e}^a}$	$\mathrm{e}^{a-b} = \frac{\mathrm{e}^a}{\mathrm{e}^b}$

3. Étude de la fonction exponentielle

- La fonction exponentielle est dérivable sur $\mathbb{R}$, $(e^x)' = e^x$.
- Elle est strictement croissante sur $\mathbb{R}$. C'est une bijection de $\mathbb{R} \to]0\,;+\infty[$.

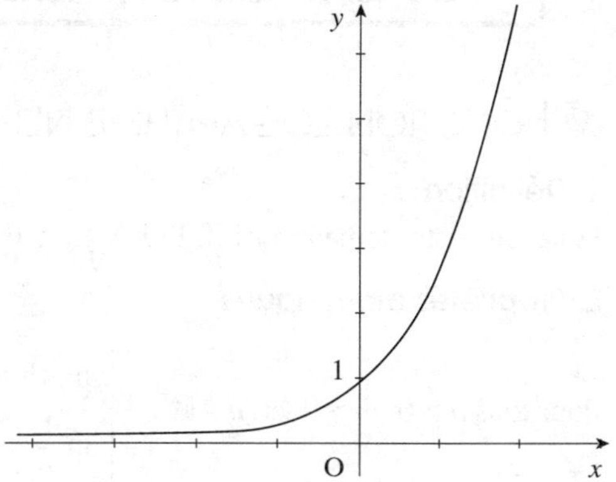

- $\lim\limits_{x \to -\infty} e^x = 0$

Asymptote d'équation $y = 0$.

- $\lim\limits_{x \to +\infty} e^x = +\infty$ et $\lim\limits_{x \to +\infty} \dfrac{e^x}{x} = +\infty$

Branche parabolique de direction (Oy).

- $\lim\limits_{x \to -\infty} x\,e^x = 0$
- $\lim\limits_{x \to 0} \dfrac{e^x - 1}{x} = 1$

4. Croissances comparées

Pour tout $a > 0$, $\lim\limits_{x \to +\infty} \dfrac{\ln x}{x^a} = 0$ et $\lim\limits_{x \to +\infty} \dfrac{e^x}{x^a} = +\infty$

Fonction puissance

Pour tout r réel, on considère la fonction puissance $f_r : x \to x^r = e^{r \ln x}$ définie, continue et dérivable sur $]0\,;+\infty[$ de dérivée $f_r'(x) = r \cdot x^{r-1}$.

$r < 0$	f_r est décroissante $\lim\limits_{x \to 0} f_r(x) = +\infty$, asymptote $x = 0$ $\lim\limits_{x \to +\infty} f_r(x) = 0$, asymptote $y = 0$ 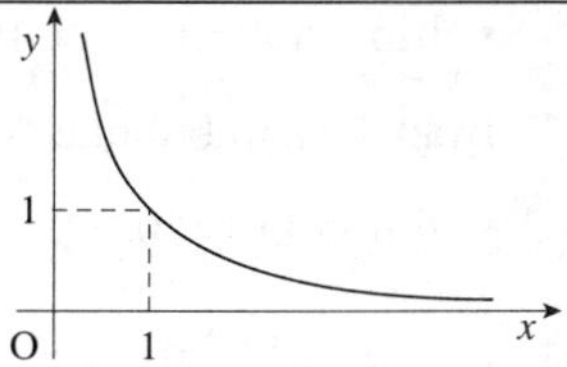
$r = 0$	$f_r(x) = 1$, pour tout $x \in \mathbb{R}^+$
$0 < r < 1$	f_r est croissante $\lim\limits_{x \to 0} f_r(x) = 0$, prolongement par continuité en 0 $\lim\limits_{x \to +\infty} f_r(x) = +\infty$, branche parabolique (O$x$) f n'est pas dérivable en 0 Tangente verticale en 0 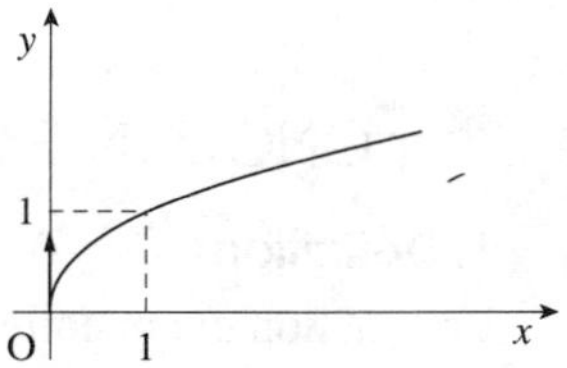
$r = 1$	$f_r(x) = x$, pour tout $x \in \mathbb{R}^+$
$r > 1$	f_r est croissante $\lim\limits_{x \to 0} f_r(x) = 0$, prolongement par continuité en 0 $\lim\limits_{x \to +\infty} f_r(x) = +\infty$, branche parabolique (O$y$) f est dérivable en 0, $f'(0) = 0$ 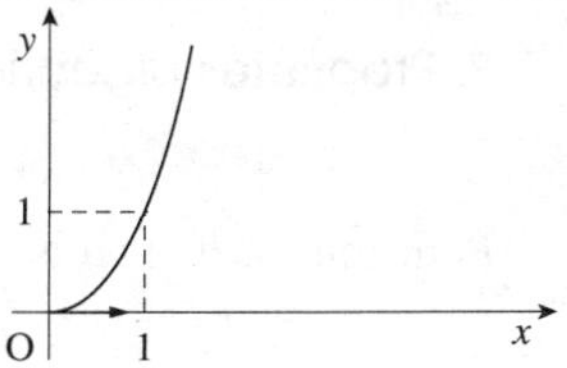

LOGARITHMES ET EXPONENTIELLES DE BASE a

Dans ce paragraphe, a désigne un nombre réel strictement positif et différent de 1.

1. Logarithme de base a

La fonction $\log_a : x \to \dfrac{\ln x}{\ln a}$, définie pour $x > 0$ est appelée fonction logarithme de base a.

Elle est continue et dérivable sur $]0\,;+\infty[$, strictement croissante si $a > 1$, strictement décroissante si $0 < a < 1$. C'est une bijection de $]0\,;+\infty[$ sur $\mathbb{R}$.

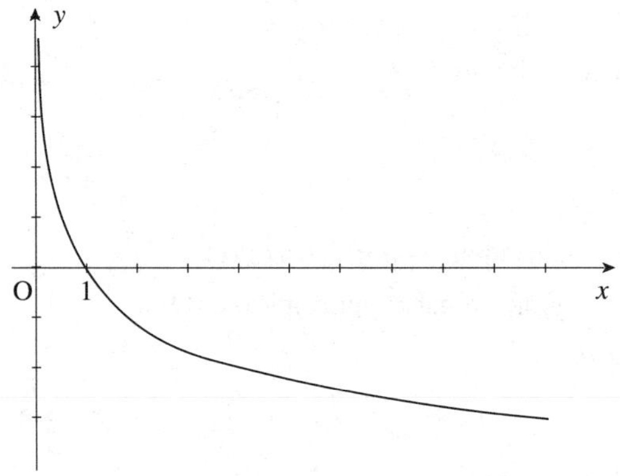

$0 < a < 1$

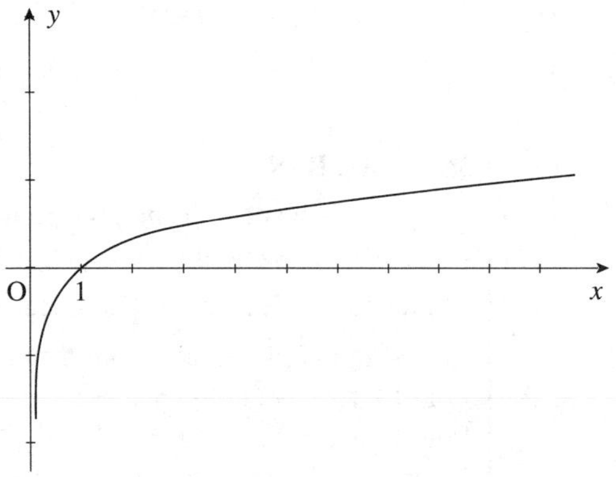

$a > 1$

2. Exponentielle de base a

La fonction exponentielle de base a est la bijection réciproque de la fonction logarithme de base a. Elle est strictement croissante si $a > 1$, strictement décroissante si $0 < a < 1$.
On note $\exp_a x = a^x = e^{x \ln a}$.

ÉCHELLE LOGARITHMIQUE

Un point d'abscisse décimale x a pour abscisse logarithmique $X = 10^x$.

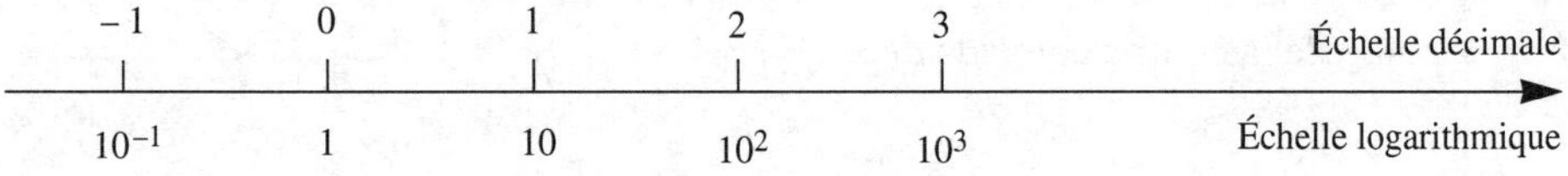

Un repère du plan est pourvu d'une échelle semi-logarithmique (SL) si l'un des deux axes (Ox) ou (Oy) est gradué en échelle logarithmique et l'autre en échelle décimale ; il est pourvu d'une échelle log-log si les deux axes sont gradués en échelle logarithmique.

En échelle SL (Ox) , $y = f(\log x)$: on pose $Y = y$ et $X = \log x$.

En échelle SL (Oy) , $\log y = f(x) \Leftrightarrow y = 10^{f(x)}$: on pose $Y = \log y$ et $X = x$.

Dans les deux cas, l'allure de la courbe est donnée par l'étude de $Y = f(X)$.

EXERCICES

1 Fonctions express

À partir de la courbe C de la fonction logarithme, tracer à l'aide de considérations sur les transformations géométriques simples les courbes C_i des fonctions suivantes :

1) $x \to \ln(-x)$ **2)** $x \to -\ln x$ **3)** $x \to \ln|x|$

4) $x \to |\ln x|$ **5)** $x \to \ln(1+x)$ **6)** $x \to 1 + \ln x$

■ SOLUTION

1) $x \to \ln(-x)$ est définie pour tout $x < 0$.
La courbe C_1 se déduit de C par une symétrie par rapport à l'axe (Oy).

2) La courbe C_2 se déduit de C par une symétrie par rapport à l'axe (Ox).

3) $x \to \ln|x|$ est définie pour tout $x \neq 0$.
Pour tout $x > 0$, $\ln|x| = \ln x$.
Pour tout $x < 0$, $\ln|x| = \ln(-x)$.
La courbe C_3 est la réunion des courbes C et C_1 .

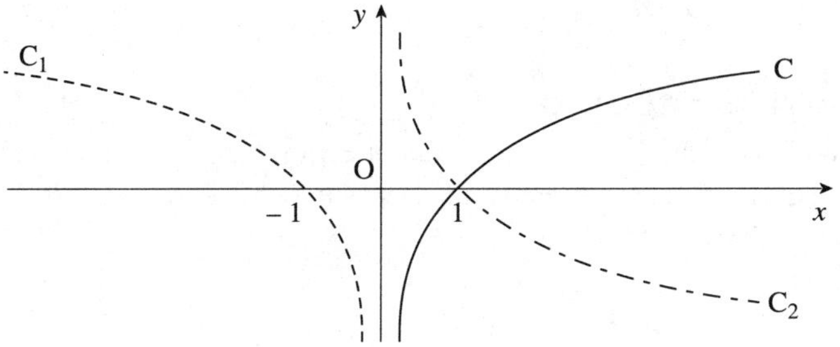

4) Pour tout $x \geqslant 1$, $\ln x \geqslant 0$, donc $|\ln x| = \ln x$. Cette partie de la courbe C_4 coïncide avec C. Pour $0 < x < 1$, $\ln x < 0$, donc $|\ln x| = -\ln x$. Cette partie de la courbe coïncide avec C_2 .

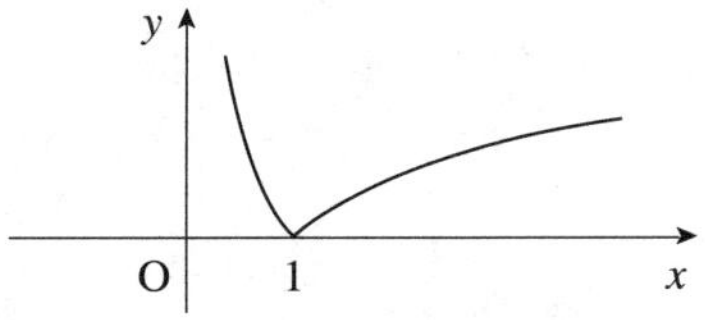

5) La courbe C_5 s'obtient par translation de la courbe C de vecteur $(-1\ ;0)$.

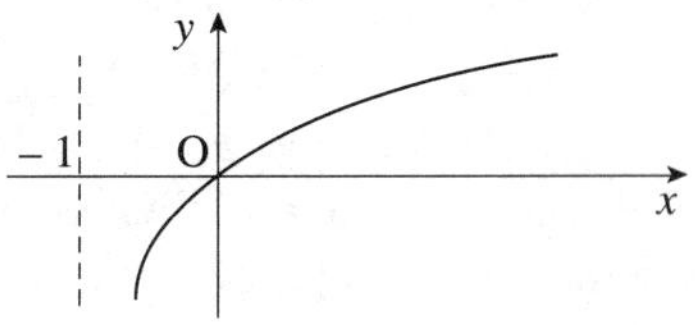

6) La courbe C_5 s'obtient par translation de la courbe C de vecteur $(0\ ;1)$.

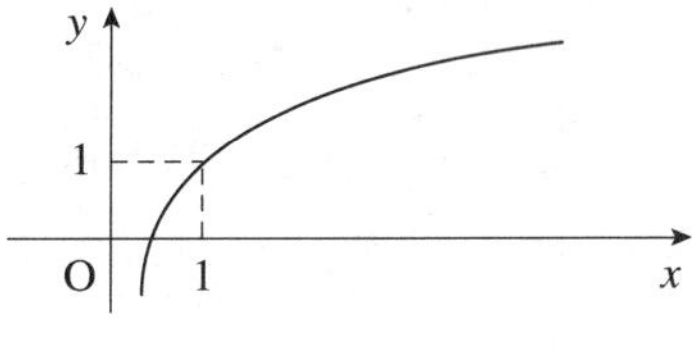

2 Résolution d'équations et d'inéquations

1) $13 . 4^{x+1} = 16^x - 768$

2) $\ln(x + 2) + \ln(x + 3) = \ln(-x - 11)$

3) $\ln(3x^2 - x) < \ln x + \ln 2$

4) $\ln|x - 1| - 2\ln|x + 1| = 0$

5) $a^b = b^a$, a et b entiers distincts strictement supérieurs à 1.

■ SOLUTION

1) On pose $X = 4^x$. L'équation devient : $52X = X^2 - 768$, c'est-à-dire : $X^2 - 52X - 768 = 0$
$\Delta' = 26^2 + 768 = 1\,444 = 38^2$.
D'où l'on déduit les deux solutions : $X_1 = 26 + 38 = 64$ et $X_2 = 26 - 38 = -12$ (solution qui ne convient pas puisque, pour tout x, $X = 4^x > 0$).

Finalement, on obtient $4^x = 64 \Leftrightarrow x = 3$.

2) $\ln(x + 2)$ est défini pour $x > -2$; $\ln(x + 3)$ est défini pour $x > -3$ et $\ln(-x - 11)$ est défini pour $x < -11$. Ces trois intervalles ayant une intersection vide, l'équation n'admet aucune solution sur $\mathbb{R}$.

3) $\ln(3x^2 - x)$ est défini si $3x^2 - x > 0$, c'est-à-dire si $x \in]-\infty\,;0[\cup]\frac{1}{3}\,;+\infty[$.

$\ln x$ est défini pour $x > 0$. On cherche les solutions dans l'intervalle $]\frac{1}{3}\,;+\infty[$.
$\ln(3x^2 - x) < \ln x + \ln 2 \Leftrightarrow \ln(3x^2 - x) < \ln 2x$.
Et comme la fonction logarithme est croissante, l'inégalité est équivalente à :

$$3x^2 - x < 2x \Leftrightarrow 3x^2 - 3x < 0 \Leftrightarrow 3x(x - 1) < 0 \Leftrightarrow x \in]0\,;1[$$

Finalement, l'ensemble des solutions est $]0\,;1[\cap]\frac{1}{3}\,;+\infty[=]\frac{1}{3}\,;1[$.

4) $\ln|x - 1|$ est défini si $x \neq 1$ et $\ln|x + 1|$ est défini si $x \neq -1$.
L'équation est équivalente à $\ln|x - 1| = \ln|x + 1|^2 = \ln(x + 1)^2$.

Si $x < 1$ et $x \neq -1$, on obtient : $\ln(1 - x) = \ln(x + 1)^2$.
Comme la fonction logarithme est bijective, l'équation est équivalente à :

$$1 - x = (x + 1)^2 \Leftrightarrow 1 - x = 1 + 2x + x^2 \Leftrightarrow x^2 + 3x = 0 \Leftrightarrow x = 0 \text{ ou } x = -3$$

Si $x > 1$, on obtient : $\ln(x - 1) = \ln(x + 1)^2$.
Pour la même raison que précédemment, l'équation est équivalente à :
$x - 1 = (x + 1)^2 \Leftrightarrow x^2 + x + 2 = 0$, qui n'admet pas de solutions sur $\mathbb{R}$.

Finalement l'ensemble des solutions est $S = \{-3\,;0\}$.

5) En prenant le logarithme, on obtient : $b . \ln a = a . \ln b \Leftrightarrow \dfrac{\ln a}{a} = \dfrac{\ln b}{b}$.

On considère alors la fonction $f : x \to \dfrac{\ln x}{x}$, pour $x > 1$. Elle est dérivable, de dérivée

$f'(x) = \dfrac{1 - \ln x}{x^2}$ qui s'annule pour $x = e$. La fonction f est croissante si $1 < x < e$ et est

décroissante si $x > e$. De plus $\lim\limits_{x \to +\infty} f(x) = 0$.

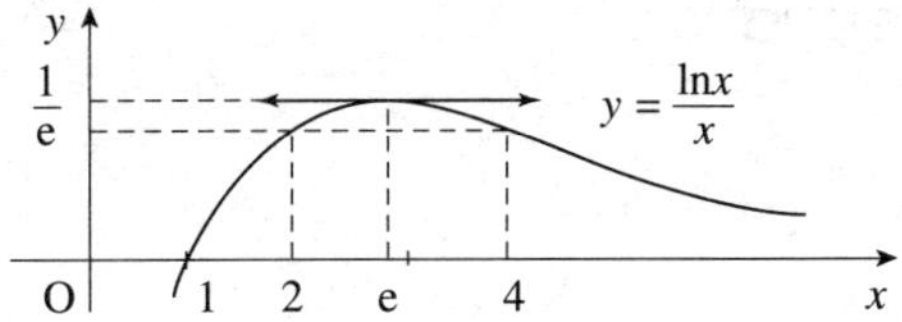

x	1		e		$+\infty$
f'(x)		+	0	–	
f(x)	0	↗	$\frac{1}{e}$	↘	0

Toute droite d'équation $y = \lambda$, avec $0 < \lambda < 1/e$ coupe la courbe C en deux points d'abscisses a et b vérifiant : $\frac{\ln a}{a} = \frac{\ln b}{b}$. Nécessairement $1 < a < e$ et $b > e$. La seule valeur entière qui convient pour a est 2. On vérifie alors que $b = 4$.

3 Fonction exponentielle dépendant d'un paramètre

On considère la fonction $f_\lambda : x \rightarrow e^{-2x} - (\lambda + 3)\, e^{-x} + 3\lambda$ définie sur $\mathbb{R}$.
On appellera C_λ la courbe représentative de f_λ.

1) Montrer que toutes les courbes C_λ passent par le point A(– ln 3 ; 0).

2) Déterminer une condition sur λ pour que C_λ admette une tangente horizontale et trouver dans ce cas les coordonnées du point de tangence.

3) Montrer que C_λ admet en $-\infty$ une branche parabolique (Oy).

4) Déterminer l'équation de l'asymptote D_λ en $+\infty$ ainsi que les coordonnées du point d'intersection de C_λ et D_λ.

5) Étudier l'existence et le nombre de points d'intersection de C_λ avec (Ox).

6) Étudier le cas $\lambda = 1$ et tracer la courbe C_1.

■ **SOLUTION**

1) $f_\lambda(-\ln 3) = e^{2\ln 3} - (\lambda + 3)\, e^{\ln 3} + 3\lambda = 9 - 3(\lambda + 3) + 3\lambda = 0$; donc $A \in C_\lambda$, $\forall\, \lambda$.

2) La fonction f_λ est dérivable sur $\mathbb{R}$ et $f'_\lambda(x) = -2\,e^{-2x} + (\lambda + 3)\, e^{-x} = [-2\,e^{-x} + (\lambda + 3)]\, e^{-x}$.
La courbe C_λ admet une tangente horizontale si $f'_\lambda(x) = 0 \Leftrightarrow -2\,e^{-x} + (\lambda + 3) = 0$, c'est-à-dire si $e^{-x} = 1/2(\lambda + 3)$. Plusieurs cas se présentent alors :

• $\lambda + 3 \leqslant 0$, l'équation n'admet aucune solution.

• $\lambda > -3$, l'équation admet une solution $x = -\ln \frac{\lambda + 3}{2}$.

Le point où la tangente est horizontale a pour ordonnée $f\left(-\ln \frac{\lambda + 3}{2}\right) = -\frac{(\lambda - 3)^2}{4}$.

3) Il s'agit dans un premier temps de déterminer la limite de f_λ en $-\infty$:
Soit $X = -x$, alors $\lim\limits_{x \to -\infty} f_\lambda(x) = \lim\limits_{X \to +\infty} [e^{2X} - (\lambda + 3)e^{X} + 3\lambda] = \lim\limits_{X \to +\infty} e^{2X} = +\infty$.

On doit ensuite déterminer la limite de $\frac{f_\lambda(x)}{x}$. On écrit pour cela :

$\frac{f_\lambda(x)}{x} = \frac{e^{-x}}{x}[e^{-x} + (\lambda + 3)] + \frac{3\lambda}{x}$. Or, $\lim\limits_{x \to -\infty} \frac{3\lambda}{x} = 0$;

$\lim\limits_{x \to -\infty} [e^{-x} + (\lambda + 3)] = +\infty$ et $\lim\limits_{x \to -\infty} \frac{e^{-x}}{x} = +\infty$. On en déduit que $\lim\limits_{x \to -\infty} \frac{f_\lambda(x)}{x} = +\infty$.

4) $\lim\limits_{x \to +\infty} f_\lambda(x) = 3\lambda$, ce qui prouve que la droite d'équation $y = 3\lambda$ est asymptote horizontale à la courbe C_λ en $+\infty$.

$$f_\lambda(x) = 3\lambda \Leftrightarrow e^{-x}[e^{-x} - (\lambda + 3)] = 0 \Leftrightarrow e^{-x} = \lambda + 3$$

Deux cas encore selon le paramètre λ :

- Si $\lambda \leq -3$, pas de point d'intersection.
- Si $\lambda > -3$, un point d'intersection de coordonnées $(-\ln(\lambda + 3)\ ;\ 3\lambda)$.

5) On doit résoudre l'équation $e^{-2x} - (\lambda + 3)e^{-x} + 3\lambda = 0$. En posant $X = e^{-x}$, $X^2 - (\lambda + 3)X + 3\lambda = 0$. Cette équation admet λ et 3 comme racines évidentes, donc :

- Si $\lambda = 3$, un point d'intersection de coordonnées : $(3\ ;\ 0)$.
- Si $\lambda \neq 3$, deux points d'intersection : $(3\ ;\ 0)$ et $(\lambda\ ;\ 0)$.

6) Étude du cas $\lambda = 1$

$f_1(x)$ est dérivable sur $\mathbb{R}$ et $f'_1(x) = -2e^{-2x} + 4e^{-x} = 2e^{-x}(2 - e^{-x})$

$f'_1(-\ln 2) = 0$ et si $x < -\ln 2$, $f'_1(x) < 0$, si $x > -\ln 2$, $f'_1(x) > 0$.

On en déduit le tableau de variations :

x	$-\infty$	$-\ln 3$	$-\ln 2$	0	$+\infty$
$f'_1(x)$		$-$	0	$+$	
$f_1(x)$	$+\infty$	↘	-1	↗	3

Les questions précédentes nous ont donné les limites en $+\infty$ et $-\infty$.

Courbe représentative :

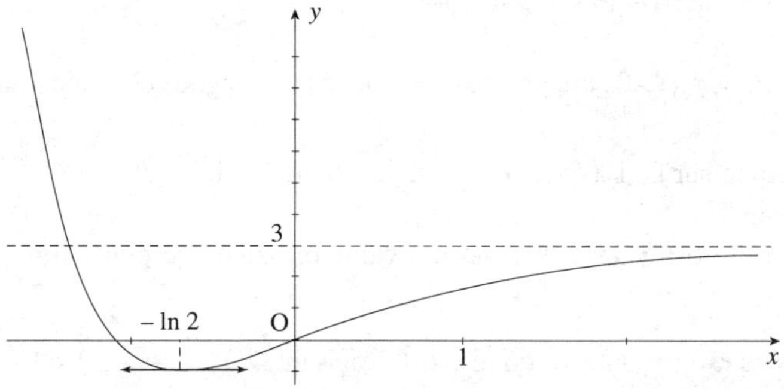

4 Une forme indéterminée classique : 1^∞

Soit la fonction $f : x \to \left(1 + \frac{1}{x}\right)^x$

1) Déterminer son ensemble de définition.

2) Étudier les limites de f.

3) Étudier les variations de f.

4) Tracer sa courbe représentative.

■ SOLUTION

1) On écrit $f(x) = e^{x \ln\left(1 + \frac{1}{x}\right)}$. f est définie si $1 + \frac{1}{x} = \frac{x+1}{x} > 0$ et $x \neq 0$, c'est-à-dire si $x \in D =]-\infty\,;-1[\, \cup\,]0\,;+\infty[$.

2) Étude de la limite en $\pm\infty$: en posant $X = \frac{1}{x}$, on écrit $x \ln\left(1 + \frac{1}{x}\right) = \frac{\ln(1+X)}{X}$.

Alors, $\lim\limits_{x \to \pm\infty} x \ln\left(1 + \frac{1}{x}\right) = \lim\limits_{X \to 0} \frac{\ln(1+X)}{X} = 1$, et donc $\lim\limits_{x \to \pm\infty} f(x) = e$.

(On peut obtenir ce résultat en écrivant que $\ln\left(1 + \frac{1}{x}\right) \sim \frac{1}{x}$ au voisinage de 0.)

On en déduit la présence d'une asymptote horizontale en $\pm\infty$ d'équation $y = e$.

Étude de la limite en 0^+ : on écrit $x \ln\left(1 + \frac{1}{x}\right) = x \ln(x+1) - x \ln x$.

$\lim\limits_{x \to 0} x \ln(x+1) = 0$ et $\lim\limits_{x \to 0} x \ln x = 0$, donc $\lim\limits_{x \to 0} f(x) = e^0 = 1$.

La fonction f est continue sur $]0\,;+\infty[$, on peut donc la prolonger par continuité en 0 en posant $f(0) = 1$.

Étude de la limite en -1^- :

$\lim\limits_{x \to -1} \ln\left(1 + \frac{1}{x}\right) = -\infty$, donc $\lim\limits_{x \to -1} x \ln\left(1 + \frac{1}{x}\right) = +\infty$ et $\lim\limits_{x \to -1} f(x) = +\infty$.

On en déduit la présence d'une asymptote verticale d'équation $x = -1$.

3) f est dérivable sur D. $f'(x) = \left[\ln \frac{x+1}{x} - \frac{1}{x+1}\right] f(x)$.

Comme $f(x) > 0$, le signe de f' est donné par le signe de la fonction $g : x \longrightarrow \ln \frac{x+1}{x} - \frac{1}{x+1}$

définie sur D. La fonction g est dérivable sur D et $g'(x) = -\frac{1}{x(x+1)^2}$.

• si $x > 0$: $g'(x) < 0$ donc g est décroissante. De plus, $\lim\limits_{x \to +\infty} g(x) = 0$, par conséquent, $g(x) > 0$, pour $x \in]0, +\infty[$.

• si $x < 0$: $g'(x) > 0$ donc g est croissante. Or, $\lim\limits_{x \to -\infty} g(x) = 0$, par conséquent, $g(x) > 0$, pour $x \in]-\infty, -1[$.

On obtient alors le tableau de variations :

x	$-\infty$		-1	0		$+\infty$
$g'(x)$		$+$	‖	‖	$-$	
$g(x)$	0	↗	‖	‖	↘	0
$f'(x)$		$+$	‖	‖	$+$	
$f(x)$	e	↗	$+\infty$ ‖	‖ 1	↗	e

4) Courbe représentative :

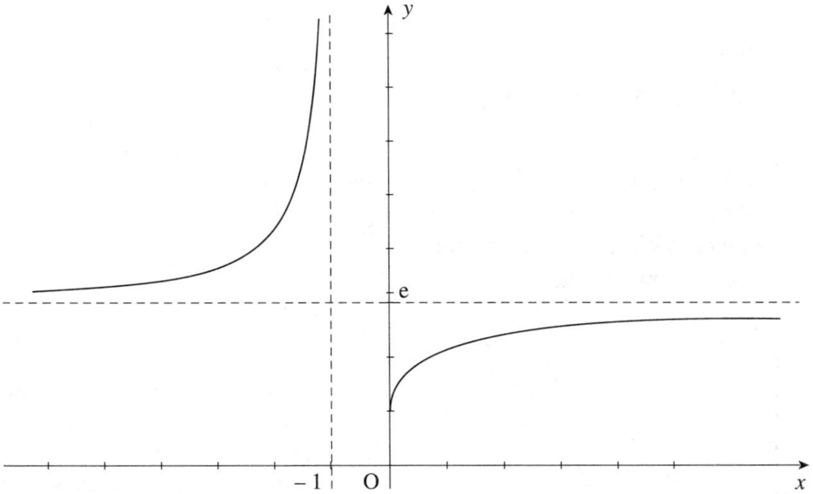

5 Échelles semi-logarithmiques

Dans un repère où l'axe (Ox) est gradué en échelle décimale et où l'axe (Oy) est gradué en échelle logarithmique de base 10, représenter les fonctions suivantes :

1) $f_1 : x \to 10^x$ **2)** $f_2 : x \to k \times 10^x$, $(k > 0)$

Représenter les droites pour $k = 10$ et $k = 1/10$.

3) $f_3 : x \to e^x$ **4)** $f_4 : x \to e^{-x}$ **5)** $f_5 : x \to x^k$

Étude et représentation pour $k = 1$ et $k = 2$.

Dans un repère où l'axe (Ox) est gradué en échelle logarithmique de base 10 et où l'axe (Oy) est gradué en échelle décimale, représenter les fonctions :

6) $g : x \to \log x$ **7)** $h : x \to \log(10x^2)$ **8)** $i : x \to \ln(x)$

■ SOLUTION

1) Soit $y = 10^x$. En composant par la fonction logarithme en base 10, on obtient : $\log y = x$.

La courbe obtenue est une droite passant par l'origine.

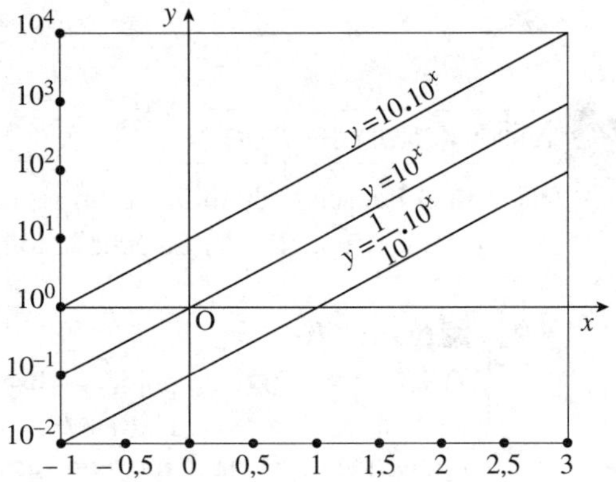

2) $y = k \times 10^x \Leftrightarrow \log y = x + \log k$.

L'ensemble des courbes est une famille de droites parallèles à la droite $Y = x$.

Pour $k = 10$, en posant $Y = \log y$ et $X = x$, on obtient une droite d'équation $Y = X + 1$. Pour $k = 1/10$, $Y = X - 1$.

3) $y = e^x \Leftrightarrow \log y = x \,.\, \log e$.
Droite passant par l'origine de pente $\log e \approx 0{,}43$.

4) Droite passant par l'origine de pente $-\log e$. Cette droite est symétrique par rapport à (Ox) de celle obtenue dans la question précédente.

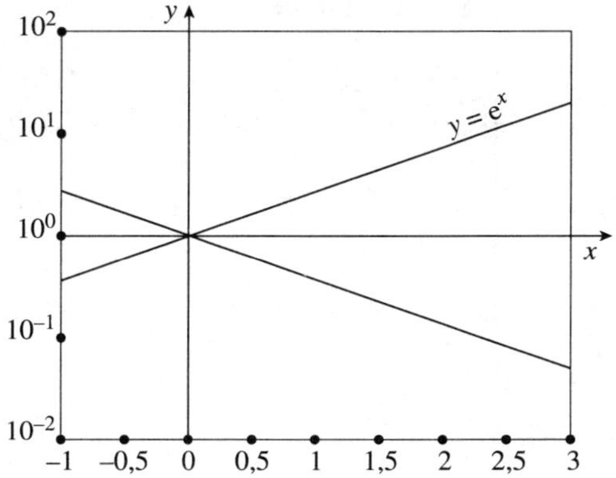

5) $y = x \Leftrightarrow \log y = \log x \Leftrightarrow Y = \log X$.
De même, $y = x^k \Leftrightarrow Y = k \,.\, \log X$.

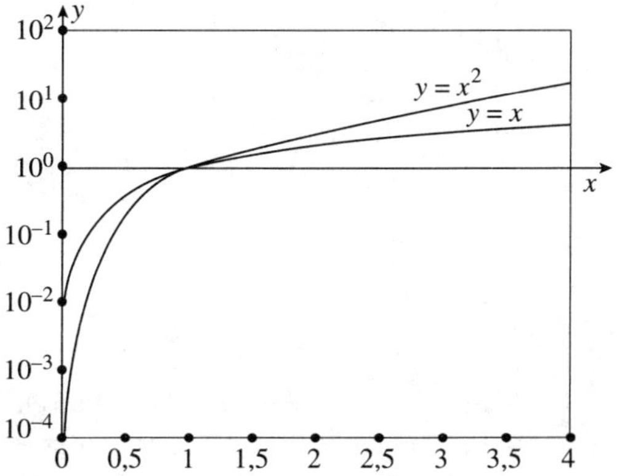

6) $y = \log x \Leftrightarrow Y = X$, en posant $X = \log x$ et $Y = y$.
Droite passant par l'origine.

7) $\log(ax^k) = \log a + k \,.\, \log x$, on obtient : $Y = kX + \log a$. Droite de pente k et d'ordonnée à l'origine $\log a$. Dans notre cas, $Y = 1 + 2X$.

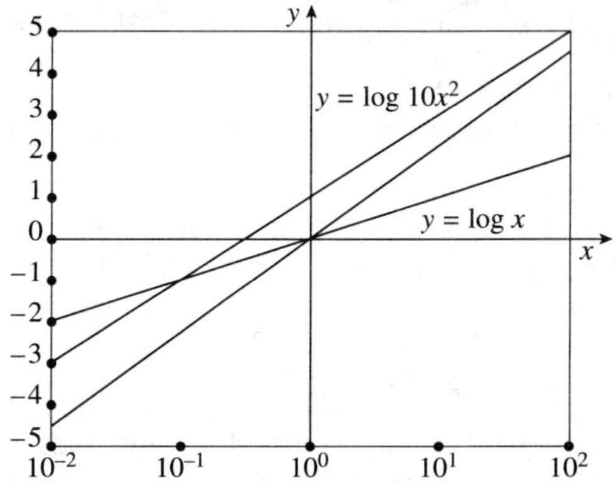

6 Milieu d'un segment

Déterminer l'abscisse du milieu d'un segment [AB]
1) En échelle décimale. **2)** En échelle logarithmique.

■ **SOLUTION**

1) Soient A et B deux points d'abscisse décimale a et b, leur milieu d'abscisse m.
On a la relation : $m = 1/2(a + b)$.
L'abscisse de M est la moyenne arithmétique des abscisses de A et de B.

2) En échelle logarithmique, on a la relation $\log m = 1/2(\log a + \log b) = \log \sqrt{ab}$.
Donc, $m = \sqrt{ab}$.

En échelle logarithmique, l'abscisse du milieu du segment [AB] est la moyenne géométrique des abscisses de A et de B.

7 Fonction de transfert et diagramme de Bode. Échelle semi log

Les systèmes linéaires sont caractérisés par des fonctions de transfert T. Ce sont des fonctions à valeurs complexes, à variable réelle positive (pulsation ω ou fréquence f ; $\omega = 2\pi f$). La représentation graphique de ces fonctions peut se faire de diverses manières selon l'objectif et la nature du problème posé.

Le diagramme de Bode est la réunion de deux courbes :
– la courbe de gain $G(\omega) = 20 \log |T(\omega)|$ (exprimé en décibels) ;
– la courbe d'argument $\operatorname{Arg}(T(\omega))$.

L'axe des abscisses est gradué en échelle log, l'axe des ordonnées en échelle décimale.
Représenter les diagrammes de Bode des fonctions suivantes :

1) $T_1(\omega) = j\dfrac{\omega}{\omega_0}$ **2)** $T_2(\omega) = 1 + j\dfrac{\omega}{\omega_0}$

3) $T_3(\omega) = \dfrac{1}{1 + j\dfrac{\omega}{\omega_0}}$ **4)** $T_4(\omega) = \dfrac{j\dfrac{\omega}{\omega_0}}{1 + j\dfrac{\omega}{\omega_0}}$

■ SOLUTION

1) $T_1(\omega) = j\dfrac{\omega}{\omega_0} \Rightarrow \begin{cases} G_1(\omega) = 20\log\dfrac{\omega}{\omega_0} = 20\log\omega - 20\log\omega_0 \\ \operatorname{Arg}(T_1(\omega)) = \dfrac{\pi}{2} \end{cases}$

L'axe des abscisses ω est gradué en échelle log :

• nature de la courbe de gain : on pose $x = \log\omega$, ($x_0 = \log\omega_0$). Le gain est représenté par la droite (D) d'équation : $y = 20x - 20x_0$ de pente 20 décibels par décade.

• tracé de la courbe de gain : $\omega = \omega_0 \Rightarrow G_1(\omega) = 20\log 1 = 0$
$\omega = 10\omega_0 \Rightarrow G_1(\omega) = 20\log 10 = 20$

• tracé de la courbe d'argument : c'est la droite d'équation $y = \pi/2$.

Diagramme de Bode :

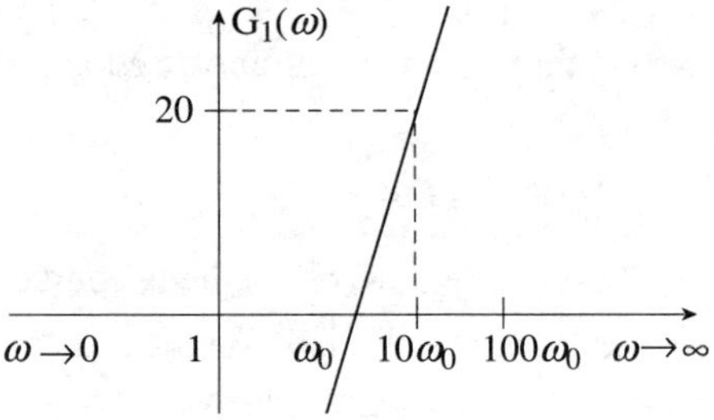

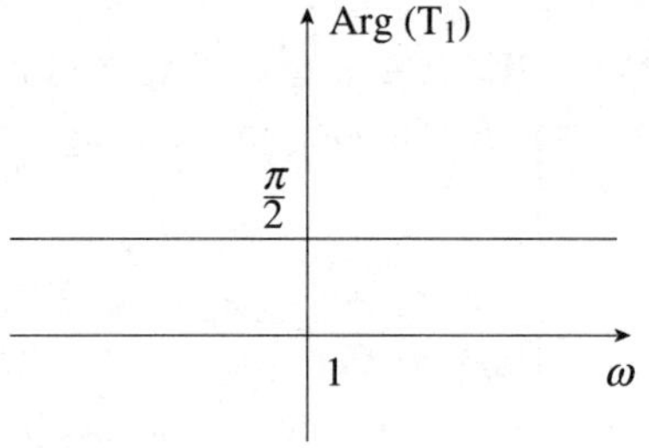

2) $T_2(\omega) = 1 + j\,\dfrac{\omega}{\omega_0}$ $\quad \omega \in \left]0\,;+\infty\right[$

a) Gain en db :

$$G_2(\omega) = 20 \log |T_2(\omega)| = 20 \log \left(\sqrt{1 + \left(\frac{\omega}{\omega_0}\right)^2}\right) = 10 \log \left(1 + \left(\frac{\omega}{\omega_0}\right)^2\right)$$

Recherche d'asymptotes :

$\boxed{\omega \to \infty}$: on considère la droite (D) d'équation $y = 10 \log \left(\left(\frac{\omega}{\omega_0}\right)^2\right)$ tracée dans la première question. Démontrons que (D) est asymptote à la courbe du gain. En effet :

$$\lim_{\omega \to +\infty} [G_2(\omega) - y] = \lim_{\omega \to +\infty} 10\left[\log\left(1 + \left(\frac{\omega}{\omega_0}\right)^2\right) - \log\left(\frac{\omega}{\omega_0}\right)^2\right]$$

$$= \lim_{\omega \to +\infty} 10 \log \frac{\left(1 + \left(\frac{\omega}{\omega_0}\right)^2\right)}{\left(\frac{\omega}{\omega_0}\right)^2} = 10 \log 1 = 0$$

(D) est asymptote à la courbe représentative de G_2 à $+\infty$.

$\boxed{\omega \to 0}$: $\lim\limits_{\omega \to 0} 10 \log \left(1 + \left(\frac{\omega}{\omega_0}\right)^2\right) = 0$

Si $\omega \to 0$, alors $x = \log \omega \to -\infty$ et $G_2(\omega) \to 0$:

l'axe des abscisses est asymptote pour $\omega \to 0$.

b) Courbe d'argument :

$$\text{Arg}(T_2(\omega)) = \text{Arg}\left(1 + j\,\frac{\omega}{\omega_0}\right) = \text{Arctan}\,\frac{\omega}{\omega_0} = f(\omega)$$

Recherche d'asymptotes :

- $\lim\limits_{\omega \to 0} \text{Arctan}\,\dfrac{\omega}{\omega_0} = 0$: l'axe des abscisses est asymptote pour $\omega \to 0$ ($x = \log \omega \to -\infty$)
- $\lim\limits_{\omega \to \infty} \text{Arctan}\,\dfrac{\omega}{\omega_0} = \dfrac{\pi}{2}$: la droite d'équation $y = \dfrac{\pi}{2}$ est asymptote pour $\omega \to \infty$

Recherche de centre de symétrie :

La notion de centre de symétrie est étroitement liée à celle de milieu.
En échelle décimale, si I est le milieu de [AB] alors son abscisse $x_I = \dfrac{x_A + x_B}{2}$.

En échelle log : si x_A est **l'abscisse log** du point A et x_B l'abscisse log de B, le milieu I de [AB] a pour abscisse log :

$$x_I = \sqrt{x_A\, x_B}$$

Démontrons que le point $I(\omega_0\,, \pi/4)$ est centre de symétrie de la courbe d'argument.

Soient A et B deux points de la courbe tels que l'abscisse log : ω_0 soit le milieu des deux abscisses log : x_A et x_B. D'après ce qui précède $\omega_0 = \sqrt{x_A\, x_B}$.

D'autre part, $f(x_A) = \arg\left(1 + j\,\dfrac{x_A}{\omega_0}\right)$ et $f(x_B) = \arg\left(1 + j\,\dfrac{x_B}{\omega_0}\right)$.

L'axe des ordonnées étant gradué en échelle décimale, le milieu s'exprime par la moyenne arithmétique :

$$\frac{1}{2}\,[f(x_A) + f(x_B)] = \frac{1}{2}\left[\arg\left(1 + j\,\frac{x_A}{\omega_0}\right) + \arg\left(1 + j\,\frac{x_B}{\omega_0}\right)\right] = \frac{1}{2}\arg\left(1 + j\,\frac{x_A}{\omega_0}\right)\left(1 + j\,\frac{x_B}{\omega_0}\right)$$

$$= \frac{1}{2}\arg\left(1 + j\,\frac{x_A + x_B}{\omega_0} - \frac{x_A x_B}{\omega_0^2}\right)$$

Or, $\omega_0^2 = x_A x_B$. Donc, l'expression précédente se réduit à :

$$\frac{1}{2}\,[f(x_A) + f(x_B)] = \frac{1}{2}\arg\left(j\,\frac{x_A + x_B}{\omega_0}\right) = \frac{1}{2}\,\frac{\pi}{2} = \frac{\pi}{4}$$

Le point I de la courbe d'argument de coordonnées (ω_0 , $\pi/4$) est centre de symétrie.

Diagramme de Bode :

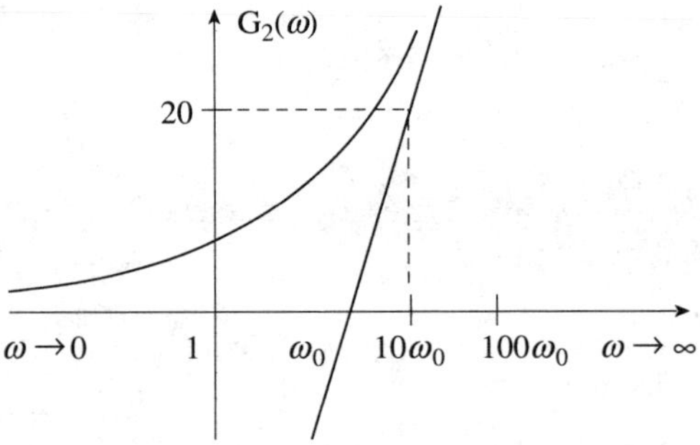

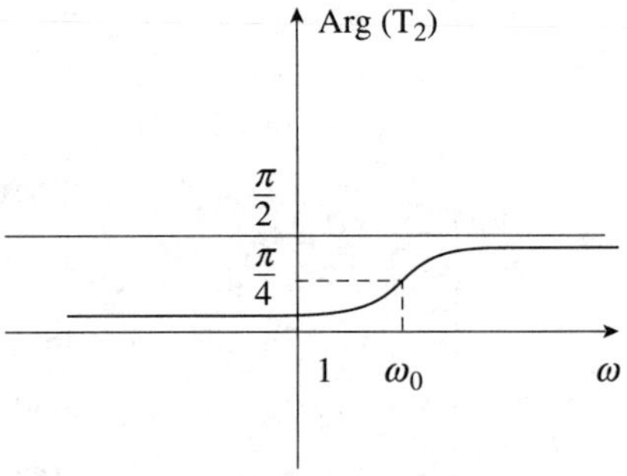

3) $T_3(\omega) = \dfrac{1}{1 + j\,\dfrac{\omega}{\omega_0}}$

a) Courbe de gain :

$$G_3(\omega) = 20\log|T_3(\omega)| = 20\log\frac{1}{|T_2(\omega)|} = -\,20\log|T_2(\omega)|$$

Donc : $G_3(\omega) = -\,G_2(\omega)$.

La courbe de gain est symétrique de celle de G_2 par rapport à l'axe des abscisses.

b) Courbe d'argument :

$$\mathrm{Arg}\,(T_3)(\omega) = \arg\left(\frac{1}{T_2(\omega)}\right) = -\arg\,(T_2(\omega))$$

La courbe d'argument est symétrique de celle de Arg (T_2) par rapport à l'axe des abscisses.

Diagramme de Bode :

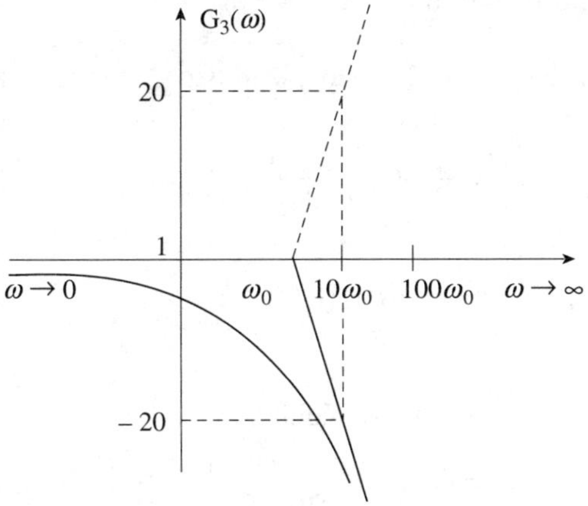

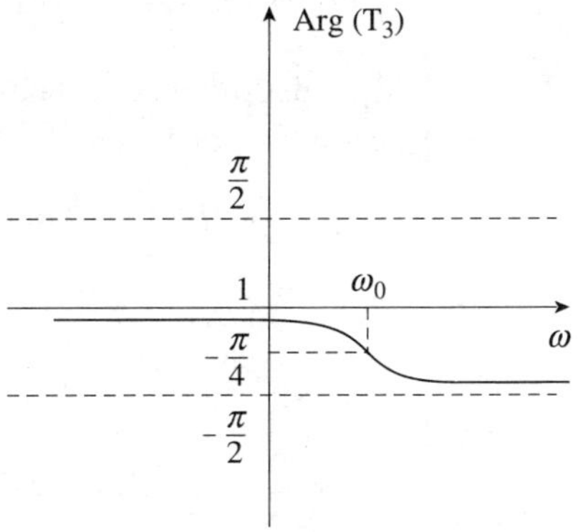

4) $T_4(\omega) = \dfrac{j\dfrac{\omega}{\omega_0}}{1 + j\dfrac{\omega}{\omega_0}} = T_1 . T_3$

a) Courbe de module :

$G_4(\omega) = 20 \log |T_4(\omega)| = 20 \log |T_1(\omega) . T_3(\omega)|$

$= 20 (\log |T_1(\omega)| + \log |T_3(\omega)|) = G_1(\omega) + G_3(\omega)$

Asymptotes :

$$\omega \to 0 : \begin{cases} y = 20x & \text{asymptote à } G_1 \\ y = 0 & \text{asymptote à } G_3 \end{cases} \Rightarrow y = 20x \text{ est asymptote à } G_4 = G_1 + G_3$$

$$\omega \to \infty : \begin{cases} y = 20x & \text{asymptote à } G_1 \\ y = -20x & \text{asymptote à } G_3 \end{cases} \Rightarrow y = 0 \text{ est asymptote à } G_4 = G_1 + G_3$$

b) Courbe d'argument :

$$\text{Arg}(T_4(\omega)) = \arg(T_1(\omega)) + \arg(T_3(\omega))$$

Asymptotes :

$$\omega \to 0 : \begin{cases} y = \frac{\pi}{2} & \text{asymptote à Arg}(T_1) \\ y = 0 & \text{asymptote à Arg}(T_3) \end{cases} \Rightarrow y = \frac{\pi}{2} \text{ est asymptote à arg}(T_4)$$

$$\omega \to \infty : \begin{cases} y = \frac{\pi}{2} & \text{asymptote à Arg}(T_1) \\ y = -\frac{\pi}{2} & \text{asymptote à Arg}(T_3) \end{cases} \Rightarrow y = 0 \text{ est asymptote à arg}(T_4)$$

Le diagramme de Bode s'obtient par sommation des diagrammes de T_1 et T_3 :

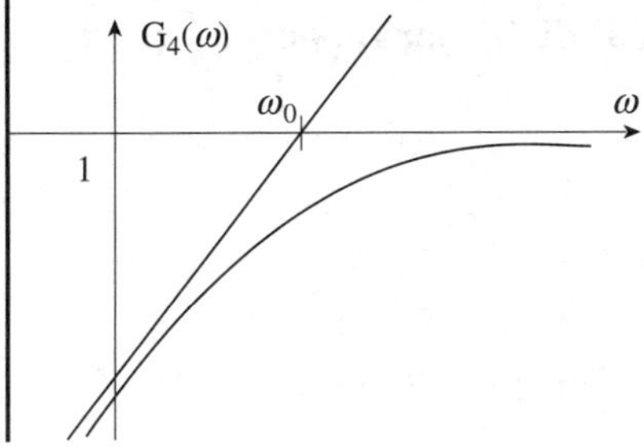

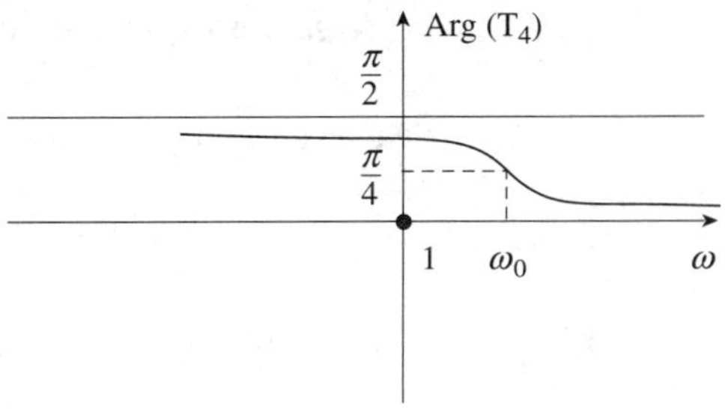

8

Fonction de transfert du second ordre

$$T_4(\omega) = \frac{1}{1 + 2\mathrm{j}m\dfrac{\omega}{\omega_0} + \left(\mathrm{j}\dfrac{\omega}{\omega_0}\right)^2}$$

m réel strictement positif (facteur d'amortissement).

1) Étude des limites de $G(\omega)$ en 0 et $+\infty$. Asymptotes.

2) Variations de $G(\omega)$ et tracé des courbes pour $m = 0{,}1$; 0,6 et 1,1.

■ **SOLUTION**

$G(\omega) = 20 \log |T_4(\omega)|$

$$= -20 \log \left|1 + 2\mathrm{j}m\frac{\omega}{\omega_0} - \left(\frac{\omega}{\omega_0}\right)^2\right| = -10 \log \left[\left[1 - \left(\frac{\omega}{\omega_0}\right)^2\right]^2 + 4m^2\left(\frac{\omega}{\omega_0}\right)^2\right]$$

En posant : $X = \left(\dfrac{\omega}{\omega_0}\right)^2$, on obtient : $G(\omega) = -10 \log (X^2 + 2(2m^2 - 1)X + 1)$.

Quand ω tend vers 0, X tend vers 0 et $G(\omega)$ tend vers 0. L'axe des abscisses est asymptote à la courbe de gain.

Quand ω tend vers l'infini, $G(\omega) \sim -10 \log X^2 = -20 \log X = -40 \log \omega + 40 \log \omega_0$.

Asymptote oblique de pente – 40 décibels par décade.

2) Étude des variations de $f(X) = X^2 + 2(2m^2 - 1)X + 1$.

On dérive : $f'(X) = 2X + 2(2m^2 - 1) = 2(X + 2m^2 - 1)$.

Si $m \geq \dfrac{\sqrt{2}}{2}$, $2m^2 - 1 \geq 0 \Rightarrow f'(X) \geq 0$, car $X > 0$.

La fonction f est croissante donc $G(\omega) = -10 \log f(X)$ est décroissante.

Si $m < \dfrac{\sqrt{2}}{2}$, $2m^2 - 1 < 0$ et $f'(X)$ s'annule pour $X = 1 - 2m^2$.

La fonction G croît jusqu'à un maximum puis décroît vers l'asymptote oblique.

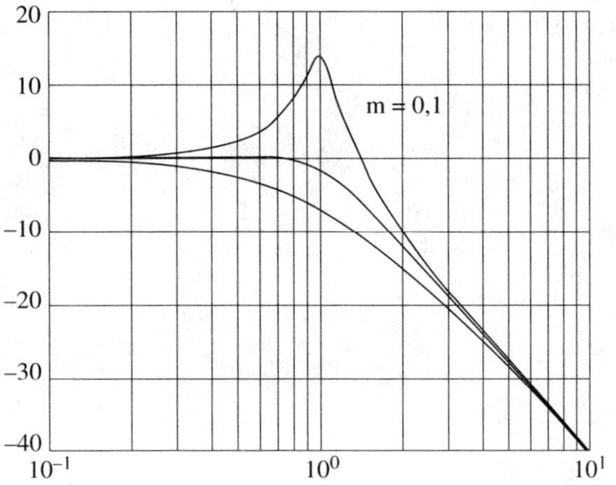

5 TRIGONOMÉTRIE

FONCTIONS TRIGONOMÉTRIQUES RÉCIPROQUES

1. Fonction Arcsinus

La fonction $x \to \sin x$ est une bijection de $[-\frac{\pi}{2} ; \frac{\pi}{2}]$ vers $[-1 ; 1]$. Elle admet donc une bijection réciproque, $(\sin)^{-1} : x \to \text{Arcsin}\, x$, continue et strictement croissante de $[-1 ; 1]$ vers $[-\frac{\pi}{2} ; \frac{\pi}{2}]$, dérivable sur $]-1 ; 1[$ et telle que : $(\text{Arcsin}\, x)' = \frac{1}{\sqrt{1-x^2}}$.

2. Fonction Arccosinus

La fonction $x \to \cos x$ est une bijection de $[0 ; \pi]$ vers $[-1 ; 1]$. Elle admet donc une bijection réciproque, $(\cos)^{-1} : x \to \text{Arccos}\, x$, continue et strictement décroissante de $[-1 ; 1]$ vers $[0 ; \pi]$, dérivable sur $]-1 ; 1[$ et telle que : $(\text{Arccos}\, x)' = -\frac{1}{\sqrt{1-x^2}}$.

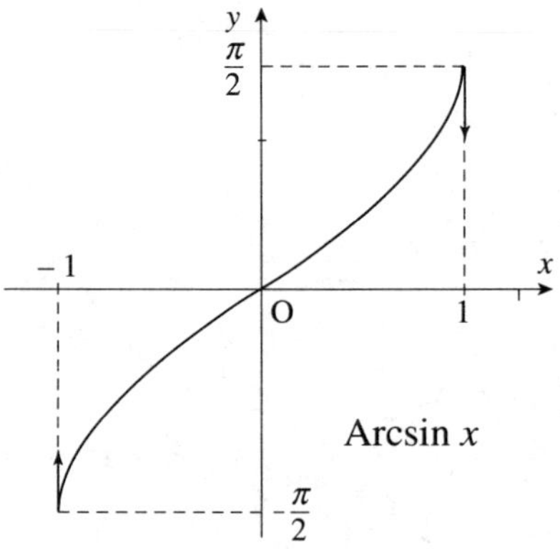

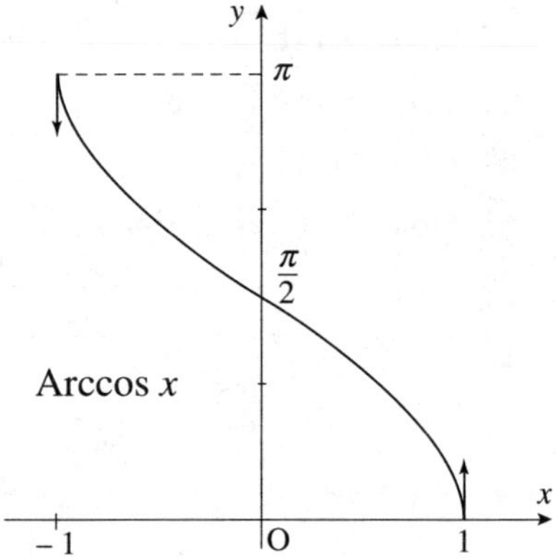

3. Fonction Arctangente

La fonction $x \to \tan x$ est une bijection de $]-\frac{\pi}{2} ; \frac{\pi}{2}[$ vers $\mathbb{R}$. Elle admet donc une bijection réciproque, $(\tan)^{-1} : x \to \text{Arctan}\, x$, continue et strictement croissante de $\mathbb{R}$ vers $]-\pi/2 ; \pi/2[$, dérivable sur $\mathbb{R}$ et telle que : $(\text{Arctan}\, x)' = \frac{1}{1+x^2}$.

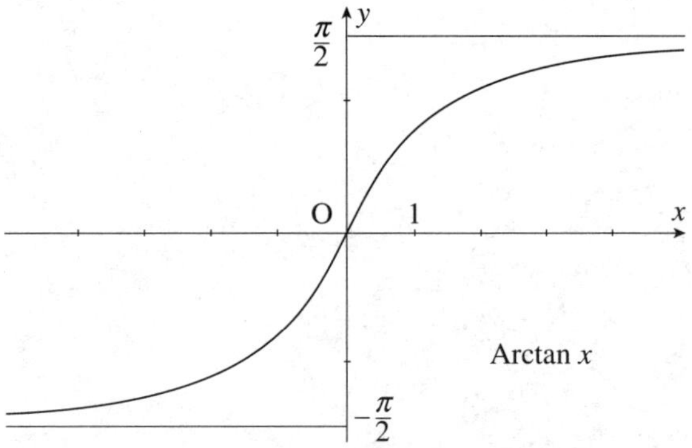

Trigonométrie hyperbolique

1. Sinus hyperbolique

La fonction sh : $x \to \dfrac{e^x - e^{-x}}{2}$ définie sur $\mathbb{R}$ est appelée sinus hyperbolique.

La fonction sh est impaire.

La fonction sh est dérivable sur $\mathbb{R}$. $(\text{sh}x)' = \text{ch}x$

x	$-\infty$	0	$+\infty$
sh$x$	$-\infty$ ↗	0 ↗	$+\infty$

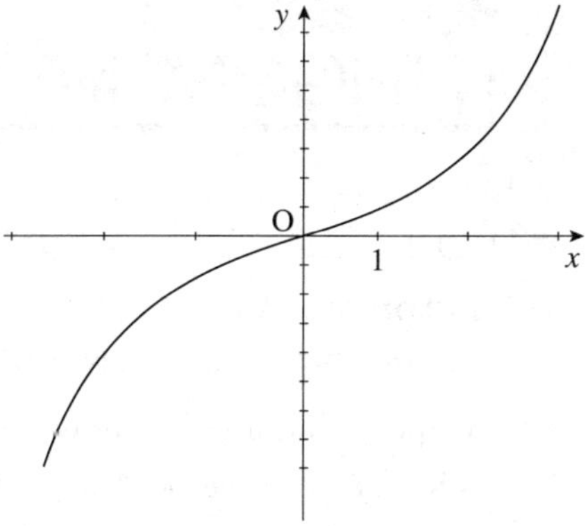

2. Cosinus hyperbolique

La fonction ch : $x \to \dfrac{e^x + e^{-x}}{2}$ définie sur $\mathbb{R}$ est appelée cosinus hyperbolique.

La fonction ch est paire.

La fonction ch est dérivable sur $\mathbb{R}$. $(\text{ch}x)' = \text{sh}x$.

x	$-\infty$	0	$+\infty$
ch$x$	$+\infty$ ↘	1 ↗	$+\infty$

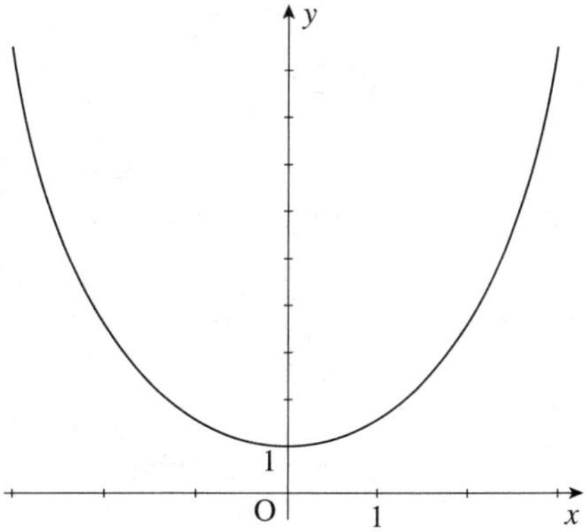

3. Fonction tangente hyperbolique

La fonction th : $x \to \dfrac{\text{sh}x}{\text{ch}x} = \dfrac{e^x - e^{-x}}{e^x + e^{-x}}$ définie sur $\mathbb{R}$ est appelée tangente hyperbolique.

La fonction th est impaire.

La fonction th est dérivable sur $\mathbb{R}$.

$(\text{th}x)' = 1 - \text{th}^2 x = \dfrac{1}{\text{ch}^2 x} > 0$.

La fonction th est croissante sur $\mathbb{R}$.

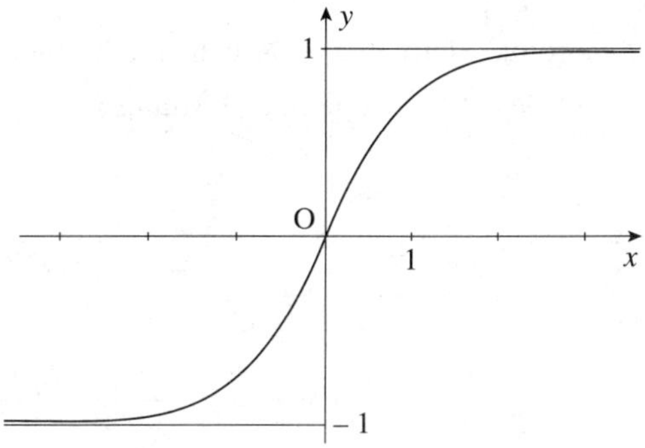

FORMULAIRE DE TRIGONOMÉTRIE

Formules usuelles

$\cos^2 a + \sin^2 a = 1$	$\tan a = \dfrac{\sin a}{\cos a}$	$1 + \tan^2 a = \dfrac{1}{\cos^2 a}$

Formules d'addition

$\cos(a+b) = \cos a \,.\, \cos b - \sin a \,.\, \sin b$	$\cos(a-b) = \cos a \,.\, \cos b + \sin a \,.\, \sin b$
$\sin(a+b) = \sin a \,.\, \cos b + \cos a \,.\, \sin b$	$\sin(a-b) = \sin a \,.\, \cos b - \cos a \,.\, \sin b$
$\tan(a+b) = \dfrac{\tan a + \tan b}{1 - \tan a \,.\, \tan b}$	$\tan(a-b) = \dfrac{\tan a - \tan b}{1 + \tan a \,.\, \tan b}$

$\cos 2a = \cos^2 a - \sin^2 a = 2\cos^2 a - 1 = 1 - 2\sin^2 a = \dfrac{1 - \tan^2 a}{1 + \tan^2 a}$	
$\sin 2a = 2 \sin a \,.\, \cos a$	$\tan 2a = \dfrac{2\tan a}{1 - \tan^2 a}$

Transformations de produits en sommes

$\sin a \,.\, \cos b = 1/2\,[\sin(a+b) + \sin(a-b)]$	
$\sin a \,.\, \sin b = 1/2\,[\cos(a-b) - \cos(a+b)]$	$\sin^2 a = \dfrac{1 - \cos 2a}{2}$
$\cos a \,.\, \cos b = 1/2\,[\cos(a+b) + \cos(a-b)]$	$\cos^2 a = \dfrac{1 + \cos 2a}{2}$

Transformations de sommes en produits

$\sin p + \sin q = 2 \sin \dfrac{p+q}{2} \cos \dfrac{p-q}{2}$	$\sin p - \sin q = 2 \sin \dfrac{p-q}{2} \cos \dfrac{p+q}{2}$
$\cos p + \cos q = 2 \cos \dfrac{p+q}{2} \cos \dfrac{p-q}{2}$	$\cos p - \cos q = -\,2 \sin \dfrac{p+q}{2} \sin \dfrac{p-q}{2}$

Changement de variable $t = \tan(a/2)$

$\sin a = \dfrac{2t}{1+t^2}$	$\cos a = \dfrac{1-t^2}{1+t^2}$	$\tan a = \dfrac{2t}{1-t^2}$

EXERCICES

1 Dérivées des fonctions trigonométriques

Déterminer les dérivées $n^{\text{èmes}}$ des fonctions $x \rightarrow \sin x$ et $x \rightarrow \cos x$.

■ SOLUTION

Montrons par récurrence que $(\sin x)^{(n)} = \sin (x + n\frac{\pi}{2})$:

• $(\sin x)' = \cos x = \sin (x + \frac{\pi}{2})$. Donc la propriété est vraie au rang 1.

• Supposons la propriété vraie au rang n, et calculons la dérivée $(n + 1)^{\text{ème}}$ de la fonction sinus :

$$(\sin x)^{(n+1)} = [(\sin x)^{(n)}]' = [\sin (x + n\frac{\pi}{2})]' = \cos (x + n\frac{\pi}{2}) = \sin (x + n\frac{\pi}{2} + \frac{\pi}{2})$$

Finalement $(\sin x)^{(n+1)} = \sin [x + (n + 1)\frac{\pi}{2}]$.

Ce qui démontre la relation au rang $(n + 1)$.

On démontre de la même manière que $(\cos x)^{(n)} = \cos (x + n\frac{\pi}{2})$.

2 Redressements simple et double alternance

Représenter les fonctions suivantes :

1) $f : x \rightarrow |\sin x|$ **2)** $g : x \rightarrow \max(\sin x, 0)$

■ SOLUTION

1) La fonction f est définie sur $\mathbb{R}$.

Elle est π – périodique car : $|\sin (x + \pi)| = |-\sin x| = |\sin x|$.

Sur $[0 ; \pi]$, $\sin x \geq 0$ et donc sur cet intervalle $f(x) = \sin x$.

La courbe de f coïncide avec celle de la fonction sinus sur $[0 ; \pi]$. On obtient la courbe complète en effectuant des translations de vecteur de composantes $(\pi ; 0)$.

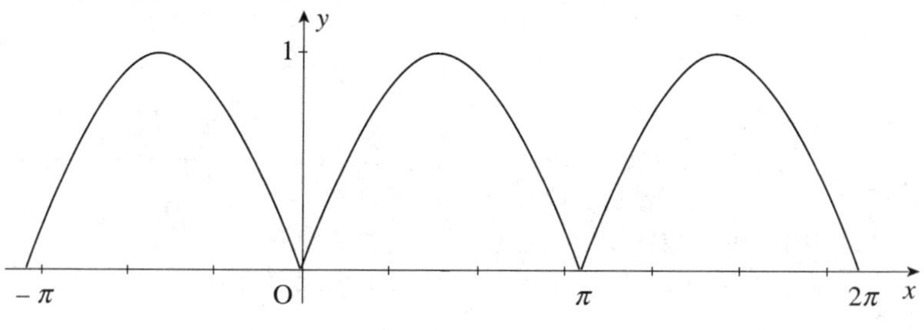

2) La fonction g est définie sur $\mathbb{R}$.

Elle est 2π – périodique puisque la fonction sinus et la fonction identiquement nulle le sont.

Pour tout $x \in [0 ; \pi]$, $\sin x \geq 0$, donc $g(x) = \sin x$
Pour tout $x \in]\pi ; 2\pi[$, $\sin x < 0$, donc $g(x) = 0$

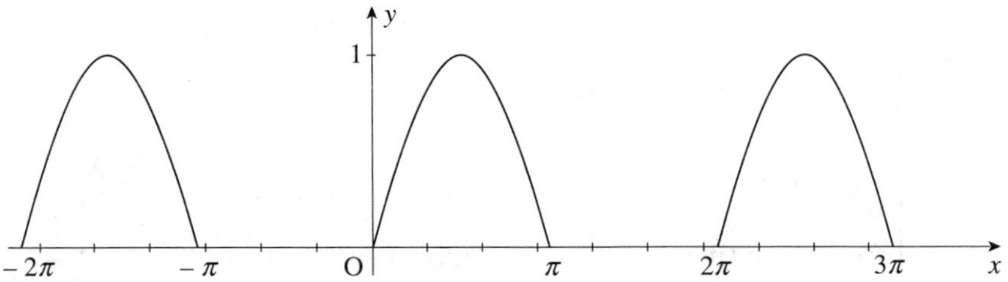

3 Polynôme trigonométrique

Étudier la fonction $f : x \rightarrow \cos^4 x + 2 \cos^3 x + 1$ définie sur $\mathbb{R}$.

■ **SOLUTION**

f est paire, 2π – périodique. On étudie donc f sur $[0 ; \pi]$.
f est dérivable sur $\mathbb{R}$, $f'(x) = -4 \sin x \cdot \cos^3 x - 6 \sin x \cdot \cos^2 x$
$= -2 \sin x \cdot \cos^2 x \cdot (2 \cos x + 3)$
Le signe de $f'(x)$ est le signe de $-\sin x$ puisque : $1 \leq 2 \cos x + 3 \leq 5$ et $\cos^2 x \geq 0$.

$f'(x)$ s'annule en 0, en π et en $\pi/2$ (mais ne change pas de signe en $\pi/2$).

On en déduit le tableau de variations ci-contre.

x	0		$\pi/2$		π
$f'(x)$	0	–	0	–	0
$f(x)$	4	↘	1	↘	0

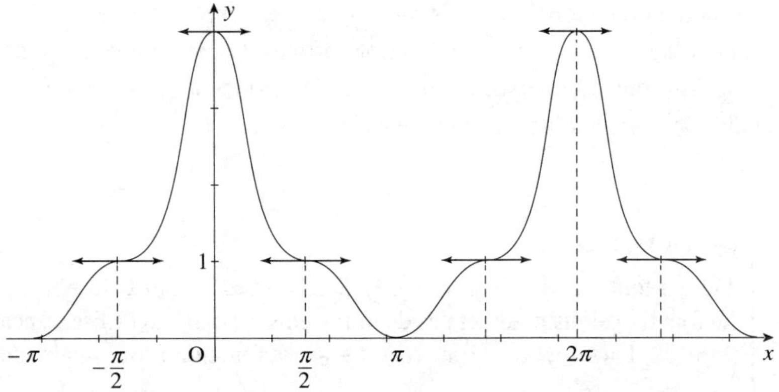

4 Fonction tangente et changement de repère

On considère la fonction $f : x \rightarrow \dfrac{2 \sin x}{\sin x + \cos x}$ de courbe représentative C_f.

1) Déterminer son ensemble de définition D.

2) Montrer que f est π – périodique.

3) Montrer que la courbe C_f admet le point $I\left(\frac{\pi}{4} ; 1\right)$ pour centre de symétrie.

4) Tracer C_f.

■ **SOLUTION**

1) La fonction f est définie si $\sin x + \cos x \neq 0$.

Or, $\sin x + \cos x = \sqrt{2}\left(\frac{\sqrt{2}}{2}\sin x + \frac{\sqrt{2}}{2}\cos x\right) = \sqrt{2}\left(\sin\frac{\pi}{4}\sin x + \cos\frac{\pi}{4}\cos x\right)$

$= \sqrt{2}\sin\left(x + \frac{\pi}{4}\right)$

$\sin(x + \frac{\pi}{4}) = 0 \Leftrightarrow x = -\frac{\pi}{4} + k\pi, k \in \mathbb{Z}$, donc $D = \mathbb{R} / \{-\frac{\pi}{4} + k\pi, k \in \mathbb{Z}\}$.

2) Comme $\sin(x + \pi) = -\sin x$ et $\cos(x + \pi) = -\cos x$, $f(x + \pi) = f(x)$.

3) Pour montrer que I est centre de symétrie de la courbe C, nous allons effectuer un changement de repère, en prenant comme nouveau repère $(I, \vec{i}, \vec{j})$ puis nous allons montrer que, exprimée dans ce nouveau repère la fonction est impaire.

Soit $\overrightarrow{OM} = (x ; y)$ et $\overrightarrow{IM} = (X ; Y)$.

D'après la relation de Chasles, $\overrightarrow{OM} = \overrightarrow{OI} + \overrightarrow{IM} \Leftrightarrow x = \pi/4 + X$ et $y = 1 + Y$.

On obtient alors :

$$1 + Y = \frac{2\sin(X + \pi/4)}{\sqrt{2}\sin(X + \pi/2)} = \frac{\sqrt{2}(\sin X + \cos X)}{\sqrt{2}\cos X} = \tan X + 1 \Leftrightarrow Y = \tan X$$

La fonction $x \to \tan x$ est impaire, donc I est bien centre de symétrie de C.

La courbe de la fonction f n'est autre que la courbe de la fonction tangente exprimée dans le nouveau repère.

5 Branches infinies et fonctions trigonométriques

On considère la fonction $f : x \to x + \sin x$ de courbe représentative C.

1) Encadrer la fonction f par deux fonctions affines. En déduire la limite de f en $\pm\infty$.

2) Étudier les points d'intersection de C avec les droites $y = x$, $y = x + 1$ et $y = x - 1$.

3) Étudier l'existence d'une asymptote à C en $+\infty$.

4) Tracer C.

■ **SOLUTION**

1) Pour tout $x \in \mathbb{R}$, $-1 \leq \sin x \leq 1$, donc $x - 1 \leq x + \sin x \leq x + 1$.

La fonction sinus n'admet pas de limite en $\pm\infty$, mais on utilise l'encadrement précédent : $\lim_{x\to+\infty} x - 1 = +\infty$, donc $\lim_{x\to+\infty} f(x) = +\infty$. La fonction f est impaire donc $\lim_{x\to-\infty} f(x) = -\infty$.

2) $f(x) = x \Leftrightarrow \sin x = 0 \Leftrightarrow x = k\pi, k \in \mathbb{Z}$

$f(x) = x + 1 \Leftrightarrow \sin x = 1 \Leftrightarrow x = \pi/2 + 2k\pi, k \in \mathbb{Z}$

$f(x) = x - 1 \Leftrightarrow \sin x = -1 \Leftrightarrow x = -\pi/2 + 2k\pi, k \in \mathbb{Z}$

3) $\frac{f(x)}{x} = 1 + \frac{\sin x}{x}$. D'où l'on déduit l'encadrement : $1 - \frac{1}{x} \leq \frac{f(x)}{x} \leq 1 + \frac{1}{x}$ et enfin la limite de ce rapport en $+\infty$: $\lim_{x\to+\infty} \frac{f(x)}{x} = 1$.

On étudie enfin la différence : $f(x) - x$. Cette différence est égale à $\sin x$ et la fonction sinus n'admet pas de limite en $+\infty$. On en déduit que la courbe C n'admet pas d'asymptote en $+\infty$.

4)

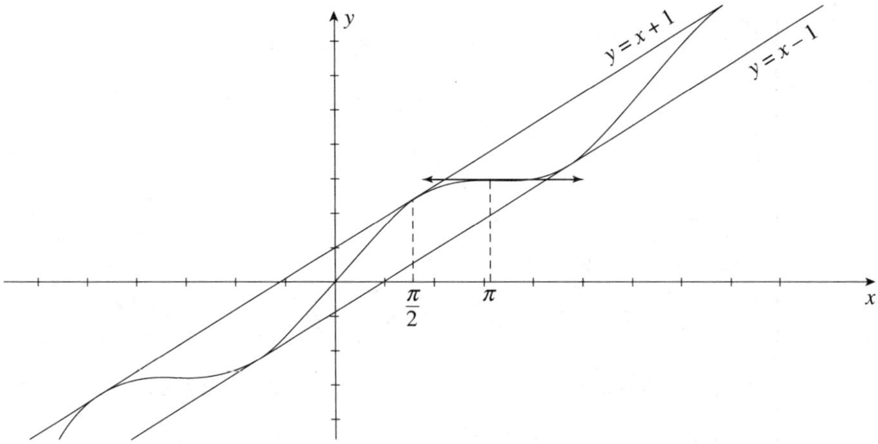

6 Équations trigonométriques

Résoudre les équations suivantes :

1) $\cos x = 1/2$ **2)** $\sin x + \cos x = 0$ **3)** $\tan x = \sqrt{3}$ **4)** $\sin 3x = \dfrac{\sqrt{2}}{2}$

5) $\cos x + \sqrt{3}\ \sin x = \sqrt{2}$. En déduire les valeurs exactes de $\tan(\pi/24)$ et $\tan(7\pi/24)$.

6) Soient a et b deux réels non nuls simultanément. Montrer que toute expression du type $a \cos x + b \sin x$ peut s'écrire sous la forme $r \cos(x - \varphi)$ et déterminer r et φ en fonction de a et b.

■ SOLUTION

Rappelons différentes relations trigonométriques :

$\sin(\pi - x) = \sin x$

$\sin(\pi + x) = \sin(-x) = -\sin x$

$\cos(-x) = \cos x$

$\cos(\pi - x) = \cos(\pi + x) = -\cos x$

1) $\cos x = 1/2 \Leftrightarrow \cos x = \cos(\pi/3) \Leftrightarrow x = \pi/3 + 2k\pi$ ou $x = -\pi/3 + 2k\pi$.

2) Remarquons que : $\sin x + \cos x = \sqrt{2}\left(\dfrac{\sqrt{2}}{2}\sin x + \dfrac{\sqrt{2}}{2}\cos x\right) = \sqrt{2}\sin\left(x + \dfrac{\pi}{4}\right)$.

On obtient alors : $\sin x + \cos x = 0 \Leftrightarrow \sin(x + \pi/4) = 0 \Leftrightarrow x + \pi/4 = k\pi \Leftrightarrow x = -\pi/4 + k\pi$

3) Rappelons que la fonction tangente est π – périodique et bijective de $]-\dfrac{\pi}{2}, \dfrac{\pi}{2}[\to \mathbb{R}$;
$\tan x = \sqrt{3} \Leftrightarrow x = \pi/3 + k\pi$

4) $\sin 3x = \dfrac{\sqrt{2}}{2} \Leftrightarrow \sin 3x = \sin \pi/4 \Leftrightarrow 3x = \pi/4 + 2k\pi$ ou $3x = \pi - \pi/4 + 2k\pi$

$$\Leftrightarrow x = \frac{\pi}{12} + \frac{2k\pi}{3} \text{ ou } x = \frac{\pi}{4} + \frac{2k\pi}{3}$$

Ce qui donne finalement dans $[0 ; 2\pi]$ les solutions : $\dfrac{\pi}{12}, \dfrac{\pi}{4}, \dfrac{3\pi}{4}, \dfrac{11\pi}{12}, \dfrac{17\pi}{12}, \dfrac{19\pi}{12}$.

5) $\cos x + \sqrt{3}\ \sin x = \sqrt{2} \Leftrightarrow \frac{1}{2}\cos x + \frac{\sqrt{3}}{2}\sin x = \frac{\sqrt{2}}{2} \Leftrightarrow \cos(x - \frac{\pi}{3}) = \cos\frac{\pi}{4}$

$$\Leftrightarrow x - \frac{\pi}{3} = \pm\frac{\pi}{4} + 2k\pi$$

$$\Leftrightarrow x = \frac{\pi}{12} + 2k\pi \text{ ou } x = \frac{7\pi}{12} + 2k\pi$$

Posons $t = \tan\frac{x}{2}$. On a alors les relations : $\cos x = \dfrac{1-t^2}{1+t^2}$ et $\sin x = \dfrac{2t}{1+t^2}$.

Remplaçons dans l'équation :

$$\frac{1-t^2}{1+t^2} + \sqrt{3}\frac{2t}{1+t^2} = \sqrt{2} \Leftrightarrow (1+\sqrt{2})t^2 - 2\sqrt{3}t + (\sqrt{2}-1) = 0$$

Il reste à résoudre cette équation du second degré en t : $\Delta' = 2$.

Donc $t_1 = \dfrac{\sqrt{3}-\sqrt{2}}{1+\sqrt{2}}$ et $t_2 = \dfrac{\sqrt{3}+\sqrt{2}}{1+\sqrt{2}}$. $(t_1 < t_2)$

La fonction tangente étant strictement croissante, on en déduit que $\tan(\pi/24) = t_1$ et que $\tan(7\pi/24) = t_2$.

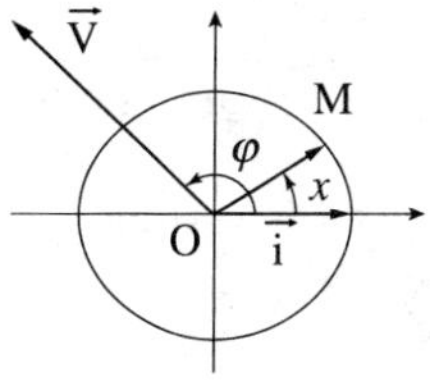

6) Considérons les vecteurs : $\vec{V} = (a\,;b)$ et $\overrightarrow{OM} = (\cos x\,;\sin x)$.
Calculons le produit scalaire : $\vec{V}\cdot\overrightarrow{OM} = a\cos x + b\sin x$.

D'autre part :

$\vec{V}\cdot\overrightarrow{OM} = \sqrt{a^2+b^2}\ \cos(\vec{V}, \overrightarrow{OM}) = \sqrt{a^2+b^2}\cos(x-\varphi)$

où φ est l'angle $(\vec{i}, \vec{V})$, $\tan\varphi = \frac{b}{a}$ et $r = \sqrt{a^2+b^2}$.

7 Sinusoïde amortie

1) Étudier les variations de la fonction $g : x \to x\cos x - \sin x$ sur $\mathbb{R}^+$.

2) Montrer que l'équation $g(x) = 0$ admet une unique solution a sur $[\pi\,;2\pi]$ et une unique solution b sur $[2\pi\,;3\pi]$.
Montrer que a et b sont aussi solutions de l'équation $\tan x = x$.

3) Montrer que pour tout $x \in\ ]0\,;\pi]$, $x\cos x < \sin x < x$ (1)
On considère la fonction $f : x \to \frac{\sin x}{x}$, définie sur $\mathbb{R}^*$.

4) Étudier la fonction f, en particulier la parité, la continuité et la dérivabilité en 0.

5) Construire la courbe représentative de f.
Déterminer les points d'intersections avec les hyperboles $x \to 1/x$ et $x \to -1/x$.

6) Montrer que f est solution sur $\mathbb{R}$ de l'équation différentielle : $xy'' + 2y' + xy = 0$.

■ SOLUTION

1) g est dérivable sur $\mathbb{R}$ et $g'(x) = -x\,.\sin x + \cos x - \cos x = -x\,.\sin x$.
$g'(x) = 0 \Leftrightarrow x = k\pi,\ k \in \mathbb{N}$.
x étant positif, le signe de $g'(x)$ est celui de $-\sin x$.

$$g'(x) < 0 \Leftrightarrow x \in\ ]2k\pi\,;(2k+1)\pi[$$

$$g'(x) > 0 \Leftrightarrow x \in\ ](2k+1)\pi\,;(2k+2)\pi[$$

x	0		π		2π		3π
$g'(x)$	0	$-$	0	$+$	0	$-$	0
$g(x)$	0	↘	$-\pi$	↗	2π	↘	-3π

2) La fonction g est une bijection de $[\pi\,;2\pi] \to [-\pi\,;2\pi]$. Donc l'équation $g(x) = 0$ admet une solution unique $a \in [\pi\,;2\pi]$. On applique le même raisonnement pour b.
$g(x) = 0 \Leftrightarrow x\,.\cos x = \sin x$. Les nombres $\pi/2 + k\pi$ ne sont pas solutions, on peut supposer $x \neq \pi/2 + k\pi$ donc $\cos x \neq 0$ et $g(x) = 0 \Leftrightarrow x = \tan x$.
Remarquons que a et b sont les abscisses des points d'intersections de la droite $y = x$ et de la courbe de la fonction tangente dans les intervalles $]\pi/2\,;3\pi/2[$ et $]3\pi/2\,;5\pi/2[$ respectivement.

3) La fonction g est négative sur $]0\,;\pi]$, c'est-à-dire que $x\cos x - \sin x < 0$, ce qui démontre la première partie de l'inégalité.
Pour démontrer la seconde inégalité, on étudie le signe de la fonction $h : x \to x - \sin x$

$$h \text{ est dérivable et } h'(x) = 1 - \cos x \geq 0$$

Donc h est croissante et comme $h(0) = 0$, la fonction h est strictement positive pour tout $x \in\ ]0\,;\pi]$, et l'on a bien $x > \sin x$.

4) La fonction f est paire, donc on l'étudie sur $]0\,;+\infty[$.
Elle est continue comme quotient de fonctions continues. D'après l'inégalité (1), et après division par x, on obtient : $\cos x < \dfrac{\sin x}{x} < 1$.

D'après les théorèmes d'encadrement, $\lim\limits_{x\to 0} \dfrac{\sin x}{x} = 1$. On prolonge donc f par continuité en 0 en posant $f(0) = 1$.
La fonction f est dérivable comme quotient de fonctions dérivables sur $]0\,;+\infty[$.

• Pour la dérivabilité en 0, il faut étudier la limite du taux d'accroissement :

$$\frac{f(x)-f(0)}{x} = \frac{\sin x - x}{x^2}$$

D'après l'inégalité (1), $x\cos x - x < \sin x - x < 0$ et après division par x^2, on obtient :

$$\frac{\cos x - 1}{x} < \frac{\sin x - x}{x^2} < 0$$

Or, $\lim\limits_{x\to 0} \dfrac{\cos x - 1}{x}$ est le nombre dérivé en 0 de la fonction cosinus, c'est-à-dire $\sin 0 = 0$.
On en déduit que f est dérivable en 0 et que $f'(0) = 0$.
• Pour tout $x > 0$, $f'(x) = \dfrac{x\,.\cos x - \sin x}{x^2} = \dfrac{g(x)}{x^2}$ qui s'annule pour $x = a$ et $x = b$.

Tableau de variations :

x	0	π	$a \approx 4{,}5$	2π	$b \approx 7{,}7$		3π
$f'(x)$	0	$-$	0	$+$	0	$-$	
$f(x)$	1	↘	$-0{,}21$	↗	$0{,}13$	↘	0

5) Pour tout $x > 0$, on a l'encadrement : $-\frac{1}{x} \leq \frac{\sin x}{x} \leq \frac{1}{x}$, la courbe C est « coincée » entre les deux branches d'hyperboles H et H' des fonctions $x \to 1/x$ et $x \to -1/x$. On en déduit également que la fonction f admet pour limite 0 en $+\infty$ et donc qu'elle admet l'axe (Ox) pour asymptote en $+\infty$.

Les points de contact avec les hyperboles H et H' sont respectivement obtenus aux points d'abscisses : $x = \pi/2 + 2k\pi$ et $x = -\pi/2 + 2k\pi$.
Les deux courbes admettent des tangentes communes en ces points d'intersection.

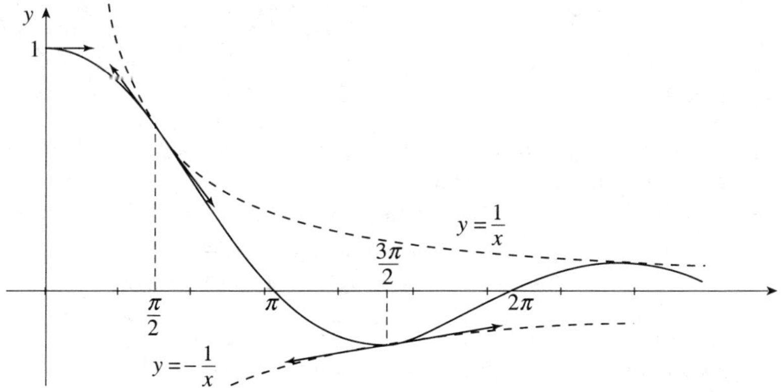

6) $f'(x) = \frac{x \cdot \cos x - \sin x}{x^2}$ et $f''(x) = -\frac{\sin x}{x} - 2\frac{\cos x}{x^2} + 2\frac{\sin x}{x^3}$

$$xf''(x) + 2f'(x) + xf(x) = -\sin x - 2\frac{\cos x}{x} + 2\frac{\sin x}{x^2} + 2\frac{\cos x}{x} - 2\frac{\sin x}{x^2} + \sin x = 0$$

8 Problèmes de continuité et dérivabilité en zéro

Étudier les fonctions suivantes (en particulier la continuité et la dérivabilité en 0) :

1) $f : x \to \sin\frac{1}{x}$ **2)** $g : x \to x\sin\frac{1}{x}$ **3)** $h : x \to x^2\sin\frac{1}{x}$

■ SOLUTION

1) La fonction f est définie pour $x \neq 0$ et est impaire. On étudie donc f sur $]0 ; +\infty[$.

• f est continue sur $]0 ; +\infty[$ comme composée de fonctions continues.
Étudions la continuité en 0 : l'étude de la limite en 0 revient, en posant $X = \frac{1}{x}$ à l'étude de la limite en $+\infty$ de la fonction sinus. Or, cette limite n'existe pas. On en déduit que f n'est pas continue en 0.

• f est dérivable sur $]0 ; +\infty[$ et $f'(x) = -\frac{1}{x^2}\cos\frac{1}{x}$. N'étant pas continue en 0, f n'est pas dérivable en 0.

• Limite en $+\infty$ et branche infinie :

$\lim\limits_{x\to+\infty} \sin\frac{1}{x} = \lim\limits_{X\to 0} \sin X = 0$. La courbe admet une asymptote horizontale $y = 0$.

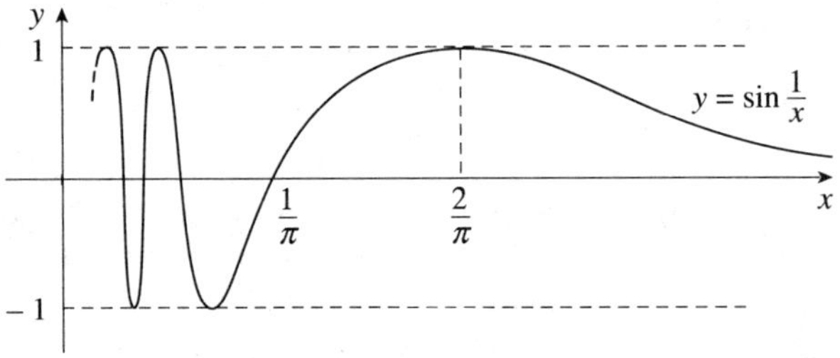

2) La fonction g est définie pour $x \neq 0$, elle est paire. On étudie donc g sur $]0 ; +\infty[$.

• g est continue sur $]0 ; +\infty[$ comme composée de fonctions continues.

Étudions la continuité en 0 : pour tout $x > 0$, $\left|\sin \frac{1}{x}\right| \leq 1$, et donc $\left|x \sin \frac{1}{x}\right| \leq x$.

Donc, $\lim\limits_{x \to 0} x \sin \frac{1}{x} = 0$, par utilisation des théorèmes de comparaison.

On peut donc prolonger par continuité la fonction g en 0 en posant $g(0) = 0$.

• g est dérivable sur $]0 ; +\infty[$ et $g'(x) = \sin \frac{1}{x} - \frac{1}{x} \cos \frac{1}{x}$.

Étudions la dérivabilité en 0 :

Attention : on ne peut pas étudier la limite en 0 de g'(*x*) : en effet, il se pourrait que g'(0) existe sans que la dérivée admette une limite en 0, ce qui prouverait alors que la dérivée n'est pas continue en 0.

On étudie la limite en 0 du taux d'accroissement : $\frac{g(x) - g(0)}{x - 0} = \sin \frac{1}{x}$. Cette limite n'existe pas, donc g n'est pas dérivable en 0.

• Étude en $+\infty$ et branche infinie :

$$\lim_{x \to +\infty} x \cdot \sin \frac{1}{x} = \lim_{X \to 0} \frac{\sin X}{X} = 1.$$

Donc, la courbe admet en $+\infty$ une asymptote horizontale d'équation $y = 1$.

• Intersection avec les droites $y = x$ et $y = -x$:

$x \sin \frac{1}{x} = x \Leftrightarrow \sin \frac{1}{x} = 1 \Leftrightarrow \frac{1}{x} = \frac{\pi}{2} + 2k\pi,\ k \in \mathbb{Z}^+ \Leftrightarrow x = \frac{1}{\pi / 2 + 2k\pi},\ k \in \mathbb{Z}^+$.

De même, $x \sin \frac{1}{x} = -x \Leftrightarrow x = \frac{1}{-\pi / 2 + 2k\pi},\ k \in \mathbb{Z}^+$.

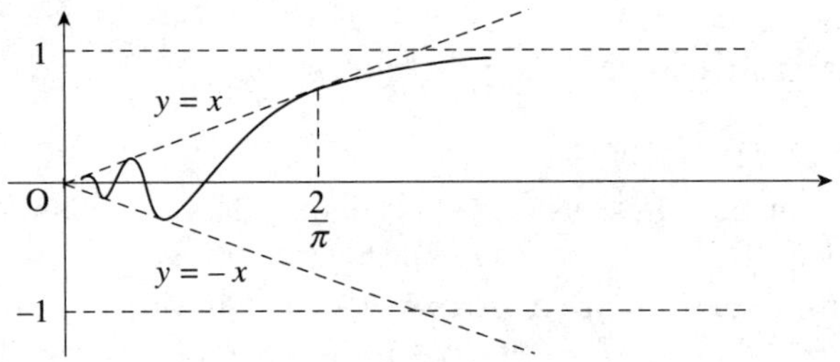

3) h est définie pour $x \neq 0$ et est impaire. On étudie donc sur $]0 ; +\infty[$.

• La fonction h est continue sur $]0 ; +\infty[$, et par le même raisonnement que celui utilisé pour la fonction g, on montre que h est **prolongeable par continuité en 0** avec $h(0) = 0$.

• La fonction h est dérivable sur $]0 ; +\infty[$ et $h'(x) = 2x \sin \frac{1}{x} - \cos \frac{1}{x}$.

Étudions la **dérivabilité en 0** :

$\dfrac{h(x) - h(0)}{x - 0} = x \sin \dfrac{1}{x}$ qui, d'après la question précédente, a pour limite 0 quand $x \to 0$.

On en déduit que la fonction h est dérivable en 0 et que sa dérivée est égale à 0.
Remarquons également que $x \to h'(x)$ n'admet pas de limite en 0, ce qui prouve que h' n'est pas continue en 0 (voir la remarque pour la fonction g).

• Limite en $+\infty$ et branche infinie :

$$\lim_{x \to +\infty} x^2 \sin \frac{1}{x} = \lim_{X \to 0} \frac{1}{X} \frac{\sin X}{X} = +\infty$$

Utilisons un développement limité à l'ordre 3 de la fonction $x \to \sin x$ au voisinage de 0 :
$\sin X = X - \dfrac{X^3}{6} + X^3.\varepsilon(X)$ donc $\sin \dfrac{1}{x} = \dfrac{1}{x} - \dfrac{1}{6x^3} + \dfrac{1}{x^3}\,\varepsilon\left(\dfrac{1}{x}\right)$, avec $\lim\limits_{x \to \infty} \varepsilon(x) = 0$

Donc, $x^2 \sin \dfrac{1}{x} = x - \dfrac{1}{6x} + \dfrac{1}{x}\,\varepsilon\left(\dfrac{1}{x}\right)$ et $\lim\limits_{x \to +\infty} -\dfrac{1}{6x} + \dfrac{1}{x}\,\varepsilon\left(\dfrac{1}{x}\right) = 0$, ce qui prouve que la droite d'équation $y = x$ est asymptote à la courbe représentant h en $+\infty$.

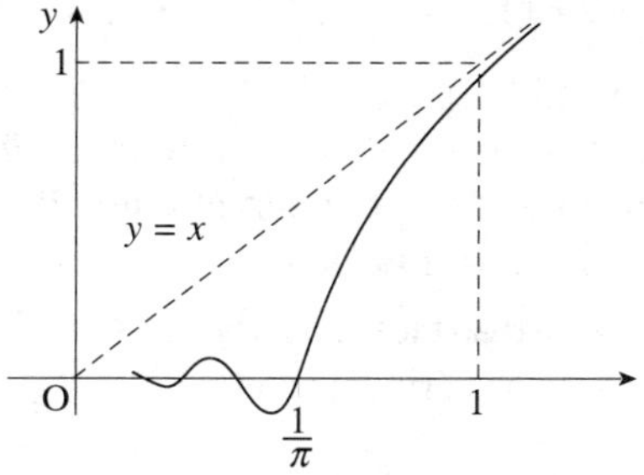

9 Relations trigonométriques réciproques

Établir les relations suivantes :

1) $\sin(\text{Arcsin } x) = x$ $\qquad \cos(\text{Arcsin } x) = \sqrt{1 - x^2}$

2) $\sin(\text{Arccos } x) = \sqrt{1 - x^2}$ $\qquad \cos(\text{Arccos } x) = x$

3) $\sin(\text{Arctan} x) = \dfrac{x}{\sqrt{1 + x^2}}$ $\qquad \cos(\text{Arctan} x) = \dfrac{1}{\sqrt{1 + x^2}}$

4) Montrer que pour tout $x \in [-1 ; 1]$, $\text{Arcsin } x + \text{Arccos } x = \dfrac{\pi}{2}$

5) Calculer $\text{Arctan} x + \text{Arctan } 1/x$, pour tout $x \neq 0$.

■ **SOLUTION**

1) La fonction Arcsinus est la bijection réciproque de la fonction sinus, c'est une bijection de $[-1 ; 1] \to [-\pi/2 ; \pi/2]$. Donc, pour tout $x \in [-1 ; 1]$, $\sin(\text{Arcsin } x) = x$.
À partir de la relation $\sin^2(\text{Arcsin } x) + \cos^2(\text{Arcsin } x) = 1$, on obtient :

$$\cos^2(\text{Arcsin } x) = 1 - x^2, \Rightarrow \cos(\text{Arcsin } x) = \pm \sqrt{1 - x^2}$$

Cependant, $\text{Arcsin } x \in [-\pi/2 ; \pi/2]$ et la fonction cosinus est positive sur cet intervalle.
Finalement $\cos(\text{Arcsin } x) = \sqrt{1 - x^2}$.

On peut remarquer également que $\tan(\text{Arcsin } x) = \dfrac{\sin(\text{Arcsin } x)}{\cos(\text{Arcsin } x)} = \dfrac{x}{\sqrt{1 - x^2}}$, ceci pour tout $x \in\ ]-1 ; 1[$.

2) Raisonnement identique au **1)**.

3) On trouve d'abord que, pour tout x réel, $\tan(\text{Arctan}\, x) = x$.

Ensuite, on utilise les relations : $\cos^2 t = \dfrac{1}{1+\tan^2 t}$ et $\sin^2 t = 1 - \cos^2 t = \dfrac{\tan^2 t}{1+\tan^2 t}$ avec $t = \text{Arctan}\, x$, $t \in \left]-\pi/2\,;\,\pi/2\right[$. Sur cet intervalle, $\cos t$ est positif et $\sin t$ a le même signe que $\tan t$, c'est-à-dire que x.

Donc : $$\cos(\text{Arctan}\, x) = \frac{1}{\sqrt{1+x^2}} \text{ et } \sin(\text{Arctan}\, x) = \frac{x}{\sqrt{1+x^2}}.$$

4) Si $x = 1$, $\text{Arcsin}\, 1 + \text{Arccos}\, 1 = \pi/2 + 0 = \pi/2$

Si $x = -1$, $\text{Arcsin}(-1) + \text{Arccos}(-1) = -\pi/2 + \pi = \pi/2$.

Pour tout $x \in \left]-1\,;\,1\right[$, considérons la fonction $f : x \to \text{Arcsin}\, x + \text{Arccos}\, x$.

f est dérivable et $f'(x) = \dfrac{1}{\sqrt{1-x^2}} - \dfrac{1}{\sqrt{1-x^2}} = 0$. Donc f est constante sur $\left]-1\,;\,1\right[$.

En particulier $f(0) = \text{Arcsin}\, 0 + \text{Arccos}\, 0 = \dfrac{\pi}{2}$ donc, pour tout $x \in \left]-1\,;\,1\right[$, $f(x) = \dfrac{\pi}{2}$.

Ce qui démontre la relation.

5) La fonction $g : x \to \text{Arctan}\, x + \text{Arctan}\, 1/x$ est dérivable sur $\mathbb{R}^*$.

$$g'(x) = \frac{1}{1+x^2} + \left(-\frac{1}{x^2}\right)\frac{1}{1+(1/x)^2} = 0$$

Donc g est constante sur chacun des intervalles $\left]-\infty\,;\,0\right[$ et $\left]0\,;\,+\infty\right[$.

Pour $x = 1$, $\text{Arctan}\, 1 + \text{Arctan}\, 1 = \pi/4 + \pi/4 = \pi/2$.

Pour $x = -1$, $\text{Arctan}(-1) + \text{Arctan}(-1) = -\pi/4 - \pi/4 = -\pi/2$

Finalement : $$\text{Arctan}\, x + \text{arctan}\, \frac{1}{x} = \begin{cases} \pi/2 & \text{si } x > 0 \\ -\pi/2 & \text{si } x < 0 \end{cases}$$

10 Étude de fonctions trigonométriques réciproques

Étudier les fonctions :

1) $f : x \to \text{Arcsin}(\sin x)$

2) $g : x \to \text{Arccos}(\cos x)$

3) $h : x \to \sin(\text{Arcsin}\, x)$

■ SOLUTION

1) f est définie sur $\mathbb{R}$ puisque, pour tout $x \in \mathbb{R}$, $\sin x \in [-1\,;\,1]$.

f est 2π – périodique puisque la fonction sinus est 2π – périodique.

$f(-x) = \text{Arcsin}[\sin(-x)] = \text{Arcsin}(-\sin x) = -\text{Arcsin}(\sin x) = -f(x)$ donc f est une fonction impaire. On effectue l'étude sur $[0\,;\,\pi]$.

Si $x \in [0\,;\,\pi/2]$, $\text{Arcsin}(\sin x) = x$ puisque la fonction Arcsinus est la bijection réciproque de la fonction sinus.

Si $x \in [\pi/2\,;\,\pi]$, alors $\pi - x \in [0\,;\,\pi/2]$ et $\sin(\pi - x) = \sin x$. Donc :

$\text{Arcsin}(\sin x) = \text{Arcsin}[\sin(\pi - x)] = \pi - x$.

On remarque enfin que la fonction est dérivable pour tout $x \in \mathbb{R} \setminus \{\pi/2 + k\pi, k \in \mathbb{Z}\}$.

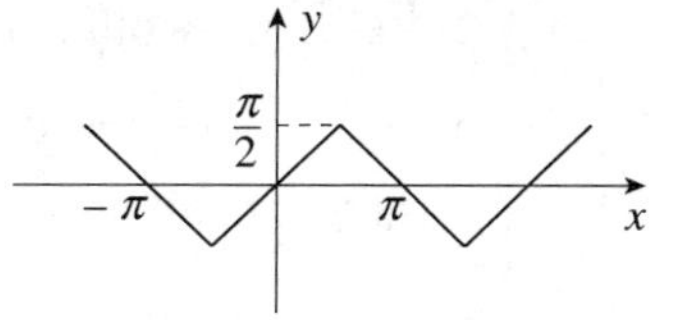

2) g est définie sur $\mathbb{R}$ puisque, pour tout $x \in \mathbb{R}$, $\cos x \in [-1\ ;\ 1]$.
g est 2π – périodique.
$g(-x) = \text{Arccos}\,[\cos(-x)] = \text{Arccos}\,(\cos x) = g(x)$ donc g est une fonction paire et on effectue l'étude sur $[0\ ;\ \pi]$.
Si $x \in [0\ ;\ \pi]$, $\text{Arccos}\,(\cos x) = x$ puisque la fonction Arccosinus est la bijection réciproque de la fonction cosinus.
Enfin g est dérivable pour tout $x \in \mathbb{R} \setminus \{k\pi, k \in \mathbb{Z}\}$.

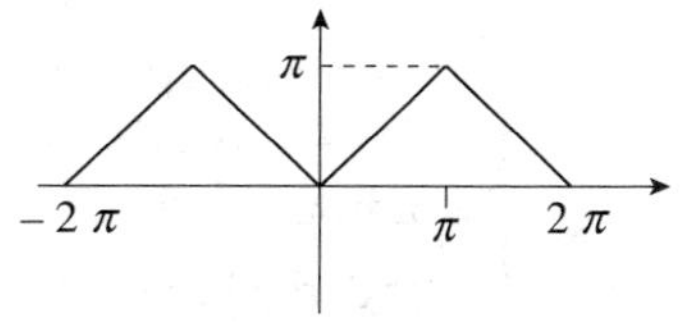

3) h est définie sur $[-1\ ;\ 1]$. Sur cet intervalle, $h(x) = x$ par définition de la fonction réciproque.

11 Fonction logarithme et trigonométrie hyperbolique

1) Étudier la fonction $f_1 : x \to \frac{1}{2} \ln\left|\frac{1+x}{1-x}\right|$ et tracer sa courbe représentative C_f.

2) En déduire la courbe de la fonction $g : x \to \frac{1}{2} \ln\left(\frac{1+x}{1-x}\right)$. Montrer que g est la fonction réciproque de la fonction $x \to \text{th}x$.

3) Montrer que les fonctions $f_2 : x \to \ln(x + \sqrt{x^2+1})$ et $f_3 : x \to \ln(x + \sqrt{x^2-1})$ sont respectivement les fonctions réciproques des fonctions $x \to \text{sh}x$ et $x \to \text{ch}x$.

■ SOLUTION

1) Étude et représentation de la fonction f_1.

• f_1 est définie pour $x \neq 1$ et $x \neq -1$.

• f_1 est impaire car $f_1(-x) = \frac{1}{2}\ln\left|\frac{1-x}{1+x}\right| = -\frac{1}{2}\ln\left|\frac{1+x}{1-x}\right| = -f_1(x)$

On étudiera donc f_1 sur $D = [0\ ;\ 1[\ \cup\ ]1\ ;\ +\infty[$.

• f_1 est dérivable D et $f_1'(x) = \frac{1}{2}\left(\frac{1}{1+x} + \frac{1}{1-x}\right) = \frac{1}{(1-x^2)}$.

Donc $f_1'(x) < 0$ si $x > 1$ et $f_1'(x) > 0$ si $0 < x < 1$.

• $\lim\limits_{x\to+\infty}\left|\frac{1+x}{1-x}\right| = 1$, donc $\lim\limits_{x\to+\infty} f_1(x) = 0$. D'où une asymptote horizontale, l'axe (Ox).

$\lim\limits_{x\to 1}\left|\frac{1+x}{1-x}\right| = +\infty$, donc $\lim\limits_{x\to 1} f_1(x) = +\infty$. D'où une asymptote verticale, $x = 1$.

2) $\frac{1+x}{1-x} > 0 \Leftrightarrow x \in\ ]-1\ ;\ 1[$ donc g est la restriction de f_1 à l'intervalle $]-1\ ;\ 1[$.

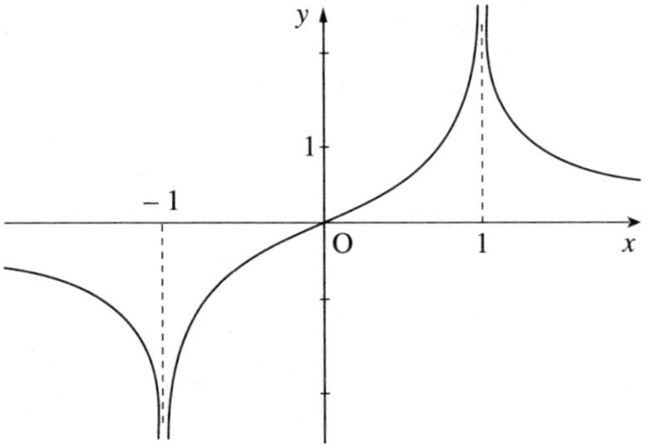

$\lim\limits_{x \to 1^-} g(x) = +\infty$, $\lim\limits_{x \to -1^+} g(x) = -\infty$, g est continue et strictement croissante de]– 1, 1[sur $\mathbb{R}$ donc g est une bijection. Déterminons la bijection réciproque :

$$y = \frac{1}{2} \ln\left(\frac{1+x}{1-x}\right) \Leftrightarrow 2y = \ln\left(\frac{1+x}{1-x}\right)$$

$$e^{2y} = \frac{1+x}{1-x} \Leftrightarrow (1-x)e^{2y} = 1 + x \Leftrightarrow x(e^{2y} + 1) = e^{2y} - 1 \Leftrightarrow x = \frac{e^{2y} - 1}{e^{2y} + 1}$$

Il reste à diviser numérateur et dénominateur par e^y pour obtenir finalement :

$$x = \frac{e^y - e^{-y}}{e^y + e^{-y}} = \text{th } y = g^{-1}(y)$$

3) Étude de la fonction $f_2 : x \to \ln(x + \sqrt{x^2 + 1})$

• La fonction f_2 est définie sur $\mathbb{R}$ car, pour tout $x \in \mathbb{R}$, $\sqrt{x^2+1} > \sqrt{x^2} = |x| \geq -x$

• f_2 est dérivable sur $\mathbb{R}$ et $f_2'(x) = \dfrac{1 + \dfrac{x}{\sqrt{x^2+1}}}{x + \sqrt{x^2+1}} = \dfrac{1}{\sqrt{x^2+1}} > 0$.

Donc f_2 est strictement croissante sur $\mathbb{R}$.

• $\lim\limits_{x \to +\infty} f_2(x) = +\infty$

Pour l'étude de la limite en $-\infty$, on écrit en utilisant la quantité conjuguée que :

$$x + \sqrt{x^2+1} = \frac{1}{\sqrt{x^2+1} - x}$$

Alors : $\lim\limits_{x \to -\infty} \sqrt{x^2+1} - x = +\infty$, $\lim\limits_{x \to -\infty} \sqrt{x^2+1} + x = 0$ et donc, $\lim\limits_{x \to -\infty} f_2(x) = -\infty$

Finalement, f_2 est une bijection de $\mathbb{R} \to \mathbb{R}$ et admet une bijection réciproque :

$$y = \ln(x + \sqrt{x^2+1}) \Leftrightarrow e^y = x + \sqrt{x^2+1} \Leftrightarrow e^y - x = \sqrt{x^2+1}$$

On élève au carré les deux membres (positifs) de l'équation précédente :

$$(e^y - x)^2 = x^2 + 1 \Leftrightarrow e^{2y} - 2x\,e^y = 1 \Leftrightarrow x = \frac{e^{2y} - 1}{2e^y} = \frac{e^y - e^{-y}}{2} = \text{sh } y$$

Étude de la fonction $f_3 : x \to \ln(x + \sqrt{x^2 - 1})$

• $\sqrt{x^2-1}$ est définie si $|x| \geq 1$.

Si $x \leq -1$, $\sqrt{x^2-1} \leq \sqrt{x^2} = -x$ (car $x < 0$), donc $x + \sqrt{x^2-1} \leq 0$ et f_3 n'est pas définie pour $x \leq -1$. En définitive, f_3 est définie si $x \geq 1$.

• On montre que f_3 est une bijection de [1 ; + ∞[→ [1 ; + ∞[. Un calcul similaire à celui réalisé pour f_2 montre que f_3 est la fonction réciproque de la fonction ch sur [1 ; + ∞[.

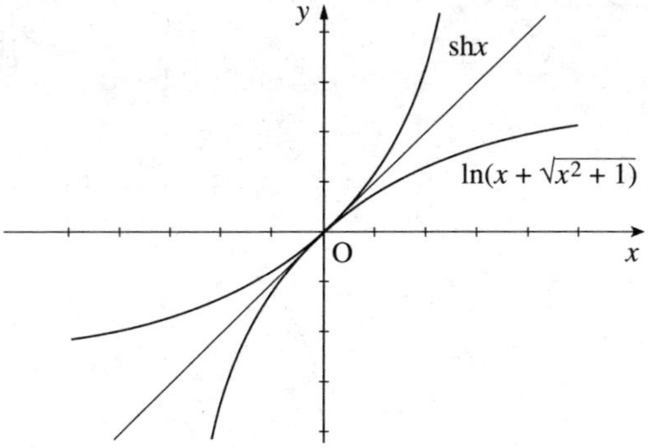
y
shx
ln(x + √x² + 1)
O
x

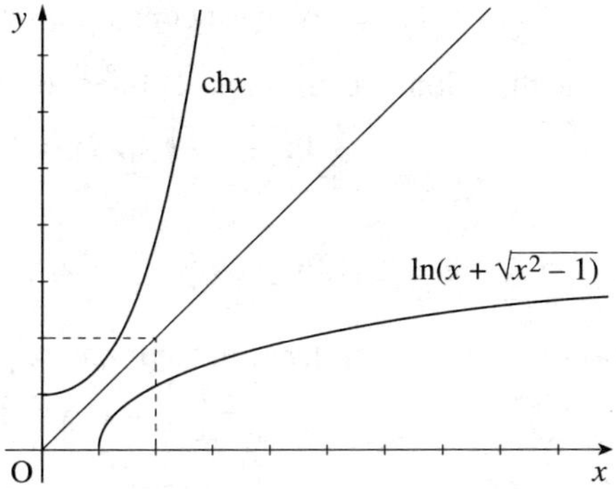
y
chx
ln(x + √x² − 1)
O
x

6 DÉVELOPPEMENTS LIMITÉS

ACCROISSEMENTS FINIS

1. Théorème de Rolle

Soit f une fonction continue sur $[a\ ;\ b]$, dérivable sur $]a\ ;\ b[$ et telle que $f(a) = f(b)$ alors, il existe un réel c de $]a\ ;\ b[$ tel que $f'(c) = 0$.

Interprétation graphique :

Le théorème de Rolle nous indique qu'il existe au moins un point C de l'arc de courbe (AB) distinct de A et de B pour lequel la tangente est parallèle à l'axe (Ox).

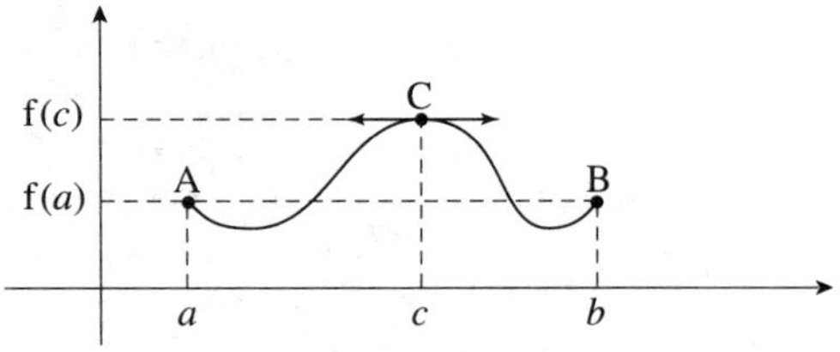

2. Accroissements finis

Si f est une fonction continue sur $[a\ ;\ b]$ et dérivable sur $]a\ ;\ b[$, alors il existe un réel c de $]a\ ;\ b[$ tel que : $f(b) - f(a) = (b - a) . f'(c)$.

Si l'on pose $b = a + h$, alors il existe θ, $0 < \theta < 1$, tel que $f(a + h) - f(a) = h . f'(a + \theta h)$.

Interprétation graphique :

Le théorème des accroissements finis nous indique qu'il existe au moins un point C de l'arc de courbe (AB) distinct de A et de B où la tangente est parallèle au segment [AB].

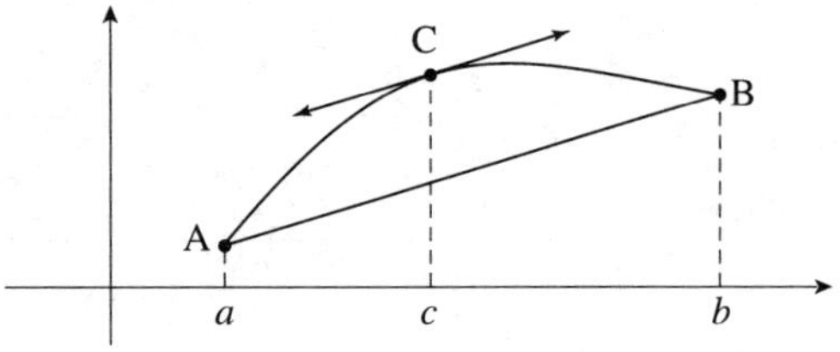

3. Inégalité des accroissements finis

Si f est une fonction continue sur $[a\ ;\ b]$, dérivable sur $]a\ ;\ b[$ et telle que, pour tout $x \in\ ]a\ ;\ b[$, $|f'(x)| \leqslant M$, M réel, alors $|f(b) - f(a)| \leqslant M|b - a|$.

FORMULE DE TAYLOR-LAGRANGE ET DE MAC LAURIN

1. Formule de Taylor-Lagrange

Si f est une fonction n fois dérivable à dérivées continues sur $[a\ ;\ b]$ et $n + 1$ fois dérivable sur $]a\ ;\ b[$, alors il existe $c \in\ ]a\ ;\ b[$ tel que :

$$f(b) = \sum_{k=0}^{n} \frac{(b-a)^k}{k!} f^{(k)}(a) + \frac{(b-a)^{n+1}}{(n+1)!} f^{(n+1)}(c)$$

en notant $f^{(0)} = f$ et $f^{(k)}$ les dérivées $k^{\text{ièmes}}$ de f.

Pour $n = 0$, on retrouve le théorème des accroissements finis.

En posant $b = a + \mathrm{h}$, alors il existe un θ, $0 < \theta < 1$ tel que :

$$\mathrm{f}(a + \mathrm{h}) = \sum_{k=0}^{n} \frac{\mathrm{h}^k}{k!}\mathrm{f}^{(k)}(a) + \frac{\mathrm{h}^{n+1}}{(n+1)!}\mathrm{f}^{(n+1)}(a + \theta\mathrm{h})$$

Pour $a = 0$, on obtient la formule de **Mac Laurin** :

$$\mathrm{f}(x) = \sum_{k=0}^{n} \frac{x^k}{k!}\mathrm{f}^{(k)}(0) + \frac{x^{n+1}}{(n+1)!}\mathrm{f}^{(n+1)}(\theta x),\ 0 < \theta < 1$$

Équivalents

1. Définition

Deux fonctions f et g sont équivalentes en x_0, et l'on note $\mathrm{f} \underset{x_0}{\sim} \mathrm{g}$, si $\lim\limits_{x \to x_0} \dfrac{\mathrm{f}(x)}{\mathrm{g}(x)} = 1$.

À l'infini, un polynôme est équivalent à son terme de plus haut degré.
En 0, un polynôme est équivalent à son terme de plus bas degré.

2. Propriétés

Si $\mathrm{f} \underset{x_0}{\sim} \mathrm{g}$ et $\mathrm{g} \underset{x_0}{\sim} \mathrm{h}$, alors $\mathrm{f} \underset{x_0}{\sim} \mathrm{h}$.

Si $\mathrm{f}_1 \underset{x_0}{\sim} \mathrm{g}_1$ et $\mathrm{f}_2 \underset{x_0}{\sim} \mathrm{g}_2$, alors $\mathrm{f}_1\mathrm{f}_2 \underset{x_0}{\sim} \mathrm{g}_1\mathrm{g}_2$ et $\dfrac{\mathrm{f}_1}{\mathrm{f}_2} \underset{x_0}{\sim} \dfrac{\mathrm{g}_1}{\mathrm{g}_2}$.

Les équivalents ne sont conservés ni par sommation, ni par composition avec les fonctions logarithme et exponentielle.

Équivalents usuels en 0 :

$e^x \sim 1 + x$	$(1 + x)^\alpha \sim 1 + \alpha x$
$\sqrt{1+x} \sim 1 + \dfrac{x}{2}$	$\dfrac{1}{\sqrt{1+x}} \sim 1 - \dfrac{x}{2}$
$a^x \sim 1 + x \ln a$	$\ln(1 + x) \sim x$
$\sin x \sim x$	$\tan x \sim x$
$\cos x \sim 1 - \dfrac{x^2}{2}$	$\mathrm{Arctan}\, x \sim x$
$\mathrm{Arcsin}\, x \sim x$	$\mathrm{sh}\, x \sim x$
$\mathrm{ch}\, x \sim 1 + \dfrac{x^2}{2}$	$\mathrm{th}\, x \sim x$

Développements limités

1. Définition

Soit f une fonction définie sur un intervalle ouvert I contenant x_0.

On dit que f admet un développement limité à l'ordre n en x_0 s'il existe un polynôme P de degré inférieur ou égal à n et une fonction ε tels que, pour tout x de I :

$$f(x) = P(x - x_0) + (x - x_0)^n \varepsilon(x) \text{ , avec } \lim_{x \to x_0} \varepsilon(x) = 0$$

2. Propriétés

• Le changement de variable $X = x - x_0$ permet de se ramener à l'étude en 0 .

• Le développement limité de f à l'ordre n est **unique**.

• Si f admet un développement limité à l'ordre n en x_0, alors f admet un développement limité à un ordre inférieur à n en x_0 obtenu par troncature du polynôme P.

• Si f est paire, P est paire. Si f est impaire, P est impair.

3. Développement limité à l'ordre 1

Si f admet un développement limité à l'ordre 1 en x_0, alors f est continue et dérivable en x_0.

• Cependant, l'existence d'un développement limité à un ordre supérieur ou égal à deux n'entraîne pas l'existence d'une dérivée seconde, troisième, …

4. Formule de Taylor-Young

Si f est n fois dérivable en x_0 , alors f admet un développement limité à l'ordre n en x_0 déterminé par la formule de Taylor-Young :

$$f(x) = \sum_{k=0}^{n} \frac{(x - x_0)^k}{k!} f^{(k)}(x_0) + (x - x_0)^n . \varepsilon(x) \text{ , avec } \lim_{x \to x_0} \varepsilon(x) = 0$$

5. Opérations sur les développements limités

Soit f et g admettant des développements limités à l'ordre x en 0 de polynômes respectifs P et Q.

• Somme : addition des polynômes P et Q.

• Produit : troncature à l'ordre n du produit des polynômes P et Q.

• Quotient : division selon les puissances croissantes de P par Q.

• Composition : si f(0) = 0 , alors la fonction composée g o f admet un développements limités à l'ordre n en 0 .

• Primitives : si F est une primitive de f sur un intervalle I contenant 0, alors F admet un développements limités à l'ordre $n + 1$ en 0 dont le polynôme est la primitive de P qui s'annule en 0.

• Dérivation : si f admet un développements limités à l'ordre n en 0 de polynôme P_n **obtenu par la formule de Taylor**, alors f' admet un développements limités à l'ordre $n - 1$ en 0 de polynôme P'_n .

DÉVELOPPEMENTS LIMITÉS USUELS EN 0

Fonction exponentielle

$$e^x = 1 + x + \frac{x^2}{2!} + \ldots + \frac{x^n}{n!} + x^n\,\varepsilon(x)$$

On obtient de DL de $\mathbf{e^{-x}}$ en changeant x en $-x$ dans le DL de e^x.
On obtient les DL de **ch***x* et **sh***x* en prenant respectivement les parties paires et impaires du DL de e^x.

Fonctions trigonométriques

$$\sin x = x - \frac{x^3}{3!} + \frac{x^5}{5!} + \ldots + (-1)^n \frac{x^{2n+1}}{(2n+1)!} + x^{2n+1}\,\varepsilon(x)$$

$$\cos x = 1 - \frac{x^2}{2!} + \frac{x^4}{4!} + \ldots + (-1)^n \frac{x^{2n}}{(2n)!} + x^{2n}\,\varepsilon(x)$$

Fonction : $x \to (1+x)^\alpha$

$$(1+x)^\alpha = 1 + \alpha x + \frac{\alpha(\alpha-1)}{2!}x^2 + \ldots + \frac{\alpha(\alpha-1)\ldots(\alpha-n+1)}{n!}x^n + x^n\,\varepsilon(x)$$

• Pour $\alpha = -1$, on obtient :

$$\frac{1}{1+x} = 1 - x + x^2 - \ldots + (-1)^n x^n + x^n\,\varepsilon(x)$$

Puis en intégrant le développement précédent :

$$\ln(1+x) = x - \frac{x^2}{2} + \frac{x^3}{3} - \ldots + (-1)^{n-1}\frac{x^n}{n} + x^n\,\varepsilon(x)$$

La transformation $x \to -x$ donne les DL de $\frac{1}{1-x}$ et $\ln(1-x)$.

• Pour $\alpha = 1/2$, on obtient, à l'ordre deux :

$$\sqrt{1+x} = 1 + \frac{x}{2} - \frac{x^2}{8} + x^2\,\varepsilon(x)$$

Pour $\alpha = -1/2$, on obtient, à l'ordre deux :

$$\frac{1}{\sqrt{1+x}} = 1 - \frac{x}{2} + \frac{3}{8}x^2 + x^2\,\varepsilon(x)$$

EXERCICES

1 Hypothèse du théorème de Rolle et des accroissements finis

1) Peut-on appliquer le théorème de Rolle à la fonction f : $x \to 1 - \sqrt[3]{(x-1)^2}$ définie sur l'intervalle [0 ; 2] ?

2) On considère la fonction g : $x \to \begin{cases} x^2 - x + 1 & \text{si } x \leqslant 0 \\ \dfrac{1}{x+1} & \text{si } x > 0 \end{cases}$

Peut-on appliquer le théorème des accroissements finis à g sur [– 1 ; 1] ?
Dans l'affirmative, déterminer le point d'abscisse $c \in]-1\,;1[$ tel que : $g(1) - g(-1) = 2g'(c)$.

■ SOLUTION

1) Vérifions les trois hypothèses du théorème de Rolle :

• La fonction f est continue sur [0 ; 2] comme composée de fonctions continues.

• $f(0) = f(2) = 0$

• Le seul problème provient de la dérivabilité de f en 1. Étudions en ce point la limite du taux d'accroissement :

$$\lim_{h\to 0} \frac{f(1+h) - f(1)}{h} = \lim_{h\to 0} \frac{1 - \sqrt[3]{h^2} - 1}{h} = \lim_{h\to 0} -\frac{1}{\sqrt[3]{h}} = -\infty$$

La fonction f n'est pas dérivable en $x = 1$.

En conséquence, on ne peut pas appliquer le théorème de Rolle à la fonction f sur [0 ; 2]. Dans ce cas, en effet, il n'existe aucun point de C_f où la tangente est horizontale.

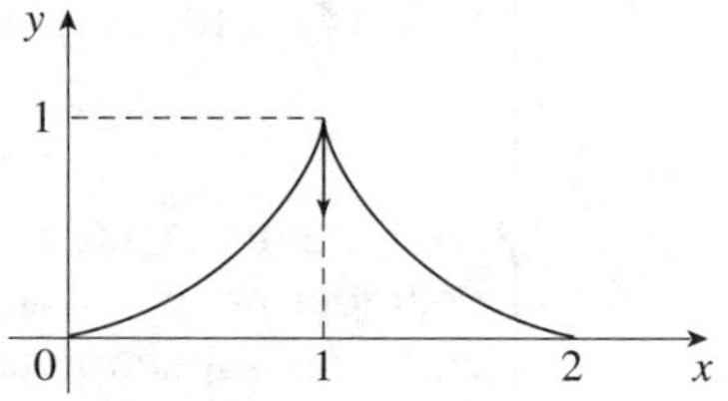

2) Vérifions les trois hypothèses du théorème des accroissements finis :

• $g(0) = 1$ et $\lim_{x\to 0^+} g(x) = \lim_{x\to 0} \frac{1}{x+1} = 1$. Donc g est continue en 0.

• g est dérivable sur]– 1 ; 0[et $g'(x) = 2x - 1$. En particulier, $g'(0^-) = -1$.

• g est dérivable sur]0 ; 1[et $g'(x) = -\dfrac{1}{(x+1)^2}$. De plus, $\lim_{x\to 0^+} g'(x) = -1 = g'(0^+)$.

Les deux nombres dérivés à droite et à gauche en 0 étant égaux, la fonction g est dérivable en 0 et donc sur tout l'intervalle]– 1 ; 1[.

On peut alors y appliquer le théorème des accroissements finis, c'est-à-dire qu'il existe un point d'abscisse $c \in]-1\,;1[$ tel que la tangente en ce point soit parallèle à la corde [AB].

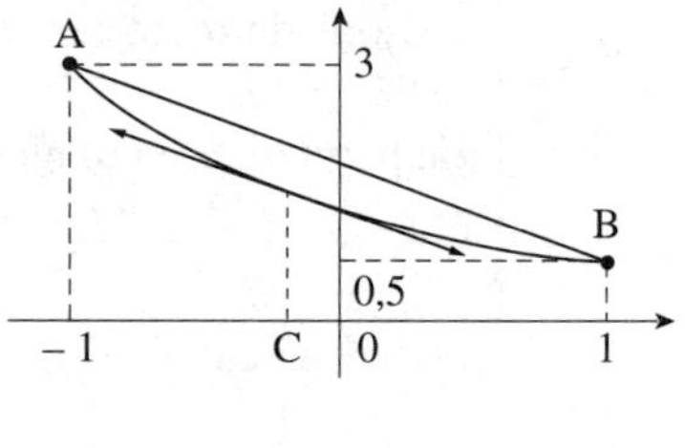

Déterminons l'abscisse *c* :

Le coefficient directeur de la corde [AB] est égal à : $\dfrac{g(1)-g(-1)}{1-(-1)} = -\dfrac{5}{4}$.

Résolvons l'équation $g'(c) = -5/4$:

Sur $]-1\,;\,0]$, $2c - 1 = -5/4 \Leftrightarrow c = -1/8$.

Sur $]0\,;\,1[$, $-\dfrac{1}{(c+1)^2} = -\dfrac{5}{4} \Leftrightarrow (c+1)^2 = \dfrac{4}{5} \Leftrightarrow c + 1 = \pm\dfrac{2}{\sqrt{5}} \Leftrightarrow c = -1 \pm \dfrac{2}{\sqrt{5}}$.

Ces deux solutions n'étant pas dans $]0\,;\,1[$, elles ne conviennent pas.

La seule solution est $c = -1/8$.

2 Inégalités

En utilisant l'inégalité des accroissements finis ou la convexité, montrer les inégalités :

1) Pour tous x et y réels, $|\sin x - \sin y| \leqslant |x - y|$.

2) Pour tout $x \in [0\,;\,\pi/4]$, $x \leqslant \tan x \leqslant 2x$.

3) Pour tout $x \in [0\,;\,\pi/2]$, $\dfrac{2}{\pi}x \leqslant \sin x \leqslant x$.

■ SOLUTION

1) Pour tous les réels x et y, la fonction sinus est continue sur $[x\,;\,y]$ et dérivable sur $]x\,;\,y[$. Sa dérivée, la fonction $t \to \cos t$ vérifie : $|\cos t| \leqslant 1$. Donc l'inégalité des accroissements finis appliquée à la fonction $x \to \sin x$ donne immédiatement : $|\sin x - \sin y| \leqslant |x - y|$.

2) La fonction $f : t \to \tan t$ est dérivable sur $I = [0\,;\,\pi/4]$, de dérivée $f' : t \to 1 + \tan^2 t$.

De plus $f''(t) = 2\tan t.(1 + \tan^2 t) \geqslant 0$ sur I.

Donc f' est croissante sur I et $f'(I) = [f'(0)\,;\,f'(\pi/4)] = [1\,;\,2]$, c'est-à-dire que, pour tout t dans I, $1 \leqslant f'(t) \leqslant 2$.

L'inégalité des accroissements finis appliquée à f sur $[0\,;\,x]$, pour tout $x \in$ I donne :

$$1 \leqslant \frac{\tan x - \tan 0}{x - 0} \leqslant 2,$$

c'est-à-dire $x \leqslant \tan x \leqslant 2x$.

Pour tout $x \in [0\,;\,\pi/4]$, la courbe représentative de la fonction tangente est comprise entre les deux droites d'équations $y = x$ et $y = 2x$.

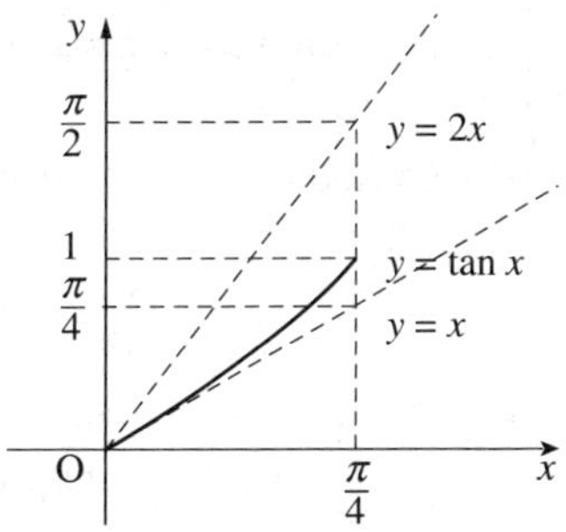

3) La fonction sinus est deux fois dérivable sur $\mathbb{R}$.

$(\sin x)'' = -\sin x \leqslant 0$, pour tout $x \in [0\,;\,\dfrac{\pi}{2}]$.

Donc la fonction sinus est concave sur cet intervalle.

Ainsi, sa courbe représentative est située en-dessous de toute tangente et au-dessus de toute corde.

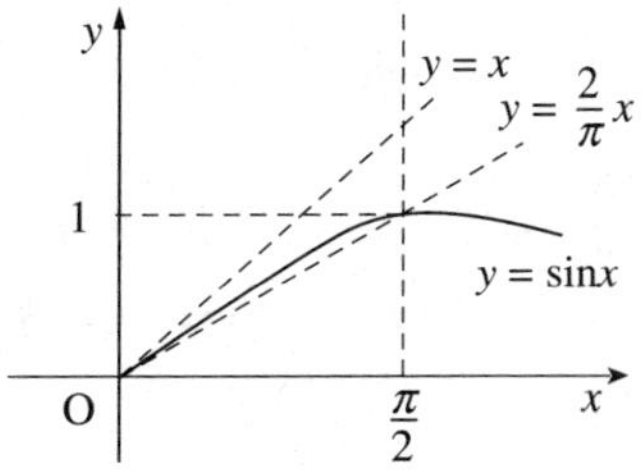

En particulier, la tangente en 0, d'équation $y = x$ et la corde joignant l'origine et le point d'abscisse $\dfrac{\pi}{2}$, d'équation $y = \dfrac{2}{\pi}x$.

D'où l'inégalité : $\dfrac{2}{\pi}x \leqslant \sin x \leqslant x$, pour tout $x \in [0\,;\,\dfrac{\pi}{2}]$.

3 Existence et localisation des solutions d'une équation

Montrez que l'équation $e^{1/x} + x^2(\sqrt{e} - e) = 0$ admet au moins une solution dans [1 ; 2] :

1) en appliquant le théorème des valeurs intermédiaires ;

2) en appliquant le théorème des accroissements finis à la fonction $g : x \to e^{1/x}$.

■ SOLUTION

1) Considérons la fonction $f : x \to e^{1/x} + x^2(\sqrt{e} - e)$ définie si $x \neq 0$.
Cette fonction est continue sur [1,2] comme composée de fonctions continues.
$f(1) = e + (\sqrt{e} - e) = \sqrt{e} > 0$; $f(2) = \sqrt{e} + 4(\sqrt{e} - e) = 5\sqrt{e} - 4e < 0$

La fonction f change de signe sur [1 ; 2] . Le théorème des valeurs intermédiaires nous assure l'existence d'au moins une solution à l'équation $f(x) = 0$.

2) Considérons la fonction $g : x \to e^{1/x}$ définie sur [1 ; 2] .
La fonction g est continue sur [1 ; 2], dérivable sur]1 ; 2[et $g'(x) = -\frac{1}{x^2} e^{1/x}$.

Le TAF appliqué à la fonction g sur [1 ; 2] nous assure l'existence d'un réel $x \in]1 ; 2[$ tel que $g(2) - g(1) = g'(x)$, c'est-à-dire : $\sqrt{e} - e = -\frac{1}{x^2} e^{1/x}$, soit : $e^{1/x} + x^2(\sqrt{e} - e) = 0$

4 Cordes parallèles aux sécantes

Soient A et B deux points d'abscisses respectives a et b, $a \neq b$, situés sur la courbe C_f représentant une fonction f. Déterminer le point C de C_f où la tangente T_C est parallèle à la corde [AB] dans les cas suivants :

1) $f : x \to x^2$ **2)** $f : x \to \frac{1}{x}$ **3)** $f : x \to \sqrt{x}$.

■ SOLUTION

1) La fonction f vérifie les hypothèses du théorème des accroissements finis sur tout intervalle $[a, b]$. Exprimons les coefficients directeurs de ces deux droites :

Le coefficient directeur de la corde [AB] est : $\frac{f(b) - f(a)}{b - a} = \frac{b^2 - a^2}{b - a} = a + b$.

Le coefficient directeur de T_C est $f'(c) = 2c$. Donc (AB) // $T_C \Leftrightarrow c = \frac{a+b}{2}$.

2) La fonction f n'étant pas définie en 0, l'intervalle $[a ; b]$ ne doit pas contenir 0, c'est-à-dire que les nombres réels a et b sont nécessairement de même signe.

Le coefficient directeur de (AB) est : $\frac{1/b - 1/a}{b - a} = -\frac{1}{ab}$.

Le coefficient directeur de T_C est $f'(c) = -\frac{1}{c^2}$. Donc (AB) // $T_C \Leftrightarrow c^2 = ab$.

Si a et b sont positifs, $c = \sqrt{ab}$, si a et b sont négatifs, $c = -\sqrt{ab}$.

3) Le coefficient directeur de (AB) est : $\frac{\sqrt{b} - \sqrt{a}}{b - a} = \frac{1}{\sqrt{b} + \sqrt{a}}$, $a > 0$ et $b > 0$.

Le coefficient directeur de T_C : de $f'(c) = \frac{1}{2\sqrt{c}}$.

On obtient finalement : $\sqrt{c} = \frac{\sqrt{a} + \sqrt{b}}{2} \Leftrightarrow c = \frac{1}{2}\left(\frac{a+b}{2} + \sqrt{ab}\right)$.

5 Tangente passant par l'origine

1) Soit une fonction f : $\mathbb{R} \to \mathbb{R}$ dérivable. On considère un nombre $a > 0$ et on suppose que : $f(0) = f(a) = 0$ et $f'(0) = 0$. En appliquant le théorème de Rolle sur l'intervalle $[0\,;\,a]$ à la fonction $x \to \dfrac{f(x)}{x}$, montrez qu'il existe $c \in\,]0\,;\,a[$ tel que la tangente au point d'abscisse c passe par l'origine du repère.

2) On considère la fonction g : $x \to x^2\sqrt{1-x}$ définie sur $[0\,;\,1]$.

Étudier les variations de g, tracer sa courbe représentative C_g et déterminer le point, autre que O où C_g admet une tangente passant par O.

■ SOLUTION

1) Montrons d'abord que la fonction h : $x \to \dfrac{f(x)}{x}$ vérifie les hypothèses du théorème de Rolle sur l'intervalle $[0\,;\,a]$:

h est continue sur $]0\,;\,a]$ comme quotient des fonctions continues. Il faut étudier la continuité de h en 0 : $\lim\limits_{x\to 0} h(x) = \lim\limits_{x\to 0} \dfrac{f(x)}{x} = \lim\limits_{x\to 0} \dfrac{f(x)-f(0)}{x-0} = f'(0) = 0$. Donc h est prolongeable par continuité en 0 en posant $h(0) = 0$. De plus $h(0) = h(a) = 0$.

Enfin h est dérivable sur $]0\,;\,a[$ comme quotient de fonctions dérivables.

Ces hypothèses étant vérifiées, on sait qu'il existe $c \in\,]0\,;\,a[$ tel que $h'(c) = 0$, c'est-à-dire :
$\dfrac{c \cdot f'(c) - f(c)}{c^2} = 0 \Leftrightarrow c\,f'(c) - f(c) = 0$.

Écrivons l'équation de la tangente au point d'abscisse c : $y = f'(c)(x-c) + f(c)$. Cette tangente passe par l'origine si $cf'(c) - f(c) = 0$, c'est la relation obtenue ci-dessus.

2) La fonction g est continue sur $[0\,;\,1]$ et dérivable sur $[0\,;\,1[$.

$$g'(x) = 2x\sqrt{1-x} - \frac{x^2}{2\sqrt{1-x}} = \frac{4x(1-x)-x^2}{2\sqrt{1-x}} = \frac{x(4-5x)}{2\sqrt{1-x}}$$

$g'(x) = 0 \Leftrightarrow x = 0$ ou $x = 4/5$.

Tableau de variations :

x	0		4/5		1
$g'(x)$	0	+	0	–	‖
$g(x)$	0	↗		↘	0

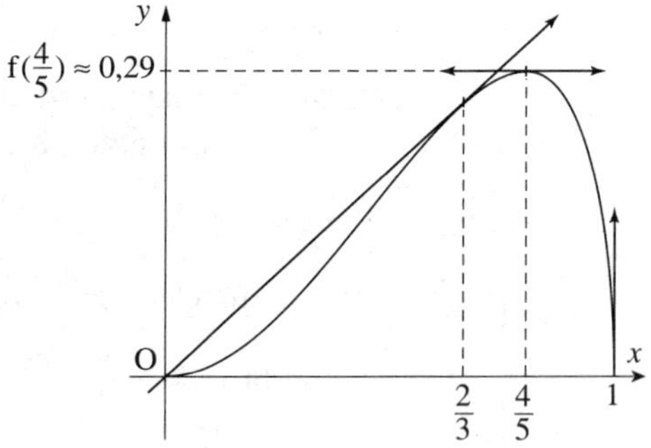

Remarquons que la fonction g vérifie les hypothèses de la fonction f de la première question : $g(0) = g(1) = 0$ et $g'(0) = 0$. Donc il existe un point $c \in\,]0\,;\,1[$ tel que la tangente au point d'abscisse c passe par O.

Ce point c est solution de l'équation : $c^2\sqrt{1-c} = \dfrac{c^2(4-5c)}{2\sqrt{1-c}} \Leftrightarrow 2c^2(1-c) = c^2(4-5c)$.

La solution cherchée est $c = 2/3$.

6 Vrai ou faux ?

Soient f, g, … des fonctions définies sur I, intervalle ouvert contenant a.

1) Si $f_1 \underset{a}{\sim} g_1$ et $f_2 \underset{a}{\sim} g_2$, alors obligatoirement, $f_1 + f_2 \underset{a}{\sim} g_1 + g_2$.

2) Si $f \underset{a}{\sim} g$, alors obligatoirement $e^f \underset{a}{\sim} e^g$.

3) $\forall$ f et g strictement positives au voisinage de a, ($f \underset{a}{\sim} g \Rightarrow \ln f \underset{a}{\sim} \ln g$).

■ **SOLUTION**

1) FAUX : $f_1(x) = x^4 + x^2$ et $g_1(x) = x^4 + 1$ sont équivalentes au voisinage de $+\infty$. Prenons $f_2(x) = g_2(x) = -x^4$. Alors $f_1(x) + f_2(x) = x^2$, $g_1(x) + g_2(x) = 1$ ne sont pas équivalentes au voisinage de $+\infty$.

2) FAUX : Si $f(x) = x^4 + x^2$ et $g(x) = x^4$, on a $f(x) \sim g(x)$ au voisinage de $+\infty$. De plus, $\lim\limits_{x \to +\infty} \dfrac{e^{f(x)}}{e^{g(x)}} = \lim\limits_{x \to +\infty} \dfrac{e^{x^4+x^2}}{e^{x^4}} = \lim\limits_{x \to +\infty} e^{x^2} = +\infty$ et donc e^f et e^g ne sont pas équivalents au voisinage de $+\infty$.

3) FAUX : $f(x) = 1 + x \sim 1$ au voisinage de 0. $g(x) = 1 + x^2 \sim 1$ au voisinage de 0. Mais, $\ln[f(x)] = \ln(1 + x) \sim x$ et $\ln[g(x)] = \ln(1 + x^2) \sim x^2$, ne sont pas équivalents au voisinage de 0.

En fait, on a $\ln f \sim \ln g$ si f et g n'ont pas pour limite 1 en a.

7 Divergence de la série harmonique

En utilisant le TAF à la fonction $x \to \ln x$ sur les intervalles $[k ; k + 1]$, pour tout k entier supérieur ou égal à 1, montrer que $\lim\limits_{n \to +\infty} \sum\limits_{k=1}^{n} \dfrac{1}{k} = +\infty$.

■ **SOLUTION**

La fonction logarithme est continue sur tous les intervalles $[k ; k + 1]$ et dérivable sur tous les intervalles $]k ; k + 1[$, pour tout k entier supérieur ou égal à 1.

Le TAF appliqué à cette fonction sur $[k ; k + 1]$ nous assure l'existence d'un réel $x_k \in \,]k ; k + 1[$ tel que $\ln(k + 1) - \ln k = \dfrac{1}{x_k}$.

De plus, $k < x_k < k + 1$ entraîne que : $\dfrac{1}{k+1} < \dfrac{1}{x_k} < \dfrac{1}{k}$. Donc, on obtient l'inégalité :

$$\ln(k + 1) - \ln k < \frac{1}{k}.$$

En sommant ces inégalités pour tout k entier entre 1 et n et après simplifications des termes deux à deux, on obtient : $\ln(n + 1) < \sum\limits_{k=1}^{n} \dfrac{1}{k}$.

Or, $\lim\limits_{n \to +\infty} \ln(n + 1) = +\infty$. On en déduit par application du théorème de comparaison que :

$$\lim_{n \to +\infty} \sum_{k=1}^{n} \frac{1}{k} = +\infty$$

8 Fonction logarithme et accroissements finis

1) En appliquant le théorème des accroissements finis à $x \to \ln(1+x)$, montrer que :
$\forall$ h > – 1, il existe $\theta \in \,]0, 1[$ tel que : $\ln(1+h) = \dfrac{h}{1+\theta h}$.

2) Déterminer la fonction $h \to \theta(h)$ ainsi que sa limite quand $h \to 0$.

■ **SOLUTION**

1) La fonction $f : x \to \ln(1+x)$ est définie pour $x > -1$. Elle est dérivable sur $]-1\,;+\infty[$ et $f'(x) = \dfrac{1}{1+x}$.

On peut donc appliquer à $x \to \ln(1+x)$ le théorème des accroissements finis sur tout intervalle $[0\,; h]$ avec $h \neq 0$ et $h > -1$.
Ce théorème assure l'existence de θ, $0 < \theta < 1$ tel que : $\ln(1+h) = h \cdot \dfrac{1}{1+\theta h}$.
Remarquons que cette égalité est également vérifiée pour $h = 0$.

2) De l'égalité précédente, on déduit : $1 + \theta h = \dfrac{h}{\ln(1+h)}$, donc : $\theta : h \to \dfrac{1}{\ln(1+h)} - \dfrac{1}{h}$, fonction définie pour $h \neq 0$ et $h > -1$.

Pour déterminer la limite de $\theta(h)$, on utilise les développements limités en 0 :

$$\ln(1+h) = h - h^2/2 + h^2\,\varepsilon(h) = h[1 - h/2 + h\varepsilon(h)]$$

$$\frac{1}{h} \cdot \frac{1}{1 - h/2 + h\varepsilon(h)} = \left[1 + \frac{h}{2} - h\varepsilon'(h)\right]\frac{1}{h}$$

Donc $\theta(h) = \dfrac{1}{h}\left[1 + \dfrac{h}{2} - h\varepsilon'(h)\right] - \dfrac{1}{h} = \dfrac{1}{2} - \varepsilon'(h)$ avec $\lim\limits_{h\to 0} \varepsilon'(h) = 0$.

On en déduit finalement que $\lim\limits_{h\to 0} \theta(h) = \dfrac{1}{2}$.

9 Développements limités

1) Déterminer le $DL_4(0)$ de $x \to \operatorname{ch} x$.

2) Déterminer le $DL_4(0)$ de $x \to \sin x \, \ln(1+x)$.

3) Déterminer le $DL_5(0)$ de $x \to \tan x$.

4) En utilisant le $DL_n(0)$ de $(1+x)^\alpha$ puis en intégrant, déterminer le $DL_n(0)$ de la fonction $x \to \operatorname{Arcsin} x$.

5) Déterminer $DL_6(0)$ de $\ln(\cos x)$.

■ **SOLUTION**

1) On utilise la relation $\operatorname{ch} x = 1/2(e^x + e^{-x})$.

$$e^x = 1 + x + \frac{x^2}{2} + \frac{x^3}{6} + \frac{x^4}{24} + \varepsilon_1(x) \quad \text{et} \quad e^{-x} = 1 - x + \frac{x^2}{2} - \frac{x^3}{6} + \frac{x^4}{24} + \varepsilon_2(x)$$

D'où, par addition : $\operatorname{ch} x = 1 + \dfrac{x^2}{2} + \dfrac{x^4}{24} + \varepsilon(x)$.

(On peut obtenir ce résultat directement en remarquant que ch x est la partie paire de e^x)

2) Il suffit d'écrire les développements limités à l'ordre 4 des fonctions $x \to \sin x$ et $x \to \ln(1 + x)$, d'effectuer les produits de ces développements limités puis d'opérer une troncature à l'ordre 4 du polynôme produit. On obtient :

$$\sin x \,.\, \ln(1 + x) = x^2 - \frac{x^3}{2} + \frac{x^4}{6} + x^4\, \varepsilon(x)$$

3) On effectue la division selon les puissances croissantes des développements limités à l'ordre 5 des fonctions $x \to \sin x$ par $x \to \cos x$.

$$\begin{array}{r|l}
x - \dfrac{x^3}{6} + \dfrac{x^5}{120} & 1 - \dfrac{x^2}{2} + \dfrac{x^4}{24} \\
\dfrac{x^3}{3} - \dfrac{x^5}{30} & \\ \cline{2-2}
& \\
\dfrac{2x^5}{15} & x + \dfrac{x^3}{3} + \dfrac{2x^5}{15}
\end{array}$$

4) On part de la relation : $(1 + x)^{\alpha} = 1 + \sum\limits_{k=1}^{n} \alpha(\alpha - 1) \ldots (\alpha - k + 1) \dfrac{x^k}{k!} + x^n \varepsilon(x)$.

En appliquant cette relation avec $\alpha = -1/2$, on obtient :

$$\frac{1}{\sqrt{1 + x}} = 1 + \sum_{k=1}^{n} p_k \frac{x^k}{k!} + x^n\, \varepsilon(x)\ ,\ \text{où } p_k = \left(-\frac{1}{2}\right)\left(-\frac{1}{2} - 1\right) \ldots \left(-\frac{1}{2} - k + 1\right)$$

En multipliant le numérateur et le dénominateur de p_k par le produit $2 \times 4 \times \ldots \times 2k$, on obtient :

$p_k = (-1)^k \dfrac{(2k)!}{2^{2k}k!}$. Donc : $\dfrac{1}{\sqrt{1 + x}} = 1 + \sum\limits_{k=1}^{n} (-1)^k \dfrac{(2k)!}{2^{2k}k!} \dfrac{x^k}{k!} + x^n\, \varepsilon(x)$.

Les transformations successives de x en $-x$ puis de x en x^2 nous donnent :

$$\frac{1}{\sqrt{1 - x^2}} = 1 + \sum_{k=1}^{n} \frac{(2k)!}{2^{2k}(k!)^2} x^{2k} + x^{2n}\, \varepsilon(x)$$

Il reste à intégrer le développement précédent, puisque $(\text{Arcsin}x)' = \dfrac{1}{\sqrt{1 - x^2}}$.
Et comme Arcsin 0 = 0, on obtient finalement :

$$\text{Arcsin}\, x = \sum_{k=0}^{n} \frac{(2k)!}{2^{2k}(k!)^2} \frac{x^{2k+1}}{2k + 1} + x^{2n+1}\, \varepsilon_1(x)$$

5) Deux façons d'obtenir le $DL_6(0)$ de $\ln(\cos x)$:

• On remarque que $[\ln(\cos x)]' = -\tan x$. Il reste à intégrer le $DL_5(0)$ de la fonction $x \to \tan x$, et comme $\ln(\cos 0) = 0$, on obtient :

$$\ln(\cos x) : -\frac{x^2}{2} - \frac{x^4}{12} - \frac{x^6}{45} + x^6 \varepsilon(x)$$

• On utilise la composition des développements limités :

$$\cos x = -\frac{x^2}{2} + \frac{x^4}{24} - \frac{x^6}{720} + x^6 \varepsilon(x) \ \text{ et } \ \ln(1 + u) = u - \frac{u^2}{2} + \frac{u^4}{3} + u^3 \varepsilon(u)$$

Donc, en ne gardant que les termes d'ordre inférieur ou égal à six, on obtient :

$$\ln(\cos x) = \left[-\frac{x^2}{2} + \frac{x^4}{24} - \frac{x^6}{720}\right] - \frac{1}{2}\left[-\frac{x^2}{2} + \frac{x^4}{24}\right]^2 + \frac{1}{3}\left[-\frac{x^2}{2}\right]^3 + x^6 \varepsilon(x)$$

$$= -\frac{x^2}{2} - \frac{x^4}{24} - \frac{x^6}{45} + x^6 \varepsilon(x)$$

10 Calculs de limites

1) Montrer que $\lim\limits_{x \to +\infty} \sqrt[3]{x^3+1} - (x+1) = -1$

2) Étudier en fonction des réels A et B la limite en $+\infty$ de $x \to \sqrt{x^2+4x+2} - \text{A}x - \text{B}$.

3) Déterminer $\lim\limits_{x \to 0} \dfrac{e^{ax} - e^{bx}}{x}$ puis $\lim\limits_{x \to 0} \dfrac{a^x - b^x}{x}$, $a > 0$ et $b > 0$.

4) Limite en 0 de $x \to \dfrac{\sin x - \tan x}{x^3}$.

5) Montrer que $\lim\limits_{x \to 0} \dfrac{x^2 \sin \frac{1}{x}}{\sin x} = 0$.

6) Montrer que $\lim\limits_{x \to 0} \frac{1}{x} \ln\left(\dfrac{e^x - 1}{x}\right) = \frac{1}{2}$.

7) Déterminer $\lim\limits_{x \to 1} \dfrac{e^x - e^{\frac{1}{x}}}{x^2 - 1}$.

■ SOLUTION

1) On écrit d'abord : $\sqrt[3]{x^3+1} = x\sqrt[3]{1 + \dfrac{1}{x^3}}$. On utilise ensuite le développement limité de $(1+y)^\alpha$, avec $\alpha = 1/3$ et $y = \dfrac{1}{x^3}$ ce qui donne : $\sqrt[3]{1 + \dfrac{1}{x^3}} = 1 + \dfrac{1}{3x^3} + \dfrac{1}{x^3}\varepsilon\left(\frac{1}{x}\right)$.

Donc : $\sqrt[3]{x^3+1} - (x+1) = x\left[1 + \dfrac{1}{3x^3} - 1 - \frac{1}{x} + \dfrac{1}{x^3}\varepsilon\left(\frac{1}{x}\right)\right] = -1 + \dfrac{1}{3x^2} + \dfrac{1}{x^2}\varepsilon\left(\frac{1}{x}\right)$.

On en déduit la limite égale à -1 pour $x \to \infty$.

2) On écrit d'abord que, pour $x > 0$, $\sqrt{x^2+4x+2} = x\sqrt{1 + \frac{4}{x} + \dfrac{2}{x^2}} = x(1+y)^{1/2}$ avec $y = \frac{4}{x} + \dfrac{2}{x^2}$. Lorsque $x \to \infty$, $y \to 0$.

On utilise un développement limité de $(1+y)^{1/2}$, ce qui donne :

$$\sqrt{x^2+4x+2} = x\left[1 + \frac{y}{2} - \frac{y^2}{8} + y^2\varepsilon(y)\right] = x\left[1 + \frac{2}{x} + \frac{1}{x^2} + \frac{2}{x^2} + \frac{1}{x^2}\varepsilon\left(\frac{1}{x}\right)\right]$$

$$= x + 2 + \frac{1}{x} + \frac{1}{x}\varepsilon\left(\frac{1}{x}\right)$$

Remarquons que nous avons démontré ici que la droite $y = x + 2$ est asymptote à la courbe représentant la fonction $x \to \sqrt{x^2+4x+2}$ car la différence des deux fonctions tend vers 0 à l'infini. Si A = 1, la limite est égale à 2 – B.

Si A ≠ 1, la limite est infinie : $+\infty$ si A < 1, $-\infty$ si A > 1.

3) $e^{ax} = 1 + ax + x\,\varepsilon_1(x)$ et, $e^{bx} = 1 + bx + x\,\varepsilon_2(x)$.

Donc $e^{ax} - e^{bx} = (a-b)x + x\,\varepsilon(x)$ et $\dfrac{e^{ax} - e^{bx}}{x} = a - b + \varepsilon(x)$, d'où la limite $a - b$

$$a^x = e^{x\ln a} = 1 + x.\ln a + x\varepsilon_1(x), \quad b^x = 1 + x.\ln b + x\varepsilon_2(x)$$

On obtient finalement : $\dfrac{a^x - b^x}{x} = \ln a - \ln b + \varepsilon(x)$, d'où la limite $\ln a - \ln b$.

4) $\sin x = x - \frac{x^3}{6} + x^3\,\varepsilon_1(x)$, $\tan x = x + \frac{x^3}{3} + x^3\,\varepsilon_2(x)$, donc : $\sin x - \tan x = -\frac{x^3}{2} + x^3\,\varepsilon(x)$.
Il reste à simplifier par x^3. La limite cherchée est – 1/2.

5) $\sin x = x + x.\varepsilon(x)$ et pour tout $x \neq 0$, $\left|\sin \frac{1}{x}\right| \leqslant 1$. Donc :

$$\left|\frac{x^2 \sin 1/x}{\sin x}\right| = \left|\frac{x \sin 1/x}{1+\varepsilon(x)}\right| \leqslant \left|\frac{x}{1+\varepsilon(x)}\right| \text{ et } \lim_{x\to 0} \frac{x}{1+\varepsilon(x)} = 0$$

6) $e^x - 1 = x + \frac{x^2}{2} + x^2\,\varepsilon_1(x)$, donc $\frac{e^x-1}{x} = 1 + \frac{x}{2} + x\,\varepsilon_1(x)$

$\ln(1+y) = y + y\,\varepsilon_2(y)$, et avec $y = \frac{x}{2} + x\,\varepsilon_1(x)$, on obtient : $\ln\left(\frac{e^x-1}{x}\right) = \frac{x}{2} + x\,\varepsilon_1(x)$.
Il reste à diviser par x pour obtenir la limite égale à 1/2.

7) On est en présence d'une forme indéterminée du type « 0/0 ».
On se place d'abord en 0 par le changement de variable $y = x - 1$. Alors : $x^2 - 1 = 2y + y^2$
$e^x = e^{y+1} = e.e^y = e[1 + y + y\,\varepsilon_1(y)]$ puisque $y \to 0$.
$\frac{1}{x} = \frac{1}{1+y} = 1 - y + y\,\varepsilon_2(y)$ et donc $e^{\frac{1}{x}} = e^{1-y+y\,\varepsilon_2(y)} = e[1 - y + y\,\varepsilon_3(y)]$

$e^x - e^{\frac{1}{x}} = e[2y + y\,\varepsilon(y)]$ et finalement : $\frac{e^x - e^{\frac{1}{x}}}{x^2-1} = e\,\frac{2y + y\,\varepsilon(y)}{2y+y^2}$, d'où l'on déduit, après simplification par y , la limite égale à e.

11 Recherche de branches infinies

En utilisant les développements limités au voisinage de + ∞, déterminer l'équation des asymptotes aux courbes représentant les fonctions :

1) $f : x \to \sqrt{x^2+4x-5}$ **2)** $g : x \to x^2 \ln \frac{x-1}{x}$ **3)** $h : x \to e^{-\frac{1}{x}}\sqrt{x^2+1}$

■ SOLUTION

1) Pour $x > 0$, $\sqrt{x^2+4x-5} = x\sqrt{1 + \frac{4}{x} - \frac{5}{x^2}} = x\sqrt{1+y}$ en posant $y = \frac{4}{x} - \frac{5}{x^2}$.

Quand $x \to +\infty$, $y \to 0$ et $\sqrt{1+y} = 1 + \frac{y}{2} + y\,\varepsilon(y)$. On en déduit le développement limité de f(x) au voisinage de + ∞ : $f(x) = x\left[1 + \frac{2}{x} + \frac{1}{x}\,\varepsilon\left(\frac{1}{x}\right)\right] = x + 2 + \varepsilon\left(\frac{1}{x}\right)$.

D'où l'équation de l'asymptote : $y = x + 2$.

2) $\ln\left(\frac{x-1}{x}\right) = \ln\left(1 - \frac{1}{x}\right) = -\frac{1}{x} - \frac{1}{x^2} + \frac{1}{x^2}\,\varepsilon\left(\frac{1}{x}\right)$. Il reste à multiplier le développement limité par x^2 et, au voisinage de + ∞, $g(x) = -x - 1/2 + \varepsilon\left(\frac{1}{x}\right)$ avec $\lim_{x\to+\infty} \varepsilon\left(\frac{1}{x}\right) = 0$.

On en déduit que la droite d'équation $y = -x - 1/2$ est asymptote à la courbe en + ∞ .

3) Au voisinage de $+\infty$, $\sqrt{x^2+1} = x\sqrt{1+\frac{1}{x^2}}$ et $\sqrt{1+\frac{1}{x^2}} = 1 + \frac{1}{2x^2} + \frac{1}{x^2}\varepsilon_1\left(\frac{1}{x}\right)$.

De plus : $e^{-\frac{1}{x}} = 1 - \frac{1}{x} + \frac{1}{2x^2} + \frac{1}{x^2}\varepsilon_2\left(\frac{1}{x}\right)$.

Multiplions ces deux développements limités en ne conservant que les termes jusqu'à l'ordre 2 en $1/x$: alors , $e^{-\frac{1}{x}}\sqrt{1+\frac{1}{x^2}} = 1 - \frac{1}{x} + \frac{1}{x^2} + \frac{1}{x^2}\,\varepsilon\left(\frac{1}{x}\right)$.

Enfin, on multiplie par x et $h(x) = x - 1 + \frac{1}{x} + \frac{1}{x}\,\varepsilon\left(\frac{1}{x}\right)$ au voisinage de $+\infty$.

On en déduit l'asymptote d'équation $y = x - 1$.

7 FONCTIONS À PLUSIEURS VARIABLES

DÉFINITIONS ET REPRÉSENTATION GRAPHIQUE

On étudie les fonctions f de $\mathbb{R}^2$ dans $\mathbb{R}$, $(x, y) \to f(x, y)$. Leur représentation graphique dans un repère $(O, \vec{i}, \vec{j}, \vec{k})$ de l'espace, est une surface d'équation : $z = f(x, y)$.

Les fonctions d'une variable $f_x : x \to f(x, y_0)$, $f_y : y \to f(x_0, y)$, où x_0, y_0 sont fixés sont les fonctions partielles de la fonction f. Leur représentation graphique est l'intersection de la surface $z = f(x, y)$ avec les plans d'équations $y = y_0$ et $x = x_0$ (courbes coordonnées).

L'intersection de la surface avec le plan $z = z_0$ est la ligne de niveau z_0.

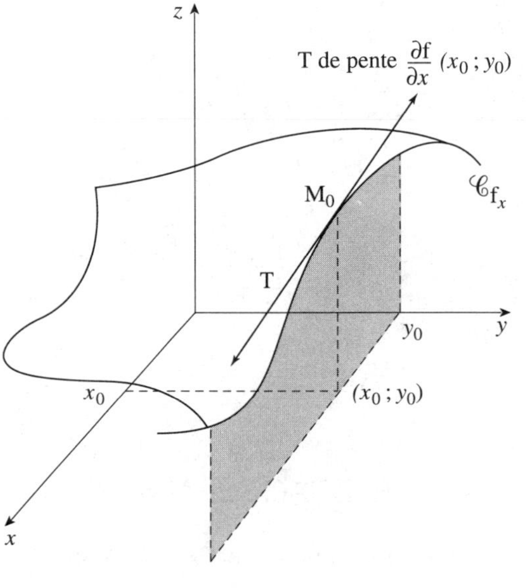

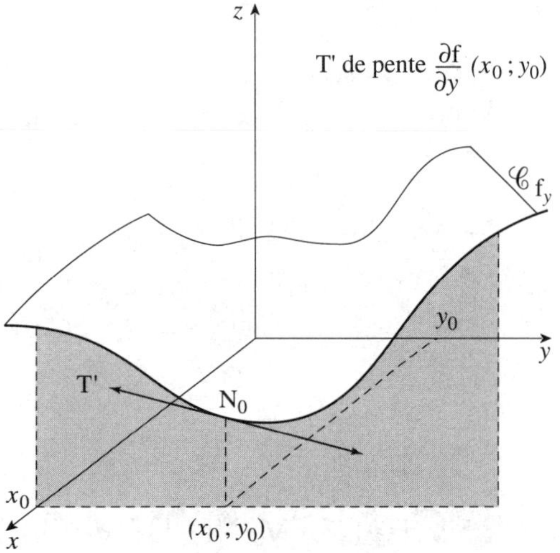

LIMITES ET CONTINUITÉ

- $\lim\limits_{M \to M_0} f(x, y) = L \Leftrightarrow |f(x, y) - L| \to 0$ quand $M M_0 \to 0$

- On peut utiliser les coordonnées polaires pour la limite en (0 ; 0) :
Si $f(r\cos\theta ; r\sin\theta) = g(r ; \theta)$, alors $\lim\limits_{M \to 0} f(x ; y) = \lim\limits_{r \to 0} g(r ; \theta)$

- f est continue en $M_0(x_0, y_0)$ si $\lim\limits_{M \to M_0} f(x, y) = f(x_0, y_0)$

Si f est continue en $M_0(x_0, y_0)$, les fonctions partielles sont continues en x_0 et en y_0, mais la réciproque est fausse.

Dérivées partielles, différentielle

1. Dérivées partielles

En dérivant $f(x, y)$ par rapport à x, (y fixé), on obtient la dérivée partielle $\frac{\partial f}{\partial x}$. Sa valeur au point (x_0, y_0) est la pente de la tangente à la courbe coordonnée en y_0.

En dérivant $f(x, y)$ par rapport à y, (x fixé), on obtient la dérivée partielle $\frac{\partial f}{\partial y}$. Sa valeur au point (x_0, y_0) est la pente de la tangente à la courbe coordonnée en x_0. (Voir figure)

Dérivées d'ordre supérieur : $\frac{\partial^2 f}{\partial x^2} = \frac{\partial}{\partial x}\left(\frac{\partial f}{\partial x}\right), \frac{\partial^2 f}{\partial x \partial y} = \frac{\partial}{\partial x}\left(\frac{\partial f}{\partial x}\right)$, etc.

2. Théorème de Schwarz

Si $\frac{\partial^2 f}{\partial x \partial y}$ et $\frac{\partial^2 f}{\partial y \partial x}$ sont continues en $(x_0 ; y_0)$, alors en ce point $\frac{\partial^2 f}{\partial x \partial y} = \frac{\partial^2 f}{\partial y \partial x}$.

3. Différentielle

Si f admet des dérivées partielles continues, on pose : $df = \frac{\partial f}{\partial x} dx + \frac{\partial f}{\partial y} dy$

Propriétés :

- $d(\lambda f + \mu g) = \lambda\, df + \mu\, dg$
- $d(fg) = f\,dg + g\,df$
- $d\left(\frac{f}{g}\right) = \frac{g\,df - f\,dg}{g^2}$

Changements de variables. Matrice jacobienne

Si $g(u, v) = f(x(u, v), (y(u, v))$, alors les dérivées partielles $\frac{\partial g}{\partial u}$ et $\frac{\partial g}{\partial v}$ sont données par

les relations : $\frac{\partial g}{\partial u} = \frac{\partial f}{\partial x}\frac{\partial x}{\partial u} + \frac{\partial f}{\partial y}\frac{\partial y}{\partial u}$ et $\frac{\partial g}{\partial v} = \frac{\partial f}{\partial x}\frac{\partial x}{\partial v} + \frac{\partial f}{\partial y}\frac{\partial y}{\partial v}$

ou sous forme matricielle : $\begin{pmatrix} \frac{\partial g}{\partial u} & \frac{\partial g}{\partial v} \end{pmatrix} = \begin{pmatrix} \frac{\partial f}{\partial x} & \frac{\partial f}{\partial y} \end{pmatrix} \begin{pmatrix} \frac{\partial x}{\partial u} & \frac{\partial x}{\partial v} \\ \frac{\partial y}{\partial u} & \frac{\partial y}{\partial v} \end{pmatrix}$

La matrice $\begin{pmatrix} \frac{\partial x}{\partial u} & \frac{\partial x}{\partial v} \\ \frac{\partial y}{\partial u} & \frac{\partial y}{\partial v} \end{pmatrix}$ est la matrice jacobienne. Sont déterminant est le jacobien.

Remarque : Toutes les notions définies dans ce chapitre se généralisent aux fonctions de 3, 4, …, *n variables.*

EXERCICES

1 Domaines de définition de fonctions à deux variables

1) $\ln(y - x^2)$ **2)** $\sqrt{1 - (x + y)}$ **3)** $\sqrt{1 - (x^2 + y^2)}$ **4)** $\dfrac{xy}{x^2 + y^2}$ **5)** $\ln[x(y - x)]$

■ **SOLUTION**

1) La fonction $(x\ ;\ y) \to \ln(y - x^2)$ est définie si $y - x^2 > 0$, c'est-à-dire si $y > x^2$.
On obtient la partie du plan située au-dessus de la parabole $y = x^2$.

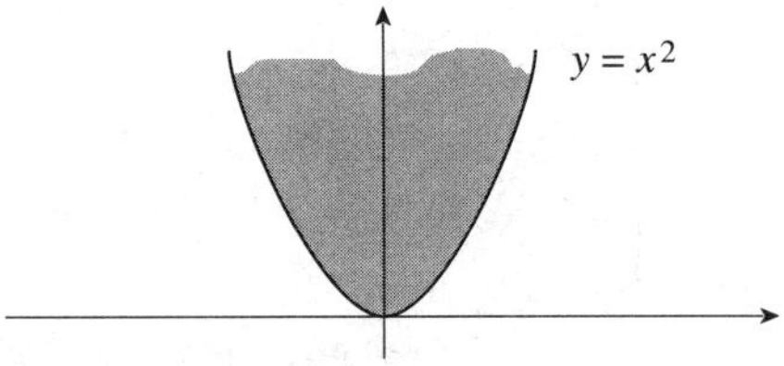

2) La fonction $(x\ ;\ y) \to \sqrt{1 - (x + y)}$ est définie si $x + y \leq 1$.
On obtient la partie du plan située en-dessous de la droite d'équation : $x + y - 1 = 0$.

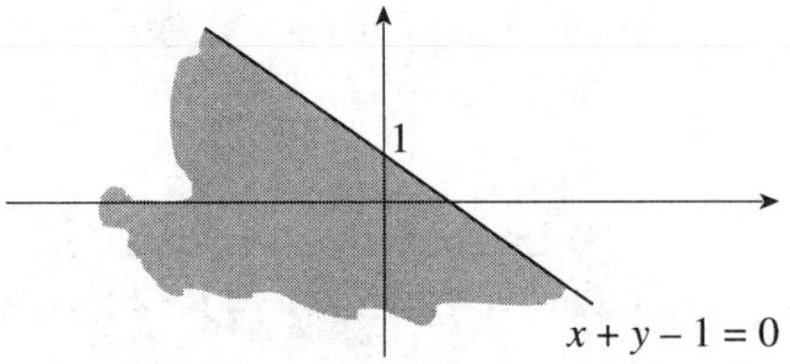

3) La fonction $(x\ ;\ y) \to \sqrt{1 - (x^2 + y^2)}$ est définie si $x^2 + y^2 \leq 1$.
La fonction est définie sur l'intérieur du cercle d'équation $x^2 + y^2 = 1$.

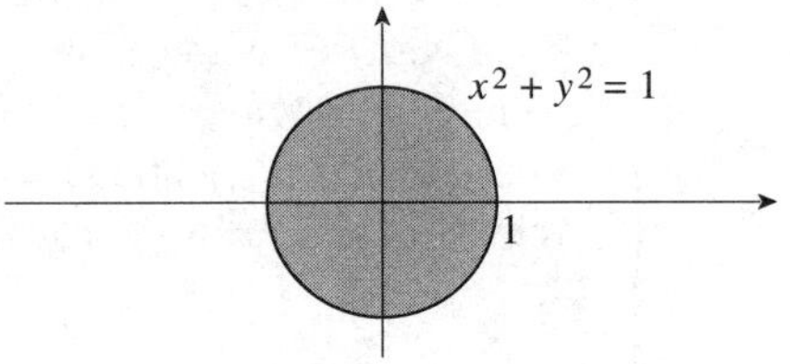

4) La fonction $(x\ ;\ y) \to \dfrac{xy}{x^2 + y^2}$ est définie si $x^2 + y^2 \neq 0$, c'est-à-dire si $x \neq 0$ et si $y \neq 0$.
La fonction est définie sur $\mathbb{R}^2$ privé de l'origine O.

5) La fonction $(x\ ;\ y) \to \ln[x(y - x)]$ est définie si $x(y - x) > 0$.

$x(y - x) > 0 \Leftrightarrow (x > 0 \text{ et } y - x > 0)$
ou $(x < 0 \text{ et } y - x < 0)$

On obtient la partie du plan grisée sur la figure ci-contre, bords exclus.

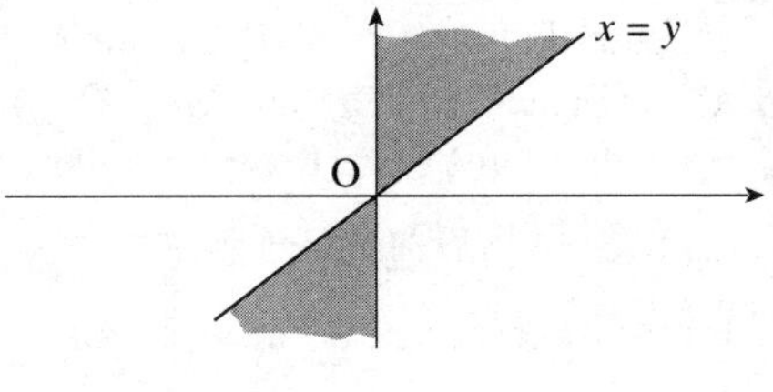

2 Graphiques, lignes de niveau

1) Quelle est la représentation graphique de f : $(x\,;y) \to x - 3y + 1$.
2) Quel est l'ensemble des points $M(x\,;y\,;z)$ tels que $z^2 = x^2 + y^2$.
3) Quel est l'équation d'une sphère de centre $\Omega(\alpha\,;\beta\,;\gamma)$ et de rayon R.
4) Quelle est la représentation graphique de f : $(x\,;y) \to \sqrt{4 - x^2 - y^2}$.
Quelle est la ligne de niveau $z = \sqrt{3}$.
5) Si f : $(x\,;y) \to \dfrac{1}{\sqrt{x^2+y^2}}$, pour $(x\,;y) \neq (0\,;0)$, déterminer la ligne de niveau $z = 1$.
6) Soit $\lambda > 0$, déterminer la ligne de niveau $z = \lambda$ de $f(x\,;y) = \ln(\sqrt{x^2+y^2})$.

■ SOLUTION

1) $z = x - 3y + 1 \Leftrightarrow x - 3y - z + 1 = 0$. On reconnaît l'équation d'un plan de vecteur normal $\overrightarrow{V} = (1\,;-3\,;-1)$ et passant par le point $A(0\,;0\,;1)$.

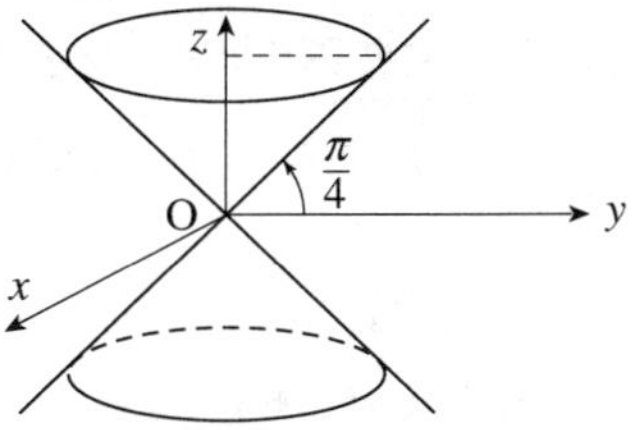

2) Le passage en coordonnées polaires donne immédiatement $z^2 = r^2$, c'est-à-dire $z = \pm r$. On obtient un cône de sommet O et d'angle $\pi/4$.

3) La sphère de centre Ω et de rayon R est l'ensemble des points $M(x\,;y\,;z)$ tels que $\Omega M = R \Leftrightarrow \Omega M^2 = R^2 \Leftrightarrow (x-\alpha)^2 + (y-\beta)^2 + (z-\gamma)^2 = R^2$.

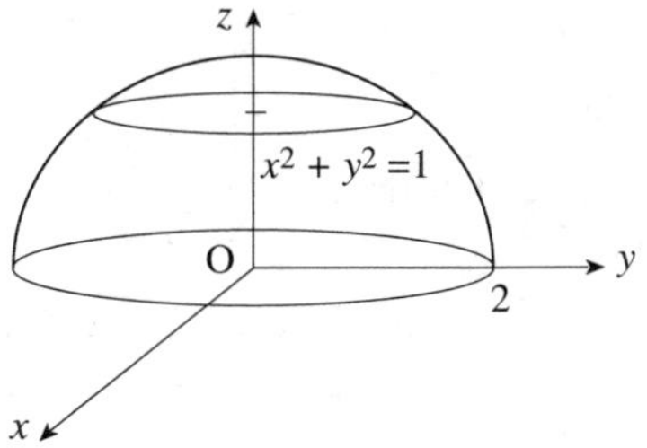

4) $z = \sqrt{4 - x^2 - y^2} \Leftrightarrow x^2 + y^2 + z^2 = 4$ et $z \geq 0$. C'est l'équation d'une demi-sphère de centre 0 et de rayon 2. Cette demi-sphère coupe le plan d'équation $z = \sqrt{3}$ selon le cercle d'équation $x^2 + y^2 = 1$.

5) On obtient $\dfrac{1}{\sqrt{x^2+y^2}} = 1 \Leftrightarrow x^2 + y^2 = 1$. La ligne de niveau $z = 1$ est un cercle de rayon 1.

6) L'équation $f(x\,;y) = \lambda$ donne $\ln(\sqrt{x^2+y^2}) = \lambda \Leftrightarrow x^2 + y^2 = e^{2\lambda}$. La ligne de niveau est un cercle de rayon $\sqrt{e^{2\lambda}} = e^{\lambda}$.

3 Continuité à l'origine

1) Soit la fonction f définie sur $\mathbb{R}^2$ par : $f(M) = f(x\,;y) = \dfrac{xy}{x^2+y^2}$ si $M \neq O$ et $f(O) = 0$.
Calculer la limite de f(M) lorsque M tend vers O dans les trois cas suivants :
a) sur l'axe (Ox) ; **b)** sur l'axe (Oy) ; **c)** sur la droite $y = x$.
En déduire que f n'est pas continue en O.
2) Soit la fonction g : $(x\,;y) \to \dfrac{xy}{\sqrt{x^2+y^2}}$ si $(x\,;y) \neq (0\,;0)$ et $f(0\,;0) = 0$.
En utilisant les coordonnées polaires, montrer que f est continue en $(0\,;0)$.

■ **SOLUTION**

1) Calculs de la limite de f(M) selon trois directions :

• si M ∈ (Ox), alors f(M) = f(x ; 0) = 0. Donc f(M) → f(O) = 0

• si M ∈ (Oy), alors f(M) = f(0 ; y) = 0. Donc f(M) → f(O) = 0

• si M est sur la droite d'équation $y = x$, alors f(M) = f(x ; x) = $\frac{x^2}{2x^2} = \frac{1}{2}$.

Les limites selon les trois directions sont différentes. On en conclut que f n'a pas de limite quand M tend vers O et par conséquent la fonction f n'est pas continue en O.

2) En posant $x = R \cdot \cos t$ et $y = R \cdot \sin t$, on obtient $f(x ; y) = R \cdot \cos t \cdot \sin t$

Comme $0 \leq |\sin t| \leq 1$ et $0 \leq |\cos t| \leq 1$, on en déduit que $0 \leq |\cos t \cdot \sin t| \leq 1$ et donc :

$$|f(x ; y)| \leq R.$$

Lorsque M tend vers O, la distance OM égale à R tend aussi vers 0.

Donc $\lim\limits_{R \to 0} f(x ; y) = 0$. Ce qui prouve que la fonction est continue en (0 ; 0).

4 Calculs de dérivées partielles

1) $f : (x ; y) \to 2x^3 - x^2y + 4y^2$. Calculer $\frac{\partial f}{\partial x}(0 ; 0)$, $\frac{\partial f}{\partial x \partial y}(1 ; 1)$ et $\frac{\partial^2 f}{\partial y^2}(0 ; 2)$.

2) $f : (x ; y) \to x^2 e^{x/y}$ si $y \neq 0$.

3) $f : (x ; y) \to \ln[x(x - y)]$ si $x(x - y) > 0$.

4) $f : (x ; y) \to \text{Arctan}\, \frac{y}{x}$ si $x \neq 0$.

5) $f : (x ; y) \to e^{(y-1)x} \sin x$. Montrer que $\frac{\partial f}{\partial y} - \frac{1}{x}\frac{\partial^2 f}{\partial y^2} = 0$.

6) Soit $f : (x ; y) \to \frac{1}{\sqrt{x^2 + y^2}}$ si $(x ; y) \neq (0 ; 0)$.

Montrer que $x\frac{\partial f}{\partial x} + y\frac{\partial f}{\partial y} = -f$ et que $\Delta f = \frac{\partial^2 f}{\partial x^2} + \frac{\partial^2 f}{\partial y^2} = f^3$

7) $f : (x ; y) \to \ln\sqrt{x^2 + y^2}$. Calculer Δf.

■ **SOLUTION**

1) On obtient $\frac{\partial f}{\partial x}(0 ; 0) = 0$, $\frac{\partial f}{\partial x \partial y}(1 ; 1) = -\ 2$ et $\frac{\partial^2 f}{\partial y^2}(0 ; 2) = 8$.

2) $\frac{\partial f}{\partial x}(x ; y) = 2x e^{x/y} + \frac{x^2}{y} e^{x/y} = \frac{x}{y}(2y + x)e^{x/y}$ et $\frac{\partial f}{\partial y}(x ; y) = -x^2 \frac{x}{y^2} e^{x/y} = -\frac{x^3}{y^2} e^{x/y}$

3) $\frac{\partial f}{\partial x}(x ; y) = \frac{2x - y}{x(x - y)}$ et $\frac{\partial f}{\partial y}(x ; y) = \frac{-x}{x(x - y)} = \frac{1}{y - x}$

4) $\frac{\partial f}{\partial x}(x ; y) = -\frac{y}{x^2}\frac{1}{1 + \frac{y^2}{x^2}} = -\frac{y}{x^2}\frac{x^2}{x^2 + y^2} = -\frac{y}{x^2 + y^2}$ et $\frac{\partial f}{\partial y}(x ; y) = \frac{1}{x}\frac{1}{1 + \frac{y^2}{x^2}} = \frac{x}{x^2 + y^2}$

5) $\frac{\partial f}{\partial y}(x ; y) = x \cdot \sin x \cdot e^{(y-1)x} = x \cdot f(x ; y)$

$\frac{\partial^2 f}{\partial y^2}(x ; y) = x^2 \cdot \sin x \cdot e^{(y-1)x} = x^2 \cdot f(x ; y)$. D'où le résultat demandé.

6) $\frac{\partial f}{\partial x}(x\,;y) = -\frac{x}{(x^2+y^2)\sqrt{x^2+y^2}}$ et $\frac{\partial f}{\partial y}(x\,;y) = -\frac{y}{(x^2+y^2)\sqrt{x^2+y^2}}$

$\frac{\partial^2 f}{\partial x^2}(x\,;y) = \frac{2x^2-y^2}{(x^2+y^2)^2\sqrt{x^2+y^2}}$ et $\frac{\partial^2 f}{\partial y^2}(x\,;y) = \frac{2y^2-x^2}{(x^2+y^2)^2\sqrt{x^2+y^2}}$

D'où l'on déduit les résultats demandés.

7) On obtient $\Delta f = 0$.

5 Théorème de Schwarz et continuité

On considère la fonction f : $(x\,;y) \to \frac{(2xy+y^2)^2}{x^2+y^2}$ si $(x\,;y) \neq (0\,;0)$ et $f(0\,;0) = 0$.

1) Montrer que f est continue à l'origine.

2) Calculer les dérivées partielles de f pour $(x\,;y) \neq (0\,;0)$.

3) Calculer $\frac{\partial f}{\partial x}(0\,;0)$ et $\frac{\partial f}{\partial y}(0\,;0)$.

4) Montrer que les dérivées partielles sont continues à l'origine.

5) Calculer $\frac{\partial^2 f}{\partial y\partial x}(0\,;0)$ et $\frac{\partial^2 f}{\partial x\partial y}(0\,;0)$.

Conclure quant à la continuité à l'origine des dérivées $\frac{\partial^2 f}{\partial x\partial y}$ ou $\frac{\partial^2 f}{\partial y\partial x}$.

SOLUTION

1) Pour montrer la continuité à l'origine, on utilise les coordonnées polaires :

$$f(x\,;y) = \frac{(2r^2\sin t \,.\, \cos t + r^2\sin^2 t)^2}{r^2} = r^2(\sin 2t + \sin^2 t)^2$$

Donc $\lim_{r\to 0} f(x\,;y) = 0$, ce qui prouve que f est continue à l'origine.

2) Calcul des dérivées partielles, définies si $(x\,;y) \neq (0\,;0)$:

$$\frac{\partial f}{\partial x}(x\,;y) = \frac{4y\,(2xy+y^2)\,(x^2+y^2) - 2x\,(2xy+y^2)^2}{(x^2+y^2)^2}$$

$$\frac{\partial f}{\partial y}(x\,;y) = \frac{4(x+y)\,(2xy+y^2)\,(x^2+y^2) - 2y\,(2xy+y^2)}{(x^2+y^2)^2}$$

$$\frac{\partial f}{\partial x}(0\,;0) = \lim_{h\to 0}\frac{f(h\,;0)}{h} = 0 \text{ et } \frac{\partial f}{\partial y}(0\,;0) = \lim_{h\to 0}\frac{f(0\,;h)}{h} = \lim_{h\to 0}\frac{h^4}{h^3} = \lim_{h\to 0} h = 0$$

4) En coordonnées polaires, on obtient :

$$\frac{\partial f}{\partial x} = \frac{1}{r^4}\,[4r\sin\theta(2r^2\sin\theta\cos\theta + r^2\sin^2\theta)r^2 - 2r\cos\theta(2r^2\sin\theta\cos\theta + r^2\sin^2\theta)^2]$$

$$= 2r(\sin 2\theta + \sin^2\theta)[2\sin\theta - \cos\theta(\sin 2\theta + \sin^2\theta)]$$

En utilisant les inégalités $|x+y| \leq |x| + |y|$ et $|x-y| \leq |x| + |y|$, on trouve que : $\left|\frac{\partial f}{\partial x}\right| \leq 16r$ et donc $\lim_{r \to 0} \frac{\partial f}{\partial x} = 0 = \frac{\partial f}{\partial x}(0\,;0)$. Ce qui prouve que $\frac{\partial f}{\partial x}$ est continue à l'origine.

On obtient de la même manière : $\left|\frac{\partial f}{\partial y}\right| \leq 24r$, ce qui prouve que $\frac{\partial f}{\partial y}$ est également continue à l'origine.

5) Calculons les dérivées secondes à l'origine :

$$\frac{\partial^2 f}{\partial x \partial y}(0\,;0) = \lim_{h \to 0} \frac{\frac{\partial f}{\partial y}(h\,;0)}{h} = 0$$

$$\frac{\partial^2 f}{\partial y \partial x}(0\,;0) = \lim_{h \to 0} \frac{\frac{\partial f}{\partial x}(0\,;h)}{h} = \lim_{h \to 0} \frac{4h^5}{h^5} = 4$$

Ces deux dérivées ne sont pas égales. D'après le théorème de Schwarz, on conclut à la discontinuité d'au moins une de ces deux dérivées secondes à l'origine.

6 Calcul du Laplacien en coordonnées polaires

Soit f une fonction à deux variables x et y admettant des dérivées partielles secondes continues. On appelle Laplacien de f, noté Δf, la quantité $\Delta f = \frac{\partial^2 f}{\partial x^2} + \frac{\partial^2 f}{\partial y^2}$.

1) En posant $g(r\,;\theta) = f(x\,;y) = f(r\cos\theta\,;r\sin\theta)$, montrer que : $\Delta f = \frac{\partial^2 g}{\partial r^2} + \frac{1}{r^2}\frac{\partial^2 g}{\partial \theta^2} + \frac{1}{r}\frac{\partial g}{\partial r}$

2) On dit que f est harmonique si $\Delta f = 0$. $f(x\,;y) = \sqrt{x^2+y^2}$ est-elle harmonique ?

SOLUTION

1) Expression du Laplacien en coordonnées polaires :

- Calculons d'abord les dérivées partielles : $\frac{\partial g}{\partial r}$ et $\frac{\partial^2 g}{\partial r^2}$: $\frac{\partial g}{\partial r} = \cos\theta \frac{\partial f}{\partial x} + \sin\theta \frac{\partial f}{\partial y}$

$$\frac{\partial^2 g}{\partial r^2} = \frac{\partial}{\partial r}\left[\cos\theta \frac{\partial f}{\partial x} + \sin\theta \frac{\partial f}{\partial y}\right]$$

$$= \cos\theta\left(\frac{\partial^2 f}{\partial x^2}\frac{\partial x}{\partial r} + \frac{\partial^2 f}{\partial y \partial x}\frac{\partial y}{\partial r}\right) + \sin\theta\left(\frac{\partial^2 f}{\partial x \partial y}\frac{\partial x}{\partial r} + \frac{\partial^2 f}{\partial y^2}\frac{\partial y}{\partial r}\right)$$

Le théorème de Schwarz nous donne l'égalité des dérivées partielles $\frac{\partial^2 f}{\partial x \partial y}$ et $\frac{\partial^2 f}{\partial y \partial x}$.

Donc : $$\frac{\partial^2 g}{\partial r^2} = \cos^2\theta \frac{\partial^2 f}{\partial x^2} + 2\sin\theta\cos\theta \frac{\partial^2 f}{\partial x \partial y} + \sin^2\theta \frac{\partial^2 f}{\partial y^2}$$

- Calculons maintenant $\frac{\partial g}{\partial \theta}$ et $\frac{\partial^2 g}{\partial \theta^2}$:

$$\frac{\partial g}{\partial \theta} = -\,r\sin\theta \frac{\partial f}{\partial x} + r\cos\theta \frac{\partial f}{\partial y}$$

$$\frac{\partial^2 g}{\partial\theta^2} = -r\,\frac{\partial}{\partial\theta}\left(\sin\theta\,\frac{\partial f}{\partial x}\right) + r\,\frac{\partial}{\partial\theta}\left(\cos\theta\,\frac{\partial f}{\partial y}\right)$$

Dérivons séparément les produits :

$$\frac{\partial}{\partial\theta}\left(\sin\theta\,\frac{\partial f}{\partial x}\right) = \cos\theta\,\frac{\partial f}{\partial x} + \sin\theta\left(\frac{\partial^2 f}{\partial x^2}\,\frac{\partial x}{\partial\theta} + \frac{\partial^2 f}{\partial y\partial x}\,\frac{\partial y}{\partial\theta}\right)$$

$$= \cos\theta\,\frac{\partial f}{\partial x} - r\sin^2\theta\,\frac{\partial^2 f}{\partial x^2} + r\sin\theta\cos\theta\,\frac{\partial^2 f}{\partial y\partial x}$$

De même :

$$\frac{\partial}{\partial\theta}\left(\cos\theta\,\frac{\partial f}{\partial y}\right) = -\sin\theta\,\frac{\partial f}{\partial y} - r\sin\theta\cos\theta\,\frac{\partial^2 f}{\partial y\partial x} + r\cos^2\theta\,\frac{\partial^2 f}{\partial y^2}$$

Il reste enfin à remplacer pour obtenir :

$$\frac{\partial^2 g}{\partial\theta^2} = -r\cos\theta\,\frac{\partial f}{\partial x} - r\sin\theta\,\frac{\partial f}{\partial y} + r^2\sin^2\theta\,\frac{\partial^2 f}{\partial x^2} - 2r^2\sin\theta\cos\theta\,\frac{\partial^2 f}{\partial x\partial y} + r^2\cos^2\theta\,\frac{\partial^2 f}{\partial y^2}$$

Finalement :

$$\frac{\partial^2 g}{\partial r^2} + \frac{1}{r^2}\,\frac{\partial^2 g}{\partial\theta^2} + \frac{1}{r}\,\frac{\partial g}{\partial r} = \frac{\partial^2 f}{\partial x^2} + \frac{\partial^2 f}{\partial y^2} = \Delta f$$

2) On utilise les coordonnées polaires : $g(r\,;\,\theta) = r$. Donc $\frac{\partial g}{\partial\theta} = \frac{\partial^2 g}{\partial\theta^2} = 0$, $\frac{\partial g}{\partial r} = 1$

Donc $\Delta f = 1/r \neq 0$. f n'est pas harmonique.

7 Matrice jacobienne et coordonnées sphériques

1) Déterminer la matrice jacobienne dans le changement de variables en coordonnées sphériques $x = r\sin\theta\cos\varphi$; $y = r\sin\theta\sin\varphi$; $z = r\cos\theta$.

2) Calculer le jacobien.

■ **SOLUTION**

1) Soit $f(x\,;\,y\,;\,z) = g(r\,;\,\theta\,;\,\varphi)$. Alors :

$$\frac{\partial g}{\partial r} = \frac{\partial f}{\partial x}\,\frac{\partial x}{\partial r} + \frac{\partial f}{\partial y}\frac{\partial y}{\partial r} + \frac{\partial f}{\partial z}\frac{\partial z}{\partial r} = \sin\theta\cos\varphi\,\frac{\partial f}{\partial x} + \sin\theta\sin\varphi\,\frac{\partial f}{\partial y} + \cos\theta\,\frac{\partial f}{\partial z}$$

$$\frac{\partial g}{\partial\theta} = r\cos\theta\cos\varphi\,\frac{\partial f}{\partial x} + r\cos\theta\sin\varphi\,\frac{\partial f}{\partial y} - r\sin\theta\,\frac{\partial f}{\partial z}$$

$$\frac{\partial g}{\partial\varphi} = -r\sin\theta\sin\varphi\,\frac{\partial f}{\partial x} + r\sin\theta\cos\varphi\,\frac{\partial f}{\partial y}$$

On en déduit l'écriture matricielle et la matrice jacobienne :

$$\begin{pmatrix}\frac{\partial g}{\partial r} & \frac{\partial g}{\partial\theta} & \frac{\partial g}{\partial\varphi}\end{pmatrix} = \begin{pmatrix}\frac{\partial f}{\partial x} & \frac{\partial f}{\partial y} & \frac{\partial f}{\partial z}\end{pmatrix}\begin{pmatrix}\sin\theta\cos\varphi & r\cos\theta\cos\varphi & -r\sin\theta\sin\varphi\\ \sin\theta\sin\varphi & r\cos\theta\sin\varphi & r\sin\theta\cos\varphi\\ \cos\theta & -r\sin\theta & 0\end{pmatrix}$$

2) Le déterminant de cette matrice est égal $= r^2\sin\theta$.

8 INTÉGRALE SIMPLE

INTÉGRALE DE RIEMANN

1. Définition

Soit f une fonction définie sur un intervalle $[a \,;\, b]$, à valeurs dans $\mathbb{R}$.

On considère la subdivision régulière de $[a \,;\, b]$: $\{x_k = a + k\,\dfrac{b-a}{n} \,;\, 0 \leq k \leq n\}$, et la suite $\sigma_n = \dfrac{b-a}{n}\sum_{k=0}^{n-1} \mathrm{f}(c_k)$ où $c_k \in \,]x_k \,;\, x_{k+1}[$. On dit que f est intégrable sur $[a \,;\, b]$ si la suite σ_n admet une limite finie quand n tend vers $+\infty$.

Cette limite, si elle existe, ne dépend pas du point c_k de l'intervalle $]x_k \,;\, x_{k+1}[$.

On note $\lim\limits_{n \to +\infty} \sigma_n = \displaystyle\int_a^b \mathrm{f}(x)\,\mathrm{d}x$.

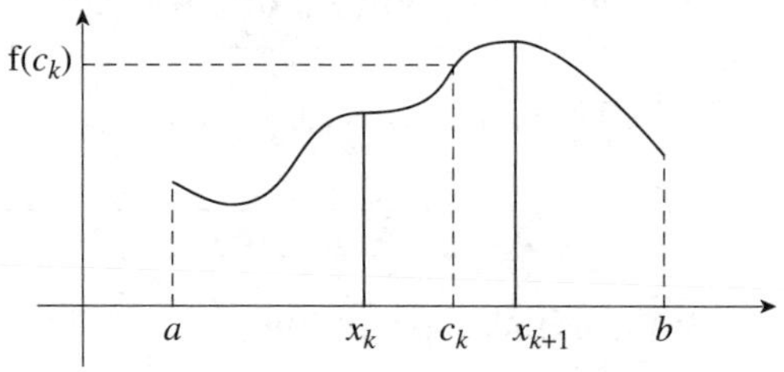

2. Intégrabilité des fonctions continues

Toute fonction continue sur $[a \,;\, b]$ est intégrable sur $[a \,;\, b]$.

3. Intégrales des fonctions à valeurs dans $\mathbb{C}$

Si f est une fonction à valeurs dans $\mathbb{C}$, $\displaystyle\int_a^b \mathrm{f}(x)\,\mathrm{d}x = \int_a^b \mathrm{Ré}[\mathrm{f}(x)]\,\mathrm{d}x + \mathrm{j}\int_a^b \mathrm{Im}\,[\mathrm{f}(x)]\,\mathrm{d}x$.

PROPRIÉTÉS

Soit f et g deux fonctions continues sur $[a \,;\, b]$.

1. Linéarité

Pour tous λ et μ, $\displaystyle\int_a^b [\lambda \mathrm{f}(x) + \mu \mathrm{g}(x)]\,\mathrm{d}x = \lambda\int_a^b \mathrm{f}(x)\,\mathrm{d}x + \mu\int_a^b \mathrm{f}(x)\,\mathrm{d}x$.

2. Relation de Chasles

Pour tout point $c \in [a \,;\, b]$, $\displaystyle\int_a^b \mathrm{f}(x)\,\mathrm{d}x = \int_a^c \mathrm{f}(x)\,\mathrm{d}x + \int_c^b \mathrm{f}(x)\,\mathrm{d}x$.

De plus :

$$\int_a^a \mathrm{f}(x)\,\mathrm{d}x = 0 \quad \text{et} \quad \int_b^a \mathrm{f}(x)\,\mathrm{d}x = -\int_a^b \mathrm{f}(x)\,\mathrm{d}x$$

Si f est une fonction continue par morceaux et c un point de discontinuité de f sur $[a \,;\, b]$, la relation de Chasles permet de calculer séparément les intégrales $\displaystyle\int_a^c \mathrm{f}(x)\,\mathrm{d}x$ et $\displaystyle\int_c^b \mathrm{f}(x)\,\mathrm{d}x$.
Ainsi, toute fonction continue par morceaux est intégrable.

3. Intégrale et modules

Si f est intégrable sur $[a\,;b]$, alors $|f|$ est intégrable et $\left|\int_a^b f(x)\,dx\right| \leq \int_a^b |f(x)|\,dx$.

Si f est une fonction à valeurs dans $\mathbb{R}$, $\int_a^b |f(x)|\,dx$ représente l'aire géométrique du domaine limité par les droites $x = a$, $x = b$, l'axe (Ox) et la courbe représentative de la fonction f.

4. Ordre

Soit f une fonction à valeurs dans $\mathbb{R}$.

Si $f \geq 0$ sur $[a\,;b]$, $(a < b)$, alors $\int_a^b f(x)\,dx \geq 0$ (mais la réciproque est fausse).

Si, pour tout $x \in [a\,;b]$, $f(x) \leq g(x)$, alors $\int_a^b f(x)\,dx \leq \int_a^b g(x)\,dx$.

5. Valeur moyenne d'une fonction

Si f est continue sur $[a\,;b]$, alors il existe $c \in [a\,;b]$ tel que $f(c) = \frac{1}{b-a}\int_a^b f(x)\,dx$.

Interprétation graphique :

Il existe un rectangle de dimensions $b - a$ et $f(c)$ et d'aire égale à $\int_a^b f(x)\,dx$.

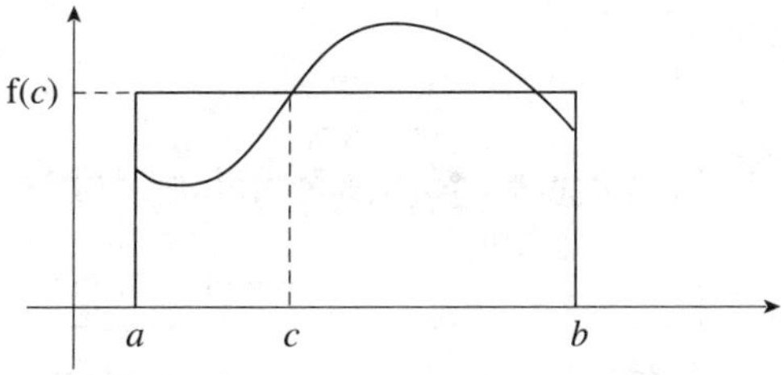

PRIMITIVES DES FONCTIONS CONTINUES

1. Définition

La fonction F est une **primitive** de f sur $[a\,;b]$ si, pour tout $x \in [a\,;b]$, $F'(x) = f(x)$.

La notation $\int f(x)\,dx$ désigne une primitive de f.

2. Théorème fondamental

Soit f une fonction continue sur $[a\,;b]$ et $x_0 \in [a\,;b]$.

La fonction $F : x \rightarrow \int_{x_0}^{x} f(t)\,dt$ est une primitive de f sur $[a\,;b]$.

C'est la primitive de f sur $[a\,;b]$ qui s'annule en x_0.

Toute fonction continue sur $[a\,;b]$ admet des primitives sur $[a\,;b]$.

Deux primitives de f sur $[a\,;b]$ diffèrent d'une constante.

3. Primitives et intégrales

$$\int_a^b f(x)\,dx = F(b) - F(a)$$

CALCUL DES INTÉGRALES

1. Détermination d'une primitive

On peut déterminer une primitive de la fonction à intégrer :

a) parmi le tableau des primitives usuelles ;

b) en linéarisant les fonctions trigonométriques ;

c) en décomposant les fractions rationnelles en éléments simples.

2. Intégration par parties

Si f et g sont dérivables à dérivées continues sur $[a\,;b]$, alors :

$$\int_a^b f'(x)\,g(x)\,\mathrm{d}x = [f(x)\,g(x)]_a^b - \int_a^b f(x)\,g'(x)\,\mathrm{d}x$$

3. Changement de variable

Si f est continue sur $[a\,;b]$ et si φ est dérivable à dérivée continue sur $[\alpha\,;\beta]$ tels que $\varphi(\alpha) = a$ et $\varphi(\beta) = b$. En posant : $x = \varphi(u)$,

on obtient $\displaystyle\int_a^b f(x)\,\mathrm{d}x = \int_\alpha^\beta f[\varphi(u)]\,\varphi'(u)\,\mathrm{d}u$.

Certains changements de variables ont pour but de transformer la fonction $f(\cos x, \sin x)$ en une fraction rationnelle de la variable t .

Si l'élément différentiel $f(\cos x\,;\sin x)\,\mathrm{d}x$ est invariant par les transformations :

a) $x \to -x$, poser $t = \cos x$

b) $x \to \pi - x$, poser $t = \sin x$

c) $x \to \pi + x$, poser $t = \tan x$

d) et dans tous les autres cas, poser $t = \tan\dfrac{x}{2}$.

INTÉGRALES À PARAMÈTRES

On considère la fonction $F : x \to \displaystyle\int_a^b f(x\,;t)\,.\,\mathrm{d}t$, définie sur un intervalle $I \subset \mathbb{R}$.

1. Continuité

Si $f(x\,;t)$ est continue sur $I \times [a\,;b]$, alors F est continue sur I.

2. Dérivabilité

Si $f(x\,;t)$ admet une dérivée partielle $\dfrac{\partial f}{\partial x}(x\,;t)$ continue sur $I \times [a\,;b]$, alors F est dérivable sur I et $F'(x) = \displaystyle\int_a^b \frac{\partial f}{\partial x}(x\,;t)\,.\,\mathrm{d}t$.

3. Intégration

Si $f(x\,;t)$ est continue sur $I \times [a\,;b]$, et si m et M sont deux éléments de I, alors :

$$\int_m^M \left(\int_a^b f(x\,;t)\,.\,\mathrm{d}t\right)\mathrm{d}x = \int_a^b \left(\int_m^M f(x\,;t)\,.\,\mathrm{d}x\right)\mathrm{d}t$$

PRIMITIVES USUELLES

Fonctions élémentaires

a) Si $\alpha \neq -1$, $\displaystyle\int x^\alpha \, dx = \frac{1}{\alpha+1} x^{\alpha+1} + k$

En particulier, $\displaystyle\int \sqrt{x} \, dx = \frac{2}{3} x \sqrt{x} + k$ et $\displaystyle\int \frac{1}{\sqrt{x}} \, dx = 2\sqrt{x} + k$

b) $\displaystyle\int \frac{dx}{x} = \ln|x| + k$

c) $\displaystyle\int e^x \, dx = e^x + k$

d) $\displaystyle\int \ln x \, . \, dx = x \, . \, \ln x - x + k$

Fonctions trigonométriques

a) $\displaystyle\int \sin x \, . \, dx = -\cos x + k$

b) $\displaystyle\int \cos x \, . \, dx = \sin x + k$

c) $\displaystyle\int \tan x \, . \, dx = -\ln|\cos x| + k$

d) $\displaystyle\int \frac{dx}{\sin x} = \ln\left|\tan \frac{x}{2}\right| + k$ et $\displaystyle\int \frac{dx}{\cos x} = \ln\left|\tan\left(\frac{x}{2} + \frac{\pi}{4}\right)\right| + k$

e) $\displaystyle\int \frac{dx}{\cos^2 x} = \tan x + k$

Fractions et radicaux

a) $\displaystyle\int \frac{dx}{x^2+1} = \text{Arctan}\, x + k$ et pour $a \neq 0$, $\displaystyle\int \frac{dx}{x^2+a^2} = \frac{1}{a} \text{Arctan} \frac{x}{a} + k$

b) $\displaystyle\int \frac{dx}{\sqrt{1-x^2}} = \text{Arcsin} x + k_1 = -\text{Arccos} x + k_2$

et pour $a \neq 0$ $\displaystyle\int \frac{dx}{\sqrt{a^2-x^2}} = \text{Arcsin} \frac{x}{|a|} + k$

c) Pour $a \neq 0$, $\displaystyle\int \frac{dx}{\sqrt{x^2 \pm a^2}} = \ln\left|x + \sqrt{x^2 \pm a^2}\right| + k$

EXERCICES

1 Calculs de primitives

Déterminer les primitives $x \to F_i(x)$ des fonctions $x \to f_i(x)$ suivantes en précisant les intervalles où elles sont définies :

1) $2x^3 + 5x^2 - 4x + 1$ **2)** $2x(x^2+1)^2$ **3)** $(x^2+1)^3$ **4)** $1/x^2$

5) $\dfrac{1}{\sqrt{x}}$ **6)** $\dfrac{x+1}{\sqrt{x}}$ **7)** $\dfrac{x^2-2x+2}{(x-1)^2}$

■ SOLUTION

Rappelons que toute fonction continue sur un intervalle y admet des primitives. Dans tout cet exercice, k désigne une constante réelle.

1) La fonction polynôme $f_1 : x \to 2x^3 + 5x^2 - 4x + 1$ est continue sur $\mathbb{R}$ donc admet des primitives sur $\mathbb{R}$. Ce sont les fonctions $F_1 : x \to 1/2\, x^4 + 5/3\, x^3 - 2x^2 + x + k$.

2) Rappelons la relation : $\displaystyle\int u'(x)u^n(x)\,dx = \frac{1}{n+1}\,u^{n+1}(x) + k$, si $n \neq -1$.

Donc : $F_2 : x \to \dfrac{1}{3} \cdot (x^2+1)^3 + k$, définie sur $\mathbb{R}$.

3) La méthode consiste à développer $(x^2+1)^3$ puis de déterminer une primitive du polynôme obtenu : $f_3(x) = x^6 + 3x^4 + 3x^2 + 1$, donc $F_3(x) = \dfrac{1}{7}x^7 + \dfrac{3}{5}x^5 + x^3 + x + k$.

Attention : la comparaison entre les deux questions précédentes nous montre qu'il ne faut pas oublier la présence du terme $u'(x)$.

4) La fonction $f_4 : x \to 1/x^2$ est continue sur les deux intervalles $]-\infty\,;0[$ et $]0\,;+\infty[$ et donc admet sur chacun de ces deux intervalles des primitives. $F_4 : x \to -\dfrac{1}{x} + k$.

5) La fonction $f_5 : x \to \dfrac{1}{\sqrt{x}}$ est continue sur $]0\,;+\infty[$. Notons que $\dfrac{1}{\sqrt{x}} = x^{-1/2}$.

On utilise alors la formule : $\displaystyle\int x^n = \frac{1}{n+1}\,x^{n+1} + k$, avec $n = -\dfrac{1}{2}$.

$F_5 : x \to 2\sqrt{x} + k$, définie sur $]0\,;+\infty[$.

6) La fonction f_6 est continue sur $]0\,;+\infty[$. On écrit que $f_6(x) = \sqrt{x} + \dfrac{1}{\sqrt{x}}$, et donc :

$$F_6 : x \to \frac{2}{3}x \cdot \sqrt{x} + 2\sqrt{x} + k \text{ définie sur }]0\,;+\infty[$$

7) La méthode générale de calcul des primitives des fonctions rationnelles consiste à décomposer celles-ci en éléments simples. Notons ici que $x^2 - 2x + 2 = (x-1)^2 + 1$.

Donc $f_7(x) = 1 + \dfrac{1}{(x-1)^2}$ et admet des primitives sur $]-\infty\,;1[$ et $]1\,;+\infty[$:

$$F_7 : x \to x - \frac{1}{(x-1)} + k$$

2 Calculs d'intégrales

1) $\int_0^1 (6x^2 - 5)(2x^3 - 5x + 1) \,.\, dx$

2) $\int_0^{\frac{\pi}{4}} \tan x \,.\, dx$

3) $\int_e^{e^2} \frac{1}{t \ln t} \, dt$

4) $\int_0^{\frac{\pi}{4}} \tan^2 x \, dx$

5) $\int_0^1 \frac{1}{e^x + 1} \, dx$

6) $\int_0^{\pi} e^{-t} \cos t \,.\, dt$

■ SOLUTION

1) $6x^2 - 5$ est la dérivée de $2x^3 - 5x + 1$, et une primitive de $u'(x)\,u(x)$ est $1/2[u(x)]^2$.
Donc : $I_1 = \frac{1}{2}\left[(2x^3 - 5x + 1)^2\right]_0^1 = \frac{1}{2}(4 - 1) = \frac{3}{2}$.

2) $\tan x = \frac{\sin x}{\cos x}$ est, au signe près, une expression de la forme $\frac{u'(x)}{u(x)}$ avec $u(x) = \cos x$ qui admet pour primitive $\ln|u(x)|$.
Donc : $I_2 = \left[-\ln|\cos x|\right]_0^{\frac{\pi}{4}} = -\ln\frac{\sqrt{2}}{2} = \frac{1}{2}\ln 2$.

3) Il faut encore reconnaître ici une expression de la forme $\frac{u'(t)}{u(t)}$ avec $u(t) = \ln t$, qui admet pour primitive $\ln|\ln t|$. Donc : $I_3 = \ln(\ln e^2) - \ln(\ln e) = \ln 2$.

4) La dérivée de $x \to \tan x$ est la fonction $x \to 1 + \tan^2 x$, dérivée que l'on fait apparaître dans l'intégrale I_4 en écrivant :

$$I_4 = \int_0^{\frac{\pi}{4}} [(\tan^2 x + 1) - 1]\, dx = \left[\tan x - x\right]_0^{\frac{\pi}{4}} = 1 - \frac{\pi}{4}$$

5) On fait apparaître une expression du type $\frac{u'(x)}{u(x)}$ en écrivant :

$$\frac{1}{e^x + 1} = \frac{e^{-x}}{1 + e^{-x}}$$

Donc :

$$I_5 = \left[-\ln(1 + e^{-x})\right]_0^1 = \ln 2 - \ln\left(1 + \frac{1}{e}\right)$$

6) On dispose de deux méthodes pour calculer cette intégrale : soit intégrer deux fois par parties, soit utiliser les exponentielles complexes en remarquant que $\cos x$ est la partie réelle de e^{ix}. Choisissons ici cette seconde méthode :

$$\int_0^{\pi} e^{-t} e^{it}\, dt = \int_0^{\pi} e^{(i-1)t}\, dt = \frac{1}{i-1}\left[e^{(i-1)t}\right]_0^{\pi} = \frac{1}{i-1}(-e^{-\pi} - 1) = \frac{1}{2}(e^{-\pi} + 1)(1 + i)$$

Il reste à séparer la partie réelle et la partie imaginaire :

$$\int_0^{\pi} e^{-t} \cos t \,.\, dt = \frac{1}{2}(e^{-\pi} + 1)$$

3 Intégration des fonctions paires, impaires et périodiques

1) Soit f une fonction paire sur $[-a\ ;a]$. Montrer que $\displaystyle\int_{-a}^{+a} f(t)\,dt = 2\int_0^a f(t)\,dt$.

2) Soit f une fonction impaire sur $[-a\ ;a]$. Montrer que $\displaystyle\int_{-a}^{+a} f(t)\,dt = 0$.

3) Soit f une fonction T – périodique. Montrer que, pour tout a, $\displaystyle\int_a^{a+T} f(t)\,dt = \int_0^T f(t)\,dt$.

4) Application : calculer $\displaystyle I = \int_{-2\pi}^{2\pi} |\sin t|\,dt$.

■ **SOLUTION**

1) $\displaystyle\int_{-a}^{+a} f(t)\,dt = \int_{-a}^{0} f(t)\,dt + \int_0^a f(t)\,dt$

On effectue le changement de variable $u = -t$ dans la première intégrale, et l'on obtient :

$\displaystyle\int_{-a}^{0} f(t)\,dt = -\int_a^0 f(-u)\,du$, mais $f(-u) = f(u)$ et $\displaystyle -\int_a^0 f(u)\,du = \int_0^a f(u)\,du = \int_0^a f(t)\,dt$

Ce qui démontre le résultat.

2) On effectue le même « découpage », le même changement de variable, mais dans ce cas, $f(-u) = -f(u)$ ...

3) $\displaystyle\int_a^{a+T} f(t)\,dt = \int_a^0 f(t)\,dt + \int_0^T f(t)\,dt + \int_T^{a+T} f(t)\,dt$

Dans la troisième intégrale, on effectue le changement de variable $u = t - T$, alors :

$\displaystyle\int_T^{a+T} f(t)\,dt = \int_0^a f(u+T)\,du$. Mais, $f(u+T) = f(u)$. Donc : $\displaystyle\int_T^{a+T} f(t)\,dt = \int_0^a f(u)\,du$.

D'où le résultat, après simplifications.

4) La fonction $f : t \to |\sin t|$ est paire. Donc $\displaystyle I = 2\int_0^{2\pi} |\sin t|\,dt$.

De plus f est π – périodique et donc $\displaystyle I = 2\left(\int_0^{\pi} |\sin t|\,dt + \int_{\pi}^{2\pi} |\sin t|\,dt\right) = 4\int_0^{\pi} |\sin t|$.

Mais pour tout $t \in [0\ ;\pi]$, $|\sin t| = \sin t$.

Finalement $\displaystyle I = 4\int_0^{\pi} \sin t.\,dt = 4\Big[-\cos t\Big]_0^{\pi} = 8$.

4 Calculs d'intégrales par linéarisation

1) $\displaystyle\int_0^{\frac{\pi}{3}} \cos^2 x\,dx$ **2)** $\displaystyle\int_0^{\frac{\pi}{3}} \sin^2 x\,dx$ **3)** $\displaystyle\int_0^{\frac{\pi}{4}} \sin^4 x\,dx$ **4)** $\displaystyle\int_{-\pi}^{+\pi} \cos px \cos qx\,.\,dx$,

où p et q sont des entiers naturels.

5) On définit la valeur efficace E d'un signal sinusoïdal de tension $u(t) = U \sin\omega t$, $U > 0$ par :

$\displaystyle E^2 = \frac{1}{T}\int_0^T u^2(t)\,dt$, où $T = 2\pi/\omega$. Calculer E en fonction de U.

SOLUTION

1) $\cos^2 x = \dfrac{1+\cos 2x}{2}$, donc $I_1 = \dfrac{1}{2}\displaystyle\int_0^{\frac{\pi}{3}} (1+\cos 2x)\,dx = \dfrac{1}{2}\Big[x + \dfrac{1}{2}\sin 2x\Big]_0^{\frac{\pi}{3}} = \dfrac{\pi}{6} + \dfrac{\sqrt{3}}{8}$.

2) $\sin^2 x = \dfrac{1-\cos 2x}{2}$, donc $I_2 = \dfrac{1}{2}\displaystyle\int_0^{\frac{\pi}{3}} (1-\cos 2x)\,dx = \dfrac{1}{2}\Big[x - \dfrac{1}{2}\sin 2x\Big]_0^{\frac{\pi}{3}} = \dfrac{\pi}{6} - \dfrac{\sqrt{3}}{8}$.

On aurait pu aussi remarquer que $I_1 + I_2 = \displaystyle\int_0^{\frac{\pi}{3}} (\cos^2 x + \sin^2 x)\,dx = \dfrac{\pi}{3}$.

3) Linéarisons $\sin^4 x$ en utilisant la formule d'Euler :

$$\sin^4 x = \left(\frac{e^{ix}-e^{-ix}}{2i}\right)^4 = \frac{1}{16}\left[e^{4ix} - 4e^{3ix}e^{-ix} + 6e^{2ix}e^{-2ix} - 4e^{ix}e^{-3ix} + e^{-4ix}\right]$$

$$= \frac{e^{4ix}+e^{-4ix}}{16} - \frac{e^{2ix}+e^{-2ix}}{4} + \frac{3}{8} = \frac{1}{8}\cos 4x - \frac{1}{2}\cos 2x + \frac{3}{8}$$

On peut alors calculer l'intégrale :

$$I_3 = \left[\frac{1}{32}\sin 4x - \frac{1}{4}\sin 2x + \frac{3}{8}x\right]_0^{\frac{\pi}{4}} = -\frac{1}{4} + \frac{3\pi}{32}$$

4) On utilise la relation : $\cos px \,.\, \cos qx = \dfrac{1}{2}\,[\cos(p+q)x + \cos(p-q)x]$.

Plusieurs cas se présentent alors :

- Si $p = q = 0$, $I_4 = \displaystyle\int_{-\pi}^{+\pi} dx = 2\pi$.
- Si $p = q$, p et q non nuls, $I_4 = \dfrac{1}{2}\displaystyle\int_{-\pi}^{+\pi} (\cos 2px + 1)\,dx = \dfrac{1}{2}\Big[\dfrac{1}{2p}\sin 2px + x\Big]_{-\pi}^{+\pi} = \pi$.
- Si p et q distincts : $I_4 = \dfrac{1}{2}\Big[\dfrac{1}{p+q}\sin(p+q)x + \dfrac{1}{p-q}\sin(p-q)x\Big]_{-\pi}^{+\pi} = 0$.

5) $E^2 = \dfrac{U^2}{T}\displaystyle\int_0^T \sin^2\omega t \,.\, dt = \dfrac{U^2}{2T}\Big[t - \dfrac{1}{2\omega}\sin 2\omega t\Big]_0^T = \dfrac{U^2}{2T}\,[T - \dfrac{1}{2\omega}\sin 2\omega T] = \dfrac{U^2}{2}$.

Donc $E = \dfrac{U\sqrt{2}}{2}$.

5 Changements de variables

1) $\displaystyle\int_{-1}^{+1} \sqrt{1-t^2}\,dt$. Interpréter géométriquement le résultat.

2) $I = \displaystyle\int_0^{\frac{\pi}{2}} \frac{\sqrt{\sin x}}{\sqrt{\sin x} + \sqrt{\cos x}}\,dx$ (introduire l'intégrale $J = \displaystyle\int_0^{\frac{\pi}{2}} \frac{\sqrt{\cos x}}{\sqrt{\sin x} + \sqrt{\cos x}}\,dx$).

3) $I = \displaystyle\int_0^1 e^{\sqrt{t}}\,dt$.

4) Mettre le trinôme $-x^2 + 4x + 5$ sous forme canonique.

Utiliser la forme canonique pour calculer la primitive : $\displaystyle\int \frac{dx}{\sqrt{-x^2+4x+5}}$.

5) $\displaystyle\int_0^1 \frac{dx}{(x^2+1)^3}$. Utiliser le changement de variable $x = \tan t$ et la relation : $1 + \tan^2 t = \dfrac{1}{\cos^2 t}$.

■ **SOLUTION**

1) On effectue le changement de variable bijectif $t = \sin x$ où $x \in [-\pi/2 ; \pi/2]$.
$dt = \cos x \,.\, dx$ et $1 - t^2 = \cos^2 x$, donc $\sqrt{1 - t^2} = |\cos x|$, et comme $x \to \cos x$ est une fonction positive sur l'intervalle $[-\pi/2 ; \pi/2]$, $\sqrt{1 - t^2} = \cos x$.
$\sin(-\pi/2) = -1$, $\sin(\pi/2) = 1$ d'où les nouvelles bornes d'intégration.

$$I = \int_{-\pi/2}^{+\pi/2} \cos^2 x \, dx = \frac{1}{2} \int_{-\pi/2}^{+\pi/2} (1 + \cos 2x) \, dx = \frac{1}{2}\left[x + \frac{1}{2}\sin 2x\right]_{-\pi/2}^{+\pi/2} = \frac{\pi}{2}$$

Cette intégrale mesure l'aire du demi-disque limité par (Ox) et le 1/2 cercle représentant la fonction $t \to \sqrt{1 - t^2}$.

2) La quantité $\sqrt{\sin x} + \sqrt{\cos x}$ est strictement positive puisque $x \to \cos x$ et $x \to \sin x$ ne s'annulent pas simultanément. La fonction $x \to \dfrac{\sqrt{\sin x}}{\sqrt{\sin x} + \sqrt{\cos x}}$, définie et continue sur $[0 ; \pi/2]$ est intégrable sur cet intervalle.
Les relations trigonométriques : $\sin(\pi/2 - x) = \cos x$ et $\cos(\pi/2 - x) = \sin x$ nous amènent à procéder au changement de variable $y = \pi/2 - x$. On obtient immédiatement I = J, et comme I + J = $\pi/2$, I = J = $\pi/4$.

3) On effectue le changement de variable $u = \sqrt{t}$, alors $du = \dfrac{dt}{2\sqrt{t}}$ et $dt = 2u\,du$.

Donc $\displaystyle\int_0^1 e^{\sqrt{t}} \, dt = \int_0^1 2u e^u \, du$. Il reste à intégrer par parties et l'on obtient :

$$\int_0^1 2u e^u \, du = 2\left[u e^u - e^u\right]_0^1 = 2$$

4) $-x^2 + 4x + 5 = -(x-2)^2 + 9 = 9\left[1 - \left(\frac{x-2}{3}\right)^2\right]$. Le trinôme $-x^2 + 4x + 5$ est strictement positif pour $x \in]-1 ; 5[$ donc la fonction $x \to \dfrac{1}{\sqrt{-x^2 + 4x + 5}}$ est continue et admet sur cet intervalle des primitives.
La forme canonique nous amène à poser $t = \dfrac{x-2}{3}$ avec $t \in [-1, 1]$ et $3\,dt = dx$.

Alors $\displaystyle\int \frac{dx}{\sqrt{-x^2 + 4x + 5}} = \int \frac{dt}{\sqrt{1 - t^2}} = \text{Arcsin}\, t + k = \text{Arcsin}\,\frac{x-2}{3} + k,\ k \in \mathbb{R}$.

5) Le changement de variable $x = \tan t$ nous amène à $\dfrac{1}{(x^2+1)^3} = \dfrac{1}{(\tan^2 t + 1)^3} = \cos^6 t$ et $dx = (1 + \tan^2 t)\,dt$. La fonction $t \to \tan t$ est bijective sur $[0 ; \pi/4]$, $\tan 0 = 0$ et $\tan \pi/4 = 1$ d'où les nouvelles bornes d'intégration 0 et $\pi/4$.

Donc : $\displaystyle\int_0^1 \frac{dx}{(x^2+1)^3} = \int_0^{\pi/4} \cos^6 t \,.\, \frac{1}{\cos^2 t} \, dt = \int_0^{\pi/4} \cos^4 t \,.\, dt$.

Il reste alors à linéariser $\cos^4 t$ par la formule d'Euler :

$$\cos^4 t = \frac{1}{16}\left[e^{4ix} + 4e^{3ix}e^{-ix} + 6e^{2ix}e^{-2ix} + 4e^{ix}e^{-3ix} + e^{-4ix}\right]$$

$$= \frac{e^{4ix} + e^{-4ix}}{16} + \frac{e^{2ix} + e^{-2ix}}{4} + \frac{3}{8} = \frac{1}{8}\cos 4x + \frac{1}{2}\cos 2x + \frac{3}{8}$$

$$\int_0^1 \frac{dx}{(x^2+1)^3} = \int_0^{\pi/4} \cos^4 t \,.\, dt = \left[\frac{1}{32}\sin 4x + \frac{1}{4}\sin 2x + \frac{3}{8}x\right]_0^{\pi/4} = \frac{1}{4} + \frac{3\pi}{32}$$

6 Changements de variables trigonométriques

1) Déterminer des primitives des fonctions $x \to \dfrac{1}{\sin x}$ et $x \to \dfrac{1}{\cos x}$ sur des intervalles à préciser à l'aide du changement de variable $t = \tan x/2$.

2) Calculer $\displaystyle\int_0^{\pi} \frac{\sin t}{3 + \cos 2t}\,\mathrm{d}t$.

■ SOLUTION

1) La fonction $x \to \dfrac{1}{\sin x}$ est définie et continue sur tout intervalle $]k\pi\,;(k+1)\pi[,\ k \in \mathbb{Z}$ et donc admet sur chacun de ces intervalles des primitives.

Posons $t = \tan\dfrac{x}{2}$, alors $\mathrm{d}x = \dfrac{2\mathrm{d}t}{1+t^2}$ et $\sin x = \dfrac{2t}{1+t^2}$.

Donc :

$$\int \frac{\mathrm{d}x}{\sin x} = \int \frac{1+t^2}{2t}\cdot\frac{2\mathrm{d}t}{1+t^2} = \int \frac{\mathrm{d}t}{t} = \ln|t| = \ln\left|tan\,\frac{x}{2}\right| + k$$

Pour la primitive de $\dfrac{1}{\cos x}$, on écrit d'abord $\cos x = \sin(x + \pi/2)$ puis on effectue le changement $u = x + \pi/2$. On est alors ramené au calcul précédent, c'est-à-dire :

$$\int \frac{\mathrm{d}x}{\cos x} = \ln\left|\tan\frac{u}{2}\right| + k = \ln\left|\tan\left(\frac{x}{2} + \frac{\pi}{4}\right)\right| + k$$

2) On remarque que $\dfrac{\sin(-t)}{3+\cos(-2t)}\,\mathrm{d}(-t) = \dfrac{\sin t}{3+\cos 2t}\,\mathrm{d}t$, ce qui nous amène à poser $x = \cos t$, $\mathrm{d}x = -\sin t\,\mathrm{d}t$ et $3 + \cos 2t = 3 + 2x^2 - 1 = 2x^2 + 2$.

$$\int_0^{\pi} \frac{\sin t}{3+\cos 2t}\,\mathrm{d}t = -\int_1^{-1} \frac{\mathrm{d}x}{2x^2+2} = \frac{1}{2}\int_{-1}^{1} \frac{\mathrm{d}x}{1+x^2} = \frac{1}{2}\,[\mathrm{Arctan}\,x]_{-1}^{1} = \frac{\pi}{4}$$

7 Intégration des fractions rationnelles

1) $\displaystyle\int_1^2 \frac{1}{x(x+1)}\,\mathrm{d}x$. **2)** $\displaystyle\int_1^2 \frac{1}{x^2(x+1)^2}\,\mathrm{d}x$.

3) Calculer les intégrales $\mathrm{I}_1 = \displaystyle\int_0^1 \frac{\mathrm{d}x}{x+1}$, $\mathrm{I}_2 = \displaystyle\int_0^1 \frac{2x-1}{x^2-x+1}\,\mathrm{d}x$ et $\mathrm{I}_3 = \displaystyle\int_0^1 \frac{\mathrm{d}x}{x^2-x+1}$.

En déduire la valeur de l'intégrale $\mathrm{I} = \displaystyle\int_0^1 \frac{1}{x^3+1}\,\mathrm{d}x$.

■ SOLUTION

1) La décomposition de $\dfrac{1}{x(x+1)}$ donne immédiatement $\dfrac{1}{x} - \dfrac{1}{x+1}$. On en déduit que :

$$\int_1^2 \frac{1}{x(x+1)}\,\mathrm{d}x = \Big[\ln x - \ln(x+1)\Big]_1^2 = \ln 2 - \ln 3 - \ln 1 + \ln 2 = \ln\frac{4}{3}$$

2) La décomposition est de la forme : $\dfrac{1}{x^2(x+1)^2} = \dfrac{A}{x} + \dfrac{B}{x^2} + \dfrac{C}{x+1} + \dfrac{D}{(x+1)^2}$ (1)

En multipliant (1) par x^2, puis en posant $x = 0$, on obtient B = 1.
En multipliant (1) par $(x + 1)^2$, puis en posant $x = -1$, on obtient D = 1.
En multipliant (1) par x, puis en faisant tendre x vers $+\infty$, on obtient A + C = 0.
Enfin, $x = 1$ donne A + C / 2 + 1 = 0.
Ce qui donne A = – 2 et C = 2.
La décomposition est donc :

$$\frac{1}{x^2(x+1)^2} = -\frac{2}{x} + \frac{1}{x^2} + \frac{2}{x+1} + \frac{1}{(x+1)^2}$$

L'intégrale : $\mathrm{I} = \left[-2\ln x - \frac{1}{x} + 2\ln(x+1) - \frac{1}{x+1}\right]_1^2 = \frac{2}{3} + \ln\frac{9}{16}$

3) $\mathrm{I}_1 = \int_0^1 \frac{\mathrm{d}x}{x+1} = \left[\ln(x+1)\right]_0^1 = \ln 2$

$\mathrm{I}_2 = \int_0^1 \frac{2x-1}{x^2-x+1}\,\mathrm{d}x = \left[\ln(x^2-x+1)\right]_0^1 = 0$

Pour calculer I_3, il faut écrire $x^2 - x + 1 = \left(x - \frac{1}{2}\right)^2 + \frac{3}{4}$ (forme canonique).
On effectue ensuite le changement de variable $y = x - 1/2$. Alors :

$$\mathrm{I}_3 = \int_0^1 \frac{\mathrm{d}x}{x^2-x+1} = \int_{-1/2}^{1/2} \frac{\mathrm{d}y}{y^2+3/4} = \frac{2}{\sqrt{3}}\left[\operatorname{Arctan}\frac{2y}{\sqrt{3}}\right]_{-1/2}^{1/2}$$

$$\mathrm{I}_3 = \frac{2}{\sqrt{3}}\left[\operatorname{Arctan}\frac{1}{\sqrt{3}} - \operatorname{Arctan}\left(-\frac{1}{\sqrt{3}}\right)\right] = \frac{2\pi}{3\sqrt{3}}$$

Pour calculer I, on décompose : $\frac{1}{x^3+1} = \frac{\mathrm{A}}{x+1} + \frac{\mathrm{B}x+\mathrm{C}}{x^2-x+1}$ (2)

La multiplication de (2) par $(x + 1)$, puis $x = -1$ donne $\mathrm{A} = \frac{1}{3}$.

Pour $x = 0$, on obtient A + C = 1, donc $\mathrm{C} = \frac{2}{3}$ et $x = 1$ donne enfin $\mathrm{B} = -\frac{1}{3}$.

D'où : $\frac{1}{x^3+1} = \frac{1}{3}\frac{1}{x+1} - \frac{1}{3}\frac{x-2}{x^2-x+1}$ (3)

Mais $\frac{x-2}{x^2-x+1} = \frac{1}{2}\frac{2x-4}{x^2-x+1} = \frac{1}{2}\frac{2x-1}{x^2-x+1} - \frac{3}{2}\frac{1}{x^2-x+1}$.
En remplaçant dans l'égalité (3), on obtient la décomposition :

$$\frac{1}{x^3+1} = \frac{1}{3}\frac{1}{x+1} - \frac{1}{6}\frac{2x-1}{x^2-x+1} + \frac{1}{2}\frac{1}{x^2-x+1}$$

Donc, en intégrant, on obtient :

$$\mathrm{I} = \frac{1}{3}\mathrm{I}_1 - \frac{1}{6}\mathrm{I}_2 + \frac{1}{2}\mathrm{I}_3 = \frac{1}{3}\ln 2 + \frac{\pi}{3\sqrt{3}}$$

8 Intégrations par parties

1) Calculer $\mathrm{I}(x) = \int_x^1 \ln t \,.\, \mathrm{d}t$ où $0 < x < 1$. Déterminer la limite de $\mathrm{I}(x)$ en 0.

2) Soit $\alpha \in \mathbb{R}$ et les intégrales $\mathrm{I}_\alpha = \int_a^b x^\alpha \ln x \,.\, \mathrm{d}x$, a et b strictement positifs.

Calculer I_α (distinguer les cas $\alpha = -1$ et $\alpha \neq -1$.)

3) Calculer $I_a = \int_a^0 xe^x . dx$, $a < 0$. Déterminer sa limite quand a tend vers $-\infty$.

4) Calculer $I = \int_0^{\pi} e^{-x} \cos^2 x . dx$.

5) Calculer $I = \int_0^1 \ln(x + \sqrt{x^2 + 1}) . dx$.

6) Soit $n \in \mathbb{N}^*$ et la suite des intégrales $I_n = \int_0^1 \frac{1}{(x^2+1)^n} dx$. Calculer I_1 et déterminer une relation de récurrence entre I_{n+1} et I_n. Calculer I_2 et I_3.

SOLUTION

1) Posons $u = \ln t$ et $dv = dt$; alors $du = \frac{dt}{t}$ et $v = t$.

$$I(x) = \left[t . \ln t\right]_x^1 - \int_x^1 dt = \left[t . \ln t - t\right]_x^1 = -1 - x . \ln x + x$$

De plus, $\lim_{x \to 0} x . \ln x = 0$. Donc $\lim_{x \to 0} I(x) = -1$.

2) Si $\alpha \neq -1$, posons $u = \ln x$ et $dv = x^{\alpha} dx$; alors $du = \frac{1}{x} dx$ et $v = \frac{1}{\alpha+1} x^{\alpha+1}$

Alors, $I_{\alpha} = \left[\frac{1}{\alpha+1} x^{\alpha+1} \ln x\right]_a^b - \frac{1}{\alpha+1} \int_a^b x^{\alpha} . dx = \left[\frac{1}{\alpha+1} x^{\alpha+1} \ln x - \frac{1}{(\alpha+1)^2} x^{\alpha+1}\right]_a^b$.

Si $\alpha = -1$, $I_{-1} = \int_a^b \frac{\ln x}{x} dx = \left[\frac{1}{2} (\ln x)^2\right]_a^b$.

3) Posons $u = x$ et $dv = e^x dx$, alors $du = dx$ et $v = e^x$.

$$I_a = [x . e^x]_a^0 - \int_a^0 e^x \, dx = [x . e^x - e^x]_a^0 = e^a - a . e^a - 1$$

$\lim_{a \to -\infty} e^a = 0$. De plus, $\lim_{a \to -\infty} a . e^a = 0$. Donc $\lim_{a \to -\infty} I_a = -1$.

4) On commence par la linéarisation : $\cos^2 x = 1/2(1 + \cos 2x)$.

Donc, $\int_0^{\pi} e^{-x} \cos^2 x . dx = \frac{1}{2} \int_0^{\pi} e^{-x} + \frac{1}{2} \int_0^{\pi} e^{-x} \cos 2x . dx$.

On intègre par parties la seconde intégrale en posant $u = \cos 2x$ et $dv = e^{-x} dx$; donc $du = -2 \sin 2x . dx$, $v = -e^{-x}$.

On obtient alors :

$$I = \int_0^{\pi} e^{-x} \cos 2x . dx = \left[-e^{-x} \cos 2x\right]_0^{\pi} - 2 \int_0^{\pi} e^{-x} \sin 2x . dx$$

Une seconde intégration par parties nous donne :

$J = \int_0^{\pi} e^{-x} \sin 2x . dx = \left[-e^{-x} \sin 2x\right]_0^{\pi} + 2I = 2I$. En reportant dans l'égalité précédente :

$I = \left[-e^{-x} \cos 2x\right]_0^{\pi} - 4I$, et $\left[-e^{-x} \cos 2x\right]_0^{\pi} = 1 - e^{-\pi}$. Donc $I = 1/5(1 - e^{-\pi})$

Finalement :

$$\int_0^{\pi} e^{-x} \cos^2 x . dx = \frac{1}{2} \left[-e^{-x}\right]_0^{\pi} + \frac{1}{10} (1 - e^{-\pi}) = \frac{3}{5} (1 - e^{-\pi})$$

5) Posons $u = \ln(x + \sqrt{x^2+1})$ et $dv = dx$; alors $du = \dfrac{1}{\sqrt{x^2+1}}\, dx$ et $v = x$.

$$I = \Big[x \,.\, \ln\big(x + \sqrt{x^2+1}\big)\Big]_0^1 - \int_0^1 \frac{x}{\sqrt{x^2+1}} \,.\, dx = \Big[x \,.\, \ln\big(x + \sqrt{x^2+1}\big) - \sqrt{x^2+1}\Big]_0^1$$

$$= \ln(1 + \sqrt{2}) - \sqrt{2} + 1$$

6) $I_1 = \text{Arctan}1 - \text{Arctan}0 = \pi/4$.

Pour $n > 1$, on intègre I_n par parties en posant : $u = \dfrac{1}{(x^2+1)^n}$ et $dv = dx$; alors :

$$du = -2n \frac{x}{(x^2+1)^{n+1}}\, dx \text{ et } v = x$$

$I_n = \left[\dfrac{x}{(x^2+1)^n}\right]_0^1 + 2n \displaystyle\int_0^1 \frac{x^2}{(x^2+1)^{n+1}}\, dx$. En écrivant $x^2 = (x^2+1) - 1$, on obtient :

$$I_n = \frac{1}{2^n} + 2n \int_0^1 \frac{1}{(x^2+1)^n}\, dx - 2n \int_0^1 \frac{1}{(x^2+1)^{n+1}}\, dx$$

D'où la relation de récurrence : $(1 - 2n)\, I_n + 2n\, I_{n+1} = \dfrac{1}{2^n}$

En posant $n = 1$, on obtient : $I_2 = \dfrac{1}{4} + \dfrac{1}{2} I_1 = \dfrac{1}{4} + \dfrac{\pi}{8}$

Puis : $I_3 = \dfrac{1}{16} + \dfrac{3}{4} I_2 = \dfrac{1}{4} + \dfrac{3\pi}{32}$.

9 Sommes de Darboux

1) Établir la convergence de la suite $u_n = \displaystyle\sum_{k=1}^{n} \frac{1}{n+k}$.

2) Montrer que sa limite L est comprise entre 1/2 et 1.

3) Calculer cette limite en utilisant la définition de l'intégrale.

■ SOLUTION

1) $u_{n+1} - u_n = \displaystyle\sum_{k=1}^{n+1} \frac{1}{n+1+k} - \sum_{k=1}^{n} \frac{1}{n+k}$.

$$= \left[\left(\frac{1}{n+2} + \dots + \frac{1}{2n}\right) + \frac{1}{2n+1} + \frac{1}{2n+2}\right] - \frac{1}{n+1} - \left(\frac{1}{n+2} + \dots + \frac{1}{2n}\right)$$

$$= \frac{1}{2n+1} + \frac{1}{2n+2} - \frac{1}{n+1} = \frac{1}{(2n+1)(2n+2)} > 0, \text{ ceci pour tout } n \in \mathbb{N}$$

Donc (u_n) est croissante.

De plus, pour tout k, $1 \leq k \leq n$, $\dfrac{1}{n+k} < \dfrac{1}{n}$. Donc $u_n \leq 1$ et la suite (u_n) est majorée par 1.

La suite étant croissante et majorée, elle est convergente.

2) Pour tout k, $1 \leq k \leq n$, on a l'inégalité : $\dfrac{1}{n+n} \leq \dfrac{1}{n+k} \leq \dfrac{1}{n+1}$, donc par sommation :

$\displaystyle\sum_{k=1}^{n} \frac{1}{n+n} \leq \sum_{k=1}^{n} \frac{1}{n+k} \leq \sum_{k=1}^{n} \frac{1}{n+1}$, c'est-à-dire $\dfrac{1}{2} = \dfrac{n}{n+n} \leq u_n \leq \dfrac{n}{n+1}$.

Au passage à la limite, on obtient $\dfrac{1}{2} \leq L \leq 1$.

3) $u_n = \sum_{k=1}^{n} \frac{1}{n+k} = \frac{1}{n} \sum_{k=1}^{n} \frac{1}{1+\frac{k}{n}}$.

Considérons alors la fonction $f : x \to \frac{1}{1+x}$ définie sur [0 ; 1].

On reconnaît alors en u_n la définition de l'intégrale de Riemann de la fonction f sur [0 ; 1], c'est-à-dire que : $L = \lim_{n\to+\infty} u_n = \int_0^1 f(x)\,dx = \left[\ln(x+1)\right]_0^1 = \ln 2$.

10 Suite d'intégrales et suite numérique convergente vers e

Soit la suite d'intégrales $I_n = \frac{1}{n!}\int_0^1 x^n e^{1-x}\,dx$, $n \in \mathbb{N}$.

1) Déterminer une relation de récurrence entre I_n et I_{n-1}, pour tout $n \geq 1$.

2) En déduire la relation $I_n = e - u_n$, où $u_n = \sum_{k=0}^{n} \frac{1}{k!}$.

3) Déterminer la limite de la suite (I_n) et en déduire la limite de (u_n).

■ SOLUTION

1) On intègre par parties $I_n = \frac{1}{n!}\int_0^1 x^n e^{1-x}\,dx$ en posant :

$u = x^n$ et $dv = e^{1-x}\,dx$; alors, $du = nx^{n-1}dx$ et $v = -e^{1-x}$.

Donc : $I_n = \frac{1}{n!}\left[-x^n e^{1-x}\right]_0^1 + \frac{n}{n!}\int_0^1 x^{n-1} e^{1-x}\,dx = I_{n-1} - \frac{1}{n!}$

2) Effectuons la somme de toutes les égalités précédentes pour k allant de 1 à n :

$$\sum_{k=1}^{n} I_k = \sum_{k=1}^{n} I_{k-1} - \sum_{k=1}^{n} \frac{1}{k!}$$

Par simplification des termes $I_1, I_2, \ldots I_{n-1}$ présents dans les deux membres, on obtient :

$$I_n = I_0 - \sum_{k=1}^{n} \frac{1}{k!} \quad \text{et} \quad I_0 = \int_0^1 e^{1-x}\,dx = \left[-e^{1-x}\right]_0^1 = e - 1 .$$

Le nombre 1 est introduit dans la somme et $I_n = e - \sum_{k=0}^{n} \frac{1}{k!}$

3) Pour tout $x \in [0 ; 1]$, $1 \leq e^{1-x} \leq e$, donc $x^n \leq x^n e^{1-x} \leq e \cdot x^n$.

En intégrant : $\frac{1}{n+1} \leq n! \cdot I_n \leq \frac{e}{n+1}$, c'est-à-dire $\frac{1}{(n+1)!} \leq I_n \leq \frac{e}{(n+1)!}$

Donc la suite (I_n) a pour limite 0, et finalement : $\lim_{n\to+\infty} \sum_{k=0}^{n} \frac{1}{k!} = e$.

11 Suite d'intégrales et calcul d'une série

On considère la suite des intégrales $I_n = \int_0^1 \frac{x^n}{1+x}\,dx$, pour n entier naturel.

1) Calculer I_0.

2) Montrer que la suite (I_n) converge vers 0.

3) Calculer $I_{n+1} + I_n$.

4) Exprimer à l'aide de I_0 et I_n la somme $S_n = \sum_{k=1}^{n} \frac{(-1)^{k+1}}{k}$ et déterminer sa limite.

■ **SOLUTION**

1) $I_0 = \int_0^1 \frac{dx}{1+x} = \left[\ln(1+x)\right]_0^1 = \ln 2$.

2) La fonction $f : x \to \frac{1}{1+x}$ est décroissante sur [0 ; 1] et $\frac{1}{2} \leq \frac{1}{1+x} \leq 1$ pour tout x.

En multipliant ces inégalités par x^n, on obtient : $\frac{x^n}{2} \leq \frac{x^n}{1+x} \leq x^n$, $n \in \mathbb{N}$.

L'intégration entre 0 et 1 des trois membres nous donne :

$$\frac{1}{2}\int_0^1 x^n\,dx \leq I_n \leq \int_0^1 x^n\,dx \text{, c'est-à-dire } \frac{1}{2(n+1)} \leq I_n \leq \frac{1}{n+1}.$$

Il reste à prendre la limite quand n tend vers $+\infty$ et utiliser un théorème d'encadrement pour conclure que (I_n) converge vers 0.

3) $I_{n+1} + I_n = \int_0^1 \frac{x^{n+1}}{1+x}\,dx + \int_0^1 \frac{x^n}{1+x}\,dx = \int_0^1 \frac{x^{n+1}+x^n}{1+x}\,dx = \int_0^1 x^n\,dx = \frac{1}{n+1}$

4) $S_n = \sum_{k=1}^{n} \frac{(-1)^{k+1}}{k} = 1 - \frac{1}{2} + \frac{1}{3} - \ldots + \frac{(-1)^{n+1}}{n}$

$= (I_0 + I_1) - (I_1 + I_2) + (I_2 + I_3) - \ldots + (-1)^{n+1}(I_{n-1} + I_n)$

Par simplification des termes deux à deux, on obtient : $S_n = I_0 + (-1)^{n+1} I_n$.

Et comme I_n tend vers 0 quand n tend vers $+\infty$, $\lim_{n\to+\infty} S_n = \ln 2$.

12 Lemme de Riemann-Lebesgue

Soit f une fonction dérivable à dérivée continue sur $[a ; b]$ et $n \in \mathbb{N}$.

En utilisant une intégration par parties, montrer que $\lim_{n\to+\infty} \int_a^b f(x)\sin nx \,.\, dx = 0$

■ **SOLUTION**

Posons : $u = f(x)$ et $dv = \sin nx \,.\, dx$. Alors, $du = f'(x)\,dx$ et $v = -\frac{1}{n}\cos nx$.

$$\int_a^b f(x)\sin nx \,.\, dx = -\frac{1}{n}\left[f(x)\cos nx\right]_a^b + \frac{1}{n}\int_a^b f'(x)\cos nx \,.\, dx$$

Or f est continue, donc bornée sur $[a ; b]$, c'est-à-dire que $|f(x)| \leq M$ pour tout x de $[a, b]$.

Alors : $\left|\frac{1}{n}\left[f(x)\cos nx\right]_a^b\right| \leq \frac{M}{n}|\cos nb - \cos na| \leq \frac{M}{n}(|\cos nb| + |\cos na|) \leq \frac{2M}{n}$

De plus, f' est continue donc bornée sur $[a ; b]$, c'est-à-dire $|f'(x)| \leq N$.

Alors : $\left|\int_a^b f'(x)\sin nx \,.\, dx\right| \leq \int_a^b |f'(x)|\,.\,|\sin nx| \,.\, dx \leq N(b-a)$

On obtient la majoration :

$$\left|\int_a^b f(x)\sin nx \,.\, dx\right| \leq \frac{2M + N(b-a)}{n} \quad \text{et} \quad \lim_{n\to+\infty} \frac{2M + N(b-a)}{n} = 0$$

Ce qui démontre le résultat.

On peut aussi démontrer que $\lim_{n\to+\infty} \int_a^b f(x)\cos nx \,.\, dx = 0$.

Le lemme de Riemann-Lebesgue s'applique à des fonctions uniquement continues par morceaux sur $[a ; b]$, c'est-à-dire que l'hypothèse de dérivabilité et de continuité de la dérivée de la fonction f est trop forte (mais rend plus aisée la démonstration).

13 Formule de Taylor avec reste intégral

Montrer que si f est $(n + 1)$ fois dérivable à dérivées continues sur l'intervalle $[a ; b]$, alors :

$$f(b) = \sum_{k=0}^{n} \frac{(b-a)^k}{k!} f^{(k)}(a) + \int_a^b \frac{(b-t)^n}{n!} f^{(n+1)}(t)\,dt$$

où $f^{(k)}$ représente la dérivée $k^{\text{ième}}$ de f, $f^{(0)} = f$.

■ SOLUTION

On démontre ce résultat par récurrence sur n :

• La formule est vérifiée au rang 0 puisque $\int_a^b f'(t)\,dt = f(b) - f(a)$.

• Supposons la formule vérifiée au rang n.

Soit f une fonction $(n + 2)$ fois dérivable à dérivée continue sur $[a ; b]$.

Calculons l'intégrale $I = \int_a^b \frac{(b-t)^{n+1}}{(n+1)!} f^{(n+2)}(t)\,dt$ par parties en posant :

$$u = \frac{(b-t)^{n+1}}{(n+1)!} \text{ et } dv = f^{(n+2)}(t)\,dt. \text{ Alors, } du = -\frac{(b-t)^n}{n!}\,dt \text{ et } v = f^{(n+1)}(t)$$

$$I = \left[\frac{(b-t)^{n+1}}{(n+1)!} f^{(n+1)}(t)\right]_a^b + \int_a^b \frac{(b-t)^n}{n!} f^{(n+1)}(t)\,dt$$

$$= -\frac{(b-a)^{n+1}}{(n+1)!} f^{(n+1)}(a) + \int_a^b \frac{(b-t)^n}{n!} f^{(n+1)}(t)\,dt$$

Donc $\sum_{k=0}^{n+1} \frac{(b-a)^k}{k!} f^{(k)}(a) + I = \sum_{k=0}^{n} \frac{(b-a)^k}{k!} f^{(k)}(a) + \int_a^b \frac{(b-t)^n}{n!} f^{(n+1)}(t)\,dt = f(b)$

Ce qui démontre la propriété au rang $n + 1$.

14 Intégrales de Wallis

On considère la suite des intégrales $I_n = \int_0^{\pi/2} \sin^n x \,.\, dx$, où $n \in \mathbb{N}$.

1) Calculer I_0, I_1 et I_2.

2) Montrer que la suite (I_n) est décroissante et que, pour tout $n \in \mathbb{N}$, $0 \leq I_n \leq \pi / 2$.

3) Montrer la relation de récurrence : $n\, I_n = (n-1)\, I_{n-2}$, pour tout $n \geq 2$.

En déduire que $\lim_{n \to +\infty} \frac{I_{n-2}}{I_n} = 1$, puis que $\lim_{n \to +\infty} \frac{I_{n-1}}{I_n} = 1$ (utiliser la décroissance de (I_n)).

4) Montrer les relations : $I_{2p} = \frac{(2p)!}{2^{2p}(p!)^2} \frac{\pi}{2}$ et $I_{2p+1} = \frac{2^{2p}(p!)^2}{(2p+1)!}$ et en déduire $I_{2p} \,.\, I_{2p+1}$.

5) Montrer que $I_n^2 = \frac{\pi}{2n} \frac{I_n}{I_{n-1}}$ et en déduire que (I_n) converge vers 0.

■ SOLUTION

1) $I_0 = \pi/2$, $I_1 = 1$ et $I_2 = \pi/4$ (pour I_2, linéariser $\sin^2 x$).

2) On calcule la différence : $I_{n+1} - I_n = \int_0^{\pi/2} \sin^n x(\sin x - 1) \, . \, dx$

Or, pour tout $x \in \mathbb{R}$, $1 - \sin x \leq 0$ et, pour tout $x \in [0 \,;\, \frac{\pi}{2}]$, $\sin x \geq 0$. $I_{n+1} - I_n$ est l'intégrale d'une fonction négative entre 0 et $\pi/2$, donc $I_{n+1} - I_n \leq 0$, ce qui signifie que la suite est décroissante.

Pour tout $x \in [0 \,;\, \pi/2]$, $0 \leq \sin^n x \leq 1$, donc, $0 \leq I_n \leq \pi/2$

3) On écrit que $I_n = \int_0^{\pi/2} \sin^{n-1} x \sin x \, . \, dx$ et on intègre par parties en posant :

$u = \sin^{n-1} x$ et $dv = \sin x \, . \, dx$; alors, $du = (n-1) \cos x \, . \, \sin^{n-2} x dx$ et $v = -\cos x$

$I_n = \left[-\cos x \, . \, \sin^{n-1} x \right]_0^{\pi/2} + (n-1) \int_0^{\pi/2} \cos^2 x \, . \, \sin^{n-2} x \, . \, dx$ et comme $\cos^2 x = 1 - \sin^2 x$,

$$I_n = (n-1) \int_0^{\pi/2} [\sin^{n-2} x - \sin^n x] \, dx = (n-1) \, I_{n-2} - (n-1) \, I_n$$

Donc, $n \, . \, I_n = (n-1) \, . \, I_{n-2}$

À partir de cette relation, on obtient $\frac{I_n}{I_{n-2}} = \frac{n-1}{n}$ et donc $\lim\limits_{n \to +\infty} \frac{I_n}{I_{n-2}} = 1$.

La suite (I_n) étant décroissante, $I_n \leq I_{n-1} \leq I_{n-2}$ et en divisant par I_n, on obtient :

$1 \leq \frac{I_{n-1}}{I_n} \leq \frac{I_{n-2}}{I_n}$ et donc $\lim\limits_{n \to +\infty} \frac{I_{n-1}}{I_n} = 1$ par utilisation de l'encadrement.

4) Si n est pair, c'est-à-dire si $n = 2p$, la relation de récurrence de la question précédente nous donne : $2 \, . \, I_2 = I_0$; $4 \, . \, I_4 = 3 \, . \, I_2$; ... ; $2p \, . \, I_{2p} = (2p-1) \, I_{2p-2}$ et par multiplication de ces égalités, on obtient : $(2 \times 4 \times ... \times 2p) \, I_{2p} = [1 \times 3 \times ... \times (2p-1)] \, I_0$.

Donc : $I_{2p} = \frac{1 \times 3 \times ... \times (2p-1)}{2 \times 4 \times ... \times (2p)} \frac{\pi}{2}$. Il suffit alors de multiplier le numérateur et le dénominateur de cette fraction par $2 \times 4 \times ... \times 2p$ pour obtenir le résultat demandé.

On opère de même manière si n est impair.

$$I_{2p} \, I_{2p+1} = \frac{(2p)!}{2^{2p}(p!)^2} \frac{2^{2p}(p!)^2}{(2p+1)!} \frac{\pi}{2} = \frac{1}{2p+1} \frac{\pi}{2}$$

5) La relation précédente s'écrit aussi, pour tout $n \geq 1$: $I_{n-1} \, I_n = \frac{\pi}{2n}$, ou bien, en divisant par I_{n-1} et en multipliant par I_n : $I_n^2 = \frac{\pi}{2n} \frac{I_n}{I_{n-1}}$.

On passe à la limite : $\lim\limits_{n \to +\infty} I_n^2 = \lim\limits_{n \to +\infty} \frac{\pi}{2n} \times \lim\limits_{n \to +\infty} \frac{I_n}{I_{n-1}} = 0$

Ce qui prouve que la suite (I_n) converge vers 0.

15 Valeur approchée de l'intégrale de Gauss

On considère la fonction $f : x \to e^{-x^2}$ définie sur $\mathbb{R}$.

1) Appliquer la formule de Taylor à l'ordre 6, à la fonction f sur l'intervalle $[0 ; x]$ pour tout x tel que : $0 < x \leq 1$.

2) En déduire une valeur approchée au centième près de l'intégrale $\int_0^1 e^{-t^2}dt$.

3) Calculer une valeur approchée de l'intégrale de Gauss par la méthode des trapèzes (prendre un pas de 0,05).

■ SOLUTION

1) La formule de Taylor sur l'intervalle $[0 ; x]$, pour tout $x \in]0 ; 1]$ nous assure l'existence de $c \in]0 ; x[$ tel que :

$$e^{-x^2} = 1 - x^2 + \frac{x^4}{2} - \frac{x^6}{6} + \frac{x^8 e^{-c^2}}{24} = P_6(x) + \frac{e^{-c^2}x^8}{24}$$

2) Le nombre c dépend de x, et $0 < c < 1$, donc, $\frac{1}{e} < e^{-c^2} < 1$ et :

$$P_6(x) = \frac{x^8}{24e} < e^{-x^2} < P_6(x) + \frac{x^8}{24}$$

En intégrant, il vient : $$0{,}7445 \approx \frac{26}{35} + \frac{1}{216e} < \int_0^1 e^{-x^2}dx < \frac{26}{35} + \frac{1}{216} \approx 0{,}7474$$

D'où : $\int_0^1 e^{-x^2}dx = 0{,}74$ à 10^{-2} près.

3) L'intervalle [0, 1] est divisé en 20 intervalles de même longueur à savoir 0,05.

L'aire sous la courbe est approximativement égale à la somme des aires des trapèzes :

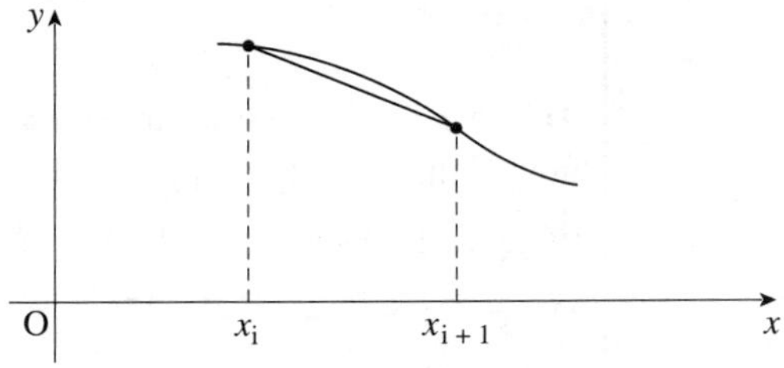

$$\int_0^1 f(x)dx \approx \frac{0{,}05}{2}[(f(x_0) + f(x_1)) + (f(x_1) + f(x_2)) + (f(x_2) + f(x_3)) + \dots (f(x_{n-1}) + f(x_n))]$$

$$= 0{,}025[\,f(0) + 2\,f(x_1) + 2\,f(x_2) + \dots 2\,f(x_{n-1}) + f(1)]$$

Pour $f(x) = e^{-x^2}$, on obtient :

$$\int_0^1 e^{-x^2}dx \approx 0{,}7467$$

9 INTÉGRALES GÉNÉRALISÉES

DÉFINITIONS ET CONVERGENCE

1. Intégration sur un intervalle non borné

Soit f une fonction continue sur $[a\ ;+\infty[$. Si la fonction $x \to \int_a^x f(t)\,dt$ admet une limite finie quand $x \to +\infty$, on dit que l'intégrale généralisée $\int_a^{+\infty} f(t)\,dt$ est convergente et on note $\int_a^{+\infty} f(t)\,dt = \lim\limits_{x\to+\infty} \int_a^x f(t)\,dt$. Dans le cas contraire, l'intégrale est divergente.

2. Intégrale d'une fonction non bornée

Soit f une fonction continue sur $[a\ ;b[$ avec $\lim\limits_{x\to b} f(x) = \infty$. Si la fonction $x \to \int_a^x f(t)\,dt$ admet une limite finie quand $x \to b$, $(x < b)$ on dit que l'intégrale généralisée $\int_a^b f(t)\,dt$ est convergente et on note $\int_a^b f(t)\,dt = \lim\limits_{x\to b} \int_a^x f(t)\,dt$.

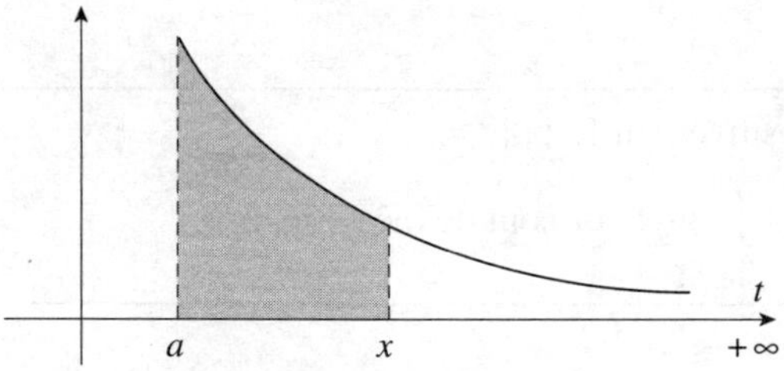

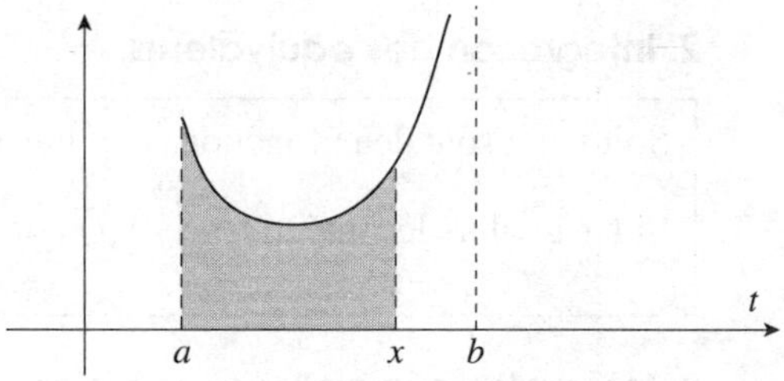

3. Absolue convergence

Soit f une fonction continue sur $]a\ ;b[$ $(b \in \mathbb{R}$ ou $b = +\infty)$.

$\int_a^b f(t)\,dt$ est **absolument convergente** si $\int_a^b |f(t)|\,dt$ est convergente.

> Si l'intégrale $\int_a^b f(t)\,dt$ est absolument convergente, $\int_a^b f(t)\,dt$ est convergente.
>
> De plus, on a l'inégalité $\left|\int_a^b f(t)\,dt\right| \leq \int_a^b |f(t)|\,dt$.

CRITÈRE DE RIEMANN

Un critère fondamental pour déterminer la nature de nombreuses intégrales généralisées.

1. Critère de Riemann en + ∞

$$\int_1^{+\infty} \frac{dt}{t^\alpha} \text{ converge si } \alpha > 1 \text{ et vaut } \frac{1}{\alpha - 1}, \text{ diverge si } \alpha \leqslant 1.$$

2. Critère de Riemann en 0

$$\int_0^1 \frac{dt}{t^\alpha} \text{ converge si } \alpha < 1, \text{ diverge si } \alpha \geqslant 1.$$

CRITÈRES DE CONVERGENCE

1. Comparaison des fonctions positives

Soit f et g deux fonctions continues positives sur $[a\ ;\ b[$ telles que, pour tout $x \in [a\ ;\ b[$, $0 \leqslant f(x) \leqslant g(x)$.

1) Si $\int_a^b g(t) . dt$ converge, alors $\int_a^b f(t) . dt$ converge.

2) Si $\int_a^b f(t) . dt$ diverge, alors $\int_a^b g(t) . dt$ diverge.

2. Intégration des équivalents

Soit f et g sont deux fonctions continues positives sur $[a\ ;\ b[$.

Si $f \underset{b}{\sim} g$, alors les intégrales $\int_a^b f(t) . dt$ et $\int_a^b g(t) . dt$ sont de même nature.

3. Intégrales généralisées et séries

Soit f une fonction continue, positive et décroissante sur $[a\ ;\ +\infty[$.

L'intégrale $\int_a^{+\infty} f(t) . dt$ converge $\Leftrightarrow$ la série $\Sigma f(n)$ converge.

4. Intégrale généralisées aux deux bornes

Soit f une fonction continue sur $]a\ ;\ b[$, avec éventuellement $a = -\infty$ et $b = +\infty$. Pour déterminer la nature de l'intégrale $\int_a^b f(t) . dt$, on choisit $c \in]a\ ;\ b[$ et on traite séparément les deux intégrales $\int_a^c f(t) . dt$ et $\int_a^c f(t) . dt$.

L'intégrale $\int_a^b f(t) . dt$ converge si les deux intégrales $\int_a^c f(t) . dt$ et $\int_c^b f(t) . dt$ convergent.

Dans ce cas la convergence est indépendante du point c choisi et on a la relation de Chasles :

Pour tout $c \in]a\ ;\ b[$, $\int_a^b f(t) . dt = \int_a^c f(t) . dt + \int_c^b f(t) . dt$

EXERCICES

1 Convergence d'intégrales généralisées

1) $\int_0^{+\infty} e^{-t}\,dt$ **2)** $\int_0^{+\infty} \sin t\,.\,dt$ **3)** $\int_0^{+\infty} \frac{dt}{\sqrt{t}}$ **4)** $\int_e^{+\infty} \frac{dt}{t\,.\ln t}$

5) $I_n = \int_1^{+\infty} \frac{dt}{1+t^n}$, $n \in \mathbb{N}$. Calculer I_2. **6)** $\int_0^{+\infty} \frac{t^2}{e^t - 1}\,dt$ **7)** $\int_0^{\pi/2} \frac{1}{\sqrt{\sin t}}\,dt$

8) $\int_0^{\pi} \frac{1}{(1-\cos t)^{\alpha}}\,dt$ **9)** $\int_0^{+\infty} \frac{1-\cos t}{t^2}\,dt$

■ **SOLUTION**

1) Pour tout $x \in [0\,;+\infty[$, $\int_0^x e^{-t}\,dt = [-e^{-t}]_0^x = 1 - e^{-x}$ et $\lim_{x\to+\infty} e^{-x} = 0$.

On en déduit la convergence de l'intégrale et :

$$\int_0^{+\infty} e^{-t}\,dt = 1.$$

2) $\int_0^x \sin t.dt = \left[-\cos t\right]_0^x = 1 - \cos x$ et la fonction $x \to \cos x$ n'admet pas de limite en $+\infty$.
On en déduit la divergence de l'intégrale.

3) On est ici en présence d'une intégrale généralisée aux deux bornes.
Pour tout $a > 0$, $\int_0^a \frac{dt}{\sqrt{t}}$ converge par application du critère de Riemann en 0 ($\alpha = 1/2$).

Mais $\int_a^{+\infty} \frac{dt}{\sqrt{t}}$ diverge par application du même critère en $+\infty$.
On en déduit la divergence de l'intégrale.

4) Pour tout $x \in\,]e\,;+\infty[$, $\int_e^x \frac{dt}{t\,.\ln t} = \left[\ln(\ln t)\right]_e^x = \ln(\ln x)$ et $\lim_{x\to+\infty} \ln(\ln x) = +\infty$.
On en déduit la divergence de l'intégrale.

5) Si $n = 0$, l'intervalle diverge.
Si $n = 1$, $\frac{1}{1+t} \underset{+\infty}{\sim} \frac{1}{t}$. Donc I_1 diverge par application du critère de Riemann ($\alpha = 1$).

Si $n \geqslant 2$, $\frac{1}{1+t^n} \underset{+\infty}{\sim} \frac{1}{t^n}$. Donc I_n converge.

En particulier :

$$I_2 = \int_1^{+\infty} \frac{dt}{1+t^2} = \lim_{x\to+\infty} \left[\operatorname{Arctan} t\right]_1^x = \frac{\pi}{2} - \frac{\pi}{4} = \frac{\pi}{4}.$$

6) Soit $a > 0$. Il faut étudier séparément $\int_0^a \frac{t^2}{e^t - 1}\,dt$ et $\int_a^{+\infty} \frac{t^2}{e^t - 1}\,dt$.

• La fonction $x \rightarrow \frac{x^2}{e^x - 1}$ est prolongeable par continuité en 0.

En effet : $\lim_{x \to 0} \frac{x^2}{e^x - 1} = \lim_{x \to 0} x \cdot \frac{x}{e^x - 1}$ et $\lim_{x \to 0} \frac{x}{e^x - 1} = 1$.

Donc : $\lim_{x \to 0} \frac{x^2}{e^x - 1} = 0$. L'intégrale est définie en 0.

• En $+\infty$, on utilise d'abord l'équivalent :

$$\frac{t^2}{e^t - 1} \underset{+\infty}{\sim} t^2 e^{-t}.$$

De plus, pour tout $n \in \mathbb{N}$, $\lim_{t \to +\infty} t^n e^{-t} = 0$. Ce qui signifie que, pour tout $\varepsilon > 0$, il existe un réel t_0 tel que, dès que $t > t_0$, on aura : $t^n . e^{-t} < \varepsilon$. Et pour $n = 2$, $t^2 . e^{-t} < \frac{\varepsilon}{t^2}$.

Or, $\int_a^{+\infty} \frac{dt}{t^2}$ converge. Donc, en utilisant le théorème de comparaison des fonctions positives, $\int_a^{+\infty} \frac{t^2}{e^t - 1}\,dt$ converge.

7) La fonction $t \rightarrow \frac{1}{\sqrt{\sin t}}$ est positive et continue sur $]0, \frac{\pi}{2}]$.

En 0, on utilise un équivalent : $\sin t \sim t$, donc $\frac{1}{\sqrt{\sin t}} \sim \frac{1}{\sqrt{t}}$.

On en déduit la convergence de l'intégrale par application du critère de Riemann en 0.

8) La fonction $t \rightarrow \frac{1}{\sqrt{(1 - \cos t)^{\alpha}}}$ est positive et continue sur $]0, \pi]$.

On utilise un équivalent en 0 : $1 - \cos t \sim \frac{t^2}{2}$, donc $\frac{1}{(1 - \cos t)^{\alpha}} \sim \frac{2}{t^{2\alpha}}$. On a donc convergence de l'intégrale si et seulement si $2\alpha < 1$, c'est-à-dire si $\alpha < 1/2$.

9) L'intégrale est définie en 0, en effet la fonction $\varphi : t \rightarrow \frac{1 - \cos t}{t^2}$ est prolongeable par continuité en 0 en posant $\varphi(0) = 1/2$ (voir question précédente).

En $+\infty$, on utilise la majoration : $\frac{1 - \cos t}{t^2} \leqslant \frac{2}{t^2}$. On en déduit la convergence de l'intégrale par application du critère de Riemann et d'un théorème d'encadrement.

2 Produit de convolution

Soient deux fonctions réelles f et g telles que $\int_{-\infty}^{+\infty} f^2(t)\,dt < +\infty$ et $\int_{-\infty}^{+\infty} g^2(t)\,dt < +\infty$ (on dit qu'elles sont d'énergie finie).

On définit le **produit de convolution** $f * g : x \rightarrow \int_{-\infty}^{+\infty} f(t) . g(x - t) . dt$.

1) À l'aide de l'inégalité de Cauchy-Schwarz, montrer que $f * g$ est définie pour tout x réel.

2) Montrer que : $f * g = g * f$; $(f * g) * h = f * (g * h)$; $f * (g + h) = (f * g) + f * h)$

■ **SOLUTION**

1) Pour tout x réel, on a l'inégalité : $\left(\int_{-\infty}^{+\infty} f(t)\, g(x-t)\,dt\right)^2 \leqslant \int_{-\infty}^{+\infty} f^2(t)\,dt \,.\int_{-\infty}^{+\infty} g^2(x-t)\,dt$.

Comme les fonctions f et g sont d'énergie finie, $\int_{-\infty}^{+\infty} f(t)\,dt \,.\, g(x-t)\,.\,dt$ converge. Et donc le produit de convolution f∗g est défini pour tout x réel.

2) Propriétés du produit de convolution :

• $(g*f)(x) = \int_{-\infty}^{+\infty} g(t).f(x-t).dt$. Posons $u = x - t$, alors $du = -\,dt$ et on obtient :

$$= -\int_{+\infty}^{-\infty} f(u).g(x-u).du = \int_{-\infty}^{+\infty} f(u)\, g(x-u)\, du = (f*g)(x)$$

• $$[(f*g)*h](x) = \int_{-\infty}^{+\infty} [f*g](u)\, h(x-u)du = \int_{-\infty}^{+\infty}\left[\int_{-\infty}^{+\infty} f(t)\, g(u-t)\,dt\right] h(x-u)du$$

$$= \int_{-\infty}^{+\infty} f(t)\left[\int_{-\infty}^{+\infty} g(u-t)\, h(x-u)\,du\right]dt$$ et en posant $v = u - t$:

$$= \int_{-\infty}^{+\infty} f(t)\left[\int_{-\infty}^{+\infty} g(v)\, h(x-t-v)\,dv\right]dt = \int_{-\infty}^{+\infty} f(t)\,[g*h](x-t)dt$$

$$= [f*(g*h)](x)$$

• La dernière propriété est une conséquence immédiate de la linéarité de l'intégrale.

3 Inégalité de Cauchy-Schwarz

1) Soit f et g deux fonctions continues sur $[a\,;b]$ à valeurs dans $\mathbb{R}$.

En développant $\int_a^b [f(t) + \lambda g(t)]^2\, dt$ comme un polynôme du second degré en λ, montrer l'inégalité : $\left(\int_a^b f(t)\, g(t)\,dt\right)^2 \leqslant \int_a^b f^2(t)\, dt \int_a^b g^2(t)\, dt$.

2) Soit f et g deux fonctions continues sur $[a\,;b]$ à valeurs dans $\mathbb{C}$.
Montrer l'inégalité :

$$\left|\int_a^b f(t)\, g(t)\,dt\right|^2 \leqslant \int_a^b |f(t)|^2 dt \int_a^b |g(t)|^2 dt$$

3) Soit f et g deux fonctions continues sur $\mathbb{R}$ à valeurs dans $\mathbb{C}$ et **d'énergie finie**, c'est-à-dire telles que les intégrales $\int_{-\infty}^{+\infty} |f(t)|^2 dt$ et $\int_{-\infty}^{+\infty} |g(t)|^2 dt$ convergent.

Après avoir montré la convergence de l'intégrale $\int_{-\infty}^{+\infty} f(t)\, g(t)\, dt$, montrer l'inégalité :

$$\left|\int_{-\infty}^{+\infty} f(t)\, g(t)\,dt\right|^2 \leqslant \int_{-\infty}^{+\infty} |f(t)|^2 dt \int_{-\infty}^{+\infty} |g(t)|^2 dt$$

■ **SOLUTION**

Soit λ un nombre réel quelconque. Par linéarité de l'intégrale, on a :

$$\int_a^b [f(t) + \lambda g(t)]^2 = \lambda^2 \int_a^b g^2(t)dt + 2\lambda \int_a^b f(t)\, g(t)dt + \int_a^b f^2(t)dt$$

On a donc obtenu un polynôme du second degré en λ. Ce polynôme est de signe positif puisqu'on intègre une fonction positive.

Donc son discriminant est négatif ou nul, c'est-à-dire :

$$\Delta' = \left(\int_a^b f(t)\, g(t)\,dt\right)^2 - \left(\int_a^b f^2(t)\,dt\right)\left(\int_a^b g^2(t)\,dt\right) \leqslant 0$$

Ce qui est l'inégalité demandée.

2) L'inégalité précédente appliquée aux fonctions $t \to |f(t)|$ et $t \to |g(t)|$ nous donne :

$$\left(\int_a^b |f(t)\, g(t)|\,dt\right)^2 \leqslant \left(\int_a^b |f(t)|^2\,dt\right)\left(\int_a^b |g(t)|^2\,dt\right)$$

Mais, on a aussi l'inégalité $\left|\int_a^b f(t)\, g(t)\,dt\right| \leqslant \int_a^b |f(t)\, g(t)|\,dt$, ce qui démontre l'inégalité de Cauchy-Schwarz pour une fonction à valeurs dans $\mathbb{C}$.

3) Convergence de l'intégrale $\int_{-\infty}^{+\infty} f(t)\, g(t)\,dt = \int_{-\infty}^{0} f(t)\, g(t)\,dt + \int_0^{+\infty} f(t)\, g(t)\,dt$.

On commence par traiter le problème de convergence en $+\infty$. L'autre convergence se résoudra de façon similaire.

Soit $x \geqslant 0$. On considère la fonction $\varphi : x \to \int_0^x |f(t)\, g(t)|\,dt$.

φ est une fonction positive croissante puisque $|f(t)\, g(t)| \geqslant 0$.

De plus, d'après l'inégalité de Cauchy-Schwarz et pour tout x :

$$\left(\int_0^x |f(t)\, g(t)|\,dt\right)^2 \leqslant \left(\int_0^x |f(t)|^2\,dt\right)\left(\int_0^x |g(t)|^2\,dt\right) \leqslant \left(\int_0^{+\infty} |f(t)|^2\,dt\right)\left(\int_0^{+\infty} |g(t)|^2\,dt\right)$$

La fonction φ est croissante majorée sur $]0\,;+\infty[$, donc admet une limite finie quand $x \to +\infty$, ce qui signifie que l'intégrale $\int_0^{+\infty} f(t)\, g(t)\,dt$ est absolument convergente, donc convergente.

Finalement :

$$\left(\int_0^{+\infty} |f(t)\, g(t)|\,dt\right)^2 \leqslant \int_0^{+\infty} |f(t)|^2\,dt \int_0^{+\infty} |g(t)|^2\,dt$$

Et :

$$\left|\int_0^{+\infty} f(t)\, g(t)\,dt\right|^2 \leqslant \int_0^{+\infty} |f(t)|^2\,dt \int_0^{+\infty} |g(t)|^2\,dt$$

Ce qui démontre l'inégalité.

4 Fonction Gamma

On considère la fonction $\Gamma : x \to \int_0^{+\infty} t^{x-1}\, e^{-t} . dt$

1) Montrer que, pour tout $a > 0$ et $x > 0$, l'intégrale $\int_a^{+\infty} t^{x-1}\, e^{-t} . dt$ est convergente.

2) Montrer que, pour tout $a > 0$, $\int_0^a t^{x-1}\, e^{-t} . dt$ est convergente si et seulement si $x > 0$.
En déduire le domaine de définition de la fonction Γ.

3) Montrer que, pour tout $x > 0$, $\Gamma(x + 1) = x . \Gamma(x)$. Calculer $\Gamma(1)$ et en déduire $\Gamma(n)$ pour tout n entier naturel non nul.

4) En admettant que la fonction Γ est continue sur $]0 ; +\infty[$, déterminer un équivalent de $x \to \Gamma(x)$ en 0 et en déduire la limite de la fonction Γ en 0.

5) En admettant que Γ est deux fois dérivable et que ses dérivées sont obtenues par dérivation partielle en x sous le signe intégral, calculer Γ' et Γ''. Montrer que Γ est convexe.

6) En appliquant le théorème de Rolle à Γ sur l'intervalle $[1 ; 2]$, montrer que sa courbe représentative admet un minimum compris entre 1 et 2. Établir le tableau de variations de Γ.

7) Déterminer la limite de Γ en $+\infty$.

8) Tracer sa courbe représentative.

9) En admettant que $\int_0^{+\infty} e^{-u^2} . du = \frac{\sqrt{\pi}}{2}$, calculer $\Gamma(1/2)$.

■ SOLUTION

1) Pour tout α réel, $\lim_{t \to +\infty} t^{\alpha} e^{-t} = 0$. Donc, pour tout $\varepsilon > 0$, on peut, à partir d'un réel x_0, rendre la quantité $t^2 t^{x-1} e^{-t}$ inférieure à ε, c'est-à-dire $t^{x-1} e^{-t} < \frac{\varepsilon}{t^2}$. Or, l'intégrale $\int_a^{+\infty} \frac{dt}{t^2}$ est convergente, ce qui assure, d'après les théorèmes de comparaison, la convergence de l'intégrale $\int_a^{+\infty} t^{x-1} e^{-t} . dt$.

2) On utilise un équivalent au voisinage de zéro : $t^{x-1} e^{-t} \sim t^{x-1}$. Et le critère de Riemann nous indique que, pour tout $a > 0$, $\int_0^a t^{x-1} dt = \int_0^a \frac{dt}{t^{1-x}}$ converge si et seulement si $1 - x < 1$, c'est-à-dire si $x > 0$.

On déduit des questions 1 et 2 la convergence de $\int_0^{+\infty} t^{x-1} e^{-t} . dt$ pour $x > 0$.

3) Pour tout a et b tels que $0 < a < b$, une intégration par parties nous donne :

$$\Gamma(x+1) = \int_a^b t^x e^{-t} . dt = [-t^x e^{-t}]_a^b + x \int_a^b t^{x-1} e^{-t} . dt$$

Or, $\lim_{a \to 0} a^x e^{-a} = 0$ et $\lim_{b \to +\infty} b^x e^{-b} = 0$. Par passage à la limite dans l'égalité précédente, on obtient : $\Gamma(x + 1) = x . \Gamma(x)$

$$\Gamma(1) = \int_0^{+\infty} e^{-t} dt = \lim_{b \to +\infty} [-e^{-t}]_0^b = 1$$

On obtient immédiatement par récurrence que $\Gamma(n + 1) = n!$

4) D'après la question précédente, pour tout $x > 0$, $\Gamma(x) = \dfrac{\Gamma(x+1)}{x}$. Or, Γ est continue en $x = 1$, on déduit que $\lim\limits_{x\to 0} \Gamma(x+1) = \Gamma(1) = 1$. Donc, $\Gamma(x) \underset{0}{\sim} \dfrac{1}{x}$ et $\lim\limits_{x\to 0} \Gamma(x) = +\infty$.

5) Soit $\varphi : (x, t) \to t^{x-1}e^{-t} = e^{(x-1)\ln t - t}$.

Donc $\dfrac{\partial \varphi}{\partial x}(x, t) = \ln t \,.\, e^{(x-1)\ln t - t} = \ln t \,.\, t^{x-1} \,.\, e^{-t}$.

$$\Gamma'(x) = \int_0^{+\infty} \frac{\partial \varphi}{\partial x}\, dt = \int_0^{+\infty} t^{x-1} \,.\, \ln t \,.\, e^{-t} \,.\, dt.$$

Par le même calcul, on obtient $\Gamma''(x) = \displaystyle\int_0^{+\infty} t^{x-1} \,.\, (\ln t)^2 \,.\, e^{-t} \,.\, dt$. On intègre entre 0 et $+\infty$ une fonction positive, donc Γ'' est positive, Γ' est croissante et Γ est convexe.

6) Γ est continue et dérivable sur $[1 ; 2]$. $\Gamma(1) = \Gamma(2) = 1$. Donc le théorème de Rolle nous indique qu'il existe un nombre réel $c \in\,]1 ; 2[$ tel que $\Gamma'(c) = 0$. De plus, Γ' est croissante.

Tableau de variation de la fonction Γ :

x	0	c	$+\infty$
Γ'	↗ (croissante)		
	$-$	0	$+$
Γ	$+\infty$ ↘	$\Gamma(c)$	↗ $+\infty$

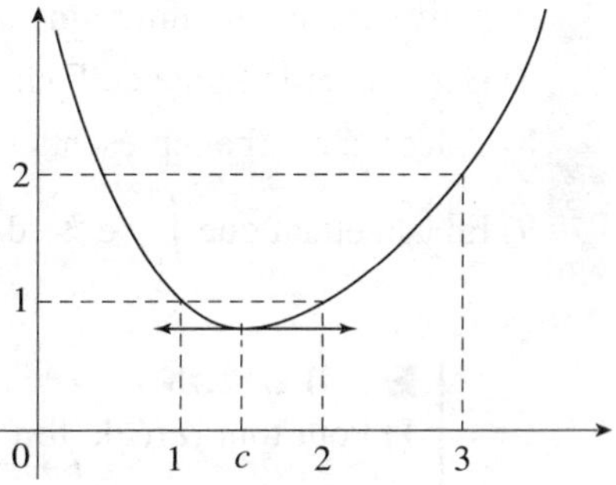

7) Γ est croissante sur $[c + \infty[$ et, pour n entier ,

$\lim\limits_{n\to+\infty} \Gamma(n) = \lim\limits_{n\to+\infty} n! = +\infty$. Donc $\lim\limits_{x\to+\infty} \Gamma(x) = +\infty$.

8) $\Gamma(1/2) = \displaystyle\int_0^{+\infty} t^{-1/2} \,.\, e^{-t} \,.\, dt$.

On effectue le changement de variable $u^2 = t$, alors $2u \,.\, du = dt$ et l'intégrale devient :

$$\Gamma(1/2) = 2\int_0^{+\infty} u^{-1}\, e^{-u^2}\, u du = 2\int_0^{+\infty} e^{-u^2} du = 2\,\frac{\sqrt{\pi}}{2} = \sqrt{\pi}$$

5 Fonction définie par une intégrale

On considère la fonction f : $x \to \displaystyle\int_0^x \frac{\sin t}{t}\, dt$, définie si $x \neq 0$.

1) Montrer que f est continue sur $\mathbb{R}$.

2) Montrer que f est une fonction impaire.

3) Étudier les variations de f.

4) Montrer que $I = \int_0^{+\infty} \frac{\sin t}{t}\, dt$ est convergente.

On cherche à présent à calculer la limite de cette intégrale convergente. Pour cela on considère les intégrales $J_n = \int_0^{\pi/2} \frac{\sin(2n+1)t}{\sin t}\, dt$ et $K_n = \int_0^{\pi/2} \frac{\sin(2n+1)t}{t}\, dt$, où $n \in \mathbb{N}$.

5) Calculer $J_{n+1} - J_n$ et en déduire la valeur de J_n pour tout $n \in \mathbb{N}$.

6) Montrer que $\lim\limits_{n \to +\infty} (J_n - K_n) = 0$ en utilisant le lemme de Riemann-Lebesgue avec la fonction $g : t \to \frac{1}{\sin t} - \frac{1}{t}$. En déduire la limite de K_n quand $n \to +\infty$.

7) Montrer enfin que $I = \frac{\pi}{2}$. En déduire le comportement asymptotique de f en $\pm\infty$.

8) Tracer la courbe représentative de f.

■ SOLUTION

1) La fonction $\varphi : t \to \frac{\sin t}{t}$ définie si $t \neq 0$ est prolongeable par continuité en 0 en posant $\varphi(0) = 1$. Donc l'intégrale est définie en 0. La fonction f est continue sur $\mathbb{R}$ car f est la primitive de φ qui s'annule en 0.

2) $f(-x) = \int_0^{-x} \frac{\sin t}{t}\, dt$. Le changement de variable $u = -t$ nous donne :

$$f(-x) = \int_0^{x} \frac{\sin(-u)}{(-u)}(-du) = -\int_0^{x} \frac{\sin u}{u}\, du = -f(x)$$

Donc f est une fonction impaire et on étudiera f sur $[0\,;+\infty[$.

3) f est dérivable sur $\mathbb{R}$ et $f'(x) = \frac{\sin x}{x}$. Pour $x \geqslant 0$, f' a le même signe que $x \to \sin x$,

c'est-à-dire : $f' = 0$ pour $x = k\pi$,
$f' > 0$ pour $x \in \,]2k\pi\,;(2k+1)\pi[$ et
$f' < 0$ pour $x \in \,](2k+1)\pi\,;(2k+2)\pi[$

On en déduit que les valeurs $k\pi$ correspondent à des extrema de f.

Tableau de variations :

x	0		π		2π		3π		...
$f'(x)$	1	$+$	0	$-$	0	$+$	0	$-$	
$f(x)$	0	↗		↘		↗		↘	

4) Pour montrer la convergence de I, on intègre par parties l'intégrale $I_a = \int_1^{a} \frac{\sin t}{t}\, dt$ en posant : $u = 1/t$, $dv = \sin t . dt$; donc $du = -1/t^2\, dt$ et $v = -\cos t$.

On obtient : $$I_a = \left[-\frac{\cos t}{t}\right]_1^a - \int_1^{a} \frac{\cos t}{t^2}\, dt$$

Or, $\int_1^{+\infty} \left|\frac{\cos t}{t^2}\right| dt \leqslant \int_1^{+\infty} \frac{1}{t^2}\, dt$ qui est une intégrale convergente et :

$$\lim_{a\to+\infty}\left[-\frac{\cos t}{t}\right]_1^a = \cos 1 - \lim_{a\to+\infty}\frac{\cos a}{a} = \cos 1.$$

Donc $\lim_{a\to+\infty} I_a \in \mathbb{R}$ et I est convergente.

5) Pour calculer $J_{n+1} - J_n$, on utilise la relation :

$$\sin(2n+3)t - \sin(2n+1)t = 2\sin t\cos(2n+2)t.$$

Alors :

$$J_{n+1} - J_n = \int_0^{\pi/2}\frac{\sin(2n+3)t - \sin(2n+1)t}{\sin t}\,dt = 2\int_0^{\pi/2}\cos(2n+2)t\,.\,dt = 0$$

On en déduit que $J_{n+1} = J_n = \ldots = J_0 = \pi/2$.

6) Rappelons le lemme de Riemann-Lebesgue : si g est une fonction continue sur $[a\,;b]$, $\lim_{n\to+\infty}\int_a^b g(t)\sin nt\,.\,dt = 0$.

$$J_n - K_n = \int_0^{\pi/2}\left[\frac{\sin(2n+1)t}{\sin t} - \frac{\sin(2n+1)t}{t}\right]dt = \int_0^{\pi/2} g(t).\sin(2n+1)t\,.\,dt$$

Il nous faut alors montrer que g est continue sur $[0\,;\pi/2]$. On sait que g est continue sur $]0\,;\pi/2]$.

Reste alors le problème en 0.

On utilise un développement limité de $t \to \sin t$ en 0 :

$$g(t) = \frac{t-\sin t}{t\,.\,\sin t} = \frac{t - t + \frac{t^3}{6} + t^3\varepsilon_1(t)}{t\,[t + t\varepsilon_2(t)]} = \frac{\frac{t}{6} + t\varepsilon_1(t)}{1+\varepsilon_2(t)} \quad \text{et donc } \lim_{t\to 0} g(t) = 0.$$

On prolonge par continuité la fonction g en posant $g(0) = 0$.

L'application du lemme de Riemann-Lebesgue avec la fonction g nous donne :

$$\lim_{n\to+\infty}(J_n - K_n) = 0 \Leftrightarrow \lim_{n\to+\infty} K_n = \frac{\pi}{2}$$

7) Dans l'intégrale K_n, on effectue le changement de variable $u = (2n+1)t$.

On obtient alors :

$$K_n = \int_0^{(2n+1)\frac{\pi}{2}}\frac{\sin u}{u}\,du\,.$$

Et comme I est convergente :

$$I = \int_0^{+\infty}\frac{\sin u}{u}\,du = \lim_{n\to+\infty}\int_0^{(2n+1)\frac{\pi}{2}}\frac{\sin u}{u}\,du = \lim_{n\to+\infty} K_n = \frac{\pi}{2}$$

En conséquence, $\lim_{x\to+\infty} f(x) = \frac{\pi}{2} = \int_0^{+\infty}\frac{\sin t}{t}\,dt$.

La droite d'équation $y = \frac{\pi}{2}$ est asymptote en $+\infty$ à la courbe représentative de f.

8) Courbe représentative de la fonction f : $x \to \int_0^x \frac{\sin t}{t}\, dt$

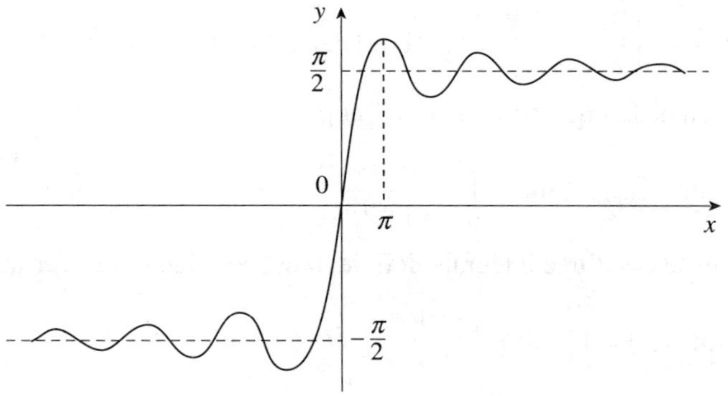

6 Intégrale de Gauss

On considère la fonction f : $x \to \int_0^1 \frac{e^{-x^2(1+t^2)}}{1+t^2}\, dt$.

1) Calculer f(0).

2) Montrer que f est dérivable sur $\mathbb{R}$, calculer f' et montrer que $f'(x) = -2e^{-x^2} \int_0^x e^{-t^2}\, dt$.

3) Montrer que $f(x) = -\left[\int_0^x e^{-t^2}\, dt\right]^2 + k$ où k est une constante réelle à déterminer.

4) Déterminer la limite de f quand $x \to +\infty$.

En déduire la valeur de $\int_0^{+\infty} e^{-t^2}\, dt$.

■ **SOLUTION**

1) $f(0) = \int_0^1 \frac{1}{1+t^2}\, dt = \left[\text{Arctan} t\right]_0^1 = \frac{\pi}{4}$

2) La fonction $\varphi : (x, t) \to \frac{e^{-x^2(1+t^2)}}{1+t^2}$ est continue sur $\mathbb{R} \times [0 ; 1]$ et admet une dérivée partielle $\frac{\partial \varphi}{\partial x}(x, t) = -2x . e^{-x^2(1+t^2)}$, continue sur $\mathbb{R} \times [0 ; 1]$. Donc la fonction f est dérivable et $f'(x) = \int_0^1 \frac{\partial \varphi}{\partial x}(x, t) . dt = -2x \int_0^1 e^{-x^2(1+t^2)} . dt = -2x . e^{-x^2} \int_0^1 e^{-t^2 x^2} . dt$

Il reste à effectuer le changement de variable $u = tx$ pour obtenir :

$$f'(x) = -2x . e^{-x^2} . \frac{1}{x} \int_0^x e^{-u^2} . du = -2 . e^{-x^2} \int_0^x e^{-u^2} . du$$

3) La fonction g : $x \to \int_0^x e^{-t^2}\, dt$ est dérivable sur $\mathbb{R}$, de dérivée $g'(x) = e^{-x^2}$. Donc, la fonction

$F : x \to -\left[\int_0^x e^{-t^2} dt\right]^2 = -g^2(x)$ est dérivable et $F'(x) = -2g(x)\, g'(x) = -2.\int_0^x e^{-t^2}\, dt = f'(x)$.

On en déduit que $f(x) = F(x) + k$ et pour $x = 0$. $f(0) = \pi/4$ et $F(0) = 0$ donc $k = \frac{\pi}{4}$.

4) $\lim\limits_{x \to +\infty} f(x) = \lim\limits_{x \to +\infty} \int_0^1 \frac{e^{-x^2(t+t^2)}}{1+t^2}\, dt$

Dans le cas d'une intégrale définie, il est possible d'intervertir la limite et l'intégrale.

$$\lim_{x \to +\infty} f(x) = \int_0^1 \lim_{x \to +\infty} \frac{e^{-x^2(t+t^2)}}{1+t^2}\, dt = 0.$$

Par ailleurs, $f(x) = F(x) + \frac{\pi}{4}$, par passage à la limite lorsque $x \to +\infty$, on obtient :

$$\lim_{x \to +\infty} F(x) = \lim_{x \to +\infty} -\left[\int_0^x e^{-t^2} dt\right]^2 = -\frac{\pi}{4}$$

D'où : $\lim\limits_{x \to \infty} \int_0^x e^{-t^2} dt = \int_0^\infty e^{-t^2} dt = \frac{\sqrt{\pi}}{2}$.

10 INTÉGRALES MULTIPLES

DÉFINITIONS ET PROPRIÉTÉS

1. Intégrale double

Soit f une fonction à deux variables définie sur un domaine $D \subset [a\,;b] \times [c\,;d]$, à valeurs dans $\mathbb{R}$. On quadrille le domaine D par n rectangles r_k d'aire a_k.

On considère la suite $\sigma_n = \sum_{k=1}^{n} a_k \, f(x_k\,;y_k)$ où $(x_k\,;y_k) \in r_k$.

On dit que f est intégrable sur D si la suite σ_n admet une limite finie.

Cette limite ne dépend ni du quadrillage, ni des points $(x_k\,;y_k)$ choisis dans les rectangles r_k.

On note : $\lim\limits_{n \to +\infty} \sigma_n = \iint_D f(x\,;y)\,dx\,dy$

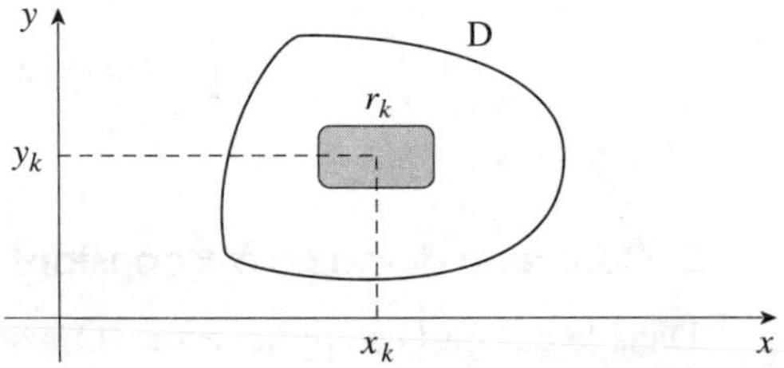

2. Propriétés

On retrouve les propriétés de l'intégrale simple.
En particulier :

a) toute fonction continue sur D est intégrable sur D ;

b) l'intégrale double est un opérateur linéaire :

$$\iint_D [\alpha f(x, y) + \beta g(x, y)]\,dx\,dy = \alpha \iint_D f(x, y)\,dx\,dy + \beta \iint_D g(x, y)\,dx\,dy$$

c) si D est la réunion **disjointe** de deux domaines D_1 et D_2, alors :

$$\iint_{D = D_1 \cup D_2} f(x, y)\,dx\,dy = \iint_{D_1} f(x, y)\,dx\,dy + \iint_{D_2} f(x, y)\,dx\,dy$$

3. Intégrale triple

Soit f une fonction continue de trois variables :
$f : V \subset \mathbb{R}^3 \to \mathbb{R}, (x, y, z) \to f(x, y, z)$.

En quadrillant le volume V suivant les trois directions, V apparaît comme une **somme de parallélépipèdes** de dimensions infiniment petites : dx, dy, dz, et de volume $dV = dx\,dy\,dz$.

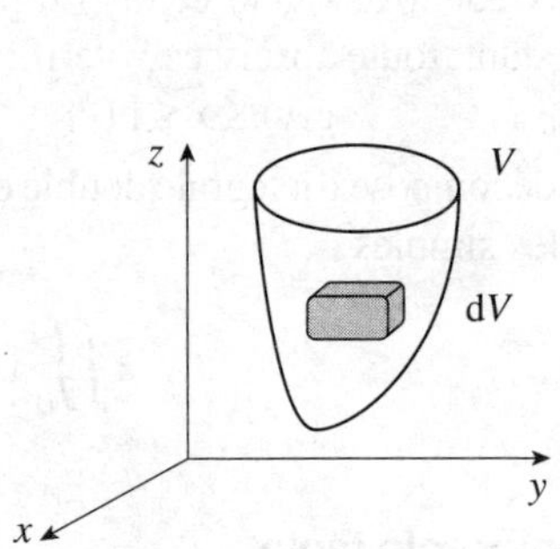

On peut alors définir **l'intégrale triple** :

$$\iiint_V f(x, y, z)\,dV = \iiint_V f(x, y, z)\,dx\,dy\,dz$$

MÉTHODES DE CALCUL

Le calcul d'une intégrale double se ramène au calcul de deux intégrales simples, le calcul d'une intégrale triple se ramène au calcul de trois intégrales simples.

1. Cas particuliers

• Si le domaine D est le rectangle $[a\,;b]\times[c\,;d]$, alors :

$$\iint_D f(x,y)\,dx\,dy=\int_a^b\left(\int_c^d f(x,y)\,dy\right)dx=\int_c^d\left(\int_a^b f(x,y)\,dx\right)dy$$

• Si le domaine D est le rectangle $[a\,;b]\times[c\,;d]$ et **si la fonction f est à variables séparées**, c'est-à-dire que $f(x\,;y)=g(x)h(y)$, alors :

$$\iint_D f(x,y)\,dx\,dy=\int_a^b g(x)\,dx\int_c^d h(y)\,dy$$

2. Coupe du domaine à *x* constant

Dans le cas où D se projette sur (Ox) selon l'intervalle $[a\,;b]$ et où, il existe deux fonctions $g(x)$ et $h(x)$ telles que, pour x constant, l'ordonnée y d'un point du domaine vérifie :

$$g(x)\le y\le h(x)$$

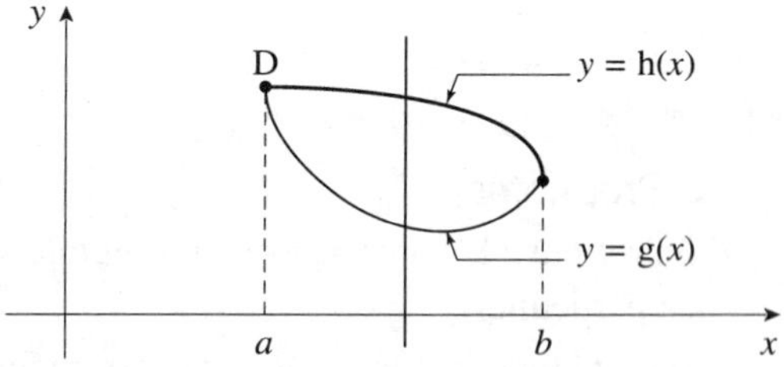

On décompose l'intégrale double en deux intégrales simples :

$$\iint_D f(x,y)\,dx\,dy=\int_a^b\left[\int_{g(x)}^{h(x)} f(x,y)\,dy\right]dx$$

3. Coupe du domaine à *y* constant

Dans le cas où D se projette sur (Oy) selon l'intervalle $[c\,;d]$ et où l'on peut déterminer deux fonctions $g(y)$ et $h(y)$ telles que, à y constant, toute abscisses x vérifie :

$$g(y)\le x\le h(y)$$

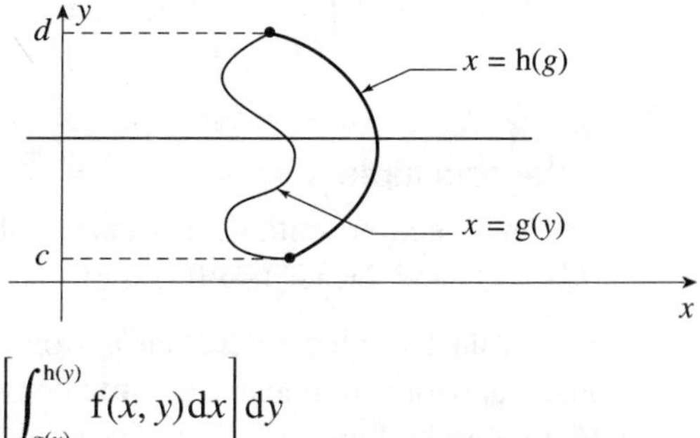

On décompose l'intégrale double en deux intégrales simples :

$$\iint_D f(x,y)\,dx\,dy=\int_c^d\left[\int_{g(y)}^{h(y)} f(x,y)\,dx\right]dy$$

4. Intégrale triple

Si D est la projection du volume V sur le plan (xOy), le calcul d'une intégrale triple sur V se ramène à celui d'une intégrale double par la décomposition :

$$\iiint_V f(x,y,z)\,dV = \iint_D \left(\int_{g(x,y)}^{h(x,y)} f(x,y,z)\,dz \right) dx\,dy$$

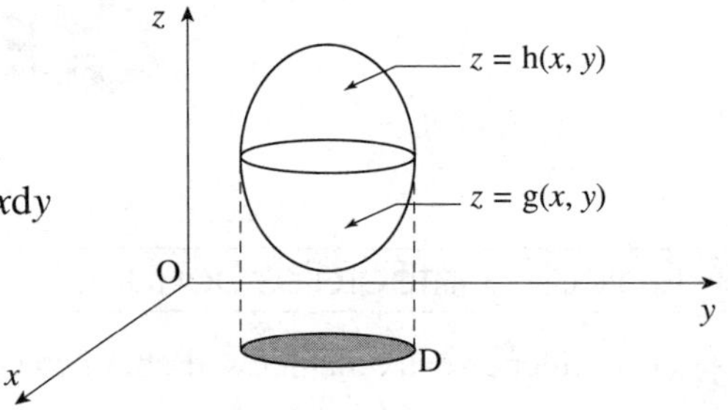

$z = g(x, y)$ et $z = h(x, y)$ sont les équations respectives des deux surfaces délimitant le volume V.

5. Changement de variables

• **Intégrale double :** lorsque le domaine est un disque ou une portion de disque, le calcul d'une intégrale double est simplifié si l'on passe en coordonnées polaires (r, θ).
Ce changement de variables implique une **transformation du domaine D en Δ,**
De plus : $dx\,dy = r\,dr\,d\theta$ et l'on obtient :

$$\iint_D f(x,y)\,dx\,dy = \iint_\Delta f(r\cos\theta, r\sin\theta)\,r\,dr\,d\theta$$

• **Intégrale triple :** lorsque le volume est une sphère ou une portion de sphère, on peut effectuer un changement en coordonnées sphériques :

$$\iiint_V f(x,y,z)\,dx\,dy\,dz = \iiint_{V'} f(r\sin\theta\sin\varphi, r\sin\theta\cos\varphi, r\cos\theta)\,r^2\sin\theta\,dr\,d\theta\,d\varphi$$

Applications

1. Calcul d'aires

$\iint_D dx\,dy$ est égale à l'aire du domaine D.

2. Calcul de volumes

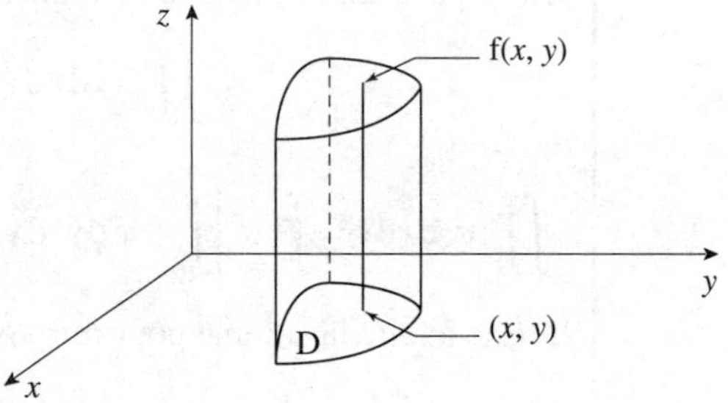

• $\iint_D f(x\,;y)\,dx\,dy$ est égale au volume du « cylindre » de base D.

• $\iiint_V dx\,dy\,dz$ est égale au volume V.

3. Centre de gravité d'une surface ou d'un volume

Soit A l'aire du domaine D, les coordonnées du centre de gravité G de D sont données par les intégrales : $x_G = \frac{1}{A}\iint_D x\,dx\,dy$ et $y_G = \frac{1}{A}\iint_D y\,dx\,dy$

Pour un volume, $x_G = \frac{1}{V}\iiint_V x\,dx\,dy\,dz$, $y_G = \frac{1}{V}\iiint_V y\,dx\,dy\,dz$ et $z_G = \frac{1}{V}\iiint_V z\,dx\,dy\,dz$

EXERCICES

1 Calculs d'intégrales doubles

1) Calculer de deux manières, d'abord en coupant à y constant, puis à x constant :

$$I = \iint_D xy\,dx\,dy \quad \text{où } D = \{(x\,;y) \in \mathbb{R}^2\,;\, x \geq 0,\ 0 \leq y \leq 1,\ x + y \leq 3\}$$

2) Calculer $I = \iint_D \left(x + \frac{x}{y}\right)dx\,dy$ où D est le rectangle $[0\,;1] \times [1\,;e]$.

3) Calculer $I = \iint_D x e^{x+2xy} . dx . dy$ où $D = \{(x\,;y) \in \mathbb{R}^2\,;\, x \leq 2,\ y \leq 2,\ xy \geq 2\}$

■ SOLUTION

1) Le domaine D est le trapèze OABC ci-contre :

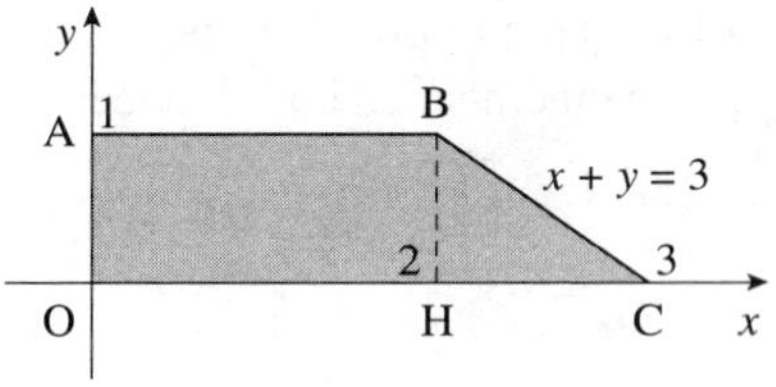

On coupe le domaine par une droite parallèle à (Ox).

$$I = \int_0^1 y\left[\int_0^{3-y} x\,dx\right]dy = \frac{1}{2}\int_0^1 y(3-y)^2 dy$$

$$= \frac{1}{2}\left[\frac{y^4}{4} - 2y^3 + \frac{9y^2}{2}\right]_0^1 = \frac{11}{8}$$

Pour calculer l'intégrale en coupant par une parallèle à l'axe (Oy), il faut séparer au préalable le domaine D en deux : le rectangle OABH et le triangle HBC car la fonction représentée par la ligne ABC se formule à l'aide de deux expressions.

$$\iint_R xy\,dx\,dy = \left(\int_0^2 x\,dx\right)\left(\int_0^1 y\,dy\right) = 1$$

$$\iint_T xy\,dx\,dy = \int_2^3 x\left[\int_0^{3-x} y\,dy\right]dx = \frac{1}{2}\int_2^3 x(3-x)^2\,dx = \frac{1}{2}\left[\frac{x^4}{4} - 2x^3 + \frac{9x^2}{2}\right]_2^3 = \frac{3}{8}$$

Il reste à faire la somme pour retrouver le précédent résultat.

2) $$I = \int_0^1\left[\int_1^e \left(x + \frac{x}{y}\right)dy\right]dx = \int_0^1 \left[xy + x \,.\, \ln y\right]_1^e dx = \int_0^1 (xe + x - x)\,dx = \frac{e}{2}\left[x^2\right]_0^1 = \frac{e}{2}$$

3) Le domaine D est représenté ci-contre :

$$I = \int_1^2 x\left[\int_{\frac{2}{x}}^2 e^{x+2xy} . dy\right]dx = \int_1^2 x\left[\frac{1}{2x}e^{x+2xy}\right]_{\frac{2}{x}}^2 dx$$

$$= \frac{1}{2}\int_1^2 (e^{5x} - e^{x+4}) . dx = \frac{1}{2}\left[\frac{1}{5}e^{5x} - e^{x+4}\right]_1^2$$
$$= \frac{1}{10}e^{10} - \frac{1}{2}e^6 + \frac{2}{5}e^5$$

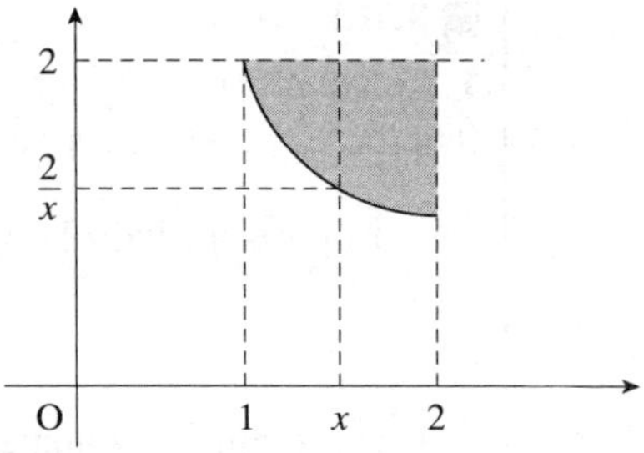

2 Utilisation des coordonnées polaires

1) Calculer $\iint_C (x^2 + y^2)dxdy$ où C est le quart de disque de centre 0, de rayon 2, avec de plus $x \geq 0$ et $y \geq 0$.

2) Calculer $\iint_D \sqrt{x^2 + y^2}$ où $D = \{(x ; y) \in \mathbb{R}^2 ; x^2 + y^2 \leq 1, y \geq 0\}$

3) Calculer $I = \iint_D ydxdy$ où $D = \{(x ; y) \in \mathbb{R}^2, y \geq 0 ; (x-1)^2 + y^2 \leq 1\}$

■ **SOLUTION**

1) Le passage en coordonnées polaires nous donne immédiatement :

$$\iint_C (x^2 + y^2)\,dx\,dy = \left(\int_0^2 r^3 dr\right)\left(\int_0^{\pi/2} d\theta\right) = \left[\frac{r^4}{4}\right]_0^2 \frac{\pi}{2} = 2\pi$$

2) $\sqrt{x^2 + y^2} = r$, donc $\iint_D \sqrt{x^2 + y^2}\,dx\,dy = \iint_D r^2 dr\,d\theta = \int_0^1 r^2 dr \int_0^\pi d\theta = \frac{\pi}{3}$

3) Le domaine est un demi-disque.
Le passage en coordonnées polaires nous donne les encadrements suivants :

$0 \leq \theta \leq \pi/2$ et $0 \leq r \leq 2\cos\theta$.

Ce qui nous conduit à intégrer d'abord selon r puis selon θ :

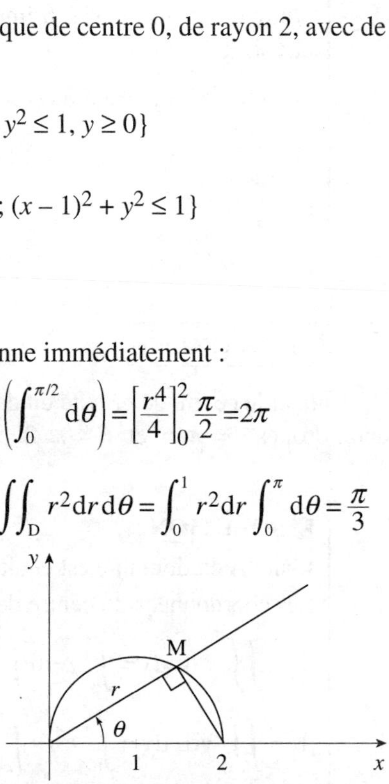

$$I = \int_0^{\pi/2} \sin\theta \left[\int_0^{2\cos\theta} r^2\,dr\right] d\theta = \int_0^{\pi/2} \sin\theta \left[\frac{r^3}{3}\right]_0^{2\cos\theta} d\theta = \frac{8}{3}\int_0^{\pi/2} \sin\theta\cos^3\theta\,d\theta$$

$$= \frac{8}{3}\left[-\frac{1}{4}\cos^4\theta\right]_0^{\pi/2} = \frac{2}{3}$$

3 Volume de la sphère

Retrouver l'expression du volume de la sphère de rayon R par :
1) Le calcul d'une intégrale triple en coordonnées sphériques.
2) Une intégration par couches en sections horizontales.

■ **SOLUTION**

1) Le volume de la sphère de rayon R est donné par : $V = \iiint_S \mathrm{d}x\mathrm{d}y\mathrm{d}z$.

Soit, en coordonnées sphériques :

$$V = \iiint_S r^2 \sin\theta \mathrm{d}r\mathrm{d}\theta\mathrm{d}\varphi = \int_0^R r^2\mathrm{d}r \int_0^\pi \sin\theta\mathrm{d}\theta \int_0^{2\pi} \mathrm{d}\varphi = \frac{1}{3}[r^3]_0^R \left[-\cos\theta\right]_0^\pi [\varphi]_0^{2\pi} = \frac{4}{3}\pi R^3$$

2) Une section horizontale de la sphère est un disque de rayon r, d'aire πr^2.

Par le théorème de Pythagore, $r^2 + z^2 = R^2$.

L'aire de ce disque s'exprime en fonction de la cote z par, $\pi(R^2 - z^2)$.

Le volume de la sphère est :

$$V = \int_{-R}^{R} \pi(R^2 - z^2)\mathrm{d}z = 2\pi R^3 - \frac{1}{3}[z^3]_{-R}^{R} = \frac{4}{3}\pi R^3$$

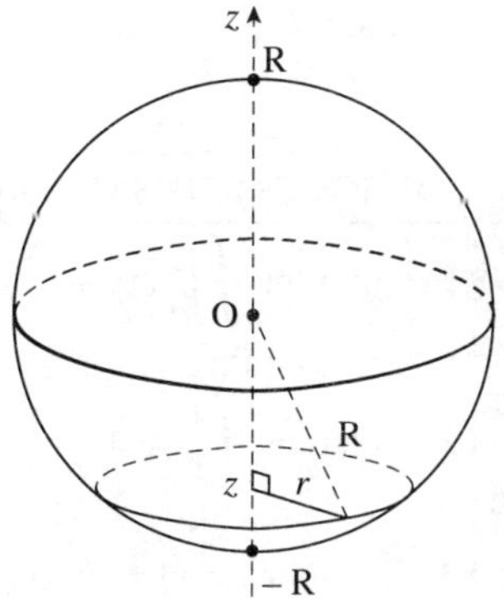

4 Centre de gravité

Déterminer le centre de gravité du domaine limité par le cercle de centre O, de rayon 1 et par les demi-droites $\theta = \pi/6$ et $\theta = \pi/2$.

■ **SOLUTION**

L'aire A du domaine est égale à $\pi/6$.

Les coordonnées du centre de gravité sont données par les intégrales doubles :

$$I_x = \iint_D x\mathrm{d}x\mathrm{d}y = \int_0^1 r^2\mathrm{d}r \int_{\pi/6}^{\pi/2} \cos\theta\mathrm{d}\theta = \frac{1}{3}\left[\sin\theta\right]_{\pi/6}^{\pi/2} = \frac{1}{6}$$

$$I_y = \iint_D y\mathrm{d}x\mathrm{d}y = \int_0^1 r^2\mathrm{d}r \int_{\pi/6}^{\pi/2} \sin\theta\mathrm{d}\theta = \frac{1}{3}\left[-\cos\theta\right]_{\pi/6}^{\pi/2} = \frac{\sqrt{3}}{6}$$

On déduit de ces deux intégrales :

$$x_G = \frac{I_x}{A} = \frac{1}{\pi} \approx 0{,}32 \quad \text{et} \quad y_G = \frac{I_y}{A} = \frac{\sqrt{3}}{\pi} \approx 0{,}55$$

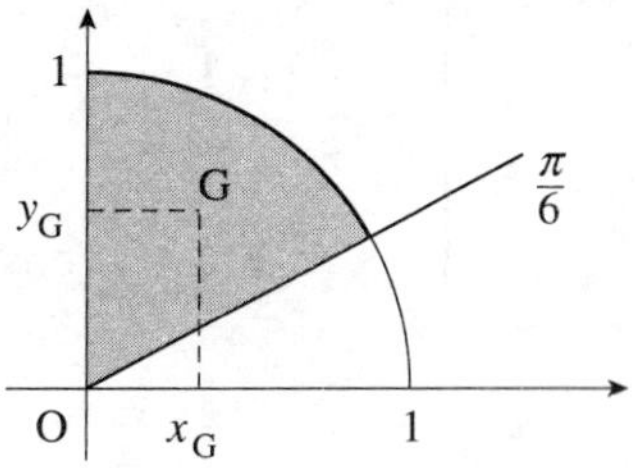

5 Aire d'une ellipse

Calculer l'aire d'une ellipse d'équation : $\frac{x^2}{a^2} + \frac{y^2}{b^2} = 1$.

■ **SOLUTION**

Étant donnée la symétrie de l'ellipse, il suffit de calculer l'aire du quart d'ellipse :

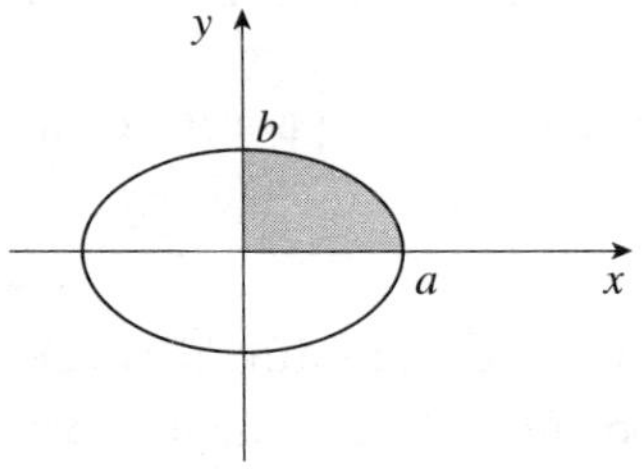

Dans la partie grisée : $0 \leq x \leq a$ et $0 \leq y \leq b\sqrt{1-\frac{x^2}{a^2}}$

L'aire de l'ellipse est :

$$\iint_E \mathrm{d}x\,\mathrm{d}y = 4\int_0^a \left(\int_{y=0}^{b\sqrt{1-\frac{x^2}{a^2}}} \mathrm{d}y\right)\mathrm{d}x = 4b\int_0^a \sqrt{1-\frac{x^2}{a^2}}\,\mathrm{d}x = 4\,\frac{b}{a}\int_0^a \sqrt{a^2-x^2}\,\mathrm{d}x$$

Effectuons le changement de variable $x = a\sin t$. Pour x variant de 0 à a, t varie de 0 à $\pi/2$. De plus, $\mathrm{d}x = a\cos t\,\mathrm{d}t$ et $\sqrt{a^2-x^2} = a\cos t$.

On obtient :

$$4ab\int_0^{\pi/2}\cos^2 t\,\mathrm{d}t = 4ab\int_0^{\pi/2}\frac{1+\cos 2t}{2}\,\mathrm{d}t = 4ab\left[\frac{\pi}{4}+\frac{1}{4}\left[\sin 2t\right]_0^{\pi/2}\right] = \pi ab$$

6 Aire commune à deux paraboles

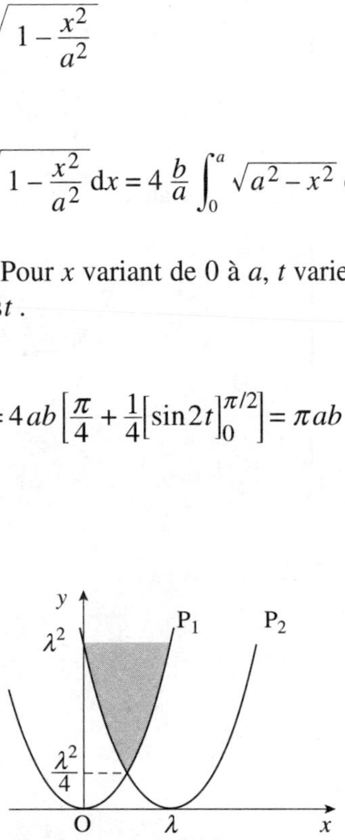

La parabole P_2 est la translatée de la parabole P_1 d'équation $y = x^2$.
Calculer l'aire de la partie grisée.

■ **SOLUTION**

L'équation de P_2 est $y = (x-\lambda)^2$. L'abscisse du point d'intersection de P_1 et P_2 est la solution de l'équation : $x^2 = (x-\lambda)^2$ soit $x = \lambda/2$ et $y = \lambda^2/4$.

La partie commune est définie par le domaine :

$$\{(x, y) : -\sqrt{y}+\lambda \leq x \leq \sqrt{y}\ ;\ \lambda^2/4 < y < \lambda^2\}$$

L'aire cherchée est donc calculée grâce à l'intégrale double :

$$\iint_D \mathrm{d}x\,\mathrm{d}y = \int_{y=\lambda^2/4}^{\lambda^2}\left(\int_{x=\lambda-\sqrt{y}}^{\sqrt{y}}\mathrm{d}x\right)\mathrm{d}y = \int_{y=\lambda^2/4}^{\lambda^2}(2\sqrt{y}-\lambda)\,\mathrm{d}y = \left[\frac{4}{3}\,y\sqrt{y}-\lambda y\right]_{\lambda^2/4}^{\lambda^2} = \frac{5}{12}\,\lambda^3$$

7 Lemniscate de Bernoulli

On considère la courbe d'équation polaire $r^2 = 2\cos 2\theta$, $-\pi/4 < \theta < \pi/4$. Il s'agit d'**une lemniscate de Bernoulli**.
Calculer l'aire de la surface engendrée par cette courbe.

■ **SOLUTION**

Vu la symétrie de la courbe, il suffit de calculer l'aire pour $r > 0$.
En coordonnées polaires, l'aire est donnée par l'intégrale :

$$\int_{-\pi/4}^{\pi/4}\left(\int_{r=0}^{\sqrt{2\cos 2\theta}} r\,\mathrm{d}r\right)\mathrm{d}\theta = \int_{\theta=-\pi/4}^{\pi/4}\frac{1}{2}\left[r^2\right]_0^{\sqrt{2\cos 2\theta}}\,\mathrm{d}\theta$$

$$= \frac{1}{2}\,2\int_{-\pi/4}^{\pi/4}\cos 2\theta\,\mathrm{d}\theta = \frac{1}{2}\left[\sin 2\theta\right]_{-\pi/4}^{\pi/4} = 1$$

La lemniscate de Bernoulli engendre une aire de 2.

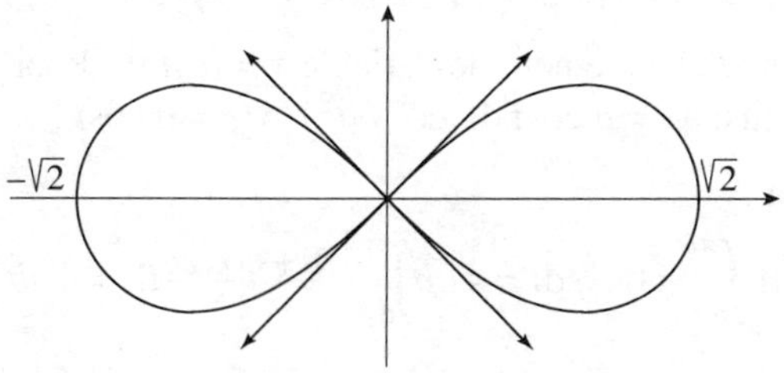

11 ÉQUATIONS DIFFÉRENTIELLES

GÉNÉRALITÉS

On appelle équation différentielle d'ordre n toute équation reliant une fonction inconnue y de la variable x à ses n premières dérivées $y^{(n)}$, $y^{(n-1)}$, ..., y'', y' .

Résoudre une équation différentielle consiste à trouver toutes les fonctions qui vérifient l'équation. Les solutions sont alors données sous la forme $y = \mathrm{f}(x)$ ou si cela n'est pas possible, sous la forme d'une relation liant y et x.

On appelle courbe intégrale la représentation graphique d'une solution.

ÉQUATION DIFFÉRENTIELLE DU PREMIER ORDRE

1. Équation à variables séparées

On utilise la notation $\mathrm{d}y/\mathrm{d}x$ pour la dérivée y'.

On appelle équation différentielle à variables séparées une équation de la forme :

$$\boxed{\mathrm{f}(y)\mathrm{d}y = \mathrm{g}(x)\mathrm{d}x}$$

où f et g sont des fonctions continues sur des intervalles de $\mathbb{R}$.

Par intégration des deux membres, on obtient une infinité de solutions de la forme :

$$\mathrm{F}(y) = \mathrm{G}(x) + \mathrm{C}$$

où F est une primitive de f, G une primitive de g et C une constante quelconque.

La connaissance d'une condition du type $y(a) = b$ permet de déterminer la constante et dans ce cas la solution sur un intervalle contenant a est unique.

2. Équations invariantes par homothétie

Elles sont de la forme : $\boldsymbol{y' = \mathbf{f}(y/x)}$. Elles sont invariantes si on change y en ky et x en kx. Si γ est une courbe intégrale alors son image par une homothétie de centre O est encore une courbe intégrale.

Première méthode de résolution :

On pose $y = x\,t(x)$. La fonction inconnue devient la fonction t et $y' = t'x + t$. On se ramène ainsi à une équation à variables séparables.

Deuxième méthode :

On passe en coordonnées polaires $x = r\cos\theta$, $y = r\sin\theta$. Les nouvelles variables deviennent r et θ. On reporte dans l'équation et on obtient une équation à variables séparables. On trouve alors r en fonction de θ.

3. Équations différentielles linéaires du premier ordre

Ce sont des équations de la forme : $\boldsymbol{a(x)y' + b(x)y = c(x)}$ où a, b et c sont trois fonctions continues sur un même intervalle I de $\mathbb{R}$.

L'équation sans second membre : $a(x)y' + b(x)y = 0$, est appelée équation homogène associée. C'est une équation à variables séparables sur tous les intervalles où $a(x)$ ne s'annule pas.

La solution générale d'une équation linéaire du premier ordre est la somme de la solution générale de l'équation homogène et d'une solution particulière de l'équation complète.

Méthode de variation de la constante :

Ayant trouvé la solution générale $y(x)$ de l'équation sans second membre, on remplace la constante C par une fonction $z(x)$ puis on reporte $y(x)$ dans l'équation complète. On obtient une équation de fonction inconnue $z(x)$. On trouve les fonctions solutions $z(x)$ que l'on reporte dans $y(x)$. On obtient ainsi la solution générale de l'équation complète.

Remarque : Cette méthode ne doit pas être utilisée systématiquement car très souvent la forme du second membre nous conduit à rechercher une solution particulière d'un certain type.

ÉQUATION DIFFÉRENTIELLE LINÉAIRE DU SECOND ORDRE

1. Définition

Elles sont de la forme : $a(x)y'' + b(x)y' + c(x)y = f(x)$, où a, b, c et f sont des fonctions définies et continues sur un même intervalle I, avec $a(x) \neq 0$ sur I.
L'équation homogène associée est : $a(x)y'' + b(x)y' + c(x)y = 0$.

La solution générale d'une équation linéaire du second ordre est la somme de la solution générale de l'équation homogène et d'une solution particulière de l'équation complète.

2. Équation différentielle linéaire du second ordre à coefficients constants

Ce sont des équation de la forme : $ay'' + by' + cy = f(x)$, où a, b et c sont des constantes réelles et f une fonction et $a \neq 0$.

Résolution de l'équation homogène associée :

On considère l'équation du second degré : $ar^2 + br + c = 0$, appelée équation caractéristique.
On distingue trois cas suivant le signe du discriminant : $\Delta = b^2 - 4ac$

a) $\Delta > 0$: l'équation caractéristique admet deux racines réelles r_1 et r_2 .
La solution générale est : $y = C_1e^{r_1x} + C_2e^{r_2x}$

b) $\Delta = 0$: l'équation caractéristique admet une racine double $r_1 = -b/2a$.
La solution générale est : $y = (C_1x + C_2)e^{r_1x}$

c) $\Delta < 0$: l'équation caractéristique admet deux racines complexes conjuguées $\alpha \pm j\beta$.
La solution générale est : $y = e^{\alpha x}(C_1\cos\beta x + C_2 \sin\beta x)$

3. Cas général

$$a(x)y'' + b(x)y' + c(x)y = f(x)$$

Résolution de l'équation homogène :

Si y_1 et y_2 sont deux solutions **indépendantes** (non proportionnelles) de l'équation homogène sur un même intervalle $J \subset I$, toutes les solutions sur J sont de la forme $y = \alpha y_1 + \beta y_2$, où α et β sont deux constantes arbitraires.

Résolution de l'équation homogène quand une solution est connue :

Si l'on connaît une solution particulière $y_1(x)$ de l'équation homogène, la solution générale de l'équation homogène peut se trouver en posant : $y(x) = z(x)y_1(x)$. En intégrant deux fois, on trouve z puis y.

Résolution de l'équation complète :

Méthode de variation des constantes :

Soit $y = \alpha y_1 + \beta y_2$ la solution générale de l'équation homogène. Si l'on ne connaît pas de solution particulière de l'équation complète, on pose :

$y(x) = \alpha(x) y_1(x) + \beta(x) y_2(x)$ avec la condition $\alpha'(x) y_1(x) + \beta'(x) y_2(x) = 0$.

En remplaçant dans l'équation complète, on trouve la solution générale de l'équation.

Remarque : Cette méthode, quelques fois laborieuse, n'est pas toujours bien adaptée au problème. Lorsque le second membre est de la forme $x^n e^{ax} \cos \omega x$ ou $x^n e^{ax} \sin \omega x$, on préfère chercher une solution particulière dont la forme est connue a priori.

EXERCICES

1 Équations différentielles du premier ordre

Résoudre les équations différentielles suivantes :

a) $y' - 2y = 0$ **b)** $xy' + y = 0$ **c)** $y' - y \cos x = 0$

d) $yy' = x$ **e)** $x^2 y' = y$ **f)** $y' = e^{x+y}$

■ SOLUTION

Toutes les équations sont à variables séparables. On utilise la notation $y' = \dfrac{dy}{dx}$.

a) L'équation $y' - 2y = 0$ s'écrit $\dfrac{dy}{dx} = 2y$. En écartant la solution évidente $y = 0$, on sépare les variables x et y :

$$\frac{dy}{y} = 2\,dx$$

On intègre les deux membres :

$$\int \frac{dy}{y} = \int 2\,dx$$

Ce qui donne :

$$\begin{aligned} \ln|y| &= 2x + C \\ |y| &= e^{2x+C} \\ y &= \pm\, e^C e^{2x} \end{aligned}$$

C est une constante arbitraire donc $\pm\, e^C$ est une constante non nulle que l'on peut noter K.

Les solutions sont de la forme : $y = K\, e^{2x}$, $K \neq 0$.

$K = 0$ donne la solution évidente $y = 0$.

Les solutions sont donc : $y = K\, e^{2x}$ où K est une constante quelconque.

b) $xy' + y = 0$ s'écrit :

$$x \frac{dy}{dx} = -y$$

En supposant $y \neq 0$ et $x \neq 0$:

$$\frac{dy}{y} = -\frac{dx}{x}$$

$$\int \frac{dy}{y} = \int -\frac{dx}{x}$$

$$\ln|y| = -\ln|x| + C$$

$$|y| = e^{-\ln|x|+C}$$

$$y = \pm e^{C} e^{\ln(1/|x|)}$$

$$y = \frac{\pm e^{C}}{|x|}$$

On pose $K = \pm e^{C}$. K est une constante arbitraire non nulle. Mais K = 0 donne la solution évidente $y \equiv 0$. Finalement, les solutions sont toutes les fonctions y définies par :

$$y = \frac{K}{x} \text{ sur }]0 ; +\infty[, \quad y = \frac{K'}{x} \text{ sur }]-\infty, 0[, \text{ K et K' constantes quelconques}$$

c) Par séparation des variables l'équation $y' - y\cos x = 0$ s'écrit :

$$\frac{dy}{y} = \cos x\, dx$$

Par intégration des deux membres, on obtient :

$$\ln|y| = \sin x + C$$

Les solutions sont donc :

$$y = K e^{\sin x} \text{ où K est une constante arbitraire}$$

d) $yy' = x$ s'écrit : $y dy = x dx$. Par intégration des deux membres, on obtient :

$$\frac{1}{2} y^2 = \frac{1}{2} x^2 + C$$

$$y^2 = x^2 + 2C$$

On pose 2C = K. Les solutions sont données par la relation $y^2 = x^2 + K$, K constante quelconque.

Les courbes intégrales sont des hyperboles équilatères.

e) $x^2 y' = y$ s'écrit : $\frac{dy}{y} = \frac{dx}{x^2}$ avec $y \neq 0$ et $x \neq 0$, qui donne par intégration, $\ln|y| = -\frac{1}{x} + C$.

Les solutions sont donc définies sur $]0, +\infty[$ par $y = K e^{-(1/x)}$, K constante quelconque et sur $]-\infty, 0[$ par $y = K' e^{-(1/x)}$, K' constante quelconque.

f) $y' = e^{x+y}$. On transforme l'exponentielle d'une somme en un produit d'exponentielles :

$$y' = e^{x} e^{y}$$

$$e^{-y} dy = e^{x} dx$$

$$\int e^{-y}\, dy = \int e^{x}\, dx$$

$$-e^{-y} = e^{x} + C$$

$$e^{-y} = -e^{x} - C$$

C est une constante strictement négative car $C = -(e^{x} + e^{-y}) < 0$.

En posant K = – C, (K > 0), et en prenant le logarithme des deux membres :

$$-y = \ln(K - e^{x})$$

$$y = -\ln(K - e^{x})$$

La présence d'un logarithme exige $K - e^{x} > 0$ donc $x < \ln K$.

Les solutions sont les fonctions définies sur $]-\infty, \ln K[$ par $y = -\ln(K - e^{x})$ où K est une constante strictement positive.

2 Équations du premier ordre avec une condition initiale

Intégrer les équations différentielles suivantes :

a) $y' = y + 1$ et $y(0) = 0$

b) $x^2y' - y^2 = 0$ et $y(1) = 2$

■ SOLUTION

a) En écartant la solution évidente $y = -1$, l'équation est à variables séparables.

$$\frac{\mathrm{d}y}{y+1} = \mathrm{d}x$$

$$\int \frac{\mathrm{d}y}{y+1} = \int \mathrm{d}x$$

$$\ln|y + 1| = x + C$$

$$y = \pm\, e^C e^x - 1$$

$$y = K\, e^x - 1$$

K constante non nulle. Mais pour K = 0, on obtient $y = -1$ qui est aussi une solution de l'équation. Les solutions sont toutes les fonctions $y = K\,e^x - 1$ où K est une constante arbitraire.

La condition $y(0) = 0$ donne $K - 1 = 0$ donc $K = 1$. La solution est : $y = e^x - 1$ sur $\mathbb{R}$.

b) On remarque que la fonction $y = 0$ est une solution.

L'équation est à variables séparables :

$$\frac{\mathrm{d}y}{y^2} = \frac{\mathrm{d}x}{x^2}$$

avec $y \neq 0$ et $x \neq 0$, qui donne après intégration :

$$-\frac{1}{y} = -\frac{1}{x} + C$$

soit :

$$y = \frac{x}{1 - Cx}$$

où C est une constante arbitraire.

Ces fonctions sont prolongeables par continuité en 0.

La condition $y(1) = 2$ donne $\frac{1}{1-C} = 2$ donc $C = 1/2$.

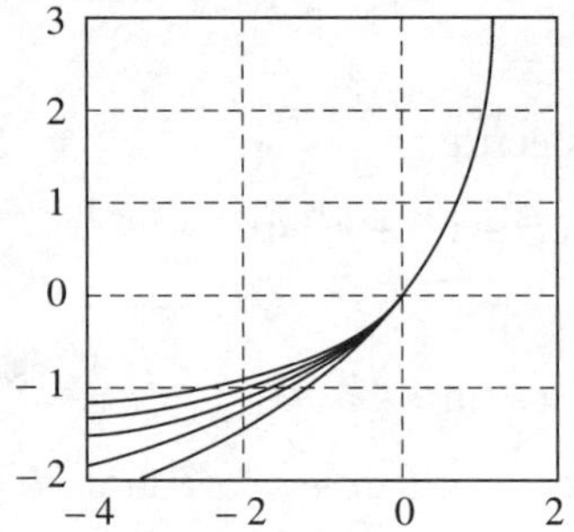

La solution est $y = \frac{2x}{2-x}$ sur l'intervalle]0, 2[.

Sur cet intervalle, la solution est unique.

Mais sur]– ∞, 2[on peut trouver une infinité de courbes intégrales qui passent par le point (1, 2).

3 Équation invariante par homothétie

Montrer que l'équation différentielle suivante est invariante par homothétie puis la résoudre.

$$xyy' = x^2 + y^2$$

■ **SOLUTION**

L'équation $xyy' = x^2 + y^2$ s'écrit :

$$y' = \frac{x^2}{xy} + \frac{y^2}{xy} \text{ avec } x \neq 0 \text{ et } y \neq 0$$

$$y' = \frac{x}{y} + \frac{y}{x}$$

y' est fonction du rapport $y\,/x$ donc l'équation est invariante par homothétie.

On pose $y = tx$. On a alors $y' = t'x + t$ que l'on remplace dans l'équation, on obtient :

$$t'x + t = \frac{1}{t} + t$$

$$t'x = \frac{1}{t} \quad t \neq 0$$

Ce qui devient, en remplaçant t' par $\mathrm{d}t/\mathrm{d}x$:

$$t\,\mathrm{d}t = \frac{1}{x}\,\mathrm{d}x$$

que l'on intègre :

$$\frac{1}{2}t^2 = \ln|x| + \mathrm{C}$$

Remplaçons t par y/x :

$$\frac{y^2}{2x^2} = \ln|x| + \mathrm{C}$$

d'où les solutions :

$$y^2 = 2x^2\,(\ln|x| + \mathrm{C})$$

où C est une constante quelconque.

4 Utilisation des coordonnées polaires

On considère l'équation différentielle : $(x^2 + y^2)\,(x + yy') - y(y - xy') = 0$.

a) Résoudre l'équation en coordonnées polaires.

b) Déterminer la courbe intégrale (C) qui passe par le point de coordonnées polaires $r = 2$, $\theta = 0$.

c) Donner un système d'équation paramétrique de la courbe (C).

d) Étudier puis tracer la courbe (C).

■ **SOLUTION**

a) En remplaçant y' par $\mathrm{d}y/\mathrm{d}x$ l'équation peut s'écrire :

$$y(x^2 + y^2 + x)\,\mathrm{d}y = [-\,x(x^2 + y^2) + y^2]\,\mathrm{d}x$$

On passe en coordonnées polaires :

$$x = r\cos\theta \quad y = r\sin\theta$$

$$\mathrm{d}x = \cos\theta\,\mathrm{d}r - r\sin\theta\,\mathrm{d}\theta \quad \text{et} \quad \mathrm{d}y = \sin\theta\,\mathrm{d}r + r\cos\theta\,\mathrm{d}\theta$$

On remplace dans l'équation :

$r\sin\theta\,(r^2 + r\cos\theta)\,(\sin\theta\,\mathrm{d}r + r\cos\theta\,\mathrm{d}\theta) = (-\,r^3\cos\theta + r^2\sin^2\theta)\,(\cos\theta\,\mathrm{d}r - \sin\theta\,\mathrm{d}\theta)$

On simplifie par r^2 et on développe :

$(r\sin\theta\ + \sin\theta\cos\theta)\,(\sin\theta\,\mathrm{d}r + r\cos\theta\,\mathrm{d}\theta) = (-\,r\cos\theta + \sin^2\theta)\,(\cos\theta\,\mathrm{d}r - r\sin\theta\,\mathrm{d}\theta)$

$(r\sin^2\theta\ + \sin^2\theta\cos\theta)\mathrm{d}r + (r^2\sin\theta + \cos\theta + r\sin\theta\cos^2\theta)\mathrm{d}\theta$

$= (-\,r\cos^2\theta + \sin^2\theta\cos\theta)\mathrm{d}r + (r^2\cos\theta\sin\theta - r\sin^3\theta)\mathrm{d}\theta$

On regroupe les termes en $\mathrm{d}r$ dans le premier membre et les termes en $\mathrm{d}\theta$ dans le deuxième membre. Des simplifications apparaissent. On obtient :

$$r\,\mathrm{d}r = r\,(-\sin\theta\cos^2\theta - \sin^3\theta)\,\mathrm{d}\theta$$

On simplifie par r et on applique la formule $\cos^2\theta = 1 - \sin^2\theta$:

$$\mathrm{d}r = -\sin\theta\,\mathrm{d}\theta$$

En intégrant les deux membres :

$$\int \mathrm{d}r = \int -\sin\theta\,\mathrm{d}\theta$$

Ce qui donne les solutions en polaire de l'équation différentielle :

$$r = \cos\theta + \mathrm{C}$$

où C est une constante arbitraire.

b) La condition $r = 2$ et $\theta = 0$ donne : $2 = \cos 0 + \mathrm{C}$ donc $\mathrm{C} = 2 - 1 = 1$.
La solution est $r = \cos\theta + 1$.

c) On revient aux coordonnées cartésiennes : $x = r\cos\theta$ et $y = r\sin\theta$ afin d'obtenir une représentation paramétrique de la courbe intégrale (C).
On trouve immédiatement :

$$\begin{cases} x = (\cos\theta + 1)\cos\theta \\ y = (\cos\theta + 1)\sin\theta \end{cases}$$

d) La période est 2π. De plus, $x(-\,\theta) = x(\theta)$ et $y(\theta) = -\,y(\theta)$, la courbe est symétrique par rapport à l'axe (Ox). L'intervalle d'étude est $[0, \pi]$.
On dérive x et y par rapport à θ.

$$x' = -\sin\theta\cos\theta - \sin\theta\,(\cos\theta + 1) = -\sin\theta\,(2\cos\theta + 1)$$

$$y' = -\sin^2\theta + \cos\theta\,(\cos\theta + 1) = \cos^2\theta - \sin^2\theta + \cos\theta = \cos 2\theta + \cos\theta = 2\cos\frac{3\theta}{2}\cos\frac{\theta}{2}$$

Étude du signe de x' et y' sur l'intervalle d'étude :

$\sin\theta$ est positif sur $[0, \pi]$, nul en 0 et nul en π.

$2\cos\theta + 1 = 0 \Leftrightarrow \cos\theta = -\ 1/2$ soit $\theta = 2\pi/3$

$2\cos\theta + 1 > 0 \Leftrightarrow \cos\theta > -\,1/2$ soit $\theta < 2\pi/3$

$\cos\frac{3\theta}{2} = 0 \Leftrightarrow \frac{3\theta}{2} = \frac{\pi}{2}$ ou $\frac{3\theta}{2} = \frac{3\pi}{2}$ soit $\theta = \frac{\pi}{3}$ ou π

$\cos\frac{3\theta}{2} > 0 \Leftrightarrow 0 < \frac{3\theta}{2} < \frac{\pi}{2}$ soit $0 < \theta < \frac{\pi}{3}$

$\cos\frac{\theta}{2} = 0 \Leftrightarrow \frac{\theta}{2} = \frac{\pi}{2}$ soit $\theta = \pi$

$\cos\frac{\theta}{2} > 0 \Leftrightarrow 0 < \frac{\theta}{2} < \frac{\pi}{2}$ soit $0 < \theta < \pi$

Tableau de signe et variations :

θ	0		$\pi/3$		$2\pi/3$		π
$-\sin\theta$	0	$-$		$-$		$-$	0
$2\cos\theta+1$	3	$+$		$+$	0	$-$	-1
$x'(\theta)$	0	$-$		$-$	0	$+$	0
$\cos 3\theta/2$	1	$+$	0	$-$		$-$	0
$\cos\theta/2$	1	$+$		$+$		$+$	0
$y'(\theta)$	2	$+$	0	$-$		$-$	0
x	2	$\searrow$		$\searrow$	$-1/4$	$\nearrow$	0
y	0	$\nearrow$	$\frac{3\sqrt{3}}{4}$	$\searrow$		$\searrow$	0

Tracé de la courbe :

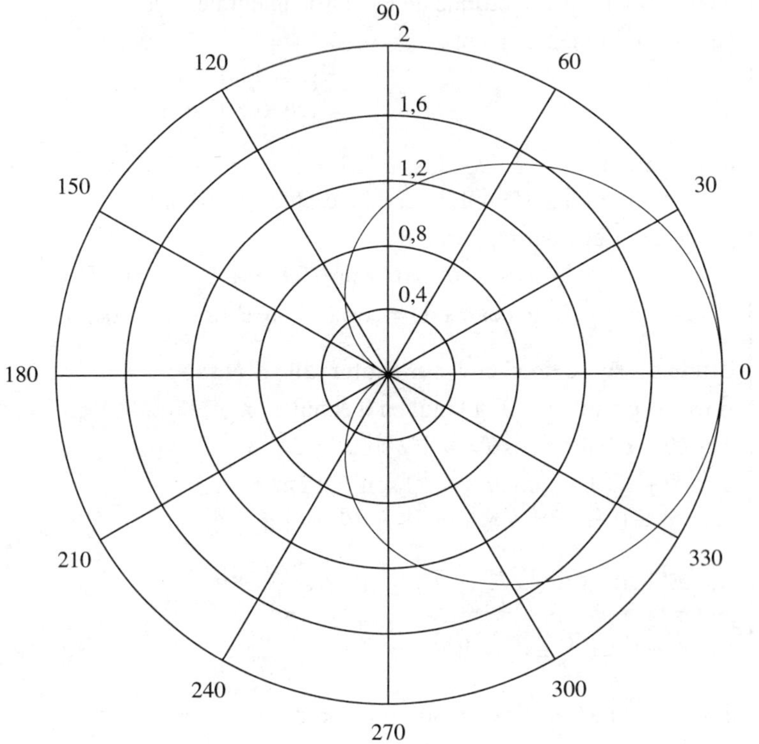

5 Équation linéaire du premier ordre

Intégrer les équations différentielles suivantes :

a) $y' + 2y = 1$ **b)** $y' + 2y = x$

c) $y' + 2y = e^x$ **d)** $y' + 2y = 3\cos 2x$

■ SOLUTION

On obtient les solutions d'une équation différentielle linéaire en ajoutant une solution particulière de l'équation avec second membre à la solution générale de l'équation sans second membre.

Dans tous les cas l'équation homogène associée est :

$$y' + 2y = 0$$

C'est une équation à variables séparables.

$$\frac{dy}{y} = -2dx$$

qui admet pour solutions :

$$y = K\,e^{-2x}, \text{ K constante quelconque.}$$

Il suffit d'ajouter une solution particulière de l'équation avec second membre pour avoir la solution générale de l'équation complète.

a) La fonction constante $y = \frac{1}{2}$ vérifie l'équation $y' + 2y = 1$.

Les solutions sont donc : $y = K\,e^{-2x} + \frac{1}{2}$, K constante quelconque.

b) On cherche une solution particulière de la forme $\boldsymbol{y = ax + b}$.

On a $y' = a$ et on remplace dans l'équation :

$$a + 2(ax + b) = x$$

$$2ax + a + 2b = x$$

Cette égalité devant être vérifiée pour tout $x \in \mathbb{R}$, l'identification des coefficients conduit à :

$$2a = 1 \quad \text{et} \quad a + 2b = 0$$

d'où :

$$a = \frac{1}{2} \quad \text{et} \quad b = -\frac{1}{4}$$

La fonction $y = \frac{1}{2}x - \frac{1}{4}$ est une solution particulière de l'équation complète, la solution générale est :

$$y = K\,e^{-2x} + \frac{1}{2}x - \frac{1}{4}$$

c) On cherche une solution particulière de la forme $\boldsymbol{y = a\,e^x}$.

On a $y' = a\,e^x$ et on remplace dans l'équation :

$$a\,e^x + 2\,a\,e^x = e^x$$

$$3\,a\,e^x = e^x$$

Cette égalité est vérifiée lorsque $3a = 1$, soit $a = \frac{1}{3}$.

La fonction $y = \frac{1}{3}\,e^x$ est une solution particulière de l'équation complète.

La solution générale est : $y = K\,e^{-2x} + \frac{1}{3}\,e^x$.

d) Le deuxième membre est une fonction périodique. Cherchons une solution particulière de la forme $y = A \cos 2x + B \sin 2x$.

$y' = -2A \sin 2x + 2B \cos 2x$. Ce qui donne :

$$-2A \sin 2x + 2B \cos 2x + 2A \cos 2x + 2B \sin 2x = 3 \cos 2x$$

Cette équation sera vérifiée pour tout $x \in \mathbb{R}$ si :

$$\begin{cases} -2A + 2B = 0 \\ 2A + 2B = 3 \end{cases}$$

soit B = 3/4 et A = 3/4.

La fonction $y = \frac{3}{4}(\cos 2x + \sin 2x)$ est une solution particulière de l'équation complète.

La solution générale est : $y = K e^{-2x} + \frac{3}{4}(\cos 2x + \sin 2x)$.

6 Méthode de variation de la constante

Intégrer l'équation différentielle : $xy' + y = \sin x$

SOLUTION

Il s'agit d'une équation linéaire. L'équation homogène associée est : $xy' + y = 0$

$y = 0$ est une solution évidente.

On remplace y' par $\frac{dy}{dx}$ et on sépare les variables en excluant la solution $y = 0$

$$\frac{dy}{y} = -\frac{dx}{x}, \; x \neq 0$$

Par intégration des deux membres : $\ln|y| = -\ln|x| + C$

d'où les solutions sur $\mathbb{R}_+^*$ ou $\mathbb{R}_-^*$:

$$y = \frac{K}{x}$$

K constante non nulle. Mais pour K = 0 on obtient $y = 0$ qui est aussi une solution. Donc K est une constante quelconque.

Pour trouver la solution générale de l'équation complète on applique la méthode de variation de la constante.

Dans la solution générale de l'équation homogène, on remplace la constante K par une fonction $z(x)$.

On a alors : $$y = \frac{z(x)}{x}$$

et : $$y' = \frac{z'x - z}{x^2}$$

On remplace y et y' dans l'équation complète :

$$x\,\frac{z'x - z}{x^2} + \frac{z}{x} = \sin x$$

Après simplification on obtient : $z' = \sin x$

En intégrant les deux membres : $z = -\cos x + C$

On reporte dans $y = \frac{z(x)}{x}$ et on obtient la solution générale de l'équation complète

$$y = -\frac{\cos x}{x} + \frac{C}{x} \quad \text{C constante arbitraire}$$

7 Équation du premier ordre non linéaire

Résoudre l'équation différentielle $y' + y\tan x + y^2 = 0$

(Indication : diviser les deux membres par y^2 puis poser $z = 1/y$.)

■ **SOLUTION**

On recherche les solutions sur des intervalles de la forme $]-\pi/2 + k\pi, \pi/2 + k\pi[$, $k \in \mathbb{Z}$, afin que $\tan x$ soit définie.

Écartons la solution évidente $y = 0$ et divisons les deux membres par y^2 :

$$\frac{y'}{y^2} + \frac{\tan x}{y} + 1 = 0$$

Effectuons le changement de fonction inconnue $z = \dfrac{1}{y}$.

On a alors :

$$z' = -\frac{y'}{y^2}$$

et on remplace dans l'équation : $-z' + (\tan x)\, z + 1 = 0$

On obtient une équation linéaire du premier ordre de fonction inconnue z.

L'équation homogène associée est : $-z' + (\tan x)\, z = 0$

ou :

$$\frac{dz}{z} = \tan x \, dx$$

On intègre :

$$\int \frac{dz}{z} = \int \tan x \, dx = \int \frac{\sin x}{\cos x}\, dx = -\ln|\cos x| + C_1$$

On obtient : $\ln|z| = -\ln|\cos x| + C_1$

d'où les solutions de l'équation homogène :

$$z = \frac{K}{\cos x} \text{ où K est une constante réelle.}$$

Pour trouver la solution de l'équation complète, faisons varier la constante K en posant $K = \alpha(x)$.

On a : $$z' = \frac{\alpha' \cos x + \alpha \sin x}{\cos^2 x}$$

En reportant dans l'équation complète, on obtient :

$$-\frac{\alpha' \cos x + \alpha \sin x}{\cos^2 x} + \tan x \frac{\alpha}{\cos x} + 1 = 0$$

ce qui donne, après simplification :

$$-\frac{\alpha'}{\cos x} = -1$$

$$\alpha' = \cos x$$

$$\alpha = \sin x + C$$

On obtient : $$z = \frac{\sin x + C}{\cos x}$$

En revenant à la fonction inconnue $y = \dfrac{1}{z}$, l'intégrale générale de l'équation différentielle est :

$$y = \frac{\cos x}{\sin x + C} \text{ où C est une constante quelconque.}$$

8 La cellule RC

La cellule RC est caractérisée par l'équation différentielle $RC\,s'(t) + s(t) = e(t)$ où $e(t)$ représente un signal d'entrée et $s(t)$ le signal de sortie correspondant.

Résoudre l'équation différentielle dans les deux cas suivants :

a) $e(t) = E$ (E constant) et $s(0) = 0$.

b) $e(t) = E\sin\omega t$ et $s(0) = 0$.

■ **SOLUTION**

L'équation est linéaire à coefficients constants. On résout d'abord l'équation homogène :

$$RC\,s'(t) + s(t) = 0$$

ou :

$$\frac{ds}{s} = -\frac{1}{RC}\,dt$$

ce qui donne, par intégration :

$$s(t) = K\,e^{-(t/RC)}$$

où K est une constante arbitraire.

Résolution de l'équation avec second membre :

a) $e(t) = E$

L'équation s'écrit :

$$RC\,s'(t) + s(t) = E$$

$s(t) = E$ est une solution particulière évidente puisque dans ce cas $s'(t) = 0$.

Les solutions sont donc :

$$s(t) = K\,e^{-(t/RC)} + E$$

La condition initiale $s(0) = 0$ donne $K + E = 0$ donc $K = -E$, d'où la solution :

$$s(t) = E(1 - e^{-(t/RC)})$$

b) $e(t) = E\sin\omega t$.

L'équation complète s'écrit :

$$RC\,s'(t) + s(t) = E\sin\omega t$$

La méthode de variation de la constante conduirait à des calculs un peu longs. Puisque le deuxième membre est une fonction sinusoïdale on va chercher une solution particulière sous la forme :

$$s_0(t) = A\cos\omega t + B\sin\omega t$$

On a :

$$s'_0(t) = -A\omega\sin\omega t + B\omega\cos\omega t$$

Remplaçons dans l'équation :

$$RC(-A\omega\sin\omega t + B\omega\cos\omega t) + A\cos\omega t + B\sin\omega t = E\sin\omega t$$

$$(-ARC\omega + B)\sin\omega t + (BRC\omega + A)\cos\omega t = E\sin\omega t$$

Les fonctions $\sin\omega t$ et $\cos\omega t$ étant indépendantes et l'égalité devant avoir lieu pour tout t, on en déduit le système :

$$\begin{cases} -ARC\omega + B = E \\ A + BRC\omega = 0 \end{cases}$$

Son déterminant est :

$$D = \begin{vmatrix} -RC\omega & 1 \\ 1 & RC\omega \end{vmatrix} = -(1 + R^2C^2\omega^2)$$

D est non nul, le système admet une solution unique :

$$A = \frac{\begin{vmatrix} E & 1 \\ 0 & RC\omega \end{vmatrix}}{D} = \frac{-ERC\omega}{1 + R^2C^2\omega^2} \qquad B = \frac{\begin{vmatrix} -RC\omega & E \\ 1 & 0 \end{vmatrix}}{D} = \frac{E}{1 + R^2C^2\omega^2}$$

Une solution particulière est la fonction :

$$s_0(t) = \frac{E}{1 + R^2C^2\omega^2} (\sin\omega t - RC\omega \cos\omega t)$$

La solution générale s'obtient en ajoutant la solution particulière à la solution générale de l'équation homogène.

$$s(t) = K\, e^{-(t/RC)} + \frac{E}{1 + R^2C^2\omega^2} (\sin\omega t - RC\omega \cos\omega t)$$

La condition particulière $s(0) = 0$ permet de déterminer la constante K.
On trouve :

$$K = \frac{ERC\omega}{1 + R^2C^2\omega^2}$$

d'où la solution :

$$s(t) = \frac{E}{1 + R^2C^2\omega^2} (RC\omega\, e^{-(t/RC)} + \sin\omega t - RC\omega \cos\omega t)$$

9 Équation du second ordre à coefficients constants

Intégrer les équations différentielles suivantes et trouver dans chaque cas la solution qui vérifie $y(0) = 0$ et $y'(0) = 1$.

a) $y'' = x + 1$ **b)** $y'' + y' = x + 1$ **c)** $y'' + y = x + 1$

d) $y'' + 2y' + y = x + 1$ **e)** $y'' - 3y' + 2y = x + 1$

■ SOLUTION

a) On intègre une première fois :

$$y' = \frac{1}{2}x^2 + x + C_1$$

On intègre une deuxième fois :

$$y = \frac{1}{6}x^3 + \frac{1}{2}x^2 + C_1x + C_2$$

où C_1 et C_2 sont deux constantes arbitraires.
La condition $y(0) = 0$ donne $C_2 = 0$ et la condition $y'(0) = 1$ donne $C_1 = 1$.
La solution est donc : $y = \frac{1}{6}x^3 + \frac{1}{2}x^2 + x$.

b) En posant $y' = z$, l'équation devient : $z' + z = x + 1$, équation linéaire de premier ordre.
L'équation homogène associée, $z' + z = 0$ admet les solutions $z = K\, e^{-x}$, K constante quelconque.
L'équation avec second membre admet la solution évidente $z = x$.
La solution générale est : $z = K\, e^{-x} + x$.
Par intégration des deux membres, on trouve : $y = -K\, e^{-x} + \frac{1}{2}x^2 + C_1$

où $y = C_1 + C_2 e^{-x} + \frac{1}{2} x^2$, C_1 et C_2 constantes quelconques.
La condition $y(0) = 0$ donne $C_1 + C_2 = 0$.
De plus, $y'(x) = -C_2 e^{-x} + x$, donc $y'(0) = -C_2 = 1$
d'où $C_2 = -1$ et $C_1 = 1$.
La solution est donc : $y = 1 - e^{-x} + \frac{1}{2} x^2$

c) L'équation $y'' + y = x + 1$ a pour équation homogène associée : $y'' + y = 0$.
L'équation caractéristique est :

$$r^2 + 1 = 0$$

qui admet les deux racines complexes j et – j de parties réelles nulles et de partie imaginaire 1 et – 1.
La solution générale de l'équation homogène est : $y = C_1 \cos x + C_2 \sin x$.
Le polynôme $P(x) = x + 1$ est une solution particulière évidente de l'équation complète.
La solution générale de l'équation complète est donc :

$$y = C_1 \cos x + C_2 \sin x + x + 1$$

La condition $y(0) = 0$ donne $C_1 + 1 = 0$ donc $C_1 = -1$.
De plus, $y'(x) = -C_1 \sin x + C_2 \cos x + 1$ donc $y'(0) = C_2 + 1 = 1$ d'où $C_2 = 0$.
La solution est donc :

$$y = 1 + x - \cos x$$

d) L'équation $y'' + 2y' + y = x + 1$ a pour équation homogène : $y'' + 2y' + y = 0$.
L'équation caractéristique est :

$$r^2 + 2r + 1 = 0$$

qui admet la racine double $r_1 = r_2 = -1$.
La solution générale de l'équation homogène est :

$$y = (C_1 x + C_2) e^{-x}$$

Cherchons une solution particulière sous la forme d'un polynôme du premier degré :

$$P(x) = ax + b$$
$$P'(x) = a$$
$$P''(x) = 0$$

On remplace dans l'équation complète :

$$2a + ax + b = x + 1$$

et on identifie les coefficients des termes de même degré :

$$\begin{cases} a = 1 \\ 2a + b = 1 \end{cases}$$

d'où $a = 1$ et $b = -1$.
Le polynôme $P(x) = x - 1$ est une solution particulière de l'équation complète.
La solution générale est donc :

$$y = (C_1 x + C_2) e^{-x} + x - 1$$

la condition $y(0) = 0$ donne $C_2 - 1 = 0$ donc $C_2 = 1$.
De plus, $y'(x) = C_1 e^{-x} - (C_1 x + C_2) e^{-x} + 1$ donc $y'(0) = C_1 - C_2 + 1 = 1$ d'où $C_1 = 1$.
La solution est donc :

$$y = (x + 1) e^{-x} + x - 1$$

e) L'équation caractéristique : $r^2 - 3r + 2 = 0$ admet pour solution $r = 1$ et $r = 2$.
Solutions de l'équation homogène : $y = C_1 e^x + C_2 e^{2x}$.
Comme dans **d)** on cherche une solution particulière de la forme $y = ax + b$. On trouve la fonction $y = \frac{1}{2}x + \frac{5}{4}$.
La solution générale est : $y = C_1 e^x + C_2 e^{2x} + \frac{1}{2}x + \frac{5}{4}$.
$y(0) = C_1 + C_2 + \frac{5}{4} = 0$ et $y'(0) = C_1 + 2C_2 + \frac{1}{2} = 1$, ce qui donne :

$$C_1 = -3 \text{ et } C_2 = \frac{7}{4}$$

La solution cherchée est donc : $y = -3e^x + \frac{7}{4}e^{2x} + \frac{1}{2}x + \frac{5}{4}$

10 Équation du second ordre à coefficients constants et deuxième membre périodique

Soit l'équation différentielle (E) :

$$y'' + 2y' + 2y = \sin\omega x, \quad \omega \text{ réel non nul.}$$

a) Résoudre l'équation homogène associée à (E).

b) Montrer que (E) admet une solution particulière de la forme :

$$y = A\cos\omega x + B\sin\omega x$$

Trouver A et B en fonction de la pulsation ω.

c) Donner la solution générale de (E).

d) Trouver la solution qui vérifie les conditions initiales $y(0) = 0$ et $y'(0) = 0$.
Tracer la courbe dans le cas particulier $\omega = 2$.

■ SOLUTION

a) L'équation homogène associée $y'' + 2y' + 2y = 0$ a pour équation caractéristique :

$$r^2 + 2r + 2 = 0$$

Son discriminant réduit, $\Delta' = b'^2 - ac = 1 - 2 = -1$, admet pour racines carrées les deux nombres complexes j et – j.
L'équation caractéristique a pour solutions les nombres complexes conjugués :

$$-1 + j \text{ et } -1 - j$$

La solution générale de l'équation homogène est :

$$y = e^{-x}(C_1\cos x + C_2\sin x)$$

où C_1 et C_2 sont deux constantes arbitraires.

b) Cherchons une solution particulière de l'équation complète sous la forme :

$$y = A\cos\omega x + B\sin\omega x$$

On a :

$$y' = -A\omega\sin\omega x + B\omega\cos\omega x$$
$$y'' = -A\omega^2\cos\omega x - B\omega^2\sin\omega x$$

On remplace dans l'équation complète et on factorise $\cos\omega x$ et $\sin\omega x$:

$$(-A\omega^2 + 2B\omega + 2A)\cos\omega x + (-B\omega^2 - 2A\omega + 2B)\sin\omega x = \sin\omega x$$

Les fonctions $\cos\omega x$ et $\sin\omega x$ étant indépendantes, on en déduit par identification des coefficients :

$$\begin{cases} -A\omega^2 + 2B\omega + 2A = 0 \\ -B\omega^2 - 2A\omega + 2B = 1 \end{cases}$$

On obtient un système linéaire d'inconnue A et B :

$$\begin{cases} (2-\omega^2)A + 2\omega B = 0 \\ (-2\omega A) + (2-\omega^2)B = 1 \end{cases}$$

Son déterminant :

$$\begin{vmatrix} 2-\omega^2 & 2\omega \\ -2\omega & 2-\omega^2 \end{vmatrix} = (2-\omega^2)^2 + 4\omega^2 = \omega^4 + 4$$

est strictement positif. On en déduit que le système admet une solution unique :

$$A = \frac{\begin{vmatrix} 0 & 2\omega \\ 1 & 2-\omega^2 \end{vmatrix}}{\omega^4+4} = \frac{-2\omega}{\omega^4+4}$$

$$B = \frac{\begin{vmatrix} 2-\omega^2 & 0 \\ -2\omega & 1 \end{vmatrix}}{\omega^4+4} = \frac{2-\omega^2}{\omega^4+4}$$

d'où la solution particulière cherchée :

$$y = \frac{1}{\omega^4+4}\left(-2\omega\cos\omega x + (2-\omega^2)\sin\omega x\right)$$

c) La solution générale de (E) est la somme de la solution générale de l'équation homogène et de la solution particulière trouvée en **c)**.

$$y = e^{-x}(C_1\cos x + C_2\sin x) + \frac{1}{\omega^4+4}\left(-2\omega\cos\omega x + (2-\omega^2)\sin\omega x\right)$$

d) La condition $y(0) = 0$ donne :

$$C_1 + \frac{-2\omega}{\omega^4+4} = 0 \quad \text{soit} \quad C_1 = \frac{2\omega}{\omega^4+4}$$

De plus :

$$y'(x) = -e^{-x}(C_1\cos x + C_2\sin x) + e^{-x}(-C_1\sin x + C_2\cos x) + \frac{1}{\omega^4+4}\left(2\omega^2\sin\omega x + (2-\omega^2)\omega\cos\omega x\right)$$

et : $$y'(0) = -C_1 + C_2 + \frac{(2-\omega^2)\omega}{\omega^4+4} = 0$$

ce qui donne : $$C_2 = \frac{2\omega}{\omega^4+4} - \frac{(2-\omega^2)\omega}{\omega^4+4} = \frac{\omega^3}{\omega^4+4}$$

Dans le cas particulier $\omega = 2$, on trouve :

$$C_1 = 1/5$$
$$C_2 = 2/5$$

et la solution :

$$y = e^{-x}\left(\frac{1}{5}\cos x + \frac{2}{5}\sin x\right) - \frac{1}{10}(2\cos 2x + \sin 2x)$$

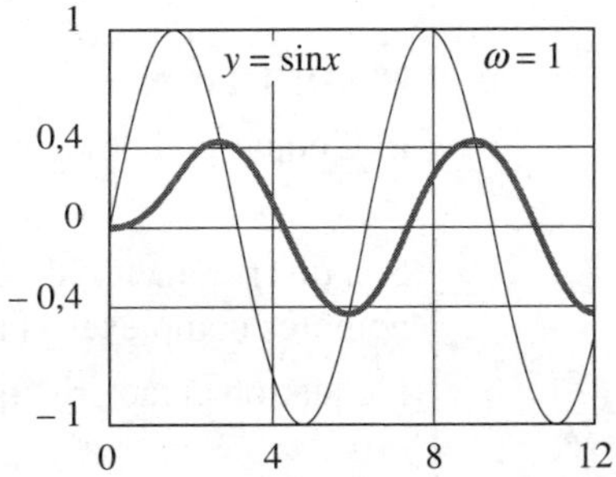

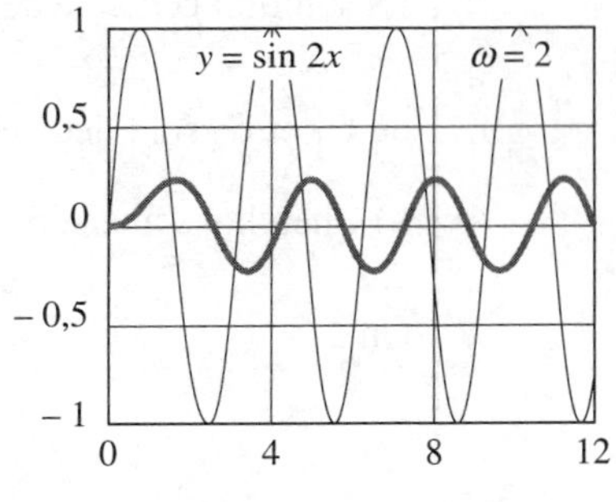

11 Méthode de variation des constantes

On considère l'équation différentielle :

$$x^2y'' - 2y = \frac{3x}{x-1}$$

1) Montrer que les fonctions $x \to x^2$ et $x \to 1/x$ sont deux solutions indépendantes de l'équation homogène associée.

2) Intégrer l'équation différentielle.

■ **SOLUTION**

1) $y = x^2$, $y' = 2x$ et $y'' = 2$. D'où : $x^2y'' - 2y = 2x^2 - 2x^2 = 0$.

$y = \frac{1}{x}$, $y' = -\frac{1}{x^2}$, $y'' = \frac{2}{x^3}$. D'où : $x^2y'' - 2y = \frac{2}{x} - \frac{2}{x} = 0$.

2) La solution générale de l'équation homogène est : $y = \alpha x^2 + \frac{\beta}{x}$, α et β constantes.

Afin de trouver la solution générale de l'équation complète, faisons varier les constantes α et β en imposant la condition supplémentaire $\alpha^2 x^2 + \frac{\beta'}{x} = 0$.

On dérive y :

$$y' = \alpha' x^2 + 2x\alpha + \frac{\beta' x - \beta}{x^2}$$

$$y' = \alpha' x^2 + 2\alpha x + \frac{\beta'}{x} - \frac{\beta}{x^2}$$

Il reste :

$$y' = 2\alpha x - \frac{\beta}{x^2}$$

On dérive une seconde fois :

$$y'' = 2(\alpha' x + \alpha) - \frac{\beta' x^2 - 2x\beta}{x^4}$$

$$y'' = 2\alpha' x + 2\alpha - \frac{\beta'}{x^2} + \frac{2\beta}{x^3}$$

Remplaçons dans l'équation avec second membre :

$$2\alpha' x^3 + 2\alpha x^2 - \beta' + \frac{2\beta}{x} - 2\alpha x^2 - \frac{2\beta}{x} = \frac{3x}{x-1}$$

Après simplification, il reste :

$$2\alpha' x^3 - \beta' = \frac{3x}{x-1} \quad (1)$$

avec la condition $\alpha' x^2 + \frac{\beta'}{x} = 0$ ou $\alpha' x^3 + \beta' = 0$ (2)

Par addition membres à membres de (1) et (2), on obtient :

$$3\alpha' x^3 = \frac{3x}{x-1}$$

d'où :

$$\alpha' = \frac{1}{x^2(x-1)}$$

α' est une fraction rationnelle qui admet 0 comme pôle double et 1 comme pôle simple.

La décomposition en éléments simples de α' donne :

$$\alpha' = -\frac{1}{x} - \frac{1}{x^2} + \frac{1}{x-1}$$

puis, par intégration :

$$\alpha = -\ln|x| + \frac{1}{x} + \ln|x-1| + C_1\,,\quad C_1 \text{ constante}$$

En multipliant l'équation (2) par 2 et en retranchant à l'équation (1), on obtient :

$$\beta' = \frac{-x}{x-1}$$

fraction rationnelle qui se décompose :

$$\beta' = -1 - \frac{1}{x-1}$$

Par intégration, on obtient :

$$\beta = -x - \ln|x-1| + C_2\,,\quad C_2 \text{ constante}$$

On remplace α et β dans $y = \alpha x^2 + \frac{\beta}{x}$ et on obtient la solution générale de l'équation complète :

$$y = -x^2\ln|x| + x + x^2\ln|x-1| - 1 - \frac{\ln|x-1|}{x} + C_1 x^2 + C_2\frac{1}{x}$$

12 Discrétisation d'une équation différentielle

Soit $y'' + a(x)y' + b(x)y = c(x)$ une équation différentielle linéaire du second ordre, où $a(x)$, $b(x)$ et $c(x)$ sont des fonctions de la variable x.
On suppose connues les conditions initiales $y(x_0)$ et $y'(x_0)$.
Soit h un réel strictement positif et (x_n) la suite de points définie par : $x_n = x_0 + n\,\mathrm{h}$.
On note y''_n, y'_n, y_n, a_n, b_n et c_n les valeur respectives des fonctions y'', y', y, a, b et c aux points x_n.
L'équation différentielle appliquée aux points x_n donne : $y_n'' + a_n y_n' + b_n y_n = c_n$.
On décide d'approcher y'_n par le taux d'accroissement de la fonction y entre les points x_n et x_{n+1}.

1) En appliquant la formule de Taylor à l'ordre deux à la fonction y, montrer que y_n'' peut être approché par $\frac{1}{\mathrm{h}^2}(y_{n+1} - 2y_n + y_{n-1})$.

2) En remplaçant y_n' et y_n'' par leurs valeurs approchées trouver une relation liant y_{n+1}, y_n et y_{n-1}. Exprimer y_{n+1} en fonction de y_n et y_{n-1}.

3) Faire un programme sur calculatrice ou ordinateur qui calcule la suite des valeurs y_n et trace la fonction y.

4) Reprendre l'équation différentielle de l'exercice 11 et comparer les résultats obtenus par discrétisation avec les valeurs calculées à partir de la solution exacte sur l'intervalle [0, 1] avec un pas h = 0,1 puis avec h = 0,01.

5) Tracer le graphe de la solution de l'équation $xy'' + y' + xy = 0$ avec $y(0) = 0$ et $y'(0) = 1$.

■ SOLUTION

1) On écrit la formule de Taylor à l'ordre deux au point $x_n + \mathrm{h}$ et au point $x_n - \mathrm{h}$.

$$y(x_n + \mathrm{h}) = y(x_n) + y'(x_n)\mathrm{h} + \frac{y''(x_n)}{2}\mathrm{h}^2 + \mathrm{h}^2\varepsilon_1(\mathrm{h})$$

$$y(x_n - \mathrm{h}) = y(x_n) - y'(x_n)\mathrm{h} + \frac{y''(x_n)}{2}\mathrm{h}^2 + \mathrm{h}^2\varepsilon_2(\mathrm{h})$$

où $\varepsilon_1(\text{h})$ et $\varepsilon_2(\text{h})$ sont deux fonctions qui tendent vers 0 quand h tend vers 0.
Par addition membres à membres, on obtient :

$$y(x_n + \text{h}) + y(x_n - \text{h}) = 2y(x_n) + y''(x_n)\text{h}^2 + \text{h}^2\, \varepsilon_3(\text{h})$$

d'où :

$$y''(x_n) = \frac{1}{\text{h}^2}\,[y(x_n + \text{h}) + y(x_n - \text{h}) - 2y(x_n)] + \varepsilon_3(\text{h})$$

Mais $x_n + \text{h} = x_{n+1}$ et $x_n - \text{h} = x_{n-1}$, donc :

$$y_n'' = \frac{1}{\text{h}^2}\,(y_{n+1} - 2y_n + y_{n+1}) + \varepsilon_3(\text{h}) \quad \text{avec } \lim_{h\to 0}\varepsilon_3(\text{h}) = 0$$

2) On remplace y_n'' et y_n' par leurs valeurs approchées :

$$\frac{1}{\text{h}^2}\,(y_{n+1} - 2y_n + y_{n-1}) + \frac{a_n}{\text{h}}\,(y_{n+1} - y_n) + b_n y_n = c_n$$

d'où la suite récurrente double :

$$y_{n+1} = \frac{1}{1 + a_n\text{h}}\,[(2 + a_n\text{h} - b_n\text{h}^2)\,y_n - y_{n-1} + c_n\text{h}^2]$$

Le premier terme $y_0 = y(x_0)$ est connu.
Le deuxième terme y_1 se calcule à partir de : $y_0' = y'(x_0) = \frac{1}{\text{h}}\,(y_1 - y_0)$, d'où :

$$y_1 = y_0 + \text{h}y_0'$$

3) Programme Matlab

```
h=input('pas=');
s0=input('entrer la condition initiale s0=');
z0=input('entrer la condition initiale sprim(0)=');
m=input('bornesup de 1 intervalle=');
s1=s0+h*z0;
s=(s0 s1);
t=(0:h:m);
a=2*ones(size(t));
b=2*ones(size(t));
c=sin(2*t);
for k=2:size(t,2)-1;
    s=(s 1/(1+a(k)*h))*((2+a(k)*h-b(k)*h^2)*s(k)-s(k-1)+c(k)*h^2));
end
plot(t,s)
```

Commentaires :

Ligne 1 à 4 : les données sont entrées en « input ».

Ligne 5 : on calcule le deuxième terme de la suite.

Ligne 6 : s est un vecteur qui contient les deux premiers termes de la suite.

Ligne 7 : t est un vecteur qui contient toutes les valeurs x_n. Sa taille dépend du pas h.

Ligne 8 à 10 : on entre les trois fonctions a, b et c. a et b sont deux vecteurs qui ont la taille de t et qui ne contiennent que des « 2 ». c est un vecteur qui contient les valeurs de la fonction $\sin 2x$ en chaque point x_n.

Ligne 12 : dans une boucle « for ... end » on crée par concaténation un vecteur qui contient toutes les valeurs y_n et qui a la taille de t.

4) Résolution numérique de l'équation $y'' + 2y' + 2y = \sin 2x$, $y(0) = 0$ et $y'(0) = 0$

Les valeurs x_n et y_n sont données dans le tableau suivant. La dernière colonne donne les valeurs calculées à partir de la solution exacte.

x_n	**h = 0,1** y_n	**h = 0,01** y_n	**h = 0,001** y_n	y_n
0	0	0	0	0
0,1	0	0,0003	0,0003	0,0003
0,2	0,0017	0,0024	0,0024	0,0024
0,3	0,0063	0,0075	0,0076	0,0076
0,4	0,0147	0,0167	0,0168	0,0168
0,5	0,0274	0,0303	0,0305	0,0306
0,6	0,0446	0,0485	0,0488	0,0489
0,7	0,0660	0,0709	0,0713	0,0714
0,8	0,0909	0,0968	0,0974	0,0974
0,9	0,1184	0,1253	0,1259	0,1260
1	0,1476	0,1551	0,1558	0,1559

5) Représentation graphique sur l'intervalle [– 20, 20] de la solution de l'équation différentielle :

$$xy'' + y' + xy = 0$$
$$y(0) = 1 \text{ et } y'(0) = 0$$

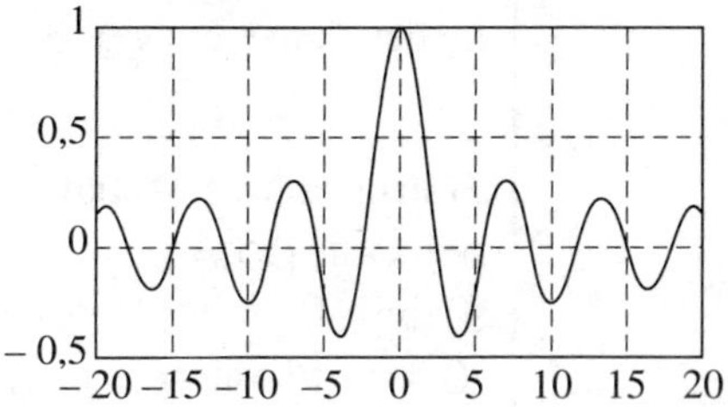

13 Système différentiel linéaire

Résoudre le système différentiel suivant : $\begin{cases} \dfrac{dx}{dt} = 2x - y \\ \dfrac{dy}{dt} = -x + 2y \end{cases}$

où x et y sont deux fonctions de la variable t.

■ SOLUTION

On élimine y entre les deux équations afin de se ramener à une équation différentielle linéaire du second ordre de fonction inconnue $x(t)$.

La première équation donne : $y = 2x - \dfrac{dx}{dt}$.

En dérivant par rapport à t les deux membres, on obtient : $\dfrac{dy}{dt} = 2\dfrac{dx}{dt} - \dfrac{d^2x}{dt^2}$

Remplaçons dans la deuxième équation : $2\dfrac{dx}{dt} - \dfrac{d^2x}{dt^2} = -x + 2\left(2x - \dfrac{dx}{dt}\right)$

qui donne : $$\frac{d^2x}{dt^2} - 4\frac{dx}{dt} + 3x = 0$$

équation différentielle linéaire du second ordre à coefficients constants d'équation caractéristique, $r^2 - 4r + 3 = 0$, de racines $r_1 = 1$ et $r_2 = 3$.

D'où : $x(t) = C_1\,e^t + C_2\,e^{3t}$, C_1 et C_2 constantes

et, $y(t) = 2x(t) - \dfrac{dx}{dt} = 2(C_1\,e^t + C_2\,e^{3t}) - C_1\,e^t - 3C_2\,e^{3t} = C_1\,e^t - C_2\,e^{3t}$.

12 SUITES

Suites numériques

1. Définition

Une suite réelle est une fonction de $\mathbb{N}$ dans $\mathbb{R}$.
La suite (u_n) est définie de façon explicite si $u_n = f(n)$, elle est définie par récurrence si on connaît le terme u_0 et la relation $u_{n+1} = f(u_n)$.

2. Démonstration par récurrence

> Pour démontrer qu'une propriété $P(n)$ est vraie pour tout $n \geq n_0$:
> **1)** on démontre la propriété au rang n_0 ;
> **2)** on démontre que si $P(n-1)$ est vraie, alors $P(n)$ aussi.

3. Suites majorées, minorées, bornées

La suite (u_n) est majorée par M si, pour tout $n \in \mathbb{N}$, $u_n \leq M$. La suite (v_n) est minorée par m si, pour tout $n \in \mathbb{N}$, $v_n \geq m$. Une suite à la fois majorée et minorée est bornée.

4. Sens de variation

Si, pour tout $n \in \mathbb{N}$:

a) $u_{n+1} \geq u_n$, la suite (u_n) est croissante
b) $u_{n+1} > u_n$, la suite (u_n) est strictement croissante
c) $u_{n+1} \leq u_n$, la suite (u_n) est décroissante
d) $u_{n+1} < u_n$, la suite (u_n) est strictement décroissante

Une suite croissante ou décroissante est monotone.
Une suite (u_n) à termes strictement positifs est croissante si, pour tout $n \in \mathbb{N}$, $\dfrac{u_{n+1}}{u_n} \geq 1$.

Convergence des suites numériques

1. Définition

La suite (u_n) est convergente si elle admet une limite finie quand $n \to +\infty$. Une suite qui n'est pas convergente est divergente.
Les opérations sur les limites ainsi que les théorèmes d'encadrement sont identiques à ceux cités pour les fonctions.

2. Théorèmes

> Toute suite convergente est bornée.

La réciproque de ce théorème est fausse. En effet, la suite de terme général $(-1)^n$ n'admet pas de limite bien que bornée.

> Toute suite croissante majorée est convergente.
> Toute suite décroissante minorée est convergente.

3. Image d'une suite par une fonction continue

Si la suite (u_n) converge vers L et si la fonction f est continue en L, alors la suite $(f(u_n))$ converge vers f(L).

4. Suites adjacentes

Si (u_n) est une suite croissante, (v_n) est une suite décroissante, si $u_n \leq v_n$ pour tout n et si la suite $(v_n - u_n)$ converge vers 0, alors les suites (u_n) et (v_n) sont adjacentes. Elles sont convergentes et de même limite.

SUITES ARITHMÉTIQUES ET GÉOMÉTRIQUES

1. Suites arithmétiques

On appelle suite arithmétique de raison r toute suite vérifiant la relation de récurrence $u_{n+1} = u_n + r$.
On démontre que $u_n = u_0 + nr$.
Toute suite arithmétique est :
a) constante et égale à u_0 si $r = 0$;
b) croissante et divergente vers $+\infty$ si $r > 0$;
c) décroissante et divergente vers $-\infty$ si $r < 0$.

Somme des n premiers entiers : $1 + 2 + 3 + ... + n = \dfrac{n(n+1)}{2}$

2. Suites géométriques

On appelle suite géométrique de raison q toute suite vérifiant la relation de récurrence $u_{n+1} = q \cdot u_n$.
On démontre que $u_n = u_0\, q^n$.
Étude de la suite géométrique (q^n), avec $q \neq 0$:
a) si $q = 1$, (q^n) est constante et égale à 1 ;
b) si $q > 1$, (q^n) est croissante et diverge vers $+\infty$;
c) si $|q| < 1$, (q^n) converge vers 0, si $0 < q < 1$, (q^n) est décroissante ;
d) si $q = -1$, (q^n) n'admet pas de limite. C'est la suite $(-1)^n$;
e) si $q < -1$, la suite n'admet pas de limite.

Lorsque $q \neq 1$: $1 + q + q^2 + ... + q^n = \dfrac{1 - q^{n+1}}{1 - q}$

SUITES RÉCURRENTES

1. Théorème du point fixe

Si une fonction f dérivable sur un intervalle I est telle que :
f est stable sur I (c'est-à-dire que $f(I) \subset I$) et $|f'(x)| \leq k < 1$,
alors l'équation $f(x) = x$ admet une solution unique α.
De plus, la suite définie par u_0 et $u_{n+1} = f(u_n)$ converge vers α.

2. Suites récurrentes doubles

On considère la suite (u_n) définie par ses deux premiers termes et la relation de récurrence $Au_{n+2} + Bu_{n+1} + Cu_n = 0$, $A \neq 0$.

L'équation $Ar^2 + Br + C = 0$ est appelée l'**équation caractéristique** associée.
Soit $\Delta = B^2 - 4AC$ le discriminant de l'équation caractéristique.
Si $\Delta > 0$, $u_n = \lambda r_1^n + \mu r_2^n$.
Si $\Delta = 0$, $u_n = (\lambda n + \mu) r_1^n$.
Si $\Delta < 0$, $u_n = \rho^n (\lambda \cos n\theta + \mu \sin n\theta)$, où :
r_1 et r_2 sont les racines réelles de l'équation caractéristique, ρ est le module et θ un argument des racines complexes conjuguées, λ et μ sont des constantes déterminées par les termes u_0 et u_1.

Suites de fonctions

1. Convergences simple et uniforme

• La suite de fonctions (f_n) converge **simplement** vers f sur un intervalle I si, pour tout $x \in I$, $f(x) = \lim_{n \to +\infty} f_n(x)$.

Ainsi, l'étude de la convergence simple de la suite (f_n) n'est autre que l'étude de la convergence de la suite numérique $(f_n(x))$, pour x fixé dans I.

• La suite de fonctions (f_n) converge **uniformément** vers f sur un intervalle I si la suite numérique de terme général $u_n = \sup_{x \in I} |f_n(x) - f(x)|$ converge vers 0.

Si (f_n) converge uniformément vers f, alors (f_n) converge simplement vers f.

Interprétation graphique :

À partir d'un certain rang, les fonctions $f_n(x)$ sont toutes contenues dans une bande centrée autour de la fonction $f(x)$.

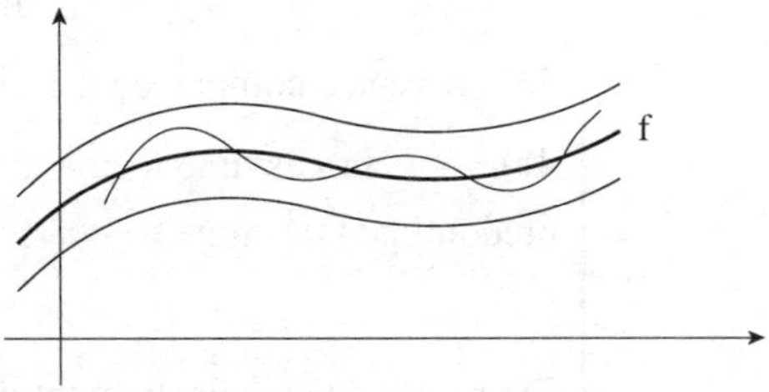

2. Théorèmes

• Limite uniforme d'une suite de fonctions continues :
Si (f_n) est une suite de fonctions continues sur un intervalle I convergeant uniformément vers f sur I, alors f est continue sur I.

• Intégration d'une suite de fonctions :
Si (f_n) est une suite de fonctions continues sur $[a ; b]$ convergeant uniformément vers f sur $[a ; b]$, alors $\lim_{n \to \infty} \int_a^b f_n(x)\,dx = \int_a^b f(x)\,dx$.

• Dérivation d'une suite de fonctions :
Si (f_n) est une suite de fonctions dérivables sur un intervalle I convergeant simplement vers f sur I et si la suite des dérivées (f'_n) converge uniformément sur I, alors $f'(x) = \lim_{n \to \infty} f'_n(x)$.

EXERCICES

1 Étudier la convergence des suites définies par leur terme général

1) $\dfrac{2n-4}{3n+5}$ **2)** $n^3 - 2n^2$ **3)** $\dfrac{\ln n}{n}$ **4)** $n^2 - n \,.\, \ln n$

5) $n \,.\, \sin \frac{1}{n}$ **6)** $n \,.\, \cos \frac{1}{n}$ **7)** $\sqrt{n+1} - \sqrt{n}$ **8)** $\dfrac{1}{n + (-1)^n}$

9) $(2^n + 3^n)^{1/n}$ **10)** $\sqrt[n]{n}$ **11)** $\left(1 + \frac{1}{n}\right)^n$

■ SOLUTION

Dans tous les exercices, on écrira « lim » pour « $\lim\limits_{n\to+\infty}$ ».

1) On utilise le théorème sur la limite à l'infini d'une fraction rationnelle et donc :

$$\lim \frac{2n-4}{3n+5} = \lim \frac{2n}{3\text{n}} = \frac{2}{3}$$

2) On utilise le théorème sur la limite à l'infini d'un polynôme qui donne :

$$\lim(n^3 - 2n^2) = \lim n^3 = +\infty$$

3) Croissance comparée à l'infini des fonctions logarithme et puissance : $\lim \frac{\ln n}{n} = 0$.

4) $n^2 - n \,.\, \ln n$ est une forme indéterminée du type « $\infty - \infty$ ». On met en facteur le terme prédominant n^2, alors $n^2 - n.\ \ln n = n^2\left(1 - \frac{\ln n}{n}\right)$ et $\lim \frac{\ln n}{n} = 0$. Finalement :

$$\lim(n^2 - n \,.\, \ln n) = +\infty$$

5) On effectue le changement de variable $p = \frac{1}{n}$, alors $\lim(n \,.\, \sin \frac{1}{n}) = \lim\limits_{p\to 0} \dfrac{\sin p}{p} = 1$.

6) $\lim\left(\cos \frac{1}{n}\right) = \cos 0 = 1$. Donc $\lim\left(n \,.\, \cos \frac{1}{n}\right) = +\infty$

7) Pour lever l'indétermination « $\infty - \infty$ », on utilise la quantité conjuguée :

$$\sqrt{n+1} - \sqrt{n} = \frac{(\sqrt{n+1} - \sqrt{n})(\sqrt{n+1} + \sqrt{n})}{\sqrt{n+1} + \sqrt{n}} = \frac{1}{\sqrt{n+1} + \sqrt{n}} \sim \frac{1}{2\sqrt{n}}$$

Finalement : $$\lim \sqrt{n+1} - \sqrt{n} = 0$$

8) On utilise un théorème d'encadrement avec $\dfrac{1}{n+1} \leq \dfrac{1}{n+(-1)^n} \leq \dfrac{1}{n-1}$, pour tout $n > 1$.

De plus, $\lim \dfrac{1}{n+1} = \lim \dfrac{1}{n-1} = 0$, ce qui est aussi la limite de la suite.

9) On utilise la limite d'une suite géométrique de raison q, $0 < q < 1$, après mise en facteur du terme prédominant : $(2^n + 3^n)^{1/n} = 3 \,.\, \left(1 + \frac{2^n}{3^n}\right)^{1/n}$ et $\lim\left(\frac{2}{3}\right)^n = 0$.

Donc : $$\lim(2^n + 3^n)^{1/n} = 3.$$

10) Par définition : $\sqrt[n]{n} = e^{\frac{\ln n}{n}}$ et $\lim \frac{\ln n}{n} = 0$. Donc $\lim \sqrt[n]{n} = 1$.

11) $\left(1 + \frac{1}{n}\right)^n = e^{n \ln\left(1 + \frac{1}{n}\right)}$ et $\ln\left(1 + \frac{1}{n}\right) \sim \frac{1}{n}$ donc, $\lim n \ln\left(1 + \frac{1}{n}\right) = 1$ et $\lim\left(1 + \frac{1}{n}\right)^n = e$

2 Raisonnements par récurrence

1) Inégalité de Bernoulli : soit $x > 0$, pour tout $n \in \mathbb{N}$, $(1+x)^n \geq 1 + nx$.

2) Pour tout $n \geq 6$: $2^n \geq (n+2)^2$.

3) Pour tout $n \geq 1$, $\prod_{k=1}^{n} (4k-2) = \prod_{k=1}^{n} (n+k)$.

■ **SOLUTION**

1) La propriété est vraie pour $n = 0$ car $(1+x)^0 = 1$ et $1 + 0x = 1$.

Supposons la propriété vraie au rang $n-1$ $(n \geq 1)$: $(1+x)^{n-1} \geq 1 + (n-1)x$.

Alors, au rang n :

$$(1+x)^n = (1+x)(1+x)^{n-1} \geq (1+x)[1+(n-1)x] = 1 + nx + (n-1)x^2 \geq 1 + nx.$$

Ce qui démontre la propriété au rang n.

2) La propriété est vraie pour $n = 6$ car $2^6 = 64$ et $(6+2)^2 = 64$.

Supposons la propriété vraie au rang $n-1$ $(n \geq 7)$: $2^{n-1} \geq [(n-1)+2]^2 = (n+1)^2$

Montrons qu'elle est vraie au rang n :

$2^n = 2 \times 2^{n-1} \geq 2(n+1)^2$. Il reste à comparer $2(n+1)^2$ avec $(n+2)^2$.

Étudions donc le signe de leur différence :

$$2(n+1)^2 - (n+2)^2 = 2n^2 + 4n + 2 - n^2 - 4n - 4 = n^2 - 2$$

Cette différence est positive pour $n \geq 6$. Donc $2^n \geq 2(n+1)^2 > (n+2)^2$.

Ce qui démontre la propriété au rang n.

3) La propriété est vraie pour $n = 1$ car $\prod_{k=1}^{1} (4k-2) = 2$ et $\prod_{k=1}^{1} (1+k) = 2$.

Supposons la propriété vraie au rang n : $\prod_{k=1}^{n} (4k-2) = \prod_{k=1}^{n} (n+k)$.

Montrons qu'elle est vraie au rang $n+1$:

$$\prod_{k=1}^{n+1} (4k-2) = [4(n+1)-2] \prod_{k=1}^{n} (4k-2) = 2(2n+1) \prod_{k=1}^{n} (n+k)$$

$$= 2(n+1)(2n+1) \prod_{k=2}^{n} (n+k) = \prod_{k=2}^{n} (n+k) \,.\, (2n+1)(2n+2)$$

$$= \prod_{k=1}^{n+1} (n+1+k)$$

Ce qui démontre la propriété au rang $n+1$.

3 Une suite arithmético-géométrique

Soit la suite (u_n) définie par $u_0 = 0$ et $u_{n+1} = \frac{3}{4} u_n + 4$ et la suite (v_n) telle que, pour tout $n \in \mathbb{N}$, $v_n = u_n - 16$.

1) Calculer u_1, u_2, u_3.

2) Déterminer le point d'intersection des droites d'équation $y = \frac{3}{4} x + 4$ et $y = x$ et représenter graphiquement les premiers termes de la suite (u_n).

3) Montrer que la suite (v_n) est une suite géométrique dont on déterminera le premier terme et la raison.

4) Déterminer la limite de (v_n) et en déduire celle de (u_n).

■ SOLUTION

1) $u_1 = 4$; $u_2 = 7$; $u_3 = 37/4 = 9{,}25$; $u_4 = 10{,}9375$.

2) La résolution du système $y = \frac{3}{4}x + 4$ et $y = x$ donne $x = y = 16$.

Soit $f : x \to \frac{3}{4}x + 4$. On a : $u_1 = f(u_0)$, u_1 est l'ordonnée du point de la droite $y = \frac{3}{4}x + 4$ d'abscisse u_0. On reporte u_1 sur l'axe des abscisses en utilisant la droite $y = x$. $u_2 = f(u_1)$, etc. Cette construction suggère que la suite (u_n) converge vers le nombre 16, abscisse du point d'intersection des deux droites.

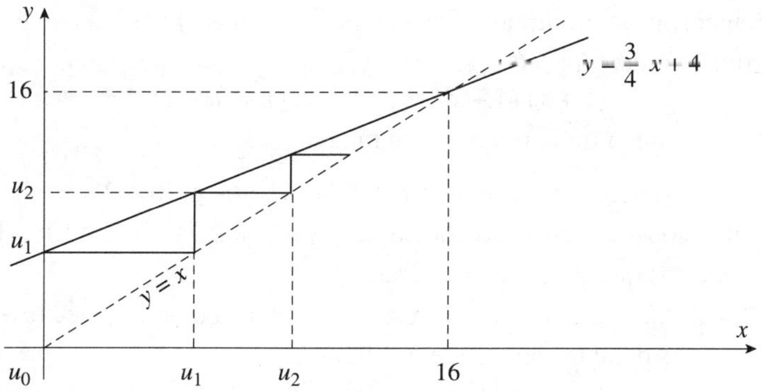

3) Pour montrer que (v_n) est une suite géométrique, exprimons v_{n+1} en fonction de v_n :

$$v_{n+1} = u_{n+1} - 16 = \frac{3}{4}u_n + 4 - 16 = \frac{3}{4}u_n - 12 = \frac{3}{4}(u_n - 16) = \frac{3}{4}v_n$$

(v_n) est une suite géométrique de raison $\frac{3}{4}$ et de premier terme $v_0 = -16$.

4) $\lim\limits_{n\to+\infty} \left(\frac{3}{4}\right)^n = 0$. Donc (v_n) converge vers 0, et comme, pour tout n, $u_n = v_n + 16$, la suite (u_n) converge vers 16.

4 La divergence des suites ($\sin n$) et ($\cos n$)

1) Montrer que la suite $(\cos n)$, $n \in \mathbb{N}$, est divergente.
Indication : calculez $\cos[(n + 1) + 1]$ puis $\cos[(n + 1) - 1]$.
2) En déduire que la suite $(\sin n)$, $n \in \mathbb{N}$, est également divergente.

■ SOLUTION

Pour tout $n \in \mathbb{N}$, $-1 \leq \cos n \leq 1$, donc la suite $(\cos n)$ est bornée. Si elle admet une limite, celle-ci ne peut pas être infinie. Supposons alors que $\lim \cos n = L$. L étant un nombre réel compris entre -1 et 1. Utilisons les relations trigonométriques :

$$\cos[(n + 1) + 1] = \cos(n + 1) \,.\, \cos 1 - \sin(n + 1) \,.\, \sin 1$$
$$\cos[(n + 1) - 1] = \cos(n + 1) \,.\, \cos 1 + \sin(n + 1) \,.\, \sin 1$$

qui, par addition membre à membre donnent : $\cos(n + 2) + \cos n = 2\cos(n + 1) \,.\, \cos 1$
Cette égalité devient, par passage à la limite :

$$\lim \cos(n + 2) + \lim \cos n = 2\cos 1 \,.\, \lim \cos(n + 1)$$

c'est-à-dire $2L = 2(\cos 1) \,.\, L \Leftrightarrow L(\cos 1 - 1) = 0$.

Comme $\cos 1 \neq 1$, alors la limite L, si elle existe, est nécessairement égale à 0.
Cependant, en utilisant la relation : $\cos 2n = 2\cos^2 n - 1$ et, de la même manière, en passant à la limite, on obtient : $L = 2L^2 - 1$.
La solution $L = 0$ ne convient pas à cette nouvelle égalité, donc la suite $(\cos n)$ n'admet pas de limite.

2) La suite $(\sin n)$ ne peut pas non plus admettre de limite infinie.
Si la suite $(\sin n)$ admettait une limite finie M, alors on aurait aussi $\lim \cos n = \pm\sqrt{1 - M^2}$ ce qui est impossible d'après la question précédente.

5 Vrai ou faux ?

1) Toute suite bornée est convergente.
2) Pour toute suite (u_n) : $(|u_n|)$est convergente $\Rightarrow$ (u_n) est convergente.
3) Toute suite (u_n) décroissante à termes positifs converge vers 0.
4) La somme de deux suites divergentes est dans tous les cas une suite divergente.
5) Toute suite à termes positifs convergente vers 0 est décroissante.
6) Si une suite à termes positifs diverge, alors sa limite est $+\infty$.
7) Soit la suite définie par son premier terme u_0 et la relation de récurrence $u_{n+1} = f(u_n)$.
Si f est une fonction croissante, alors la suite (u_n) est croissante.

■ **SOLUTION**

1) FAUX : La suite $(\sin n)$ n'admet pas de limite et pourtant elle est bornée puisque, pour tout n, $-1 \leq \sin n \leq 1$.
La suite $v_n = (-1)^n$ est bornée, n'admet pas de limite, bien qu'elle admette deux sous-suites convergentes de termes généraux : $v_{2n} = 1$ et $v_{2n+1} = -1$.
En revanche la réciproque est vraie, c'est-à-dire : **Toute suite convergente est bornée**.

2) FAUX : La suite $(|v_n|)$ où $v_n = (-1)^n$ est la suite constante égale à 1, donc convergente, bien que la suite (v_n) diverge.
En revanche, (u_n) convergente vers 0 $\Leftrightarrow$ $(|u_n|)$ convergente vers 0.

3) FAUX : La suite $(1 + 1/n)_{n>0}$ est une suite décroissante à termes positifs, et converge vers 1. En fait, toute suite décroissante à termes positifs est convergente, mais sa limite n'est pas obligatoirement 0.

4) FAUX : Soit (u_n) une suite divergente, alors la suite $(-u_n)$ est également divergente. Pourtant leur somme est la suite identiquement nulle, donc convergente...

5) FAUX : La suite (u_n) telle que $u_n = 1/n$ si n est pair et $u_n = 0$ si n est impair est convergente vers 0 mais n'est pas décroissante.

6) FAUX : Elle peut ne pas avoir de limite comme la suite : $u_n = 1 + \sin n$.

7) FAUX : La monotonie de la suite (u_n) est donnée par la différence $u_{n+1} - u_n$:
$u_{n+1} - u_n = f(u_n) - f(u_{n-1})$. Mais, la fonction f étant croissante, le signe de $f(u_n) - f(u_{n-1})$ est le même que celui de $u_n - u_{n-1}$. Par récurrence, le signe de $u_{n+1} - u_n$ est le même que $u_1 - u_0$. Finalement, si $u_1 > u_0$ (resp. $u_1 < u_0$), la suite est croissante (resp. décroissante).
Si f est croissante, la suite est monotone (croissante ou décroissante).
Si f est décroissante, les deux sous-suites u_{2n} et u_{2n+1} sont monotones et de sens contraires.

6 Calcul de sommes

1) Calculer les sommes suivantes :

$$S_1 = \sum_{k=1}^{n} k \ ; \ S_2 = \sum_{k=1}^{n} k^2 \ ; \ S_3 = \sum_{k=1}^{n} k^3 \text{ (vérifiez que } S_3 = S_1^2) \ ; \ S_1 = \sum_{k=1}^{n} (2k-1).$$

2) Calculer $S = \sum_{k=1}^{n} \frac{1}{1+2+...+k}$ et déterminer $\lim S_n$.

3) Déterminer la limite de la suite définie par $u_n = \frac{1+3+5+...+(2n-1)}{1+2+3+...+n}$, $n \geq 1$.

SOLUTION

1) Calculs des sommes des puissances des n premiers entiers.

• Calcul de S_1 : On écrit deux fois la somme S_1 puis on effectue les additions en colonnes de la façon suivante :

$$\begin{array}{l} S_1 = 1 + 2 + 3 + ... + (n-2) + (n-1) + n \\ S_1 = n + (n-1) + (n-2) + ... + 3 + 2 + 1 \end{array}$$

Donc : $2S_1 = (n+1) + (n+1) + (n+1) + ... + (n+1) + (n+1) + (n+1) = n(n+1)$

D'où on déduit finalement que : $S_1 = \frac{n(n+1)}{2}$.

• Calcul de S_2 : La méthode consiste à développer $(k+1)^3$, pour tout k entier entre 0 et n. On écrit :

$$\begin{array}{rcl} (n+1)^3 &=& n^3 + 3.n^2 + 3.n + 1 \\ [(n-1)+1]^3 = n^3 &=& (n-1)^3 + 3(n-1)^2 + 3(n-1) + 1 \\ [(n-2)+1]^3 = (n-1)^3 &=& (n-2)^3 + 3(n-2)^2 + 3(n-2) + 1 \\ \hline 2^3 &=& 1^3 + 3.1^2 + 3.1 + 1 \\ 1 &=& 1 \end{array}$$

L'addition de ces $(n+1)$ lignes nous amène les simplifications à gauche et à droite des termes n^3, $(n-1)^3$, ..., 2^3 et 1.
Il reste alors : $(n+1)^3 = 3S_2 + 3S_1 + (n+1)$. En utilisant le résultat précédent donnant S_1, on trouve finalement que : $S_2 = \frac{n(n+1)(2n+1)}{6}$.

• Calcul de S_3 : Le résultat donné dans l'énoncé nous suggère l'emploi d'une démonstration par récurrence :

Au rang 1, $\sum_{k=1}^{1} k^3 = 1$ et $\frac{1^2(1+1)^2}{4} = 1$, donc le résultat est vérifié.

Supposons le résultat vrai au rang $n-1$, c'est-à-dire $\sum_{k=1}^{n-1} k^3 = \frac{n^2(n-1)^2}{4}$. Alors :

$$S_3 = n^3 + \sum_{k=1}^{n-1} k^3 = n^3 + \frac{n^2(n-1)^2}{4} = \frac{4n^3 + n^4 - 2n^3 + n^2}{4} = \frac{n^4 + 2n^3 + n^2}{4} = \frac{n^2(n+1)^2}{4} = S_1^2$$

Ce qu'il fallait démontrer.

• Calcul de la somme des n premiers entiers impairs :

$$S'_1 = \sum_{k=1}^{n} (2k-1) = 2\left(\sum_{k=1}^{n} k\right) - n = 2S_1 - n = n^2$$

2) On utilise encore le résultat de S_1 : $1 + 2 + ... + k = \dfrac{k(k+1)}{2}$, donc S_n s'écrit :

$$S_n = \sum_{k=1}^{n} \frac{2}{k(k+1)} = 2\sum_{k=1}^{n} \frac{1}{k(k+1)}, \text{ mais } \frac{1}{k(k+1)} = \frac{1}{k} - \frac{1}{k+1}.$$

On obtient alors :

$$S_n = 2\left(1 - \frac{1}{2} + \frac{1}{2} - \frac{1}{3} + \frac{1}{3} - ... + \frac{1}{n} - \frac{1}{n+1}\right)$$

et après simplification des termes deux à deux, il reste finalement $S_n = 2 - \dfrac{2}{n+1}$.

On en déduit que S_n admet pour limite 2 quand n tend vers $+\infty$.

3) Remarquons que $u_n = \dfrac{S_1'}{S_1} = \dfrac{2n^2}{n(n+1)} = \dfrac{2n}{n+1}$

Donc (u_n) admet pour limite 2 quand n tend vers $+\infty$.

7 Étude de suites convergentes vers e

1) Montrer que les suites définies par $u_n = 1 + \dfrac{1}{1!} + \dfrac{1}{2!} + ... + \dfrac{1}{n!}$ et $v_n = u_n + \dfrac{1}{n\,.\,n!}$, pour tout $n \in \mathbb{N}^*$, sont adjacentes. Calculer les 10 premiers termes de ces suites.

On considère la fonction $f : x \to e^{-x} \sum_{k=0}^{n} \dfrac{x^k}{k!}$, définie sur l'intervalle [0 ; 1].

2) Montrer que $|f'(x)| \leq \dfrac{1}{n!}$. En appliquant l'inégalité des accroissements finis, montrer que $\left|\dfrac{1}{e} u_n - 1\right| < \dfrac{1}{n!}$ puis conclure quant à la limite de la suite (u_n).

3) Montrer que e est un nombre irrationnel.

■ SOLUTION

1) Montrons que les deux suites sont adjacentes :

• La suite (u_n) est strictement croissante puisque $u_{n+1} - u_n = \dfrac{1}{(n+1)!} > 0$.

• La suite (v_n) est strictement décroissante :

$$v_{n+1} - v_n = u_{n+1} - u_n + \frac{1}{(n+1)\,(n+1)!} - \frac{1}{nn!} = \frac{1}{(n+1)!} + \frac{1}{(n+1)\,(n+1)!} - \frac{1}{nn!}$$

$$= \frac{n(n+1) + n - (n+1)^2}{n(n+1)\,(n+1)!} = \frac{-1}{n(n+1)\,(n+1)!} < 0$$

• Enfin $u_n < v_n$, pour tout $n \neq 0$ et $\lim(v_n - u_n) = \lim \dfrac{1}{n\,.\,n!} = 0$.

On en déduit que ces deux suites convergent vers la même limite.

ermes des suites (u_n) et (v_n) :

	(u_n)	(v_n)
1	2,0000000000	3,0000000000
2	2,5000000000	2,7500000000
3	2,6666666667	2,7222222222
4	2,7083333333	2,7187500000
5	2,7166666667	2,7183333333
6	2,7180555556	2,7182870370
7	2,7182539683	2,7182823129
8	2,7182787698	2,7182818700
9	2,7182815256	2,7182818318
10	2,7182818011	2,7182818287

2) Considérons la fonction $f : x \rightarrow e^{-x} \sum_{k=0}^{n} \frac{x^k}{k!}$ définie pour tout $x \in [0\,;1]$.

f est dérivable sur [0 ; 1] et, pour tout $k > 0$, la dérivée de $\frac{x^k}{k!}$ est $\frac{x^{k-1}}{(k-1)!}$, donc :

$$f'(x) = e^{-x} \sum_{k=1}^{n} \frac{x^{k-1}}{(k-1)!} - e^{-x} \sum_{k=0}^{n} \frac{x^k}{k!} = e^{-x}\left[\sum_{k=1}^{n} \frac{x^{k-1}}{(k-1)!} - \sum_{k=0}^{n} \frac{x^k}{k!}\right] = -\frac{x^n}{n!} e^{-x}$$

(Les termes entre crochets se simplifiant deux à deux...)

Pour tout $x \in [0\,;1]$, $0 \leq e^{-x} \leq 1$. On en déduit l'encadrement : $|f'(x)| \leq \frac{1}{n!}$.

L'inégalité des accroissements finis appliquée à la fonction f sur [0 ; 1] nous donne alors :

$|f(1) - f(0)| \leq \frac{1}{n!}$ et comme $f(0) = 1$ et $f(1) = \frac{1}{e} \sum_{k=0}^{n} \frac{1}{k!} u_n$, on obtient en remplaçant $f(0)$ et $f(1)$ l'encadrement demandé.

Il reste à considérer la limite de cette inégalité quand n tend vers $+\infty$ pour obtenir :

$$\lim_{n \to +\infty} \left| \frac{1}{e} u_n - 1 \right| = 0 \Rightarrow \lim_{n \to +\infty} u_n = e$$

3) Supposons que le nombre e soit un nombre rationnel, c'est-à-dire que $e = \frac{p}{n}$, avec p et n entiers, $n \neq 0$.

La stricte monotonie des suites (u_n) et (v_n) nous donne l'inégalité stricte $u_n < e < v_n$, pour tout n entier non nul.

En remplaçant : $u_n = 1 + \frac{1}{1!} + \frac{1}{2!} + \ldots + \frac{1}{n!} < \frac{p}{n} < 1 + \frac{1}{1!} + \frac{1}{2!} + \ldots + \frac{1}{n!} + \frac{1}{nn!} = v_n$

Multiplions les trois membres de cette inégalité par $n \,.\, n!$, on obtient alors :

$$nn!u_n < pn! < n \,.\, n!u_n + 1$$

Mais $n \,.\, n!u_n$ est un nombre entier A.

L'inégalité devient : $A < pn! < A + 1$.

Or il ne peut y avoir d'entier compris entre les deux entiers consécutifs A et A + 1. Donc l'hypothèse « e est un nombre rationnel » est absurde.

Et finalement : e est un nombre irrationnel.

8 La constante d'Euler

On considère les suites (u_n) et (v_n) définies pour $n \geq 1$ par leurs termes généraux :

$$u_n = \sum_{k=1}^{n} \frac{1}{k} - \ln n \quad \text{et} \quad v_n = \sum_{k=1}^{n} \frac{1}{k} - \ln(n+1)$$

1) Montrer que (u_n) est décroissante et que (v_n) est croissante.

2) Montrer que pour tout $n \geq 1$, $0 \leq v_n \leq u_n$.

3) Montrer que les suites (u_n) et (v_n) sont adjacentes. On notera γ leur limite commune.

4) Montrer que, pour tout $n \geq 1$, $u_n - v_n < 1/n$. En déduire le nombre minimum de termes à calculer pour déterminer γ avec une précision au moins égale à 10^{-4} puis donner une valeur approchée de γ à 10^{-4} près.

■ SOLUTION

1) Pour montrer que la suite (u_n) est décroissante, on calcule la différence :

$$u_{n+1} - u_n = \sum_{k=1}^{n+1} \frac{1}{k} - \ln(n+1) - \sum_{k=1}^{n} \frac{1}{k} + \ln n = \frac{1}{n+1} - \ln(n+1) + \ln n$$

$$= \frac{1}{n+1} - \int_n^{n+1} \frac{dt}{t} = \int_n^{n+1} \left(\frac{1}{n+1} - \frac{1}{t}\right) dt$$

Or, pour tout $t \in [n \,;\, n+1]$, $\frac{1}{n+1} \leq \frac{1}{t}$. L'intégrale d'une fonction négative entre n et $n+1$ étant négative, on obtient que $u_{n+1} - u_n \leq 0$, ce qui prouve que la suite (u_n) est décroissante.

De même, $v_{n+1} - v_n = \int_{n+1}^{n+2} \left(\frac{1}{n+1} - \frac{1}{t}\right) dt$. Et, pour tout $t \in [n+1 \,;\, n+2]$, $\frac{1}{n+1} \geq \frac{1}{t}$.

Donc, $v_{n+1} - v_n \geq 0$ ce qui prouve que la suite (v_n) est croissante.

2) Il faut montrer les deux inégalités : $v_n > 0$ et $u_n > v_n$.

- La suite (v_n) est croissante donc, pour tout n, $v_n \geq v_1 = 1 - \ln 2 \approx 0{,}306 > 0$
- $u_n - v_n = \ln(n+1) - \ln n = \ln\left(1 + \frac{1}{n}\right) > 0$.

3) On a déjà montré que (u_n) est décroissante, que (v_n) est croissante et que $u_n > v_n$.

De plus, $\lim_{n \to +\infty} (u_n - v_n) = \lim_{n \to +\infty} \ln\left(1 + \frac{1}{n}\right) = \ln 1 = 0$.

Les deux suites sont donc adjacentes, elles convergent vers une limite commune γ, appelée constante d'Euler et l'on a : $v_n < \gamma < u_n$.

4) $u_n - \gamma < u_n - v_n = \ln(n+1) - \ln n = \int_n^{n+1} \frac{dt}{t} < \int_n^{n+1} \frac{1}{n}\, dt = \frac{1}{n}$.

Si l'on veut que $u_n - \gamma$ soit inférieur à 10^{-4}, il suffira d'avoir $\frac{1}{n} < 10^{-4}$, c'est-à-dire $n > 10^4$.

Une valeur approchée de γ à 10^{-4} près est 0,5772.

9 Puissance, exponentielle et factorielle

Limite des suites :

1) $\frac{2^n}{n^2}$; **2)** $\frac{n!}{2^n}$; **3)** $\frac{n!}{n^n}$.

■ **SOLUTION**

1) $\ln \dfrac{2^n}{n^2} = n \ln 2 - 2 \ln n = n\left(\ln 2 - 2\,\dfrac{\ln n}{n}\right)$;

$\lim \dfrac{\ln n}{n} = 0$ donc $\lim \ln \dfrac{2^n}{n^2} = +\infty$ et $\lim \dfrac{2^n}{n^2} = +\infty$.

2) $\dfrac{n!}{2} = 3 \times 4 \times ... \times n \geq 3^{n-2}$ (il y a $n-2$ facteurs supérieurs à 3).

Par conséquent : $\dfrac{n!}{2^n} \geq \dfrac{3^{n-2}}{2^{n-1}} = \dfrac{2}{9}\left(\dfrac{3}{2}\right)^n$

$\lim \left(\dfrac{3}{2}\right)^n = +\infty$, donc $\lim \dfrac{n!}{2^n} = +\infty$

3) $\dfrac{n!}{n^n} = \dfrac{2 \times 3 \times ... \times n}{n^n} \leq \dfrac{n^{n-1}}{n^n} = \dfrac{1}{n}$ (il y a $n-1$ facteurs inférieurs à n).

$\lim \dfrac{1}{n} = 0$, donc $\lim \dfrac{n!}{n^n} = 0$.

10 Récurrences doubles

Étudier les suites définies par leurs premiers termes et les relations de récurrence suivantes :

1) $u_0 = 5$; $u_1 = 3$; $3u_{n+2} - 4u_{n+1} + u_n = 0$

2) $u_0 = -1$; $u_1 = 0$; $4u_{n+2} - 4u_{n+1} + u_n = 0$

3) $u_0 = 2$; $u_1 = 5$; $u_{n+2} - 2u_{n+1} + 4u_n = 0$

■ **SOLUTION**

1) L'équation caractéristique est $3r^2 - 4r + 1 = 0$. Son discriminant Δ est égal à 4 donc cette équation admet deux racines réelles $r_1 = 1$ et $r_2 = 1/3$.

Les suites solutions sont de la forme : $u_n = A + B/3^n$.

Les conditions initiales nous donnent le système :

$$\begin{cases} A + B = 5 \\ A + B/3 = 3 \end{cases}$$

qui admet pour solutions A = 2 et B = 3. Donc $u_n = 2 + 1/3^{n-1}$.

2) L'équation caractéristique admet une solution unique $r = 1/2$. Donc $u_n = \dfrac{An + B}{2^n}$ et les conditions initiales nous donnent A = 1 et B = – 1.

3) L'équation caractéristique admet deux racines complexes conjuguées $r_1 = 1 + j\sqrt{3}$ et $r_2 = 1 - j\sqrt{3}$, de module 2 et d'arguments $\pi/3$ et $-\pi/3$.

Donc $u_n = 2^n \left(A \cos \dfrac{n\pi}{3} + B \sin \dfrac{n\pi}{3}\right)$.Les conditions initiales donnent A = 2 et B = $\sqrt{3}$.

11 Récurrence double avec second membre

$$u_{n+2} - 2\,u_{n+1} + u_n = 2^n$$

1) Résoudre l'équation sans second membre.

2) Chercher une solution particulière de l'équation complète.

3) En déduire la solution générale de l'équation complète.

■ **SOLUTION**

1) L'équation caractéristique : $r^2 - 2r + 1 = 0$, admet le nombre 1 comme racine double. La solution générale de l'équation sans second membre est : $u_n = An + B$.

2) La suite $u_n = 2^n$ est une solution particulière de l'équation complète. En effet :

$$2^{n+2} - 2 \times 2^{n+1} + 2^n = 2^n$$

3) La solution générale de l'équation complète est : $u_n = 2^n + An + B$, où A et B sont deux constantes.

12 Résolution d'équation f(x) = 0 par la méthode de Newton

Le but de l'exercice est de déterminer une valeur approchée de la solution de l'équation $e^{-x} = x$.

1) On considère la fonction $f : x \rightarrow e^{-x} - x$.
Montrer que l'équation $f(x) = 0$ admet une solution unique, notée α, comprise dans l'intervalle $I = [0,5 ; 0,6]$.

2) Écrire l'équation de la tangente à la courbe C_f au point d'abscisse 0,5. Déterminer l'abscisse de son point d'intersection avec l'axe (Ox).
On construit une suite par récurrence de la façon suivante : $x_0 = 0,5$ et, pour tout $n \in \mathbb{N}$, x_{n+1} est l'abscisse du point d'intersection de la tangente T_n, tangente au point d'abscisse x_n, avec l'axe (Ox).

3) Déterminer la relation de récurrence entre x_{n+1} et x_n.

4) On considère la fonction $g : x \rightarrow x - \dfrac{f(x)}{f'(x)}$; définie sur I.
Expliciter $g(x)$ et montrer que l'équation : $f(x) = 0$ est équivalente à l'équation $g(x) = x$.
Montrer en outre que $g'(x) = \dfrac{f(x)\,f''(x)}{f'(x)^2}$.

5) Établir le tableau de variations de g sur I et montrer que g est stable sur $[0,5 ; \alpha]$.

6) Montrer que la fonction g vérifie les hypothèses du théorème du point fixe sur I ; en déduire que la suite (x_n) converge vers α.

7) Calculer les 4 premiers termes de la suite (x_n). Quelle est la précision obtenue ?

■ **SOLUTION**

1) La fonction f est dérivable sur $\mathbb{R}$, $f'(x) = - c^{-x} - 1 < 0$. Donc f est strictement décroissante sur $\mathbb{R}$. $f(0,5) \approx 0,106$ et $f(0,6) \approx - 0,05$. Donc f(I) contient 0 et l'équation $f(x) = 0$ admet sur I une solution unique.

2) L'équation de la tangente est : $y = - 1,606\,(x - 0,5) + 0,106 = - 1,606x + 0,909$.
Cette tangente coupe l'axe (Ox) au point d'abscisse $x = 0,566$.

3) La tangente T_n a pour équation $y - f(x_n) = f'(x_n)\,(x - x_n)$. Cette tangente coupe l'axe (Ox) au point de coordonnées $(x_{n+1} ; 0)$. Donc $- f(x_n) = f'(x_n)\,(x_{n+1} - x_n)$ et comme la dérivée $f'(x)$ n'est jamais nulle, on obtient :

$$x_{n+1} = x_n - \frac{f(x_n)}{f'(x_n)}$$

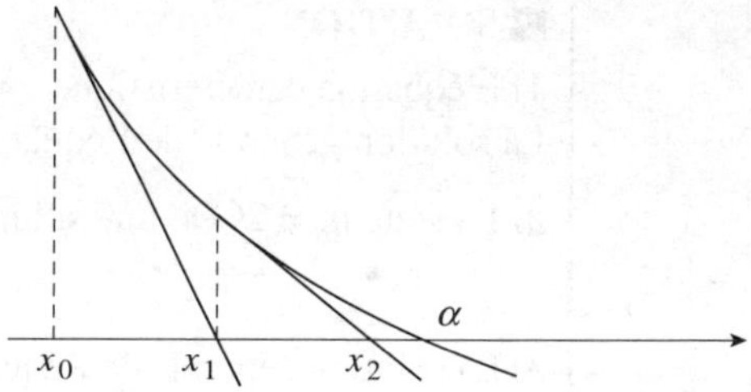

4) $g(x) = x + \dfrac{e^{-x} - x}{e^{-x} - 1} = \dfrac{x\,e^{-x} + e^{-x}}{e^{-x} + 1} \geq 0$

$g(x) = x \Leftrightarrow -\dfrac{f(x)}{f'(x)} = 0 \Leftrightarrow f(x) = 0$

g est dérivable sur $\mathbb{R}$ et $g'(x) = 1 - \dfrac{[f'(x)]^2 - f(x)\,f''(x)}{[f'(x)]^2} = \dfrac{f(x)\,f''(x)}{[f'(x)]^2}$

5) Étudions le signe de $g'(x)$: il est déterminé par le signe du produit $f(x)\,.\,f''(x)$.
Or, $f''(x) = e^{-x} > 0$. Donc $g'(x)$ a le signe de $f(x)$ sur I, avec : $g(\alpha) = 0$. Donc :
si $x \in [0{,}5\ ;\ \alpha[$, $g'(x) > 0$
si $x \in]\alpha\ ;\ 0{,}6]$, $g'(x) < 0$. On en déduit le tableau de variations :

x	0,5	α	0,6
$g'(x)$	+	0	–
$g(x)$	0,188 ↗	α	↘ 0,142

$g(\alpha) = \alpha$
$g(0{,}6) \approx 0{,}142$
$g(0{,}5) \approx 0{,}188$

Donc g est stable sur $[0{,}5\ ;\ \alpha]$. Il en résulte que tous les termes de la suite (x_n) sont dans l'intervalle $[0{,}5\ ;\ \alpha]$.

6) g est stable et dérivable sur $[0{,}5\ ;\ \alpha]$. Il reste à majorer $g'(x)$ sur $[0{,}5\ ;\ \alpha]$:

- f'' est décroissante sur $[0{,}5\ ;\ \alpha]$, donc, pour tout $x \in [0{,}5\ ;\ \alpha]$, $f''(x) \leq e^{-0{,}5}$;
- pour tout $x \in [0{,}5\ ;\ \alpha]$, $f(x) \leq f(0{,}5) = e^{-0{,}5} - 0{,}5$;
- $f'(x)$ est croissante et négative sur I, donc $f'(I) = [f'(0{,}5)\ ;\ f'(0{,}6)] \subset R^-$

Donc $|f'(x)| \geq |f'(0{,}6)| = 1 + e^{-0{,}6}$.

On en déduit que $|g'(x)| \leq \dfrac{e^{-0{,}5} \times (e^{-0{,}5} - 0{,}5)}{1 + e^{-0{,}6}} \approx 0{,}042 = k$.

Les hypothèses du théorème du point fixe sont vérifiées, donc la suite (x_n) converge vers la solution de $g(x) = x$, c'est-à-dire de $f(x) = 0$, c'est-à-dire vers α.

7) Calcul des premiers termes de la suite (x_n).

n	(x_n)	$f(x_n)$
0	0,5	0,1065306597126
1	0,5663110031972	0,0013045098060
2	0,5671431650349	0,0000001964805
3	0,5671432904098	$4{,}44\,.\,10^{-15}$

La convergence de la suite (x_n) vers α est extrêmement rapide !

13 Suites de fonctions

1) Étudier les convergences simple et uniforme de la suite $f_n : x \to x^n$ sur [0 ; 1].

2) Montrer la convergence uniforme sur R de la suite $f_n : x \to \dfrac{\cos nx}{n}$, $n \neq 0$.

3) On considère la suite de fonctions $f_n : \to \ln(x + \frac{1}{n})$ définies sur $[1 ; +\infty[$, $n \geq 1$. Montrer que (f_n) converge uniformément vers la fonction logarithme.

4) Étudier la convergence simple de la suite de fonctions $f_n : x \to \dfrac{x^n + 1}{x^2 + 1}$, définies sur $\mathbb{R}$.

Étudier la convergence uniforme.

■ SOLUTION

1) Pour tout $x \in [0 ; 1[$, $\lim\limits_{n \to +\infty} x^n = 0$. De plus $\forall_n$, $f_n(1) = 1$. Donc la suite (f_n) converge sur [0 ; 1] vers la fonction $f : x \to \begin{cases} 0 \text{ si } x \in [0 ; 1[\\ 1 \text{ si } x = 1 \end{cases}$

Les fonctions f_n sont continues et la fonction f n'est pas continue sur [0 ; 1] donc la convergence ne peut être uniforme.

2) Pour tout $x \in \mathbb{R}$, on a la majoration : $\left|\dfrac{\cos nx}{n}\right| \leq \dfrac{1}{n}$, $\sup\limits_{x \in \mathbb{R}} |f_n(x)| \to 0$. Donc la suite (f_n) converge uniformément sur $\mathbb{R}$ vers la fonction nulle.

3) On montre d'abord la convergence simple : $\lim\limits_{n \to +\infty} f_n(x) = \ln x$ pour tout x fixé dans $[1, +\infty[$. Pour montrer la convergence uniforme, on calcule :

$|f_n(x) - f(x)| = |\ln(x + \frac{1}{n}) - \ln x| = \ln(1 + \frac{1}{nx})$. Or, la fonction $x \to \ln(1 + \frac{1}{nx})$ est décroissante sur $[1, +\infty[$, son maximum est donc obtenu pour $x = 1$.

Donc : $\sup\limits_{x \geq 1} \ln(1 + \frac{1}{nx}) = \ln(1 + \frac{1}{n})$ et on a l'équivalent : $\ln(1 + \frac{1}{n}) \underset{+\infty}{\sim} (\frac{1}{n})$.

Donc :

$\lim\limits_{n \to +\infty} \sup\limits_{x \geq 1} |f_n(x) - f(x)| = 0$, ce qui prouve la convergence uniforme de (f_n) vers $x \to \ln x$.

4) Étude de la convergence simple de (f_n)

- Si $|x| < 1$, $\lim\limits_{n \to +\infty} x^n = 0$. Donc la suite (f_n) converge vers la fonction $f : x \to \dfrac{1}{x^2 + 1}$.
- Si $x = 1$, $f_n(x) = 1$, pour tout n, d'où la convergence de la suite $f_n(1)$ vers 1.
- Si $x = -1$, il faut distinguer deux cas selon la parité de n :

  $f_{2n}(x) = 1$ et $f_{2n+1}(x) = 0$, d'où la divergence de la suite $f_n(-1)$
- Si $x > 1$, $\lim\limits_{n \to +\infty} x^n = +\infty$, d'où la divergence de la suite $f_n(x)$.
- Si $x < -1$, $\lim\limits_{n \to +\infty} x^n$ n'existe pas, d'où la divergence de la suite $f_n(x)$.

Finalement, la suite (f_n) converge simplement sur $]-1 ; 1]$ vers la fonction :

$$f : x \to \begin{cases} \dfrac{1}{x^2 + 1} & \text{si } x \in]-1 ; 1[\\ 1 \text{ si } x = 1 \end{cases}$$

La fonction f n'est pas continue en $x = -1$, on en déduit que la convergence n'est pas uniforme sur $[-1 ; 1]$.

13 SÉRIES

SÉRIES NUMÉRIQUES. CONVERGENCE

1. Définition

Soit la suite (u_n). On appelle série de terme général u_n, la suite des sommes partielles $S_n = \sum_{k=0}^{n} u_k$.

La série converge si la suite (S_n) converge. On écrit alors $S = \sum_{n=0}^{+\infty} u_n$.
Dans le cas contraire, la série diverge.

2. Condition nécessaire de convergence

> Si la série Σu_n est convergente, alors $\lim u_n = 0$.

La réciproque de ce théorème est fausse. La contraposée de ce théorème peut servir à montrer la divergence d'une série, c'est-à-dire **si $\lim u_n \neq 0$, alors Σu_n diverge**.

3. Série géométrique

La série géométrique Σq^n converge vers $\frac{1}{1-q}$ si $|q| < 1$ et diverge dans les autres cas.

SÉRIES À TERMES POSITIFS. CRITÈRES DE CONVERGENCE

1. Séries et intégrales impropres

Si f est une fonction continue sur $[a\,;+\infty[$, $(a > 0)$, positive et décroissante, alors la série $\Sigma\, f(n)$ et l'intégrale $\int_a^{+\infty} f(x)\mathrm{d}x$ sont de même nature.

2. Séries de Riemann

> La série de Riemann $\sum_{n=1}^{\infty} \frac{1}{n^\alpha}$:
>
> • converge si $\alpha > 1$
>
> • diverge si $\alpha \leq 1$

3. Majoration et minoration

Soit Σu_n et Σv_n deux séries à termes positifs tels que $u_n \leq v_n$, à partir d'un certain rang N.
Si Σv_n converge, alors Σu_n converge et si Σu_n diverge, alors Σv_n diverge.

4. Emploi des équivalents

Si Σu_n et Σv_n sont deux séries à termes positifs et si $u_n \sim v_n$, alors les séries Σu_n et Σv_n sont de même nature (toutes deux convergentes ou toutes deux divergentes).

5. Critère de Cauchy

Soit $L = \lim_{n \to \infty} \sqrt[n]{u_n}$. Si $\begin{cases} L < 1, & \Sigma u_n \text{ converge} \\ L > 1, & \Sigma u_n \text{ diverge} \end{cases}$

À l'aide du critère de Cauchy, on ne peut pas conclure si L = 1

6. Critère de d'Alembert

Soit $L = \lim_{n \to \infty} \frac{u_{n+1}}{u_n}$. Si $\begin{cases} L < 1, & \Sigma u_n \text{ converge} \\ L > 1, & \Sigma u_n \text{ diverge} \end{cases}$

À l'aide du critère de d'Alembert, on ne peut pas conclure si L = 1

Séries à termes de signes quelconques

1. Absolue convergence

La série Σu_n est absolument convergente si la série $\Sigma |u_n|$ est convergente.
Si la série Σu_n est absolument convergente, alors Σu_n est convergente. Mais la réciproque de ce théorème est fausse.

2. Séries alternées

La série Σu_n est une série alternée si ses termes sont alternativement positifs et négatifs.

Soit Σu_n une série alternée. Si la suite $(|u_n|)$ est décroissante vers 0, alors la série Σu_n converge.

Séries de fonctions

1. Convergence simple et uniforme

La série de fonctions Σf_n converge **simplement** sur un intervalle I si la suite $S_n(x) = \sum_{k=0}^{n} f_k(x)$ converge simplement sur I.

La série de fonctions Σf_n converge **uniformément** sur I si la suite $S_n(x) = \sum_{k=0}^{n} f_k(x)$ converge uniformément sur I.

On appelle somme de la série la fonction $S : x \to \sum_{k=0}^{\infty} f_k(x)$.

2. Propriétés

- Si la série Σf_n de fonctions continues sur I converge uniformément sur I, alors la fonction $S : x \to \sum_{k=0}^{\infty} f_k(x)$ est continue sur I.
- Intégration terme à terme d'une série de fonctions

Si la série Σf_n de fonctions continues sur $[a\ ;\ b]$ converge uniformément sur $[a\ ;\ b]$, alors :

$$\sum_{k=0}^{\infty} \int_a^b f_k(x)\,dx = \int_a^b \left[\sum_{k=0}^{\infty} f_k(x) \right] dx$$

- Dérivation terme à terme d'une série de fonctions

Si la série Σf_n de fonctions dérivables sur I converge simplement et si la série $\Sigma f'_n$ converge uniformément sur I, alors la fonction $S : x \to \sum_{k=0}^{\infty} f_k(x)$ est dérivable sur I et sa dérivée est la fonction $S' : x \to \sum_{k=0}^{\infty} f'_k(x)$.

EXERCICES

1 Convergences de séries (1)

Étudier la convergence des séries de terme général :

1) $\cos \frac{1}{n}$ **2)** $\sin \frac{1}{n}$ **3)** $\frac{n^2+n-2}{n^4-3n}$

4) $\frac{n!}{n^n}$ **5)** $\sqrt{n^2+n+1} - \sqrt{n^2+n-1}$

6) $\frac{n^\alpha}{a^n}$, $a > 0$, $\alpha \in \mathbb{R}$ **7)** $\left(\frac{2n+1}{3n-2}\right)^n$

■ **SOLUTION**

1) $\lim\limits_{n \to +\infty} \cos \frac{1}{n} = \cos 0 = 1$. Le terme général ne tend pas vers 0, donc la série diverge.

2) La série est à termes positifs car, dès que $n \geq 1$, $\frac{1}{n} \leq 1 < \pi$ et donc $\sin \frac{1}{n} \geq 0$.

De plus, $\sin \frac{1}{n} \sim \frac{1}{n}$ au voisinage de $+\infty$. La série $\Sigma \frac{1}{n}$ diverge, donc la série $\Sigma \sin \frac{1}{n}$ diverge.

3) $\frac{n^2+n-2}{n^4-3n} \sim \frac{1}{n^2}$; la série converge par application du critère de Riemann.

4) On utilise le critère de d'Alembert : $\frac{u_{n+1}}{u_n} = \frac{(n+1)!}{(n+1)^{n+1}} \frac{n^n}{n!} = \left(\frac{n}{n+1}\right)^n = \frac{1}{\left(1+\frac{1}{n}\right)^n}$.

Rappelons que $\lim\limits_{n \to +\infty} \left(1+\frac{1}{n}\right)^n = \mathrm{e}$, et comme $\frac{1}{\mathrm{e}} \approx 0{,}37 < 1$, la série converge.

5) On utilise la quantité conjuguée puis les équivalents :

$$\sqrt{n^2+n+1} - \sqrt{n^2+n-1} = \frac{2}{\sqrt{n^2+n+1} + \sqrt{n^2+n-1}}$$

et en mettant n^2 en facteur dans chaque radical, le terme général est équivalent à $\frac{1}{n}$ donc la série diverge.

6) On utilise le critère de d'Alembert : $\frac{u_{n+1}}{u_n} = \frac{(n+1)^\alpha}{a^{n+1}} \frac{a^n}{n^\alpha} = \frac{1}{a}\left(\frac{n+1}{n}\right)^\alpha \to \frac{1}{a}$.

Si $a < 1$, la série converge. Si $a > 1$, la série diverge.
Le critère de d'Alembert ne permet pas de conclure si $a = 1$. Mais dans ce cas, la série est alors la série Σn^α qui converge si $\alpha < -1$, d'après le critère de Riemann.

7) On applique le critère de Cauchy : $\sqrt[n]{\left(\frac{2n+1}{3n-2}\right)^n} = \frac{2n+1}{3n-2} \to \frac{2}{3} < 1$

On en déduit la convergence de la série.

2 Convergences de séries (2)

Étudier la convergence des séries de terme général :

1) $\dfrac{(-1)^n}{n}$ **2)** $\dfrac{1}{C_{2n}^n}$ **3)** $\dfrac{\ln n}{n^2+1}$

4) e^{-n^2} **5)** $\dfrac{1}{n \cdot \ln n}$ **6)** $\sqrt[n]{n+1} - \sqrt[n]{n}$

7) $\sin \frac{1}{n} - \tan \frac{1}{n}$

■ **SOLUTION**

1) C'est la série harmonique alternée, qui converge d'après le critère spécial des séries alternées.

2) $\dfrac{1}{C_{2n}^n} = \dfrac{(n!)^2}{(2n)!}$. Le critère de d'Alembert nous donne $\dfrac{u_{n+1}}{u_n} = \dfrac{(n+1)^2}{(2n+1)(2n+2)} \to \dfrac{1}{4}$, ce qui assure la convergence de la série.

3) On utilise les théorèmes de comparaison : cependant, l'inégalité $\ln n < n$ nous amène à $\dfrac{\ln n}{n^2+1} < \dfrac{n}{n^2+1} \sim \dfrac{1}{n}$, mais $\Sigma \dfrac{1}{n}$ étant une série divergente, on ne peut pas conclure.

Il faut utiliser l'inégalité $\ln n < \sqrt{n}$, pour tout $n > 0$.

On écrit alors, $\dfrac{\ln n}{n^2+1} < \dfrac{\sqrt{n}}{n^2+1} \sim \dfrac{1}{n^{3/2}}$, d'où la convergence de la série.

4) On utilise le critère de Cauchy : $\lim \sqrt[n]{e^{-n^2}} = \lim e^{-n} = 0$. La série converge.

5) On utilise ici la comparaison avec une intégrale :

la fonction $x \to \dfrac{1}{x \cdot \ln x}$ est décroissante et positive sur $[e, +\infty[$.

(On choisit le nombre e pour ne pas avoir de problème de convergence de l'intégrale sur la borne inférieure.)

$\displaystyle\int_e^X \frac{dt}{t \ln t} = \big[\ln(\ln t)\big]_e^X = \ln(\ln X)$ qui admet une limite infinie quand $X \to +\infty$, ce qui prouve que l'intégrale est divergente. D'après le théorème de comparaison avec une intégrale, la série diverge aussi.

6) On utilise les développements limités après avoir mis en facteur la quantité $\sqrt[n]{n} = e^{\frac{\ln n}{n}}$, qui tend vers 1 quand $n \to +\infty$. On écrit alors :

$$u_n = \sqrt[n]{n}\left(\sqrt[n]{\frac{n+1}{n}} - 1\right)$$

Or : $$\sqrt[n]{\frac{n+1}{n}} = e^{\frac{1}{n}\ln\left(1+\frac{1}{n}\right)} = e^{\left(\frac{1}{n^2}\right)\left(1+\varepsilon\left(\frac{1}{n}\right)\right)} \sim e^{\frac{1}{n^2}}$$

Donc $u_n \sim 1/n^2$, et donc la série converge.

7) La série est à termes négatifs. On utilise un équivalent :

$$\sin\frac{1}{n} = \frac{1}{n} - \frac{1}{6n^3} + \frac{1}{n^3}\varepsilon\left(\frac{1}{n}\right) ; \tan\frac{1}{n} = \frac{1}{n} + \frac{1}{3n^3} + \frac{1}{n^3}\varepsilon\left(\frac{1}{n}\right)$$

Par différence, on obtient :

$$\sin\frac{1}{n} - \tan\frac{1}{n} = -\frac{1}{2n^3} + \frac{1}{n^3}\varepsilon_3\left(\frac{1}{n}\right)$$

et la série converge.

3 Convergences de séries (3)

1) $\sin n$ **2)** $\frac{\ln n}{n}$ **3)** $(-1)^n \sin\frac{1}{n}$

4) $\left(\alpha + \frac{1}{n}\right)^n$, $\alpha > 0$ **5)** $e - \left(1 + \frac{1}{n}\right)^n$ **6)** $\frac{1}{n} + \ln\left(1 - \frac{1}{n}\right)$

7) $\frac{a^n n!}{n^n}$, $n > 0, a > 0$

■ SOLUTION

1) Le terme général ne tend pas vers 0, ($\sin n$ n'admet pas de limite) donc la série diverge.

2) Pour tout $n > 0$, $\frac{\ln n}{n} > \frac{1}{n}$ et $\Sigma\frac{1}{n}$ diverge, donc la série $\Sigma\frac{\ln n}{n}$ diverge.

3) Dès que $n \geq 1$, $\sin\frac{1}{n} > 0$, donc la série est une série alternée.

$\lim_{n \to +\infty} \sin\frac{1}{n} = \sin 0 = 0$. De plus, la fonction $x \to \sin\frac{1}{x}$ est décroissante si $x > 1$.

On applique donc le critère spécial des séries alternées pour conclure que la série converge.

4) On applique le critère de Cauchy : $\sqrt[n]{u_n} = \alpha + \frac{1}{n}$ qui admet pour limite α quand $n \to \infty$

Si $\alpha > 1$, la série diverge. Si $0 < \alpha < 1$, la série converge.

Le critère de Cauchy ne permet pas de conclure si $\alpha = 1$. Mais dans ce cas, le terme général $\left(1 + \frac{1}{n}\right)^n$ ne tend pas vers 0 puisque sa limite est e, et la série diverge.

5) $\left(1 + \frac{1}{n}\right)^n = e^{n\ln\left(1 + \frac{1}{n}\right)} < e^{n\frac{1}{n}} = e$ donc, $u_n = e - \left(1 + \frac{1}{n}\right)^n > 0$. On peut utiliser un équivalent. Le terme général est equivalent à $\frac{e}{2n}$ et on conclut que la série diverge.

6) $\ln\left(1 + \frac{1}{n}\right) < -\frac{1}{n}$ pour tout $n \geq 2$.

La série est à termes négatifs, on peut utiliser un équivalent.

$$\ln\left(1 - \frac{1}{n}\right) = -\frac{1}{n} - \frac{1}{n^2} + \frac{1}{n^2}\varepsilon\left(\frac{1}{n^2}\right)$$

On en déduit que le terme général est équivalent à $-\frac{1}{n^2}$ et la série converge.

On peut également remarquer que la suite des sommes partielles $S_n = \sum_{k=2}^{n} \frac{1}{k} - \ln n$ converge vers la constante d'Euler γ.

7) On utilise la règle de d'Alembert :

$$\frac{u_{n+1}}{u_n} = \frac{a^{n+1}(n+1)!}{(n+1)^{n+1}} \cdot \frac{n^n}{a^n n!} = a\left(\frac{n}{n+1}\right)^n = a\frac{1}{\left(1 + \frac{1}{n}\right)^n} \to \frac{a}{e}$$

Si $a < \mathrm{e}$, la série converge. Si $a > \mathrm{e}$, la série diverge.

On ne peut pas conclure si $a = \mathrm{e}$ (on peut néanmoins démontrer que la série diverge en utilisant un développement limité et en montrant que $\dfrac{u_{n+1}}{u_n} \sim 1 + \dfrac{1}{2n} > 1$).

4 Calcul de sommes de séries

Démontrer que les séries suivantes sont convergentes et calculer leur somme :

1) $\dfrac{2}{4n^2-1}$, $n \geq 1$ **2)** $\dfrac{n^2}{n!}$ et $\dfrac{n^3}{n!}$ **3)** $\ln\left(1 - \dfrac{1}{n^2}\right)$, $n \geq 2$

■ **SOLUTION**

1) La série est convergente puisque $\dfrac{2}{4n^2-1} \sim \dfrac{1}{2n^2}$.

La décomposition de $\dfrac{2}{4n^2-1}$ en éléments simples donne : $\dfrac{2}{4n^2-1} = \dfrac{1}{2n-1} - \dfrac{1}{2n+1}$

Il reste alors à effectuer la somme, puis à simplifier les termes deux à deux :

$$\sum_{n=1}^{+\infty} \frac{2}{4n^2-1} = \left(1 - \frac{1}{3}\right) + \left(\frac{1}{3} - \frac{1}{5}\right) + \left(\frac{1}{5} - \ldots = 1\right.$$

2) Les deux séries convergent par application du critère de d'Alembert...

D'abord, écrivons que, pour tout $n \geq 2$, $\dfrac{n^2}{n!} = \dfrac{n}{(n-1)!} = \dfrac{(n-1)+1}{(n-1)!} = \dfrac{1}{(n-2)!} + \dfrac{1}{(n-1)!}$.

Donc, $\displaystyle\sum_{n=1}^{+\infty} \frac{n^2}{n!} = 1 + \sum_{n=2}^{+\infty} \frac{n^2}{n!} = 1 + \sum_{n=2}^{+\infty} \frac{1}{(n-2)!} + \sum_{n=2}^{+\infty} \frac{1}{(n-1)!}$

Rappelons maintenant que $\displaystyle\sum_{n=0}^{+\infty} \frac{1}{n!} = \mathrm{e}$. Alors $\displaystyle\sum_{n=2}^{+\infty} \frac{1}{(n-2)!} = \mathrm{e}$ et $\displaystyle\sum_{n=2}^{+\infty} \frac{1}{(n-1)!} = \mathrm{e} - 1$

Finalement $\displaystyle\sum_{n=1}^{+\infty} \frac{n^2}{n!} = 1 + \mathrm{e} + \mathrm{e} - 1 = 2\mathrm{e}$.

On suit la même méthode pour le calcul de la somme de la seconde série :

Pour $n \geq 1$, $\dfrac{n^3}{n!} = \dfrac{n^2}{(n-1)!}$. Pour obtenir les simplifications avec $(n-1)!$, on écrit :

$$n^2 = (n-1)(n-2) + 3n - 2 = (n-1)(n-2) + 3(n-1) + 1$$

Alors, pour $n \geq 3$, $\dfrac{n^3}{n!} = \dfrac{1}{(n-3)!} + \dfrac{3}{(n-2)!} + \dfrac{1}{(n-1)!}$

$$\sum_{n=1}^{+\infty} \frac{n^3}{n!} = 1 + 4 + \sum_{n=3}^{+\infty} \frac{n^3}{n!} = 5 + \sum_{n=3}^{+\infty} \frac{1}{(n-3)!} + 3\sum_{n=3}^{+\infty} \frac{1}{(n-2)!} + \sum_{n=3}^{+\infty} \frac{1}{(n-1)!}$$

$$= 5 + \mathrm{e} + 3(\mathrm{e} - 1) + \mathrm{e} - 2$$

Finalement : $\displaystyle\sum_{n=1}^{+\infty} \frac{n^3}{n!} = 5\mathrm{e}$

3) Pour $n \geq 2$, $\ln\left(1-\frac{1}{n^2}\right) \sim -\frac{1}{n^2}$, donc la série est convergente.

On écrit que $\ln\left(1-\frac{1}{n^2}\right) = \ln(n+1) - 2\ln n + \ln(n-1)$, ce qui donne :

$$\sum_{n=2}^{+\infty} \ln\left(1-\frac{1}{n^2}\right) = \sum_{n=2}^{+\infty} \ln(n+1) - 2\sum_{n=2}^{+\infty} \ln\ n + \sum_{n=2}^{+\infty} \ln(n-1)$$

$$= \sum_{n=3}^{+\infty} \ln\ n - 2\sum_{n=3}^{+\infty} \ln\ n - 2\ln 2 + \sum_{n=3}^{+\infty} \ln n + \ln 2 = -\ln 2$$

5

Calcul de la somme de la série $\Sigma 1/k^2$

On rappelle le lemme de Riemann-Lebesgue :

Si f est une fonction continue sur $[a\,;b]$, alors $\lim_{n\to+\infty} \int_a^b \mathrm{f}(x)\sin nx \,.\, \mathrm{d}x = 0$.

1) Déterminer deux réels a et b tels que, pour tout $n \geq 1$:

$$\int_0^\pi (ax^2+bx)\,.\,\cos nx\,.\,\mathrm{d}x = \frac{1}{n^2}$$

2) En utilisant la relation $\sum_{k=1}^{n} \cos kx = \dfrac{\sin(2n+1)\frac{x}{2}}{2\sin\frac{x}{2}} - \frac{1}{2}$ pour tout $x \in\,]0\,;\pi]$.

Montrer que :

$$\sum_{k=1}^{n} \frac{1}{k^2} = \frac{\pi^2}{6} + \int_0^\pi \mathrm{f}(x)\,.\,\sin(2n+1)\frac{x}{2}\,.\,\mathrm{d}x$$

et expliciter la fonction f.

3) En déduire la somme de la série $\Sigma \frac{1}{k^2}$.

■ SOLUTION

1) On intègre par parties deux fois : la première fois en posant $u = ax^2 + bx$ et $\mathrm{d}v = \cos nx\,\mathrm{d}x$:

$$\int_0^\pi (ax^2+bx)\cos nx\,.\,\mathrm{d}x = \frac{1}{n}\Big[(ax^2+bx)\sin nx\Big]_0^\pi - \frac{1}{n}\int_0^\pi (2ax+b)\sin nx\,.\,\mathrm{d}x$$

$$= -\frac{1}{n}\int_0^\pi (2ax+b)\sin nx\,.\,\mathrm{d}x$$

La seconde fois en posant $u = 2ax + b$ et $\mathrm{d}v = \sin nx\,\mathrm{d}x$:

$$\int_0^\pi (2ax+b)\sin nx\,.\,\mathrm{d}x = -\frac{1}{n}\Big[(2ax+b)\cos nx\Big]_0^\pi + \frac{2a}{n}\int_0^\pi \cos nx\,.\,\mathrm{d}x$$

$$= -\frac{1}{n}[(2a\pi+b)(-1)^n - b]$$

Le résultat de ces deux intégrations est donc :

$$\int_0^\pi (ax^2+bx)\,.\,\cos nx\,.\,\mathrm{d}x = \frac{1}{n^2}[(2a\pi+b)(-1)^n - b]$$

Pour que cette intégrale soit égale à $1/n^2$, pour tout $n \geq 1$, il faut nécessairement que b soit égal à -1 et que a soit égal à $\dfrac{1}{2\pi}$.

Et on obtient finalement : $\int_0^{\pi}\left(\frac{1}{2\pi}x^2-x\right)\cos nx\,.\,\mathrm{d}x=\frac{1}{n^2}$.

2) Écrivons la relation précédente pour tout k entier compris entre 1 et n, puis effectuons la somme en utilisant les propriétés de linéarité de l'intégrale :

$$\sum_{k=1}^{n}\int_0^{\pi}\left(\frac{1}{2\pi}x^2-x\right)\cos kx\,.\,\mathrm{d}x=\int_0^{\pi}\left(\frac{1}{2\pi}x^2-x\right)\sum_{k=1}^{n}\cos kx\,.\,\mathrm{d}x$$

$$=\int_0^{\pi}\left(\frac{1}{2\pi}x^2-x\right)\frac{\sin(2n+1)\frac{x}{2}}{2\sin\frac{x}{2}}\,.\,\mathrm{d}x-\frac{1}{2}\int_0^{\pi}\left(\frac{1}{2\pi}x^2-x\right)\mathrm{d}x$$

Le calcul de la dernière intégrale nous donne : $\int_0^{\pi}\left(\frac{1}{2\pi}x^2-x\right)\mathrm{d}x=-\frac{\pi^2}{3}$

Par conséquent : $\sum_{k=1}^{n}\frac{1}{k^2}=\int_0^{\pi}\frac{\frac{1}{2\pi}x^2-x}{2\sin\frac{x}{2}}\sin\left[(2n+1)\frac{x}{2}\right]\mathrm{d}x+\frac{\pi^2}{6}$

La fonction cherchée est $\mathrm{f}:x\rightarrow\frac{\frac{1}{2\pi}x^2-x}{2\sin\frac{x}{2}}$

3) Nous allons appliquer le lemme de Riemann-Lebesgue à la fonction f en vérifiant au préalable que f est continue sur $[0\,;\pi]$:
f est continue sur $]0\,;\pi]$ comme quotient de fonctions continues. En 0, $\sin x/2\sim x/2$, et donc : $\mathrm{f}(x)\sim\frac{1}{\pi}x-2$ qui admet pour limite -2 quand $x\rightarrow 0$. La fonction f est donc prolongeable par continuité en 0 en posant $\mathrm{f}(0)=-2$.
Le lemme de Riemann-Lebesgue nous indique que $\lim_{n\to+\infty}\int_a^b\mathrm{f}(x)\sin nx\,.\,\mathrm{d}x=0$, donc :

$$\lim_{n\to+\infty}\sum_{k=1}^{n}\frac{1}{k^2}=\frac{\pi^2}{6}$$

14 SÉRIES ENTIÈRES

DÉFINITION

On appelle série entière de la variable z une série de la forme : $\sum_{n=0}^{\infty} a_n z^n$

– (a_n) est une suite de nombres réels ou complexes ;

– la variable z peut être réelle ou complexe.

RAYON DE CONVERGENCE

1. Il existe un nombre **réel positif** R appelé rayon de convergence tel que :

– la série entière **converge** pour toute valeur de la variable z telle que $|z| < R$;

– la série entière **diverge** pour toute valeur de la variable z telle que $|z| > R$.

Remarque : aux points z de module égal à R, il n'y a pas de règle générale.

2. La somme ou le produit de deux séries entières de rayons respectifs R_1 et R_2 est une série entière de rayon $R = \min(R_1, R_2)$.

3. Calcul du rayon de convergence

Règle de Cauchy : $R = \lim_{n \to \infty} \dfrac{1}{\sqrt[n]{|a_n|}}$

Règle de d'Alembert : $R = \lim_{n \to \infty} \left| \dfrac{a_n}{a_{n+1}} \right|$

Remarque : si ces limites existent, elles sont égales.

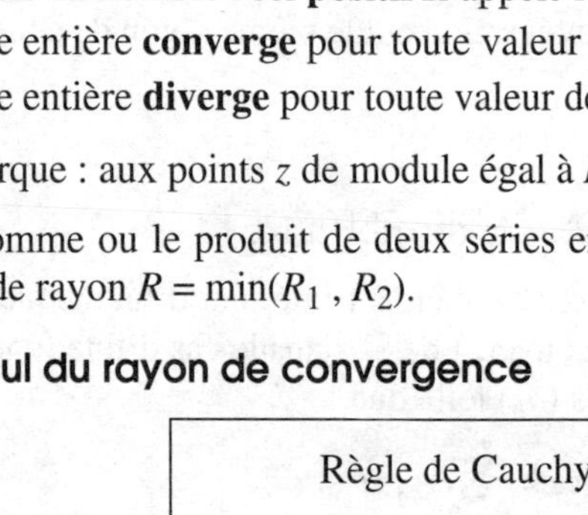

Série à termes complexes.
Disque de convergence : disque ouvert $D_{(o, R)}$

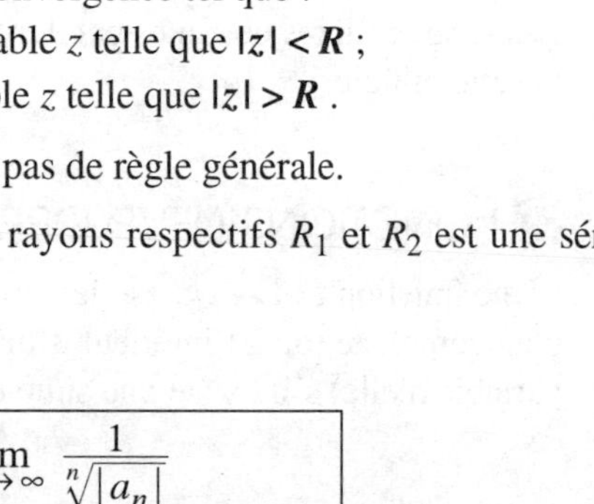

Série à termes réels.
Intervalle de convergence : $]-R, R[$

Une série entière converge **absolument** et **uniformément** sur tout intervalle fermé contenu dans $]-R, R[$, ou sur tout disque fermé contenu dans D.

Fonctions définies par une série entière

Soit f la fonction réelle à variable réelle x, définie par $f(x) = \sum_{n=0}^{\infty} a_n x^n$:

– l'ensemble de définition de f est l'intervalle de convergence $]-R, R[$ de la série entière ;

– f est **continue** en tout point x de $]-R, R[$;

– f est **dérivable** en tout point x de $]-R, R[$; de plus, la dérivée de f est obtenue par dérivation terme à terme :

$$\forall x \in]-R, R[, \ f'(x) = \sum_{n=1}^{\infty} n a_n x^{n-1}$$

– f est **intégrable** sur tout intervalle $[a, b] \subset]-R, R[$; de plus :

$$\int_a^b f(x)dx = \sum_{n=0}^{\infty} \int_a^b a_n x^n dx$$

Les séries entières obtenues par dérivation ou intégration ont le même rayon de convergence que la série initiale.

Fonctions développables en série entière

• Une fonction $f : \mathbb{C} \rightarrow \mathbb{C}$ est développable en série entière à l'intérieur d'un disque ouvert $\mathcal{D}$ du plan complexe (ou à l'intérieur d'un intervalle ouvert I de $\mathbb{R}$, dans le cas d'une fonction réelle à variable réelle) s'il existe une suite de nombres (a_n) telle que :

$$\forall z \in \mathcal{D}, \ f(z) = \sum_{n=0}^{\infty} a_n z^n$$

Dans ce cas :

$$a_n = \frac{1}{n!} f^{(n)}(0) \quad \text{(dérivée } n^{\text{ième}} \text{ de f en 0)}$$

• Le développement en série entière d'une fonction f, s'il existe, est **unique**. Il s'identifie avec la **série de Taylor de f en 0**.

Série entière de la variable z^{-1}, série de Laurent

1. En posant $Z = z^{-1}$, on obtient :

$$\sum_{n=0}^{\infty} a_n Z^n = \sum_{n=0}^{\infty} a_n z^{-n}$$

qui est une série entière de la variable z^{-1} convergente en tout point z tel que $|z^{-1}| < R$, soit : $|z| > \frac{1}{R} = R'$.

La convergence a lieu à l'extérieur du disque de centre O de rayon R'.

2. On appelle **série de Laurent**, la somme d'une série entière de la variable z, de rayon de convergence R, et d'une série entière de la variable $\frac{1}{z}$, convergente dès que $|z| > R'$. Ainsi :

$$\sum_{n=-\infty}^{+\infty} a_n z^n = \sum_{n=0}^{\infty} a_n z^n + \sum_{n=1}^{\infty} a_{-n} z^{-n}$$

Une série de Laurent converge en tout point z tel que $R' < |z| < R$ (couronne de convergence).

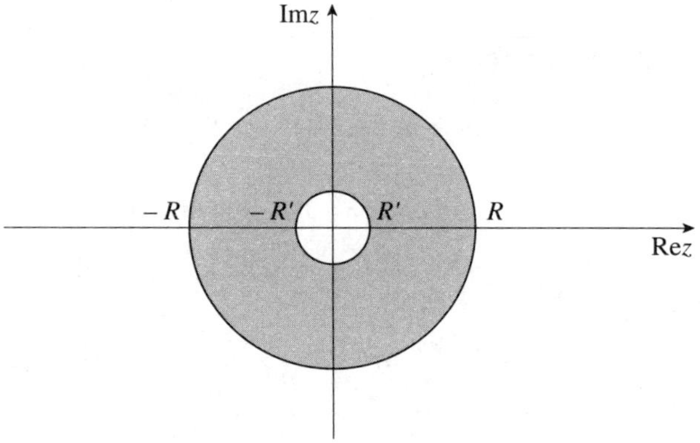

Développement en série entière de fonctions élémentaires

$\frac{1}{1-x} = \sum_{n=0}^{\infty} x^n = 1 + x + x^2 + x^3 + ...$	$(R = 1)$
$e^x = \sum_{n=0}^{\infty} \frac{x^n}{n!} = 1 + x + \frac{x^2}{2} + \frac{x^3}{6} + ...$	$(R = \infty)$
$\cos x = \sum_{n=0}^{\infty} (-1)^n \frac{x^{2n}}{(2n)!} = 1 - \frac{x^2}{2} + \frac{x^4}{24} - ...$	$(R = \infty)$
$\sin x = \sum_{n=0}^{\infty} (-1)^n \frac{x^{2n+1}}{(2n+1)!} = x - \frac{x^3}{6} + \frac{x^5}{120} - ...$	$(R = \infty)$
$(1+x)^{\alpha} = 1 + \sum_{n=1}^{\infty} \frac{\alpha(\alpha-1)(\alpha-2)...(\alpha-n+1)}{n!} x^n = 1 + \alpha x + \frac{\alpha(\alpha-1)}{2} x^2 + ...$	$(R = 1)$
$\ln(1+x) = \sum_{n=1}^{\infty} \frac{(-1)^{n+1}}{n} x^n = x - \frac{x^2}{2} + \frac{x^3}{3} - ...$	$(R = 1)$
$\mathrm{ch}(x) = \sum_{n=0}^{\infty} \frac{x^{2n}}{(2n)!} = 1 + \frac{x^2}{2} + \frac{x^4}{24} + ...$	$(R = \infty)$
$\mathrm{sh}(x) = \sum_{n=0}^{\infty} \frac{x^{2n+1}}{(2n+1)!} = x + \frac{x^3}{6} + \frac{x^5}{120} + ...$	$(R = \infty)$
$a^x = \sum_{n=0}^{\infty} \frac{x^n (\ln a)^n}{n!} = 1 + (\ln a)x + \frac{(\ln a)^2}{2} x^2 + ...$	$(R = \infty)$

EXERCICES

1 Rayon de convergence

Calculer le rayon de convergence des séries entières suivantes :

a) $\sum_{n=0}^{\infty} \frac{1}{n!} x^n$ **b)** $\sum_{n=0}^{\infty} \frac{1}{n^2+n+1} x^n$ **c)** $\sum_{n=0}^{\infty} \frac{1}{a^n} x^n \quad a \in \mathbb{R}$

d) $\sum_{n=1}^{\infty} (\ln n)\, x^n$ **e)** $\sum_{n=0}^{\infty} \frac{n^n}{n!} x^n$ **f)** $\sum_{n=1}^{\infty} \frac{\alpha^n}{n^{2n+1}} x^n \quad \alpha \in \mathbb{R}^*$

g) $\sum_{n=0}^{\infty} \frac{1 \times 3 \times 5 \times \ldots \times (2n-1)}{2 \times 4 \times 6 \times \ldots \times (2n+2)} x^n$ **h)** $\sum_{n=0}^{\infty} \frac{1}{a^n + b^n} x^n$ a et b réels strictement positifs.

i) $\sum_{n=1}^{\infty} \left(\cos \frac{1}{n}\right)^{n^2} x^n$

■ SOLUTION

Le rayon de convergence d'une série entière de terme général $a_n x^n$ est le nombre R défini par : $R = \lim \left|\frac{a_n}{a_{n+1}}\right| = \lim \frac{1}{\sqrt[n]{|a_n|}}$ (lorsque ces limites existent).

a) $R = \lim \dfrac{\frac{1}{n!}}{\frac{1}{(n+1)!}} = \lim \dfrac{(n+1)!}{n!} = \lim (n+1) = \infty$. La série converge pour tout $x \in \mathbb{R}$.

b) $R = \lim \dfrac{(n+1)^2 + (n+1) + 1}{n^2+n+1} = \lim \dfrac{n^2}{n^2} = 1$. La série converge pour tout $x \in \left]-1, 1\right[$.

c) $R = \lim \dfrac{1}{\sqrt[n]{\frac{1}{|a^n|}}} = \lim \sqrt[n]{|a|^n} = |a|$. La série converge pour tout $x \in \left]-|a|, |a|\right[$.

d) $R =$.

La série converge pour tout $x \in \left]-1, 1\right[$.

e) $R = \lim \dfrac{n^n (n+1)!}{n!(n+1)^{n+1}} = \lim \dfrac{n^n(n+1)}{(n+1)^{n+1}} = \lim \dfrac{n^n}{(n+1)^n} = \lim \dfrac{1}{\left(1+\frac{1}{n}\right)^n} = \dfrac{1}{\mathrm{e}}$.

f) $R = \lim \dfrac{1}{\sqrt[n]{\frac{|\alpha|^n}{n^{2n+1}}}} = \lim \dfrac{\sqrt[n]{n^{2n+1}}}{|\alpha|} = \lim \dfrac{n^2 \sqrt[n]{n}}{|\alpha|} = \lim \dfrac{n^2 \mathrm{e}^{\frac{\ln n}{n}}}{|\alpha|} = +\infty$.

g) $R = \lim \dfrac{1 \times 3 \times \ldots \times (2n-1)}{2 \times 4 \times \ldots \times (2n+2)} \times \dfrac{2 \times 4 \times \ldots \times (2n+4)}{1 \times 3 \times \ldots \times (2n+1)} = \lim \dfrac{2n+4}{2n+1} = 1$.

h) Supposons dans un premier temps que : $a > b$.

$R = \lim \sqrt[n]{a^n + b^n} = \lim \sqrt[n]{a^n\left(1 + \left(\frac{b}{a}\right)^n\right)} = a \lim \left(1 + \left(\frac{b}{a}\right)^n\right)^{\frac{1}{n}} = a \lim \mathrm{e}^{\frac{1}{n}\ln\left(1 + \left(\frac{b}{a}\right)^n\right)}$.

Mais, $\lim\left(\frac{b}{a}\right)^n = 0$, car $0 < \frac{b}{a} < 1$, donc, $\ln\left(1+\left(\frac{b}{a}\right)^n\right) \sim \left(\frac{b}{a}\right)^n$

et, $\lim \frac{1}{n}\ln\left(1+\left(\frac{b}{a}\right)^n\right) = \lim \frac{1}{n}\left(\frac{b}{a}\right)^n = 0$. Par conséquent, $R = a$.

• Si $b > a$, on obtient, par symétrie $R = b$.

• Si $a = b$, $a_n = \frac{1}{2a^n}$ et $R = \lim \sqrt[n]{2a^n} = \lim a\sqrt[n]{2} = a$.

En conclusion, $R = \sup\{a, b\}$.

i) $\sqrt[n]{a_n} = \left(\cos\frac{1}{n}\right)^n = \mathrm{e}^{n\ln\left(\cos\frac{1}{n}\right)} = \mathrm{e}^{n\ln\left(1 - \frac{1}{2n^2} + \frac{1}{n^2}\varepsilon\left(\frac{1}{n}\right)\right)}$, avec $\lim \varepsilon\left(\frac{1}{n}\right) = 0$

$$= \mathrm{e}^{n\left(-\frac{1}{2n^2} + \frac{1}{n^2}\varepsilon_1\left(\frac{1}{n}\right)\right)} = \mathrm{e}^{-\frac{1}{2n} + \frac{1}{n}\varepsilon_1\left(\frac{1}{n}\right)}, \text{ avec } \lim \varepsilon_1(n) = 0$$

$R = \lim \sqrt[n]{a_n} = \lim\ \mathrm{e}^{-\frac{1}{2n} + \frac{1}{n}\varepsilon_1\left(\frac{1}{n}\right)} = \mathrm{e}^0 = 1$

2 Comparaison des règles de d'Alembert et de Cauchy

On considère la série entière $S(x) = 1 + 2x + 6x^2 + 12x^3 + 36x^4$ ...

En distinguant les cas : n pair et n impair :

1) Que peut-on dire de $\lim \frac{a_{n+1}}{a_n}$?

2) Vérifier que la règle de Cauchy s'applique et calculer le rayon de convergence de la série entière.

■ SOLUTION

1) Cette série entière est construite de la manière suivante :

– si n est pair $\frac{a_n}{a_{n+1}} = \frac{1}{2}$; si n est impair $\frac{a_n}{a_{n+1}} = \frac{1}{3}$

$\lim\limits_{n\to\infty} \frac{a_n}{a_{n+1}}$ n'existe pas, la règle de d'Alembert ne peut pas s'appliquer.

2) Essayons la règle de Cauchy et pour cela calculons a_n en fonction de n.

– Si n est pair, $n = 2k$: $\begin{cases} \frac{a_{2k}}{a_{2k+1}} = \frac{1}{2} \\ \frac{a_{2k+1}}{a_{2k+2}} = \frac{1}{3} \end{cases} \Rightarrow \frac{a_{2k}}{a_{2k+2}} = \frac{1}{2} \times \frac{1}{3} = \frac{1}{6} \Rightarrow a_{2(k+1)} = 6a_{2k}$

la suite des termes de rang pair est une suite géométrique de raison 6 avec $a_0 = 1$ et $a_{2k} = 6^k . a_0 = 6^k$

– Si n est impair, $n = 2k + 1$: $\begin{cases} \frac{a_{2k+1}}{a_{2k+2}} = \frac{1}{3} \\ \frac{a_{2k+2}}{a_{2k+3}} = \frac{1}{2} \end{cases} \Rightarrow a_{2k+3} = 6a_{2k+1}$

La suite des termes de rang impair est une suite géométrique de raison 6 avec :

$$a_1 = 2 . a_{2k+1} = 6^k . a_1 = 2 \times 6^k$$

Calcul de $\lim\limits_{n\to\infty} \sqrt[n]{a_n}$:

– si $n = 2k$: $\lim\limits_{k\to\infty} \sqrt[2k]{6^k} = \sqrt{6}$

– si $n = 2k + 1$: $\lim\limits_{k\to\infty} \sqrt[2k+1]{2\,.\,6^k} = \lim\limits_{k\to\infty} \sqrt[2k+1]{2}\,.\,6^{\frac{k}{2k+1}} = 1\,.\sqrt{6} = \sqrt{6}$

Remarque : $\sqrt[2k+1]{2} = 2^{\frac{1}{2k+1}} = e^{\frac{1}{2k+1}\ln 2} \underset{k\to\infty}{\longrightarrow} 1$

$\lim\limits_{n\to\infty} \sqrt[n]{a_n} = \sqrt{6}$; le rayon de convergence est $R = \dfrac{1}{\sqrt{6}}$.

3 Calcul de la somme d'une série entière

Donner le rayon de convergence et calculer la somme des séries suivantes :

1) $S_1(x) = \sum\limits_{n=0}^{\infty} (2^n + 3^n)\, x^n$

2) $S_2(x) = \sum\limits_{n=0}^{\infty} e^{\theta j n} x^n$, $x \in \mathbb{R}$, $\theta \in \mathbb{R}$, j est le nombre complexe tel que $j^2 = -1$.

En déduire $\sum\limits_{n=0}^{\infty} \cos(n\theta)\, x^n$ et $\sum\limits_{n=0}^{\infty} \sin(n\theta)\, x^n$.

3) $S_3(x) = \sum\limits_{n=0}^{\infty} \dfrac{n^3 + n + 3}{n+1}\, x^n$

■ SOLUTION

1) $S_1(x) = \sum\limits_{n=0}^{\infty} 2^n x^n + \sum\limits_{n=0}^{\infty} 3^n x^n$.

S_1 est la somme de deux séries géométriques, l'une de raison $2x$, l'autre de raison $3x$.

La première converge pour tout x tel que $|2x| < 1$, $(|x| < 1/2)$, sa somme est $\dfrac{1}{1-2x}$.

La seconde converge pour tout x tel que $|3x| < 1$, $(|x| < 1/3)$, sa somme est $\dfrac{1}{1-3x}$.

Le rayon de convergence de la somme S_1 est donc 1/3, de plus :

$$\forall\, x \in \left]-\frac{1}{3}, \frac{1}{3}\right[,\ S_1(x) = \frac{1}{1-2x} + \frac{1}{1-3x} = \frac{2-5x}{(1-2x)(1-3x)}$$

2) Le terme général de $S_2(x)$ est $(e^{\theta j}x)^n$. C'est celui d'une série géométrique de raison $(e^{\theta j}x)$ convergente seulement si $|e^{\theta j}x| < 1$ soit : $|x| < |e^{-\theta j}| = 1$. Le rayon de convergence est égal à 1.

Pour tout x de module strictement inférieur à 1 :

$$S_2(x) = \frac{1}{1 - e^{\theta j}x} = \frac{1}{1 - (\cos\theta + j\sin\theta)\,x} = \frac{1 - x\cos\theta + jx\sin\theta}{(1 - x\cos\theta)^2 + (x\sin\theta)^2}$$

$$S_2(x) = \frac{(1 - x\cos\theta) + jx\sin\theta}{1 - 2x\cos\theta + x^2}$$

Identifions ce résultat avec l'expression de $S_2(x)$ sous forme de série entière :

$$S_2(x) = \sum_{n=0}^{\infty} e^{j\theta n} x^n = \sum_{n=0}^{\infty} \cos(n\theta)x^n + j\sin(n\theta)\,x^n$$

La partie réelle de $S_2(x) = \sum_{n=0}^{\infty} \cos(n\theta)\, x^n = \dfrac{1 - x\cos\theta}{1 - 2x\cos\theta + x^2}$

La partie imaginaire de $S_2(x) = \sum_{n=0}^{\infty} \sin(n\theta)\, x^n = \dfrac{x\sin\theta}{1 - 2x\cos\theta + x^2}$

3) $S_3(x) = \sum_{n=0}^{\infty} \dfrac{n^3 + n + 3}{n+1} x^n$.

On effectue la division euclidienne de $(n^3 + n + 3)$ par $(n + 1)$. On obtient :

$$(n^3 + n + 3) = (n + 1)(n^2 - n + 2) + 1$$

On peut donc écrire :

$$\frac{n^3 + n + 3}{n+1} x^n = \left[(n^2 - n + 2) + \frac{1}{n+1}\right] x^n = n^2 x^n - nx^n + 2x^n + \frac{1}{n+1} x^n$$

S_3 apparaît comme la somme de 4 séries entières.

Soient :

– $T_1(x)$ la série entière de terme général (n^2x^n)

– $T_2(x)$ la série entière de terme général (nx^n)

– $T_3(x)$ la série entière de terme général (x^n)

– $T_4(x)$ la série entière de terme général $\left(\dfrac{x^n}{n+1}\right)$.

a) $T_3(x)$ est une série géométrique de raison x. Son rayon de convergence $R_3 = 1$ et :

$$T_3(x) = \frac{1}{1-x} \quad \text{pour tout } x : |x| < 1$$

b) Calcul de $T_2(x) = \sum_{n=0}^{\infty} nx^n$; le calcul du rayon de convergence par la règle de d'Alembert conduit à $R_2 = 1$.

On applique à T_3 le théorème de dérivation des séries entières :

$$\sum_{n=0}^{\infty} x^n = \frac{1}{1-x} \Rightarrow \sum_{n=0}^{\infty} nx^{n-1} = \left(\frac{1}{1-x}\right)' = \frac{1}{(1-x)^2}$$

$$T_2(x) = \sum_{n=0}^{\infty} nx^n = x \sum_{n=0}^{\infty} nx^{n-1} = \frac{x}{(1-x)^2}$$

c) Calcul de $T_1(x)$: il suffit d'observer que $n(n - 1) + n = n^2$. D'autre part :

$$\sum_{n=0}^{\infty} n(n-1)\, x^{n-2} = \left(\frac{1}{(1-x)^2}\right)' = \frac{2}{(1-x)^3}$$

$$T_1(x) = x^2 \sum_{n=0}^{\infty} n(n-1)\, x^{n-2} + \sum_{n=0}^{\infty} nx^n = x^2 \frac{2}{(1-x)^3} + T_2(x)$$

Le rayon de convergence est $R_1 = 1$ car il est inchangé par dérivation.

d) Calcul de $T_4(x)$. On utilise le théorème sur l'intégration des séries entières. Partant de la série géométrique :

$$\sum_{n=0}^{\infty} t^n = \frac{1}{1-t} \Rightarrow \sum_{n=0}^{\infty} \int_0^x t^n \mathrm{d}t = \int_0^x \frac{1}{1-t}\, \mathrm{d}t \Rightarrow \sum_{n=0}^{\infty} \frac{1}{n+1} x^{n+1} = -\ln(1-x)$$

ceci étant valable pour tout x de l'intervalle $]-1\,;1[$.

$$T_4(x) = \sum_{n=0}^{\infty} \frac{x^n}{n+1} = \begin{cases} 1 & \text{si } x = 0 \\ -\dfrac{\ln(1-x)}{x} & \text{si } x \neq 0 \end{cases}$$

Remarque : T_4 est heureusement continue en 0 ! car en 0, $\ln(1-x) \sim -x$

En définitive, $S_3(x) = T_1(x) - T_2(x) + 2\,T_3(x) + T_4(x)$

$S_3(x) = \dfrac{2x^2}{(1-x)^3} + \dfrac{2}{1-x} - \dfrac{\ln(1-x)}{x}$ pour tout x tel que $|x| < 1$ et $x \neq 0$, $S_3(0) = 3$.

4 Rayon de convergence et somme

1) Calculer le rayon de convergence de la série $\sum_{p=0}^{\infty} x^{2p}$ puis calculer sa somme.

2) En déduire le rayon de convergence et la somme des séries suivantes :

a) $\sum_{p=0}^{\infty} \frac{1}{2p+1} x^{2p+1}$ **b)** $\sum_{p=0}^{\infty} \frac{2p+2}{2p+1} x^{2p}$ **c)** $\sum_{p=1}^{\infty} \frac{4p+1}{4p^2+2p} x^{2p}$

SOLUTION

1) La série de terme général $x^{2p} = (x^2)^p$ est une série géométrique de raison x^2. Elle converge pour tout x de l'intervalle $]-1\,;1[$, et l'on a :

$$\sum_{p=0}^{\infty} x^{2p} = \frac{1}{1-x^2}$$

2.a) La première série s'obtient par intégration des deux membres, le rayon de convergence est toujours égal à 1.

$$\sum_{p=0}^{\infty} \frac{1}{2p+1} x^{2p+1} = \int_0^x \frac{dt}{1-t^2} = \int_0^x \frac{dt}{(1-t)(1+t)} = \frac{1}{2}\int_0^x \left(\frac{1}{1-t} + \frac{1}{1+t}\right) dt$$

$$= \frac{1}{2}[-\ln(1-x) + \ln(1+x)]$$

$\forall x \in\,]-1\,;1[$: $$\sum_{p=0}^{\infty} \frac{1}{2p+1} x^{2p+1} = \ln\sqrt{\frac{1+x}{1-x}}$$

b) $\sum_{p=0}^{\infty} \frac{2p+2}{2p+1} x^{2p} = S_2(x)$

On décompose la fraction : $\dfrac{2p+2}{2p+1} = 1 + \dfrac{1}{2p+1}$.

La série apparaît alors comme la somme de la série géométrique traitée dans la première question, et d'une série de terme général $\dfrac{x^{2p}}{2p+1}$ qui n'est autre que le quotient par x de la série précédente (en supposant $x \neq 0$).

On obtient :

$$S_2(x) = \sum_{p=0}^{\infty} \frac{2p+2}{2p+1} x^{2p} = \sum_{p=0}^{\infty} x^{2p} + \sum_{p=0}^{\infty} \frac{x^{2p}}{2p+1} = \frac{1}{1-x^2} + \frac{1}{x}\ln\left(\sqrt{\frac{1+x}{1-x}}\right) \text{ si } x \neq 0 \text{ et } |x| < 1$$

$S_2(0) = 2$

c) $\sum_{p=1}^{\infty} \frac{4p+1}{4p^2+2p} x^{2p} = S_3(x)$

• Écartons le cas $x = 0$ en remarquant que $S_3(0) = 0$.

• Si $x \neq 0$:

On décompose la fraction en éléments simples :

$\frac{4p+1}{4p^2+2p} = \frac{4p+1}{2p(2p+1)} = \frac{A}{2p} + \frac{B}{2p+1}$. Un calcul simple conduit à A = 1, B = 1.

$$S_3(x) = \sum_{p=1}^{\infty} \frac{4p+1}{4p^2+2p} x^{2p} = \sum_{p=1}^{\infty} \frac{1}{2p} x^{2p} + \sum_{p=1}^{\infty} \frac{1}{2p+1} x^{2p}$$

Si $|x| < 1$:

$$\sum_{p=1}^{\infty} \frac{1}{2p} x^{2p} = \sum_{p=1}^{\infty} \int_0^x t^{2p-1} \mathrm{d}t = \int_0^x \sum_{p=1}^{\infty} t^{2p-1} \mathrm{d}t = \int_0^x \frac{1}{t}\left(\sum_{p=1}^{\infty} t^{2p}\right) \mathrm{d}t$$

$$= \int_0^x \frac{1}{t}\left(\frac{1}{1-t^2} - 1\right) \mathrm{d}t = \int_0^x \frac{t}{1-t^2} \mathrm{d}t = -\frac{1}{2} \ln(1-x^2)$$

D'autre part :

$$\sum_{p=1}^{\infty} \frac{1}{2p+1} x^{2p} = \left(\sum_{p=0}^{\infty} \frac{1}{2p+1} x^{2p}\right) - 1 = \left(\frac{1}{x} \sum_{p=0}^{\infty} \frac{1}{2p+1} x^{2p+1}\right) - 1$$

Si $x \neq 0$ et $|x| < 1$ et 0 si $x = 0$.

En utilisant le résultat de la question **a)** : $\sum_{p=0}^{\infty} \frac{1}{2p+1} x^{2p+1} = \ln \sqrt{\frac{1+x}{1-x}}$

$$\sum_{p=1}^{\infty} \frac{1}{2p+1} x^{2p} = \frac{1}{x} \ln \sqrt{\frac{1+x}{1-x}} - 1$$

En fin de compte :

$S_3(x) = -\ln \sqrt{1-x^2} + \frac{1}{x} \ln \sqrt{\frac{1+x}{1-x}} - 1$, pour tout x non nul tel que $|x| < 1$ et $S_3(0) = 0$.

5 Fonction $\exp(z), z \in \mathbb{C}$

1) Soit $S(x) = \sum_{n=0}^{\infty} \frac{x^n}{n!}$ $x \in \mathbb{R}$.

a) Démontrer que pour tout x, $S'(x) = S(x)$ puis que $S(x) = e^x$.

b) En déduire les sommes des séries numériques de terme général : $\left(\frac{1}{n!}\right), \left(\frac{n+1}{n!}\right), \left(\frac{n^2}{n!}\right)$.

2) Pour tout $z \in \mathbb{C}$ on note e^z la somme de la série entière $\sum_{n=0}^{\infty} \frac{z^n}{n!}$.

a) Démontrer que $\forall (z, z') \in \mathbb{C}^2, e^z . e^{z'} = e^{z+z'}$.

b) Déterminer la partie réelle et la partie imaginaire de e^z.

c) Quel est le module de e^z ? Étudier $\lim |e^z|$ quand $|z| \to 0$.

3) En utilisant le développement en série entière de la fonction $\exp(x\,e^j)$, $x \in \mathbb{R}$, déterminer le rayon de convergence et la somme des séries entières :

$$\sum_{n=0}^{\infty} \frac{\cos n}{n!} x^n \quad \text{et} \quad \sum_{n=0}^{\infty} \frac{\sin n}{n!} x^n$$

■ SOLUTION

1.a) S(x) est définie sur $\mathbb{R}$ (rayon de convergence infini). S est dérivable sur $\mathbb{R}$ et l'on a :

$$S'(x) = \sum_{n=1}^{\infty} \frac{nx^{n-1}}{n!} = \sum_{n=1}^{\infty} \frac{x^{n-1}}{(n-1)!} = \sum_{n=0}^{\infty} \frac{x^n}{n!} = S(x)$$

L'équation différentielle $S'(x) = S(x)$ a pour solutions : $S(x) = K\, e^x$. Mais $S(0) = 1$, donc $K = 1$ et $S(x) = e^x$.

b) D'une part, $S(1) = \sum_{n=0}^{\infty} \frac{1}{n!}$, d'autre part $S(1) = e$, donc : $\sum_{n=0}^{\infty} \frac{1}{n!} = e$.

$$\sum_{n=0}^{\infty} \frac{n+1}{n!} = \sum_{n=0}^{\infty} \left(\frac{n}{n!} + \frac{1}{n!}\right) = \sum_{n=1}^{\infty} \frac{1}{(n-1)!} + \sum_{n=0}^{\infty} \frac{1}{n!}$$

Effectuons le changement d'indice, $m = n - 1$, dans la première somme :

$$\sum_{n=0}^{\infty} \frac{n+1}{n!} = \sum_{m=0}^{\infty} \frac{1}{m!} + \sum_{n=0}^{\infty} \frac{1}{n!} = e + e = 2\,e$$

$$\sum_{n=0}^{\infty} \frac{n^2}{n!} = \sum_{n=1}^{\infty} \frac{n}{(n-1)!} = \sum_{m=0}^{\infty} \frac{m+1}{m!} = 2\,e$$

2.a) Rappelons le principe général de la multiplication de deux séries :

$$\sum_{n=0}^{\infty} a_n \times \sum_{n=0}^{\infty} b_n = \sum_{n=0}^{\infty} \left(\sum_{p+q=n} a_p b_q\right)$$

Appliquons ce principe au calcul du produit : $e^z e^{z'}$.

$$e^z e^{z'} = \sum_{n=0}^{\infty} \frac{z^n}{n!} \times \sum_{n=0}^{\infty} \frac{z'^n}{n!} = \sum_{n=0}^{\infty} \left(\sum_{p+q=n} \frac{z^p}{p!} \times \frac{z'^q}{q!}\right) = \sum_{n=0}^{\infty} \left(\sum_{p=0}^{n} \frac{z^p}{p!} \times \frac{z'^{n-p}}{(n-p)!}\right)$$

$$= \sum_{n=0}^{\infty} \frac{1}{n!} \left(\sum_{p=0}^{n} \frac{n!}{p!(n-p)!} z^p z'^{n-p}\right) = \sum_{n=0}^{\infty} \frac{1}{n!} \left(\sum_{p=0}^{n} C_n^p\, z^p z'^{n-p}\right)$$

$$= \sum_{n=0}^{\infty} \frac{1}{n!} (z + z')^n = e^{z+z'}$$

b) On pose $z = r\,(\cos\theta + j\,\sin\theta)$. On a alors, $z^n = r^n\,(\cos n\theta + j\,\sin n\theta)$ et :

$$e^z = \sum_{n=0}^{\infty} \frac{r^n(\cos n\theta + j\,\sin n\theta)}{n!} = \sum_{n=0}^{\infty} \frac{r^n \cos n\theta}{n!} + j \sum_{n=0}^{\infty} \frac{r^n \sin n\theta}{n!}$$

d'où :

$$\text{Ré}(e^z) = \sum_{n=0}^{\infty} \frac{r^n \cos n\theta}{n!} \quad \text{et} \quad \text{Im}\,(e^z) = \sum_{n=0}^{\infty} \frac{r^n \sin n\theta}{n!}$$

c) On pose $z = x + j\,y$. On a alors, $e^z = e^{x+jy} = e^x\, e^{jy}$.

Par conséquent : $|e^z| = e^x$ et $\arg(e^z) = y$.

Quand z tend vers 0, sa partie réelle x tend aussi vers 0, donc le module de e^z tend vers 1.

3) On a :

$$e^{xe^j} = \sum_{n=0}^{\infty} \frac{(x\,e^j)^n}{n!} = \sum_{n=0}^{\infty} \frac{e^{jn}}{n!} x^n = \sum_{n=0}^{\infty} \frac{\cos n + j\,\sin n}{n!} x^n$$

$$= \sum_{n=0}^{\infty} \frac{\cos n}{n!} x^n + j \sum_{n=0}^{\infty} \frac{\sin n}{n!} x^n$$

et : $e^{xe^j} = e^{x(\cos 1 + j\,\sin 1)} = e^{x\cos 1}\, e^{jx\sin 1} = e^{x\cos 1}(\cos(x\sin 1) + j\,\sin(x\sin 1))$.

En identifiant les parties réelles et imaginaires, on obtient :

$$\sum_{n=0}^{\infty} \frac{\cos n}{n!} x^n = e^{x\cos 1}\cos(x\sin 1) \quad \text{et} \quad \sum_{n=0}^{\infty} \frac{\sin n}{n!} x^n = e^{x\cos 1}\sin(x\sin 1)$$

Les rayons de convergence sont infinis (règle de d'Alembert).

6 Étude aux bornes de l'intervalle de convergence

Donner précisément l'intervalle de convergence des séries entières dont le terme général est le suivant :

a) $u_n(x) = \dfrac{(-1)^n}{n}\, x^n$

b) $v_n(x) = \dfrac{(-1)^n}{n^3}\, x^n$

c) $w_n(x) = (-1)^n \ln\left(1 + \frac{1}{n}\right) x^n$

■ **SOLUTION**

a) $R = \lim \left|\dfrac{a_n}{a_{n+1}}\right| = \lim \dfrac{n+1}{n} = 1$. La série converge pour tout $x \in\ ]-1, 1[$.

• Étude au point $x = 1$: la série $\displaystyle\sum_{n=1}^{\infty} \frac{(-1)^n}{n}$ est la série harmonique alternée qui converge.

• Étude au point $x = -1$: $\displaystyle\sum_{n=1}^{\infty} \frac{(-1)^n}{n}(-1)^n = \sum_{n=1}^{\infty} \frac{1}{n}$ est la série harmonique qui diverge.

En conclusion, l'intervalle de convergence est : $]-1, 1]$.

b) La série $\displaystyle\sum_{n=1}^{\infty} \frac{(-1)^n}{n^3}\, x^n$ a un rayon de convergence égal à 1.

$|x| \leq 1 \Rightarrow |v_n(x)| \leq \dfrac{1}{n^3}$. La série $\displaystyle\sum_{n=1}^{\infty} \frac{1}{n^3}$ est une série de Riemann convergente. Les théorèmes de comparaison sur les séries permettent de conclure que la série $\displaystyle\sum_{n=1}^{\infty} |v_n(x)|$ converge en tout point de l'intervalle fermé $[-1, 1]$. La série $\displaystyle\sum_{n=1}^{\infty} v_n(x)$ converge absolument sur $[-1, 1]$ donc elle converge sur $[-1, 1]$.

c) Calcul du rayon de convergence :

$$R = \lim \left|\frac{a_n}{a_{n+1}}\right| = \lim \frac{\ln\left(1 + \frac{1}{n}\right)}{\ln\left(1 + \frac{1}{n+1}\right)} = \lim \frac{\frac{1}{n}}{\frac{1}{n+1}} = 1$$

• Étude au point $x = 1$:

La série $\displaystyle\sum_{n=1}^{\infty} (-1)^n \ln\left(1 + \frac{1}{n}\right)$ est une série alternée. La suite $u_n = \ln\left(1 + \frac{1}{n}\right)$ est décroissante et tend vers 0, donc la série converge, d'après le critère spécial des séries alternées.

• Étude au point $x = -1$:

La série $\displaystyle\sum_{n=1}^{\infty} (-1)^{2n} \ln\left(1 + \frac{1}{n}\right) = \sum_{n=1}^{\infty} \ln\left(1 + \frac{1}{n}\right)$ est une série à termes positifs. Son terme général est équivalent à $\dfrac{1}{n}$ donc la série diverge.

En conclusion, l'intervalle de convergence est : $]-1, 1]$.

7 Développement d'une fonction en série entière

Développer les fonctions suivantes en série entière dont on donnera le rayon de convergence :

a) $f(x) = \dfrac{1}{1+x}$ **b)** $f(x) = \dfrac{1}{1+x^2}$ **c)** $f(x) = \dfrac{1}{a^2+x^2}$

d) $f(x) = \dfrac{3x-2}{(2x+1)(x-3)}$ **e)** $f(x) = \ln(1-x^2)^3$ **f)** $f(x) = e^{-2x+3}$

g) $f(x) = \dfrac{1}{\sqrt{1-x^2}}$ **h)** $f(x) = \sqrt{(2+x)^3}$

■ **SOLUTION**

a) $f(x) = \dfrac{1}{1+x} = \dfrac{1}{1-(-x)} = \sum\limits_{n=0}^{\infty} (-x)^n = \sum\limits_{n=0}^{\infty} (-1)^n x^n$

$f(x)$ est la somme d'une série géométrique de raison $(-x)$; le rayon de convergence est égal à 1.

b) $f(x) = \dfrac{1}{1+x^2} = \sum\limits_{n=0}^{\infty} (-1)^n x^{2n}$. Rayon de convergence : $R = 1$.

c) $f(x) = \dfrac{1}{a^2+x^2} = \dfrac{1}{a^2} \cdot \dfrac{1}{1+\left(\frac{x}{a}\right)^2} = \dfrac{1}{a^2} \sum\limits_{n=0}^{\infty} (-1)^n \left(\frac{x}{a}\right)^{2n}$

La série géométrique de raison $\frac{x}{a}$ converge pour tout x tel que : $\left|\frac{x}{a}\right| < 1$ soit : $|x| < |a|$.
$|a|$ est le rayon de convergence.

d) On décompose la fraction en éléments simples :

$$\frac{3x-2}{(2x+1)(x-3)} = \frac{1}{2x+1} + \frac{1}{x-3}$$

• $\dfrac{1}{2x+1} = \sum\limits_{n=0}^{\infty} (-1)^n (2x)^n$ si $|x| < \dfrac{1}{2}$

• $\dfrac{1}{x-3} = -\dfrac{1}{3-x} = -\dfrac{1}{3} \dfrac{1}{1-\frac{x}{3}} = -\dfrac{1}{3} \sum\limits_{n=0}^{\infty} \left(\dfrac{x}{3}\right)^n$ si $|x| < 3$.

En conséquence, pour tout x tel que $|x| < \dfrac{1}{2}$

$$f(x) = \sum_{n=0}^{\infty} \left[(-2)^n - \frac{1}{3^{n+1}}\right] x^n$$

e) $f(x) = \ln(1-x^2)^3 = 3\ln(1-x^2)$.
On utilise le développement en série entière de $\ln(1+X)$:

$$\ln(1+X) = \sum_{n=1}^{\infty} \frac{(-1)^{n+1}}{n} X^n \quad (|X| < 1)$$

On pose $X = -x^2$; si $|x| < 1$:

$$\ln(1-x^2) = \sum_{n=1}^{\infty} \frac{(-1)^{n+1}}{n} (-x^2)^n = \sum_{n=1}^{\infty} \frac{(-1)^{n+1}}{n} (-1)^n x^{2n}$$

$$3\ln(1-x^2) = -3 \sum_{n=1}^{\infty} \frac{x^{2n}}{n} = f(x),\ R = 1.$$

f) $f(x) = e^{-2x+3} = e^{-2x} \cdot e^3$

Développement de e^X :

$\forall X \in \mathbb{R}$ (ou $\mathbb{C}$) $\quad e^X = \sum_{n=0}^{\infty} \frac{X^n}{n!}$

On pose $X = -2x$;

$\forall x \in \mathbb{R}$ ou $\mathbb{C}$, $e^{-2x} = \sum_{n=0}^{\infty} \frac{(-2x)^n}{n!} = \sum_{n=0}^{\infty} \frac{(-2)^n}{n!} x^n$

$$f(x) = e^3 \sum_{n=0}^{\infty} \frac{(-2)^n}{n!} x^n, \quad R = \infty$$

g) $f(x) = \frac{1}{\sqrt{1-x^2}} = (1-x^2)^{-\frac{1}{2}}$

On utilise le développement de $(1+X)^\alpha$:

$\forall X \in]-1, 1[$, $(1+X)^\alpha = 1 + \sum_{n=1}^{\infty} \frac{(\alpha)(\alpha-1)\ldots(\alpha-n+1)}{n!} X^n$

On pose $X = -x^2$, $\alpha = -\frac{1}{2}$. Évaluons le terme général :

$$\frac{\left(-\frac{1}{2}\right)\left(-\frac{1}{2}-1\right)\left(-\frac{1}{2}-2\right)\ldots\left(-\frac{1}{2}-n+1\right)}{n!}(-x^2)^n = \frac{\left(-\frac{1}{2}\right)\left(-\frac{3}{2}\right)\left(-\frac{5}{2}\right)\ldots\left(-\frac{1+2n-2}{2}\right)}{n!}(-x^2)^n$$

Le numérateur comprend n facteurs. Le terme général peut s'écrire :

$$(*) \quad \frac{(-1)^n[1 \times 3 \times 5 \times \ldots \times (2n-1)]}{2^n\, n!}(-1)^n x^{2n}$$

D'autre part, le produit : $1 \times 3 \times 5 \times \ldots \times (2n-1) = \frac{(2n-1)!}{2 \times 4 \times 6 \times \ldots \times (2n-2)}$

De plus : $2 \times 4 \times 6 \times \ldots \times (2n-2) = (2 \times 1) \cdot (2 \times 2) \cdot (2 \times 3) \cdot \ldots \cdot 2 \times (n-1) = 2^{n-1} \cdot (n-1)!$

Finalement, le terme général (*) peut s'écrire :

$$(-1)^{2n} \frac{(2n-1)!}{2^n \cdot 2^{n-1}\, n!(n-1)!} x^{2n}$$

et en multipliant numérateur et dénominateur par $2n$, on obtient :

$$f(x) = 1 + \sum_{n=1}^{\infty} \frac{(2n)!}{2^{2n}(n!)^2} x^{2n} \qquad (R = 1)$$

h) $f(x) = \sqrt{(2+x)^3} = (2+x)^{3/2} = 2^{3/2}\left[1 + \frac{x}{2}\right]^{3/2}$.

Là aussi, on utilise le développement en série entière de $(1+X)^\alpha$ avec $X = \frac{x}{2}$ et $\alpha = \frac{3}{2}$, développement valable pour tout X tel que $|X| < 1$, soit $|x| < 2$.

$$f(x) = \sqrt{8}\left(1 + \sum_{n=1}^{\infty} \frac{\frac{3}{2} \cdot \frac{1}{2} \cdot \left(-\frac{1}{2}\right) \ldots \left(\frac{3}{2} - n + 1\right)}{n!}\left(\frac{x}{2}\right)^n\right)$$

8 Utilisation des théorèmes sur la dérivation et l'intégration

1) Calculer le développement en série entière des fonctions suivantes et donner le rayon de convergence :

a) $\operatorname{Arccos} x$ **b)** $\operatorname{Arctan}\left(\frac{1+x}{1-x}\right)$ **c)** $f(x) = \int_0^x \frac{\sin^2 t}{t}\, dt$

SOLUTION

a) $(\operatorname{Arccos} x)' = -\frac{1}{\sqrt{1-x^2}}$

Le développement en série entière de $\frac{1}{\sqrt{1-x^2}}$ est traité dans l'exercice précédent : **g)**.

Reprenons le résultat :

$$(\operatorname{Arccos} x)' = -\frac{1}{\sqrt{1-x^2}} = -\left[1 + \sum_{n=1}^{\infty} \frac{(2n-1)!}{n \,.\, 2^{2n-1}[(n-1)!]^2} x^{2n}\right]$$

Le rayon de convergence est $R = 1$.

D'autre part :

$$\int_0^x (\operatorname{Arccos} t)' dt = \operatorname{Arccos} x - \operatorname{Arccos} 0$$

$$\int_0^x (\operatorname{Arccos} t)'\, dt = \operatorname{Arccos} x - \frac{\pi}{2}$$

Par conséquent :

$$\operatorname{Arccos} x = \frac{\pi}{2} + \int_0^x (\operatorname{Arccos} t)'\, dt$$

On remplace $(\operatorname{Arccos} t)'$ par son développement en série entière et l'on intègre terme à terme.

Le rayon de convergence est toujours égal à 1.

$$\operatorname{Arccos} x = \frac{\pi}{2} - \int_0^x \left[1 + \sum_{n=1}^{\infty} \frac{(2n-1)!}{2^{2n-1} n \,.\, [(n-1)!]^2} t^{2n}\right] dt$$

$$\operatorname{Arccos} x = \frac{\pi}{2} - x - \sum_{n=1}^{\infty} \frac{(2n-1)!\, x^{2n+1}}{2^{2n-1} . \, n \,.\, [(n-1)!]^2 (2n+1)}$$

b) La fonction Arctan est définie sur $\mathbb{R}$; la fonction : $x \to \operatorname{Arctan} \frac{1+x}{1-x}$ est définie sur $\mathbb{R} - \{1\}$.

Le développement en série entière de cette fonction est également obtenu à partir de sa dérivée.

$$\left(\operatorname{Arc}\tan \frac{1+x}{1-x}\right)' = \frac{1}{1 + \left(\frac{1+x}{1-x}\right)^2} \cdot \left(\frac{1+x}{1-x}\right)'$$

(dérivation des fonctions composées)

$$\left(\operatorname{Arc}\tan \frac{1+x}{1-x}\right)' = \frac{(1-x)^2}{(1-x)^2 + (1+x)^2} \cdot \frac{(1-x)+(1+x)}{(1-x)^2}$$

$$\left(\operatorname{Arc}\tan \frac{1+x}{1-x}\right)' = \frac{1}{1+x^2} = \sum_{n=0}^{\infty} (-1)^n x^{2n} \quad (R = 1)$$

(Le développement en série entière de cette fonction a été traité dans l'exercice précédent **b)**.)

Pour tout x tel que $|x| < 1$:

$$\int_0^x \left(\text{Arctan}\,\frac{1+t}{1-t}\right)' \mathrm{d}t = \text{Arctan}\,\frac{1+x}{1-x} - \text{Arctan}\,1$$

Pour tout x tel que $|x| < 1$:

$$\text{Arctan}\,\frac{1+x}{1-x} = \int_0^x \left[\sum_{n=0}^{\infty} (-1)^n\, t^{2n}\right] \mathrm{d}t + \frac{\pi}{4}$$

En intégrant terme à terme, il vient :

$$\text{Arctan}\,\frac{1+x}{1-x} = \frac{\pi}{4} + \sum_{n=0}^{\infty} \frac{(-1)^n}{2n+1}\, x^{2n+1} \qquad (R = 1)$$

c) $\mathrm{f}(x) = \displaystyle\int_0^x \frac{\sin^2 t}{t}\, \mathrm{d}t$.

On cherche le développement en série entière de $\sin^2 t$, on en déduit celui de $\dfrac{\sin^2 t}{t}$ que l'on intègre terme à terme.

Remarque : $\displaystyle\lim_{t\to 0} \frac{\sin t}{t} = 1$ donc $\displaystyle\lim_{t\to 0} \frac{\sin^2 t}{t} = 0$

La fonction que l'on intègre est prolongeable par continuité en 0 donc l'intégrale est parfaitement définie.

• $\sin^2 t = \dfrac{1 - \cos 2t}{2}$

Rappelons le développement en série entière de $\cos x$:

$$\forall x \in \mathbb{R} : \cos x = \sum_{n=0}^{\infty} (-1)^n \frac{x^{2n}}{(2n)!}$$

En particulier, pour $x = 2t$:

$$\forall t \in \mathbb{R} : \cos 2t = \sum_{n=0}^{\infty} (-1)^n \frac{(2t)^{2n}}{(2n)!} = \sum_{n=0}^{\infty} (-1)^n \frac{2^{2n}\, t^{2n}}{(2n)!}$$

$$\cos 2t = 1 + \sum_{n=1}^{\infty} (-1)^n \frac{2^{2n}\, t^{2n}}{(2n)!}$$

$$1 - \cos 2t = - \sum_{n=1}^{\infty} (-1)^n \frac{2^{2n}\, t^{2n}}{(2n)!}$$

$$\frac{1 - \cos 2t}{2} = \sum_{n=1}^{\infty} (-1)^{n+1} \frac{2^{2n-1}\, t^{2n}}{(2n)!} = \sin^2 t$$

d'où :

$$\forall t \in \mathbb{R}^* : \frac{\sin^2 t}{t} = \sum_{n=1}^{\infty} (-1)^{n+1} \frac{2^{2n-1}\, t^{2n-1}}{(2n)!}$$

$$\mathrm{f}(x) = \int_0^x \frac{\sin^2 t}{t}\, \mathrm{d}t = \sum_{n=1}^{\infty} \int_0^x (-1)^{n+1} \frac{2^{2n-1}}{(2n)!}\, t^{2n-1}\, \mathrm{d}t$$

$$\forall x \in \mathbb{R} : \mathrm{f}(x) = \sum_{n=1}^{\infty} (-1)^{n+1} \frac{2^{2n-1}}{(2n)!} \cdot \frac{1}{2n}\, x^{2n}$$

9 Série entière, solution d'une équation différentielle

Chercher une solution sous forme de série entière de l'équation différentielle :

$$(E)\ \begin{cases} y - y'' = -2\,e^x \\ y(0) = 0 \\ y'(0) = 1 \end{cases}$$

■ SOLUTION

– Posons : $y(x) = \sum_{n=0}^{\infty} a_n x^n$ sous réserve de convergence.

On a alors :

$$y'(x) = \sum_{n=0}^{\infty} n a_n x^{n-1} \text{ et } y''(x) = \sum_{n=2}^{\infty} n(n-1)\,a_n x^{n-2} = \sum_{n=0}^{\infty} (n+1)\,(n+2)\,a_{n+2}\,x^n$$

Pour obtenir la dernière expression, il suffit d'effectuer un changement d'indice $m = n - 2$ puis de revenir à l'appellation n.

– Conditions initiales : $y(0) = a_0 = 0$ et $y'(0) = a_1 = 1$

– Développement en série entière de e^x : $e^x = \sum_{n=0}^{\infty} \frac{x^n}{n!}$

– Substitution dans l'équation différentielle :

$$y(x) - y''(x) = \sum_{n=0}^{\infty} a_n\,x^n - \sum_{n=0}^{\infty} (n+1)\,(n+2)\,a_{n+2}\,x^n = -2\sum_{n=0}^{\infty} \frac{x^n}{n!}$$

Soit :

$$\sum_{n=0}^{\infty} [a_n - (n+1)\,(n+2)\,a_{n+2}]\,x^n = \sum_{n=0}^{\infty} -2\,\frac{x^n}{n!}$$

L'unicité des développement en série entière nous amène à identifier les coefficients :

$$a_n - (n+1)\,(n+2)\,a_{n+2} = -2\,/\,n!$$

soit : $$n!\,a_n - n!(n+1)\,(n+2)\,a_{n+2} = -2$$

ou encore : $$n!\,a_n - (n+2)!\,a_{n+2} = -2$$

On obtient une équation récurrente donnant a_{n+2} en fonction de a_n .

Calculons a_n en fonction de n :

• Cas n pair

$n = 0$: $2!\,a_2 = 2$

$n = 2$: $4!\,a_4 - 2!\,a_2 = 2$

$n = 4$: $6!\,a_6 - 4!\,a_4 = 2$

....

$n = 2k$: $(2k+2)!\,a_{2k+2} - (2k)!\,a_{2k} = 2$

En additionnant membre à membre ces $(k + 1)$ égalités, il reste après simplification :

$$(2k+2)!\,a_{2k+2} = (k+1)\,2 = 2k+2$$

donc : $$a_{2k+2} = \frac{1}{(2k+1)!}$$

• Cas n impair

On procède de la même manière :

$n = 1$: $3!\,a_3 - 1 = 2$

$n = 3$: $5!\,a_5 - 3!\,a_3 = 2$

$n = 5$: $7!\,a_7 - 5!\,a_5 = 2$

....

$n = 2k + 1$: $(2k+3)!\,a_{2k+3} - (2k+1)!\,a_{2k+1} = 2$

En additionnant membre à membre :

$$(2k+3)!\, a_{2k+3} - 1 = 2\,(k+1)$$

$$a_{2k+3} = \frac{2k+3}{(2k+3)!} = \frac{1}{(2k+2)!}$$

Finalement : $\forall\, n \in \mathbb{N},\ a_{n+1} = \dfrac{1}{n!}$

La solution de l'équation différentielle (E) est par conséquent :

$$y(x) = \sum_{n=0}^{\infty} \frac{1}{n!}\, x^{n+1} = x \sum_{n=0}^{\infty} \frac{1}{n!}\, x^n = x\, \mathrm{e}^x$$

D'après la règle de d'Alembert, le rayon de convergence est infini.

10 Équation différentielle

On considère l'équation différentielle :
(E) $4xy'' + 2y' + y = 0$.

1) Déterminer, en fonction de a_0, les coefficients a_n pour que la série :

$$y(x) = \sum_{n=0}^{\infty} a_n x^n \text{ soit solution de (E).}$$

2) Vérifier que l'on a : $y(x) = \begin{cases} a_0 \operatorname{ch}\sqrt{-x} & \text{si } x \in \mathbb{R}^- \\ a_0 \cos\sqrt{x} & \text{si } x \in \mathbb{R}^+ \end{cases}$

■ SOLUTION

1) Posons : $y(x) = \sum_{n=0}^{\infty} a_n x^n$. $y'(x) = \sum_{n=1}^{\infty} n a_n x^{n-1}$ et $y''(x) = \sum_{n=2}^{\infty} n(n-1)\, a_n x^{n-2}$

$$4xy'' = 4x \sum_{n=0}^{\infty} n(n-1)\, a_n x^{n-2} = \sum_{n=2}^{\infty} 4n(n-1)\, a_n x^{n-1} = \sum_{k=1}^{\infty} 4(k+1)\,(k)\, a_{k+1} x^k$$

$$2y' = 2 \sum_{n=1}^{\infty} n a_n x^{n-1} = \sum_{n=1}^{\infty} 2n a_n x^{n-1} = \sum_{k=0}^{\infty} 2(k+1)\, a_{k+1} x^k$$

$$y = \sum_{n=0}^{\infty} a_n x^n = \sum_{k=0}^{\infty} a_k x^k$$

Additionnons membre à membre :

$$4xy'' + 2y' + y = a_0 + 2a_1 + \sum_{k=1}^{\infty} [4k(k+1)\, a_{k+1} + 2(k+1)\, a_{k+1} + a_k]\, x^k = 0$$

$$= a_0 + 2a_1 + \sum_{k=1}^{\infty} [2(2k+1)\,(k+1)\, a_{k+1} + a_k]\, x^k = 0$$

Tous les coefficients sont nuls. On aboutit à :

$$\begin{cases} a_0 + 2a_1 = 0 \\ a_{k+1} = -\dfrac{a_k}{2(2k+1)\,(k+1)} \end{cases} \Leftrightarrow \begin{cases} a_0 + 2a_1 = 0 \\ \dfrac{a_{k+1}}{a_k} = -\dfrac{1}{2(2k+1)\,(k+1)} \end{cases}$$

Si l'on détaille :

$a_1 = (-1/2)\, a_0$

$k = 1 : \quad \dfrac{a_2}{a_1} = -\dfrac{1}{3\,.\,4}$

$k = 2 : \quad \dfrac{a_3}{a_2} = -\dfrac{1}{5\,.\,6}$

$k = 3 : \quad \dfrac{a_4}{a_3} = -\dfrac{1}{7\,.\,8}$

....

$k = n : \quad \dfrac{a_{n+1}}{a_n} = -\dfrac{1}{(2n+1)(2n+2)}$

En multipliant ces n égalités membre à membre et après simplification on obtient :

$$\frac{a_{n+1}}{a_1} = (-1)^n \frac{1}{3 \times 4 \times 5 ... (2n+2)} \Rightarrow a_{n+1} = (-1)^{n+1} \frac{1}{2 \times 3 \times 4 ... (2n+2)} a_0 = \frac{(-1)^{n+1}}{(2n+2)!} a_0$$

Sur $\mathbb{R}$, les solutions de (E) développables en série entière sont de la forme :

$$y(x) = \left[1 + \sum_{n=0}^{\infty} \frac{(-1)^{n+1}}{(2n+2)!} x^{n+1}\right] a_0 = \left[1 + \sum_{k=1}^{\infty} \frac{(-1)^k}{(2k)!} x^k\right] a_0 = \left[\sum_{k=0}^{\infty} \frac{(-1)^k}{(2k)!} x^k\right] a_0$$

2) Soit x un réel positif. Établissons le développement en série entière de $\cos\sqrt{x}$:

Sachant que :

$\cos x = \sum\limits_{n=0}^{\infty} \dfrac{(-1)^n}{(2n)!} x^{2n}$, et ceci quel que soit x, on déduit que :

$$\cos\sqrt{x} = \sum_{n=0}^{\infty} \frac{(-1)^n}{(2n)!} \left(\sqrt{x}\right)^{2n} = \sum_{n=0}^{\infty} \frac{(-1)^n}{(2n)!} |x|^n$$

Étant donné que x est positif, $|x| = x$; on trouve la même série que dans la première question pour $a_0 = 1$.

– Soit x un réel négatif ; le développement de $\text{ch}\sqrt{-x}$ s'obtient à partir de celui de $\text{ch}x$.

Sachant que $\text{ch}x = \dfrac{e^x + e^{-x}}{2}$, il suffit de considérer que $e^x = \sum\limits_{n=0}^{\infty} \dfrac{x^n}{n!}$ et $e^{-x} = \sum\limits_{n=0}^{\infty} (-1)^n \dfrac{x^n}{n!}$

Un calcul simple conduit à :

$$\text{ch}x = \sum_{n=0}^{\infty} \frac{x^{2n}}{(2n)!} \text{ ce qui implique : } \text{ch}\sqrt{-x} = \sum_{n=0}^{\infty} \frac{\left(\sqrt{-x}\right)^{2n}}{2n!} = \sum_{n=0}^{\infty} \frac{|x|^n}{2n!}$$

x étant négatif, $|x| = -x$, par conséquent, $\text{ch}\sqrt{-x} = \sum\limits_{n=0}^{\infty} (-1)^n \dfrac{x^n}{2n!}$

3) Les solutions de l'équation (E) développables en série entière sont les fonctions :

$y(x) = a_0 \cos\sqrt{x}$ pour x strictement positif.

$y(x) = a_0\, \text{ch}\sqrt{-x}$ pour x strictement négatif.

11 Fonctions de Bessel

On appelle ainsi les solutions de **l'équation de Bessel d'ordre λ :**

$$t^2 y'' + t y' + (t^2 - \lambda^2)\, y = 0$$

Ces fonctions interviennent dans la résolution de l'équation de Laplace :

$\text{div}(\overrightarrow{\text{grad}\,f}) = \Delta f = \dfrac{\partial^2 f}{\partial x^2} + \dfrac{\partial^2 f}{\partial y^2} + \dfrac{\partial^2 f}{\partial z^2} = 0$ (potentiel d'un champ de gradients à flux conservatif).

On démontre en effet que l'équation de Laplace en coordonnées cylindriques, ($x = r\cos\theta$, $y = r\sin\theta$, $z = z$) a des solutions f de la forme :

$$f(r, \theta, z) = y(r)\, u(\theta)\, v(z), \quad y(r) \text{ sont les fonctions de Bessel.}$$

L'objet de l'exercice est le calcul des fonctions de Bessel d'ordre 0.

1) Déterminer une solution de l'équation de Bessel d'ordre 0 sous la forme d'une série entière. Soit $J_0(t)$ la solution vérifiant $J_0(0) = 1$.

2) En utilisant l'intégrale de Wallis à savoir :

$$\int_0^{\frac{\pi}{2}} (\sin\theta)^{2n}\, d\theta = \frac{(2n)!}{2^{2n}(n!)^2}\,\frac{\pi}{2}$$

démontrer que $J_0(t) = \sum\limits_{n=0}^{\infty} \dfrac{(-1)^n}{\pi(2n)!}\left[\int_0^{\pi} (\sin\theta)^{2n}\, d\theta\right] t^{2n}$

3) Développer en série entière la fonction $\cos(t\sin\theta)$. En déduire l'égalité :

$$\frac{1}{\pi}\int_0^{\pi} \cos(t\sin\theta)\, d\theta = J_0(t)$$

■ SOLUTION

L'équation de Bessel d'ordre 0 :

$$t^2y'' + t\,y' + t^2y = 0$$

Sous réserve de convergence, posons $y(t) = \sum\limits_{n=0}^{\infty} a_n t^n$. Deux dérivations conduisent à :

$$y'(t) = \sum_{n=1}^{\infty} n a_n t^{n-1} \quad \text{et} \quad y''(t) = \sum_{n=2}^{\infty} n(n-1)\, a_n t^{n-2}$$

• Si $t = 0$, $y(0) = a_0 = 1$.

• On peut supposer $t \neq 0$ et simplifier l'équation par t.

$$t\,y'' + y' + t\,y = \sum_{n=2}^{\infty} n(n-1)\, a_n t^{n-1} + \sum_{n=1}^{\infty} n a_n t^{n-1} + \sum_{n=0}^{\infty} a_n t^{n+1} = 0$$

qui se simplifie en :

$$\sum_{n=2}^{\infty} n^2 a_n t^{n-1} + a_1 + \sum_{n=0}^{\infty} a_n t^{n+1} = 0$$

Les changements d'indice : $n - 1 = k$ et $n + 1 = k$ dans chaque somme conduisent à :

$$\sum_{k=1}^{\infty} (k+1)^2\, a_{k+1}\, t^k + a_1 + \sum_{k=1}^{\infty} a_{k-1} t^k = 0$$

$$a_1 + \sum_{k=1}^{\infty} \left[(k+1)^2\, a_{k+1} + a_{k-1}\right] t^k = 0$$

D'où : $\begin{cases} a_1 = 0 \\ a_{k+1} = -\dfrac{a_{k-1}}{(k+1)^2} \quad \forall\, k \geq 1 \end{cases}$

On obtient donc le résultat suivant :

$y(t) = \sum\limits_{n=2}^{\infty} a_n t^n$ est solution de l'équation de Bessel $\Rightarrow \begin{cases} a_1 = 0 \\ a_n = -\dfrac{a_{n-2}}{n^2} \quad \forall\, n \geq 2 \end{cases}$

En conséquence :

• tous les termes de rang impair sont nuls ;

• pour les termes de rang pair, on écrit la seconde relation pour les valeurs successives de n ($n = 2, 4, 6, ..., 2k$) puis on multiplie les égalités membre à membre :

$n = 2$: $\qquad \dfrac{a_2}{a_0} = -\dfrac{1}{2^2}$

$n = 4$: $\qquad \dfrac{a_4}{a_2} = -\dfrac{1}{4^2}$

....

$n = 2k$: $\qquad \dfrac{a_{2k}}{a_{2k-2}} = -\dfrac{1}{(2k)^2}$

Finalement, on obtient :

$$\frac{a_{2k}}{a_0} = (-1)^k \frac{1}{(2 \times 4 \times 6 \times ... \times (2k))^2} = (-1)^k \frac{1}{(2^k k!)^2}$$

D'après l'hypothèse, $a_0 = 1$. La série entière cherchée est :

$$y(t) = \sum_{n=0}^{\infty} (-1)^n \frac{1}{2^{2n}(n!)^2} t^{2n} = \mathrm{J}_0(t)$$

Il s'agit d'une série entière de la variable t^2. C'est une fonction paire, son rayon de convergence est donné par la règle de d'Alembert :

$$R = \lim_{n \to \infty} \frac{2^{2(n+1)}[(n+1)!]^2}{2^{2n}(n!)^2} = \lim 4(n+1)^2 = \infty$$

2) La fonction $(\sin\theta)^{2n}$ est paire et périodique de période π.

$$\int_0^{\pi} (\sin\theta)^{2n}\,\mathrm{d}\theta = \int_{-\frac{\pi}{2}}^{\frac{\pi}{2}} (\sin\theta)^{2n}\,\mathrm{d}\theta = 2\int_0^{\frac{\pi}{2}} (\sin\theta)^{2n}\,\mathrm{d}\theta = \pi \frac{(2n)!}{2^{2n}(n!)^2}$$

d'où l'on déduit :

$$\frac{1}{(2n)!}\frac{1}{\pi}\int_0^{\pi} (\sin\theta)^{2n}\,\mathrm{d}\theta = \frac{1}{2^{2n}(n!)^2}$$

D'autre part :

$$\mathrm{J}_0(t) = \sum_{n=0}^{\infty} (-1)^n \frac{1}{2^{2n}(n!)^2} t^{2n} \; ; \; \mathrm{J}_0(t) = \sum_{n=0}^{\infty} (-1)^n \left[\frac{1}{(2n)!}\frac{1}{\pi}\int_0^{\pi} (\sin\theta)^{2n}\mathrm{d}\theta\right] t^{2n}$$

3) Développement en série entière de $\cos(t\sin\theta)$:

À partir du développement : $\cos X = \displaystyle\sum_{n=0}^{\infty} (-1)^n \frac{X^{2n}}{(2n)!} \quad \forall X \in \mathbb{R}$

posons $X = t\sin\theta$: $\cos(t\sin\theta) = \displaystyle\sum_{n=0}^{\infty} (-1)^n \frac{(t\sin\theta)^{2n}}{(2n)!}$

D'après la question précédente :

$$\begin{aligned}\mathrm{J}_0(t) &= \sum_{n=0}^{\infty} (-1)^n \left[\frac{1}{(2n)!}\frac{1}{\pi}\int_0^{\pi} (\sin\theta)^{2n}\,\mathrm{d}\theta\right] t^{2n} \\ &= \int_0^{\pi}\left[\sum_{n=0}^{\infty} (-1)^n \frac{1}{(2n)!}\frac{1}{\pi}(\sin\theta)^{2n} t^{2n}\right]\mathrm{d}\theta \\ &= \frac{1}{\pi}\int_0^{\pi}\left[\sum_{n=0}^{\infty} (-1)^n \frac{1}{(2n)!}(t\sin\theta)^{2n}\right]\mathrm{d}\theta\end{aligned}$$

$$\mathrm{J}_0(t) = \frac{1}{\pi}\int_0^{\pi} \cos(t\sin\theta)\,\mathrm{d}\theta$$

15 SÉRIES DE FOURIER

Développement en série de Fourier

1. Coefficients de Fourier

Soit f : $\mathbb{R} \to \mathbb{C}$ (ou $\mathbb{R}$), une fonction périodique de période $T = 2\pi / \omega$ et intégrable sur [0, T].
On appelle coefficients de Fourier de f les nombres complexes :

$$c_n = \frac{1}{T} \int_{\Delta} f(x)\, e^{-jn\omega x}\, dx\,, \quad n \in \mathbb{Z}$$

où Δ est un intervalle de longueur T, en général [0, T] ou [– T/2, T/2].
c_0 est la valeur moyenne de f sur Δ.
Si f est à valeurs réelles, on appelle coefficients de Fourier réels de f les nombres :

$$a_0 = \frac{1}{T} \int_{\Delta} f(x)\, dx \qquad a_n = \frac{2}{T} \int_{\Delta} f(x) \cos n\omega x dx \qquad b_n = \frac{2}{T} \int_{\Delta} f(x) \sin n\omega x dx$$
$$n \in \mathbb{N}$$

2. Propriétés des coefficients de Fourier

• Relation entre les coefficients réels et complexes :

$$c_0 = a_0 \quad \text{et} \quad \forall\, n \in \mathbb{N},\ c_n = 1/2\,(a_n - jb_n)$$
$$|c_n| = |c_{-n}| = 1/2 \sqrt{a_n^2 + b_n^2} \quad \text{et } c_{-n} = \overline{c}_n$$

• Les coefficients de Fourier tendent vers 0 à l'infini :

$$\lim a_n = \lim b_n = \lim |c_n| = 0$$

• Si f est paire, alors $\forall\, n \in \mathbb{N}$, $b_n = 0$. Si f est impaire, alors $\forall\, n \in \mathbb{N}$, $a_n = 0$.
• Si f – a_0 est impaire, alors $a_n = 0$, $\forall\, n \geq 1$.

3. Série de Fourier

On appelle série de Fourier de f la série :

$$\sum_{n=-\infty}^{+\infty} c_n\, e^{jn\omega x}$$

ou, si f est réelle :

$$a_0 + \sum_{n=1}^{+\infty} a_n \cos n\omega x + b_n \sin n\omega x$$

4. Théorème de convergence de Dirichlet

Si la fonction périodique f admet en tout point de l'intervalle Δ une dérivée à droite et une dérivée à gauche, alors :

$$\sum_{n=-\infty}^{+\infty} c_n\, e^{jn\omega x} = \begin{cases} f(x) & \text{si f est continue au point } x \\ \frac{1}{2}\,[f(x^+) + f(x^-)] & \text{sinon} \end{cases}$$

5. Le fondamental et les harmoniques

On note $\nu = 1/\mathrm{T} = \omega/2\pi$, la fréquence de la fonction périodique f.

La série de Fourier réelle de f se présente comme la somme :
– d'un terme constant a_0, valeur moyenne de f sur [0, T] ;
– d'une infinité de termes sinusoïdaux de fréquences ν, 2ν, 3ν, 4ν, ...

Le terme $a_1 \cos\omega x + b_1 \sin\omega x$ est appelé le **fondamental**. Sa fréquence est celle de la fonction f.
Les termes $a_n \cos n\omega x + b_n \sin n\omega x$, pour $n > 1$, sont les **harmoniques** de rang n.
L'harmonique de rang n a pour période $2\pi/n\omega = \mathrm{T}/n$ et pour fréquence $n/\mathrm{T} = n\nu$.
Les fréquences des harmoniques sont des multiples de la fréquence du fondamental.

Énergie d'un signal, spectre de fréquence

1. Norme, valeur efficace, énergie

On définit la **norme** de f comme le nombre : $\|f\| = \left(\frac{1}{\mathrm{T}} \int_\Delta f^2(x)\,\mathrm{d}x\right)^{\frac{1}{2}}$

C'est aussi la **valeur efficace** de f sur l'intervalle Δ.
L'**énergie** de f sur Δ est le nombre $\|f\|^2$.

2. Formule de Bessel-Parseval

$$\|f\|^2 = \sum_{n=-\infty}^{+\infty} |c_n|^2 = a_0^2 + \sum_{n=1}^{+\infty} \frac{a_n^2 + b_n^2}{2}$$

ou, en termes d'énergie :

$$\text{Énergie(f)} = a_0^2 + \sum_{n=1}^{+\infty} \mathrm{E}_n$$

E_n = énergie de l'harmonique de rang $n = \dfrac{a_n^2 + b_n^2}{2}$.

Si la valeur moyenne de f est nulle sur [0, T], l'énergie du signal f est égale à la somme des énergies des harmoniques qui le composent.

3. Spectre de fréquence

Le spectre **bilatéral** des fréquences s'obtient en représentant en ordonnée les modules des coefficients c_n, les fréquences $n\nu$ étant représentées en abscisse. Si f est réelle, ce diagramme en bâtons est alors symétrique par rapport à l'axe des ordonnées.

Le spectre **unilatéral** des fréquences est obtenu en représentant $\sqrt{a_n^2 + b_n^2}$ en ordonnée, les fréquences positives associées étant représentées en abscisse.

EXERCICES

1 Créneau

Soit f la fonction de période T valant 1 si $0 < x < T/2$ et -1 si $T/2 < x < T$.

a) Représenter f.

b) Écrire la série de Fourier de f.

c) Représenter le spectre des fréquences de f.

■ SOLUTION

a)

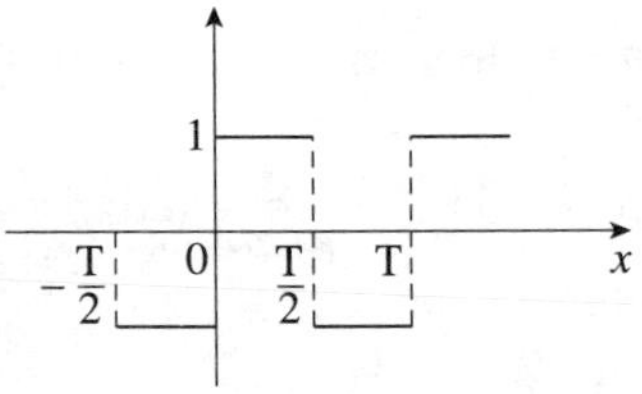

b) La fonction est impaire, les a_n sont tous nuls.

$$b_n = \frac{2}{T}\int_{-T/2}^{T/2} f(x)\,\sin n\omega x\,dx$$

Les fonctions $f(x)$ et $\sin n\omega x$ étant impaires, leur produit est une fonction paire. On intègre de 0 à $T/2$.

$$b_n = \frac{4}{T}\int_0^{T/2} \sin n\omega x\,dx = -\frac{4}{n\omega T}\left[\cos n\omega x\right]_0^{T/2} = -\frac{4}{n\omega T}\left(\cos n\omega\frac{T}{2} - 1\right)$$

Comme $\omega T = 2\pi$, $b_n = -\dfrac{4}{2\pi n}(\cos n\pi - 1)$.

Si n est pair, $\cos n\pi = 1$ donc $b_n = 0$. Si n est impair, $\cos n\pi = -1$ et $b_n = \dfrac{4}{\pi n}$.

La série de Fourier de f s'écrit : $\displaystyle \frac{4}{\pi}\sum_{n=0}^{+\infty} \frac{\sin(2n+1)\omega x}{2n+1}$

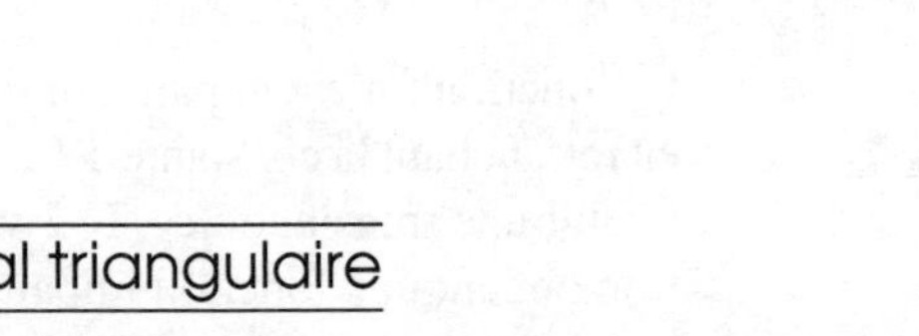

c) La valeur moyenne et les harmoniques de rang pair sont nuls.

$b_1 = 4/\pi$, $b_3 = 4/3\pi$,

$b_5 = 4/5\pi$, $b_7 = 4/7\pi$, etc.

2 Signal triangulaire

Soit f la fonction paire, périodique de période T, définie par $f(x) = x$ si $0 < x < T/2$.

a) Représenter la fonction f.

b) Calculer la série de Fourier de f. Quelle est sa somme ?

■ **SOLUTION**

a)

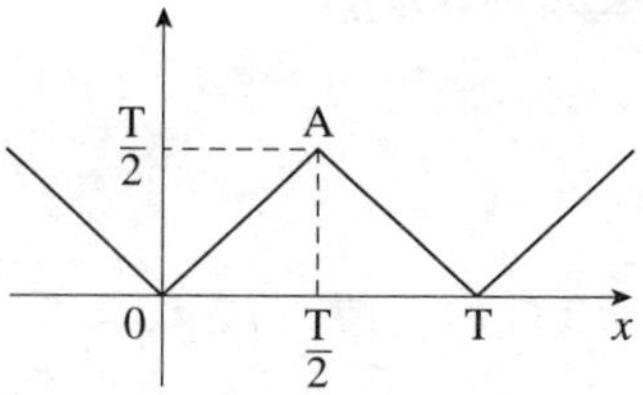

b) La fonction étant paire, les coefficients b_n sont tous nuls. La série de Fourier est une série de cosinus. Le terme constant a_0 est la valeur moyenne sur une période. C'est aussi l'aire du triangle OAT divisé par la période T soit T/4.

La fonction $f(x) \cos n\omega x$ est paire. On intègre de 0 à T/2.

$$a_n = \frac{4}{T}\int_0^{T/2} x \cos n\omega x \, dx$$

En posant : $u = x$, $u' = 1$, $v' = \cos n\omega x$, $v = \frac{1}{n\omega}\sin n\omega x$, la formule d'intégration par parties donne : $a_n = \frac{4}{n\omega T}\left[x \sin n\omega x\right]_0^{T/2} - \frac{4}{n\omega T}\int_0^{T/2} \sin n\omega x \, dx$

Tenant compte du fait que $\omega T = 2\pi$ et $\sin n\pi = 0$, le terme entre crochets s'annule. Il reste :

$$a_n = -\frac{2}{n\pi}\int_0^{T/2} \sin n\omega x \, dx = \frac{2}{n^2\pi\omega}\left[\cos n\omega x\right]_0^{T/2} = \frac{2}{n^2\pi\omega}(\cos n\pi - 1)$$

Lorsque n est pair, $\cos n\pi = 1$ donc $a_n = 0$.

Lorsque n est impair, $\cos n\pi = -1$ et $a_n = -\frac{4}{n^2\pi\omega}$.

D'après le théorème de Dirichlet, f est égale en tout point à sa série de Fourier :

$$f(x) = \frac{T}{4} - \frac{4}{\pi\omega}\sum_{n=0}^{+\infty}\frac{\cos(2n+1)\,\omega x}{(2n+1)^2}$$

3 Signal en dent de scie

Soit f la fonction de période T égale à x sur [0, T[.

a) Représenter f.

b) Calculer la série de Fourier de f.

c) Représenter le spectre de f.

■ **SOLUTION**

a)

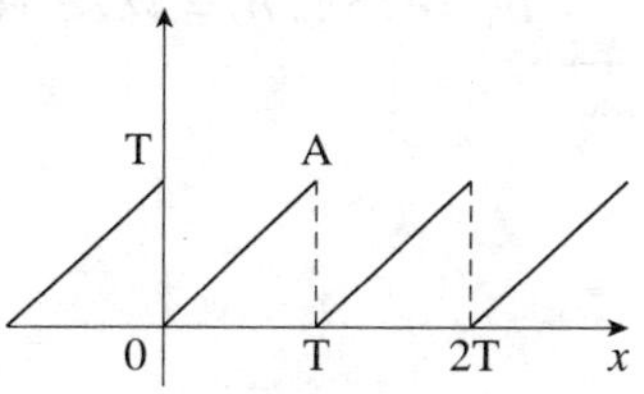

b) La valeur moyenne sur une période est aussi l'aire du triangle OAT divisé par la période, soit T/2.

La fonction f n'est ni paire, ni impaire, mais en retranchant la constante T/2, le graphe de f subit une translation de T/2 vers le bas et l'on obtient une fonction impaire.

Par conséquent, les coefficients a_n sont tous nuls sauf a_0. La série de Fourier de f est une série de sinus.

On calcule les coefficients b_n : $b_n = \frac{2}{T}\int_0^T f(x) \sin n\omega x \, dx = \frac{2}{T}\int_0^T x \sin n\omega x \, dx$

En posant : $u = x$, $u' = 1$, $v' = \sin n\omega x$, $v = -\frac{1}{n\omega}\cos n\omega x$, une intégration par parties donne :

$$b_n = -\frac{2}{n\omega T}\left[x\cos n\omega x\right]_0^T + \frac{2}{n\omega T}\int_0^T \cos n\omega x\,dx$$

Sachant que $\omega T = 2\pi$, $\cos n\omega T = \cos 2n\pi = 1$. Cela donne :

$$b_n = -\frac{T}{n\pi} + \frac{1}{n\pi}\times\frac{1}{n\omega}\left[\sin n\omega x\right]_0^T, \text{ mais } \sin 2\pi n = 0, \text{ donc } b_n = -\frac{T}{n\pi}$$

La série de Fourier de f s'écrit : $S(x) = \frac{T}{2} - \frac{T}{\pi}\sum_{n=1}^{+\infty}\frac{\sin n\omega x}{n}$

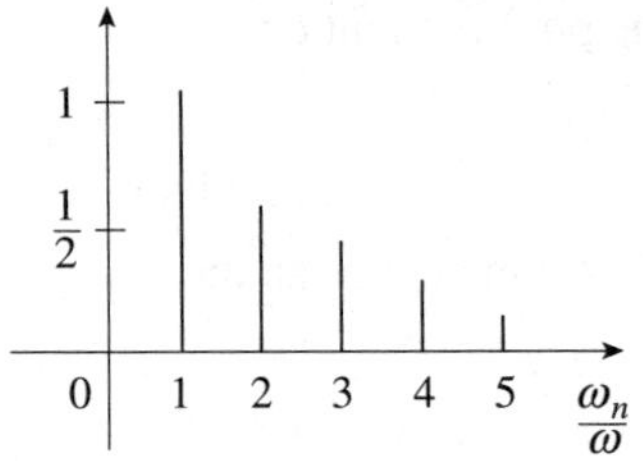

c) $b_1 = -T/\pi$

$b_2 = -T/2\pi$

$b_3 = -T/3\pi$

$b_4 = -T/4\pi$, etc.

On représente la valeur absolue des coefficients b_n.

4 Sinus redressé

Représenter puis calculer les coefficients de Fourier de la fonction f de période π, égale à $\sin x$ sur l'intervalle $[0, \pi]$.

■ SOLUTION

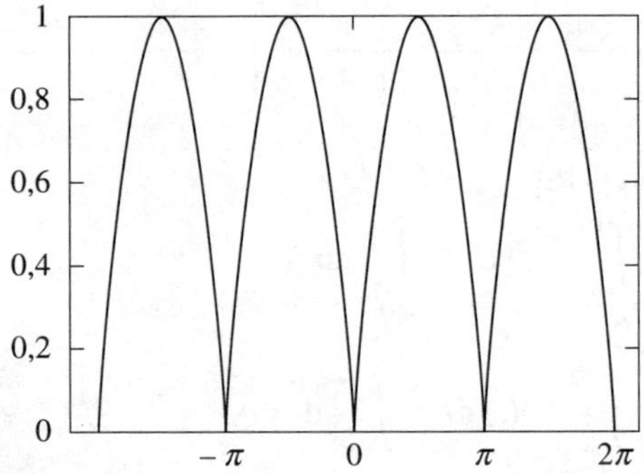

La fonction f est paire. Les coefficients b_n sont nuls. La valeur moyenne sur une période est :

$$a_0 = \frac{1}{\pi}\int_0^{\pi}\sin x\,dx = -\frac{1}{\pi}\left[\cos x\right]_0^{\pi} = \frac{2}{\pi}$$

$T = 2\pi/\omega = \pi$. La pulsation ω est égale à 2.

En appliquant la formule :

$\sin a \cos b = 1/2\,[\sin(a+b) + \sin(a-b)]$

$$a_n = \frac{2}{\pi}\int_0^{\pi}\sin x\cos 2nx\,dx = \frac{1}{\pi}\int_0^{\pi}(\sin(1+2n)x + \sin(1-2n)x)\,dx$$

$$= \frac{1}{\pi}\left(\frac{-1}{1+2n}\left[\cos(1+2n)x\right]_0^{\pi} + \frac{-1}{1-2n}\left[\cos(1-2n)x\right]_0^{\pi}\right)$$

$$= \frac{1}{\pi}\left(\frac{2}{1+2n} + \frac{2}{1-2n}\right) = \left(\frac{-4}{\pi(4n^2-1)}\right)$$

D'après le théorème de Dirichlet : $f(x) = \frac{2}{\pi} - \frac{4}{\pi}\sum_{n=1}^{+\infty}\frac{\cos 2nx}{4n^2-1}$

5 Énergie et harmoniques

Soit s(t) le signal pair, périodique de période T = 1, défini par :
s(t) = 1 si $0 \leq t \leq 1/4$
s(t) = 0 si $1/4 < t \leq 1/2$

a) Représenter le signal s pour t variant de – 2 à 2 secondes.

b) Calculer la valeur moyenne et l'énergie de s sur une période.

c) Calculer les coefficients de Fourier de s.

d) Écrire la série de Fourier de s.

e) Calculer les valeurs numériques des coefficients a_n pour n allant de 0 à 6.

f) Représenter le spectre de fréquences du signal s.

g) On note E_n l'énergie de l'harmonique de rang n. Calculer E_n pour n allant de 1 à 6.

h) Combien d'harmoniques sont-elles nécessaires pour transmettre au moins, respectivement : 60 %, 90 %, 95 % de l'énergie du signal ?

■ SOLUTION

a)

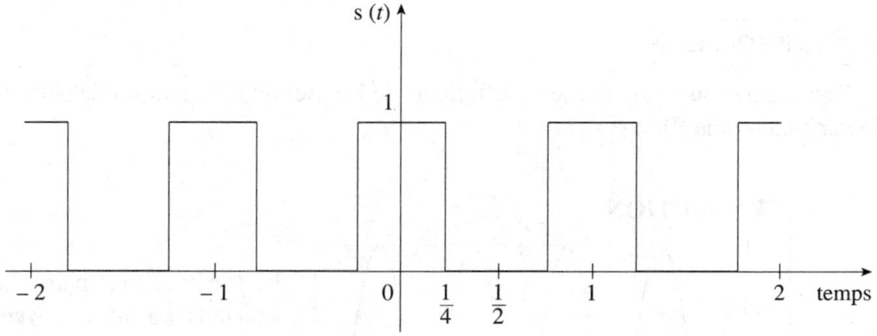

b) La valeur moyenne sur une période est :

$$a_0 = \frac{1}{T}\int_{-1/2}^{1/2} s(t)\,dt = \int_{-1/4}^{1/4} dt = \frac{1}{2}$$

L'énergie du signal est :

$$E(s) = \frac{1}{T}\int_{-1/2}^{1/2} s^2(t)\,dt = \int_{-1/4}^{1/4} dt = \frac{1}{2}$$

c) Le signal est pair. Les coefficients b_n sont nuls. On calcule les coefficients a_n pour $n > 0$:

$$a_n = \frac{2}{T}\int_{-1/2}^{1/2} s(t)\cos n\omega t\,dt = 4\int_0^{1/4}\cos 2\pi n t\,dt = \frac{4}{2\pi n}\left[\sin 2\pi n t\right]_0^{1/4} = \frac{2}{\pi n}\sin n\frac{\pi}{2}$$

Si n est pair, $a_n = 0$ et si n est impair $\sin n\pi/2 = 1$ ou -1. Plus précisément, $a_{2n} = 0$ et $a_{2n+1} = 2(-1)^n/\pi(2n+1)$.

d) La série de Fourier du signal s s'écrit : $\frac{1}{2} + \frac{2}{\pi}\sum_{n=0}^{+\infty}\frac{(-1)^n}{2n+1}\cos 2\pi(2n+1)t$

Elle converge vers $s(t)$ en tout point où s est continu, vers 1/2 aux points de discontinuité, c'est-à-dire en 1/4, 3/4, etc.

e) $a_0 = 0{,}5$; $a_1 = 2/\pi \approx 0{,}636$; $a_2 = 0$; $a_3 = -2/3\pi \approx -0{,}212$; $a_4 = 0$; $a_5 = 2/5\pi \approx 0{,}127$; $a_6 = 0$.

f) Spectre des fréquences :

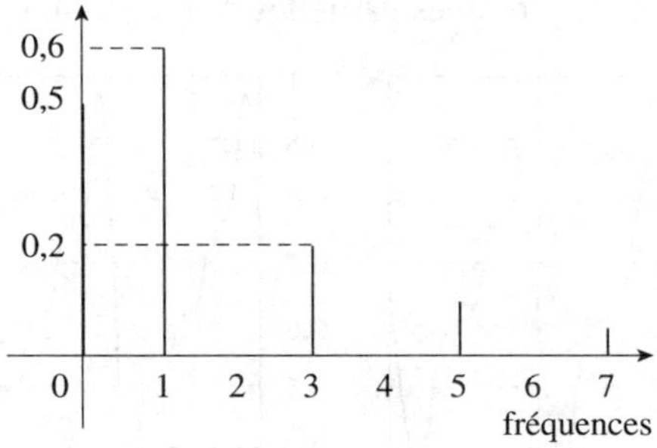

g) $E(s) = a_0^2 + \sum_{n=1}^{+\infty} E_n = a_0^2 + \sum_{n=1}^{+\infty} \frac{a_n^2}{2}$ puisque les coefficients b_n sont nuls.

$E_1 = a_1^2/2 \approx 0{,}202$ $\quad E_2 = 0$ $\quad E_3 = a_3^2/2 \approx 0{,}022$

$E_4 = 0$ $\quad E_5 = a_5^2/2 \approx 0{,}0072$ $\quad E_6 = 0$

h) $E(s) = 0{,}5$ et $a_0^2 = 0{,}25$.

60 % de $E(s) = 0{,}5 \times 60/100 = 0{,}3$ et $0{,}25 + E_1 = 0{,}452$. Le fondamental suffit.

90 % de $E(s) = 0{,}45$. Le fondamental est encore suffisant.

95 % de $E(s) = 0{,}475$ et $0{,}25 + E_1 + E_3 + E_5 = 0{,}481$. Le fondamental et les harmoniques de rang 3 et 5 suffiront.

6 Coefficients de Fourier complexes

Calculer les coefficients de Fourier de la fonction de période 1 et égale à e^{-x} sur l'intervalle [0, 1[. Représenter les sommes partielles S_2, S_4 et S_6 de la série de Fourier de f.

■ SOLUTION

Afin d'éviter des intégrations par parties fastidieuses, il est plus facile de calculer les coefficients complexes. On en déduira ensuite les coefficients réels.

La période T est égale à 1, donc la pulsation ω est égale à 2π.

$$c_n = \frac{1}{T}\int_\Delta f(x)\, e^{-jn\omega x}\, dx = \int_0^1 e^{-x}\, e^{-2j\pi n x}\, dx = \int_0^1 e^{-(1+2j\pi n)x}\, dx$$

$$= \frac{-1}{1+2j\pi n}\left[e^{-(1+2j\pi n)x}\right]_0^1 = \frac{-1}{1+2j\pi n}\left(e^{-1}\, e^{-2j\pi n} - 1\right) = \frac{1-e^{-1}}{1+2j\pi n}$$

$$= \frac{1-e^{-1}}{1+4\pi^2 n^2}(1-2j\pi n)$$

Les coefficients c_n sont reliés aux coefficients a_n et b_n par la formule, $c_n = \dfrac{a_n - jb_n}{2}$, $n > 0$.

On en déduit : $a_n = 2\mathrm{Re}(c_n) = 2\,\dfrac{1-e^{-1}}{1+4\pi^2 n^2}$ et $b_n = -2\mathrm{Im}(c_n) = 2\,\dfrac{2\pi n(1-e^{-1})}{1+4\pi^2 n^2}$

$a_0 = c_0 = 1 - e^{-1}$.

En tout point, x non entier la fonction f est continue donc égale à sa série de Fourier :

$$f(x) = (1 - e^{-1}) \left[1 + 2 \sum_{n=1}^{+\infty} \frac{1}{1 + 4\pi^2 n^2} (\cos 2\pi n x + 2\pi n \sin 2\pi n x) \right]$$

Représentation des sommes partielles de rang 2, 4, et 6 de la série de Fourier de f.

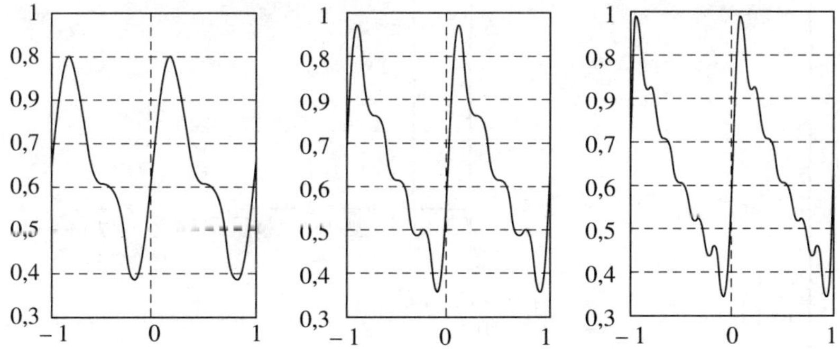

7 Calcul de $\sum_{n=1}^{+\infty} \frac{1}{n^2}$ et $\sum_{n=1}^{+\infty} \frac{1}{n^4}$

Soit f la fonction paire, 2π-périodique, égale à $(\pi - x)^2$ sur l'intervalle $[0, \pi]$.

a) Représenter la fonction f.

b) Calculer la série de Fourier de f.

c) Étudier la convergence de la série de Fourier de f.

d) En déduire la valeur de la somme de la série : $\sum_{n=1}^{+\infty} \frac{1}{n^2}$

e) En appliquant à la fonction f la formule de Parseval, calculer la somme $\sum_{n=1}^{+\infty} \frac{1}{n^4}$

■ **SOLUTION**

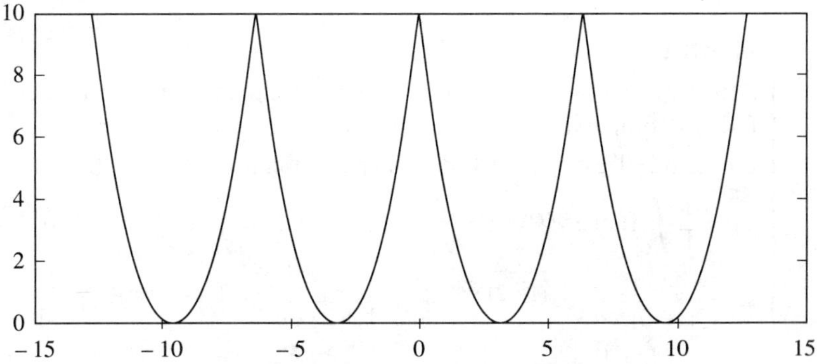

b)

$$a_0 = \frac{1}{\pi} \int_0^{\pi} (\pi - x)^2 \, dx = \frac{1}{\pi} \left[-\frac{1}{3} (\pi - x)^3 \right]_0^{\pi} = \frac{\pi^2}{3}$$

$$\forall \; n \geq 1, \quad a_n = \frac{2}{\pi} \int_0^{\pi} (\pi - x)^2 \cos nx \, dx$$

on intègre par parties :

$$u = (\pi - x)^2,\ u' = -2(\pi - x),\ v' = \cos nx,\ v = \frac{1}{n}\sin nx$$

$$a_n = \frac{2}{\pi}\left[\frac{1}{n}(\pi - x)^2 \sin nx\right]_0^{\pi} + \frac{4}{n\pi}\int_0^{\pi}(\pi - x)\sin nx\,\mathrm{d}x$$

Le terme entre crochets est nul. La deuxième intégrale se calcule à nouveau par parties :

$$u = \pi - x,\ u' = -1,\ v' = \sin nx,\ v = -\frac{1}{n}\cos nx$$

$$a_n = \frac{4}{n\pi}\left[-\frac{1}{n}(\pi - x)\cos nx\right]_0^{\pi} - \frac{4}{\pi n^2}\int_0^{\pi}\cos nx\,\mathrm{d}x = \frac{4}{n^2} - \frac{4}{\pi n^3}\left[\sin nx\right]_0^{\pi} = \frac{4}{n^2}$$

La fonction est paire ; la série de Fourier de f est une série de cosinus :

$$\mathrm{S}(x) = \frac{\pi^2}{3} + 4\sum_{n=1}^{+\infty}\frac{\cos nx}{n^2}$$

c) La fonction f est continue sur $\mathbb{R}$, dérivable en tout point à droite et à gauche. D'après le théorème de Dirichlet, la série de Fourier $\mathrm{S}(x)$ converge en tout point vers $\mathrm{f}(x)$. On peut alors écrire :

$$\forall\, x \in [0, \pi]\quad (\pi - x)^2 = \frac{\pi^2}{3} + 4\sum_{n=0}^{+\infty}\frac{\cos nx}{n^2}\quad (1)$$

d) Pour $x = 0$, la relation (1) donne : $\pi^2 = \dfrac{\pi^2}{3} + 4\displaystyle\sum_{n=1}^{+\infty}\frac{1}{n^2}$

On en déduit : $$\sum_{n=1}^{+\infty}\frac{1}{n^2} = \frac{1}{4}\left(\pi^2 - \frac{\pi^2}{3}\right) = \frac{\pi^2}{6}$$

e) Les coefficients b_n étant nuls, l'égalité de Parseval s'écrit :

$$\|\mathrm{f}\|^2 = a_0^2 + \frac{1}{2}\sum_{n=1}^{+\infty}a_n^2$$

$$\|\mathrm{f}\|^2 = \frac{1}{\mathrm{T}}\int_{\Delta}\mathrm{f}^2(x)\,\mathrm{d}x = \frac{1}{2\pi}\int_0^{2\pi}(\pi - x)^4\mathrm{d}x = \frac{1}{2\pi}\left[-\frac{1}{5}(\pi - x)^5\right]_0^{2\pi} = \frac{\pi^4}{5}$$

ce qui donne : $\dfrac{\pi^4}{5} = \dfrac{\pi^4}{9} + 8\displaystyle\sum_{n=1}^{+\infty}\frac{1}{n^4}$, donc : $\displaystyle\sum_{n=1}^{+\infty}\frac{1}{n^4} = \frac{1}{8}\left(\frac{\pi^4}{5} - \frac{\pi^4}{9}\right) = \frac{\pi^4}{90}$

8 Le Phénomène de Gibbs

Soit f la fonction impaire, 2π-périodique, égale à $\pi/4$ sur l'intervalle $]0, \pi[$.

a) Calculer la série de Fourier $\mathrm{S}(x)$ de la fonction $\mathrm{f}(x)$.
On note $\mathrm{S}_n(x)$ la somme partielle de rang n de la série $\mathrm{S}(x)$.

b) Représenter à l'aide d'une calculatrice graphique ou d'un programme sur ordinateur les fonctions $\mathrm{S}_n(x)$ pour $n = 2$, $n = 5$ et $n = 20$.

c) Calculer la dérivée $\mathrm{S}'_n(x)$, puis montrer que $\mathrm{S}'_n(x) = \dfrac{\sin 2(n+1)x}{2\sin x}$ pour tout $x \in\ ]0, \pi[$.

d) Étudier les variations de S_1 , S_2 et S_3 sur $]0, \pi[$.

e) On note x_n et A_n l'abscisse et l'ordonnée du premier extremum de la fonction $S_n(x)$ sur l'intervalle $]0, \pi[$. Montrer que cet extremum est un maximum.

f) Calculer à 10^{-4} près : A_1 , A_2 , A_{10} , A_{30} , A_{50} .

■ SOLUTION

a) La fonction f est impaire. Les coefficients a_n sont nuls.

Calcul des coefficients b_n :

Si n est pair, $\cos n\pi = 1$, donc $b_n = 0$ et si n est impair $\cos n\pi = -1$ et $b_n = \frac{1}{n}$.

La série de Fourier de f s'écrit : $S(x) = \sum_{n=0}^{+\infty} \frac{\sin(2n+1)x}{2n+1}$.

b) La somme partielle de rang n s'écrit :

$$S_n(x) = \sum_{k=0}^{n} \frac{\sin(2k+1)x}{2k+1} = \sin x + \frac{\sin 3x}{3} + \frac{\sin 5x}{5} + \ldots + \frac{\sin(2n+1)x}{2n+1}$$

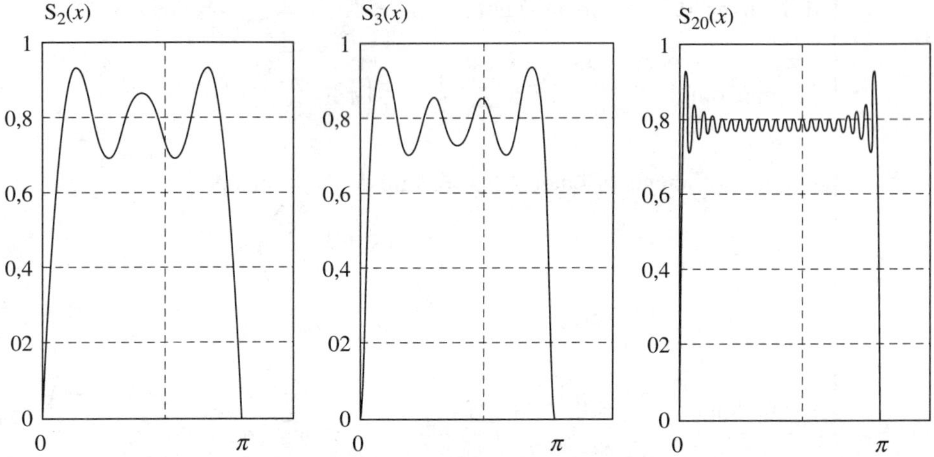

c) $S'_n(x) = \cos x + \cos 3x + \cos 5x + \ldots + \cos(2n+1)x = \text{Ré}(e^{jx}) + \text{Ré}(e^{3jx}) + \ldots + \text{Ré}(e^{(2n+1)jx})$

$S'_n(x) = \text{Ré}(e^{jx} + e^{3jx} + \ldots + e^{(2n+1)jx}) = \text{Ré}[e^{jx}(1 + e^{2jx} + \ldots + e^{2njx})]$

$$= \text{Ré}\left[e^{jx}\,\frac{1 - e^{2(n+1)jx}}{1 - e^{2jx}}\right] \quad \text{si } x \notin \pi\mathbb{Z}, (x \text{ non multiple de } \pi)$$

$$= \text{Ré}\left[e^{jx}\,\frac{e^{(n+1)jx}\,e^{-(n+1)jx} - e^{(n+1)jx}\,e^{(n+1)jx}}{e^{jx}\,e^{-jx} - e^{jx}\,e^{jx}}\right] = \text{Ré}\left[\frac{e^{(n+1)jx} - e^{-(n+1)jx}}{e^{jx} - e^{-jx}}\,e^{(n+1)jx}\right]$$

$$= \text{Ré}\left[\frac{\sin(n+1)x}{\sin x}\,(\cos(n+1)x + j\sin(n+1)x)\right]$$

$$= \frac{\sin(n+1)x\cos(n+1)x}{\sin x} = \frac{\sin 2(n+1)x}{2\sin x}$$

d) Variation de S_1 sur $]0, \pi[$:

$$S_1(x) = \sin x + \frac{1}{3}\sin 3x \ ; \ S'_1(x) = \frac{\sin 4x}{2\sin x}$$

$\forall x \in]0, \pi[$, $2\sin x > 0$.

$\sin 4x$ s'annule en $\pi/4$, $\pi/2$, $3\pi/4$ et change de signe pour chacune de ces valeurs. De plus, $\sin 4x > 0$, $\forall x \in]0, \pi/4[$. La fonction $S_1(x)$ présente un maximum en $\pi/4$ qui vaut : $A_1 = \sin\pi/4 + 1/3 \sin 3\pi/4 = 2\sqrt{2}/3 \simeq 0{,}94$.

Variations de S_2 sur $]0, \pi[$:

$$S_2(x) = \sin x + \frac{1}{3}\sin 3x + \frac{1}{5}\sin 5x \ ; \ S'_2(x) = \frac{\sin 6x}{2\sin x}$$

$\sin 6x = 0 \Leftrightarrow 6x = k\pi$, $k \in \mathbb{Z} \Leftrightarrow x = k\pi/6$, $k \in \mathbb{Z}$, la dérivée s'annule en $\pi/6$, $\pi/3$, $\pi/2$, $2\pi/3$, $5\pi/6$ et change de signe pour chacune de ces valeurs. Sur l'intervalle $]0, \pi/6[$, $\sin 6x > 0$, par conséquent la fonction $S_2(x)$ présente un maximum en $\pi/6$ qui vaut :
$A_2 = \sin\pi/6 + 1/3 \sin\pi/2 + 1/5 \sin 5\pi/6 = 1/2 + 1/3 + 1/10 = 28/30 \approx 0{,}933$.

Variations de S_3 sur $]0, \pi[$:

$$S_3(x) = \sin x + \frac{1}{3}\sin 3x + \frac{1}{5}\sin 5x + \frac{1}{7}\sin 7x \ ; \ S'_3(x) = \frac{\sin 8x}{2\sin x}$$

La dérivée s'annule en $\pi/8$, $\pi/4$, $3\pi/8$, $\pi/2$, $5\pi/8$, $3\pi/4$, $7\pi/8$. Le premier maximum est pris en $\pi/8$ et vaut $A_3 \approx 0{,}9301$.

x	0		$\pi/4$		$\pi/2$		$3\pi/4$		π
$S'_1(x)$		+	0	−	0	+	0	−	
$S_1(x)$		↗	A_1	↘		↗		↘	

x	0		$\pi/6$		$\pi/3$		$\pi/2$		$2\pi/3$		$5\pi/6$		π
$S'_2(x)$		+	0	−	0	+	0	−	0	+	0	−	
$S_2(x)$		↗	A_2	↘		↗		↘		↗		↘	

x	0		$\pi/8$		$\pi/4$		$3\pi/8$		$\pi/2$		$5\pi/8$		$3\pi/4$		$7\pi/8$		π
$S'_3(x)$		+	0	−	0	+	0	−	0	+	0	−	0	+	0	−	
$S_3(x)$		↗	A_3	↘		↗		↘		↗		↘		↗		↘	

e) $S'_n(x) = 0 \Leftrightarrow \sin 2(n+1)x = 0 \Leftrightarrow x = \dfrac{k\pi}{2(n+1)}$, $k \in \mathbb{Z}$.

La première valeur qui annule $S'_n(x)$ sur $]0, \pi[$ est $x_n = \dfrac{\pi}{2(n+1)}$, $S'_n(x)$ s'annule ensuite en $\dfrac{\pi}{n+1}$.

$0 < x < \dfrac{\pi}{2(n+1)} \Rightarrow 0 < 2(n+1)x < \pi \Rightarrow \sin 2(n+1) > 0 \Rightarrow S'_n(x) > 0$

et $\dfrac{\pi}{2(n+1)} < x < \dfrac{\pi}{n+1} \Rightarrow \pi < 2(n+1)x < 2\pi \Rightarrow \sin 2(n+1)x < 0 \Rightarrow S'_n(x) < 0$.

À gauche de x_n la fonction S_n est croissante et à droite de x_n elle est décroissante. Donc x_n est un maximum. La valeur de ce maximum est :

$$A_n = S_n(x_n) = S_n\left(\frac{\pi}{2(n+1)}\right) = \sum_{k=0}^{n} \frac{1}{2k+1}\sin\left(\frac{2k+1}{2n+2}\pi\right)$$

f) $A_1 = 0{,}9428$: $A_2 = 0{,}93333$; $A_{10} = 0{,}9265$; $A_{30} = 0{,}9260$; $A_{50} = 0{,}9260$.

Ces résultats numériques nous suggèrent que la suite des maximums des fonctions $S_n(x)$ est décroissante et converge vers une valeur proche de 0,926 alors que la suite des fonctions $S_n(x)$ converge, pour tout $x \in]0, \pi[$, vers $\pi/4 \cong 0{,}785$. Ce phénomène peut s'observer chaque fois que la fonction f est discontinue. C'est le phénomène de Gibbs.

9 Réponse d'un système linéaire invariant à un signal périodique Exemple : la cellule RC

1ère partie :

Un signal est représenté par une fonction $x(t)$ du temps. La réponse d'un système à un signal d'entrée $e(t)$ est un signal $s(t)$.

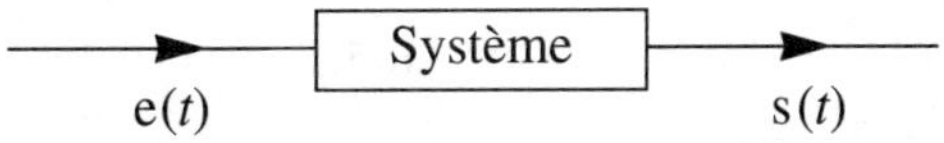

Un système est linéaire s'il satisfait au principe de superposition :

– Si les réponses à deux signaux d'entrée e_1 et e_2 sont respectivement s_1 et s_2 , alors la réponse au signal $\alpha e_1 + \beta e_2$ est $\alpha s_1 + \beta s_2$, pour tous coefficients α et β réels ou complexes.

Un système est invariant si un décalage dans le temps d'un signal d'entrée, entraîne le même décalage sur le signal de sortie :

– Si $e(t)$ induit $s(t)$ en sortie, alors $e(t + u)$ induit la sortie $s(t + u)$.

1) Soit $e(t)$ un signal d'entrée périodique, de période T. Démontrer que la sortie $s(t)$ est périodique de même période T.

2) On considère un signal d'entrée monochromatique, c'est-à-dire un signal du type $e(t) = e^{2j\pi\nu t}$. On note $s(t)$ la sortie.

a) Montrer que $e(t)$ est périodique de période $1/\nu$.

b) Montrer que $e(t + u) = e(u)\, e^{2j\pi\nu t}$.

c) En supposant t constant, montrer que : $s(t + u) = s(u)\, e(t)$.

d) $s(0)$ représente la sortie au temps $t = 0$ et dépend a priori de la fréquence ν du signal d'entrée ; $s(0)$ est donc une fonction de ν . On pose : $s(0) = H(\nu)$.

Montrer que la sortie $s(t)$ est égale à : $s(t) = H(\nu)\, e(t)$.

$H(\nu)$ est appelé fonction de transfert du système.

2ème partie :

Considérons le circuit RC réalisé selon la figure suivante :

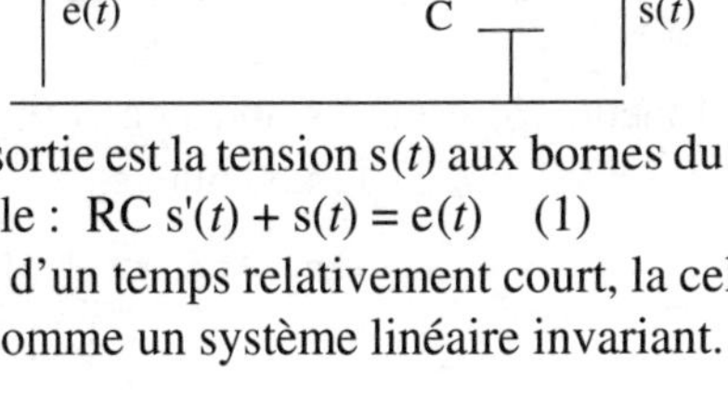

L'entrée est la tension $e(t)$, la sortie est la tension $s(t)$ aux bornes du condensateur. $s(t)$ et $e(t)$ sont liés par l'équation différentielle : $RC\, s'(t) + s(t) = e(t)$ (1)

Après une période transitoire, d'un temps relativement court, la cellule RC entre en régime permanent et se comporte alors comme un système linéaire invariant.

1) Soit e(t) un signal monochromatique : $e(t) = e^{2j\pi\nu t}$. D'après la première partie on sait que la sortie est $s(t) = H(\nu)\, e(t)$.

a) En reportant cette relation dans l'équation différentielle (1), déterminer la fonction de transfert $H(\nu)$.

b) Calculer le module de $H(\nu)$ puis la limite du module lorsque ν tend vers $+\infty$.

2) On applique à l'entrée d'une cellule RC un signal sinusoïdal d'amplitude E, de fréquence ν et de phase φ : $e(t) = E\cos(2\pi\nu t + \varphi)$.

a) On note $\Phi(\nu)$ l'argument de $H(\nu)$. En utilisant l'écriture exponentielle de $H(\nu)$, montrer que la sortie s(t) s'écrit : $s(t) = E|H(j\omega)|\cos(2\pi\nu t + \varphi + \Phi(\nu))$

b) Interprétation physique : quel est l'effet d'une cellule RC sur l'amplitude et la phase d'un signal sinusoïdal ?

c) Application numérique : on donne $R = 100\ k\Omega$, $C = 300\ nF$ et le signal d'entrée $e(t) = \cos(2\pi\nu t)$.
Calculer l'amplitude et la phase du signal de sortie dans les deux cas suivants :
$\nu = 10$ Hz ; $\nu = 50$ Hz

3) On considère le signal e(t) triangulaire, pair et périodique, de période T = 1 seconde.

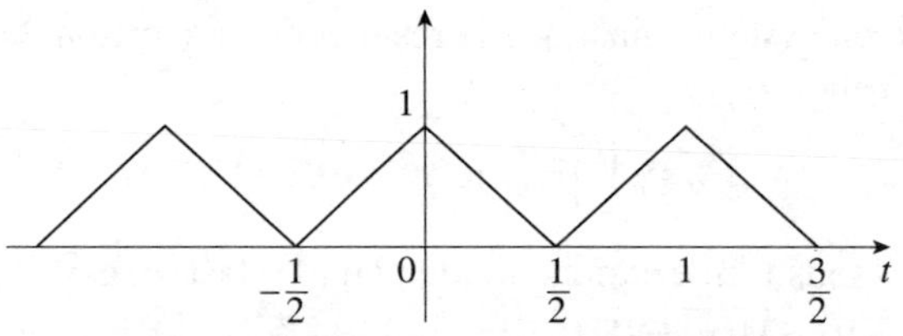

a) Calculer les coefficients de Fourier de e(t).

b) On applique e(t) à l'entrée d'une cellule RC. Montrer que la sortie s(t) s'écrit sous la forme :

$$s(t) = \sum_{n=0}^{+\infty} A_n \cos(2\pi n t + \Phi(n))$$

c) En déduire la série de Fourier de s(t) :

$$s(t) = \sum_{n=0}^{+\infty} (\alpha_n \cos 2\pi n t + \beta_n \sin 2\pi n t)$$

On exprimera les coefficients α_n et β_n à l'aide de n, $|H(n)|$, et $\Phi(n)$.

■ SOLUTION

1ère partie :

1) Le signal e(t) est T-périodique : $\forall t \in \mathbb{R}$, $e(t + T) = e(t)$.
De l'invariance dans le temps du système, on déduit : $\forall t \in \mathbb{R}$, $s(t + T) = s(t)$.

2.a) $e\left(t + \frac{1}{\nu}\right) = e^{2j\pi\nu(t+1/\nu)} = e^{2j\pi\nu t + 2j\pi} = e^{2j\pi\nu t}e^{2j\pi} = e^{2j\pi\nu t} = e(t)$.

2.b) On a : $e(t + u) = e^{2j\pi\nu(t+u)} = e^{2j\pi\nu t}\, e^{2j\pi\nu u} = e(u)\, e^{2j\pi\nu t}$.

2.c) Pour t constant, $e^{2j\pi\nu t}$ est constant. Le système étant linéaire, la réponse à $e(u)\, e^{2j\pi\nu t}$ est : $s(u)\, e^{2j\pi\nu t} = s(u)\, e(t)$.
D'après l'invariance dans le temps, le signal $e(t + u)$ admet pour sortie $s(t + u)$.
D'où, $s(t + u) = s(u)\, e(t)$.

d) En faisant $u = 0$ dans la relation précédente, on obtient : $s(t) = s(0)\,e(t)$.
Mais $s(0) = H(\nu)$, donc $s(t) = H(\nu)\,e(t)$.

2ème partie :

1.a) On a $s'(t) = H(\nu)\,e'(t)$ et $e'(t) = 2j\pi\nu\, e^{2j\pi\nu t} = 2j\pi\nu\, e(t)$.
En reportant dans l'équation différentielle :

$$2j\pi\nu RC\, H(\nu)\,e(t) + H(\nu)\,e(t) = e(t)$$

d'où $H(\nu) = \dfrac{1}{1 + 2j\pi\nu RC}$

1.b) $|H(\nu)| = \left|\dfrac{1}{1 + 2j\pi\nu RC}\right| = \dfrac{1}{|1 + 2j\pi\nu RC|} = \dfrac{1}{\sqrt{1 + 4\pi^2\nu^2R^2C^2}}$ et $\lim\limits_{\nu \to \infty} |H(\nu)| = 0$.

2.a) D'après la formule d'Euler :

$$e(t) = E\left(\frac{e^{j(2\pi\nu t + \varphi)} + e^{-j(2\pi\nu t + \varphi)}}{2}\right) = \frac{E}{2}\left[e^{2j\pi\nu t}\,e^{j\varphi} + e^{-2j\pi\nu t}\,e^{-j\varphi}\right]$$

La linéarité du système ainsi que le résultat de la question **2.d)** 1ère partie, permet d'exprimer la sortie $s(t)$:

$$s(t) = \frac{E}{2}\left[H(\nu)e^{2j\pi\nu t}\,e^{j\varphi} + H(-\nu)e^{-2j\pi\nu t}\,e^{-j\varphi}\right]$$

$H(\nu)$ s'écrit sous forme exponentielle : $H(\nu) = |H(\nu)|\,e^{j\Phi(\nu)}$.
De plus $H(-\nu) = \overline{H(\nu)} = |H(\nu)|\,e^{-j\Phi(\nu)}$.
Remplaçons dans $s(t)$:

$$\begin{aligned} s(t) &= \frac{E}{2}|H(\nu)|\left[e^{j\Phi(\nu)}\,e^{2j\pi\nu t}\,e^{j\varphi} + e^{-j\Phi(\nu)}\,e^{-2j\pi\nu t}\,e^{-j\varphi}\right] \\ &= \frac{E}{2}|H(\nu)|\left[e^{j(2\pi\nu t + \varphi + \Phi(\nu))} + e^{-j(2\pi\nu t + \varphi + \Phi(\nu))}\right] \\ &= E|H(\nu)|\cos(2\pi\nu t + \varphi + \Phi(\nu)) \end{aligned}$$

2.b) La cellule RC multiplie l'amplitude du signal d'entrée par le module de la fonction de transfert, donc l'atténue (car $|H(\nu)| < 1$) et cela d'autant plus fortement que la fréquence d'entrée est élevée (car $|H(\nu)|$ tend vers 0 quand ν tend vers l'infini). Le signal de sortie est déphasé de l'argument de la fonction de transfert.

2.c) Application numérique : $R = 10^5\ \Omega$, $C = 3 \times 10^{-7}$ F, $4\pi^2 R^2C^2 = 355 \times 10^{-4}$.

$\nu = 10$ Hz : $|H(10)| = 0{,}468$ et $\arg H(10) = -1{,}08$ rd

$\nu = 50$ Hz : $|H(50)| = 0{,}105$ et $\arg H(50) = -1{,}46$ rd

3.a) $e(t) = -2t + 1$ sur $[0, 1/2]$.
$e(t)$ est paire donc $b_n = 0$, $\forall n \in \mathbb{N}$. $a_0 = 1/2$ (aire du triangle).

$T = 1$ donc $\omega = 2\pi$ et $a_n = 4\displaystyle\int_0^{1/2} (-2x + 1)\cos 2\pi nx\, dx$, pour $n > 0$

$$= \frac{1}{2\pi^2n^2}(1 - \cos\pi n)$$

Si n est pair, $a_n = 0$. Si n est impair, $a_n = \dfrac{1}{\pi^2n^2}$

3.b) e(t) est continu, dérivable en tout point à droite et à gauche, donc égal à sa série de Fourier.

$$e(t) = \sum_{n=0}^{\infty} a_n \cos 2\pi n t$$

La linéarité du système ainsi que le résultat de la question 2b, 2ème partie permet d'écrire la sortie :

$$s(t) = \sum_{n=0}^{\infty} a_n |H(n)| \cos(2\pi n t + \Phi(n))$$

3.c) En appliquant la formule $\cos(a + b) = \cos a \cos b - \sin a \sin b$, on obtient :

$$s(t) = \sum_{n=0}^{\infty} a_n |H(n)| \cos\Phi(n) \cos 2\pi n t - a_n |H(n)| \sin\Phi(n) \sin 2\pi n t$$

ou, sous la forme : $s(t) = \sum_{n=0}^{\infty} \alpha_n \cos 2\pi n t + \beta_n \sin 2\pi n t$

avec $\alpha_n = a_n |H(n)| \cos\Phi(n) = a_n \text{Ré}H(n) = \dfrac{a_n}{1 + 4\pi^2 n^2 R^2 C^2}$

et $\beta_n = - a_n |H(n)| \sin\Phi(n) = - a_n \text{Im}H(n) = \dfrac{2\, a_n \pi n RC}{1 + 4\pi^2 n^2 R^2 C^2}$

10 Fonctions de Bessel

Soit $J_n(x)$ la fonction de Bessel d'ordre n : $J_n(x) = \dfrac{1}{2\pi} \displaystyle\int_{-\pi}^{\pi} e^{jx \sin t - jnt}\, dt$, ($n$ entier relatif).

1) Montrer que $J_n(x) = \dfrac{1}{\pi} \displaystyle\int_0^{\pi} \cos(x \sin t - nt)\, dt$. En déduire que $J_n(x)$ est réel.

2) Montrer que $e^{-jn(t+\pi)} = (-1)^n e^{-jnt}$. En déduire que $J_{-n}(x) = (-1)^n J_n(x)$.

3) Montrer que la fonction $f(t) = e^{jx \sin t}$ est 2π-périodique et que $f(t) = \sum_{n=-\infty}^{+\infty} J_n(x)\, e^{jnt}$

On considère le signal modulé en phase (x taux de phase) : $s(t) = \cos(\omega t + x \sin t)$.

4) On suppose que x est fixé. Montrer qu'il existe des réels a_0, a_n et b_n tels que :

$$\cos(x \sin t) = a_0 = \sum_{n=1}^{+\infty} a_n \cos(nt) \quad \text{et} \quad \sin(x \sin t) = \sum_{n=1}^{+\infty} b_n \sin(nt)$$

5) En déduire que $s(t)$ s'écrit :

$$s(t) = a_0 \cos \omega t + \sum_{n=1}^{+\infty} \frac{a_n + b_n}{2} \cos(\omega + n)t + \sum_{n=1}^{+\infty} \frac{a_n - b_n}{2} \cos(\omega - n)t$$

7) Montrer que : $a_0 = J_0(x)$, $J_n(x) = \dfrac{a_n + b_n}{2}$ et $(-1)^n J_n(x) = \dfrac{a_n - b_n}{2}$, pour tout $n > 0$.

■ SOLUTION

1) $J_n(x) = \dfrac{1}{2\pi} \displaystyle\int_{-\pi}^{\pi} [\cos(x \sin t - nt) + j \sin(x \sin t - nt)]\, dt$

$$= \frac{1}{2\pi} \int_{-\pi}^{\pi} \cos(x \sin t - nt)\, dt + \frac{j}{2\pi} \int_{-\pi}^{\pi} \sin(x \sin t - nt)\, dt$$

Soit $g(t) = \sin(x \sin t - nt)$; on a : $g(-t) = \sin(x \sin(-t) + nt) = \sin(-x \sin t + nt)$
$= -\sin(x \sin t - nt) = -g(t)$.

La fonction g est impaire. Son intégrale sur $[-\pi, +\pi]$ est nulle. Par conséquent :

$J_n(x) = \dfrac{1}{2\pi}\displaystyle\int_{-\pi}^{\pi} \cos(x \sin t - nt)\, dt$, donc $J_n(x)$ est réel.

De plus, la fonction $\cos(x \sin t - nt)$ de la variable t est paire, donc :

$$J_n(x) = \frac{1}{\pi}\int_0^{\pi} \cos(x \sin t - nt)\, dt$$

2) On a : $e^{-jn(t+\pi)} = e^{-jnt}\, e^{-jn\pi} = (-1)^n e^{-jnt}$.

$$J_{-n}(x) = \frac{1}{2\pi}\int_{-\pi}^{\pi} e^{jx \sin t + jnt}\, dt. \text{ Posons } t = -u - \pi,\ dt = -du.$$

$$J_{-n}(x) = \frac{-1}{2\pi}\int_0^{-2\pi} e^{jx \sin(-u-\pi)}\, e^{-jn(u+\pi)}\, du = \frac{(-1)^n}{2\pi}\int_{-2\pi}^{0} e^{jx \sin u}\, e^{-jnu}\, du$$

La fonction $e^{jx \sin u - jnu}$ de la variable u étant 2π-périodique, son intégrale sur $[-2\pi, 0]$ est la même que sur $[-\pi, \pi]$. Par conséquent, $J_{-n}(x) = (-1)^n J_n(x)$.

3) Pour tous réels t, $f(t + 2\pi) = e^{jx \sin(t+2\pi)} = e^{jx \sin t} = f(t)$. Ce qui prouve que f est 2π-périodique donc développable en série de Fourier.

Les coefficients de Fourier complexes sont :

$$c_n = \frac{1}{2\pi}\int_{-\pi}^{\pi} e^{jx \sin t}\, e^{-jnt}\, dt = \frac{1}{2\pi}\int_{-\pi}^{\pi} e^{jx \sin t - jnt}\, dt = J_n(x)$$

La fonction f est continue donc égale en tout point à sa série de Fourier $\displaystyle\sum_{n=-\infty}^{+\infty} J_n(x)\, e^{jnt}$.

4) La fonction $\cos(x \sin t)$ de la variable t, est 2π-périodique, paire et continue sur R. Ses coefficients de Fourier b_n sont nuls et la série de Fourier est une série de cosinus :

$$\cos(x \sin t) = a_0 + \sum_{n=1}^{+\infty} a_n \cos nt$$

De même, la fonction $\sin(x \sin t)$ est 2π-périodique, impaire et continue sur R. Ses coefficients de Fourier a_n sont nuls et sa série de Fourier est une série de sinus :

$$\sin(x \sin t) = \sum_{n=1}^{+\infty} b_n \sin nt$$

5) $s(t) = \cos(\omega t + x \sin t) = \cos(\omega t)\cos(x \sin t) - \sin(\omega t)\sin(x \sin t)$

$$= \cos(\omega t)\left[a_0 + \sum_{n=1}^{+\infty} a_n \cos nt\right] - \sin(\omega t)\sum_{n=1}^{+\infty} b_n \sin nt$$

$$= a_0 \cos(\omega t) + \sum_{n=1}^{+\infty} a_n \cos\omega t \cos nt - b_n \sin\omega t \sin nt$$

En appliquant les formules :

$$\cos a \cos b = \frac{1}{2}[\cos(a+b) + \cos(a-b)] \text{ et } \sin a \sin b = -\frac{1}{2}[\cos(a+b) - \cos(a-b)]$$

on obtient :

$$s(t) = a_0 \cos\omega t + \sum_{n=1}^{+\infty} \frac{a_n}{2}[\cos(\omega+n)t + \cos(\omega-n)t] + \frac{b_n}{2}[\cos(\omega+n)t - \cos(\omega-n)t]$$

$$= a_0 \cos\omega t + \sum_{n=1}^{+\infty} \frac{a_n + b_n}{2}\cos(\omega+n)t + \sum_{n=1}^{+\infty} \frac{a_n - b_n}{2}\cos(\omega-n)t$$

6) On a : $s(t) = \cos(\omega t + x \sin t) = \text{Ré}\left(e^{j\omega t}\sum_{n=-\infty}^{+\infty} J_n(x)\, e^{jnt}\right) = \text{Ré}\sum_{n=-\infty}^{+\infty} J_n(x) e^{j(\omega+n)t}$

Mais $J_n(x)$ est réel, donc :

$$s(t) = \sum_{n=-\infty}^{+\infty} J_n(x)\, \text{Ré}(e^{j(\omega+n)t} = \sum_{n=-\infty}^{+\infty} J_n(x) \cos(\omega+n)t$$

$$= J_0(x) \cos\omega t + \sum_{n=-\infty}^{-1} J_n(x) \cos(\omega+n)t + \sum_{n=1}^{+\infty} J_n(x)\cos(\omega+n)t$$

$$= J_0(x) \cos\omega t + \sum_{n=1}^{+\infty} J_{-n}(x) \cos(\omega-n)t + \sum_{n=1}^{+\infty} J_n(x)\cos(\omega+n)t$$

Or, $J_{-n}(x) = (-1)^n J_n(x)$, donc :

$$s(t) = J_0(x) \cos\omega t + \sum_{n=1}^{+\infty} (-1)^n J_n(x) \cos(\omega-n)t + \sum_{n=1}^{+\infty} J_n(x)\cos(\omega+n)t$$

Par identification à la série trouvée à la question 6, on déduit :

$$a_0 = J_0(x),\ J_n(x) = \frac{a_n+b_n}{2} \quad \text{et} \quad (-1)^n J_n(x) = \frac{a_n-b_n}{2}$$

16 CONVOLUTION, DISTRIBUTION DE DIRAC

CONVOLUTION

1. Définition

Le produit de convolution de deux fonctions f et g continues par morceaux sur $\mathbb{R}$, est une fonction notée f∗g définie par :

$$(f*g)(t) = \int_{-\infty}^{\infty} f(x) \,.\, g(t-x)\mathrm{d}x$$

2. Propriétés

• L'ensemble de définition de f∗g est l'ensemble des valeurs de t pour lesquelles **l'intégrale est convergente**.

• Le produit de convolution est symétrique :

$$f*g = g*f$$

• Il est distributif sur l'addition :

$$f*(g+h) = f*g + f*h$$

• Il est associatif :

$$f*(g*h) = (f*g)*h$$

3. Cas particuliers

• Si f est une fonction causale (nulle sur $\mathbb{R}^-$), le produit de convolution se réduit à :

$$(f*g)(t) = \int_{0}^{\infty} f(x) \,.\, g(t-x)\mathrm{d}x$$

• Si f et g sont deux fonctions **causales**, le produit de convolution de f et g n'est plus une intégrale généralisée :

$$(f*g)(t) = \int_{0}^{t} f(x) \,.\, g(t-x)\mathrm{d}x$$

• Si f(n) et g(n) sont des suites numériques provenant de l'échantillonnage de deux signaux continus f et g, leur produit de convolution est une suite numérique notée (f∗g)(n) dont le $k^{\text{ième}}$ terme est donné par la somme :

$$(f*g)(k) = \sum_{n=-\infty}^{+\infty} f(n)\, g(k-n) \text{ si f et g sont quelconques,}$$

$$(f*g)(k) = \sum_{n=0}^{k} f(n)\, g(k-n) \text{ si f et g sont causales.}$$

4. Application

Dans l'étude des systèmes linéaires invariants dans le temps, il est établi qu'il existe deux types d'équations liant le signal d'entrée e(t) (ou e(n) dans le cas discret) et la sortie correspondante s(t) (ou s(n) dans le cas discret) :

a) une **équation différentielle** à coefficients constants dont l'ordre est celui du filtre (ou une équation aux différences dans le cas d'un système discret),

b) une **équation de convolution** : s **= e∗h**, dans laquelle h est la réponse impulsionnelle.

LA DISTRIBUTION DE DIRAC

1. Généralités

De nombreux théorèmes (convergence d'intégrales, de séries, inversion de limites en général, ...) reposent sur des hypothèses souvent très fortes portant sur les fonctions. Dans la majeure partie des cas, celles-ci ne sont pas vérifiées.
Le recours aux **distributions** permet d'élargir le champ d'application de ces théorèmes.

Une distribution est un concept plus général que celui de fonction. Il permet, entre autre, la formulation et donc le traitement des signaux discrets. Tous les « calculs » sur les fonctions s'appliquent aussi aux distributions.

2. Définition de la distribution de Dirac δ

On peut la concevoir comme une impulsion de durée infiniment petite, l'aire sous l'impulsion étant toujours égale à 1 :

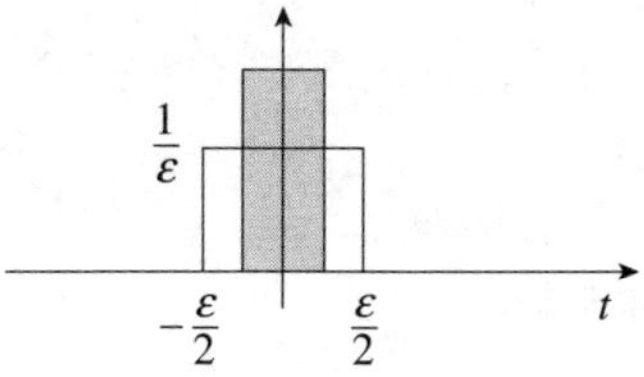

$$\pi_\varepsilon(t) = \begin{cases} \frac{1}{\varepsilon} \text{ si } t \in [-\varepsilon/2, \varepsilon/2] \\ 0 \text{ sinon} \end{cases}$$

$$\int_{-\infty}^{\infty} \pi_\varepsilon(t)\,dt = 1$$

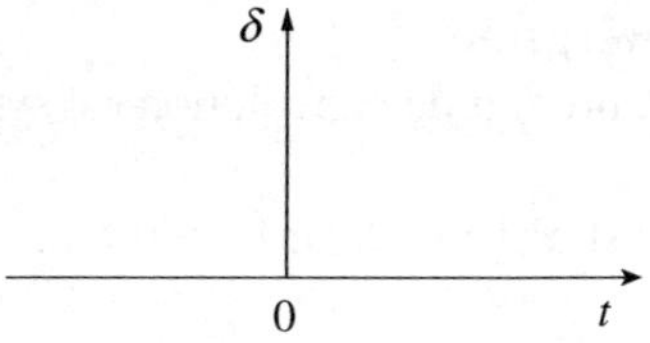

$$\delta(t) = \lim_{\varepsilon \to 0} \pi_\varepsilon(t)$$

$$\int_{-\infty}^{\infty} \delta = 1$$

3. Utilisation des Dirac

• **Translation :** Convolution par un Dirac centré en 0 : **δ est l'élément neutre** : $(f * \delta)(t) = f(t)$
Convolution par un Dirac décalé en a = translation de f : $(f * \delta_a)(t) = f(t-a)$

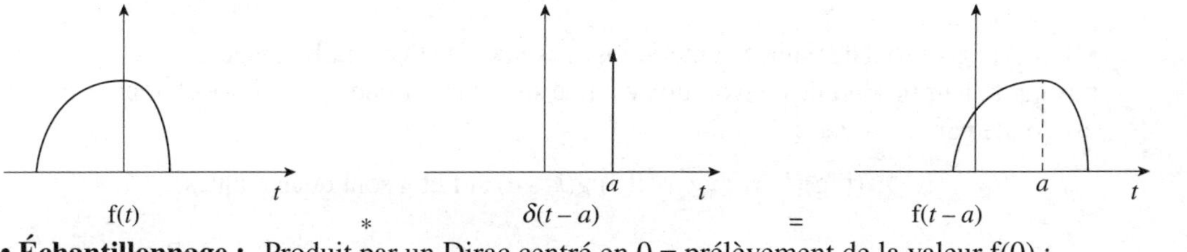

• **Échantillonnage :** Produit par un Dirac centré en 0 = prélèvement de la valeur f(0) :

$$(f \,.\, \delta)(t) = f(0) \,.\, \delta(t)$$

Produit par un Dirac en a = prélèvement de la valeur $f(a)$:

$$(f \,.\, \delta_a)(t) = f(a)\ \delta_a(t)$$

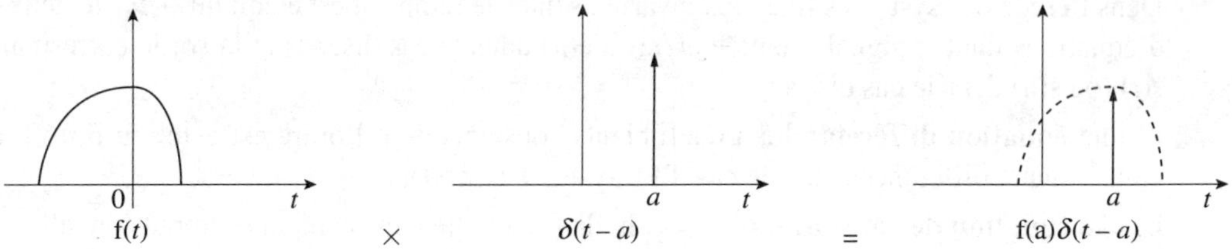

• Dérivée au sens des distributions d'une fonction discontinue

Si $\lim_{t \to a^-} f(t) \neq \lim_{t \to a^+} f(t)$, f est discontinue en a donc non dérivable en a.

La variation brutale entre $f(a^-)$ et $f(a^+)$ se traduit au niveau de la dérivée de f (au sens des distributions) par **l'addition d'un Dirac centré en a d'amplitude $(f(a^+) - f(a^-))$**.

La dérivée de f au sens des distributions s'écrira :

$$\mathbf{f'_D(t) = f'(t) + (f(a^+) - f(a^-))\ \delta(t - a)}$$

Plus généralement, si les a_i sont les points de discontinuité de f,

$$\mathbf{f'_D(t) = f'(t) + \sum_{a_i} [f(a_i^+) - f(a_i^-)]\ \delta(t - a_i)}$$

4. Peigne de Dirac de période *T*

On appelle ainsi la distribution de période T dont le motif est l'impulsion de Dirac δ.

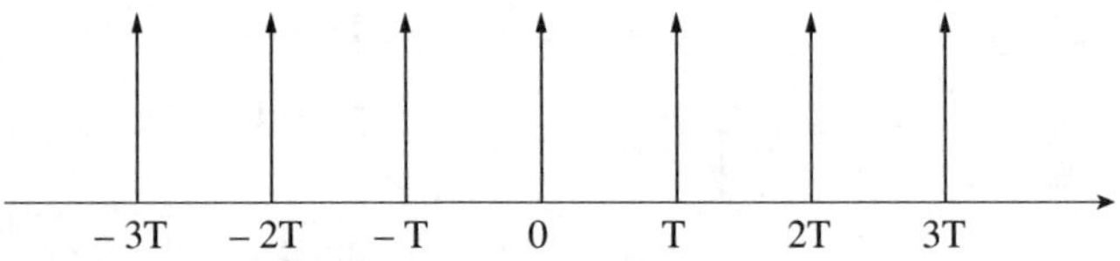

$$\psi_T(x) = \sum_{n=-\infty}^{\infty} \delta(x - nT) = \frac{1}{T} \sum_{-\infty}^{\infty} e^{j(n/T)\,2\pi x}$$

Cette égalité est à prendre au sens des distributions et non au sens des fonctions.

Le dernier membre est la **série de Fourier du peigne de Dirac $\psi_T(x)$.**

Les coefficients de Fourier de $\psi_T(x)$ valent tous 1/T.

Le produit d'une fonction par un peigne ψ_T donne l'échantillonnage de la fonction à la période T.

$$f(t) \,.\, \psi_T(t) = \sum_{n=-\infty}^{\infty} f(nT)\ \delta(x - nT)$$

Le produit de convolution de $f(t)$ par $\psi_T(t)$ est la somme des translatés de f.

$$f(t) * \psi_T(t) = \sum_{n=-\infty}^{\infty} f(t - nT)$$

Si f est à support borné de longueur a et si $T > a$, le résultat sera une fonction T-périodique de motif f.

EXERCICES

1 Convolution de deux « portes »

Les fonctions « portes » et « triangle » sont respectivement définies par :

$$\Pi(t) = \begin{cases} 1 \text{ si } |t| < 1/2 \\ 0 \text{ sinon} \end{cases} \qquad \Lambda(t) = \begin{cases} 1 - |t| \text{ si } |t| < 1 \\ 0 \quad \text{si } |t| > 1 \end{cases}$$

Démontrer que $\Lambda(t) = (\Pi * \Pi)(t)$.

■ SOLUTION

$\Pi*\Pi(t) = \int_{-\infty}^{+\infty} \Pi(x).\Pi(t-x)\,\mathrm{d}x$, et $\Pi(x) = 0$ si $x \notin \left[-\frac{1}{2}, \frac{1}{2}\right]$.

Donc : $$\Pi*\Pi(t) = \int_{-1/2}^{+1/2} \Pi(t-x)\mathrm{d}x$$

Effectuons le changement de variable $t - x = u$:

On obtient : $$(\Pi*\Pi)(t) = -\int_{t+1/2}^{t-1/2} \Pi(u)\,\mathrm{d}u = \int_{t-1/2}^{t+1/2} \Pi(u)\,\mathrm{d}u$$

La fonction Π est nulle en dehors de l'intervalle $[-1/2, 1/2]$, donc la valeur de l'intégrale dépend de la position relative de cet intervalle avec l'intervalle $[t-1/2, t+1/2]$. Illustrons les différents cas sur un schéma :

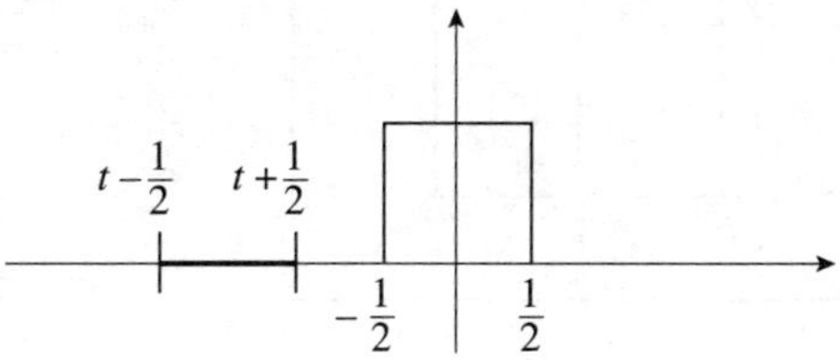

1er cas

$t < -1 \Rightarrow t + \frac{1}{2} < -\frac{1}{2}$

donc $\left[t - \frac{1}{2}, t + \frac{1}{2}\right] \cap \left[-\frac{1}{2}, \frac{1}{2}\right] = \varnothing$

$(\Pi*\Pi)(t) = 0$

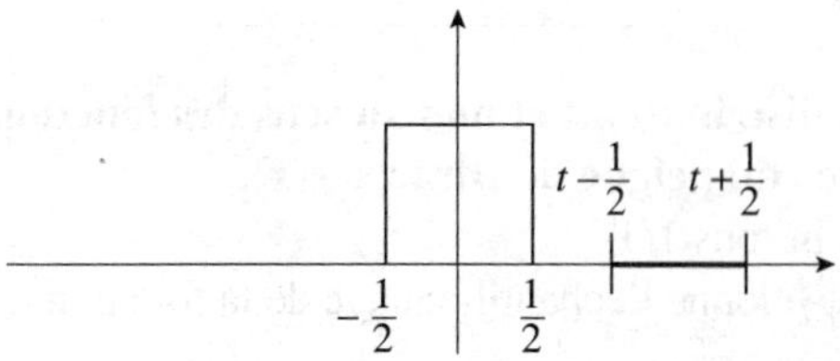

2ème cas

$t > 1 \Rightarrow t - \frac{1}{2} > \frac{1}{2}$

donc $\left[t - \frac{1}{2}, t + \frac{1}{2}\right] \cap \left[-\frac{1}{2}, \frac{1}{2}\right] = \varnothing$

$(\Pi*\Pi)(t) = 0$

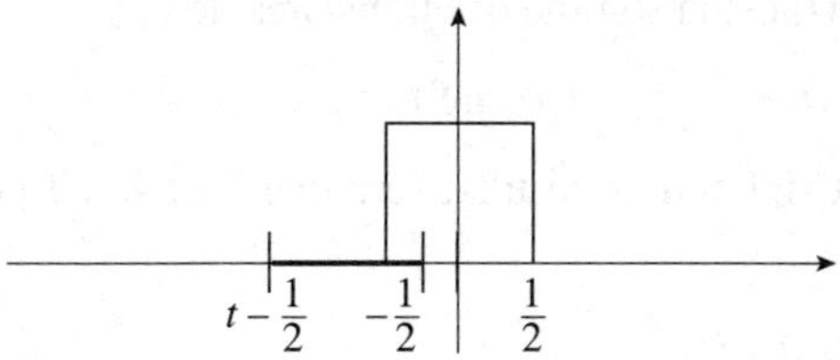

3ème cas

$-1 < t < 0 \Rightarrow t - \frac{1}{2} < -\frac{1}{2} < t + \frac{1}{2} < \frac{1}{2}$

$\left[t - \frac{1}{2}, t + \frac{1}{2}\right] \cap \left[-\frac{1}{2}, \frac{1}{2}\right] = \left[-\frac{1}{2}, t + \frac{1}{2}\right]$

$(\Pi*\Pi)(t) = \int_{-\frac{1}{2}}^{t+\frac{1}{2}} 1\mathrm{d}u = 1 + t$

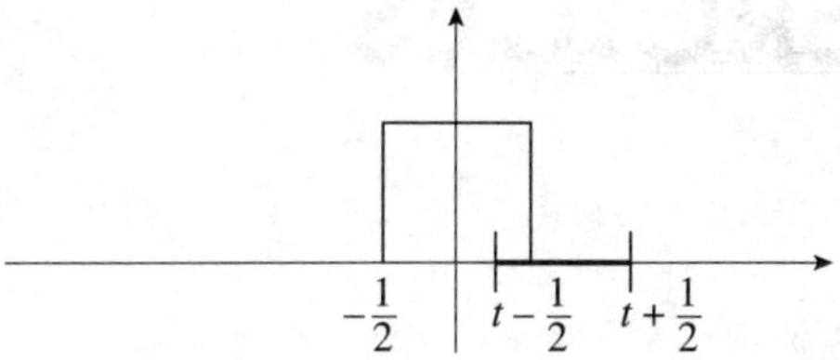

4ème cas

$0 < t < 1 \Rightarrow t - \frac{1}{2} < \frac{1}{2} < t + \frac{1}{2}$

$\left[t - \frac{1}{2}, t + \frac{1}{2}\right] \cap \left[-\frac{1}{2}, \frac{1}{2}\right] = \left[t - \frac{1}{2}, \frac{1}{2}\right]$

$(\Pi*\Pi)(t) = \int_{t-\frac{1}{2}}^{\frac{1}{2}} 1\mathrm{d}u = 1 - t$

En résumé : $\Pi*\Pi(t) = \begin{cases} 1 + t \text{ si } t \in [-1, 0] \\ 1 - t \text{ si } t \in [0, 1] \\ 0 \text{ autrement} \end{cases}$ d'où $(\Pi*\Pi)(t) = \Lambda(t)$.

2 Échantillonneur-bloqueur

Étudier le résultat du produit de convolution d'un signal échantillonné à la période 1 par une porte $\Pi(t)$ (définie dans l'exercice précédent).

■ SOLUTION

L'échantillonnage d'une fonction f est obtenu par multiplication avec un peigne de Dirac. Ici, $f(t) \cdot \Psi_1(t)$ puisque la période d'échantillonnage est égale à 1.

Posons : $f_e(t) = f(t) \cdot \Psi_1(t) = f(t) \sum_{n=-\infty}^{\infty} \delta(t-n) = \sum_{n=-\infty}^{\infty} f(t)\, \delta(t-n) = \sum_{n=-\infty}^{\infty} f(n)\, \delta(t-n)$

$$f_e(t) * \Pi(t) = \sum_{n=-\infty}^{\infty} [f(n)\, \delta(t-n)] * \Pi(t)$$

$$= \sum_{n=-\infty}^{\infty} f(n)\, [\delta(t-n) * \Pi(t)]$$

$$= \sum_{n=-\infty}^{\infty} f(n)\, \Pi(t-n)$$

Chacune des valeurs f(*n*) prélevées sera multipliée par une porte centrée en *n*.

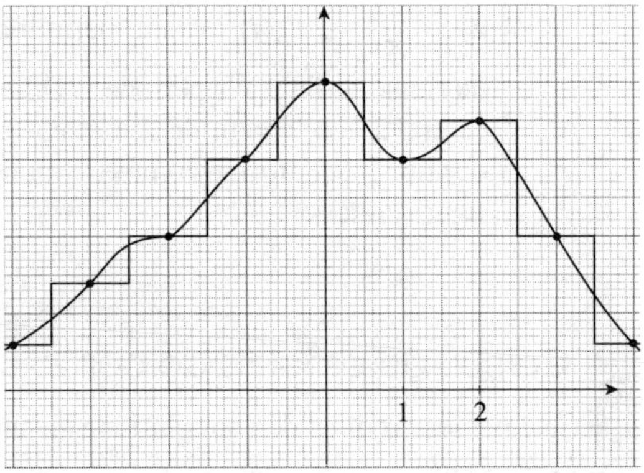

3 Produit et convolution par un peigne de Dirac

1) Représenter les signaux suivants :

a) $\dfrac{\sin(\pi t)}{\pi t} \cdot \Psi_{1/3}(t)$; **b)** $\dfrac{\sin(\pi t)}{\pi t} \cdot \Psi_1(t)$.

2) Que peut-on attendre des produits de convolution suivants ?

a) $\dfrac{\sin(\pi t)}{\pi t} * \Psi_1(t)$; **b)** $\dfrac{\sin(\pi t)}{\pi t} * \Psi_4(t)$.

■ SOLUTION

1)

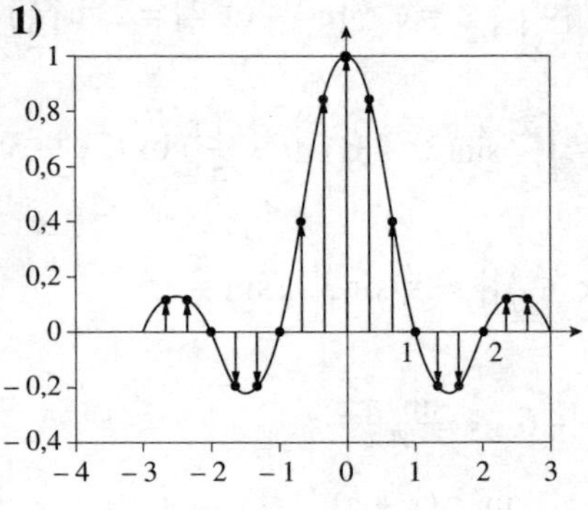

a) Échantillonnage à la période $\dfrac{1}{3}$.

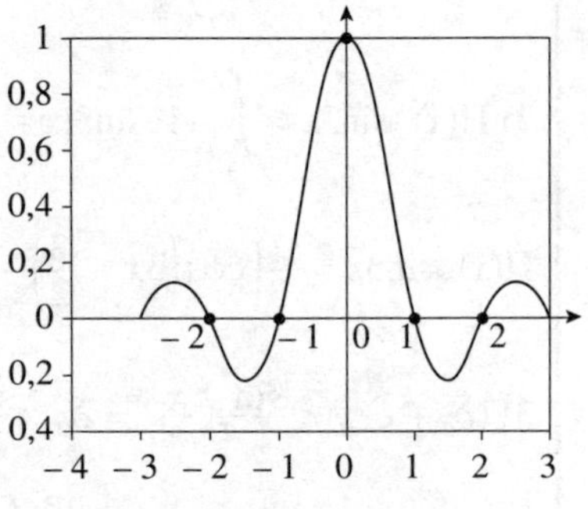

b) Échantillonnage à la période 1.

2)

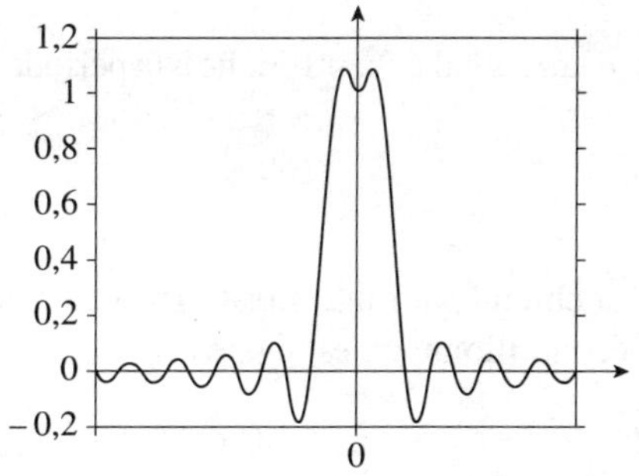

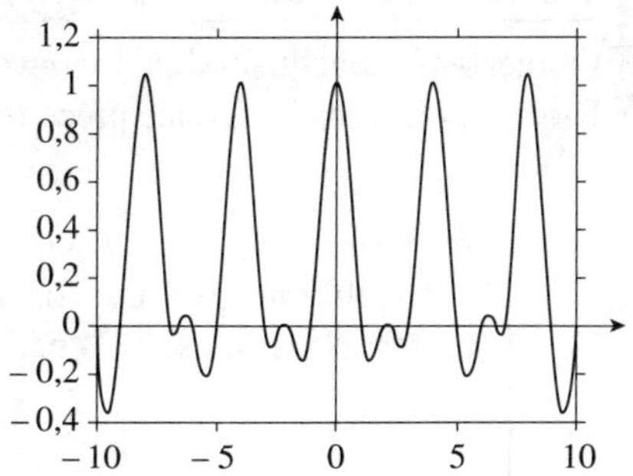

a) $\dfrac{\sin(\pi t)}{\pi t} * \Psi_1(t)$ est une périodisation du sinus cardinal à la période 1. Or le lobe central a une largeur de 2. Cette « périodisation » le déforme comme le montre la figure ci-dessus.

b)

$$\frac{\sin(\pi t)}{\pi t} * \Psi_4(t) = \sum_{n=-\infty}^{+\infty} \frac{\sin\pi(t-4n)}{\pi(t-4n)}$$

La périodisation à la période 4 préserve le lobe central du sinus cardial.

4 Calculs de produits de convolution

Calculer les produits de convolution suivants :

1) $e^{-x} * \Pi(x)$;

2) $\sin(3x) * \Pi(x)$;

3) $(\delta_a + \delta_{-a}) * \dfrac{\sin\pi x}{\pi x}$

■ SOLUTION

1) Le produit de convolution étant commutatif, calculons plutôt :

$$\Pi(x) * e^{-x} = \int_{-\infty}^{+\infty} \Pi(t)\, e^{-(x-t)} dt$$

Or $\Pi(t)$ est nul pour $t \notin \left[-\frac{1}{2}, \frac{1}{2}\right]$; l'intégrale se réduit à :

$$\Pi(x) * e^{-x} = \int_{-\frac{1}{2}}^{\frac{1}{2}} 1\, e^{-x} e^{t}\, dt = e^{-x} \left[e^{t}\right]_{-1/2}^{1/2} = e^{-x}\left(e^{\frac{1}{2}} - e^{-\frac{1}{2}}\right) = 2\,\mathrm{sh}\left(\frac{1}{2}\right) e^{-x}$$

2) $\Pi(x) * \sin 3x = \displaystyle\int_{-\frac{1}{2}}^{\frac{1}{2}} 1 . \sin 3(x-t)\, dt = -\int_{-\frac{1}{2}}^{\frac{1}{2}} \sin(3t - 3x)\, dt = \frac{1}{3}\Big[\cos(3x - 3t)\Big]_{t=-1/2}^{1/2}$

$$\Pi(x) * \sin 3x = \frac{1}{3}\left(\cos\left(3x - \frac{3}{2}\right) - \cos\left(3x + \frac{3}{2}\right)\right) = \frac{2}{3}\sin 3x . \sin\frac{3}{2}$$

3) $(\delta_a + \delta_{-a}) * \dfrac{\sin\,\pi x}{\pi x} = \delta_a * \dfrac{\sin\,\pi x}{\pi x} + \delta_{-a} * \dfrac{\sin\,\pi x}{\pi x}$

$$= \frac{\sin\,\pi(x-a)}{\pi(x-a)} + \frac{\sin\,\pi(x+a)}{\pi(x+a)} .$$

5 Circuit RC et réponse impulsionnelle

L'équation différentielle liant les tensions $x(t)$ et $y(t)$ est RC $y'(t) + y(t) = x(t)$.

1) Soit $x(t) = \delta(t)$, calculer la réponse impulsionnelle $h(t)$.

2) Soit $x(t)$ quelconque, démontrer que $y(t) = x(t) * h(t)$.

■ **SOLUTION**

1) L'équation (E) est équivalente à : $y'(t) + \frac{1}{RC} y(t) = \frac{1}{RC} x(t)$

Multiplions les deux membres par $e^{\frac{t}{RC}}$:

$$y'(t)\, e^{\frac{t}{RC}} + \frac{1}{RC} y(t)\, e^{\frac{t}{RC}} = \frac{1}{RC} x(t)\, e^{\frac{t}{RC}}$$

soit :
$$\left(y(t)\, e^{\frac{t}{RC}}\right)' = \frac{1}{RC} x(t)\, e^{\frac{t}{RC}}$$

d'où :
$$y(t)\, e^{\frac{t}{RC}} = \frac{1}{RC} \int_{-\infty}^{t} x(s)\, e^{\frac{s}{RC}} ds$$

La réponse impulsionnelle $y(t) = h(t)$ est obtenue pour $x(s) = \delta$.

Le produit $x(s)\ e^{\frac{t}{RC}} = \delta e^{\frac{t}{RC}} = \delta e^0 = \delta$ car le produit $f(t)\ \delta = f(0)\ \delta$.

Par ailleurs : $\int_{-\infty}^{t} \delta = \begin{cases} 1 & \text{si } t > 0 \\ 0 & \text{si } t < 0 \end{cases}$

ce qui donne $h(t) = \begin{cases} \frac{1}{RC} e^{-\frac{t}{RC}} & \text{si } t > 0 \\ 0 & \text{si } t < 0 \end{cases}$

2) Si $x(t)$ est quelconque, la sortie $y(t)$ est donnée par :

$$y(t) = \left(\frac{1}{RC}\int_0^t x(s)\, e^{\frac{s}{RC}} ds\right) e^{-\frac{t}{RC}} = \frac{1}{RC}\int_0^t x(s)\, e^{-\frac{(t-s)}{RC}} ds$$

$$= \int_{-\infty}^{t} x(s)\, h(t-s)\, ds = (x*h)(t)$$

6 Dérivée au sens des distributions

Exprimer la dérivée des signaux suivants :

1) $f(t) = \begin{cases} 1 & \text{si } -1 < t < 0 \\ -1 & \text{si } \ \ 0 < t < 1 \\ 0 & \text{si } \ \ t \notin [-1,1] \end{cases}$

2) $g(t)$ périodique de période 2, paire et telle que :

$g(t) = \begin{cases} 1 & \text{si } \ \ 0 < t < 1/2 \\ 0 & \text{si } \ \ 1/2 < t < 1 \end{cases}$

■ **SOLUTION**

1)

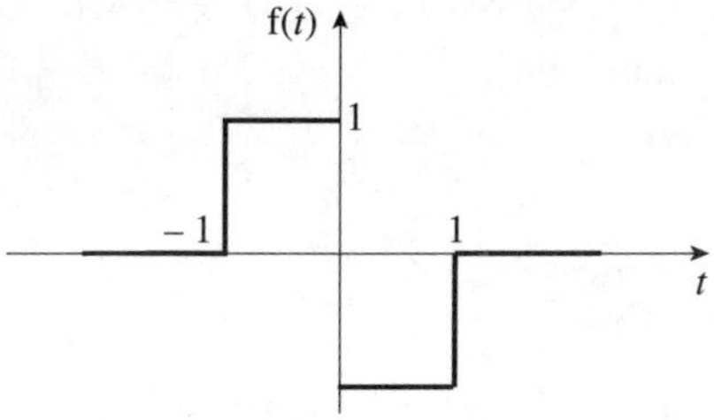

• En tout point t où f est continue, $f'(t) = 0$.

• Au point $t = -1$, la dérivée au sens des distributions est un Dirac d'amplitude 1 centré en -1.

• en $t = 0$, la dérivée est $-2\delta(t)$.

• en $t = 1$, la dérivée est $\delta(t-1)$.

Finalement $f'_D(t) = \delta(t+1) - 2\delta(t) + \delta(t-1)$

2)

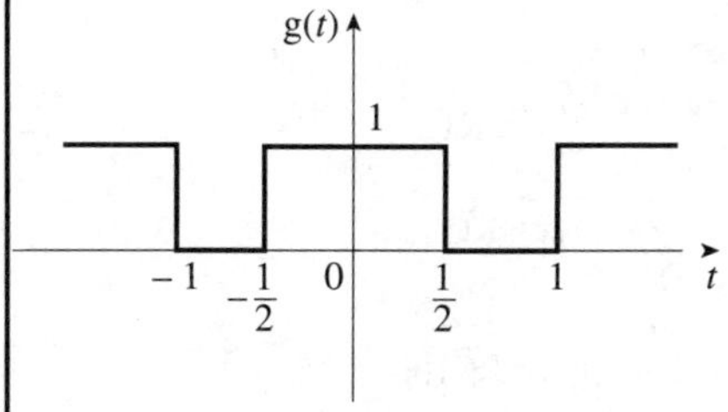

fonction g

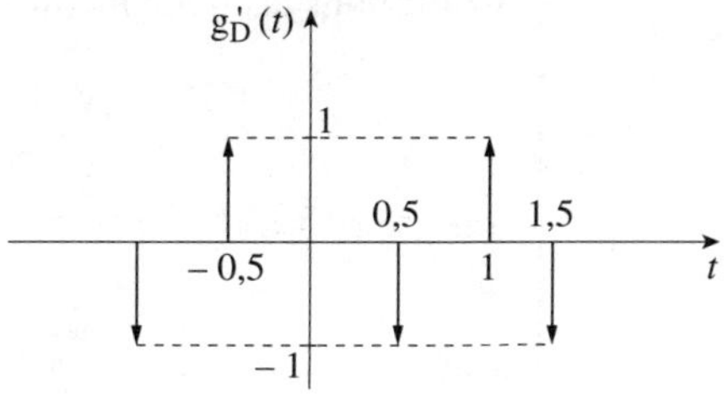

fonction g'

7 Fonction « sign »

On définit la fonction « sign » par $\text{sign}(t) = \begin{cases} 1 \text{ si } t > 0 \\ -1 \text{ si } t < 0 \end{cases}$

1) Représentation graphique de la fonction « sign ».

2) Calculer sa dérivée.

3) Soit f une fonction définie $\mathbb{R}$, continue sur $\mathbb{R}$ et F une primitive de f telle que $\lim\limits_{t \to \pm\infty} F(t) = 0$.

Démontrer que $(\text{sign} * f)(t) = 2F(t)$.

■ **SOLUTION**

1)

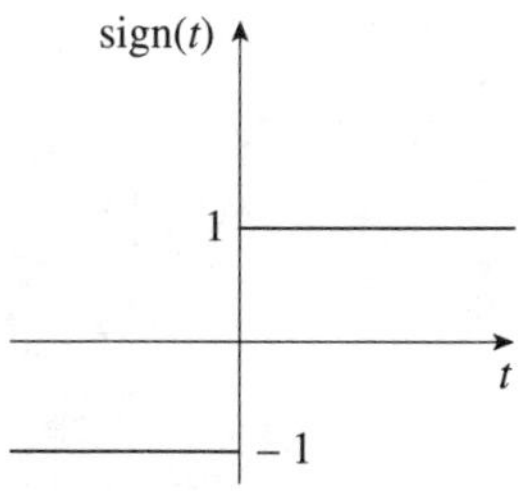

2) Dérivée : nulle sur $]-\infty, 0[$ et sur $]0, +\infty[$, non dérivable en 0.

Au sens des distributions, la dérivée est égale à $2\,\delta(t)$(traduisant ainsi la variation brutale de – 1 à 1 en 0).

3) $(\text{sign}*f)(t) = \int_{-\infty}^{+\infty} \text{sign}(x)\, f(t-x)\, dx = \int_{-\infty}^{0} -1\, f(t-x)\, dx + \int_{0}^{+\infty} 1\, f(t-x)\, dx$

Effectuons le changement de variable $t - x = u$:

$$(\text{sign} * f)(t) = \int_{+\infty}^{t} f(u)\, du - \int_{t}^{-\infty} f(u)\, du = F(t) - F(+\infty) - F(-\infty) + F(t) = 2F(t)$$

17 TRANSFORMÉE DE FOURIER

Un signal **périodique** se décompose en **série de Fourier**. Ainsi, il apparaît comme une somme d'harmoniques de fréquences $\nu_n = \frac{n}{T}$, $n = 0, 1, 2, 3, ...$

Ces fréquences ν_n sont des **valeurs isolées** dans $\mathbb{R}$. La représentation graphique des amplitudes des harmoniques en fonction des fréquences ν_n, appelé spectre du signal, est donc une représentation fréquentielle, dans ce cas, un diagramme en bâtons.

Les fréquences présentes dans un signal **non périodique**, ne sont pas isolées. Elles prennent toutes les valeurs d'un intervalle. La décomposition fréquentielle d'un tel signal est possible grâce à **la transformation de Fourier**. La décomposition et la reconstitution se calculent par des intégrales.

Les fonctions considérées dans ce chapitre sont à variable réelle, de carré sommable, (ou encore à énergie finie), c'est-à-dire telles que :

$$\int_{-\infty}^{+\infty} |f(t)|^2 \, dt < \infty$$

DÉFINITIONS – EXEMPLES

1. Transformée de Fourier

On appelle **transformée de Fourier** de f la fonction :

$$F : \nu \to F(\nu) = \int_{-\infty}^{+\infty} f(t)\, e^{-2j\pi\nu t} \, dt$$

L'application $\mathcal{F}$ **: f → F est la transformation de Fourier.**

2. Théorème d'inversion

Il est possible de recomposer $f(t)$ à partir de $F(\nu)$; c'est la **transformée de Fourier inverse**.

$$\mathcal{F}^{-1} : F(\nu) \to f(t)$$

En tout point t où **f est continue**, on a :

$$\int_{-\infty}^{+\infty} F(\nu)\, e^{2j\pi\nu t} \, d\nu = f(t) .$$

En tout point t où **f est discontinue** :

$$\int_{-\infty}^{+\infty} F(\nu)\, e^{2j\pi\nu t} \, d\nu = \frac{1}{2} \left[f(t^+) + f(t^-) \right] .$$

$f(t^+)$ et $f(t^-)$ désignant respectivement les limites à droite et à gauche de f au point t.

3. Exemples fondamentaux

• **Fonction « porte »** (ou fenêtre rectangulaire)

$$\Pi(t) = \begin{cases} 1 \text{ si } |t| < 1/2 \\ 0 \text{ si } |t| > 1/2 \end{cases} \longleftrightarrow F(\nu) = \text{Si}(\pi\nu) = \frac{\sin(\pi\nu)}{\pi\nu}$$

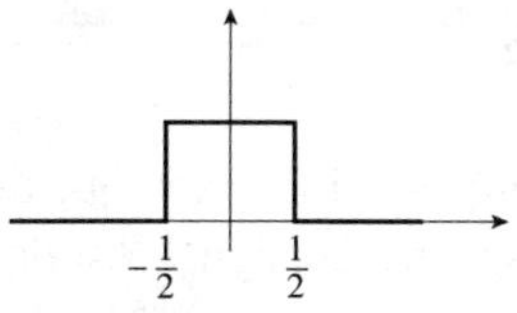

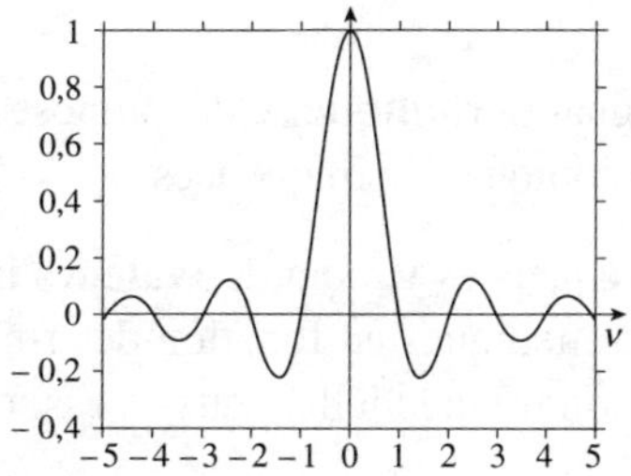

Remarque : la fonction $\text{Si}(x) = \frac{\sin x}{x}$ est appelée sinus cardinal, elle joue un rôle important en analyse harmonique.

• **Impulsion unité de durée ε**

$$\Pi_\varepsilon(t) = \begin{cases} 1/\varepsilon \text{ si } |t| < \varepsilon/2 \\ 0 \text{ si } |t| > \varepsilon/2 \end{cases} \longleftrightarrow F(\nu) = \text{Si}(\pi\nu\varepsilon) = \frac{\sin(\pi\nu\varepsilon)}{\pi\nu\varepsilon}$$

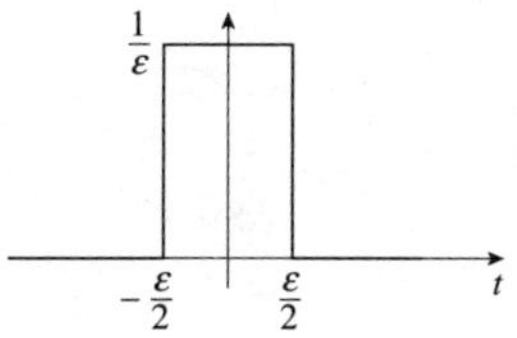

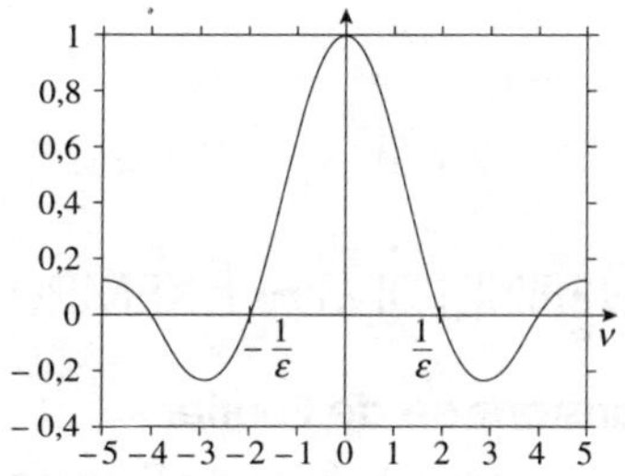

• **Dirac : $\mathcal{F}(\delta) = 1$**

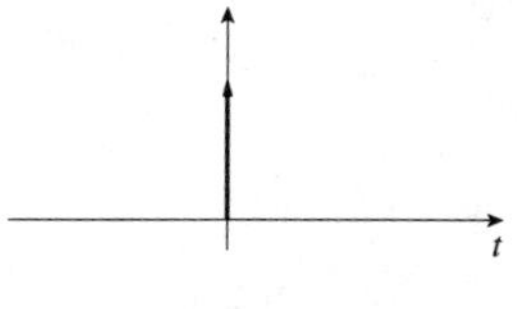

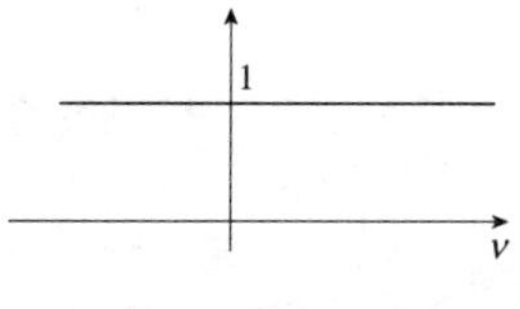

• **Fonction triangle** (ou fenêtre triangulaire)

$$\Lambda(t) = \begin{cases} -t+1 & \text{si } 0 < t < 1 \\ t+1 & \text{si } -1 < t < 0 \\ 0 & \text{si } |t| > 1 \end{cases} \longleftrightarrow F(\nu) = \left(\frac{\sin(\pi\nu)}{\pi\nu}\right)^2$$

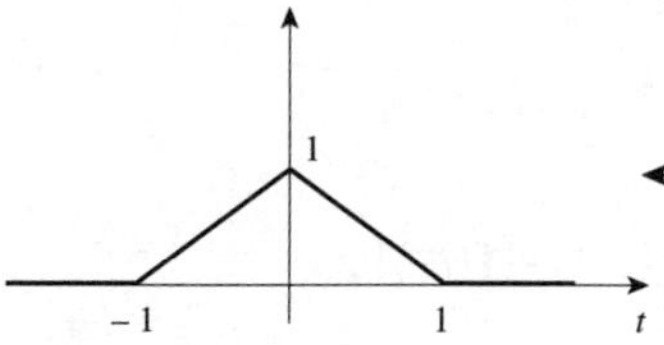

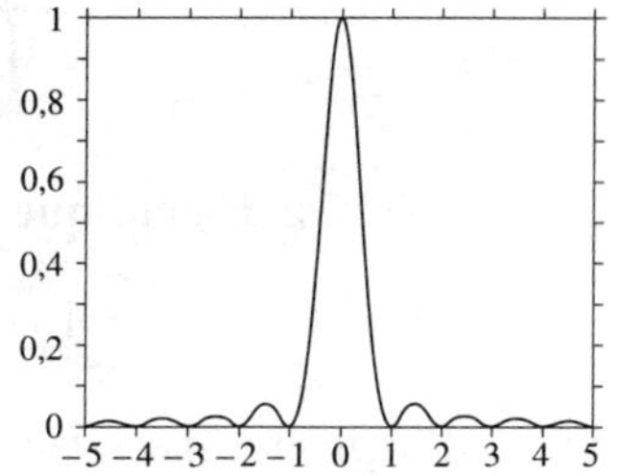

Propriétés de la transformation de Fourier

Signal $f(t)$	Transformée de Fourier $F(\nu)$
Symétrie : $F(t)$	$f(-\nu)$
Parités : • Si f est paire	• $F(\nu)$ est à valeurs réelles et : $F(\nu) = 2\int_0^{+\infty} f(t)\cos(2\pi\nu t)\,dt$
• Si f est impaire	• $F(\nu)$ est imaginaire pur et : $F(\nu) = 2j\int_0^{+\infty} f(t)\sin(2\pi\nu t)\,dt$
Linéarité : $\lambda f + \mu g$	$\lambda F + \mu G$
Dilatation temporelle : $f(at)$	$\frac{1}{\lvert a\rvert} F\left(\frac{\nu}{a}\right)$
Décalage temporel = *déphasage fréquentiel* $f(t-a)$	$e^{-2j\pi\nu a} F(\nu)$
Changement affine d'échelle des temps : $f(at-b)$	$\frac{1}{\lvert a\rvert} F\left(\frac{\nu}{a}\right) e^{-2j\pi\nu b/a}$
Décalage fréquentiel = *déphasage temporel :* $e^{2j\pi at} f(t)$	$F(\nu - a)$
Dérivation temporelle : 1. Si f est dérivable sur R au sens des fonctions $f'(t)$ $f^{(n)}(t)$	 $2j\pi\nu F(\nu)$ $(2j\pi\nu)^n F(\nu)$
2. Si f est discontinue au point a, la **dérivée de f au sens des distributions est :** $f'_D(t) = f'(t) + (f(a^+) - f(a^-))\,\delta_a$	$2j\pi\nu F(\nu) + (f(a^+) - f(a^-))\,e^{-2j\pi\nu a}$
Dérivation fréquentielle : Si F est dérivable : $(-2j\pi t)\,f(t)$	$F'(\nu)$
Produit de convolution : $f * g$	$F(\nu).G(\nu)$

■ SPECTRES

1. Définitions

La transformée de Fourier d'une fonction f est, dans le cas général une fonction **à valeurs complexes** que l'on peut écrire $F(\nu) = A(\nu)\, e^{j\varphi(\nu)}$ avec :

$A(\nu) = |F(\nu)|$: **spectre de module**
$\varphi(\nu) = \arg(F(\nu))$: **spectre de phase**
$A^2(\nu) = |F(\nu)|^2$: **spectre de puissance**

2. Signaux à bande limitée

Un signal $f(t)$ est **à bande limitée** si son spectre de module est à support borné, c'est-à-dire :

$$F(\nu) = 0 \text{ en dehors d'un intervalle } [-\nu_c\,,\ \nu_c]$$

Exemple :

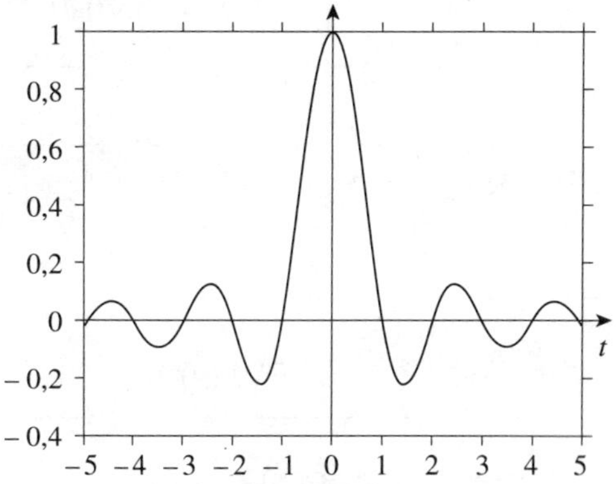

$$f(t) = \frac{\sin(\pi t)}{\pi t}$$

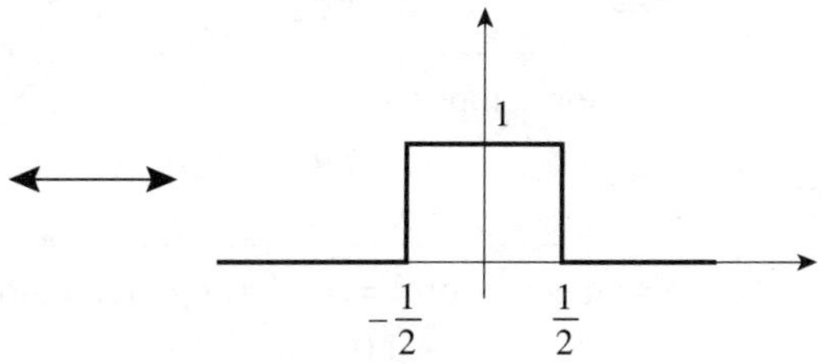

$$F(\nu) = \Pi(\nu)$$

3. Cas des signaux à valeurs réelles

> Pour les signaux réels, le spectre de module est une fonction paire. Autrement dit :
> $$\forall t \in \mathbb{R},\quad f(t) \in \mathbb{R} \Rightarrow \forall \nu \in \mathbb{R},\quad |F(\nu)| = |F(-\nu)|$$

4. Le théorème de Parseval

L'énergie d'un signal est conservée par la transformée de Fourier :

$$\int_{-\infty}^{+\infty} |f(t)|^2\, dt = \int_{-\infty}^{+\infty} |F(\nu)|^2\, d\nu$$

Plus généralement :

$$\int_{-\infty}^{+\infty} f(t)\, \overline{g(t)}\, dt = \int_{-\infty}^{+\infty} F(\nu)\, \overline{G(\nu)}\, d\nu$$

■ UTILISATION DES DISTRIBUTIONS

1. Transformée de Fourier de quelques distributions

Certains signaux qui n'ont pas de transformée de Fourier au sens des fonctions, en ont une au sens des distributions ; citons notamment :

Distributions	Transformées de Fourier
$\delta(t)$	1
$\delta_a(t)$	$e^{-2j\pi \nu a}$
$e^{2j\pi a t}$	$\delta_a(\nu)$
$\cos(2\pi a t)$	$1/2\,(\delta_a + \delta_{-a})\,(\nu)$
$\sin(2\pi a t)$	$\frac{1}{2j}(\delta_a - \delta_{-a})\,(\nu)$
$\Psi_T(t) = \sum_{n=-\infty}^{\infty} \delta(t - nT) = \frac{1}{T}\sum_{-\infty}^{\infty} e^{j(n/T)2\pi t}$	$\frac{1}{T}\Psi_{1/T}(\nu) = \frac{1}{T}\sum_{n=-\infty}^{\infty} \delta(\nu - \frac{n}{T})$

2. Transformée de Fourier des fonctions échantillonnées

Soit $f_e(t) = f(t).\Psi_T(t)$ l'échantillonnage à la période T, de la fonction f :

$$\mathcal{F}(f_e(t)) = F(\nu) * \mathcal{F}(\Psi_T(t))$$
$$\mathcal{F}(f_e(t)) = F(\nu) * \frac{1}{T}\Psi_{1/T}(\nu)$$

Théorème de Shannon : si la fréquence d'échantillonnage d'un signal $f(t)$ est supérieure à 2 fois la fréquence maximale contenue dans ce signal. Alors :

- le spectre du signal échantillonné est périodique de période $\frac{1}{T}$, de motif $\frac{1}{T}F(\nu)$;
- il est possible de reconstituer le signal à partir de ses échantillons. L'opération se fait en utilisant **La formule d'interpolation de Shannon** :

$$f(t) = \sum_{n=-\infty}^{+\infty} f(n\,T_e)\,\frac{\sin \pi f_e(t - nT_e)}{\pi f_e(t - nT_e)}$$

T_e et f_e désignant respectivement la période et la fréquence d'échantillonnage.

3. Transformée de Fourier des fonctions périodiques

Soit $f_P(t) = f_0(t) * \Psi_T(t)$ une fonction périodique de période T, de motif f_0, de transformée de Fourier F_0 :

$$\mathcal{F}(f_P(t)) = F_0(\nu) \times \mathcal{F}(\Psi_T(t))$$
$$\mathcal{F}(f_P(t)) = F_0(\nu) \times \frac{1}{T}\Psi_{1/T}(\nu)$$

La transformée de Fourier est échantillonnée à la période $\frac{1}{T}$, son amplitude est multipliée par $\frac{1}{T}$. On retrouve la série de Fourier de la fonction périodique grâce à la formule de Poisson :

$$\sum_{n=-\infty}^{+\infty} f_0(x - nT) = \frac{1}{T}\sum_{n=-\infty}^{+\infty} F_0\left(\frac{n}{T}\right)e^{2j\pi n}$$

La transformée de Fourier discrète

Pour le traitement des signaux numériques, on utilise alors **la transformée de Fourier discrète (T.F.D.) :**

1. On prélève N valeurs de la fonction $s(t)$ à intervalles de temps réguliers Δt ; on obtient ainsi une suite : $\{s_0, s_1, s_2, ..., s_{N-1}\}$ avec $s_k = s(k\,\Delta t)$; $0 \leq k \leq N-1$.

2. On construit une suite : $\{S_0, S_1, S_2, ..., S_{N-1}\}$ définie par :

$$S_k = \sum_{n=0}^{N-1} s_n \, e^{-2j\pi nk/N}$$

La transformation : $\{s_0, s_1, s_2, ..., s_{N-1}\} \rightarrow \{S_0, S_1, S_2, ..., S_{N-1}\}$ est **la transformation de Fourier discrète.**

Elle est **réversible**, autrement dit : $s_n = \dfrac{1}{N} \sum_{k=0}^{N-1} S_k \, e^{2j\pi nk/N}$.

De plus, elle vérifie **la formule de Parseval :**

$$\boxed{\sum_{k=0}^{N-1} |S_k|^2 = N \sum_{n=0}^{N-1} |s_n|^2}$$

La suite S_k constitue un échantillonnage de $S(\nu)$ aux fréquences $\nu = \dfrac{k}{N\Delta t}$ pour seulement **la moitié des valeurs de *k*.**

Soit pour $k = 1, 2, ... \dfrac{N}{2} - 1$ si n est pair (ou $\dfrac{N-1}{2}$ si n est impair) :

$$S_k = S\left(k \frac{1}{N\Delta t}\right) ; \quad S_{N-k} = S\left(-k \frac{1}{N\Delta t}\right)$$

La deuxième moitié de la séquence S_k correspond aux fréquences négatives.

L'algorithme de la F.F.T. permet un calcul rapide de ces coefficients. Il est rendu plus performant si N est une puissance de 2.

EXERCICES

1 Transformée de Fourier de la fonction triangle

La fonction triangle est définie par :

$$\Lambda(t) = \begin{cases} 1 - |t| & \text{si } |t| < 1 \\ 0 & \text{si } |t| > 1 \end{cases}$$

a) Représenter graphiquement cette fonction et calculer sa transformée de Fourier en utilisant la définition.

b) Calculer la dérivée de $\Lambda(t)$, lorsqu'elle est définie ; en déduire la transformée de Fourier de $\Lambda(t)$.

c) Sachant que : $\Lambda(t) = (\Pi * \Pi)(t)$, déduire une troisième méthode de calcul de la transformée de Fourier de $\Lambda(t)$.

■ **SOLUTION**

La fonction « triangle » est définie par :

$$\Lambda(t) = \begin{cases} t + 1 & \text{si } -1 < t < 0 \\ -t + 1 & \text{si } 0 < t < 1 \\ 0 & \text{sinon} \end{cases}$$

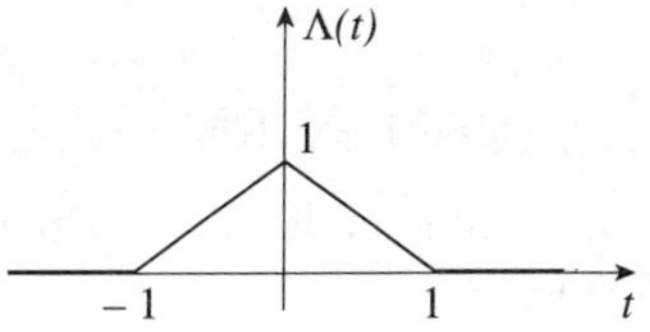

Appelons $F(\nu)$ la transformée de Fourier de $\Lambda(t)$.

$$F(\nu) = \int_{-\infty}^{+\infty} \Lambda(t)\, e^{-2j\pi\nu t}\, dt = \int_{-1}^{0} (t+1)\, e^{-2j\pi\nu t}\, dt + \int_{0}^{1} (-t+1)\, e^{-2j\pi\nu t}\, dt$$

car la fonction Λ est nulle en dehors de l'intervalle $[-1, 1]$.

Une intégration par parties permet le calcul des deux intégrales. Posons :

$$u = t+1 \Rightarrow du = dt \quad \text{et} \quad dv = e^{-2j\pi\nu t}\, dt \Rightarrow v = \frac{-1}{2j\pi\nu} e^{-2j\pi\nu t}$$

puis : $u = -t+1 \Rightarrow du = -dt$

$$F(\nu) = -\frac{1}{2j\pi\nu}\Big[(t+1)\, e^{-2j\pi\nu t}\Big]_{t=-1}^{0} + \int_{-1}^{0} \frac{1}{2j\pi\nu} e^{-2j\pi\nu t}\, dt$$
$$-\frac{1}{2j\pi\nu}\Big[(1-t)\, e^{-2j\pi\nu t}\Big]_{t=0}^{1} - \int_{0}^{1} \frac{1}{2j\pi\nu} e^{-2j\pi\nu t}\, dt$$

$$F(\nu) = -\frac{1}{2j\pi\nu} - \frac{1}{(2j\pi\nu)^2}\Big[e^{-2j\pi\nu t}\Big]_{t=-1}^{0} + \frac{1}{2j\pi\nu} + \frac{1}{(2j\pi\nu)^2}\Big[e^{-2j\pi\nu t}\Big]_{t=0}^{1}$$

$$F(\nu) = \frac{1}{(2j\pi\nu)^2}\Big[e^{2j\pi\nu} + e^{-2j\pi\nu} - 2\Big] = \frac{1}{(2j\pi\nu)^2}\Big[e^{j\pi\nu} - e^{-j\pi\nu}\Big]^2$$

$$F(\nu) = \left[\frac{e^{j\pi\nu} - e^{-j\pi\nu}}{2j\pi\nu}\right]^2 = \left[\frac{\sin \pi\nu}{\pi\nu}\right]^2$$

b) Calculons la dérivée de $\Lambda(t)$:

$$\Lambda'(t) = \begin{cases} 1 & \text{si } -1 < x < 0 \\ -1 & \text{si } 0 < x < 1 \\ 0 & \text{si } |x| > 1 \end{cases}$$

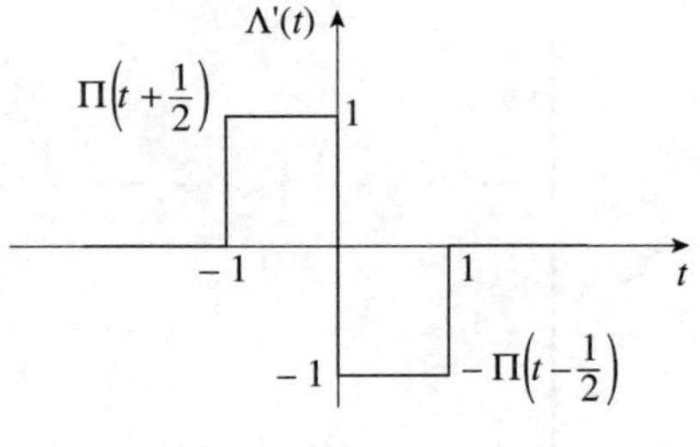

$\Lambda'(t)$ est la somme de deux fonctions « porte » décalées de 1/2 et – 1/2, la première étant de surcroît, inversée. On écrira donc :

$$\Lambda'(t) = \Pi(t + 1/2) - \Pi(t - 1/2)$$

Sachant que la transformée de Fourier de la fonction $\Pi(t)$ est $\dfrac{\sin(\pi\nu)}{\pi\nu}$ et compte tenu du théorème sur la transformée de Fourier des fonctions translatées :

$$\mathcal{F}(\Pi(t + 1/2)) = e^{2j\pi\nu 1/2}\, \frac{\sin(\pi\nu)}{\pi\nu} \quad \text{et} \quad \mathcal{F}(\Pi(t - 1/2)) = e^{-2j\pi\nu 1/2}\, \frac{\sin(\pi\nu)}{\pi\nu}$$

La linéarité de la transformation amène :

$$\mathcal{F}(\Lambda'(t)) = \frac{\sin(\pi\nu)}{\pi\nu}\,[e^{j\pi\nu} - e^{-j\pi\nu}] = 2j\, \frac{(\sin(\pi\nu))^2}{\pi\nu}$$

Par ailleurs le théorème sur la transformée de Fourier d'une dérivée donne :

$$\mathcal{F}(\Lambda'(t)) = 2j\pi\nu\,\mathcal{F}(\Lambda(t)) \quad \text{donc : } 2j\pi\nu\,\mathcal{F}(\Lambda) = 2j\,\frac{(\sin(\pi\nu))^2}{\pi\nu}$$

On retrouve bien :

$$\mathcal{F}(\Lambda) = \left(\frac{\sin \pi\nu}{\pi\nu}\right)^2$$

c) La transformée d'un produit de convolution est le produit des transformées, en particulier :

$$\mathcal{F}(\Lambda) = \mathcal{F}(\Pi)\,.\,\mathcal{F}(\Pi) = \left(\frac{\sin \pi\nu}{\pi\nu}\right)^2$$

2 Décalage et dilatation temporelle

Calculer les transformées de Fourier des fonctions suivantes :

a) $\Lambda(t-1)$;

b) $\Lambda(t/2)$;

c) $\Lambda((t-1)/2)$

■ **SOLUTION**

a)

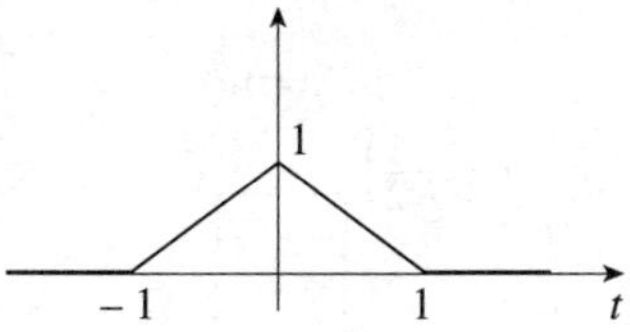

$\Lambda(t)$

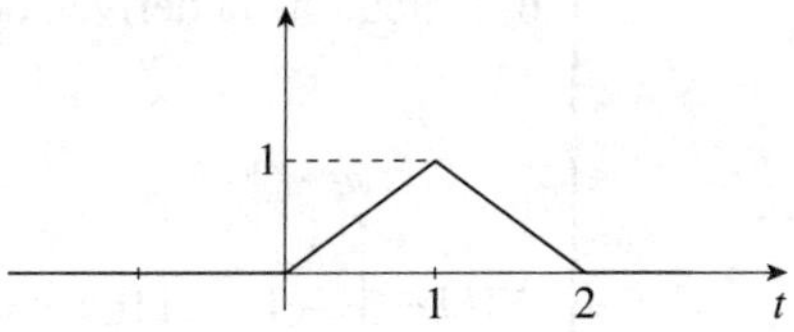

$\Lambda(t-1)$

$$\mathcal{F}(f(t-a)) = F(\nu)\,.\,e^{-2j\pi\nu a}$$

Ici : $\quad f(t) = \Lambda(t)$ donc $F(\nu) = \left(\frac{\sin \pi\nu}{\pi\nu}\right)^2$ et $\mathcal{F}(\Lambda(t-1)) = e^{-2j\pi\nu}\left(\frac{\sin \pi\nu}{\pi\nu}\right)^2$

b)

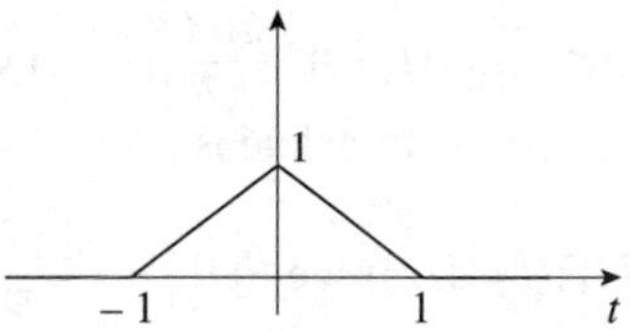

$\Lambda(t)$

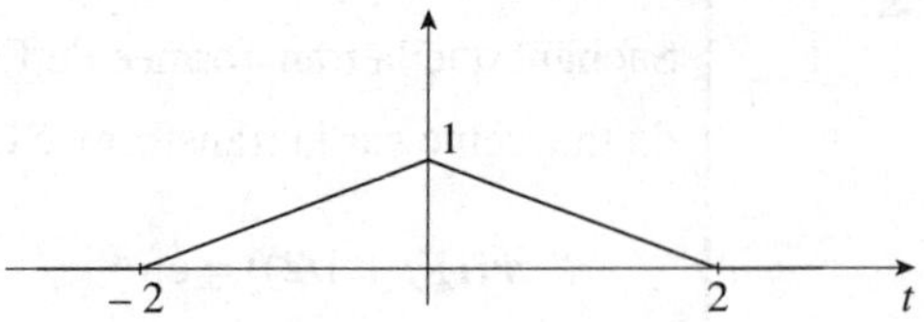

$\Lambda\left(\frac{t}{2}\right)$

$\mathcal{F}\left(f\left(\frac{t}{a}\right)\right) = a\,F(a\nu)$; avec $a = 2$ on obtient : $\mathcal{F}\left(\Lambda\left(\frac{t}{2}\right)\right) = 2\left(\frac{\sin 2\pi\nu}{2\pi\nu}\right)^2$

c)

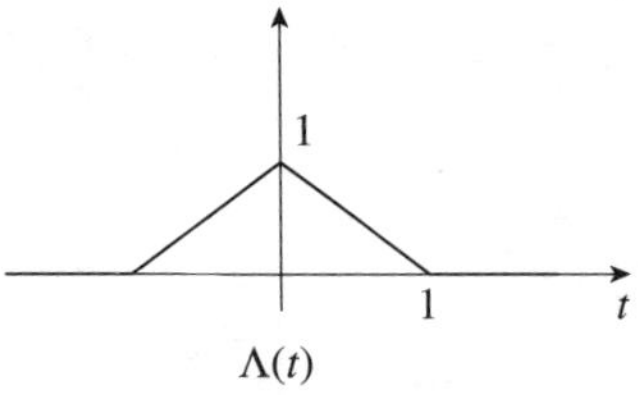

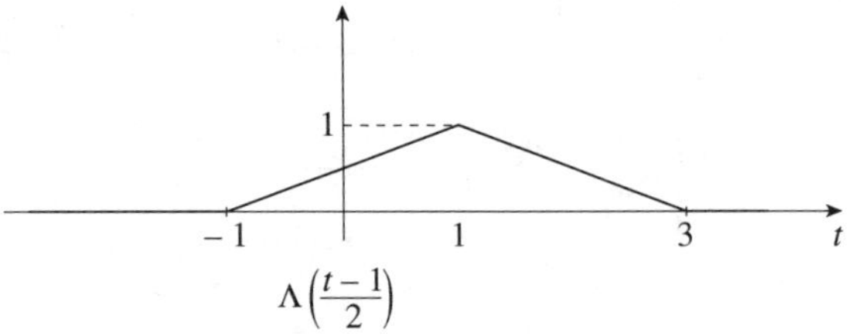

On passe de $\Lambda(t)$ à $\Lambda\left(\frac{t-1}{2}\right)$ par une transformation affine de l'échelle des temps.

Sachant que :

$$\mathcal{F}(\mathrm{f}(at+b)) = \frac{1}{|a|}\mathrm{F}\left(\frac{\nu}{a}\right)\,\mathrm{e}^{-2\mathrm{j}\pi\nu(b/a)}$$

avec $a = 1/2$ et $b = 1/2$, on obtient : $\mathcal{F}(\Lambda\left(\frac{1}{2}\,t - \frac{1}{2}\right)) = 2\left(\frac{\sin 2\pi\nu}{2\pi\nu}\right)^2\,\mathrm{e}^{-2\mathrm{j}\pi\nu}$

3 Somme d'une porte et d'un triangle

Soit f la fonction définie par :

$$\mathrm{f}(t) = \begin{cases} 1 & \text{si } 2 < t < 4 \\ t-7 & \text{si } 7 < t < 8 \\ -t+9 & \text{si } 8 < t < 9 \\ 0 & \text{autrement} \end{cases}$$

Exprimer f à l'aide de la fonction « porte Π » et de la fonction $\Lambda(t)$, puis calculer sa transformée de Fourier.

■ SOLUTION

Représentation graphique de la fonction f :

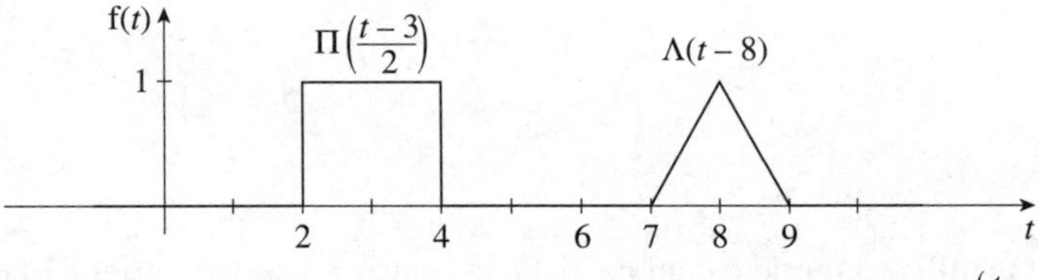

f est la somme d'une fonction « porte » décalée de 3 puis dilatée de 2 : $\Pi\left(\frac{t-3}{2}\right)$ et d'une fonction « triangle » décalée de 8 : $\Lambda(t-8)$.

Écrivons :

$$\mathrm{f}(t) = \Pi\left(\frac{t-3}{2}\right) + \Lambda(t-8)$$

$$\mathcal{F}(\mathrm{f}) = \mathcal{F}\left(\Pi\left(\frac{t-3}{2}\right)\right) + \mathcal{F}(\Lambda(t-8))$$

$$\mathcal{F}(\Pi) = \frac{\sin \pi\nu}{\pi\nu} \quad \text{donc : } \mathcal{F}\left(\Pi\left(\frac{t-3}{2}\right)\right) = 2\,\mathrm{e}^{-2\mathrm{j}\pi\nu.3}\,\frac{\sin 2\pi\nu}{2\pi\nu}$$

D'autre part :

$$\mathscr{F}(\Lambda) = \left[\frac{\sin \pi \nu}{\pi \nu}\right]^2 \quad \text{donc : } \mathscr{F}(\Lambda(t-8)) = e^{-16j\pi\nu}\left[\frac{\sin \pi \nu}{\pi \nu}\right]^2$$

Au total :

$$\boxed{\mathscr{F}(f) = F(\nu) = 2\, e^{-6\pi\nu}\,\frac{\sin 2\pi \nu}{2\pi \nu} + e^{-16j\pi\nu}\left[\frac{\sin \pi \nu}{\pi \nu}\right]^2}$$

4 Dérivation fréquentielle

Représenter graphiquement la fonction : $f(x) = 2\,\pi x\, \Lambda(x)$ et calculer sa transformée de Fourier.

■ **SOLUTION**

$$f(x) = 2\pi x\,\Lambda(x) = \begin{cases} 2\pi x(1+x) & \text{si } -1 < x < 0 \\ 2\pi x(1-x) & \text{si } 0 < x < 1 \\ 0 & \text{si } |x| > 1 \end{cases}$$

Ce qui nous donne la représentation graphique suivante :

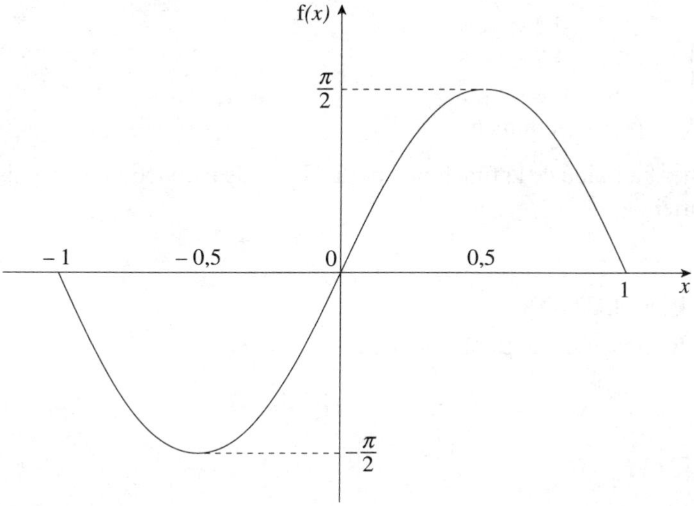

On utilise, pour le calcul de $\mathscr{F}(f)$, la transformée de Fourier de la fonction Λ ainsi que le théorème sur la dérivation fréquentielle.

$$\mathscr{F}(\Lambda(x)) = F(\nu) = \left[\frac{\sin \pi \nu}{\pi \nu}\right]^2$$

et :

$$\mathscr{F}(-2j\pi x\,\Lambda(x)) = F'(\nu)$$

d'où :

$$\mathscr{F}(2\pi x\,\Lambda(x)) = -\frac{1}{j}\,F'(\nu) = jF'(\nu)$$

$$\mathscr{F}(f(x)) = 2j\left[\frac{\sin \pi\nu}{\pi\nu}\right]\left[\frac{\sin \pi\nu}{\pi\nu}\right]' = 2j\left[\frac{\sin \pi\nu}{\pi\nu}\right]\left[\frac{\cos \pi\nu}{\nu} - \frac{\sin \pi\nu}{\pi\nu^2}\right]$$

5 Transformée de Fourier de distributions

Calculer les transformées de Fourier des distributions suivantes :

a) $f(x) = e^{6j\pi x}$

b) $g(x) = \cos(2\pi x)$

c) $h(x) = 1/2\,[\delta(x-1) + \delta(x-1/2) + \delta(x+1) + \delta(x+1/2)]$

d) $\text{sign}(x) = \begin{cases} 1 & \text{si } x > 0 \\ -1 & \text{si } x < 0 \end{cases}$

■ SOLUTION

a) La propriété de symétrie de la transformation de Fourier est ici d'une grande utilité. Rappelons-la : si : $\mathcal{F}(f(x)) = F(\nu)$ alors : $\mathcal{F}(F(x)) = f(-\nu)$

Sachant que $\mathcal{F}(\delta) = 1$, on a : $\mathcal{F}(1) = \delta(\nu)$.

Le théorème sur le décalage fréquentiel nous donne :

$$\mathcal{F}(e^{6j\pi t}\,.\,1) = \delta(\nu - 3), \text{ Dirac centré en 3}$$

b) $\cos(2\pi x) = 1/2\,[e^{2j\pi x} + e^{-2j\pi x}] \Rightarrow \mathcal{F}(\cos 2\pi x) = 1/2\,[\mathcal{F}(e^{2j\pi x}) + \mathcal{F}(e^{-2j\pi x})]$
$= 1/2\,[\delta(\nu - 1) + \delta(\nu + 1)]$

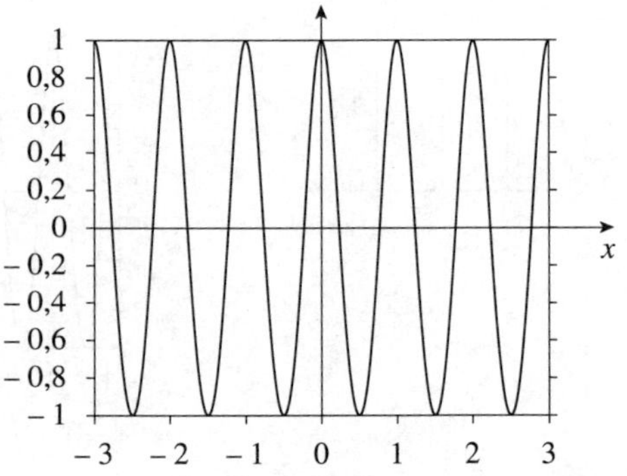

cos(2πx)

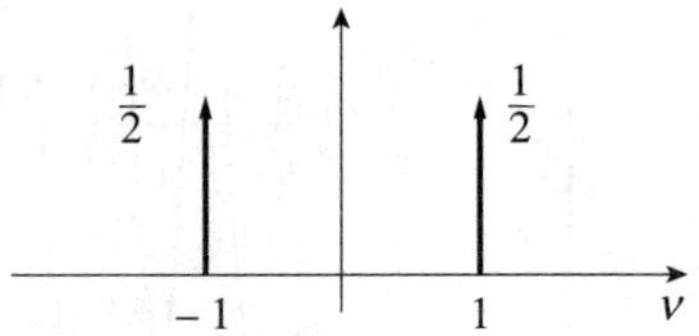

$\frac{1}{2}[\delta(\nu-1) + \delta(\nu+1)]$

c) La transformée de Fourier de la fonction h s'obtient à partir de la transformée de Fourier de l'impulsion de Dirac : $\mathcal{F}(\delta) = 1$ et en utilisant le théorème sur le décalage temporel :

$\mathcal{F}(\delta(x-1)) = e^{-2j\pi\nu}\,.\,F(\delta) = e^{-2j\pi\nu}$ $\qquad \mathcal{F}(\delta(x+1/2)) = e^{j\pi\nu}$

$\mathcal{F}(\delta(x-1/2)) = e^{-j\pi\nu}$ $\qquad \mathcal{F}(\delta(x+1)) = e^{2j\pi\nu}$

d'où : $\qquad \mathcal{F}(h)\,(\nu) = 1/2\,[e^{2j\pi\nu} + e^{-2j\pi\nu} + e^{j\pi\nu} + e^{-j\pi\nu}] = \cos 2\pi\nu + \cos\pi\nu$

d)

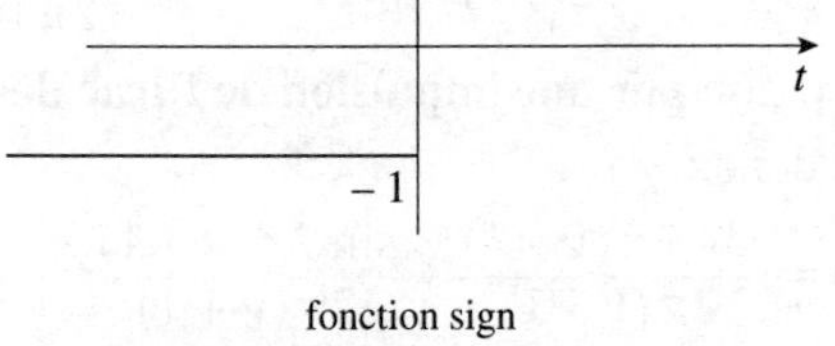

fonction sign

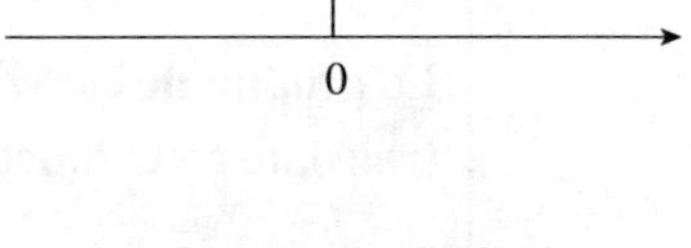

dérivée au sens des distributions de la fonction sign

Posons $F(\nu) = \mathcal{F}(\text{sign})(\nu)$.

$$[\text{sign}(t)]' = 2\delta(t) \Rightarrow \mathcal{F}(\text{sign}'(t)) = \mathcal{F}(2\delta) = 2$$

Or : $\mathcal{F}(\text{sign}'(t)) = 2j\pi\nu\,\mathcal{F}(\text{sign}(t)) = 2 \quad \Rightarrow F(\text{sign}) = \dfrac{1}{j\pi\nu}$

6

Fenêtre rectangulaire

Observer un signal sur une durée finie T revient à considérer le produit de ce signal par une porte de largeur T : $\Pi\left(\frac{x}{T}\right)$. C'est un filtrage temporel. Il en résulte des modifications sur la représentation fréquentielle.

Représenter la fonction : $f(x) = \cos(2\pi x)\ \Pi\left(\frac{x}{T}\right)$, puis calculer sa transformée de Fourier. Comparer avec la transformée de Fourier de $\cos(2\pi x)$ calculée dans l'exercice précédent.

■ **SOLUTION**

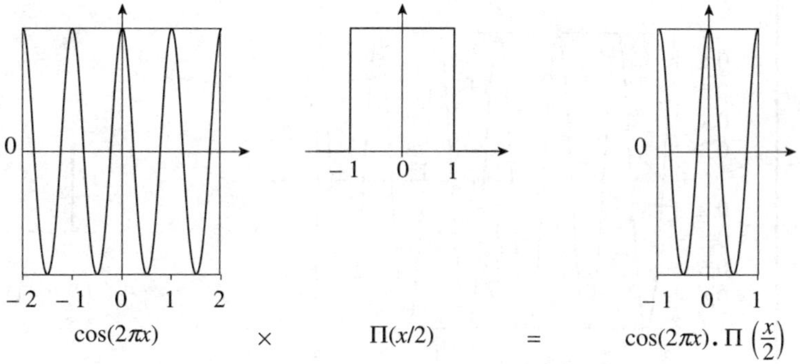

La transformée de Fourier d'un produit est un produit de convolution.

$$\mathcal{F}[\cos(2\pi x)\,.\,\Pi\left(\frac{x}{2}\right)] = \mathcal{F}(\cos 2\pi x) * \mathcal{F}\left(\Pi\left(\frac{x}{2}\right)\right)$$

D'après l'exercice précédent :

$$\mathcal{F}(\cos(2\pi x)(\nu) = 1/2\,[\delta(\nu - 1) + \delta(\nu + 1)] \text{ et } \mathcal{F}\left(\Pi\left(\frac{x}{2}\right)\right) = 2\,\frac{\sin 2\pi\nu}{2\pi\nu}$$

Par conséquent :

$$\mathcal{F}(\cos(2\pi x)\,.\,\Pi\left(\frac{x}{2}\right)) = 1/2\,[\delta(\nu - 1) + \delta(\nu + 1)] * 2\,\frac{\sin 2\pi\nu}{2\pi\nu}$$

Le produit de convolution est distributif sur l'addition. On peut donc écrire :

$$\mathcal{F}(\cos(2\pi x)\,.\,\Pi\left(\frac{x}{2}\right)) = [\delta(\nu - 1) * \frac{\sin 2\pi\nu}{2\pi\nu}] + [\delta(\nu + 1) * \frac{\sin 2\pi\nu}{2\pi\nu}]$$

Le produit de convolution d'une fonction par une impulsion de Dirac décalée de ν_0, translate cette fonction de ν_0 ; on a donc :

$$\mathcal{F}(\cos(2\pi x)\,.\,\Pi\left(\frac{x}{2}\right)) = \frac{\sin 2\pi(\nu - 1)}{2\pi(\nu - 1)} + \frac{\sin 2\pi(\nu + 1)}{2\pi(\nu + 1)}$$

On obtiendra, deux lobes de sinus cardinal centrés sur – 1 et 1, comme le montre la figure ci-dessous :

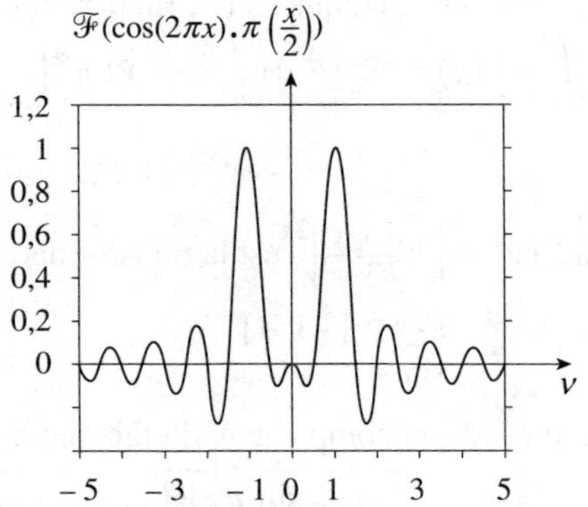

Remarque : En multipliant par une porte plus large (par exemple $\Pi\left(\frac{x}{4}\right)$), les oscillations se resserrent. À la limite, on obtient les deux raies caractérisant le spectre de $\cos(2\pi x)$. Les amplitudes des deux lobes augmentent pour tendre vers des Dirac.

$$\mathscr{F}(\cos(2\pi x).\pi\left(\frac{x}{4}\right)) = 2\left[\frac{\sin 4\pi(\nu-1)}{4\pi(\nu-1)} + \frac{\sin 4\pi(\nu+1)}{4\pi(\nu+1)}\right]$$

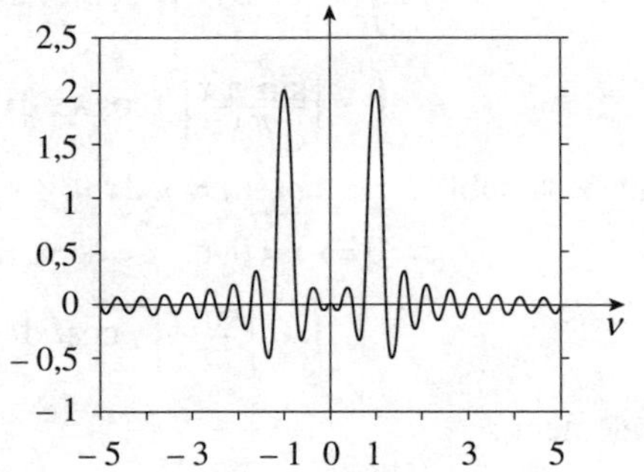

7 Symétrie de la transformée de Fourier

a) Démontrer que : $\mathscr{F}(\mathrm{f}(x)) = \mathrm{F}(\nu) \Rightarrow \mathscr{F}(\mathrm{F}(x)) = \mathrm{f}(-\nu)$

b) Calculer la transformée de Fourier de : $\mathrm{F}(x) = \left[\frac{\sin(\pi x)}{\pi x}\right]^2$

c) En déduire la valeur de l'intégrale : $\int_0^{+\infty}\left(\frac{\sin t}{t}\right)^2 \cos t \,\mathrm{d}t$

■ SOLUTION

a) De la définition de $\mathscr{F}^{-1}(\mathrm{F}) = \mathrm{f}$: $\quad \mathrm{f}(x) = \int_{-\infty}^{+\infty} \mathrm{F}(\mu)\, \mathrm{e}^{2\mathrm{j}\pi\mu x}\, \mathrm{d}\mu$

Changeons x en ν : $\quad \mathrm{f}(\nu) = \int_{-\infty}^{+\infty} \mathrm{F}(\mu)\, \mathrm{e}^{2\mathrm{j}\pi\mu\nu}\, \mathrm{d}\mu$

Changeons μ en x : $$f(\nu) = \int_{-\infty}^{+\infty} F(x)\, e^{2j\pi x\nu}\, dx$$

Cette égalité est valable, quel que soit ν. En particulier en $-\nu$:

$$f(-\nu) = \int_{-\infty}^{+\infty} F(x)\, e^{2j\pi(-\nu)x}\, dx\ ; \quad f(-\nu) = \int_{-\infty}^{+\infty} F(x)\, e^{-2j\pi\nu x}\, dx = \mathcal{F}^{-1}(F)(\nu)$$

donc : $$\mathcal{F}(F(x)) = f(-\nu))$$

b) La fonction $F(\nu) = \left[\frac{\sin \pi\nu}{\pi\nu}\right]^2$ est la transformée de Fourier de la fonction :

$$\Lambda(x) = \begin{cases} -|x| + 1 & \text{si } x \in [-1, 1] \\ 0 & \text{sinon} \end{cases}$$

D'après ce qui précède, et compte tenu du fait que la fonction Λ est paire :

$$\mathcal{F}\left[\left(\frac{\sin \pi x}{\pi x}\right)^2\right] = \Lambda(-\nu) = \Lambda(\nu)$$

c) Cette dernière égalité, ainsi que l'expression de la transformée de Fourier inverse d'une fonction paire nous amènent le résultat suivant :

$$\Lambda(\nu) = 2\int_0^{+\infty} \left[\frac{\sin \pi x}{\pi x}\right]^2 \cos(2\pi\nu x)\, dx$$

en particulier, pour $\nu = 1/2$, $\Lambda(1/2) = 1/2$.

Donc : $$2\int_0^{+\infty} \left[\frac{\sin \pi x}{\pi x}\right]^2 \cos \pi x\, dx = 1/2$$

soit : $$\int_0^{+\infty} \left[\frac{\sin \pi x}{\pi x}\right]^2 \cos \pi x\, dx = 1/4$$

Le changement de variable : $t = \pi x$; $dt = \pi\, dx$

$$x = 0 \Rightarrow t = 0 \text{ et } x = +\infty \Rightarrow t = +\infty$$

donne, $$\frac{1}{\pi}\int_0^{+\infty} \left[\frac{\sin t}{t}\right]^2 \cos t\, dt = 1/4$$

On obtient finalement :

$$\int_0^{+\infty} \left(\frac{\sin t}{t}\right)^2 \cos t\, dt = \pi / 4$$

8 Spectre de module d'une fonction réelle

Démontrer que le spectre de module d'une fonction réelle, est symétrique par rapport à l'axe des ordonnées.

■ SOLUTION

Il s'agit de démontrer que la fonction $|F|$ est paire, $F(\nu)$ désignant la transformée de Fourier de $f(t)$. Comparons $F(\nu)$ et $F(-\nu)$ en utilisant la définition de la transformée de Fourier :

$$F(\nu) = \int_{-\infty}^{+\infty} f(x)\, e^{-2j\pi\nu x}\, dx$$

Prenons la quantité conjuguée des deux membres et utilisons le fait que f est une fonction réelle, c'est-à-dire $\overline{f} = f$:

$$\overline{F(\nu)} = \overline{\int_{-\infty}^{+\infty} f(x)\, e^{-2j\pi\nu x}\, dx} = \int_{-\infty}^{+\infty} \overline{f(x)}\, \overline{e^{-2j\pi\nu x}}\, dx = \int_{-\infty}^{+\infty} f(x)\, e^{2j\pi\nu x}\, dx$$

D'autre part :

$$F(-\nu) = \int_{-\infty}^{+\infty} f(x)\, e^{-2j\pi(-\nu)x}\, dx = \overline{F(\nu)}$$

Enfin : $$|F(\nu)| = |\overline{F(\nu)}| = |F(-\nu)|\,.$$

La fonction $|F|$ est paire, son graphe est symétrique par rapport à l'axe des ordonnées.

9 Transformée de Fourier d'une fonction périodique

Déterminer le spectre du signal carré d'amplitude $1/\theta$, de durée θ, de période $T = 1$.

a) En calculant les coefficients de Fourier.

b) En calculant la transformée de Fourier.

■ SOLUTION

La représentation temporelle de ce train d'impulsions est la suivante :

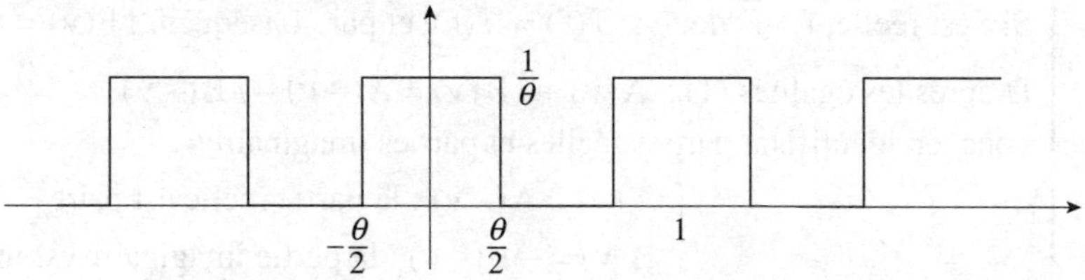

L'impulsion de durée θ : $\Pi_\theta(x) = \begin{cases} 1/\theta \text{ si } -\theta/2 < x < \theta/2 \\ 0 \text{ sinon} \end{cases}$ en est le motif.

a) Calcul des coefficients de Fourier :

$$c_n = \frac{1}{T}\int_{-T/2}^{T/2} \Pi_\theta(x)\, e^{-jn\omega x}\, dx = \int_{-\theta/2}^{\theta/2} \frac{1}{\theta}\, e^{-2\pi jnx}\, dx$$

$$c_n = -\frac{1}{2jn\pi\theta}\left[e^{-jn\pi\theta} - e^{jn\pi\theta}\right] = \frac{\sin(n\pi\theta)}{n\pi\theta}$$

b) La transformée de Fourier de $\Pi_\theta(x)$ est $F_0(\nu) = \dfrac{\sin(\pi\nu\theta)}{\pi\nu\theta}$.

$$F(\nu) = F_0(\nu)\,.\,\Psi_1(\nu) = F_0(\nu)\sum_{n=0}^{\infty} \delta(\nu - n) = \sum_{n=0}^{\infty} F_0(\nu)\,\delta(\nu - n)$$

$$= \sum_{n=0}^{\infty} F_0(n)\delta(\nu - n) = \sum_{n=0}^{\infty} \frac{\sin(\pi n\theta)}{\pi n\theta}\,\delta(\nu - n)$$

10 Propriétés de symétrie

a) Soit $F(\nu)$ la transformée de Fourier de $f(t)$, démontrer que la transformée de Fourier de $\overline{f(t)}$ est $\overline{F(-\nu)}$.

b) En déduire que la transformée de Fourier d'une fonction réelle et paire est une fonction réelle et paire, puis que la transformée de Fourier d'une fonction réelle et impaire est imaginaire pur et impaire.

c) En utilisant ces propriétés, démontrer : $\displaystyle\int_0^{\infty} \frac{\sin t}{t}\, dt = \frac{\pi}{2}$

■ SOLUTION

a) Soit $f(x)$ une fonction à valeurs complexes et $F(\nu)$ sa transformée de Fourier :

$$\mathcal{F}(\overline{f})(\nu) = \int_{-\infty}^{+\infty} \overline{f(x)}\, e^{-2j\pi\nu x}\, dx = \int_{-\infty}^{+\infty} \overline{f(x)\, e^{2j\pi\nu x}}\, dx$$

$$= \overline{\int_{-\infty}^{+\infty} f(x)\, e^{-2j\pi(-\nu)x}\, dx} = \overline{F(-\nu)}$$

b) La fonction $F(\nu)$ s'écrit :

$$\left.\begin{aligned} F(\nu) &= A(\nu) + j\,B(\nu) \\ \text{donc : } \overline{F(-\nu)} &= A(-\nu) - j\,B(-\nu) \end{aligned}\right\} \quad (1)$$

Nous avons démontré précédemment que :

si : $\quad \mathcal{F}(f) = F(\nu) \quad$ alors $\quad \mathcal{F}(\overline{f}) = \overline{F(-\nu)}$

Si f est réelle, $f = \overline{f}$ donc : $\mathcal{F}(f) = \mathcal{F}(\overline{f})$ et par conséquent : $F(\nu) = \overline{F(-\nu)}$

D'après les égalités (1) : $A(\nu) + j\,B(\nu) = A(-\nu) - j\,B(-\nu)$

donc, en identifiant parties réelles et parties imaginaires :

$$\begin{cases} A(\nu) = A(-\nu) : \text{la partie réelle est paire} \\ B(\nu) = -B(-\nu) : \text{la partie imaginaire est impaire} \end{cases}$$

D'autre part :

$$F(\nu) = \int_{-\infty}^{+\infty} f(x)\, e^{-2j\pi\nu x}\, dx = \underbrace{\int_{-\infty}^{+\infty} f(x)\cos(2\pi\nu x)\, dx}_{A(\nu)} + j \underbrace{\int_{-\infty}^{+\infty} f(x)\sin(2\pi\nu x)\, dx}_{B(\nu)}$$

$$F(\nu) = A(\nu) + j\,B(\nu)$$

• Si f est paire, alors $B(\nu) = 0$ et $F(\nu) = A(\nu)$ qui est bien une fonction réelle et paire.

• Si f est impaire, alors $A(\nu) = 0$ et $F(\nu) = i\,B(\nu)$ qui est bien une fonction impaire et imaginaire pure.

c) On sait que $\mathcal{F}^{-1}\left(\dfrac{\sin \pi\nu}{\pi\nu}\right) = \Pi(-t) = \Pi(t)$ (car la fonction « porte » est paire).

D'après la définition de $\mathcal{F}^{-1}$:

$$\forall t \in \left]-\frac{1}{2}, \frac{1}{2}\right[: \ \Pi(t) = \int_{-\infty}^{+\infty} \frac{\sin \pi\nu}{\pi\nu}\, e^{2j\pi\nu t}\, d\nu$$

La fonction $\dfrac{\sin \pi\nu}{\pi\nu}$ est réelle et paire, l'intégrale se ramène à un cosinus :

$$\forall t \in \left]-\frac{1}{2}, \frac{1}{2}\right[: \ \Pi(t) = 2\int_{0}^{+\infty} \frac{\sin \pi\nu}{\pi\nu}\cos(2\pi\nu t)\, d\nu$$

En particulier pour $t = 0$:

$$\Pi(0) = 1 = 2\int_0^{+\infty} \frac{\sin \pi\nu}{\pi\nu}\,\mathrm{d}\nu$$

Effectuons le changement de variable $\pi\nu = x$:

$$1 = 2\int_0^{+\infty} \frac{\sin x}{x}\,\frac{1}{\pi}\,\mathrm{d}x$$

d'où :

$$\boxed{\frac{\pi}{2} = \int_0^{\infty} \frac{\sin x}{x}\,\mathrm{d}x}$$

11 Propriétés de la distribution de Dirac

1) En utilisant la transformée de Fourier, démontrer les relations suivantes :

a) $\mathrm{f}(t)\,.\,\delta(t-a) = \mathrm{f}(a)\,\delta(t-a)$

b) $\mathrm{f}(t) * \delta(t-a) = \mathrm{f}(t-a)$

2) En déduire l'expression du produit de f par un peigne de Dirac de période T, puis celle de leur produit de convolution.

■ SOLUTION

1.a) $\mathrm{G}(\nu) = \mathcal{F}(\mathrm{f}(t)\,.\,\delta(t-a)) = \mathcal{F}(\mathrm{f}(t)) * \mathcal{F}(\delta(t-a)) = \mathrm{F}(\nu) * \mathrm{e}^{-2\mathrm{j}\pi\nu a}$

Exprimons ce produit de convolution par l'intégrale qui le définit :

$$\mathrm{G}(\nu) = \int_{-\infty}^{+\infty} \mathrm{F}(x)\,\mathrm{e}^{-2\mathrm{j}\pi a(\nu-x)}\,\mathrm{d}x = \mathrm{e}^{-2\mathrm{j}\pi\nu a}\int_{-\infty}^{+\infty} \mathrm{F}(x)\,\mathrm{e}^{2\mathrm{j}\pi a x}\,\mathrm{d}x$$

Par ailleurs, $\mathcal{F}(\mathrm{f}(t)) = \mathrm{F}(\nu)$ ou bien $\mathcal{F}^{-1}(\mathrm{F}(\nu)) = \mathrm{f}(t)$ se traduit par :

$\mathrm{f}(t) = \int_{-\infty}^{+\infty} \mathrm{F}(x)\,\mathrm{e}^{2\mathrm{j}\pi t x}\,\mathrm{d}x$ en tout point t où f est continue. En particulier, en $t = a$:

$$\int_{-\infty}^{+\infty} \mathrm{F}(x)\,\mathrm{e}^{2\mathrm{j}\pi a x}\,\mathrm{d}x = \mathrm{f}(a)$$

Finalement, $\mathrm{G}(\nu) = \mathcal{F}(\mathrm{f}(t)\,.\,\delta(t-a)) = \mathrm{f}(a)\,\mathrm{e}^{-2\mathrm{j}\pi\nu a}$

En prenant la transformée inverse :

$$\mathrm{f}(t)\,.\,\delta(t-a) = \mathcal{F}^{-1}(\mathrm{f}(a)\,\mathrm{e}^{-2\mathrm{j}\pi\nu a}) = \mathrm{f}(a)\,\mathcal{F}^{-1}(\mathrm{e}^{-2\mathrm{j}\pi\nu a}) = \mathrm{f}(a)\,\delta(t-a)$$

b) Là aussi nous travaillons sur les transformées de Fourier, puis retour à l'original par la transformée inverse.

$$\mathcal{F}(\mathrm{f}(t) * \delta(t-a)) = \mathcal{F}(\mathrm{f}(t))\,.\,\mathcal{F}(\delta(t-a)) = \mathrm{F}(\nu)\,.\,\mathrm{e}^{-2\mathrm{j}\pi\nu a}$$

D'où :

$$\mathrm{f}(t) * \delta(t-a) = \mathcal{F}^{-1}(\mathrm{F}(\nu)\,.\,\mathrm{e}^{-2\mathrm{j}\pi\nu a}) = \mathrm{f}(t-a)$$

2) Le peigne de Dirac de période T est une somme de Dirac décalés de T, comme le montre la figure ci-contre.

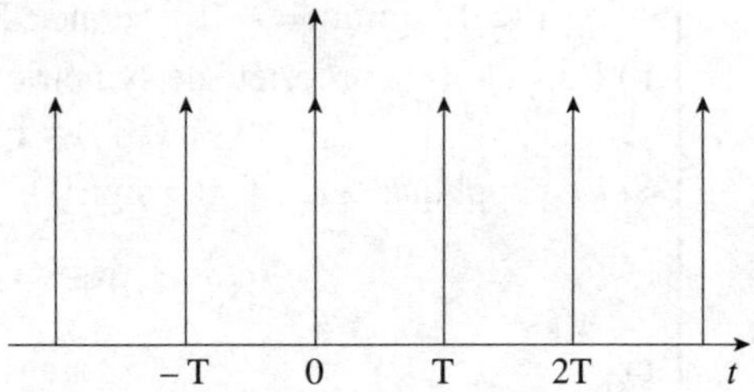

$$\Psi_T(t) = \delta(t) + \delta(t - T) + \delta(t - 2T) + \dots \quad \Psi_T(t) = \sum_{n=-\infty}^{+\infty} \delta(t - nT)$$

Soit f une fonction continue sur $\mathbb{R}$.

$$f(t) \cdot \Psi_T(t) = f(t) \cdot \sum_{n=-\infty}^{+\infty} \delta(t - nT) = \sum_{n=-\infty}^{+\infty} f(t)\, \delta(t - nT)$$

D'après la question **a)** : $f(t) \cdot \delta(t - nT) = f(nT)\, \delta(t - nT)$

$$f(t) \cdot \Psi_T(t) = \sum_{n=-\infty}^{+\infty} f(nT)\, \delta(t - nT)$$

Cette somme permet d'exprimer la distribution qui résulte de l'échantillonnage d'une fonction f à la période T.

Calcul de $f(t) * \Psi_T(t)$:

$$f(t) * \Psi_T(t) = \sum_{n=-\infty}^{+\infty} f(t) * \delta(t - nT) = \sum_{n=-\infty}^{+\infty} f(t - nT)$$

$f(t) * \Psi_T(t)$ est la somme de fonctions $f(t)$ décalées de T, 2T, 3T, etc.

12 Signal analytique associé à un signal réel – Transformée de Hilbert

Le spectre d'un signal $x(t)$ contient en théorie des fréquences négatives. On cherche à modifier le signal pour n'obtenir que la partie du spectre correspondant aux fréquences positives.

Soit $x(t)$ un signal réel et $X(\nu)$ sa transformée de Fourier.

a) Soit : $z(t)$ le signal complexe défini par sa transformée de Fourier :

$$Z(\nu) = X(\nu) + X(\nu)\, \text{Sign}(\nu)$$

(La fonction sign est traitée dans l'exercice 5.)

Montrer que $Z(\nu)$ ne contient que des fréquences positives.

b) Calculer $z(t)$ transformée de Fourier inverse de $Z(\nu)$. Quelle est sa partie réelle ?

c) On définit la transformée de Hilbert (T.H.) du signal $x(t)$ par :

$$\text{T.H.}\ (x(t)) = x(t) * \frac{1}{\pi t}$$

En utilisant la propriété de symétrie de la transformée de Fourier, démontrer que :

$$\mathcal{F}(\text{T.H.}\ (x(t))) = -\mathrm{j} X(\nu)\, \text{sign}(\nu)$$

Le signal $z(t) = x(t) - \mathrm{j}\,\text{T.H.}(x(t))$ est appelé **signal analytique associé à $x(t)$**.

d) Application : calculer le signal analytique associé à $x(t) = \cos(2\pi\nu_0 t)$.

■ SOLUTION

a) Si $\nu > 0$, $\text{sign}(\nu) = 1$ donc : $Z(\nu) = X(\nu) + X(\nu) \cdot 1 = 2X(\nu)$

Si $\nu < 0$, $\text{sign}(\nu) = -1$ donc : $Z(\nu) = X(\nu) - X(\nu) = 0$

b) Rappelons la propriété de symétrie de la transformation de Fourier :

$$\mathcal{F}(f(t)) = F(\nu) \Rightarrow \mathcal{F}(F(t)) = f(-\nu)$$

Si l'on applique cela à $f(t) = \text{sign}(t)$, on obtient :

$$\mathcal{F}(\text{sign}(t)) = -\frac{\mathrm{j}}{\pi\nu} \Rightarrow \mathcal{F}\left(-\frac{\mathrm{j}}{\pi t}\right) = \text{sign}(-\nu)$$

or : $\text{sign}(-\nu) = -\,\text{sign}(\nu)$

donc : $$\mathscr{F}\left(\frac{\mathrm{j}}{\pi t}\right) = \mathrm{sign}(\nu)$$

Ce qui signifie aussi que : $\dfrac{\mathrm{j}}{\pi t} = \mathscr{F}^{-1}(\mathrm{sign}(\nu))$.

Partant de l'égalité : $Z(\nu) = X(\nu) + X(\nu)\,.\,\mathrm{sign}(\nu)$

en prenant la transformée de Fourier inverse :

$$\mathscr{F}^{-1}(Z(\nu)) = \mathscr{F}^{-1}(X(\nu)) + \mathscr{F}^{-1}(X(\nu)\,.\,\mathscr{F}^{-1}(\mathrm{sign}(\nu))$$

soit : $$z(t) = x(t) + x(t) * \frac{\mathrm{j}}{\pi t} \quad \text{et} \quad \mathrm{Re}(z(t)) = x(t)$$

c) Soit $\mathrm{TH}(x(t)) = x(t) * \dfrac{1}{\pi t} = \mathrm{Im}(z(t))$, on a immédiatement, d'après la question précédente :

$$\mathscr{F}(\mathrm{TH}(x(t)) = \mathscr{F}(x(t) * \frac{1}{\pi t} = \frac{1}{\mathrm{j}}\mathscr{F}(x(t) * \frac{\mathrm{j}}{\pi t} = \frac{1}{\mathrm{j}}X(\nu)\,\mathrm{sign}(\nu) = -\mathrm{j}\,X(\nu)\,\mathrm{sign}(\nu)$$

Remarque : la transformée de Hilbert est un filtre quadrateur, c'est-à-dire un déphaseur de $\dfrac{\pi}{2}$.

d) Application : $x(t) = \cos(2\pi\nu_0 t)$

Le signal analytique associé à $x(t)$ est :

$$z(t) = \cos 2\pi\nu_0 t + \cos 2\pi\nu_0 t * \frac{\mathrm{j}}{\pi t}$$

Pour calculer le produit de convolution définissant la partie imaginaire, on passe par sa transformée de Fourier.

Sachant que $\mathscr{F}(\cos 2\pi\nu_0 t) = 1/2\,[\delta(\nu + \nu_0) + \delta(\nu - \nu_0)]$ et que d'autre part :

$$\mathscr{F}\left(\frac{1}{\pi t}\right) = \frac{1}{\mathrm{j}}\,\mathrm{sign}(\nu)$$

on obtient :

$$\begin{aligned}\mathscr{F}(\cos 2\pi\nu_0 t * \frac{1}{\pi t}) &= 1/2\mathrm{j}\;[\delta(\nu + \nu_0) + \delta(\nu - \nu_0)]\,.\,\mathrm{sign}(\nu)\\ &= 1/2\mathrm{j}\;[\delta(\nu + \nu_0)\,.\,\mathrm{sign}(\nu) + \delta(\nu - \nu_0)\,\mathrm{sign}(\nu)]\\ &= 1/2\mathrm{j}\;[\mathrm{sign}(-\nu_0)\,\delta(\nu + \nu_0) + \mathrm{sign}(\nu_0)\,\delta(\nu - \nu_0)]\end{aligned}$$

si $\nu_0 > 0$: $\mathrm{sign}(\nu_0) = 1$ et $\mathrm{sign}(-\nu_0) = -1$,

si $\nu_0 < 0$: $\mathrm{sign}(\nu_0) = -1$ et $\mathrm{sign}(-\nu_0) = +1$.

Donc :

$$\text{si } \nu_0 > 0 : \mathscr{F}(\cos 2\pi\nu_0 t * \frac{1}{\pi t}) = 1/2\mathrm{j}\;[\delta(\nu - \nu_0) - \delta(\nu + \nu_0)] = \mathscr{F}(\sin 2\pi\nu_0 t)$$

$$\text{si } \nu_0 < 0 : \mathscr{F}(\cos 2\pi\nu_0 t * \frac{1}{\pi t}) = 1/2\mathrm{j}\;[-\delta(\nu - \nu_0) + \delta(\nu + \nu_0)] = \mathscr{F}(\sin(-2\pi\nu_0 t))$$

d'où : $\cos 2\pi\nu_0 t * \dfrac{1}{\pi t} = \sin 2\pi\,|\nu_0|\,t$ et $z(t) = \cos 2\pi\nu_0 t + \mathrm{j}\,\sin 2\pi\,|\nu_0|\,t$

13 Fonction d'autocorrélation d'un signal

Soit $\mathrm{s}(t)$ un signal réel d'énergie finie (c'est-à-dire tel que : $\displaystyle\int_{-\infty}^{+\infty} (\mathrm{s}(t))^2\,\mathrm{d}t$ converge).

On appelle **fonction d'autocorrélation** de $\mathrm{s}(t)$, la fonction $\mathrm{C}(\theta)$ définie par :

$$\mathrm{C}(\theta) = \int_{-\infty}^{+\infty} \mathrm{s}(t)\,\mathrm{s}(t - \theta)\,\mathrm{d}t$$

a) Que représente $C(0)$?

b) Montrer que $C(t)$ est une fonction paire.

c) Utiliser la formule de Parseval (conservation du produit scalaire) pour exprimer $C(\theta)$ en fonction de $S(\nu)$, la transformée de Fourier de $s(t)$.

d) Montrer que $\forall\ \theta, |C(\theta)| \leq |C(0)|$ (on utilisera l'inégalité de Schwarz).

Application : calculer la fonction d'autocorrélation des signaux dans les deux cas suivants :

e) $s(t) = \begin{cases} (1/\tau)\, e^{-t/\tau} & \text{si } t > 0 \\ 0 & \text{si } t < 0 \end{cases}$

f) $s(t) = \Pi(t) = \begin{cases} 1 & \text{si } -1/2 < t < 1/2 \\ 0 & \text{sinon} \end{cases}$

■ SOLUTION

a) $C(0) = \int_{-\infty}^{+\infty} (s(t))^2\, dt$. $C(0)$ représente l'énergie du signal $s(t)$.

b) Montrons que : $\forall\ \theta, C(\theta) = C(-\theta)$. $C(-\theta) = \int_{-\infty}^{+\infty} s(t)\, s(t+\theta)\, dt$

Effectuons le changement de variable :

$$t + \theta = u \quad \text{soit} \quad t = u - \theta$$

on obtient :

$$C(-\theta) = \int_{-\infty}^{+\infty} s(u-\theta)\, s(u)\, du = C(\theta)$$

> La courbe représentative de la fonction d'autocorrélation est symétrique par rapport à l'axe des ordonnées.

c) La formule de Parseval énonce que la transformation de Fourier conserve le produit scalaire :

si $\mathcal{F}(s(t)) = S(\nu)$ et $\mathcal{F}(s_1(t)) = S_1(\nu)$, alors : $\int_{-\infty}^{+\infty} s(t)\,.\,\overline{s_1(t)}\, dt = \int_{-\infty}^{+\infty} S(\nu)\, \overline{S_1(\nu)}\, d\nu$.

Posons $s_1(t) = s(t-\theta)$ qui est une fonction réelle. En utilisant les formules sur le décalage :

$$S_1(\nu) = e^{-2j\pi\theta\nu}\, S(\nu)$$

l'égalité de Parseval se traduit ainsi :

$$\int_{-\infty}^{+\infty} s(t)\, s(t-\theta)\, dt = \int_{-\infty}^{+\infty} S(\nu)\, \overline{e^{-2j\pi\theta\nu}\, S(\nu)}\, d\nu = \int_{-\infty}^{+\infty} S(\nu)\,.\,\overline{S(\nu)}\, e^{2j\pi\theta\nu}\, d\nu$$

$$C(\theta) = \int_{-\infty}^{+\infty} |S(\nu)|^2\, e^{2j\pi\theta\nu}\, d\nu$$

Ceci exprime que $C(\theta)$ est la transformée de Fourier inverse de $|S(\nu)|^2$ appelée densité spectrale de puissance.

d) Dans l'espace vectoriel des fonctions réelles définies et continues sur $\mathbb{R}$, sommables sur $\mathbb{R}$, on définit un produit scalaire par :

$$< f\,.\,g > = \int_{-\infty}^{+\infty} f(t)\, g(t)\, dt$$

La norme associée :

$$\|f\|^2 = \int_{-\infty}^{+\infty} f^2(t)\, dt = < f\,.\,f >$$

L'inégalité de Schwarz donne :

$$|< f\,.\,g >| \leq \|f\|\,.\,\|g\|$$

Ce qui se traduit par :

$$\left|\int_{-\infty}^{+\infty} f(t) \,.\, g(t)\, dt\right| \leq \sqrt{\int_{-\infty}^{+\infty} f^2(t)\, dt} \,.\, \sqrt{\int_{-\infty}^{+\infty} g^2(t)\, dt}$$

Posons $f(t) = s(t)$ et $g(t) = s(t - \theta)$

$$|C(\theta)| = \left|\int_{-\infty}^{+\infty} s(t)\, s(t-\theta)\, dt\right| \leq \sqrt{\int_{-\infty}^{+\infty} s^2(t)\, dt} \,.\, \sqrt{\int_{-\infty}^{+\infty} s^2(t-\theta)\, dt}$$

Mais $\int_{-\infty}^{+\infty} s^2(t)\, dt = \int_{-\infty}^{+\infty} s^2(t-\theta)\, dt = C(0)$, donc $|C(\theta)| \leq |C(0)|$

Le module de la fonction d'autocorrélation admet un maximum en 0 dont la valeur est l'énergie du signal.

e) $s(t) = \begin{cases} \frac{1}{\tau} e^{-t/\tau} & \text{si } t > 0 \\ 0 & \text{si } t < 0 \end{cases}$ et $s(t-\theta) = \begin{cases} \frac{1}{\tau} e^{-(t-\theta)/\tau} & \text{si } t > \theta \\ 0 & \text{si } t < \theta \end{cases}$

Calcul de la fonction d'autocorrélation :

$$C(\theta) = \int_{-\infty}^{+\infty} s(t)\, s(t-\theta)\, dt = \int_0^{\infty} \frac{1}{\tau} e^{-t/\tau} s(t-\theta)\, dt$$

$s(t - \theta)$ est non nulle seulement si $t > \theta$.

Il convient donc d'étudier plusieurs cas :

• 1er cas : $\theta < 0$:

$$C(\theta) = \int_0^{\infty} \frac{1}{\tau} e^{-\frac{t}{\tau}} \frac{1}{\tau} e^{-\frac{t-\theta}{\tau}} dt = \frac{1}{\tau^2} e^{\frac{\theta}{\tau}} \int_0^{+\infty} e^{-\frac{2t}{\tau}} dt = \frac{1}{2\tau} e^{\frac{\theta}{\tau}}$$

• 2ème cas : $\theta > 0$:

$$C(\theta) = \int_{\theta}^{\infty} \frac{1}{\tau^2} e^{-\frac{t}{\tau}} e^{-\frac{t-\theta}{\tau}} dt = \frac{1}{2\tau} e^{-\frac{\theta}{\tau}}$$

En résumé :

$$\begin{cases} \text{si } \theta < 0,\ C(\theta) = \frac{1}{2\tau} e^{\frac{\theta}{\tau}} \\ \text{si } \theta > 0,\ C(\theta) = \frac{1}{2\tau} e^{-\frac{\theta}{\tau}} \end{cases} \Leftrightarrow \boxed{C(\theta) = \frac{1}{2\tau} e^{-\frac{|\theta|}{\tau}}}$$

La courbe a l'allure suivante :

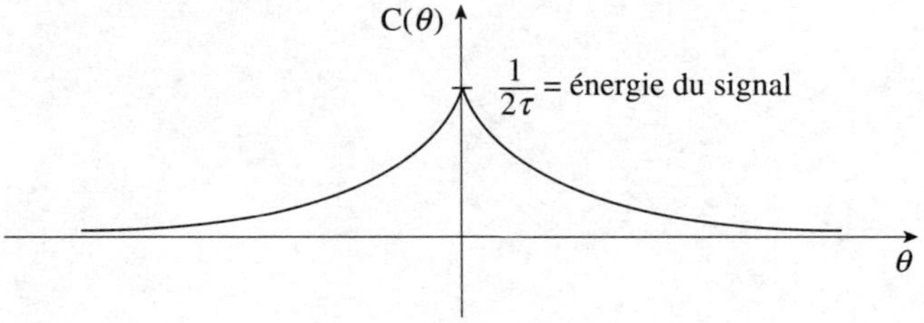

f) $s(t) = \begin{cases} 1 & \text{si } -\frac{1}{2} \leq t \leq \frac{1}{2} \\ 0 & \text{sinon} \end{cases}$ et $s(t-\theta) = \begin{cases} 1 & \text{si } \theta - \frac{1}{2} < t < \theta + \frac{1}{2} \\ 0 & \text{sinon} \end{cases}$

$$C(\theta) = \int_{-\infty}^{+\infty} s(t)\, s(t-\theta)\, dt = \int_{-\frac{1}{2}}^{\frac{1}{2}} s(t-\theta)\, dt$$

Là encore, il faut considérer plusieurs cas suivant les positions relatives des intervalles $[-\frac{1}{2}, \frac{1}{2}]$ et $[\theta - \frac{1}{2}, \theta + \frac{1}{2}]$.

• 1er cas : $\theta + \frac{1}{2} < -\frac{1}{2}$ soit $\theta < -1$, l'intersection des deux intervalles est vide et $C(\theta) = 0$.

• 2ème cas : $\theta - \frac{1}{2} > \frac{1}{2}$ soit $\theta > 1$ même conclusion.

• 3ème cas : $-\frac{1}{2} < \theta - \frac{1}{2} < \frac{1}{2} < \theta + \frac{1}{2}$ soit $0 < \theta < 1$: $C(\theta) = \int_{\theta - \frac{1}{2}}^{\frac{1}{2}} dt = 1 - \theta$

• 4ème cas : $\theta - \frac{1}{2} < -\frac{1}{2} < \theta + \frac{1}{2} < \frac{1}{2}$ soit $-1 < \theta < 0$

$$C(\theta) = \int_{-\frac{1}{2}}^{\theta + \frac{1}{2}} dt = 1 + \theta$$

$C(\theta)$ est la fonction Λ, définie à l'exercice 1.

La fonction d'autocorrélation mesure, au moins qualitativement, l'influence de la valeur d'un signal à un instant t sur sa valeur à l'instant θ plus tard. Plus θ est grand, plus cette influence s'amenuise.

■ SOLUTION du 4) de l'exercice n° 6 page 270

4) Original de $\dfrac{1}{(p^2 + p + 1)^2}$: utiliser le produit de convolution.

$$L^{-1}\left(\frac{1}{p^2 + p + 1}\right) = \frac{2}{\sqrt{3}} e^{-t/2} \sin \frac{\sqrt{3}}{2} t \,.\, U(t)$$

Donc : $L^{-1}\left(\dfrac{1}{(p^2 + p + 1)^2}\right) = \left[\dfrac{2}{\sqrt{3}} e^{-t/2} \sin \dfrac{\sqrt{3}}{2} t \,.\, U(t)\right] * \left[\dfrac{2}{\sqrt{3}} e^{-t/2} \sin \dfrac{\sqrt{3}}{2} t \,.\, U(t)\right]$

Reste à calculer l'horrible intégrale !

18 TRANSFORMATION DE LAPLACE

DÉFINITION

Soit f une fonction définie sur $\mathbb{R}$, nulle sur $\mathbb{R}^-$.
La transformée de Laplace de f est la fonction F : $\mathbb{C} \rightarrow \mathbb{C}$ définie par $F(p) = \int_0^\infty f(t)\, e^{-pt}\, dt$
La **convergence absolue** de l'intégrale est assurée si :

– f est continue par morceaux sur $]0, +\infty[$;
– il existe des réels a et M tels que $f(x) < M\, e^{ax}$.

F est alors définie pour tout *p* tel que Ré(*p*) > *a* (demi-plan complexe de frontière $x = a$).
La **transformation de Laplace** est l'application :

$$\mathscr{L} : f(t) \rightarrow F(p)$$

• **Valeurs limites**

1) Théorème de la valeur initiale : $\lim\limits_{p\to\infty} pF(p) = f(0)$

2) Théorème de la valeur finale : Si F(p) est définie dans le demi-plan constitué des nombres p tels que Ré(p) > 0, c'est-à-dire si les pôles de F(p) ont tous une partie réelle négative, alors :

$$\lim_{p\to 0} pF(p) = f(+\infty) - f(0^+)$$

TRANSFORMÉES DE LAPLACE DE SIGNAUX ÉLÉMENTAIRES

f(*t*)	**F(*p*)**
Échelon unité U(t)	$\frac{1}{p}$
Dirac δ	1
$t^n\, U(t)$	$\frac{n!}{p^{n+1}}$
$e^{-at}\, U(t)$	$\frac{1}{p+a}$
$\cos(\omega t)\, U(t)$	$\frac{p}{p^2+\omega^2}$
$\sin(\omega t)\, U(t)$	$\frac{\omega}{p^2+\omega^2}$
$\cos(\omega t + \varphi)\, U(t)$	$\frac{p\cos\varphi - \omega\sin\varphi}{p^2+\omega^2}$
$\sin(\omega t + \varphi)\, U(t)$	$\frac{p\sin\varphi + \omega\cos\varphi}{p^2+\omega^2}$

Propriétés

Linéarité : $\alpha \, f(t) + \beta \, g(t)$	$\alpha \, F(p) + \beta \, G(p)$
Décalage temporel : $f(t-a)$	$e^{-ap} \, F(p)$
Décalage dans le plan de Laplace : $e^{-at} \, f(t)$	$F(p+a)$
Changement d'échelle : $f(at)$ (a > 0)	$\frac{1}{a} F\left(\frac{p}{a}\right)$
Produit par une rampe : $t \, f(t)$	$-F'(p)$
Dérivation : **1.** Si f est dérivable sur $]0, +\infty[$ $f'(t)$ $f''(t)$ **2.** Si f est discontinue en un point $a > 0$, la dérivée de f au sens des distributions : $f'_D(t) = f'(t) + (f(a^+) - f(a^-)) \, \delta_a$	 $p \, F(p) - f(0^+)$ $p^2 \, F(p) - p \, f(0^+) - f'(0^+)$ $p \, F(p) + [f(a^+) - f(a^-)] \, e^{-ap}$
Primitive : $\int_0^t f(x) \, dx$	$\frac{F(p)}{p}$
Produit de convolution : Si f et g sont causales : $(f * g)(t) = \int_0^t f(u) \, g(t-u) \, du$	$F(p) \, . \, G(p)$

Transformée de Laplace inverse

Si $F(p) = \mathcal{L}(f(t))$ alors $f(t) = \mathcal{L}^{-1}(F(p))$. f est la transformée de Laplace inverse de F.
Le calcul de $\mathcal{L}^{-1}(F(p))$ peut se faire soit par une intégration dans le plan complexe, soit en utilisant une table de transformées.
Au préalable, si $F(p)$ est une fraction rationnelle, on la décomposera en éléments simples.

EXERCICES

1 Calculs de transformées de Laplace

Calculer les transformées des signaux suivants :

1) $f(t) = \cos(\omega t + \varphi) \, U(t)$;

2) $g(t) = (1 - e^{-2t}) \sin(\omega t + \varphi) \, U(t)$;

3) $h(t) = 2^{-t} \, [U(t) - U(t-2)]$.

■ **SOLUTION**

1) $f(t) = \cos(\omega t + \varphi)\, U(t) = [\cos(\omega t) \cos\varphi - \sin(\omega t) \sin\varphi]\, U(t)$.

$\cos\varphi$ et $\sin\varphi$ sont des constantes, on utilise la linéarité de la transformation :

$$\mathcal{L}(f(t)) = \cos\varphi\, \mathcal{L}(\cos(\omega t)) - \sin\varphi\, \mathcal{L}(\sin(\omega t)) = \cos\varphi \frac{p}{p^2 + \omega^2} - \sin\varphi \frac{\omega}{p^2 + \omega^2}$$

$$\boxed{\mathcal{L}(\cos(\omega t + \varphi)) = \frac{p \cos\varphi - \omega \sin\varphi}{p^2 + \omega^2}}$$

2) $g(t) = (1 - e^{-2t}) \sin(\omega t + \varphi)\, U(t) = \sin(\omega t + \varphi)\, U(t) - e^{-2t} \sin(\omega t + \varphi)\, U(t)$

• $\mathcal{L}(\sin(\omega t + \varphi)\, U(t)) = \mathcal{L}(\sin(\omega t)\, U(t)) \cos(\varphi) + \sin\varphi\, \mathcal{L}(\cos(\omega t)\, U(t))$

$$F(p) = \frac{\omega \cos\varphi + p \sin\varphi}{p^2 + \omega^2}$$

• D'autre part, la propriété : $F(p + a) = \mathcal{L}(e^{-at} f(t))$, permet d'écrire :

$$\mathcal{L}(e^{-2t} \sin(\omega t + \varphi)\, U(t)) = \frac{\omega \cos\varphi + (p + 2) \sin\varphi}{(p + 2)^2 + \omega^2}$$

• Finalement ,

$$\mathcal{L}(g(t)) = \frac{\omega \cos\varphi - p \sin\varphi}{p^2 + \omega^2} + \frac{\omega \cos\varphi + (p + 2) \sin\varphi}{(p + 2)^2 + \omega^2}$$

3) $h(t) = 2^{-t} (U(t) - U(t - 2)) = 2^{-t}\, U(t) - 2^{-t}\, U(t - 2) = 2^{-t}\, U(t) - 2^{-(t-2)}\, U(t - 2) \frac{1}{4}$

et : $\mathcal{L}(h(t)) = \mathcal{L}(2^{-t}\, U(t)) - \frac{1}{4} \mathcal{L}(2^{-(t-2)}\, U(t - 2)$

• $2^{-t}\, U(t) = e^{-t \ln 2}\, U(t)$ de transformée : $\dfrac{1}{p + \ln 2}$

• un retard de 2 sur ce signal, se traduit par une multiplication de sa transformée par e^{-2p}

$$\mathcal{L}(2^{-(t-2)}\, U(t - 2)) = e^{-2p} \frac{1}{p + \ln 2}$$

On obtient le résultat suivant :

$$\mathcal{L}(h(t)) = \frac{1}{p + \ln 2} - \frac{1}{4} e^{-2p} \frac{1}{p + \ln 2}$$

2 Multiplication par une rampe

1) Démontrer la propriété suivante :

si $\mathcal{L}(f(t)) = F(p)$ alors, $\mathcal{L}(t f(t)) = -F'(t)$

2) Calculer les transformées de Laplace des signaux suivants :

a) $f(t) = t\, e^{-2t}\, U(t)$; **b)** $g(t) = (at + b) \cos(\omega t)\, U(t)$.

■ **SOLUTION**

1) Par définition : $F(p) = \int_0^{\infty} f(t)\, e^{-pt}\, dt$

Sa dérivée $\dfrac{dF}{dp} = \dfrac{d}{dp} \int_0^{\infty} f(t)\, e^{-pt}\, dt$

Admettons qu'il soit possible d'intervertir les opérations de dérivation et d'intégration :

$$\frac{dF}{dp} = \int_0^{\infty} f(t) \frac{d}{dp}(e^{-pt})\, dt = \int_0^{\infty} f(t)(-t)\, e^{-pt}\, dt$$

La dernière intégrale est la transformée de Laplace de la fonction $t \to -t\,f(t)$ d'où le résultat.

2.a) $f(t) = t\, e^{-2t}\, U(t)$

Sachant que $\mathcal{L}(e^{-2t}\, U(t)) = \dfrac{1}{p+2}$ et en considérant la propriété précédente,

$$\mathcal{L}(t\, e^{-2t}\, U(t)) = -\left(\frac{1}{p+2}\right)' = \frac{1}{(p+2)^2}$$

2.b) $g(t) = (at + b)\cos(\omega t)\, U(t) = at\cos(\omega t)\, U(t) + b\cos(\omega t)\, U(t)$.
La transformée de $g(t)$ est la somme des transformées de $g_1(t) = at\cos(\omega t)\, U(t)$ et de $g_2(t) = b\cos(\omega t)\, U(t)$.

$$\mathcal{L}(g_1(t)) = -a\left(\frac{p}{p^2+\omega^2}\right)' = a\frac{p^2-\omega^2}{(p^2+\omega^2)^2}$$

$$\mathcal{L}(g_2(t)) = b\frac{p}{p^2+\omega^2}$$

$$\mathcal{L}(g(t)) = a\frac{p^2-\omega^2}{(p^2+\omega^2)^2} + b\frac{p}{p^2+\omega^2}$$

3 Signaux à support borné

1) Calculer la transformée de Laplace d'une fenêtre rectangulaire de largeur T

$$\Pi(t) = \begin{cases} 1 \text{ si } 0 < t < T \\ 0 \text{ sinon} \end{cases}$$

2) Représenter ces signaux et calculer leurs transformées de Laplace de :

a) $f(t) = t\Pi(t)$; **b)** $g(t) = t^2\,\Pi(t)$;

c) $h(t) = e^{-2t}\,\Pi(t)$; **d)** $k(t) = \Pi'(t)$.

■ **SOLUTION**

1) $\mathcal{L}(\Pi(t)) = \int_0^{T} e^{-pt}\, dt = -\dfrac{1}{p}(e^{-pT} - 1)$

a) $\mathscr{L}(t\,\Pi(t)) = -\left(-\frac{1}{p}(\mathrm{e}^{-p\mathrm{T}} - 1)\right)' = -\frac{1}{p^2}(\mathrm{e}^{-p\mathrm{T}} - 1) + \frac{1}{p}(-\mathrm{T}\,\mathrm{e}^{-p\mathrm{T}})$

b) $\mathscr{L}(t^2\,\Pi(t)) = -\frac{\mathrm{d}}{\mathrm{d}p}\left[-\frac{1}{p^2}(\mathrm{e}^{-p\mathrm{T}} - 1) + \frac{1}{p}(-\mathrm{T}\,\mathrm{e}^{-p\mathrm{T}})\right]$

$$= \frac{\mathrm{d}}{\mathrm{d}p}\left[-\frac{1}{p^2}(1 - \mathrm{e}^{-p\mathrm{T}}) + \frac{1}{p}(\mathrm{T}\,\mathrm{e}^{-p\mathrm{T}})\right]$$

$$= \frac{2}{p^3}(1 - \mathrm{e}^{-p\mathrm{T}}) - \frac{1}{p^2}(\mathrm{T}\,\mathrm{e}^{-p\mathrm{T}}) - \frac{1}{p^2}\mathrm{T}\,\mathrm{e}^{-p\mathrm{T}} - \frac{1}{p}\mathrm{T}^2\,\mathrm{e}^{-p\mathrm{T}}$$

$$= \frac{2}{p^3}(1 - \mathrm{e}^{-p\mathrm{T}}) - \frac{1}{p}\mathrm{T}^2\,\mathrm{e}^{-p\mathrm{T}} - \frac{2}{p^2}\mathrm{T}\,\mathrm{e}^{-p\mathrm{T}}$$

c) $L(\mathrm{e}^{-2t}(\Pi(t)) = -\frac{1}{p+2}(\mathrm{e}^{-(p+2)\mathrm{T}} - 1)$.

d) $\mathscr{L}(\Pi'(t)) = p\mathscr{L}(\Pi(t)) = 1 - \mathrm{e}^{-p\mathrm{T}}$; on peut vérifier en calculant la dérivée de $\Pi(t)$ au sens des distributions : $\Pi'(t) = \delta(t) - \delta(t - \mathrm{T})$ et $\mathscr{L}(\Pi'(t)) = \mathscr{L}(\delta(t)) - \mathscr{L}(\delta(t - \mathrm{T})) = 1 - \mathrm{e}^{-p\mathrm{T}}$.

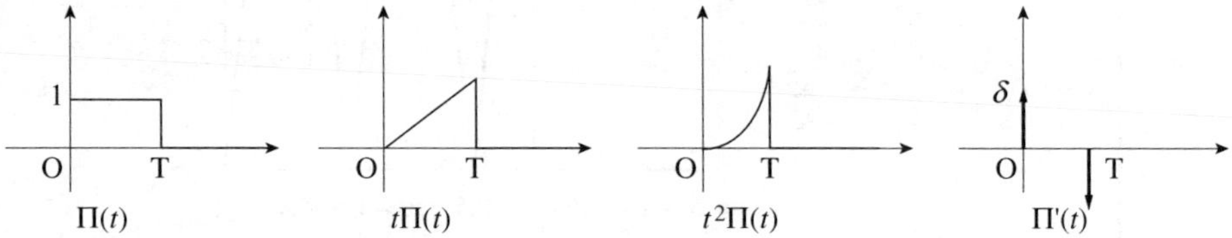

4 Transformée de Laplace d'une fonction périodique

1) Exprimer la transformée de Laplace d'un peigne de Dirac causal $\Psi_\mathrm{T}\,\mathrm{U}(t)$ de période T.

2) Si f_0 est une fonction causale à support borné de longueur inférieure à T, la fonction $\mathrm{f} = (\mathrm{f}_0 * \Psi_\mathrm{T})\,\mathrm{U}(t)$ est la fonction périodique sur $\mathbb{R}^+$ de période T, de motif f_0, nulle sur $\mathbb{R}^-$. En utilisant ce résultat, calculer la transformée de Laplace du signal périodique f en fonction de $\mathrm{F}_0(p) = \mathscr{L}(\mathrm{f}_0(t))$.

3) Application : calculer la transformée de Laplace de la fonction : $\mathrm{f}(t) = |\cos(\omega t)|\,\mathrm{U}(t)$.

■ SOLUTION

1) Le peigne de Dirac causal de période T est une somme d'impulsions de Dirac décalées de T :

$\Psi_\mathrm{T}\mathrm{U}(t) = \sum_{n=0}^{\infty} \delta(t - n\mathrm{T})$. Sa transformée de Laplace est la somme des transformées des Dirac décalés, soit, $\mathscr{L}(\Psi_\mathrm{T}\mathrm{U}(t)) = \sum_{n=0}^{\infty} \mathscr{L}(\delta(t - n\mathrm{T})) = \sum_{n=0}^{\infty} \mathrm{e}^{-np\mathrm{T}} = \frac{1}{1 - \mathrm{e}^{-p\mathrm{T}}}$.

On aura reconnu une série géométrique de raison $\mathrm{e}^{-p\mathrm{T}}$ convergente car $|\mathrm{e}^{-p\mathrm{T}}| = \mathrm{e}^{-(\mathrm{Ré}p)\mathrm{T}} < 1$.

2) Soit $f(t) = (f_0 * \Psi_T)(t)$.

La transformée de Laplace d'un produit de convolution est le produit des transformées.

$$\mathcal{L}(f(t)) = \mathcal{L}((f_0 * \Psi_T)(t)) = \mathcal{L}(f_0(t)) \times \mathcal{L}(\Psi_T(t))$$

$$\boxed{\mathcal{L}(f(t)) = F_0(p) \times \frac{1}{1 - e^{-pT}}}$$

3) La fonction $|\cos(\omega t)|\, U(t)$ est causale, périodique de période π / ω. Représentons par exemple $|\cos(\pi t)|\, U(t)$ et son motif :

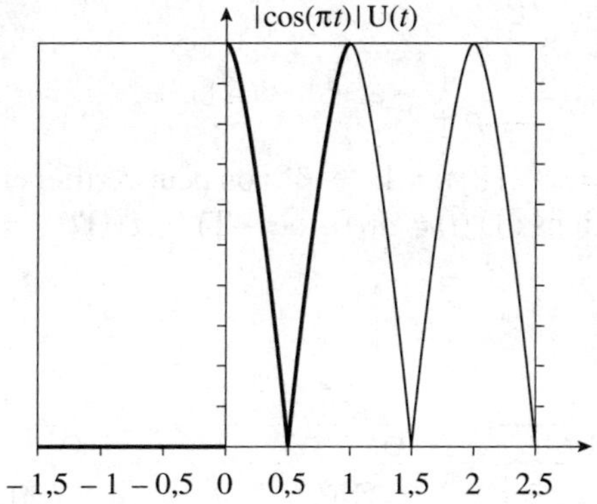

Calculons la transformée du motif : $F_0(p) = \displaystyle\int_0^{\frac{\pi}{\omega}} |\cos(\omega t)|\, e^{-pt}\, dt$.

- $\cos(\omega t) > 0$ lorsque $0 < t < \dfrac{\pi}{2\omega}$, dans ce cas $|\cos(\omega t)| = \cos(\omega t)$
- $\cos(\omega t) < 0$ lorsque $\dfrac{\pi}{2\omega} < t < \dfrac{\pi}{\omega}$, dans ce cas $|\cos(\omega t)| = -\cos(\omega t)$

$$F_0(p) = \int_0^{\frac{\pi}{2\omega}} \cos(\omega t)\, e^{-pt}\, dt - \int_{\frac{\pi}{2\omega}}^{\frac{\pi}{\omega}} \cos(\omega t)\, e^{-pt}\, dt = I(p) - J(p)$$

Le calcul des deux intégrales peut se faire par parties (2 fois) ou en utilisant les formules d'Euler. Il est possible, également, d'utiliser la transformée de Laplace de $\cos \omega t$.

En effet :

$$I(p) = \int_0^{\frac{\pi}{2\omega}} \cos(\omega t)\, e^{-pt}\, dt = \int_0^{\infty} \cos(\omega t)\, e^{-pt}\, dt - \int_{\frac{\pi}{2\omega}}^{\infty} \cos(\omega t)\, e^{-pt}\, dt$$

De même,

$$J(p) = \int_{\frac{\pi}{2\omega}}^{\frac{\pi}{\omega}} \cos(\omega t)\, e^{-pt}\, dt = \int_{\frac{\pi}{2\omega}}^{\infty} \cos(\omega t)\, e^{-pt}\, dt - \int_{\frac{\pi}{\omega}}^{\infty} \cos(\omega t)\, e^{-pt}\, dt$$

Donc,

$$I(p) - J(p) = \int_0^{\infty} \cos(\omega t)\, e^{-pt}\, dt - 2\int_{\frac{\pi}{2\omega}}^{\infty} \cos(\omega t)\, e^{-pt}\, dt + \int_{\frac{\pi}{\omega}}^{\infty} \cos(\omega t)\, e^{-pt}\, dt$$

• La première intégrale est la transformée de $\cos(\omega t)$.

• Dans les deux autres, effectuons un changement de variable (pour retrouver une transformée de Laplace connue).

• $u = t - \frac{\pi}{2\omega}$: $\cos(\omega t) = \cos\left(\omega\left(u + \frac{\pi}{2\omega}\right)\right) = -\sin(\omega u)$ et $e^{-pt} = e^{-p\pi/2\omega}\, e^{-pu}$

$$2\int_{\frac{\pi}{2\omega}}^{\infty} \cos(\omega t)\, e^{-pt}\, dt = -2e^{-p\pi/2\omega} \int_0^{\infty} \sin(\omega u)\, e^{-pu}\, du = -2e^{-p\pi/2\omega}\mathcal{L}(\sin(\omega t))$$

• $u = t - \frac{\pi}{\omega}$: $\cos(\omega t) = \cos\left(\omega\left(u + \frac{\pi}{\omega}\right)\right) = -\cos(\omega u)$ et $e^{-pt} = e^{-p\pi/\omega}\, e^{-pu}$

d'où :
$$\int_{\frac{\pi}{\omega}}^{\infty} \cos\omega t\, e^{-pt}\, dt = -e^{-p\pi/\omega}\mathcal{L}(\cos(\omega t))$$

Finalement $F_0(p) = \dfrac{p + 2\omega\, e^{-p\pi/2\omega} - p\, e^{-p\pi/\omega}}{p^2 + \omega^2}$

La transformée de Laplace du motif périodisé de période $T = \frac{\pi}{\omega}$

$$\mathcal{L}(|\cos(\omega t)\, U(t)|) = \frac{p + 2\omega\, e^{-p\pi/2\omega} - p\, e^{-p\pi/\omega}}{p^2 + \omega^2} \cdot \frac{1}{1 - e^{-p\pi/\omega}}$$

5 Transformées de Laplace inverses de fractions rationnelles

Calculer les originaux des fonctions suivantes :

1) $\dfrac{1}{(p+3)(p+1)}$; **2)** $\dfrac{2p+1}{p^2-4p-5}$; **3)** $\dfrac{p^2+1}{p^2-p}$; **4)** $\dfrac{p^2}{p^2+4}$; **5)** $\dfrac{p}{(p^2+1)(p+4)}$

■ SOLUTION

1) Il est possible d'utiliser le produit de convolution :

$$\mathcal{L}^{-1}\left(\frac{1}{(p+3)(p+1)}\right) = \mathcal{L}^{-1}\left(\frac{1}{p+3} \times \frac{1}{p+1}\right) = \mathcal{L}^{-1}\left(\frac{1}{p+3}\right) * \mathcal{L}^{-1}\left(\frac{1}{p+1}\right)$$

$$= e^{-3t}\, U(t) * e^{-t}\, U(t) = \int_0^t e^{-3x}\, e^{-(t-x)}\, dx$$

$$= e^{-t} \int_0^t e^{-2x}\, dx = e^{-t}\left[-\frac{1}{2}e^{-2x}\right]_0^t = -\frac{1}{2}(e^{-3t} - e^{-t})\, U(t)$$

2) Décomposons en éléments simples :

$$F(p) = \frac{2p+1}{p^2-4p-5} = \frac{2p+1}{(p+1)(p-5)} = \frac{A}{p+1} + \frac{B}{p-5}$$

$A = [F(p)\,(p+1)]_{p=-1} = \frac{1}{6}$ $\quad$ $B = [F(p)\,(p-5)]_{p=5} = \frac{11}{6}$

$$\mathcal{L}^{-1}(F(p)) = \left[\frac{1}{6}e^{-t} + \frac{11}{6}e^{5t}\right]U(t)$$

3) $\dfrac{p^2+1}{p^2-p} = \dfrac{p^2-p+p+1}{p^2-p} = 1 + \dfrac{p+1}{p(p-1)} = 1 - \dfrac{1}{p} + \dfrac{2}{p-1}$

L'original est $\delta - \mathrm{U}(t) + 2\,\mathrm{e}^t\,\mathrm{U}(t)$

4) On peut bien entendu procéder comme précédemment mais essayons une autre méthode :

$\dfrac{p^2}{p^2+4} = p\,\dfrac{p}{p^2+4} = p\,\mathrm{H}(p)$ avec $\mathrm{H}(p) = \dfrac{p}{p^2+4}$ dont l'original est : $\cos(2t)$.

D'après la formule sur la transformée d'une dérivée : $\mathcal{L}[\cos(2t)]' = p\,\mathrm{H}(p) - \cos 0$ soit : $\mathcal{L}(-2\sin(2t)) = p\,\mathrm{H}(p) - 1$; il suffit d'écrire $p\,\mathrm{H}(p) = (p\,\mathrm{H}(p) - 1) + 1$ dont l'original est :

$$-2\sin(2t)\,\mathrm{U}(t) + \delta$$

5) $\mathrm{G}(p) = \dfrac{p}{(p^2+1)(p+4)} = \dfrac{\mathrm{A}\,p+\mathrm{B}}{p^2+1} + \dfrac{\mathrm{C}}{p+4}$

$\mathrm{C} = [\mathrm{G}(p)\,(p+4)]_{p=-4} = \dfrac{-4}{17}$; $\lim\limits_{p\to\infty} p\,\mathrm{G}(p) = 0 = \mathrm{A} + \mathrm{C}$ donc $\mathrm{A} = \dfrac{4}{17}$

et $\mathrm{G}(0) = 0 = \mathrm{B} + \dfrac{\mathrm{C}}{4}$ donc $\mathrm{B} = \dfrac{1}{17}$.

$$\mathrm{G}(p) = \frac{4}{17}\,\frac{p}{p^2+1} + \frac{1}{17}\,\frac{1}{p^2+1} - \frac{4}{17}\,\frac{1}{p+4}$$

$$\mathcal{L}^{-1}(\mathrm{G}(p)) = \left(\frac{4}{17}\cos t + \frac{1}{17}\sin t - \frac{4}{17}\,\mathrm{e}^{-4t}\right)\mathrm{U}(t)$$

6 Calculs d'originaux par utilisation de translations et dérivations

Calculer les originaux des fonctions suivantes :

1) $\dfrac{\mathrm{e}^{-2p}}{p^2(p+1)}$; **2)** $\dfrac{p+1}{(p+3)^2}$; **3)** $\dfrac{p^2\,\mathrm{e}^{-3p}}{(p^2+p+1)(p+1)^2}$; **4)** $\dfrac{1}{(p^2+p+1)^2}$

■ SOLUTION (solution du 4) page 262)

1) $\mathrm{F}(p) = \dfrac{\mathrm{e}^{-2p}}{p^2(p+1)} = \mathrm{e}^{-2p}\left[\dfrac{1}{p^2(p+1)}\right]$

La multiplication par e^{-2p} traduit un retard temporel de 2 sur l'original de $\dfrac{1}{p^2(p+1)}$.

$$\frac{1}{p^2(p+1)} = \frac{\mathrm{A}}{p+1} + \frac{\mathrm{B}}{p} + \frac{\mathrm{C}}{p^2}$$

Les calculs habituels conduisent à A = 1, B = –1, C = 1.

D'où : $$\mathcal{L}^{-1}\left(\frac{1}{p^2(p+1)}\right) = \mathcal{L}^{-1}\left[\frac{1}{p+1} - \frac{1}{p} + \frac{1}{p^2}\right]$$

$$\mathcal{L}^{-1}\left(\frac{1}{p^2(p+1)}\right) = [e^{-t} - 1 + t]\,(U(t))$$

Et par conséquent : $$\mathcal{L}^{-1}\left(e^{-2p}\frac{1}{p^2(p+1)}\right) = [e^{-(t-2)} - 1 + (t-2)]\,U(t-2)$$

2) $$\frac{p+1}{(p+3)^2} = p\,\frac{1}{(p+3)^2} + \frac{1}{(p+3)^2}$$

• Soit $F(p) = \frac{1}{p^2}$, $\mathcal{L}^{-1}(F(p)) = t\,U(t)$ et $\mathcal{L}^{-1}(F(p+3)) = e^{-3t}\,t\,U(t) = f(t)$

avec : $$F(p+3) = \frac{1}{(p+3)^2} \text{ donc :}$$

• Par ailleurs, $\mathcal{L}(e^{-3t}.\,t\,U(t))' = p\,\frac{1}{(p+3)^2} - f(0)$; ici $f(0) = 0$, donc :

$$\mathcal{L}[e^{-3t}\,t\,U(t)]' = \frac{p}{(p+3)^2} \quad \text{et} \quad \mathcal{L}^{-1}\left(\frac{p}{(p+3)^2}\right) = (-\,3t\,e^{-3t} + e^{-3t})\,U(t).$$

Par conséquent : $$\mathcal{L}^{-1}\left[\frac{p}{(p+3)^2} + \frac{1}{p+3}\right] = (-\,2t\,e^{-3t} + e^{-3t})\,U(t)$$

3) $$\frac{p^2\,e^{-3p}}{(p^2+p+1)\,(p+1)^2} = e^{-3p}\left[\frac{A}{p+1} + \frac{B}{(p+1)^2} + \frac{Cp+D}{p^2+p+1}\right]$$

On détermine les coefficients de cette décomposition par les méthodes habituelles.
On obtient : $A = -1$; $B = 1$; $C = 1$; $D = 0$.

• $\mathcal{L}^{-1}\left(\frac{-1}{p+1}\right) = -\,e^{-t}\,U(t)$

• $\mathcal{L}^{-1}\left(\frac{1}{p+1}\right)^2 = t\,e^{-t}\,U(t)$

• $\mathcal{L}^{-1}\left(\frac{p}{p^2+p+1}\right) = \mathcal{L}^{-1}\left(\frac{p}{\left(p+\frac{1}{2}\right)^2 + \frac{3}{4}}\right)$

$$\frac{p}{\left(p+\frac{1}{2}\right)^2 + \frac{3}{4}} = \frac{\left(p+\frac{1}{2}\right)}{\left(p+\frac{1}{2}\right)^2 + \frac{3}{4}} - \frac{\frac{1}{2}}{\left(p+\frac{1}{2}\right)^2 + \frac{3}{4}}$$

Sachant que $\mathcal{L}^{-1}\left(\frac{p}{p^2+\frac{3}{4}}\right) = \cos\left(\frac{\sqrt{3}}{2}t\right)U(t)$,

$$\mathcal{L}^{-1}\left(\frac{p+\frac{1}{2}}{\left(p+\frac{1}{2}\right)^2 + \frac{3}{4}}\right) = e^{-\frac{1}{2}t}\,\cos\left(\frac{\sqrt{3}}{2}t\right)U(t)$$

• Par ailleurs, $\mathcal{L}^{-1}\left[\dfrac{\frac{\sqrt{3}}{2}}{p^2+\frac{3}{4}}\right] = \sin\left(\frac{\sqrt{3}}{2}t\right)\mathrm{U}(t),$

donc : $\mathcal{L}^{-1}\left[\dfrac{\frac{1}{2}}{p^2+\frac{3}{4}}\right] = \mathcal{L}^{-1}\left[\dfrac{1}{\sqrt{3}}\dfrac{\frac{\sqrt{3}}{2}}{p^2+\frac{3}{4}}\right] = \dfrac{1}{\sqrt{3}}\sin\left(\frac{\sqrt{3}}{2}t\right)\mathrm{U}(t)$

En utilisant à nouveau le théorème sur la translation dans le plan complexe, on obtient :

$$\mathcal{L}^{-1}\left[\dfrac{\frac{1}{2}}{\left(p+\frac{1}{2}\right)^2+\frac{3}{4}}\right] = \frac{1}{\sqrt{3}}\,\mathrm{e}^{\frac{1}{2}t}\sin\left(\frac{\sqrt{3}}{2}t\right)\mathrm{U}(t)$$

Finalement, l'original cherché est la somme de ces résultats, à savoir :

$$\left[-\,\mathrm{e}^{-t}+t\,\mathrm{e}^{-t}+\,\mathrm{e}^{-\frac{1}{2}t}\cos\left(\frac{\sqrt{3}}{2}t\right)-\frac{1}{\sqrt{3}}\,\mathrm{e}^{-\frac{1}{2}t}\sin\left(\frac{\sqrt{3}}{2}t\right)\right]\mathrm{U}(t)$$

7 Pôles complexes conjugués

1) Soit $\mathrm{F}(p)=\dfrac{\mathrm{N}(p)}{\mathrm{D}(p)}$ avec N(p) et D(p) deux polynômes à coefficients réels. Supposons, en outre, que F(p) possède uniquement deux pôles complexes conjugués $z = a \pm \mathrm{j}b$.
Démontrer que son original est de la forme $\mathrm{f}(t) = \mathrm{K}\,\mathrm{e}^{at}\sin(bt+\varphi)$.

2) En déduire qu'un filtre de fonction de transfert F(p) ayant des pôles complexes conjugués, est stable si la partie réelle des pôles est négative.

3) Application : calculer l'original de $\mathrm{F}(p) = \dfrac{2p^3-2p^2+9p+6}{(p^2+p+1)(p^2-2p+5)}$. Étudier la stabilité.

■ **SOLUTION**

1) Si z est un pôle complexe de F(p), alors F(p) se décompose sous la forme :

$$\mathrm{F}(p) = \frac{\mathrm{A}}{p-z}+\frac{\mathrm{B}}{p-\overline{z}}$$

démontrons que $\mathrm{B}=\overline{\mathrm{A}}$: les méthodes habituelles de calcul des coefficients A et B donnent :

$$\mathrm{A} = [\mathrm{F}(p)\,(p-z)]_{p=z} = \left[\frac{\mathrm{N}(z)}{z-\overline{z}}\right] \quad \text{et} \quad \mathrm{B} = [\mathrm{F}(p)\,(p-\overline{z})]_{p=\overline{z}} = \left[\frac{\mathrm{N}(\overline{z})}{\overline{z}-z}\right]$$

le polynôme N(z) étant à coefficients réels, $\overline{\mathrm{N}(z)} = \mathrm{N}(\overline{z})$; d'autre part, $\overline{z-\overline{z}} = \overline{z}-z$.

On a bien $\mathrm{B}=\overline{\mathrm{A}}$.

Posons $\mathrm{A} = \alpha+\mathrm{j}\beta$ et $z = \alpha+\mathrm{j}\beta$.

L'original de F(p) est $\mathrm{f}(t) = \mathrm{A}\,\mathrm{e}^{(a+\mathrm{j}b)t}+\overline{\mathrm{A}}\,\mathrm{e}^{(a-\mathrm{j}b)t} = \mathrm{e}^{at}\,(\mathrm{A}\,\mathrm{e}^{\mathrm{j}bt}+\overline{\mathrm{A}}\,\mathrm{e}^{-\mathrm{j}bt})$.

Dans cette expression, $\overline{\mathrm{A}}\,\mathrm{e}^{-\mathrm{j}bt}$ est le conjugué de $\mathrm{A}\,\mathrm{e}^{\mathrm{j}bt}$, par conséquent,

$$\begin{aligned}\mathrm{A}\,\mathrm{e}^{\mathrm{j}bt}+\overline{\mathrm{A}}\,\mathrm{e}^{-\mathrm{j}bt} &= 2\,\mathrm{R\acute{e}}(\mathrm{A}\,\mathrm{e}^{\mathrm{j}bt}) = 2\,\mathrm{R\acute{e}}[(\alpha+\mathrm{j}\beta)\,[\cos(bt)+\mathrm{j}\sin(bt)]]\\ &= 2\,(\alpha\cos(bt)-\beta\sin(bt))\\ &= 2\sqrt{\alpha^2+\beta^2}\left(\frac{\alpha}{\sqrt{\alpha^2+\beta^2}}\cos(bt)-\frac{\beta}{\sqrt{\alpha^2+\beta^2}}\sin(bt)\right)\end{aligned}$$

Posons $\sin\varphi = \dfrac{\alpha}{\sqrt{\alpha^2+\beta^2}}$, $\cos\varphi = -\dfrac{\beta}{\sqrt{\alpha^2+\beta^2}}$, $K = 2\sqrt{\alpha^2+\beta^2}$

On obtient : $f(t) = K(\sin\varphi \cos bt + \cos\varphi \sin bt)\, e^{at} = K\, e^{at}\,(\sin(bt+\varphi))$

2) Si $F(p)$ est la fonction de transfert d'un filtre, alors $f(t)$ est sa réponse impulsionnelle.
Le filtre est stable si sa réponse impulsionnelle tend vers 0 lorsque $t \to \infty$:
or, $f(t) = K\, e^{at}\,(\sin(bt+\varphi) \to 0\ (t \to \infty)$ si et seulement si, $a < 0$.

3) Soit $F(p) = \dfrac{2p^3 - 2p^2 + 9p + 6}{(p^2+p+1)(p^2-2p+5)} = \dfrac{2p+1}{p^2+p+1} + \dfrac{1}{p^2-2p+5}$.

Les pôles de $F(p)$ sont $p_{1,2} = -\dfrac{1}{2} \pm j\dfrac{\sqrt{3}}{2}$ et $q_{1,2} = 1 \pm 2j$ de partie réelle positive. **Le filtre de fonction de transfert $F(p)$ n'est pas stable.**

• Original de $\dfrac{2p+1}{p^2+p+1}$: remarquons que $\dfrac{2p+1}{p^2+p+1} = \dfrac{2\left(p+\frac{1}{2}\right)}{\left(p+\frac{1}{2}\right)^2+\frac{3}{4}}$

Si $H(p) = \dfrac{p}{p^2+\frac{3}{4}}$ a pour original $\cos\left(\dfrac{\sqrt{3}}{2}t\right)U(t)$, alors $F\left(p+\dfrac{1}{2}\right) = \dfrac{\left(p+\frac{1}{2}\right)}{\left(p+\frac{1}{2}\right)^2+\frac{3}{4}}$ a pour original $e^{-\frac{1}{2}t}\cos\left(\dfrac{\sqrt{3}}{2}t\right)U(t)$.

Original de $G(p) = \dfrac{1}{p^2-2p+5} = \dfrac{1}{(p-1)^2+4}$:

l'original de $\dfrac{1}{p^2+4}$ est $\dfrac{1}{2}\sin(2t)\,U(t)$, donc celui de $G(p)$ est $\dfrac{1}{2}\sin(2t)\,e^t\,U(t)$.

$$\mathcal{L}^{-1}(F(p)) = 2\, e^{-\frac{1}{2}t}\cos\left(\frac{\sqrt{3}}{2}t\right)U(t) + \frac{1}{2}\sin(2t)\,e^t\,U(t)$$

8 Résolution d'équations différentielles

En utilisant la transformation de Laplace, résoudre les équations différentielles suivantes :

1) $y'' + 2y' + y = e^{-t}\,U(t)$; $y(0) = 1$; $y'(0) = 0$

2) $ay' + y = \cos(\omega t)\,U(t)$; $y(0) = 1$ et $a \neq 0$.

■ **SOLUTION**

1) $y'' + 2y' + y = e^{-t}\,U(t)$; $y(0) = 1$; $y'(0) = 0$

Posons : $\mathcal{L}(y(t)) = Y(p)$

il vient : $\mathcal{L}(y'(t)) = p\,Y(p) - y(0) = p\,Y(p) - 1$

et : $\mathcal{L}(y''(t)) = p^2\,Y(p) - py(0) - y'(0) = p^2\,Y(p) - p$

De plus, $\mathcal{L}(e^{-t}\,U(t)) = \dfrac{1}{p+1}$

Appliquons la transformation de Laplace aux deux membres de l'équation différentielle :

$$p^2\,\mathrm{Y}(p) - p + 2p\,\mathrm{Y}(p) - 2 + \mathrm{Y}(p) = \frac{1}{p+1}$$

$$\mathrm{Y}(p)\,[p^2 + 2p + 1] = \frac{1}{p+1} + p + 2$$

$$\mathrm{Y}(p) = \frac{1}{(p+1)^3} + \frac{1}{p+1} + \frac{1}{(p+1)^2}$$

Calculons l'original de $\mathrm{Y}(p)$:

• $\mathcal{L}^{-1}\left(\dfrac{1}{p+1}\right) = \mathrm{e}^{-t}\,\mathrm{U}(t)$

• $\mathcal{L}^{-1}\left(\dfrac{1}{p^2}\right) = t\,\mathrm{U}(t)$ donc $\mathcal{L}^{-1}\left(\dfrac{1}{(p+1)^2}\right) = \mathrm{e}^{-t}\,t\,\mathrm{U}(t)$

• $\mathcal{L}^{-1}\left(\dfrac{2}{p^3}\right) = t^2\,\mathrm{U}(t)$ donc $\mathcal{L}^{-1}\left(\dfrac{2}{(p+1)^3}\right) = \mathrm{e}^{-t}\,t^2\,\mathrm{U}(t)$

En conséquence, $y(t) = \mathcal{L}^{-1}(\mathrm{Y}(p)) = \mathrm{e}^{-t}\,\mathrm{U}(t) + \dfrac{1}{2}\,t^2\,\mathrm{e}^{-t}\,\mathrm{U}(t) + t\,\mathrm{e}^{-t}\,\mathrm{U}(t)$ solution de l'équation différentielle.

2) $ay' + y = \cos(\omega t)\,\mathrm{U}(t)$; $y(0) = 1$.

On procède comme précédemment ; si $\mathcal{L}(y(t)) = \mathrm{Y}(p)$, $\mathcal{L}(y'(t)) = p\,\mathrm{Y}(p) - 1$.

L'équation transformée devient :

$$ap\,\mathrm{Y}(p) - a + \mathrm{Y}(p) = \frac{p}{p^2 + \omega^2}$$

$$\mathrm{Y}(p) = \frac{p}{(p^2 + \omega^2)\,(ap+1)} + \frac{a}{ap+1}$$

L'original de $\mathrm{F}(p) = \dfrac{p}{(p^2 + \omega^2)\,(ap+1)}$ s'obtient après décomposition en éléments simples.

Posons $\mathrm{F}(p) = \dfrac{p}{(p^2 + \omega^2)\,(ap+1)} = \dfrac{\mathrm{A}p + \mathrm{B}}{p^2 + \omega^2} + \dfrac{\mathrm{C}}{ap+1}$

• $\mathrm{C} = [\mathrm{F}(p)\,(ap+1)]_{p=-1/a} = -\dfrac{a}{1 + a^2\,\omega^2}$

• En posant $p = 0$, on obtient, $\mathrm{B} = -\,\mathrm{C}\omega^2 = \dfrac{a\omega^2}{1 + a^2\,\omega^2}$

• En cherchant la limite de $p\,\mathrm{F}(p)$, $(p \to \infty)$, on obtient :

$$\mathrm{A} = -\frac{\mathrm{C}}{a} = \frac{\mathrm{B}}{a\omega^2} \Rightarrow \mathrm{B} = a\omega^2\mathrm{A} \ \text{ et } \ \mathrm{C} = -\,a\,\mathrm{A}$$

On a alors, $\mathrm{F}(p) = \mathrm{A}\,\dfrac{p + a\omega^2}{p^2 + \omega^2} + \dfrac{\mathrm{C}}{ap+1} = \mathrm{A}\left[\dfrac{p}{p^2 + \omega^2} + a\omega\,\dfrac{\omega}{p^2 + \omega^2} - \dfrac{1}{p + 1/a}\right]$

La solution de l'équation différentielle $y(t) = \mathcal{L}^{-1}(\mathrm{F}(p)) + \mathcal{L}^{-1}\left(\dfrac{1}{p + 1/a}\right)$

$y(t) = [\mathrm{A}[\cos(\omega t) + a\omega\sin(\omega t) - \mathrm{e}^{-t/a}] + \mathrm{e}^{-t/a}]\,\mathrm{U}(t)$ avec $\mathrm{A} = \dfrac{1}{1 + a^2\,\omega^2}$

9 Système du 1er ordre : étude du filtre passe-haut

Soit un système dans lequel la sortie s(t) et l'entrée e(t) vérifient l'équation différentielle : s'(t) + 3 s(t) = 2 e'(t) + e(t) ; s(0) = 0 et e(0) = 0. Soient S(p) = $\mathscr{L}$(s(t)) et E(p) = $\mathscr{L}$(e(t)).

1) Calculer la fonction de transfert $H(p) = \dfrac{S(p)}{E(p)}$

2) En déduire la réponse impulsionnelle h(t) original de H(p) ; ce filtre est-il stable (h(t) $\to$ 0 ; h(t) $\to \infty$) ?

3) Calculer la réponse indicielle i(t), réponse à e(t) = U(t).

4) Calculer la réponse harmonique H(jω) et représenter le diagramme de Bode de cette réponse.

■ SOLUTION

1) Posons : $\mathscr{L}(s(t)) = S(p) \Rightarrow \mathscr{L}(s'(t)) = p\,S(p)$ et $\mathscr{L}(e(t)) = E(p) \Rightarrow \mathscr{L}(e'(t)) = p\,E(p)$

Appliquons la transformation de Laplace aux deux membres de l'équation différentielle :

$$p\,S(p) + 3\,S(p) = 2\,p\,E(p) + E(p)$$

$$S(p)\,[p + 3] = E(p)\,[2p + 1]$$

$$H(p) = \frac{S(p)}{E(p)} = \frac{2p+1}{p+3}$$

2) La réponse impulsionnelle h(t) est la transformée de Laplace inverse de H(p). Pour la calculer, décomposons H(p) :

$$H(p) = \frac{2p}{p+3} + \frac{1}{p+3} = \frac{2(p+3)-6}{p+3} + \frac{1}{p+3} = 2 - 5\frac{1}{p+3}$$

$$\mathscr{L}^{-1}\left(\frac{1}{p+3}\right) = e^{-3t}\,U(t) = f(t), \text{ et } \mathscr{L}^{-1}(2) = 2\delta$$

D'où : $\quad h(t) = -5\,e^{-3t}\,U(t) + 2\,\delta$

Le filtre est stable car h(t) $\to$ 0 quand $t \to \infty$.

3) Réponse indicielle i(t) : l'entrée est un échelon U(t) de transformée $\frac{1}{p}$, la réponse $S(p) = \dfrac{H(p)}{p} = \dfrac{2p+1}{p(p+3)}$ que l'on décompose en éléments simples :

$$S(p) = \frac{2p+1}{p(p+3)} = \frac{A}{p} + \frac{B}{p+3} = \frac{1}{3}\frac{1}{p} + \frac{5}{3}\frac{1}{p+3}$$

$$i(t) = \mathscr{L}^{-1}(S(p)) = \frac{1}{3}U(t) + \frac{5}{3}e^{-3t}\,U(t)$$

4) Réponse harmonique : posons $p = j\omega$ dans H(p) : $H(j\omega) = \dfrac{2j\omega + 1}{j\omega + 3}$

D'où : $\begin{cases} |H(j\omega)| = \sqrt{\dfrac{1+4\omega^2}{9+\omega^2}} \\ \arg(H(j\omega)) = \text{Arctan}(2\omega) - \text{Arctan}\left(\dfrac{\omega}{3}\right) \end{cases}$

• Le gain en Db, $G(\omega) = 20\log(|H(j\omega)|) = 10[\log(1 + 4\omega^2) - \log(9 + \omega^2)]$

Étude asymptotique :

– si $\omega \to 0$, $G(\omega) \to -20\log 3$: la droite d'équation $y = -20\log 3$ est asymptote horizontale à la courbe de gain ;

– si $\omega \to \infty$, $|H(j\omega)| \to 2$ et $G(\omega) \to 20\log 2$: la droite d'équation $y = 20\log 2$ est asymptote à la courbe de gain à ∞.

• Courbe de phase :
– si $\omega \to 0$, $\arg(H(\omega)) \to 0$.
– si $\omega \to \infty$, $\arg(H(\omega)) \to 0$.

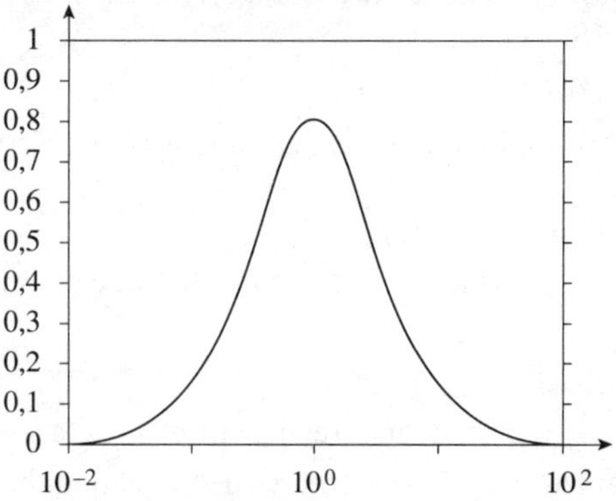

courbe de phase

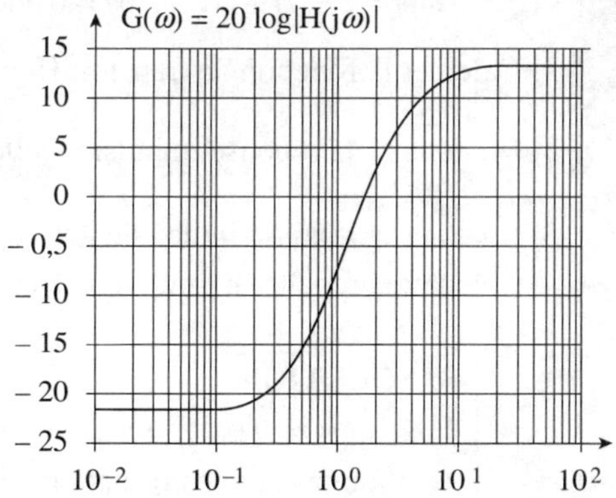

courbe de gain

10 Application aux systèmes

Un système est décrit par l'équation : $s(t) = 1/2\ (e(t) + e(t-\theta))$ $(\theta > 0)$ dans laquelle $e(t)$ est un signal d'entrée, $s(t)$ la sortie correspondante.

1) Soit $E(p) = \mathscr{L}(e(t))$ et $S(p) = \mathscr{L}(s(t))$; calculer la fonction de transfert $H(p) = \dfrac{S(p)}{E(p)}$ de ce système.

2) En posant $p = j\omega$, représenter le diagramme de Bode de la réponse en fréquence $H(j\omega)$.

■ SOLUTION

1) Appliquons la transformation de Laplace aux deux membres de l'équation :

$$\mathscr{L}(s(t)) = 1/2[\mathscr{L}((e(t)) + \mathscr{L}(e(t-\theta))]$$

$$S(p) = 1/2[E(p) + e^{-\theta p}\, E(p)]$$

$$H(p) = \frac{S(p)}{E(p)} = \frac{1}{2}(1 + e^{-\theta p})$$

2) Posons $p = j\omega$, $H(j\omega) = \frac{1}{2}(1 + e^{-\theta j\omega}) = \frac{1}{2} e^{-j\omega\theta/2}(e^{j\omega\theta/2} + e^{-j\omega\theta/2})$

$$= \cos(\omega\theta/2)\, e^{-j\omega\theta/2}$$

Séparons module et argument :

• $|H(j\omega)| = |\cos(\omega\theta/2)|$

• $\arg(H(j\omega)) = -\frac{1}{2}\theta\,\omega$, si $0 < \dfrac{\omega\varphi}{2} < \dfrac{\pi}{2}$ soit $0 < \omega < \dfrac{\pi}{\theta}$

$$= -\frac{1}{2}\theta\,\omega + \pi, \text{ si } \frac{\pi}{2} < \frac{\omega\varphi}{2} < \pi \text{ soit } \frac{\pi}{\theta} < \omega < \frac{2\pi}{\theta}$$

Représentons le diagramme de Bode pour $\theta = 2$, $\pi/2 < \omega < \pi$

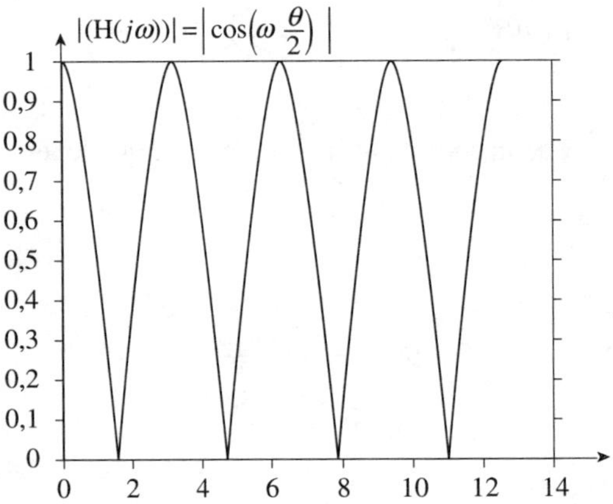

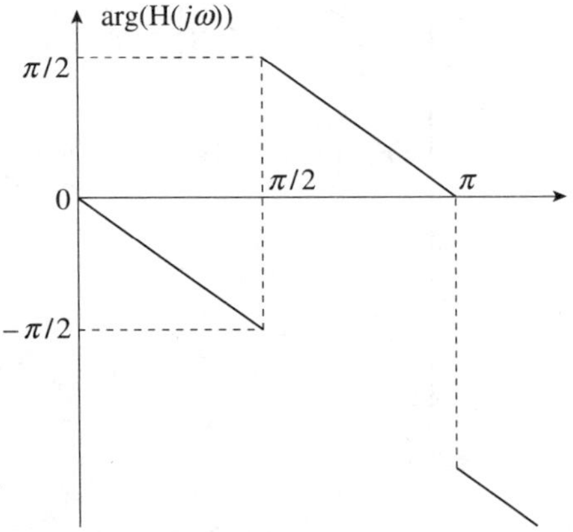

11 Calcul de la transformée de Laplace inverse par une intégration

Le plan est muni d'un repère orthonormé $(O, \vec{i}, \vec{j})$.

1) On note C_r l'ensemble des points d'affixe $p \in \mathbb{C}$, tels que $p = re^{j\theta}$, ou r est un réel fixé et θ varie de 0 à 2π.

a) Caractériser géométriquement l'ensemble C_r.

b) Exprimer dp en fonction de r, θ et dθ.

c) Sachant que : $\forall z \in \mathbb{C} : e^z = \sum_{k=0}^{\infty} \frac{z^k}{k!}$ (développement en série entière de e^z) et en posant $z = pt$,

démontrer que : $$I(t) = \frac{1}{2j\pi} \int_{C_r} \frac{1}{p} e^{pt}\, dp = \mathcal{L}^{-1}\left(\frac{1}{p}\right)$$

3) Soit a un réel non nul. En effectuant le changement de variable $z = p - a$, calculer :

$\frac{1}{2j\pi} \int_{\Gamma_r} \frac{1}{p-a} e^{pt}\, dp$ où Γ_r est le cercle de centre A, d'affixe a et de rayon r.

4) En procédant comme en **2)** et **3)** calculer $J(t) = \frac{1}{2j\pi} \int_{C_r} \frac{1}{p^2} e^{pt}\, dp$ et $\frac{1}{2j\pi} \int_{\Gamma_r} \frac{1}{(p-a)^2} e^{pt}\, dp$.

■ SOLUTION

1.a) L'ensemble C_r est le cercle de centre O, de rayon r.

b) $p = re^{j\theta}$, r est constant, θ varie, dont $dp = jre^{j\theta}\, d\theta$.

c) Dans : $e^z = \sum_{k=0}^{\infty} \frac{z^k}{k!}$ posons $z = pt$: $e^{pt} = \sum_{k=0}^{\infty} \frac{(pt)^k}{k!}$. Remplaçons à présent cette expression dans l'intégrale :

$$\frac{1}{2j\pi} \int_{C_r} \frac{1}{p} e^{pt} dp = \frac{1}{2j\pi} \int_{C_r} \frac{1}{p} \sum_{k=0}^{\infty} \frac{(pt)^k}{k!}\, dp = \frac{1}{2j\pi} \int_{C_r} \sum_{k=0}^{\infty} \frac{p^{k-1}\, t^k}{k!}\, dp$$

$$= \frac{1}{2j\pi} \sum_{k=0}^{\infty} \int_{C_r} \frac{p^{k-1}\, t^k}{k!}\, dp = \frac{1}{2j\pi} \sum_{k=0}^{\infty} \frac{t^k}{k!} \int_{C_r} p^{k-1}\, dp$$

Remplaçons, à présent p par $r\mathrm{e}^{\mathrm{j}\theta}$ et dp par $\mathrm{j}r\mathrm{e}^{\mathrm{j}\theta}\,\mathrm{d}\theta$:

$$\mathrm{I}(t) = \frac{1}{2\mathrm{j}\pi}\sum_{k=0}^{\infty}\frac{t^k}{k!}\int_0^{2\pi}(r\,\mathrm{e}^{j\theta})^{k-1}\mathrm{j}r\mathrm{e}^{j\theta}\mathrm{d}\theta = \frac{1}{2\mathrm{j}\pi}\sum_{k=0}^{\infty}\frac{t^k}{k!}\,\mathrm{j}\,r^k\int_0^{2\pi}\mathrm{e}^{jk\theta}\mathrm{d}\theta$$

Or, $\int_0^{2\pi}\mathrm{e}^{\mathrm{j}k\theta}\mathrm{d}\theta = \begin{cases}0 & \text{si } k \neq 0\\ 2\pi & \text{si } k = 0\end{cases}$; de la somme infinie, il ne reste que le terme $k = 0$.

Soit $\mathrm{I} = \frac{1}{2\mathrm{j}\pi}\,\mathrm{j}\,2\pi = 1$.

$$\mathrm{I}(t) = \frac{1}{2\mathrm{j}\pi}\int_{C_r}\frac{1}{p}\,\mathrm{e}^{pt}\,\mathrm{d}p = 1 = \mathscr{L}^{-1}\left(\frac{1}{p}\right)$$

3) Calcul de $\frac{1}{2\mathrm{j}\pi}\int_{\Gamma_r}\frac{1}{p-a}\,\mathrm{e}^{pt}\,\mathrm{d}p$:

Effectuons le changement de variable $z = p - a$. Si M d'affixe p appartient au cercle de centre A, de rayon r, le point d'affixe $z = p - a$ appartient au cercle de centre O, de rayon r. De plus a étant constant, dp = dz. On obtient :

$$\frac{1}{2\mathrm{j}\pi}\int_{\Gamma_r}\frac{1}{p-a}\,\mathrm{e}^{pt}\,\mathrm{d}p = \frac{1}{2\mathrm{j}\pi}\int_{C_r}\frac{1}{z}\,\mathrm{e}^{(z+a)t}\,\mathrm{d}z = \frac{1}{2\mathrm{j}\pi}\,\mathrm{e}^{at}\int_{C_r}\frac{1}{z}\,\mathrm{e}^{zt}\,\mathrm{d}z = \mathrm{e}^{at}\,\mathrm{I}(t)$$

En utilisant le résultat de la question précédente, on obtient :

$$\frac{1}{2\mathrm{j}\pi}\int_{\Gamma_r}\frac{1}{p-a}\,\mathrm{e}^{pt}\,\mathrm{d}p = \mathrm{e}^{at} = \mathscr{L}^{-1}\left(\frac{1}{p-a}\right)$$

4) Calcul de J(t) : $\frac{1}{2\mathrm{j}\pi}\int_{C_r}\frac{1}{p^2}\,\mathrm{e}^{pt}\,\mathrm{d}p$. La méthode utilisée à la première question, conduit à :

$$\mathrm{J}(t) = \frac{1}{2\mathrm{j}\pi}\sum_{k=0}^{\infty}\frac{t^k}{k!}\int_{C_r}p^{k-2}\,\mathrm{d}p = \frac{1}{2\mathrm{j}\pi}\sum_{k=0}^{\infty}\frac{t^k}{k!}\int_0^{2\pi}(r\mathrm{e}^{j\theta})^{k-2}\,\mathrm{j}r\mathrm{e}^{j\theta}\,\mathrm{d}\theta$$

$$= \frac{1}{2\mathrm{j}\pi}\sum_{k=0}^{\infty}\left[\frac{t^k}{k!}\,\mathrm{j}r^{k-1}\int_0^{2\pi}\mathrm{e}^{j(k-1)\theta}\,\mathrm{d}\theta\right]$$

Déterminons les deux premiers termes de cette somme :

$$\mathrm{J}(t) = \frac{1}{2\mathrm{j}\pi}\left[\mathrm{j}\,r^{-1}\int_0^{2\pi}\mathrm{e}^{-j\theta}\mathrm{d}\theta + \mathrm{j}\,t2\pi + \sum_{k=2}^{\infty}\frac{t^k}{k!}\,\mathrm{j}\,r^{k-1}\int_0^{2\pi}\mathrm{e}^{\mathrm{j}(k-1)\theta}\mathrm{d}\theta\right]$$

Les deux intégrales restantes sont nulles, et l'on obtient :

$$\mathrm{J}(t) = \frac{1}{2\mathrm{j}\pi}\int_{C_r}\frac{1}{p^2}\,\mathrm{e}^{pt}\,\mathrm{d}p = t = \mathscr{L}^{-1}\left(\frac{1}{p^2}\right)$$

Le changement de variable $z = p - a$ conduit à :

$$\frac{1}{2\mathrm{j}\pi}\int_{\Gamma_r}\frac{1}{(p-a)^2}\,\mathrm{e}^{pt}\,\mathrm{d}p = \mathrm{e}^{at}\,.\,t = \mathscr{L}^{-1}\left(\frac{1}{(p-a)^2}\right)$$

19 TRANSFORMATION EN Z

But : Traitement numérique des signaux échantillonnés.

DÉFINITIONS

• **Échantillonnage d'une fonction f :** il s'agit du prélèvement des valeurs de $f(t)$ à intervalle de temps régulier Te appelé **période d'échantillonnage**. Si le signal f est causal (nul sur $\mathbb{R}^-$), son échantillonnage constitue la suite numérique :

$$(f(nT_e))_{n=0}^{\infty} = (f(0)\,;\, f(T_e)\,;\, f(2T_e)\,;\, ...)$$

• **Soit f un signal causal échantillonné à la période T_e. La transformée en z, du signal f** (ou de la séquence $f(nT_e)$), est la fonction $F : \mathbb{C} \to \mathbb{C}$ définie par :

$$F(z) = \sum_{n=0}^{\infty} f(nT_e)\, z^{-n} = f(0) + f(T_e)\, z^{-1} + f(2\,T_e)\, z^{-2} + ...$$

$F(z)$ est une série entière de la variable $(1/z)$.

• Si R désigne le rayon de convergence de la série entière de la variable z, **F est définie à l'extérieur d'un disque de rayon $1/R$.**

• Notation : $F(z) = Z(f(nT_e))$; l'application $Z : (f(nT_e)) \to F(z)$ est la transformation en z.

Remarque : on peut être amené à utiliser des séquences résultant de l'échantillonnage de fonctions qui ne sont pas, a priori, causales. En les multipliant par l'échelon unité :

$$U(t) = \begin{cases} 1 & \text{si } t \geq 0 \\ 0 & \text{si } t < 0 \end{cases}$$

le produit $f(t)\,.\,U(t)$ est causal ; son échantillonnage donne $(f(nT_e)\,U(nT_e))$.

• Valeurs limites : Théorèmes de la valeur initiale et de la valeur finale :

$$\begin{cases} \lim\limits_{n\to 0} (f(nT_e)) = \lim\limits_{z\to\infty} F(z) \\ \lim\limits_{n\to\infty} (f(nT_e)) = \lim\limits_{z\to 1} (z-1)\,F(z) \text{ à condition que F soit développable en série entière de la variable} \\ 1/z \text{ à l'extérieur d'un disque de rayon } R \leq 1. \end{cases}$$

TRANSFORMÉES EN Z DE SIGNAUX ÉLÉMENTAIRES

Dans ce qui suit les signaux considérés **sont causaux**. T_e est la période d'échantillonnage :

Suite résultant de l'échantillonnage de f à la période T_e	**Transformée en z**
Échelon unité : $U_n = (1, 1, 1, ...)$	$\dfrac{z}{z-1}$; $\lvert z\rvert > 1$
Dirac centré en 0 : $\delta = (1, 0, 0, 0, ...)$	1
Dirac centré en k : $\delta_k = (0, 0, 0, ..., 0, \overset{k}{1}, 0, 0, ...)$	z^{-k} ; $z \neq 0$
$a^{nT_e}\, U(nT_e)$	$\dfrac{z}{z-a^{T_e}}$; $\lvert z\rvert > \lvert a^{T_e}\rvert$
$\cos(\omega n T_e)\, U(nT_e)$	$\dfrac{z^2 - z\cos(\omega T_e)}{z^2 - 2z\cos(\omega T_e) + 1}$; $\lvert z\rvert > 1$
$\sin(\omega n T_e)\, U(nT_e)$	$\dfrac{z\sin(\omega T_e)}{z^2 - 2z\cos(\omega T_e) + 1}$; $\lvert z\rvert > 1$
$A(nT_e) . U(nT_e)$	$AT_e \dfrac{z}{(z-1)^2}$; $\lvert z\rvert > 1$

PROPRIÉTÉS

Signaux causaux échantillonnés à la période T_e $f(n) \to F(z)$ $(\lvert z\rvert > R)$ $g(n) \to G(z)$ $(\lvert z\rvert > R')$	**Transformées en z**
Linéarité : $\alpha f(n) + \beta g(n)$	$\alpha F(z) + \beta G(z)$ $\lvert z\rvert > \max(R, R')$
Retard : $f(n-k)$	$z^{-k} F(z)$
Avances : $f(n+1)$ $f(n+2)$ $f(n+k)$	$z\,[F(z) - f(0)]$ $z^2\,[F(z) - f(0) - f(1)\,z^{-1}]$ $z^k\,[F(z) - \sum_{p=0}^{k-1} f(p)\,z^{-p}]$
Produit par a^n : $a^n f(n)$	$F\left(\frac{z}{a}\right)$; $\lvert z\rvert > \lvert a\rvert . R$
Dérivation dans le plan des z : $n\,f(n)$	$-z . F'(z)$

TRANSFORMATION EN Z INVERSE

1. Définition

Si $F(z) = Z((f(n)))$, alors la suite numérique $(f(n))$ est la transformée en z inverse de la fonction F. On note $(f(n)) = Z^{-1}[F(z)]$

2. Calcul

a) Si $F(z)$ est une fraction rationnelle de la variable z, on la décompose en éléments simples, et on utilise la linéarité de Z et une table de transformées usuelle.

b) On peut aussi décomposer $F(z)$, fonction à variable complexe, en série entière de la variable $1/z$:

$$\text{Si} : \forall z \in D \ \ F(z) = \sum_{n=0}^{\infty} a_n z^{-n} \quad \text{alors } (a_n) = Z^{-1}(F(z))$$

EXERCICES

1 Représentation de signaux échantillonnés, calcul de la transformée en z (1)

1) Calculer et représenter la séquence numérique associée à l'échantillonnage de période 1/2 du signal $f(t) = t + 1$.

2) Quelle est la séquence numérique associée au signal $f(t)\,U(t)$?

3) Calculer, en utilisant la définition, la transformée en z du signal causal précédent.

4) Calculer les séquences numériques associées à l'échantillonnage de période 1/2 des signaux $g(t) = f(t)\,U(t-1)$ et $h(t) = f(t-1)\,U(t-1)$, en déduire leur transformée en z.

■ SOLUTION

1)

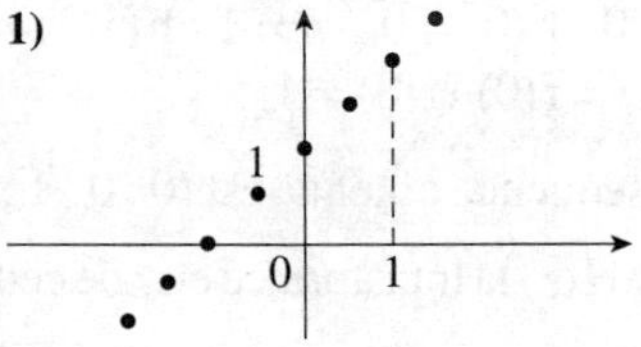

Pour tout entier relatif n, $f(nT_e) = \left(\frac{n}{2} + 1\right)$.

On obtient la séquence :

$$(\ldots, -0{,}5 \,;\, 0 \,;\, 0{,}5 \,;\, \underset{\substack{\uparrow \\ n=0}}{1} \,;\, 1{,}5 \,;\, 2 \,;\, \ldots)$$

2)

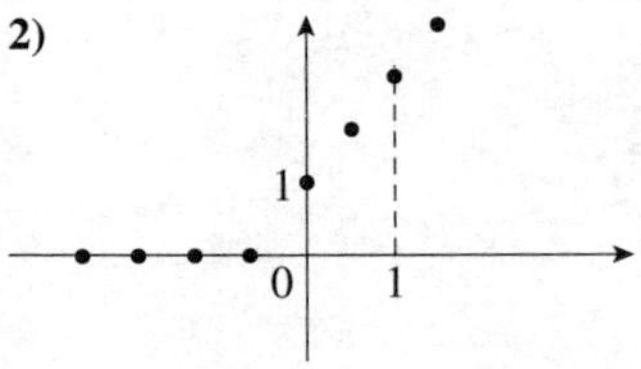

L'échantillonnage du signal causal donne la suite :

$$(\ldots 0 \,;\, 0 \,;\, 1 \,;\, 1{,}5 \,;\, 2 \,;\, 2{,}5 \,;\, \ldots)$$

3) D'après la définition de la transformée en z :

$$F(z) = 1 + 1{,}5\, z^{-1} + 2z^{-2} + 2{,}5\, z^{-3} + \ldots$$

$$= \sum_{n=0}^{\infty} \left(\frac{n}{2} + 1\right) z^{-n} = \frac{1}{2} \sum_{n=0}^{\infty} n z^{-n} + \sum_{n=0}^{\infty} z^{-n} = 0{,}5\, S_1 + S_2$$

• S_2 est une série géométrique de raison z^{-1}.

Si $|z| > 1$, $S_2 = \dfrac{1}{1 - z^{-1}} = \dfrac{z}{z-1}$

• Calcul de S_1 : si $|z| > 1$:

$$S_1 = \sum_{n=0}^{\infty} n z^{-n} = z \sum_{n=0}^{\infty} n z^{-n-1} = z\left(- \sum_{n=0}^{\infty} (z^{-n})'\right) = - z\left(\frac{z}{z-1}\right)' = \frac{z}{(z-1)^2}$$

Finalement : $F(z) = \dfrac{1}{2} \dfrac{z}{(z-1)^2} + \dfrac{z}{z-1}$ définie à l'extérieur du disque unité.

4) Représentation de g(*t*) = f(*t*) U(*t* – 1) :

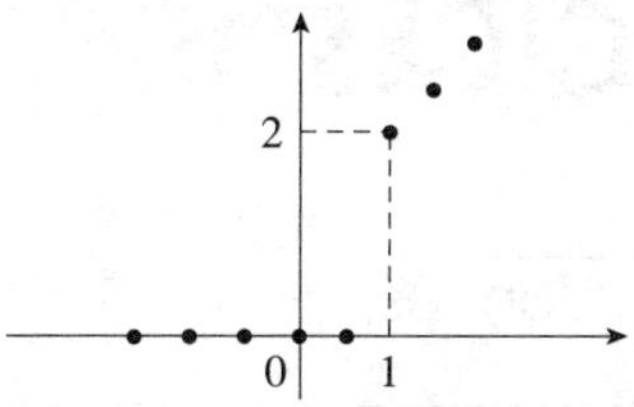

L'échantillonnage du signal $g(t) = f(t)\,U(t-1)$ à la période 1/2, donne la suite :

$$g(n/2) = f(n/2)\, U(n/2 - 1),$$

soit : $g(0) = f(0)\, U(-1) = 0$

$g(1/2) = f(1/2)\, U(-1/2) = 0$

$g(1) = f(1)\, U(0) = 2$, et $g(n/2) = f(n/2)$ pour $n > 2$

on obtient la suite (0 ; 0 ; 2 ; 2,5 ; 3 ; 3,5 ; ...).

La transformée en z de cette séquence est :

$$G(z) = 2\, z^{-2} + 2{,}5\, z^{-3} + \ldots$$

$$G(z) = F(z) - (1 + 1{,}5\, z^{-1})$$

Représentation de h(*t*) = f(*t* – 1) U(*t* – 1) :

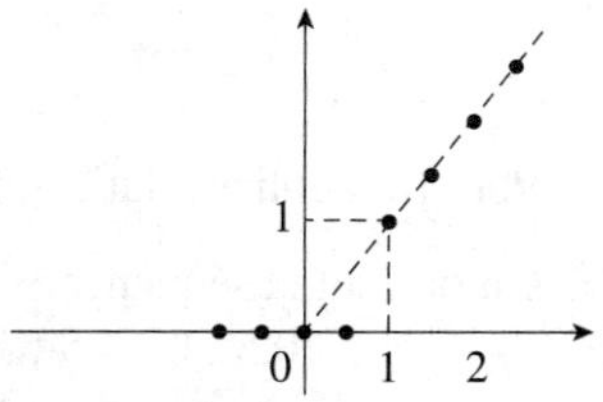

$h(n/2) = f(n/2 - 1)\, U(n/2 - 1)$

$n = 0$: $h(0) = 0$; $n = 1$: $h(1/2) = 0$; $n = 2$: $h(1) = f(0)\, U(0) = 1$ ...

La séquence obtenue est (0 ; 0 ; 1 ; 1,5 ; 2 ; ...).

Soit $H(z)$ la transformée en z de cette séquence.

$$H(z) = 1\, z^{-2} + 1{,}5\, z^{-3} + 2\, z^{-4} + \ldots = z^{-2} F(z) = z^{-2} \left(\frac{1}{2} \frac{z}{(z-1)^2} + \frac{z}{z-1}\right)$$

2 Calcul direct de transformées en *z* (2)

1) Représenter la séquence $f(n) = n^2\, U(n)$ et calculer sa transformée en z à partir de la définition.

2) En déduire les transformées des séquences : $g(n) = (n+2)^2\, U(n+2)$ et $h(n) = (n+2)^2\, U(n)$.

■ SOLUTION

1)

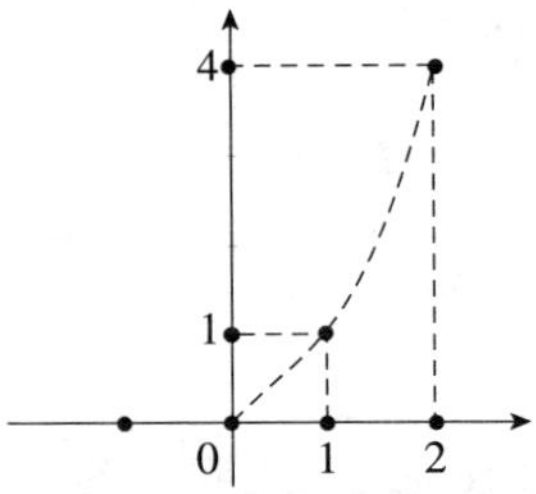

$f(n) = n^2\, U(n)$ est l'échantillonnage à la période 1 de $f(t) = t^2\, U(t)$.

Il s'agit de la suite : (0 ; 1 ; 4 ; 9 ; ...).

La transformée en z est par définition : $F(z) = z^{-1} + 4\,z^{-2} + 9\,z^{-3} + ... = \sum\limits_{n=0}^{\infty} n^2\, z^{-n}$.

Pour calculer $F(z)$, on utilise la dérivée seconde de la série géométrique de raison z^{-1}.

Pour tout z, $|z| > 1$, $\sum\limits_{n=0}^{\infty} z^{-n} = \dfrac{z}{z-1}$. Ce qui implique :

$$\left(\sum_{n=0}^{\infty} z^{-n}\right)'' = \left(\frac{z}{z-1}\right)'' = \sum_{n=1}^{\infty} (-n)(-n-1)\, z^{-n-2} = \sum_{n=1}^{\infty} n^2\, z^{-n-2} + \sum_{n=1}^{\infty} nz^{-n-2}$$

$$\left(\frac{z}{z-1}\right)'' = z^{-2} \sum_{n=1}^{\infty} n^2\, z^{-n} + z^{-2} \sum_{n=1}^{\infty} nz^{-n}$$

D'une part : $\left(\dfrac{z}{z-1}\right)'' = \dfrac{2}{(z-1)^3}$.

D'autre part : $\sum\limits_{n=1}^{\infty} nz^{-n} = \dfrac{z}{(z-1)^2}$ (calcul de S_1 dans l'exercice 1).

Donc : $F(z) = \sum\limits_{n=1}^{\infty} n^2\, z^{-n} = z^2 \dfrac{2}{(z-1)^3} - \dfrac{z}{(z-1)^2} = \dfrac{z^2+z}{(z-1)^3}$ pour tout z tel que $|z| > 1$.

2) Transformée de $g(n) = (n+2)^2\, U(n+2) = f(n+2)\, U(n+2)$: la fonction f est « avancée » de 2.

$g(0) = 4$, $g(1) = 9$ ...

Conditions initiales : $f(0) = 0$ et $f(1) = 1$.

On utilise le théorème sur l'avance :

$$G(z) = z^2\, [F(z) - f(0) - f(1)\, z^{-1}]$$

$$G(z) = z^2 \left[\frac{z^2+z}{(z-1)^3} - z^{-1}\right] = \frac{4z^3 - 3z^2 + z}{(z-1)^3}$$

3) Transformée de $h(n) = (n+2)^2\, U(n)$: $h(0) = 4$; $h(1) = 9$ ...

On remarque que la suite **causale** $(h(n))$ est la même que la suite causale $(g(n))$.

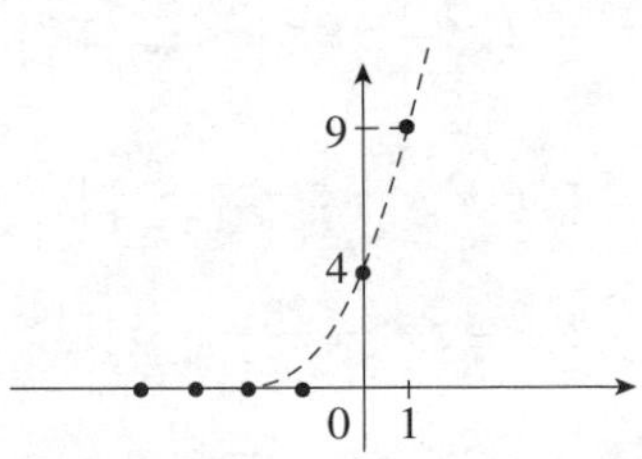

Il est donc logique que l'on obtienne :

$$H(z) = G(z).$$

Vérifions ce résultat :

$h(n) = (n^2 + 4n + 4)\, U(n)$

$\quad = n^2\, U(n) + 4n\, U(n) + 4\, U(n)$

La transformée de $h(n)$ est la somme de trois transformées :

• la transformée de $n^2\,\mathrm{U}(n)$ égale à $\dfrac{z^2+z}{(z-1)^3}$;

• celle de $4n\,\mathrm{U}(n)$ égale à $4\dfrac{z}{(z-1)^2}$;

• enfin, celle de $4\mathrm{U}(n)$: $4\dfrac{z}{z-1}$

Finalement :

$$\mathrm{H}(z)=\frac{z^2+z}{(z-1)^3}+4\frac{z}{(z-1)^2}+4\frac{z}{z-1}=\frac{4z^3-3z^2+z}{(z-1)^3}=\mathrm{G}(z)$$

3 Transformée en z d'un signal non causal : transformée bilatérale

La transformée en z bilatérale d'une séquence $\{a(n)\}_{n=-\infty}^{+\infty}$ est définie par la somme, de la série de Laurent : $\mathrm{F}(z)=\sum_{n=-\infty}^{+\infty} a(n)\,z^{-n}$, sous réserve que cette série converge.

Déterminer si les séquences suivantes ont une transformée en z bilatérale, la calculer en donnant son domaine de définition :

1) $a(n)=1$; $n\in\mathbb{Z}$.

2) $a(n)=n$; $n\in[-5\,;\infty[\,\cap\,\mathbb{Z}$ et 0 si $n<-5$.

3) $a(n)=\begin{cases}1 \text{ si } n\in\mathbb{Z}^-\\ (1/2)^n \text{ si } n\in\mathbb{Z}^+\end{cases}$

4) $\Pi(t)=\begin{cases}1 \text{ si } |t|\le 1/2\\ 0 \text{ si } |t|>1/2\end{cases}$ échantillonné à la période 1/10

■ **SOLUTION**

1) $\forall\, n\in\mathbb{Z}, a(n)=1$. $\mathrm{F}(z)=\sum_{n=-\infty}^{+\infty} z^{-n}=\sum_{n=-\infty}^{-1} z^{-n}+\sum_{n=0}^{+\infty} z^{-n}=\sum_{n=1}^{+\infty} z^{n}+\sum_{n=0}^{+\infty} z^{-n}$

$\mathrm{F}(z)$ est la somme de deux séries géométriques, l'une de raison z convergente si $|z|<1$, l'autre de raison z^{-1}, convergente si $|z|>1$. L'intersection des deux domaines de convergence est vide. La transformée en z bilatérale n'est pas définie.

2) $a(-5)=-5$; $a(-4)=-4$; $a(-3)=-3$ ... $a(0)=0$; $a(1)=1$, etc.

$$\mathrm{F}(z)=\sum_{n=-5}^{+\infty} nz^{-n}=\sum_{n=-5}^{-1} nz^{-n}+\sum_{n=0}^{\infty} nz^{-n}$$

$$=-5\,z^5-4\,z^4-3\,z^3-2\,z^2-z+z\sum_{n=0}^{\infty} nz^{-n-1}$$

Pour tout z tel que $|z|>1$:

$$\mathrm{F}(z)=-5\,z^5-4\,z^4-3\,z^3-2\,z^2-z+z\left(-\sum_{n=0}^{\infty} z^{-n}\right)'$$

$$\mathrm{F}(z)=-5\,z^5-4\,z^4-3\,z^3-2\,z^2-z-z\left(\frac{z}{z-1}\right)'$$

Finalement : $\mathrm{F}(z)=-5\,z^5-4\,z^4-3\,z^3-2\,z^2-z+\dfrac{z}{(z-1)^2}$ si $|z|>1$

3) Il s'agit de la suite : (... ; 1 ; 1 ; 1 ; $a(0)=1$; 1/2 ; 1/4 ; 1/8 ; ...).

Sa transformée en z bilatérale est définie par :

$$F(z) = \sum_{n=-\infty}^{-1} 1z^{-n} + \sum_{n=0}^{+\infty} \left(\frac{1}{2}\right)^n z^{-n} = \sum_{n=1}^{+\infty} z^n + \sum_{n=0}^{+\infty} \left(\frac{1}{2}\, z^{-1}\right)^n$$

$F(z)$ est la somme de deux séries géométriques :

– la première a pour raison z, elle converge si et seulement si $|z| < 1$, sa somme est $\frac{1}{1-z} - 1$ (le terme de rang 0 est absent) ;

– la seconde a pour raison $\frac{1}{2}z^{-1}$, elle converge si $\left|\frac{1}{2}\, z^{-1}\right| < 1$ soit : $|z| > \frac{1}{2}$. Sa somme est $\frac{1}{1-\frac{1}{2}z^{-1}} = \frac{2z}{2z-1}$.

$F(z)$ est définie en tout point z tel que $\frac{1}{2} < |z| < 1$. Sur cette couronne de convergence :

$$F(z) = \frac{z}{1-z} + \frac{2z}{2z-1}$$

4) La période d'échantillonnage $T_e = 0{,}1$. Le signal échantillonné $\Pi(nT_e)$ est non nul si et seulement si $|nT_e| \leq 0{,}5$, soit $|0{,}1n| \leq 0{,}5$, $-5 \leq n \leq 5$ (n entier relatif). Pour ces 11 valeurs de l'entier n, le signal prend la valeur 1. Sa transformée en z bilatérale est donc : $F(z) = z^5 + z^4 + z^3 + z^2 + z + 1 + z^{-1} + z^{-2} + z^{-3} + z^{-4} + z^{-5}$ définie quel que soit $z \neq 0$

4 Utilisation de théorèmes pour le calcul de transformées en z

La période d'échantillonnage est égale à 1, calculer les transformées en z des fonctions suivantes :

1) $f(t) = t^2\, U(t)$; **2)** $g(t) = (t-1)^2\, U(t-1)$; **3)** $h(t) = (t^2+1)\, U(t)$;
4) $i(t+2) = e^{-(t+2)/\theta}\, U(t+2)$; **5)** $j(t) = \cos(\omega t + \varphi)\, U(t)$

■ SOLUTION

1) La suite résultant de l'échantillonnage à la période 1 de $f(t) = t^2\, U(t)$ est :

$$f(n) = n^2\, U(n) = n\,[n\, U(n)] = n(a(n)) \text{ avec } a(n) = n\, U(n) ;$$

La transformée en z de la suite $a(n)$ est :

$$A(z) = Z(a(n)) = Z(n\, U(n)) = \frac{z}{(z-1)^2} \text{ si } |z| > 1$$

Soit $F(z) = Z(f(n)) = Z(n\,a(n)) = -z\, A'(z)$ (formule de dérivation)

$$F(z) = -z\left(\frac{z}{(z-1)^2}\right)' = z\,\frac{1+z}{(z-1)^3} \text{ pour tout } z \text{ tel que } |z| > 1.$$

2) $g(t) = (t-1)^2\, U(t-1)$ donc :

$$g(n) = (n-1)^2\, U(n-1) = f(n-1)$$

Un retard de 1 se traduit par une multiplication par z^{-1} de la transformée en z de $f(n)$.

D'après **a)** $Z(f(n)) = z\,\frac{1+z}{(z-1)^3} = F(z)$.

Par conséquent : $Z(g(n)) = G(z) = z^{-1} F(z) = \dfrac{1+z}{(z-1)^3}$ pour tout z tel que $|z| > 1$.

3) $h(t) = (t^2 + 1)\, U(t)$ donne la suite $h(n) = (n^2 + 1)\, U(n) = n^2\, U(n) + U(n)$.

$Z(h(n)) = Z(n^2\, U(n)) + Z(U(n)) = z\dfrac{1+z}{(z-1)^3} + \dfrac{z}{z-1}$ pour tout z tel que $|z| > 1$.

4) $i(t) = e^{-t/\theta}\, U(t)$ donne la suite : $i(n) = e^{-(n/\theta)}\, U(n)$.

On utilise la formule générale : $Z(a^{nT_e}\, U(nT_e)) = \dfrac{z}{z - a^{T_e}}$ si $|z| > |a^{T_e}|$.

Dans notre cas, $T_e = 1$ et $a = e^{-1/\theta}$. On obtient ainsi : $Z(i(n)) = \dfrac{z}{z - e^{-1/\theta}} = I(z)$ définie pour tout z de module supérieur à $|e^{-1/\theta}|$ c'est-à-dire à $e^{-1/\theta}$.

$Z(i(n+2)) = z^2\, [I(z) - i(0) - i(1)\, z^{-1}]$; $i(0) = 1$ et $i(1) = e^{-1/\theta}$, par conséquent :

$Z(i(n+2)) = z^2 \left[\dfrac{z}{z - e^{-1/\theta}} - 1 - e^{-1/\theta} z^{-1}\right] = \dfrac{z\, e^{-2/\theta}}{z - e^{-1/\theta}}$ fonction définie à l'extérieur du disque de rayon $e^{-1/\theta}$.

e) $j(t) = \cos(\omega t + \varphi)\, U(t)$; l'échantillonnage de ce signal donne la suite :

$$j(n) = \cos(\omega n + \varphi)\, U(n) = \cos(\omega n)\cos(\varphi)\, U(n) - \sin(\omega n)\sin(\varphi)\, U(n)$$

La transformation en z est linéaire, $\cos\varphi$ et $\sin\varphi$ sont des constantes :

$$Z(j(n)) = J(z) = \cos\varphi\, \frac{z^2 - z\cos\omega}{z^2 - 2z\cos\omega + 1} - \sin\varphi\, \frac{z\sin\omega}{z^2 - 2z\cos\omega + 1}$$

Finalement : pour tout z tel que $|z| > 1$: $J(z) = \dfrac{z^2\cos\varphi - z\cos(\varphi - \omega)}{z^2 - 2z\cos\omega + 1}$

5 Similitude dans le plan des z

Soit $f(n)$ une séquence causale admettant pour transformée en z la fonction $F(z)$ définie en tout point z tel que $|z| > R$.

1) Démontrer que la transformée en z de la séquence $g(n) = a^n f(n)$ est $G(z) = F(z/a)$ définie en tout point z tel que $|z| > |a|\, R$.

2) Application : calculer la transformée en z de la séquence :

$$h(n) = [1 - e^{-an} \sin(\omega n + \varphi)]\, U(n)$$

■ **SOLUTION**

1) Par définition, $F(z) = \sum_{n=0}^{\infty} f(n)\, z^{-n}$ si $|z| > R$ et :

$$G(z) = \sum_{n=0}^{\infty} a^n f(n)\, z^{-n} = \sum_{n=0}^{\infty} f(n) \left(\frac{z}{a}\right)^{-n} = F\left(\frac{z}{a}\right) \text{ si } \left|\frac{z}{a}\right| > R \text{ soit } |z| > |a|\, R$$

2) $h(n) = U(n) - e^{-an} \sin(\omega n + \varphi)\, U(n)$. On calcule d'abord la transformée $F(z)$ de la suite $f(n) = \sin(\omega n + \varphi)\, U(n)$ puis on applique le résultat de la question précédente.

• D'après la deuxième formule d'Euler :

$$2\, i \sin(\omega n + \varphi) = e^{i(\omega n+\varphi)} - e^{-i(\omega n+\varphi)} = e^{i\varphi} e^{i\omega n} - e^{-i\varphi} e^{-i\omega n}$$

D'où :

$$2\, i\, Z(\sin(\omega n + \varphi)\, U(n)) = e^{i\varphi} Z(e^{i\omega n}\, U(n)) - e^{-i\varphi} Z(e^{-i\omega n}\, U(n))$$
$$= e^{i\varphi} \frac{z}{z - e^{i\omega}} - e^{-i\varphi} \frac{z}{z - e^{-i\omega}}$$

En conséquence :

$$Z(\sin(\omega n + \varphi)\, U(n)) = \frac{z^2 \sin\varphi - z \sin(\varphi - \omega)}{z^2 - 2z\cos\omega + 1} = F(z)$$

• De là, on obtient :

$$Z(e^{-an} \sin(\omega n + \varphi)\, U(n)) = F\left(\frac{z}{e^{-a}}\right) = F(e^a z) = \frac{(e^a z)^2 \sin\varphi - (e^a z)\sin(\varphi - \omega)}{(e^a z)^2 - 2(e^a z)\cos\omega + 1}$$

• On a $h(n) = [U(n) - e^{-an} \sin(\omega n + \varphi)\, U(n)]$. Si $H(z) = Z(h(n))$, alors :

$$H(z) = \frac{z}{z-1} - \frac{(e^a z)^2 \sin\varphi - (e^a z)\sin(\varphi - \omega)}{(e^a z)^2 - 2(e^a z)\cos\omega + 1}$$

6 Transformée en z d'une séquence périodique

Soit f la fonction périodique de période 2 définie par :

$$f(t) = \begin{cases} 1 \text{ si } 0 \leq t \leq 1 \\ 0 \text{ si } 1 < t < 2 \end{cases}$$

1) Représenter $f(t)\, U(t)$.

2) On échantillonne $f(t)\, U(t)$ à la période 0,2. Quelle suite obtient-on ?

3) Calculer la transformée en z de cette suite.

■ SOLUTION

1)

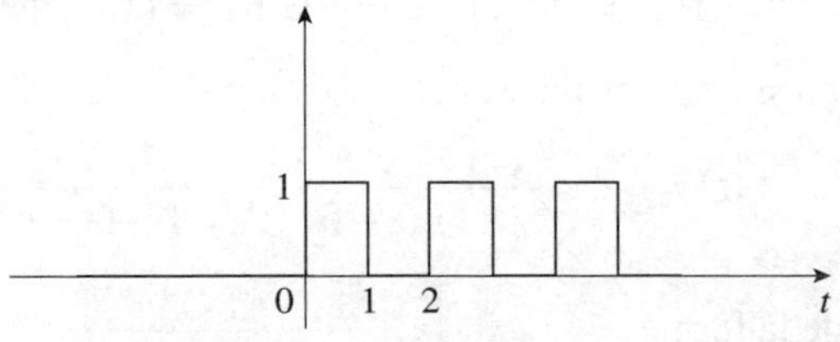

$f(t)U(t)$

2) En échantillonnant, on obtient la suite $f(n\, T_e)\, U(n\, T_e) = f(0{,}2n)\, U(0{,}2n)$ définie pour $n \in \mathbb{N}$, soit :

$$(1\,;1\,;1\,;1\,;1\,;1\,;0\,;0\,;0\,;0\,;1\,;1\,;\text{etc.})$$

La transformée en z se calcule en utilisant la définition :

$$F(z) = 1 + z^{-1} + z^{-2} + z^{-3} + z^{-4} + z^{-5} + 0 + 0 + 0 + 0$$
$$+ z^{-10} + z^{-11} + z^{-12} + z^{-13} + z^{-14} + z^{-15} + 0 \ldots$$

Posons $S(z) = 1 + z^{-1} + z^{-2} + z^{-3} + z^{-4} + z^{-5}$;

$$F(z) = S(z) + z^{-10}\, S(z) + z^{-20}\, S(z) + \ldots + z^{-10k}\, S(z) + \ldots$$

Si $|z| > 1$, $F(z) = S(z) \cdot \sum_{k=0}^{\infty} (z^{-10})^k = S(z) \cdot \frac{1}{1 - z^{-10}}$, la somme infinie étant une série géométrique de raison z^{-10}. D'autre part, $S(z)$ est la somme des 6 premiers termes d'une série

géométrique de raison z^{-1}. D'où : $S(z) = \frac{1 - z^{-6}}{1 - z^{-1}}$.

Par conséquent : $F(z) = \frac{1 - z^{-6}}{1 - z^{-1}} \frac{1}{1 - z^{-10}}$ pour tout z tel que $|z| > 1$.

7 Calcul de l'original par division suivant les puissances croissantes de z

Étant donnée la transformée en z suivante :

$$F(z) = \frac{z(1 - e^{-aT})}{(z - 1)(z - e^{-aT})}$$

où a est une constante réelle et T la période d'échantillonnage, évaluer sa transformée inverse $f(nT)$ à l'aide des deux méthodes suivantes :

1) Décomposition en éléments simples.

2) Division suivant les puissances croissantes de z.

SOLUTION

1) Décomposition en éléments simples :

$$\frac{F(z)}{z} = \frac{1 - e^{-aT}}{(z - 1)(z - e^{-aT})} = \frac{1}{z - 1} - \frac{1}{z - e^{-aT}}$$

$$F(z) = \frac{z}{z - 1} - \frac{z}{z - e^{-aT}}$$

Pour $|z| > \max(1, e^{-aT})$, $F(z)$ possède une transformée inverse.

$$f(n) = U(nT) - e^{-anT}\, U(nT) = (1 - e^{-naT})\, U(nT)$$

2) Division suivant les puissances croissantes :

$$F(z) = \frac{z^{-2} \cdot z(1 - e^{-aT})}{z^{-2} \cdot (z - 1)(z - e^{-aT})} = \frac{(1 - e^{-aT})\, z^{-1}}{1 - (1 + e^{-aT})\, z^{-1} + e^{-aT} z^{-2}}$$

$F(z)$ est de la forme : $\frac{a_1 z^{-1}}{b_0 + b_1 z^{-1} + b_2 z^{-2}}$

On cherche à développer cette fraction en série entière de la variable z^{-1}. Posons :

$$\frac{a_1 z^{-1}}{b_0 + b_1 z^{-1} + b_2 z^{-2}} = s_0 + s_1 z^{-1} + s_2 z^{-2} + \ldots$$

D'où : $a_1 z^{-1} = (b_0 + b_1 z^{-1} + b_2 z^{-2})(s_0 + s_1 z^{-1} + s_2 z^{-2} + \ldots)$

On développe le deuxième membre puis on identifie les coefficients :

$$b_0 = 1 \text{ et } b_0 s_0 = 0 \Rightarrow s_0 = 0$$

$$a_1 = 1 + e^{-aT} \text{ et } b_0 s_1 + b_1 s_0 = a_1 \Rightarrow s_1 = 1 - e^{-aT}$$

$$b_0 s_2 + b_1 s_1 + b_2 s_0 = 0 \Rightarrow s_2 = 1 - e^{-2aT}$$

Et, pour tout $n > 2$: $\sum_{k=0}^{n} b_k\, s_{n-k} = 0$.

En particulier, pour $n = 3$: $b_0 s_3 + b_1 s_2 + b_2 s_1 + b_3 s_0 = 0$

$$1 \cdot s_3 + (-(1 + e^{-2aT})(1 - e^{-aT}) + e^{-aT}(1 - e^{-aT}) + 0 = 0$$

Donc : $s_3 = 1 - e^{-3aT}$

Il semble que l'on retrouve bien $s(n) = 1 - e^{-naT}$.

8 Transformée en z inverse

Calculer les originaux des fonctions suivantes. Vérifier le théorème de la valeur initiale, et lorsque c'est possible, celui de la valeur finale.

1) $F(z) = e^{az^{-1}}$; $a \in \mathbb{R}^{+*}$.

2) $G(z) = \dfrac{z^2 - 3}{z^2 - 3z + 2}$.

3) $H(z) = \dfrac{z^3 + 2z^2}{(2z - 1)(z^2 + 1)}$.

4) $I(z) = \dfrac{2z^2 - 3z}{2z^2 - 6z + 6}$.

■ **SOLUTION**

1) $F(z) = e^{az^{-1}}$.

• Développons $e^{az^{-1}}$ en série entière de la variable (az^{-1}).

$$\forall z \neq 0 ;\ e^{az^{-1}} = \sum_{n=0}^{\infty} \frac{1}{n!}(az^{-1})^n = \sum_{n=0}^{\infty} \frac{a^n}{n!} z^{-n}.$$

L'original de F est donc la séquence causale $\dfrac{a^n}{n!}\,U(n)$.

• D'après le théorème de la valeur initiale nous devrions avoir $\lim\limits_{z\to\infty} F(z) = f(0)$. Ceci est bien évidemment vérifié puisque $\lim\limits_{z\to\infty} e^{az^{-1}} = 1$ et $\left[\dfrac{a^n}{n!}\right]_{n=0} = 1$.

• Le théorème de la valeur finale est également vérifié puisque le seul pôle ($z = 0$) est situé à l'intérieur du disque unité. En effet $\lim\limits_{n\to\infty} \dfrac{a^n}{n!} = 0$ et $\lim\limits_{z\to 1} (z - 1)\, e^{az^{-1}} = 0$.

2) $G(z) = \dfrac{z^2 - 3}{z^2 - 3z + 2} = 1 + \dfrac{2}{z - 1} + \dfrac{1}{z - 2}$ après décomposition en éléments simples.

• Calculons l'original :

$$G(z) = 1 + 2\,\frac{1}{z}\,\frac{z}{z-1} + \frac{1}{z}\,\frac{z}{z-2}$$

Pour tout complexe z tel que $|z| > 1$, $Z^{-1}\left[\dfrac{z}{z-1}\right] = U(n)$.

Pour tout complexe z tel que $|z| > 2$. $Z^{-1}\left[\dfrac{z}{z-2}\right] = 2^n U(n)$.

L'intersection des deux domaines est l'extérieur du disque de rayon 2.

$$\forall z \text{ tel que } |z| > 2, \ Z^{-1}(G(z)) = \delta + 2\,U(n-1) + 2^{n-1}U(n-1).$$

• Vérification du théorème de la valeur initiale :

$$[\delta + 2\,U(n-1) + 2^{n-1}\,U(n-1)]_{n=0} = 1 = \lim_{z\to\infty} G(z)$$

• Le théorème de la valeur finale ne peut pas être vérifié puisque $G(z)$ n'est défini que pour z de module supérieur à 2.

$$\lim_{z\to 1}(z-1)\,G(z) = 2 \quad \text{et} \quad \lim_{n\to\infty} g(n) = \infty.)$$

3) $H(z) = \dfrac{z^3 + 2\,z^2}{(2z-1)(z^2+1)}$

• Décomposons $\dfrac{H(z)}{z}$ en éléments simples :

$$\frac{H(z)}{z} = \frac{1}{2z-1} + \frac{1}{z^2+1} \Rightarrow H(z) = \frac{z}{2\left(z-\frac{1}{2}\right)} + \frac{z}{z^2+1}$$

Pour $|z| > \frac{1}{2}$, $Z^{-1}\left(\dfrac{z}{z-\frac{1}{2}}\right) = \left(\frac{1}{2}\right)^n U(n)$

Si $|z| > 1$: $Z^{-1}\left[\dfrac{z}{z^2+1}\right] = \sin\left(n\,\dfrac{\pi}{2}\right) U(n)$

Finalement, si $|z| > 1$, l'original de $H(z)$ est la séquence :

$$h(n) = \frac{1}{2}\left(\frac{1}{2}\right)^n U(n) + \sin\left(n\,\frac{\pi}{2}\right) U(n)$$

• Vérification du théorème de la valeur initiale :

$$h(0) = 1/2 \quad \text{et} \quad \lim_{z\to\infty} \frac{z^3 + 2\,z^2}{(2z-1)(z^2+1)} = \frac{1}{2}$$

• Les pôles complexes de $H(z)$ (j et – j) sont sur le cercle unité. Ceci explique que le théorème de la valeur finale ne soit pas vérifié.

En effet : $\lim_{z\to 1}(z-1)\,H(z) = 0$ et $\lim_{n\to\infty} h(n)$ n'existe pas.

4) $I(z) = \dfrac{2z^2 - 3z}{2z^2 - 6z + 6}$

Le dénominateur n'a pas de racines réelles. Il est possible de travailler à partir des racines complexes ou de modifier l'écriture de $I(z)$ afin de reconnaître la transformée d'un cosinus.

$$I(z) = \frac{1}{6}\,\frac{2z^2 - 3z}{\frac{1}{3}z^2 - z + 1} = \frac{\frac{1}{3}z^2 - \frac{1}{2}z}{\frac{1}{3}z^2 - z + 1} = \frac{\left(\frac{z}{\sqrt{3}}\right)^2 - \left(\frac{z}{\sqrt{3}}\right)\frac{\sqrt{3}}{2}}{\left(\frac{z}{\sqrt{3}}\right)^2 - 2\left(\frac{z}{\sqrt{3}}\right)\frac{\sqrt{3}}{2} + 1}$$

Considérons la fonction $F(z) = Z\left(\cos n\,\dfrac{\pi}{6}\right) U(n)$.

$$F(z) = \frac{z^2 - \sqrt{\frac{3}{2}}\,z}{z^2 - 2\,\frac{\sqrt{3}}{2}\,z + 1} \quad (|z| > 1)$$

On remarque que :

$$I(z) = F\left(\frac{z}{\sqrt{3}}\right) \quad (|z| > \sqrt{3})$$

donc : $$Z^{-1}[I(z)] = (\sqrt{3})^n Z^{-1}[F(z)]$$

soit :

$$Z^{-1}[I(z)] = (\sqrt{3})^n \cos\left(n\frac{\pi}{6}\right) U(n) \; ; \; |z| > \sqrt{3}$$

• Théorème de la valeur initiale :

$$\lim_{z \to \infty} I(z) = 1 \quad \text{et} \quad \left[(\sqrt{3})^n \cos\left(n\frac{\pi}{6}\right)\right]_{n=0} = 1$$

• L'original n'existe que pour les nombres z de module supérieur à $\sqrt{3}$.
Le théorème de la valeur finale n'a pas de sens ici.

9 Équations récurrentes

Dans chacun des cas suivants, déterminer la suite a_n vérifiant l'équation récurrente, en déduire le rayon de convergence et la somme de la série $\sum_{n=0}^{\infty} a_n x^n$ (x réel).

1) $\begin{cases} 2a_{n+2} = 3a_{n+1} - a_n \\ a_0 = 1 \; ; \; a_1 = -1 \end{cases}$

2) $\begin{cases} a_{n+2} - \sqrt{2}\, a_{n+1} + a_n = 2^n U(n) \\ a_0 = a_1 = 0 \end{cases}$

■ **SOLUTION**

1) Soit $A(z) = Z(a_n)$. Des théorèmes sur l'avance, il découle :

$$Z(a_{n+1}) = z[A(z) - 1]$$
$$Z(a_{n+2}) = z^2[A(z) - 1 + z^{-1}]$$

Appliquons la transformation en z aux deux membres de l'équation aux différences. On obtient :

$$2\,Z(a_{n+2}) = 3\,Z(a_{n+1}) - Z(a_n)$$

soit : $$2\,z^2 A(z) - 2z^2 + 2z = 3z\,A(z) - 3z - A(z)$$

ou encore : $$A(z) = \frac{2z^2 - 5z}{2z^2 - 3z + 1}$$

Calculons l'original de $A(z)$. La décomposition de $A(z)$ en éléments simples donne :

$$A(z) = \frac{(2z^2 - 3z + 1) - 2z - 1}{2z^2 - 3z + 1} = 1 - \frac{2z + 1}{2\left(z - \frac{1}{2}\right)(z - 1)} = 1 + \frac{2z}{z - \frac{1}{2}} \frac{1}{z} - \frac{3z}{z - 1} \cdot \frac{1}{z}$$

Son original : $a_n = \delta + 2\left(\frac{1}{2}\right)^{n-1} U_{n-1} - 3\,U_{n-1}$

2) $\begin{cases} a_{n+2} - \sqrt{2}\, a_{n+1} + a_n = 2^n U_n \\ a_0 = a_1 = 0 \end{cases}$

Procédons comme précédemment :

$$Z\,[a_{n+2} - \sqrt{2}\,a_{n+1} + a_n] = Z[2^n\,U_n]$$

$$Z\,[a_{n+2}] - \sqrt{2}\;Z[a_{n+1}] + Z[a_n] = \frac{z}{z-2}$$

$$z^2\,A(z) - \sqrt{2}\;z\,A(z) + A(z) = \frac{z}{z-2}$$

$$A(z) = \frac{z}{(z-2)\,(z^2 - \sqrt{2}z + 1)}$$

que l'on décompose en éléments simples :

$$\frac{A(z)}{z} = \frac{1}{(z-2)\,(z^2 - \sqrt{2}z + 1)} = \frac{a}{z-2} + \frac{bz + c}{z^2 - \sqrt{2}z + 1}$$

$$a = \frac{1}{5 - 2\sqrt{2}}\ ;\quad c = \frac{a-1}{2}\ ;\quad b = -\,a$$

$$\frac{A(z)}{z} = a\left[\frac{1}{z-2} - \frac{z}{z^2 - \sqrt{2}z + 1} + \frac{\frac{a-1}{2a}}{z^2 - \sqrt{2}z + 1}\right]$$

ou encore :

$$A(z) = a\left[\frac{z}{z-2} - z\,\frac{z\sin\left(\frac{\pi}{4}\right)}{z^2 - 2\left(\cos\frac{\pi}{4}\right)z + 1}\cdot\frac{2}{\sqrt{2}} + \frac{a-1}{a\sqrt{2}}\,\frac{z\sin\frac{\pi}{4}}{z^2 - 2\left(\cos\frac{\pi}{4}\right)z + 1}\right]$$

La transformée inverse est alors :

$$a_n = a\left[2^n\,U_n - \frac{2}{\sqrt{2}}\sin\left((n+1)\frac{\pi}{4}\right)U_{n+1} + \frac{a-1}{a\sqrt{2}}\sin\left(\frac{\pi}{4}n\right)U_n\right]$$

10 Synthèse des filtres numériques : la transformation bilinéaire

Étant donné un filtre analogique de fonction de transfert $H(p)$ connue ; la méthode de la transformation bilinéaire permet de construire un filtre numérique possédant approximativement la même réponse temporelle que le filtre analogique, et ceci quelle que soit l'excitation.
Dans ce qui suit, $x(t)$ et $y(t)$ sont des signaux analogiques causaux de transformées de Laplace $X(p)$ et $Y(p)$ respectivement.
On considère un filtre analogique défini par l'équation différentielle du premier ordre :

$$y'(t) = ay(t) + x(t)\ ;\quad y(0) = 0$$

dans laquelle $x(t)$ est le signal d'entrée induisant la sortie $y(t)$.

1) Déterminer la fonction de transfert $H(p)$ de ce système.

2) On échantillonne $x(t)$ et $y(t)$ à la période T. Démontrer que :

$$\forall\, n \in \mathbb{N},\ y(nT) = y((n-1)T) + \int_{(n-1)T}^{nT} y'(t)\,dt$$

3) Approximer l'intégrale par l'aire d'un trapèze et en déduire l'équation aux différences définissant le filtre numérique admettant $y(nT)$ comme réponse temporelle.

4) Calculer la fonction de transfert $H^*(z)$ du filtre numérique ainsi constitué et vérifier que

$$H^*(z) = H(p) \text{ pour } p = \frac{2}{T}\,\frac{1 - z^{-1}}{1 + z^{-1}}$$

5) La transformation $z \to p = \dfrac{2}{\mathrm{T}} \dfrac{1 - z^{-1}}{1 + z^{-1}}$ est une transformation bilinéaire.

Démontrer que par cette transformation, l'image du cercle unité est l'axe des imaginaires, puis que l'image du disque unité est le demi-plan des nombres complexes p de partie réelle négative. En déduire que la stabilité du filtre est conservé.

6) Application au circuit RC.

■ SOLUTION

1) Calcul de $\mathrm{H}(p)$: il suffit de prendre la transformée de Laplace des deux membres :

$$y'(t) = ay(t) + x(t) \Rightarrow pY(p) = aY(p) + X(p) \quad \text{(conditions initiales nulles)}$$

$$(p - a)\, Y(p) = X(p)$$

Par conséquent : $$\mathrm{H(p)} = \frac{Y(p)}{X(p)} = \mathrm{H}(p) = \frac{1}{p - a}$$

2) Il suffit d'écrire : $y(n\mathrm{T}) = y((n-1)\mathrm{T}) + [y(n\mathrm{T}) - y((n-1)\mathrm{T})]$

$$y(n\mathrm{T}) = y((n-1)\mathrm{T}) + \int_{(n-1)\mathrm{T}}^{n\mathrm{T}} y'(t)\, \mathrm{d}t$$

3) On considère le schéma ci-contre représentant le graphe de y' :

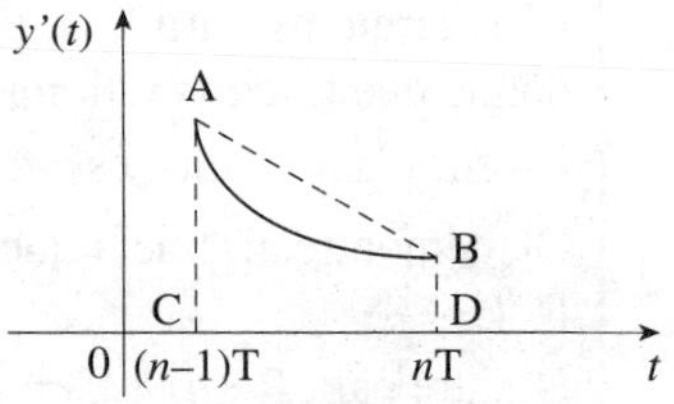

L'aire du trapèze ABCD est une approximation de l'intégrale.

$$\int_{(n-1)\mathrm{T}}^{n\mathrm{T}} y'(t)\, \mathrm{d}t \approx \mathrm{T}/2\, [y'(n\mathrm{T}) + y'((n-1)\mathrm{T})]$$

Donc : $$y(n\mathrm{T}) = y((n-1)\mathrm{T}) + [y'(n\mathrm{T}) + y'((n-1)\mathrm{T})]\, \frac{\mathrm{T}}{2}$$

Par ailleurs, les valeurs de y' aux points $(n\mathrm{T})$ et $((n-1)\mathrm{T})$ sont déduites de l'équation différentielle du filtre analogique :

$$y'(n\mathrm{T}) = ay(n\mathrm{T}) + x(n\mathrm{T})$$
$$y'((n-1)\mathrm{T}) = ay((n-1)\mathrm{T}) + x((n-1)\mathrm{T})$$

En définitive : $y(n\mathrm{T}) = y((n-1)\mathrm{T}) + [ay(n\mathrm{T}) + x(n\mathrm{T}) + ay((n-1)\mathrm{T}) + x((n-1)\mathrm{T})]\, \dfrac{\mathrm{T}}{2}$

4) Prenons la transformée en z des deux membres :

$$(1 - a\frac{\mathrm{T}}{2})\, Y(z) = (1 + a\frac{\mathrm{T}}{2})\, z^{-1}\, Y(z) + [X(z) + z^{-1} X(z)]\, \frac{\mathrm{T}}{2}$$

$$[(1 - a\frac{\mathrm{T}}{2}) - (1 + a\frac{\mathrm{T}}{2}) z^{-1}]\, Y(z) = (1 + z^{-1})\, \frac{\mathrm{T}}{2} X(z)$$

D'où :

$$\mathrm{H}^*(z) = \frac{Y(z)}{X(z)} = \frac{\mathrm{T}}{2} \frac{1 + z^{-1}}{\left[\left(1 - a\frac{\mathrm{T}}{2}\right) - \left(1 + a\frac{\mathrm{T}}{2}\right)\right] z^{-1}} = \frac{1 + z^{-1}}{\frac{2}{\mathrm{T}}\left[1 - a\frac{\mathrm{T}}{2} - z^{-1} - a\frac{\mathrm{T}}{2} z^{-1}\right]}$$

$$\mathrm{H}^*(z) = \frac{1 + z^{-1}}{\frac{2}{\mathrm{T}}\left[1 - z^{-1} - a\frac{\mathrm{T}}{2}(1 + z^{-1})\right]} = \frac{1}{\frac{2}{\mathrm{T}}\left(\frac{1 - z^{-1}}{1 + z^{-1}}\right) - a}$$

On a bien $\mathrm{H}^*(z) = \mathrm{H}(p)$ pour $p = \dfrac{2}{\mathrm{T}} \dfrac{1 - z^{-1}}{1 + z^{-1}}$

5) z appartient au cercle unité si et seulement si $z = e^{j\theta}$ ($\theta \in \mathbb{R}$).

$$p = \frac{2}{T}\frac{1-e^{-j\theta}}{1+e^{-j\theta}} = \frac{2}{T}\frac{e^{-j\theta/2}\,(e^{j\theta/2} - e^{-j\theta/2})}{e^{-j\theta/2}\,(e^{j\theta/2} + e^{-j\theta/2})} = \frac{2}{T}\frac{2j\sin\left(\frac{\theta}{2}\right)}{2\cos\left(\frac{\theta}{2}\right)} = \frac{2}{T}\,j\tan\left(\frac{\theta}{2}\right)$$

Le résultat est bien imaginaire pur.

À l'inverse, supposons que p soit imaginaire pur, $p = jb$. L'égalité $p = \frac{2}{T}\frac{1-z^{-1}}{1+z^{-1}}$ équivaut à $z = \frac{2f+p}{2f-p}$; $f = \frac{1}{T}$, donc, $|z| = \left|\frac{2f+jb}{2f-jb}\right| = 1$.

L'image du cercle unité est l'axe des imaginaires.

• $p = \frac{2}{T}\frac{1-z^{-1}}{1+z^{-1}} \Leftrightarrow z = \frac{2f+p}{2f-p}$ avec $f = \frac{1}{T}$

Posons $p = x + jy$: $z = \frac{2f+x+jy}{2f-x-jy}$ et $|z|^2 = \frac{(2f+x)^2+y^2}{(2f-x)^2+y^2}$

$$|z|^2 < 1 \Leftrightarrow (2f+x)^2 < (2f-x)^2 \Leftrightarrow x < 0$$

Le disque unité se transforme en 1/2 plan défini par Re(p) < 0.

• Remarquons enfin que par la transformation bilinéaire, une fraction rationnelle en p donne une fraction rationnelle en z.

Un filtre analogique est stable si les pôles de $H(p)$ ont une partie réelle négative.

On démontre aisément que si $p = a$ est un pôle de $H(p)$, alors, $z = \frac{2f+a}{2f-a}$ est un pôle de $H^*(z)$.

D'autre part, $\mathrm{Re}(a) < 0 \Leftrightarrow |z| < 1$, les pôles de $H^*(z)$ sont à l'intérieur du disque unité, le filtre numérique est stable.

6) La fonction de transfert d'un circuit RC est $H(p) = \frac{1}{1+RCp}$.

Le filtre numérique obtenu par la transformation bilinéaire a pour fonction de transfert :

$$H^*(z) = \frac{1}{1 + RC\,2f\frac{1-z^{-1}}{1+z^{-1}}} \quad \text{(f est la fréquence d'échantillonnage)}$$

$$H^*(z) = \frac{1+z^{-1}}{(1-2RCf)\,z^{-1} + (1+2RCf)}$$

20 COURBES PARAMÉTRÉES

COURBES PARAMÉTRÉES

1. Représentation paramétrique

Une courbe plane C admet une représentation paramétrique si les coordonnées de chaque point M de C s'expriment en fonction d'un paramètre réel t. On note : $M(x(t)\,;\,y(t))$.

Une fonction est un cas particulier de courbe paramétrée avec x comme paramètre.

Un point d'une courbe C est multiple s'il est atteint pour différentes valeurs de t.

2. Tangentes. Étude locale

Dans le cas où $x(t)$ et $y(t)$ sont dérivables, on note $\frac{d\overrightarrow{OM}}{dt}$ le vecteur dérivé de composantes $(x'(t), y'(t))$. $M(x(t_0), y(t_0))$ est un point singulier (ou stationnaire) si :

$$\frac{d\overrightarrow{OM}}{dt}(t_0) = 0 \Leftrightarrow x'(t_0) = y'(t_0) = 0.$$

M est un point régulier si $\frac{d\overrightarrow{OM}}{dt}(t_0) \neq 0$.

La tangente à la courbe C en M est portée par le premier vecteur dérivé non nul.

Si $x'(t) \neq 0$ et $y'(t) \neq 0$, tangente de pente $y'(t)/x'(t)$.

Si $x'(t) = 0$ et $y'(t) \neq 0$, tangente parallèle à (Oy).

Si $x'(t) \neq 0$ et $y'(t) = 0$, tangente parallèle à (Ox).

Dans le cas d'un point singulier, on utilise les résultats précédents avec le premier vecteur dérivé non nul.

Soient $\overrightarrow{T}$ et $\overrightarrow{N}$ les deux premiers vecteurs dérivés non nuls, $\overrightarrow{T} = \frac{d^n\overrightarrow{OM}}{dt^n}$ et $\overrightarrow{N} = \frac{d^p\overrightarrow{OM}}{dt^p}$ avec $n < p$. On obtient les différente configurations en fonction de la parité de n et p :

	n impair	n pair
p pair	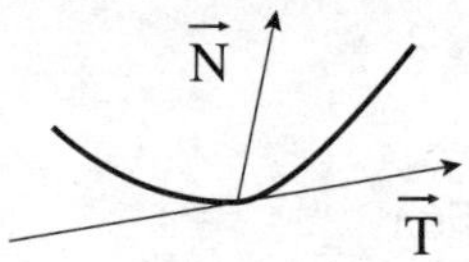 ordinaire	 rebroussement (2)
p impair	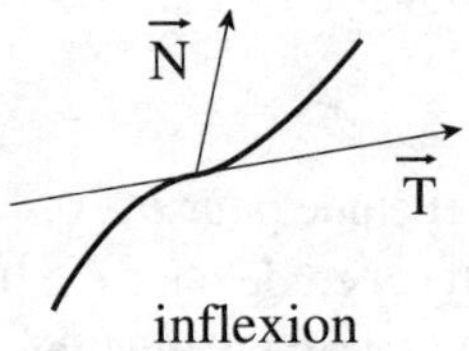 inflexion	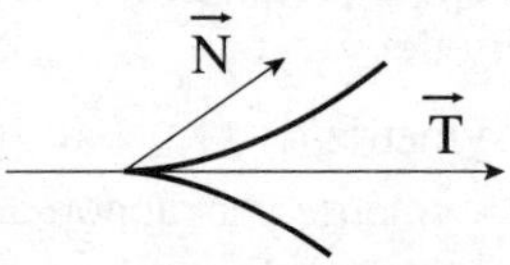 rebroussement (1)

3. Plan d'étude

a) Détermination de l'ensemble de définition commun à $x(t)$ et à $y(t)$.

b) Recherche de symétries :

Si $x(t)$ pair et $y(t)$ impair, symétrie par rapport à (Ox). Étude pour $t \geq 0$.

Si $x(t)$ impair et $y(t)$ pair, symétrie par rapport à (Oy). Étude pour $t \geq 0$.

Si $x(t)$ et $y(t)$ impairs, symétrie par rapport à 0. Étude pour $t \geq 0$.

c) Étude des variations de $x(t)$ et $y(t)$

d) Étude des branches infinies

On étudie les limites de $x(t)$ et de $y(t)$ quand $t \to t_0$, t_0 éventuellement infini :

Si $x(t) \to \pm\infty$ et $y(t) \to b$, la droite $y = b$ est asymptote.

Si $y(t) \to \pm\infty$ et $x(t) \to a$, la droite $x = a$ est asymptote.

Si $x(t) \to \pm\infty$ et $y(t) \to \pm\infty$, on calcule la limite du rapport $\dfrac{y(t)}{x(t)}$. Soit A cette limite.

- Si A = 0, branche parabolique de direction (Ox).
- Si A = $\pm\infty$, branche parabolique de direction (Oy).
- Si A $\neq 0$, on étudie la limite de la différence $y(t) - \mathrm{A}x(t)$:
  - Si $y(t) - \mathrm{A}x(t) \to$ B réel, asymptote $y = \mathrm{A}x + \mathrm{B}$.
  - Si $y(t) - \mathrm{A}x(t) \to \pm\infty$, branche parabolique de direction la droite $y = \mathrm{A}x$.

e) Étude des points singuliers

f) Tracé de la courbe

Courbes en coordonnées polaires

1. Courbe en coordonnées polaires

Si $(x\,;\,y)$ sont les coordonnées cartésiennes de M et $(r\,;\,\theta)$ ses coordonnées polaires, on a les relations $x = r\cos\theta$ et $y = r\sin\theta$, $r^2 = x^2 + y^2$ et $\theta = \text{Arctan}\, y/x + k\pi$.

L'équation d'une courbe C en coordonnées polaires est de la forme $\varphi(r\,;\,\theta) = 0$. On étudie les courbes d'équation $r = \mathrm{f}(\theta)$.

Pour tout M, $\overrightarrow{\mathrm{OM}} = r\vec{u}$, où $\vec{u}$ est le vecteur de composantes $(\cos\theta\,;\,\sin\theta)$ et $r = \mathrm{f}(\theta)$.

Donc $\overrightarrow{\mathrm{OM}}$ est le vecteur $(\mathrm{f}(\theta)\cos\theta\,;\,\mathrm{f}(\theta)\sin\theta)$ et l'étude de la courbe C se ramène à l'étude d'une courbe paramétrée par θ.

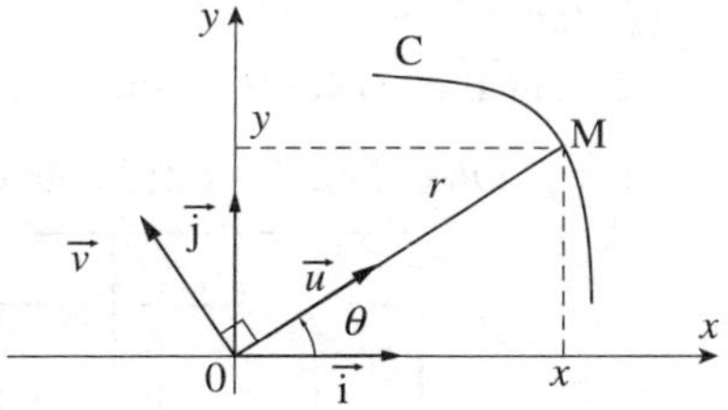

2. Plan d'étude

a) Détermination de l'ensemble de définition

b) Périodicité :

Si f est T – périodique, la courbe est invariante par rotation de centre O et d'angle T. On étudie C sur une période.

c) Parités et symétries :

Si f est paire, symétrie par rapport à (Ox) et étude pour $\theta \geq 0$.

Si f est impaire, symétrie par rapport à (Oy) et étude pour $\theta \geq 0$.

Si $\mathrm{f}(\theta - \theta_0) = \mathrm{f}(\theta)$, symétrie par rapport à la droite d'équation $\theta = \theta_0/2$.

e) Étude des variations

f) Branches infinies :

Étude quand $\theta \to \theta_0$ réel :

Si $r \to \pm\infty$, direction asymptotique de droite $\theta = \theta_0$.

Si $r\sin(\theta - \theta_0) \to$ A réel, la droite $y = A$ dans le repère orthonormé direct $(O, \vec{u}, \vec{v})$, est asymptote à la courbe C
$((\vec{i}, \vec{u}) = \theta_0$ et $(\vec{u}, \vec{v}) = \frac{\Pi}{2})$.

Si $r\sin(\theta - \theta_0) \to \pm\infty$, branche asymptotique de direction θ_0.

Étude quand $\theta \to \pm\infty$:

Si $r \to 0$, point asymptote.

Si $r \to \pm\infty$, spirale asymptote.

Si $r \to R$, cercle asymptote de rayon R.

g) Tracé de la courbe

EXERCICES

1 Équations paramétriques

Donner les équations paramétriques :

a) de la droite passant par A(1, 2) et B(3, 1)

b) du cercle de centre O et de rayon 2

c) du cercle de centre A(1, 2) et de rayon 2.

■ SOLUTION

a) $M \in (AB) \Leftrightarrow \exists\, t \in \mathbb{R} \quad \overrightarrow{AM} = t\,\overrightarrow{AB}$

En passant aux coordonnées, on obtient :

$\begin{cases} x - 1 = 2t \\ y - 2 = -t \end{cases}$ d'où la représentation paramétrique : $\begin{cases} x = 1 + 2t \\ y = 2 - t \end{cases}$ où t décrit $\mathbb{R}$.

b) $\begin{cases} x = R\cos\theta \\ y = R\sin\theta \end{cases}$ avec $R = 2$ $\quad \begin{cases} x = 2\cos\theta \\ y = 2\sin\theta \end{cases} \theta \in [0, 2\pi[$

c) Il s'agit du cercle précédent translaté du vecteur $\overrightarrow{OA}$.

$\begin{cases} x = 2\cos\theta + 1 \\ y = 2\sin\theta + 2 \end{cases}$ où θ décrit l'intervalle $[0, 2\pi[$.

2 Représentations paramétriques classiques

Reconnaître les courbes définies par leurs équations paramétriques :

1) $x(t) = \alpha t + a$; $y(t) = \beta t + b$

2) $x(t) = R\cos\theta + \lambda$; $y(t) = R\sin\theta + \mu$ $(R > 0)$

3) $x(t) = a\cos\theta + \lambda$; $y(t) = b\sin\theta + \mu$ $(a > 0$ et $b > 0)$

4) $x(t) = \dfrac{a}{\cos\theta}$; $y(t) = b\tan\theta$ $(a > 0$ et $b > 0)$

5) $x(t) = a\dfrac{1+t^2}{1-t^2}$; $y(t) = b\dfrac{2t}{1-t^2}$ $(a > 0$ et $b > 0)$

6) $x(t) = a\,\mathrm{ch}\theta$; $y(t) = b\,\mathrm{sh}\theta$ $(a > 0$ et $b > 0)$

■ **SOLUTION**

1) C'est la droite passant par le point de coordonnées $(a\,;\,b)$ et dirigée par le vecteur de composantes $(\alpha\,;\,\beta)$.

2) En éliminant θ entre les deux équations, on obtient : $(x-\lambda)^2 + (y-\mu)^2 = R^2$, ce qui est l'équation d'un cercle de centre le point de coordonnées $(\lambda\,;\,\mu)$ et de rayon R.

3) Par la même méthode que la question **2)**, on obtient $\dfrac{(x-\lambda)^2}{a^2} + \dfrac{(y-\mu)^2}{b^2} = 1$

C'est l'équation d'une ellipse de centre le point de coordonnées $(\lambda\,;\,\mu)$, de grand axe a et de petit axe b.

4) Notons que $\theta \neq \pi/2 + k\pi$.
$\dfrac{x^2}{a^2} = \dfrac{1}{\cos^2\theta} = 1 + \tan^2\theta = 1 + \dfrac{y^2}{b^2}$. On reconnaît l'hyperbole d'équation : $\dfrac{x^2}{a^2} - \dfrac{y^2}{b^2} = 1$.

5) Il suffit dans la relation précédente de poser $t = \tan(\theta/2)$. À l'aide des relations trigonométriques : $\cos\theta = \dfrac{1-t^2}{1+t^2}$ et $\tan\theta = \dfrac{2t}{1-t^2}$, on reconnaît encore une hyperbole d'équation : $\dfrac{x^2}{a^2} - \dfrac{y^2}{b^2} = 1$. Remarquons que $t \neq 1$ et $t \neq -1$, ce qui prive l'hyperbole du point de coordonnées $(-a\,;\,0)$.

6) On reconnaît encore la même hyperbole grâce à la relation de trigonométrie hyperbolique : $\mathrm{ch}^2\theta - \mathrm{sh}^2\theta = 1$.

3 Une représentation paramétrique de l'hyperbole

On considère l'hyperbole d'équation $\dfrac{x^2}{a^2} - \dfrac{y^2}{b^2} = 1$, $(a > 0$ et $b > 0)$.

On rappelle que ses asymptotes ont pour équation : $y = \pm\dfrac{b}{a}x$. En considérant la famille des droites D_t, d'équations (1) : $\dfrac{x}{a} - \dfrac{y}{b} = t$, $t \neq 0$, parallèles à une des asymptotes, déterminer une représentation paramétrique de l'hyperbole.

■ SOLUTION

Toute droite D_t couple l'hyperbole en un point unique de coordonnées $(x(t) ; y(t))$.

L'équation de l'hyperbole s'écrit : $\left(\frac{x}{a}-\frac{y}{b}\right)\left(\frac{x}{a}+\frac{y}{b}\right)=1$, d'où on déduit en remplaçant :

(2) : $\frac{x}{a}+\frac{y}{b}=\frac{1}{t}$. On obtient alors le système formé des équations (1) et (2) qui admet comme solutions :

$$x(t)=\frac{a}{2}\left(\frac{1}{t}+t\right) \quad \text{et} \quad y(t)=\frac{b}{2}\left(\frac{1}{t}-t\right) \quad (t \neq 0)$$

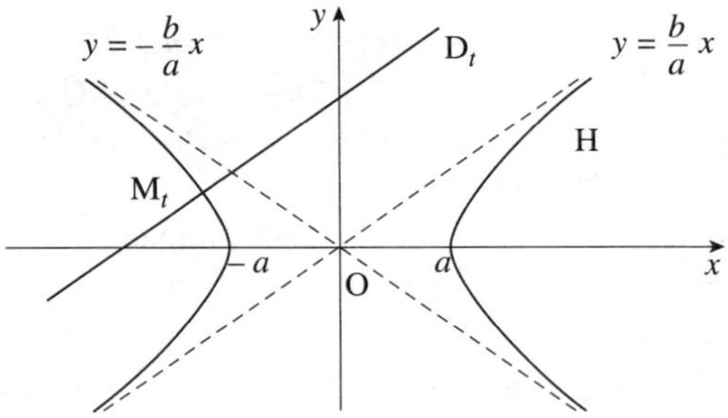

4 Tangentes à l'ellipse

Montrer que si C est une courbe plane définie paramétriquement par $x(t)$ et $y(t)$ et si en une valeur t_0 du paramètre, $x'(t_0)$ et $y'(t_0)$ ne sont pas nuls simultanément, l'équation de la tangente à C au point $M_0(x_0 ; y_0)$ est : $\begin{vmatrix} x-x_0 & y-y_0 \\ x'(t_0) & y'(t_0) \end{vmatrix}=0$.

En déduire l'équation de la tangente à l'ellipse en tout point.

■ SOLUTION

La tangente à la courbe C en M_0 est dirigée par le vecteur $\overrightarrow{V}$ de composantes $x'(t_0)$ et $y'(t_0)$ si celui-ci est non nul.

Soit $M(x ; y)$ un point de cette tangente. La colinéarité des vecteurs $\overrightarrow{MM_0}$ et $\overrightarrow{V}$ se traduit par l'égalité : $\text{Dét}(\overrightarrow{MM_0}, \overrightarrow{V})=0$, c'est-à-dire, en notant x_0 et y_0 les coordonnées de M_0 :

$$\begin{vmatrix} x-x_0 & y-y_0 \\ x'(t_0) & y'(t_0) \end{vmatrix}=0$$

Soit l'ellipse de représentation paramétrique : $x(t) = a \cos t$ et $y(t) = b \sin t$, $a > 0$ et $b > 0$. $x'(t) = -a \sin t$ et $y'(t) = b \cos t$. Les dérivées $x'(t)$ et $y'(t)$ n'étant pas nulles simultanément, on en déduit que l'ellipse admet une tangente en tout point.

Au point M_0, on a donc l'équation : $\begin{vmatrix} x-a\cos t_0 & y-b\sin t_0 \\ -a\sin t_0 & b\cos t_0 \end{vmatrix}=0$

En développant ce déterminant, on obtient :

$$b\cos t_0 . x + a \sin t_0 . y - ab = 0$$

Il reste à diviser par ab ($ab \neq 0$) et à remplacer $\cos t_0$ et $\sin t_0$ pour obtenir :

$$\frac{\cos t_0}{a}x+\frac{\sin t_0}{b}y-1=0 \Leftrightarrow \frac{x_0\, x}{a^2}+\frac{y_0\, y}{b^2}=1$$

5 Courbe de Lissajous

On considère la courbe C définie par les équations paramétriques :

$$x(t) = \sin 3t \text{ et } y(t) = \sin 4t$$

Étudier et tracer cette courbe.

■ SOLUTION

$x(t)$ et $y(t)$ sont définies sur $\mathbb{R}$ et 2π-périodiques, l'étude s'effectue sur un intervalle de longueur 2π. Déterminons les symétries de cette courbe :

$$x(t+\pi) = \sin(3t+3\pi) = -\sin 3t = -x(t)$$
$$y(t+\pi) = \sin(4t+4\pi) = \sin 4t = y(t)$$

Donc les points $M(t)$ et $M(t+\pi)$ sont symétriques par rapport à (Oy). L'étude s'effectue sur un intervalle de longueur π.

Les fonctions $t \to x(t)$ et $t \to y(t)$ sont impaires. Donc les points $M(t)$ et $M(-t)$ sont symétriques par rapport à l'origine. On effectue finalement l'étude sur $[0 ; \pi/2]$.

Étude des variations :

$x'(t) = 3\cos 3t$ et $x'(t) = 0 \Leftrightarrow 3t = \pi/2 + k\pi \Leftrightarrow t = \pi/6 + k\pi/3$. Sur l'intervalle $[0 ; \pi/2]$, les valeurs qui annulent x' sont donc $\pi/6$ et $\pi/2$.

$y'(t) = 4\cos 4t$ et $y'(t) = 0 \Leftrightarrow t = \pi/8 + k\pi/4$. Sur l'intervalle $[0 ; \pi/2]$, les valeurs qui annulent y' sont donc $\pi/8$ et $3\pi/8$.

On peut alors établir le tableau des variations :

t	0		$\pi/8$		$\pi/6$		$3\pi/8$		$\pi/2$
$x'(t)$			$+$		0		$-$		0
$x(t)$	0	↗			1	↘			-1
$y(t)$	0	↗	1	↘			-1	↗	0
$y'(t)$		$+$	0		$-$		0	$+$	

Valeurs particulières :

$$x(\pi/4) = \frac{\sqrt{2}}{2},\ x(\pi/3) = 0,\ y(\pi/6) = \frac{\sqrt{3}}{2},\ y(\pi/4) = 0,\ y(\pi/3) = -\frac{\sqrt{3}}{2}$$

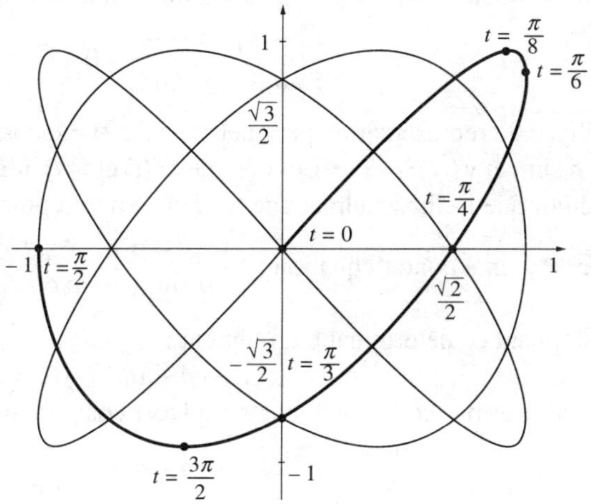

6 Cycloïde

Dans un repère orthonormé, un cercle de rayon 1 roule sans glisser sur l'axe (Ox).
Soit M le point de ce cercle correspondant au parcours du point 0.

1) Montrer que les coordonnées de M vérifient les équations paramétriques :

$$x(t) = t - \sin t \text{ et } y(t) = 1 - \cos t$$

2) Étudier les symétries de cette courbe paramétrée.

3) Établir le tableau des variations et tracer cette courbe.

4) En admettant que la longueur L d'une arche de cycloïde soit donné par la relation :

$$L = \int_0^{2\pi} \sqrt{[x'(t)]^2 + [y'(t)]^2}\,dt \quad \text{, calculer L}$$

■ SOLUTION

1) On appelle :

- I le centre du cercle
- H et K les projections de I sur (Ox) et (Oy)
- t une mesure de l'angle $(\overrightarrow{IM}, \overrightarrow{IH})$
- m et n les projections de M sur (Ox) et (Oy)

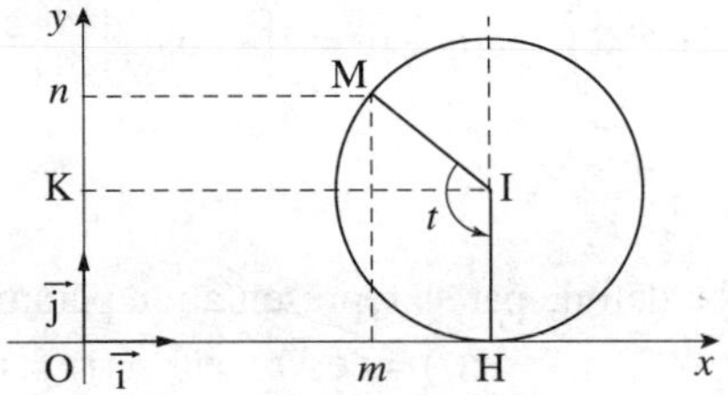

Comme le cercle roule sans glisser : $\overline{OH} = \overset{\frown}{MH} = t$.
Soit α une mesure de l'angle $(\vec{i}, \overrightarrow{IM})$. On a alors, $\alpha = (\vec{i}, \overrightarrow{IH}) + (\overrightarrow{IH}, \overrightarrow{IM}) = -\pi/2 - t$.
Donc : $x(t) = \overline{OH} + \overline{Hm} = t + \cos(-\pi/2 - t) = t - \sin t$
$y(t) = \overline{OK} + \overline{Kn} = 1 + \sin(-\pi/2 - t) = 1 - \cos t$

2) Remarquons d'abord que $x(-t) = -x(t)$ et que $y(-t) = y(t)$. On en déduit que la courbe présente une symétrie par rapport à l'axe (Oy). On étudie alors la courbe pour $t > 0$.
Ensuite $x(t + 2\pi) = x(t) + 2\pi$ et $y(t + 2\pi) = y(t)$. On en déduit que la courbe reste inchangée par une translation de vecteur $(2\pi\,;\,0)$. On va donc effectuer l'étude sur l'intervalle $[0\,;\,\pi]$.

3) $x'(t) = 1 - \cos t$ et $y'(t) = \sin t$.
On peut alors établir le tableau des variations :

t	0		π
$x'(t)$	0	+	
$x(t)$	0	↗	π
$y(t)$	0	↗	2
$y'(t)$	0	+	

Pour l'étude des tangentes, on étudie le rapport $y'(t)/x'(t)$:

$$\frac{y'(t)}{x'(t)} = \frac{\sin t}{1-\cos t} = \frac{2\sin(t/2).\cos(t/2)}{2\sin^2(t/2)} = \text{cotan}(t/2)$$

$\lim\limits_{t\to 0} \text{cotan}(t/2) = +\infty$, donc la courbe admet en $t = 0$ une tangente verticale.

$\lim\limits_{t\to \pi} \text{cotan}(t/2) = 0$, donc la courbe admet en $t = \pi$ une tangente horizontale.

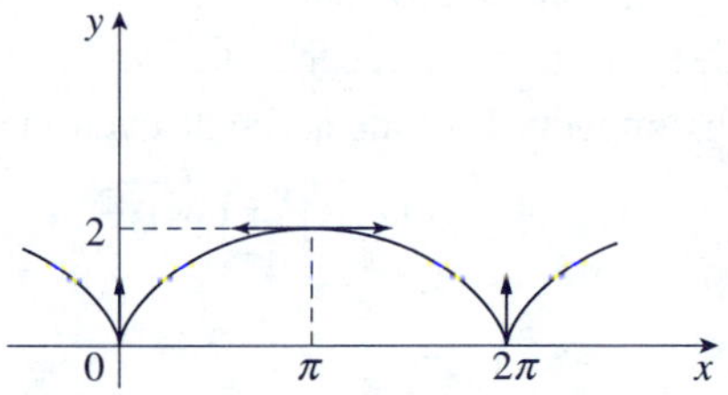

4) $[x'(t)]^2 + [y'(t)]^2 = (1-\cos t)^2 + \sin^2 t = 2 - 2\cos t = 4\sin^2(t/2)$.

Comme $t \in [0 ; 2\pi]$, $t/2 \in [0 ; \pi]$ est donc $\sin(t/2) \geq 0$.

Donc : $\sqrt{[x'(t)]^2 + [y'(t)]^2} = 2\sin(t/2)$.

Il reste alors à calculer l'intégrale :

$$L = 2\int_0^{2\pi} \sin\frac{t}{2}\,dt = 4\left[-\cos\frac{t}{2}\right]_0^{2\pi} = 4[-\cos\pi + \cos 0] = 8$$

7 Astroïde

On considère la courbe définie par sa représentation paramétrique :

$$x(t) = \cos^3 t \quad \text{et} \quad y(t) = \sin^3 t$$

1) Étudier cette courbe et la tracer.

2) Calculer la longueur de l'astroïde.

■ SOLUTION

1) $x(t+2\pi) = x(t)$ et $y(t+2\pi) = y(t)$. On étudie donc sur $]-\pi ; \pi]$.

De plus, $x(-t) = x(t)$ et $y(-t) = -y(t)$. La courbe présente une symétrie par rapport à l'axe (Ox). On étudie sur $[0 ; \pi]$.

Enfin, $x(\pi - t) = -x(t)$ et $y(\pi - t) = y(t)$. La courbe présente une symétrie par rapport à l'axe (Oy). On effectue finalement l'étude sur $[0 ; \pi/2]$.

$x'(t) = -3\cos^2 t.\sin t$ et $x'(t) \leq 0$ sur $[0 ; \pi/2]$

$y'(t) = 3\sin^2 t.\cos t$ et $y'(t) \geq 0$ sur $[0 ; \pi/2]$. On en déduit le tableau de variations :

t	0		$\pi/2$
$x'(t)$	0	$-$	0
$x(t)$	1	↘	0
$y(t)$	0	↗	1
$y'(t)$	0	$+$	0

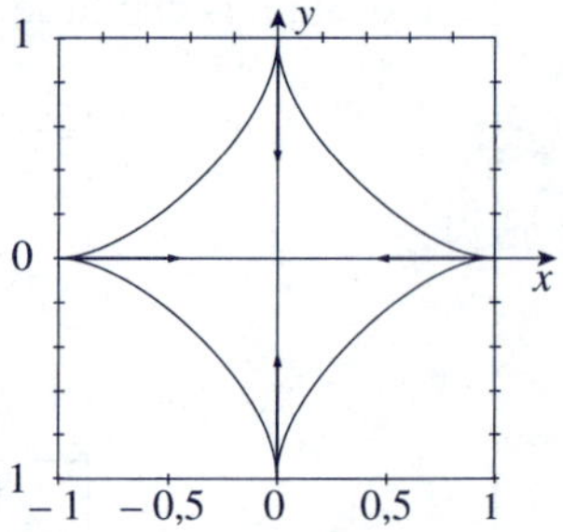

$$\frac{y'(t)}{x'(t)} = -\frac{\sin t}{\cos t} = -\tan t$$

Donc, $\lim_{t\to 0} \frac{y'(t)}{x'(t)} = 0$. On en déduit en 0 une tangente horizontale.

De plus, $\lim_{t\to \pi/2} \frac{y'(t)}{x'(t)} = \infty$. On en déduit en $t = \pi/2$ une tangente verticale.

2) $[x'(t)]^2 + [y'(t)]^2 = 9[\cos^4 t \,.\, \sin^2 t + \cos^2 t \,.\, \sin^4 t] = 9 \cos^2 t \,.\, \sin^2 t$

$$L = 4\int_0^{\pi/2} \sqrt{[x'(t)]^2 + [y'(t)]^2} = 12\int_0^{\pi/2} \cos t \,.\, \sin t \,.\, dt = 6\int_0^{\pi/2} \sin 2t \,.\, dt = 3[-\cos 2t]_0^{\pi/2} = 6$$

8 Le folium de Descartes

On considère la courbe C définie par les équations paramétriques :

$$x(t) = \frac{3t}{1+t^3} \quad \text{et} \quad y(t) = \frac{3t^2}{1+t^3} \quad \text{définies pour } t \neq -1$$

1) Étudier les limites des fonctions $t \to x(t)$ et $t \to y(t)$ en -1 et en $\pm\infty$.

2) Déterminer l'asymptote à la courbe C.

3) Calculer $x'(t)$ et $y'(t)$. Établir le tableau des variations.

4) Tracer la courbe C, appelée folium de Descartes.

5) En éliminant t entre $x(t)$ et $y(t)$, déterminer la fonction $f(x\,;y) = 0$ de courbe représentative C.

■ SOLUTION

1) $\lim_{t\to\infty} x(t) = 0$, $\lim_{t\to\infty} y(t) = 0$ (limites de fonctions polynômes en $+\infty$ ou en $-\infty$).

Pour $t < -1$, $1 + t^3 < 0$, donc $\lim_{t\to -1^-} x(t) = +\infty$.

Pour $t > -1$, $1 + t^3 > 0$ et $t < 0$, donc $\lim_{t\to -1^+} x(t) = -\infty$.

On trouve de même : $\lim_{t\to -1^-} y(t) = -\infty$ et $\lim_{t\to -1^+} y(t) = +\infty$.

2) Quand $t \to -1$, x et y ont une limite infinie. On calcule alors la limite de $y(t)/x(t)$:
$\frac{y(t)}{x(t)} = t$ et donc $\lim_{t\to -1} \frac{y(t)}{x(t)} = -1$. Calculons alors la limite de $[y(t) + x(t)]$:

$$y(t) + x(t) = \frac{3t + 3t^2}{1+t^3} = \frac{3t(1+t)}{1+t^3} = \frac{3t}{1-t+t^2}$$

et donc $\lim_{t\to -1} [y(t) + x(t)] = -1$.

On en déduit une asymptote d'équation $y = -x - 1$, quand $t \to -1$.

3) Pour tout $t \neq -1$, les fonctions $t \to x(t)$ et $t \to t(t)$ sont dérivables :

$$x'(t) = 3\,\frac{1-2t^3}{(1+t^3)^2}\,, \quad y'(t) = 3\,\frac{t(2-t^3)}{(1+t^3)^2}$$

$x'(t)$ s'annule pour $t = \dfrac{1}{\sqrt[3]{2}}$. Le signe de $x'(t)$ est donné par $1 - 2t^3$:

$$x'(t) < 0 \Leftrightarrow t > \frac{1}{\sqrt[3]{2}}\text{, et } x'(t) > 0 \Leftrightarrow t < \frac{1}{\sqrt[3]{2}} \text{ et } t \neq -1.$$

$y'(t)$ s'annule pour $t = 0$ et pour $t = \sqrt[3]{2}$.

$$2 - t^3 < 0 \Leftrightarrow t > \sqrt[3]{2}\text{, et } 2 - t^3 > 0 \Leftrightarrow t < \sqrt[3]{2}$$

On en déduit le signe de $y'(t)$, signe du produit $t(2 - t^3)$:

$$y'(t) > 0 \Leftrightarrow t \in \left]0\,;\,\sqrt[3]{2}\right[$$
$$y'(t) < 0 \Leftrightarrow t \in \left]-\infty\,;-1\right[\cup \left]-1\,;0\right[\cup \left]\sqrt[3]{2}\,;+\infty\right[$$

On peut alors établir le tableau de variations :

t	$-\infty$		-1		0		$1/\sqrt[3]{2}$		$\sqrt[3]{2}$		$+\infty$
$x'(t)$		+	‖	+		+	0	−		−	
$x(t)$	0	↗	$+\infty$ ‖ $-\infty$	↗		↗		↘		↘	0
$x(t)$	0	↘	$-\infty$ ‖ $+\infty$	↘		↗		↗		↘	0
$y'(t)$		−	‖	−	0	+		+	0	−	

Enfin, $x\left(\sqrt[3]{2}\right) = \sqrt[3]{2} \approx 1{,}26$, $\quad y\left(\sqrt[3]{2}\right) = \sqrt[3]{4} \approx 1{,}59$.

$x(1/\sqrt[3]{2}) = 2/\sqrt[3]{2} = \sqrt[3]{4}$, $\quad y(1/\sqrt[3]{2}) = \sqrt[3]{2}$

5) À partir de la relation $y(t)/x(t) = t$, on remplace dans l'expression de $x(t)$ ou de $y(t)$ au choix, on obtient : $f(x\,;\,y) = x^3 + y^3 - 3xy = 0$.

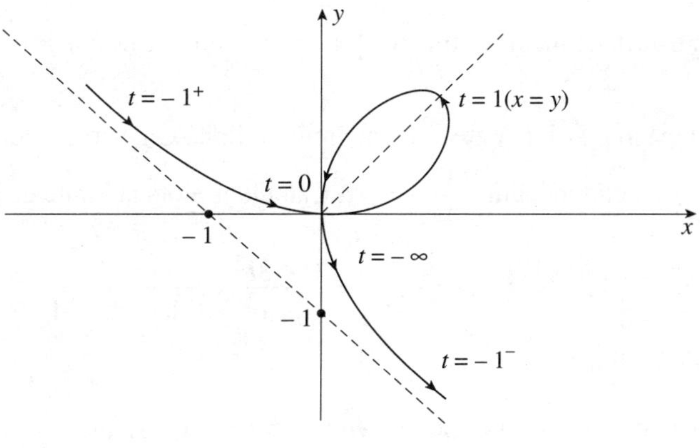

9 Tangente à une courbe exprimée en coordonnées polaires

On considère une courbe C d'équation polaire : $r = f(\theta)$. Soit un point M de C et T la tangente en M à cette courbe.

On appelle φ l'angle formé par l'axe (Ox) et la tangente T.

On appelle V l'angle formé par la tangente T en M et la droite (OM).

1) En utilisant les coordonnées cartésiennes x et y en fonction de r et θ, calculer $\tan\varphi$.

2) En remarquant que $\varphi = V + \theta$, montrer que $\tan V = r/r'$.

■ SOLUTION

1) $x(\theta) = r\cos\theta$ et $y(\theta) = r\sin\theta$

L'angle φ est donné par :

$$\tan\varphi = \frac{y'(\theta)}{x'(\theta)}$$

avec : $x'(\theta) = r'\cos\theta - r\sin\theta$

$y'(\theta) = r'\sin\theta + r\cos\theta$

Donc : $\tan\varphi = \dfrac{r'\sin\theta + r\cos\theta}{r'\cos\theta - r\sin\theta}$

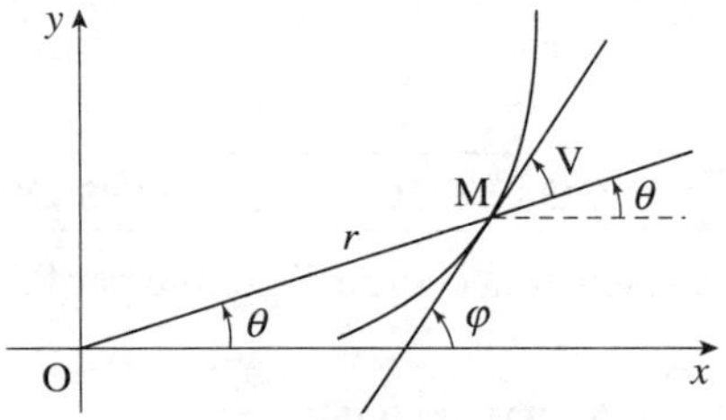

2) Il est clair (voir figure) que $\varphi = V + \theta$. Notons que ces angles sont des angles de droites, définis à π près.

On utilise la relation trigonométrique relative aux tangentes :

$\tan V = \tan(\varphi - \theta) = \dfrac{\tan\varphi - \tan\theta}{1 + \tan\varphi\tan\theta}$ et on remplace $\tan\varphi$ par l'expression précédente.

$$\tan V = \frac{(r'\sin\theta + r\cos\theta)\cos\theta - (r'\cos\theta - r\sin\theta)\sin\theta}{(r'\cos\theta - r\sin\theta)\cos\theta + (r'\sin\theta + r\cos\theta)\sin\theta} = \frac{r}{r'}$$

10 Équation de droite en coordonnées polaires

1) Déterminer l'équation en coordonnées polaires d'une droite passant par O. En déduire les équations des axes (Ox), (Oy) puis de la droite $y = x$.

2) Donner l'équation en coordonnées polaires d'une droite ne passant pas par O. Application aux droites $y = 1$, $x = 1$, $y = x + 1$.

■ SOLUTION

1) Si la droite passe par l'origine alors θ est constant.

$\theta = \varphi$ (φ constant) est l'équation d'une droite passant par 0, en coordonnées polaires.

(Ox) : $\theta = 0$

(Oy) : $\theta = \pi/2$ ou $\theta = -\pi/2$

$y = x$: $\theta = \pi/4$

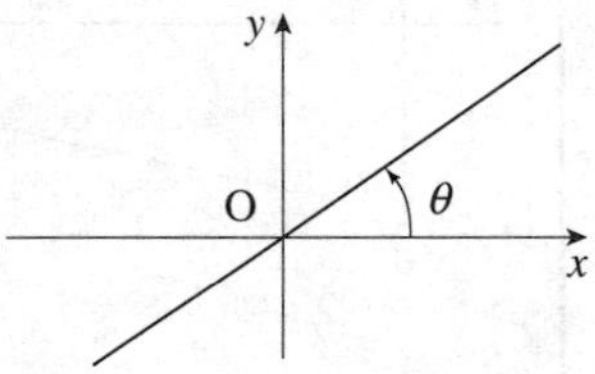

2) Soit D une droite ne passant pas par 0, d'équation cartésienne $ax + by + c = 0$ ($c \neq 0$). En posant $x = r\cos\theta$ et $y = r\sin\theta$, on obtient : $r(a\cos\theta + b\sin\theta) + c = 0$.
Donc :

$$r = \frac{-c}{a\cos\theta + b\sin\theta}$$

avec $c \neq 0$ puisque la droite ne passe pas par O.

$y = 1$: $a = 0$, $b = 1$, $c = -1$ donc, $r = \dfrac{1}{\sin\theta}$

$x = 1$: $a = 1$, $b = 0$, $c = -1$ donc, $r = \dfrac{1}{\cos\theta} = \dfrac{1}{\sin(\theta + \pi/2)}$

$y = x + 1$: $a = 1$, $b = -1$, $c = 1$ donc, $r = \dfrac{-1}{\cos\theta - \sin\theta} = \dfrac{1}{\sqrt{2}\sin(\theta - \pi/4)}$

11 Courbe en coordonnées polaires (1)

Représenter la courbe C définie par l'équation $r = \tan\theta$.

■ SOLUTION

Soit la fonction f : $\theta \to r = \tan\theta$. Cette fonction est définie pour $\theta \neq \pi/2 + k\pi$.

La fonction f est π-périodique. On limite l'étude à $]-\pi/2\,;+\pi/2[$. La courbe sera invariante par rotation de π.

La fonction f est impaire. On en déduit une symétrie de la courbe C par rapport à (Oy) et on limite finalement l'étude à l'intervalle $[0\,;\pi/2[$.

$r' = 1 + \tan^2\theta$. Donc $r' > 0$.

Étude en $\pi/2$:

Quand $\theta \to \pi/2$, $r \to +\infty$. On étudie alors la limite du produit $r\sin(\theta - \pi/2)$.

$r\sin(\theta - \pi/2) = \tan\theta\sin(\theta - \pi/2) = -\sin\theta$

Ce produit tend vers -1 quand $\theta \to \pi/2$.

On en déduit que la courbe C admet une asymptote d'équation $y = -1$ dans le repère orthonormé direct $(O, \vec{u}, \vec{v})$ avec $(\vec{i}, \vec{u}) = \pi/2$.

θ	0	$\pi/2$
r'	+	
r	0 ↗	$+\infty$

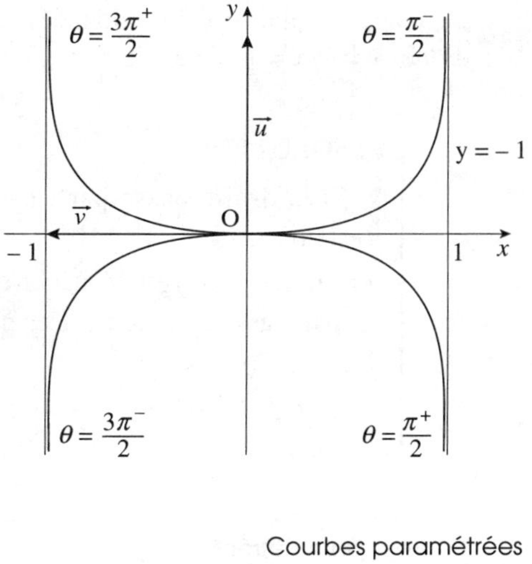

12 Courbe en coordonnées polaires (2)

Représenter la courbe définie par l'équation $r = 1/\theta$, $\theta > 0$.

■ SOLUTION

La fonction $\theta \rightarrow 1/\theta$ est définie sur $]0\ ;\ +\infty[$.

Étude en 0 : quand $\theta \rightarrow 0$, $r \rightarrow +\infty$. On en déduit une direction asymptotique : $\theta = 0$. On étudie alors la limite du produit $r \sin\theta$ quand $\theta \rightarrow 0$:

$$r \sin\theta = \frac{\sin\theta}{\theta} \text{ et } \lim_{\theta \to 0} \frac{\sin\theta}{\theta} = 1$$

Donc la droite $y = 1$ dans le repère $(O, \vec{i}, \vec{j})$ est asymptote à la courbe.

Étude en $+\infty$: quand $\theta \rightarrow +\infty$, $r \rightarrow 0$. Donc l'origine est point asymptote à la courbe.

Variations : $r' = -\dfrac{1}{\theta^2} < 0$.

On en déduit le tableau de variations et la courbe représentative.

θ	0	$+\infty$
r'	$-$	
r	$+\infty$ ↘	0

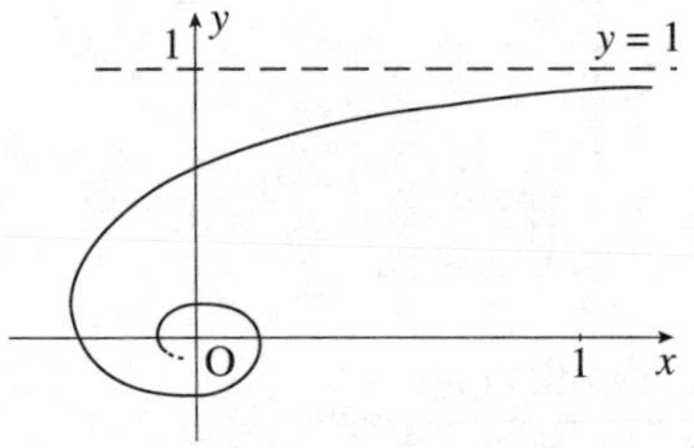

13 Quelques fleurs

Représenter les courbes définies par les équations polaires :

1) $r = \sin 3\theta$

2) $r = \sin 4\theta$

■ SOLUTION

1) La fonction $f(\theta) = \sin 3\theta$ est définie sur $\mathbb{R}$. Elle est périodique de période $2\pi/3$. On effectue donc l'étude sur un intervalle de longueur $2\pi/3$. On obtiendra la courbe complète par rotations de $2\pi/3$. L'intervalle choisi est $[-\pi/3, \pi/3]$.

La fonction f est impaire. On en déduit que la courbe est symétrique par rapport à l'axe (Oy). On effectue enfin l'étude sur $[0\ ;\ \pi/3]$.

$r' = 3\cos 3\theta$; $r' = 0 \Leftrightarrow \cos 3\theta = 0 \Leftrightarrow 3\theta = \pi/2 + k\pi \Leftrightarrow \theta = \pi/6 + k\pi/3$.

θ	0		$\pi/6$		$\pi/3$
r'		$+$	0	$-$	
r	0	↗	1	↘	0

2) La fonction $g(\theta) = \sin 4\theta$ est périodique de période $\pi/2$. Elle est impaire.

On effectue donc l'étude sur l'intervalle $[0 ; \pi/4]$. La courbe complète s'obtient par symétrie par rapport à l'axe (Oy) puis par rotations de $\pi/2$.

$r' = 4\cos 4\theta$. $r' = 0 \Leftrightarrow \theta = \pi/8 + k\pi/4$.

D'où le tableau de variations ci-contre.

θ	0		$\pi/8$		$\pi/4$
r'		+	0	−	
r	0	↗	1	↘	0

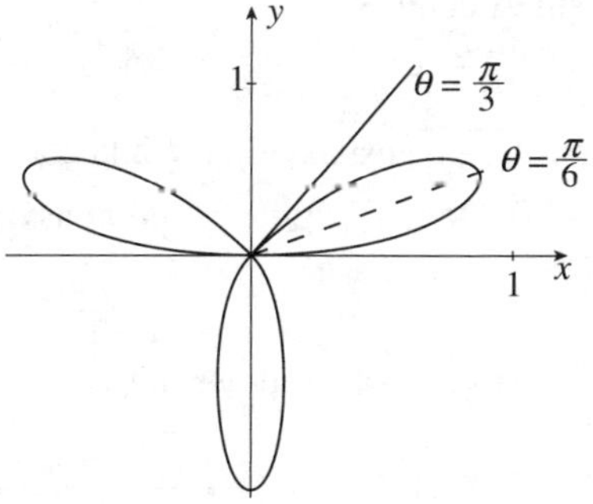

$r = \sin 3\theta$

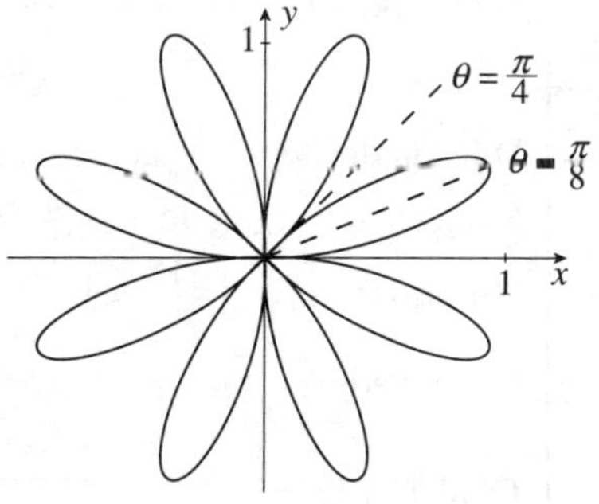

$r = \sin 4\theta$

14 Cardioïde

Étudier la courbe définie par son équation polaire : $r = 1 + \cos\theta$.
En particulier étudier les tangentes en $\theta = 0$ et $\theta = \pi$.

■ SOLUTION

Soit $f : \theta \to 1 + \cos\theta$. On a alors $r = f(\theta)$. f est périodique de période 2π, donc on effectue l'étude sur $]-\pi ; \pi]$. f est paire, donc on effectue l'étude sur $[0 ; \pi]$. La courbe est symétrique par rapport à (Ox). $r' = f'(\theta) = -\sin\theta$, donc $r' \leq 0$ sur $[0 ; \pi]$.

θ	0		$\pi/2$		π
r'	0		−		0
r	2	↘	1	↘	0

L'angle V formé par la droite (OM) et la tangente en M est déterminé par la relation :

$$\tan V = \frac{r}{r'} = \frac{1 + \cos\theta}{-\sin\theta}$$

$$= \frac{2\cos^2(\theta/2)}{-2\sin(\theta/2)\cos(\theta/2)}$$

$$= -\operatorname{cotan}(\theta/2)$$

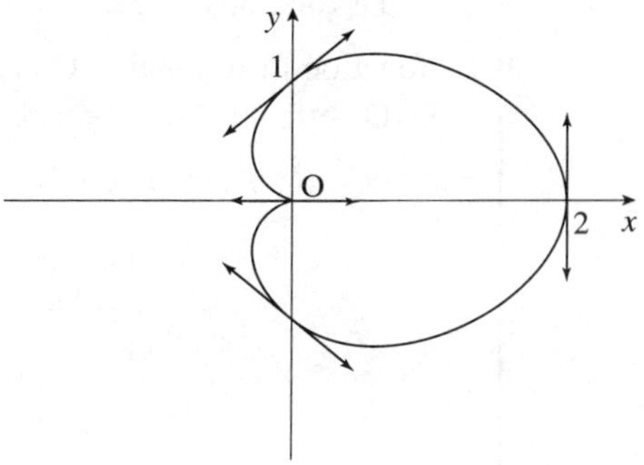

Pour $\theta = \pi$, $\tan V = 0$, donc $V = 0$ et la courbe présente une tangente portée par l'axe (Ox).
Pour $\theta = 0$, $\tan V \to \infty$, donc $V \to \pi/2$ et la tangente est perpendiculaire à (OM).

21 ANALYSE VECTORIELLE

SYSTÈMES DE COORDONNÉES

1. Coordonnées dans le plan

Le plan étant muni d'un repère orthonormé direct $(O, \vec{i}, \vec{j})$, un point M peut être repéré soit par ses coordonnées cartésiennes, soit par ses coordonnées polaires.

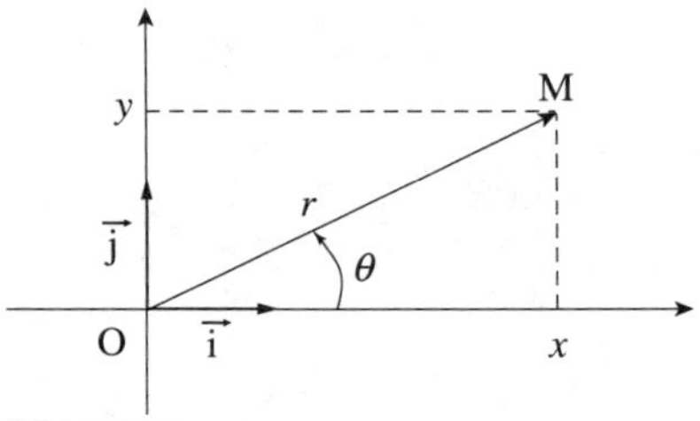

• Coordonnées cartésiennes :
couple (x, y) tel que $\overrightarrow{OM} = x\vec{i} + y\vec{j}$; x est l'abscisse et y l'ordonnée.

• Coordonnées polaires :
couple (r, θ) où $r = OM$ et $\theta = (\vec{i}, \overrightarrow{OM})$; r est la distance de O à M et θ l'angle orienté des vecteurs $\vec{i}$ et $\overrightarrow{OM}$.

$$x = r\cos\theta \quad y = r\sin\theta$$

2. Coordonnées dans l'espace

L'espace est muni d'un repère orthonormé direct $(O, \vec{i}, \vec{j}, \vec{k})$. On distingue trois types de coordonnées.

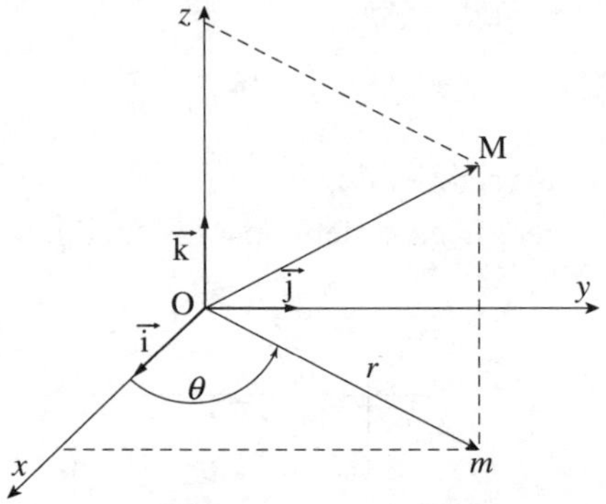

• Coordonnées cartésiennes :
triplet (x, y, z) tel que $\overrightarrow{OM} = x\vec{i} + y\vec{j} + z\vec{k}$.

• Coordonnées cylindriques :
triplet (r, θ, z) où $r = Om$ et $\theta = (\vec{i}, \overrightarrow{Om})$;
m est la projection orthogonale de M dans le plan $(O, \vec{i}, \vec{j})$.

$$x = r\cos\theta \quad y = r\sin\theta \quad z = z$$

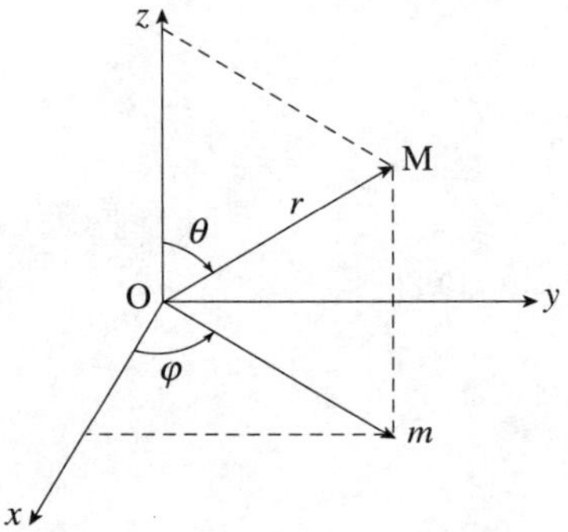

• Coordonnées sphériques :

$$\begin{cases} x = r\sin\theta\cos\varphi \\ y = r\sin\theta\sin\varphi \\ z = r\cos\theta \end{cases}$$

$$0 \le \theta \le \pi \text{ et } 0 \le \varphi < 2\pi$$

r est la distance du point M à l'origine O du repère.
θ est la colatitude et φ la longitude.

Produit scalaire

1. Définition

Soit $\vec{u}$ et $\vec{v}$ deux vecteurs du plan ou de l'espace.

Si $\vec{u} = \vec{0}$ ou $\vec{v} = \vec{0}$, on pose $\vec{u} \cdot \vec{v} = 0$ (on lit : « $\vec{u}$ scalaire $\vec{v}$ »).

Si $\vec{u} \neq \vec{0}$ et $\vec{v} \neq \vec{0}$, en posant $\vec{u} = \overrightarrow{OM}$ et $\vec{v} = \overrightarrow{ON}$, on a :

$$\begin{aligned}\vec{u} \cdot \vec{v} &= \overrightarrow{OM} \cdot \overrightarrow{ON} = \overline{OM} \times \overline{OH} \\ &= OM \times ON \cos\theta \\ &= \|\vec{u}\| \, \|\vec{v}\| \cos\theta\end{aligned}$$

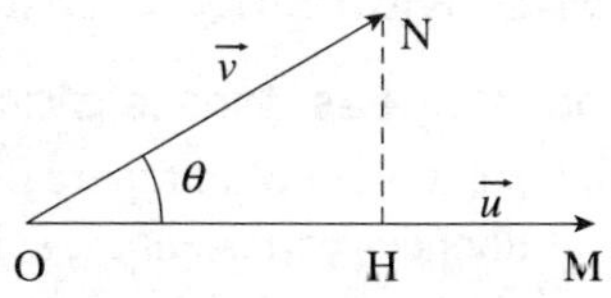

où H est la projection orthogonale du point N sur la droite orientée (OM) et θ l'angle $(\vec{u}, \vec{v})$.

• En repère orthonormé :

$$\boxed{\vec{u} \cdot \vec{v} = xx' + yy' + zz'}$$

où (x, y, z) et (x', y', z') sont les coordonnées cartésiennes de $\vec{u}$ et $\vec{v}$.

2. Propriétés du produit scalaire

Commutativité :	$\vec{u}\,\vec{v} = \vec{v}\,\vec{u}$
Bilinéarité :	$(k\vec{u})\vec{v} = k\,(\vec{u}\,\vec{v})$
	$\vec{u}\,(\vec{v} + \vec{w}) = \vec{u}\,\vec{v} + \vec{u}\,\vec{w}$
Orthogonalité :	$\vec{u}\,\vec{v} = 0 \Leftrightarrow \vec{u} \perp \vec{v}$

Produit vectoriel

1. Définition

Soient $\vec{u}$ et $\vec{v}$ deux vecteurs de l'espace.

• Si $\vec{u}$ et $\vec{v}$ sont colinéaires, on pose $\vec{u} \wedge \vec{v} = \vec{0}$ (on lit $\vec{u}$ vectoriel $\vec{v}$).

• Si $\vec{u}$ et $\vec{v}$ ne sont pas colinéaires, $\vec{u} \wedge \vec{v} = \vec{w}$, le vecteur $\vec{w}$ étant défini par les conditions suivantes :

$\vec{w} \perp$ plan $(\vec{u}, \vec{v})$;

$(\vec{u}, \vec{v}, \vec{w})$ est une base directe ;

$\|\vec{w}\| = \|\vec{u}\| \, \|\vec{v}\| \, |\sin(\vec{u}, \vec{v})|$;

$\|\vec{w}\|$ est aussi l'aire du parallélogramme formé par les vecteurs $\vec{u}$ et $\vec{v}$.

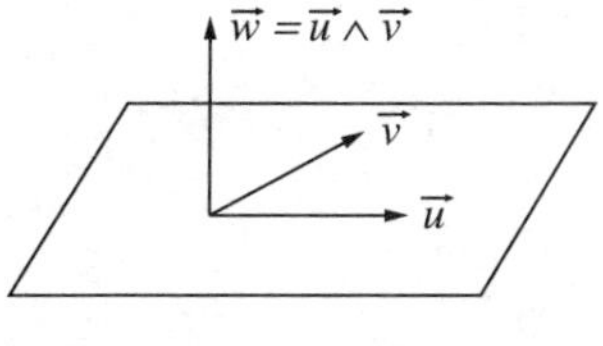

2. Propriétés du produit vectoriel

$\vec{u} \wedge \vec{v} = -\vec{v} \wedge \vec{u}$

$\vec{u} \wedge (\vec{v} + \vec{w}) = \vec{u} \wedge \vec{v} + \vec{u} \wedge \vec{w}$

$(k\vec{u}) \wedge \vec{v} = \vec{u} \wedge (k\vec{v}) = k(\vec{u} \wedge \vec{v})$

Calcul des coordonnées dans une base orthonormée directe :

$$\overset{\vec{u}}{\begin{pmatrix} x \\ y \\ z \end{pmatrix}} \wedge \overset{\vec{v}}{\begin{pmatrix} x' \\ y' \\ z' \end{pmatrix}} = \overset{\vec{u} \wedge \vec{v}}{\begin{pmatrix} yz' - y'z \\ x'z - xz' \\ xy' - x'y \end{pmatrix}}$$

CHAMP DE VECTEURS

L'espace est muni d'un repère orthonormé direct.

1. Champ scalaire

On appelle champ scalaire une fonction f : $\mathbb{R}^3 \to \mathbb{R} \quad (x, y, z) \to f(x, y, z)$
À tout point de l'ensemble de définition de f est ainsi associé un nombre réel.

2. Champ de vecteurs

On appelle champ de vecteurs une fonction : $\vec{V} : \mathbb{R}^3 \to \mathbb{R}^3$

$$(x, y, z) \to (P(x, y, z), Q(x, y, z), R(x, y, z))$$

où P, Q et R sont trois fonctions des variables x, y et z définies sur une même partie D de l'espace.
À tout point $M(x, y, z)$ de D est ainsi associé le vecteur $\vec{V}(M)$ de composantes :

$$(P(x, y, z),\quad Q(x, y, z),\quad R(x, y, z))$$

3. Gradient d'un champ scalaire

Le gradient d'un champ scalaire $f(x, y, z)$ est le champ de vecteurs de composantes :

$$\left(\frac{\partial f}{\partial x}, \frac{\partial f}{\partial y}, \frac{\partial f}{\partial z}\right)$$

On le note $\overrightarrow{\text{grad} f}$. Il est normal (orthogonal) en tous points à la surface d'équation :

$$f(x, y, z) = \text{Constante}.$$

En notant $\overrightarrow{dM}$ le vecteur de composantes (dx, dy, dz), la différentielle df s'écrit comme un produit scalaire :

$$\boxed{df = \overrightarrow{\text{grad} f} \cdot \overrightarrow{dM}}$$

Un champ de vecteurs $\vec{V}(M)$ est un champ de gradient s'il existe un champ scalaire $f(x, y, z)$ tel que : $\vec{V}(M) = \overrightarrow{\text{grad} f}$

Dans ce cas : $\dfrac{\partial f}{\partial x} = P(x, y, z), \quad \dfrac{\partial f}{\partial y} = Q(x, y, z), \quad \dfrac{\partial f}{\partial z} = R(x, y, z).$

Si les fonctions P, Q et R possèdent des dérivées partielles continues :

$$V \text{ est un champ de gradient} \Leftrightarrow \begin{cases} \dfrac{\partial P}{\partial y} = \dfrac{\partial Q}{\partial x} \\ \dfrac{\partial P}{\partial z} = \dfrac{\partial R}{\partial x} \\ \dfrac{\partial Q}{\partial z} = \dfrac{\partial R}{\partial y} \end{cases}$$

4. Rotationnel d'un champ de vecteurs

On appelle rotationnel d'un champ de vecteurs $\vec{V}$ de composantes (P, Q, R) le vecteur noté $\overrightarrow{\text{Rot} V}$ de composantes :

$$\left(\frac{\partial R}{\partial y} - \frac{\partial Q}{\partial z}, \frac{\partial P}{\partial z} - \frac{\partial R}{\partial x}, \frac{\partial Q}{\partial x} - \frac{\partial P}{\partial y}\right)$$

Vecteur nabla : en notant $\vec{\nabla}$ le vecteur symbolique de composantes $\left(\dfrac{\partial}{\partial x}, \dfrac{\partial}{\partial y}, \dfrac{\partial}{\partial z}\right)$:

$$\boxed{\overrightarrow{\text{Rot} V} = \vec{\nabla} \wedge \vec{V}}$$

$$\boxed{\vec{V} = \overrightarrow{\text{grad} f} \Leftrightarrow \overrightarrow{\text{Rot} V} = \vec{0}}$$

Circulation et flux

1. Circulation d'un vecteur le long d'un arc

Soient $\widehat{AB}$ un arc paramétré de l'espace et $\vec{V}$ un champ de vecteurs. On appelle circulation du vecteur $\vec{V}$ le long de l'arc $\widehat{AB}$, l'intégrale :

$$I = \int_{\widehat{AB}} \vec{V}\, \overrightarrow{dM}$$

Son calcul se ramène au calcul d'une intégrale simple sur un segment $[a, b]$ par l'intermédiaire du paramètre t servant à définir l'arc $\widehat{AB}$.

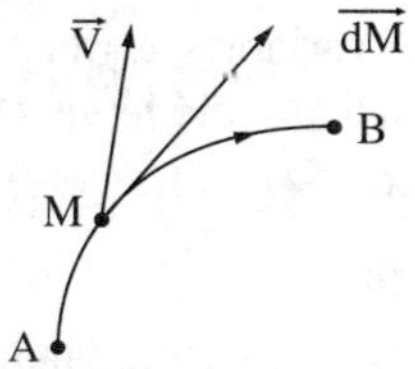

Le vecteur $\overrightarrow{dM}$ est tangent en M à l'arc $\widehat{AB}$.

- Si $\vec{V}$ est une force, I représente le travail de la force $\vec{V}$ le long de l'arc $\widehat{AB}$.
- Si $\vec{V}$ est un champ de gradient :

$$I = \int_{\widehat{AB}} \vec{V}\, \overrightarrow{dM} = \int_{\widehat{AB}} \overrightarrow{\text{grad}\, f}\ \ \overrightarrow{dM} = \int_{\widehat{AB}} df = f(B) - f(A)$$

Dans ce cas, la circulation ne dépend que de l'origine et de l'extrémité de l'arc $\widehat{AB}$.

Si A = B, l'arc $\widehat{AB}$ est une courbe fermée γ. Si f a des dérivées partielles continues à l'intérieur de γ, alors : $\int_{\gamma} \vec{V}\, \overrightarrow{dM} = 0$, la circulation de $\vec{V}$ sur γ est nulle.

2. Flux d'un vecteur à travers une surface

Soit S une surface paramétrée de l'espace et $\vec{V}$ un champ de vecteurs. On appelle flux de $\vec{V}$ à travers la surface S, l'intégrale :

$$\iint_S \vec{V}\, \overrightarrow{dS}$$

où $\overrightarrow{dS}$ est le vecteur de composantes $(dy\, dz,\ dz\, dx,\ dx\, dy)$.

Le calcul d'un flux se ramène au calcul d'une intégrale double dans $\mathbb{R}^2$ par l'intermédiaire des deux paramètres servant à définir la surface S.

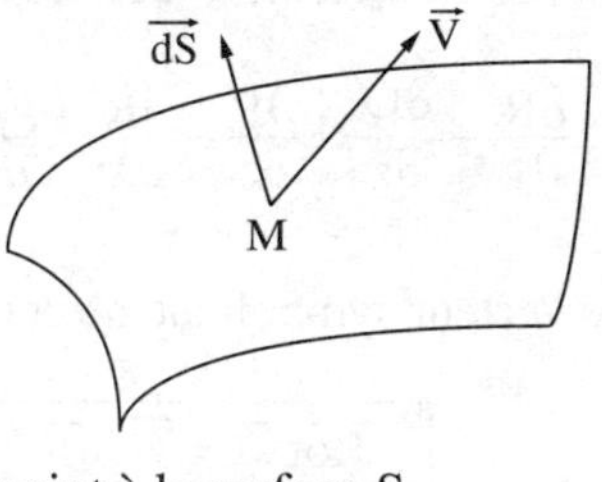

Le vecteur $\overrightarrow{dS}$ est normal en tout point à la surface S.

Remarque : $dx\,dx = dy\,dy = dz\,dz = 0$ et $dx\,dy = -\,dy\,dx$, $dx\,dz = -\,dz\,dx$, $dy\,dz = -\,dz\,dy$.

EXERCICES

1 Coordonnées polaires

Dans un repère orthonormé du plan, on donne les points A (1, 1), B (– 1, 1), C (– 1, – 1) et D (1, – 1). Calculer les coordonnées polaires de chacun de ces points.

■ SOLUTION

Si un point M a pour coordonnées (x, y) alors $OM = \sqrt{x^2 + y^2}$.

Ici, $OA = OB = OC = OD = \sqrt{2} = r$.

Calcul de l'angle θ : $x = r\cos\theta$ et $y = r\sin\theta$ donc $\tan\theta = \dfrac{y}{x}$.

Pour le point A : $\tan\theta = 1$ et $x > 0$ donc $\theta = \pi/4$.

Pour le point B : $\tan\theta = -1$ et $x < 0$ donc $\theta = 3\pi/4$.

Pour le point C : $\tan\theta = 1$ et $x < 0$ donc $\theta = -3\pi/4$.

Pour le point D : $\tan\theta = -1$ et $x > 0$ donc $\theta = -\pi/4$.

Remarque : la connaissance de $\tan\theta$ seul, ne permet pas de déterminer θ puisque $\tan(\theta + \pi) = \tan\theta$.

2 Coordonnées sphériques

Dans un repère orthonormé de l'espace, on donne le point A (1, 1, 1). Calculer ses coordonnées sphériques.

■ SOLUTION

Si un point M a pour coordonnées (x, y, z) alors $OM = \sqrt{x^2 + y^2 + z^2}$. Ici, $OA = \sqrt{3} = r$.

$\tan\varphi = \dfrac{y}{x} = 1$ et $x > 0$ donc $\varphi = \pi/4$.

$\cos\theta = \dfrac{z}{r} = \dfrac{1}{\sqrt{3}}$ et $0 \leq \theta \leq \pi$ donc $\theta = \text{Arccos}\,\dfrac{1}{\sqrt{3}} \simeq 0{,}95$ rad.

3 Équation cartésienne d'un plan

Dans l'espace, trouver une équation cartésienne du plan P qui passe par le point A (2, 3, – 1) et admet le vecteur $\vec{u}(3, -2, 4)$ comme vecteur normal.

■ SOLUTION

$M \in P \Leftrightarrow \overrightarrow{AM} \perp \vec{u}$

$\qquad \Leftrightarrow \overrightarrow{AM} \cdot \vec{u} = 0$

Les coordonnées de $\overrightarrow{AM}$ sont : $(x - 2, y - 3, z + 1)$.

$\overrightarrow{AM} \cdot \vec{u} = 3(x - 2) - 2(y - 3) + 4(z + 1)$

$\qquad = 3x - 2y + 4z + 4.$

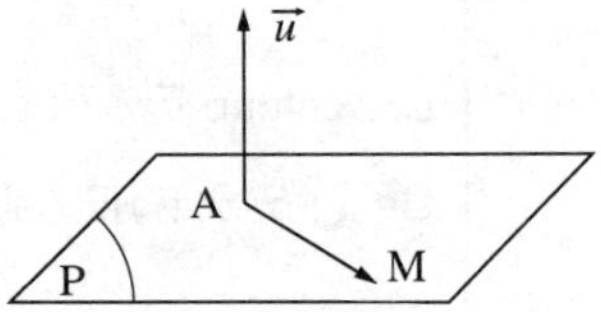

Une équation cartésienne de P est :

$$3x - 2y + 4z + 4 = 0$$

4 Aire d'un triangle

Dans un repère orthonormé de l'espace, on donne les points A (1, 5, 3), B (– 1, 0, 4) et C(2, – 3, 5). Calculer l'aire du triangle (ABC).

■ SOLUTION

L'aire du triangle (ABC) est : 1/2 AB × AC sinÂ.

La norme du produit vectoriel est : $\|\overrightarrow{AB} \wedge \overrightarrow{AC}\| = \|\overrightarrow{AB}\| \|\overrightarrow{AC}\| |\sin(\overrightarrow{AB}, \overrightarrow{AC})|$
$= AB \times AC \sin\hat{A}$

Par conséquent, l'aire du triangle (ABC) est donné par : $1/2 \|\overrightarrow{AB} \wedge \overrightarrow{AC}\|$.

On calcule les coordonnées des vecteurs $\overrightarrow{AB}$, $\overrightarrow{AC}$ et $\overrightarrow{AB} \wedge \overrightarrow{AC}$.

$\overrightarrow{AB}$	$\overrightarrow{AC}$	$\overrightarrow{AB} \wedge \overrightarrow{AC}$
– 2	1	– 2
– 5	– 8	5
1	2	21

Remarque : le calcul des coordonnées du produit vectoriel se ramène au calcul des déterminants :

$$\begin{vmatrix} -5 & -8 \\ 1 & 2 \end{vmatrix}, \quad -\begin{vmatrix} -2 & 1 \\ 1 & 2 \end{vmatrix}, \quad \begin{vmatrix} -2 & 1 \\ -5 & -8 \end{vmatrix}$$

$$\|\overrightarrow{AB} \wedge \overrightarrow{AC}\| = \sqrt{(-2)^2 + 5^2 + 21^2} = \sqrt{470}$$

L'aire du triangle (ABC) est donc : $\frac{1}{2}\sqrt{470} \simeq 10{,}8$ unité d'aire.

5 Volume d'un parallélépipède

Montrer que le volume du parallélépipède formé par trois vecteurs $\vec{u}$, $\vec{v}$ et $\vec{w}$ est égal à $|(\vec{u} \wedge \vec{v})\vec{w}|$.

Application : calculer le volume du parallélépipède de côtés les vecteurs $\vec{u}$ (1, 0, 1), $\vec{v}$ (1, 1, 1) et $\vec{w}$(1, – 1, 0).

■ SOLUTION

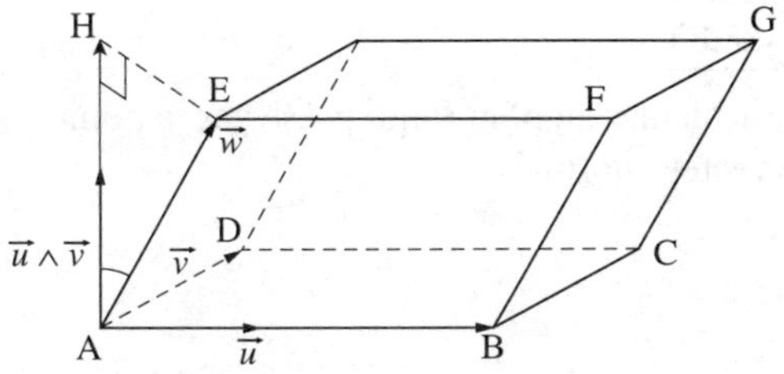

Considérons le cas où $(\vec{u}, \vec{v}, \vec{w})$ est une base directe de l'espace.

Soit H la projection orthogonale du sommet A dans le plan (EFG).

Le volume du parallélépipède est égal à l'aire du parallélogramme (ABCD) multiplié par la hauteur AH.

Le vecteur $\vec{u} \wedge \vec{v}$ est normal au plan (ABC) donc colinéaire au vecteur $\overrightarrow{AH}$.

On a : $(\vec{u} \wedge \vec{v})\vec{w} = \|\vec{u} \wedge \vec{v}\| \|\vec{w}\| \cos \widehat{EAH} = \|\vec{u} \wedge \vec{v}\| \times AH =$ aire (ABCD) × AH
= volume du parallélépipède

Si la base $(\vec{u}, \vec{v}, \vec{w})$ est indirecte, les vecteurs $\vec{u} \wedge \vec{v}$ et $\overrightarrow{AH}$ sont de sens contraires et le produit scalaire est négatif. Il faut alors prendre la valeur absolue.

Application numérique :

$\vec{u}$	$\vec{v}$	$\vec{u} \wedge \vec{v}$
1	1	-1
0	1	0
1	1	1

$(\vec{u} \wedge \vec{v})\vec{w} = -1 \times 1 + 0 \times -1 + 1 \times 0 = -1$. Le volume du parallélépipède est égal à 1.

6 Produit mixte et déterminant 3 × 3

L'espace $\mathbb{R}^3$ est muni d'une base orthonormée directe.

Soient $\vec{u}$, $\vec{v}$ et $\vec{w}$ trois vecteurs de $\mathbb{R}^3$, de coordonnées $\vec{u}(x, y, z)$, $\vec{v}(x', y', z')$ et $\vec{w}(x'', y'', z'')$.

On appelle produit mixte ou déterminant des trois vecteurs $\vec{u}$, $\vec{v}$, $\vec{w}$ dans cet ordre, le scalaire $(\vec{u} \wedge \vec{v})\vec{w}$.

On note :

$$\text{Dét}(\vec{u}, \vec{v}, \vec{w}) = (\vec{u} \wedge \vec{v})\vec{w} = \begin{vmatrix} x & x' & x'' \\ y & y' & y'' \\ z & z' & z'' \end{vmatrix}$$

1) Montrer que :

$$\text{Dét}(\vec{u}, \vec{v}, \vec{w}) = x'' \begin{vmatrix} y & y' \\ z & z' \end{vmatrix} - y'' \begin{vmatrix} x & x' \\ z & z' \end{vmatrix} + z'' \begin{vmatrix} x & x' \\ y & y' \end{vmatrix}$$

En déduire le calcul de $\text{Dét}(\vec{u}, \vec{v}, \vec{w})$.

2) Montrer que :

$$\begin{vmatrix} x & x' & x'' \\ y & y' & y'' \\ z & z' & z'' \end{vmatrix} = \begin{vmatrix} x & y & z \\ x' & y' & z' \\ x'' & y'' & z'' \end{vmatrix}$$

3) Soit α un réel. Montrer que :

$$\text{Dét}(\alpha\vec{u}, \vec{v}, \vec{w}) = \text{Dét}(\vec{u}, \alpha\vec{v}, \vec{w}) = \text{Dét}(\vec{u}, \vec{v}, \alpha\vec{w}) = \alpha\,\text{Dét}(\vec{u}, \vec{v}, \vec{w})$$

et :

$$\text{Dét}(\vec{u}, \alpha\vec{u} + \vec{v}, \vec{w}) = \text{Dét}(\vec{u}, \vec{v}, \vec{w}).$$

■ **SOLUTION**

1) Les coordonnées de $\vec{u} \wedge \vec{v}$ sont : $\begin{vmatrix} y & y' \\ z & z' \end{vmatrix}$, $-\begin{vmatrix} x & x' \\ z & z' \end{vmatrix}$, $\begin{vmatrix} x & x' \\ y & y' \end{vmatrix}$

Le calcul du produit scalaire donne :

$$(\vec{u} \wedge \vec{v})\vec{w} = x'' \begin{vmatrix} y & y' \\ z & z' \end{vmatrix} - y'' \begin{vmatrix} x & x' \\ z & z' \end{vmatrix} + z'' \begin{vmatrix} x & x' \\ y & y' \end{vmatrix}$$

En développant les déterminants 2 × 2, on obtient :

$$(\vec{u} \wedge \vec{v})\vec{w} = x''yz' - x''y'z - y''xz' + y''x'z + z''xy' - z''x'y.$$

2)

$$\begin{vmatrix} x & y & z \\ x' & y' & z' \\ x'' & y'' & z'' \end{vmatrix} = z \begin{vmatrix} x' & y' \\ x'' & y'' \end{vmatrix} - z' \begin{vmatrix} x & y \\ x'' & y'' \end{vmatrix} + z'' \begin{vmatrix} x & y \\ x' & y' \end{vmatrix}$$

$$= zx'y'' - zy'x'' - z'xy'' + z'yx'' + z''xy' - z''yx'.$$

Le résultat est le même, à l'ordre près, que celui trouvé à la première question, d'où l'égalité des deux déterminants.

Remarque : si l'on appelle A la matrice $\begin{pmatrix} x & x' & x'' \\ y & y' & y'' \\ z & z' & z'' \end{pmatrix}$, alors la matrice $\begin{pmatrix} x & y & z \\ x' & y' & z' \\ x'' & y'' & z'' \end{pmatrix}$ est la matrice transposée de A, notée ${}^t\text{A}$. La propriété démontrée ici s'écrit plus simplement, $\text{Dét}\,{}^t\text{A} = \text{Dét}\,\text{A}$.

3) D'après les propriétés du produit vectoriel et du produit scalaire, on a :

$\text{Dét}(\alpha\,\vec{u}, \vec{v}, \vec{w}) = (\alpha\vec{u} \wedge \vec{v})\vec{w} = [\alpha(\vec{u} \wedge \vec{v})]\,\vec{w} = \alpha(\vec{u} \wedge \vec{v})\vec{w} = \alpha\,\text{Dét}(\vec{u}, \vec{v}, \vec{w})$.

$\text{Dét}(\vec{u}, \alpha\vec{u} + \vec{v}, \vec{w}) = [\vec{u} \wedge (\alpha\vec{u} + \vec{v})]\,\vec{w} = [(\vec{u} \wedge \alpha\vec{u}) + (\vec{u} \wedge \vec{v})]\,\vec{w} = (\vec{u} \wedge \vec{v})\,\vec{w} = \text{Dét}(\vec{u}, \vec{v}, \vec{w})$

car les vecteurs $\vec{u}$ et $\alpha\,\vec{u}$ étant colinéaires, $\vec{u} \wedge \alpha\,\vec{u} = 0$.

7 Calculs de déterminants 3 × 3

Calculer les déterminants suivants :

a) $\begin{vmatrix} 2 & 0 & 0 \\ 3 & 1 & 4 \\ 1 & 2 & 3 \end{vmatrix}$ **b)** $\begin{vmatrix} 2 & 4 & -3 \\ 1 & -1 & 6 \\ 0 & 2 & 1 \end{vmatrix}$ **c)** $\begin{vmatrix} 1 & -1 & 1 \\ 2 & 2 & 4 \\ 3 & -3 & 5 \end{vmatrix}$

■ SOLUTION

a) On développe suivant la première ligne :

$$\begin{vmatrix} 2 & 0 & 0 \\ 3 & 1 & 4 \\ 1 & 2 & 3 \end{vmatrix} = 2\begin{vmatrix} 1 & 4 \\ 2 & 3 \end{vmatrix} = 2 \times (3-8) = -10$$

b) On développe suivant la première colonne :

$$\begin{vmatrix} 2 & 4 & -3 \\ 1 & -1 & 6 \\ 0 & 2 & 1 \end{vmatrix} = 2\begin{vmatrix} -1 & 6 \\ 2 & 1 \end{vmatrix} - \begin{vmatrix} 4 & -3 \\ 2 & 1 \end{vmatrix} = -36$$

c)

$$\begin{vmatrix} 1 & -1 & 1 \\ 2 & 2 & 4 \\ 3 & -3 & 5 \end{vmatrix} = \begin{vmatrix} 2 & 4 \\ -3 & 5 \end{vmatrix} + \begin{vmatrix} 2 & 4 \\ 3 & 5 \end{vmatrix} + \begin{vmatrix} 2 & 2 \\ 3 & -3 \end{vmatrix} = 22 - 2 - 12 = 8$$

Autre méthode : On multiplie la première ligne par – 2 et on l'ajoute à la deuxième ligne. On recommence avec le facteur – 3 et la troisième ligne. Ainsi, on obtient :

$$\begin{vmatrix} 1 & -1 & 1 \\ 2 & 2 & 4 \\ 3 & -3 & 5 \end{vmatrix} = \begin{vmatrix} 1 & -1 & 1 \\ 0 & 4 & 2 \\ 0 & 0 & 2 \end{vmatrix} = \begin{vmatrix} 4 & 2 \\ 0 & 2 \end{vmatrix} = 8$$

8 Équation d'un plan

1) Soient A, B et C trois points non alignés de l'espace. Montrer qu'une équation du plan (ABC) est : $\text{Dét}(\overrightarrow{AM}, \overrightarrow{AB}, \overrightarrow{AC}) = 0$.

2) Application : A(1, – 1, 1) B(2, 0, 1) C(– 3, 1, 4)

■ SOLUTION

1) Soit M un point de l'espace.

$M \in (ABC) \Leftrightarrow$ la famille $(\overrightarrow{AM}, \overrightarrow{AB}, \overrightarrow{AC})$ est liée $\Leftrightarrow \text{Dét}(\overrightarrow{AM}, \overrightarrow{AB}, \overrightarrow{AC}) = 0$

2) On calcule les coordonnées de $\overrightarrow{AM}$, $\overrightarrow{AB}$ et $\overrightarrow{AC}$.
$\overrightarrow{AM}(x-1, y+1, z-1)$; $\overrightarrow{AB}(1, 1, 0)$; $\overrightarrow{AC}(-4, 2, 3)$;

$$\text{Dét}(\overrightarrow{AM}, \overrightarrow{AB}, \overrightarrow{AC}) = \begin{vmatrix} x-1 & y+1 & z-1 \\ 1 & 1 & 0 \\ -4 & 2 & 3 \end{vmatrix}$$

On développe suivant la dernière colonne :

$$(z-1)\begin{vmatrix} 1 & 1 \\ -4 & 2 \end{vmatrix} + 3\begin{vmatrix} x-1 & y+1 \\ 1 & 1 \end{vmatrix} = 6(z-1) + 3(x-y-2) = 3x - 3y + 6z - 12$$

L'équation cartésienne du plan (ABC) est : $3x - 3y + 6z - 12 = 0$ ou $x - y + 2z - 4 = 0$.

9 Équation de la tangente à une courbe

Soit $z = f(x, y)$ une fonction de deux variables et (C) la courbe d'équation $f(x, y) = 0$, en repère orthonormé. Soit $M_0(a_0, y_0)$ un point de (C), tel que $\overrightarrow{\text{gradf}}(M_0) \neq \vec{0}$.

a) Montrer que le vecteur $\overrightarrow{\text{gradf}}(M_0)$ est normal à (C) au point M_0.

b) En déduire une équation de la tangente à (C) au point M_0.

c) Application : trouver une équation de la tangente à la courbe d'équation $\sin(x + y) + xy = 0$ au point 0.

■ **SOLUTION**

a) Rappelons que :

– Le vecteur $\overrightarrow{\text{gradf}}$ a pour coordonnées $\left(\frac{\partial f}{\partial x}, \frac{\partial f}{\partial y}\right)$.

– Le vecteur $\overrightarrow{dM}$, de coordonnées (dx, dy), est tangent en tout point à la courbe (C).

– La différentielle de f est : $df = \frac{\partial f}{\partial x} dx + \frac{\partial f}{\partial y} dy = \overrightarrow{\text{gradf}} \cdot \overrightarrow{dM}$.

L'équation de la courbe (C) est $f(x, y) = 0$; on a donc :

$$df = \overrightarrow{\text{gradf}} \cdot \overrightarrow{dM} = 0$$

Ce qui prouve que le vecteur $\overrightarrow{\text{gradf}}$ est orthogonal à $\overrightarrow{dM}$. S'il n'est pas nul, il est normal à (C).

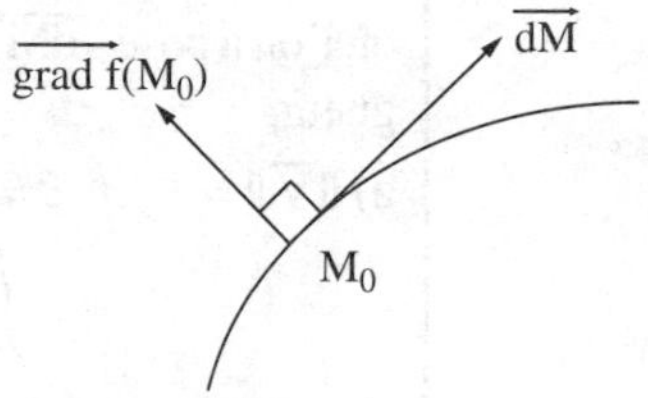

b) On connaît un point de la tangente et un vecteur normal. Son équation s'écrit :

$$\overrightarrow{M_0M} \cdot \overrightarrow{\text{gradf}}(M_0) = 0$$

En exprimant ce produit scalaire avec les coordonnées :

$$\overrightarrow{M_0M}\begin{pmatrix} x - x_0 \\ y - y_0 \end{pmatrix}, \quad \overrightarrow{\text{gradf}}(M_0)\begin{pmatrix} \frac{\partial f}{\partial x}(x_0, y_0) \\ \frac{\partial f}{\partial y}(x_0, y_0) \end{pmatrix}$$

On obtient : $$(x - x_0)\frac{\partial f}{\partial x}(x_0, y_0) + (y - y_0)\frac{\partial f}{\partial y}(x_0, y_0) = 0$$

c) Application : $f(x, y) = \sin(x + y) + xy$.

$\frac{\partial f}{\partial x} = \cos(x + y) + y$; $\frac{\partial f}{\partial y} = \cos(x + y) + x$; $\frac{\partial f}{\partial x}(0, 0) = 1$; $\frac{\partial f}{\partial y}(0, 0) = 1$.

L'équation de la tangente à (C) à l'origine est : $x + y = 0$.

10 Plan tangent à une surface

Donner une équation du plan tangent au point (1, 1, 2) à la surface d'équation : $z = x^2 + y^2$.

■ SOLUTION

Introduisons la fonction : $f(x, y, z) = x^2 + y^2 - z$.
L'équation de la surface s'écrit : $f(x, y, z) = 0$.
Les composantes d'un vecteur normal à la surface sont donnés par le vecteur $\overrightarrow{\text{grad}f}$.

$$\frac{\partial f}{\partial x} = 2x \; ; \quad \frac{\partial f}{\partial y} = 2y \; ; \quad \frac{\partial f}{\partial z} = -1$$

Au point (1, 1, 2), un vecteur normal à la surface est le vecteur $\vec{n}(2, 2, -1)$.
L'équation du plan tangent est : $(x-1) \times 2 + (y-1) \times 2 + (z-2) \times (-1) = 0$.
Soit : $2x + 2y - z - 2 = 0$.

11 Circulation d'un champ constant

Le plan est muni d'un repère orthonormé $(O, \vec{i}, \vec{j})$. Soit A le point de coordonnées (1, 0).
Calculer la circulation du vecteur $\vec{V}$ le long du segment OA orienté de O vers A, dans les trois cas suivants :
a) $\vec{V} = \vec{i}$ **b)** $\vec{V} = \vec{i} + \vec{j}$ **c)** $\vec{V} = \vec{j}$

■ SOLUTION

Dans chaque cas le vecteur $\vec{V}$ est constant.

$$\int_{OA} \vec{V}\ \overrightarrow{dM} = \int_{OA} \|\vec{V}\| \cos\theta \, d\ell$$

où l'on a posé $\|\overrightarrow{dM}\| = d\ell$, l'élément de longueur.

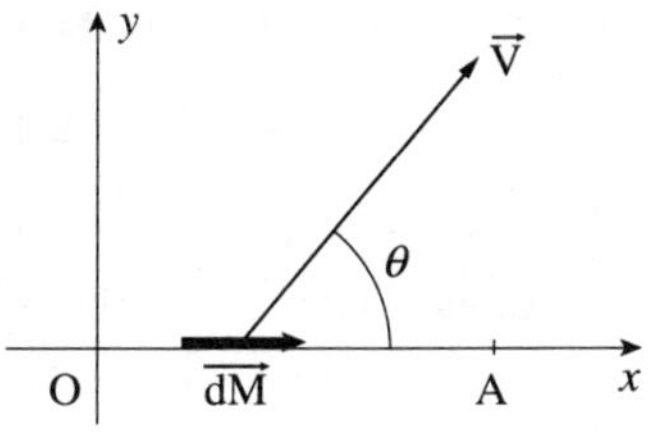

a) $\|\vec{V}\| = 1$ et $\theta = 0$, donc :

$$\int_{OA} \vec{V}\ \overrightarrow{dM} = \int_{OA} d\ell = 1 \quad \text{(longueur du segment OA)}$$

b) $\|\vec{V}\| = \sqrt{2}$ et $\theta = \pi/4$, donc :

$$\int_{OA} \vec{V}\ \overrightarrow{dM} = \int_{OA} \sqrt{2} \cos\frac{\pi}{4} \, d\ell = \int_{OA} d\ell = 1$$

c) $\theta = \pi/2$, $\cos\theta = 0$ donc la circulation est nulle.

12 Circulation d'un champ

Calculer la circulation du vecteur $\vec{V}$ le long du cercle de centre O et de rayon R, orienté dans le sens trigonométrique, dans les deux cas suivants :
1) $\vec{V} = -x\vec{i} + y\vec{j}$
2) $\vec{V} = -y\vec{i} + x\vec{j}$

■ SOLUTION

1) $\int_C \overrightarrow{V}\,\overrightarrow{dM} = \int_C -x\,dx + y\,dy$

Sur le cercle C, $x = R\cos t$ et $y = R\sin t$, t variant de 0 à 2π.

Donc : $dx = -R\sin t\,dt$ et $dy = R\cos t\,dt$.

Par suite :

$$\int_C \overrightarrow{V}\,\overrightarrow{dM} = \int_0^{2\pi} [-R\cos t(-R\sin t) + R\sin t(R\cos t)]\,dt$$

$$= R^2 \int_0^{2\pi} \sin 2t\,dt = -\frac{R^2}{2}[\cos 2t]_0^{2\pi} = -\frac{R^2}{2}(\cos 4\pi - \cos 0) = 0$$

Remarque : ce résultat n'est pas surprenant puisque $\overrightarrow{V}$ est le gradient de la fonction $f(x, y) = -1/2\,x^2 + 1/2\,y^2$ et (C) est une courbe fermée. Les fonctions $P(x, y) = -x$ et $Q(x, y) = y$ étant continues en tout point intérieur à (C), la circulation de $\overrightarrow{V}$ le long de (C) est nulle.

2) $\int_C \overrightarrow{V}\,\overrightarrow{dM} = \int_C -y\,dx + x\,dy = \int_0^{2\pi} [-R\sin t(-R\sin t) + R\cos t(R\cos t)]\,dt$

$$= \int_0^{2\pi} R^2(\sin^2 t + \cos^2 t)\,dt = R^2\int_0^{2\pi} dt = 2\pi R^2$$

13 Intégrale curviligne

Calculer $I = \int_\gamma y^2\,dx + x^2\,dy$ dans les deux cas suivants :

1) γ est le segment de droite [AB] orienté de A vers B, avec A(1, 0) et B(0, 1).

2) γ est l'arc $\widehat{AB}$ de la parabole d'équation $y = -x^2 + 1$.

■ SOLUTION

1) Équations paramétriques du segment [AB] : $\begin{cases} x = -t + 1 \\ y = t, \quad t \in [0, 1] \end{cases}$

Lorsque t décrit le segment [0, 1], le point $M(-t+1, t)$ décrit le segment [AB] de A vers B. De plus, $dx = -dt$ et $dy = dt$.

En remplaçant dans I, on obtient :

$$I = \int_0^1 -t^2\,dt + (-t+1)^2\,dt = \int_0^1 (-2t+1)\,dt = \left[-t^2 + t\right]_0^1 = 0$$

2)

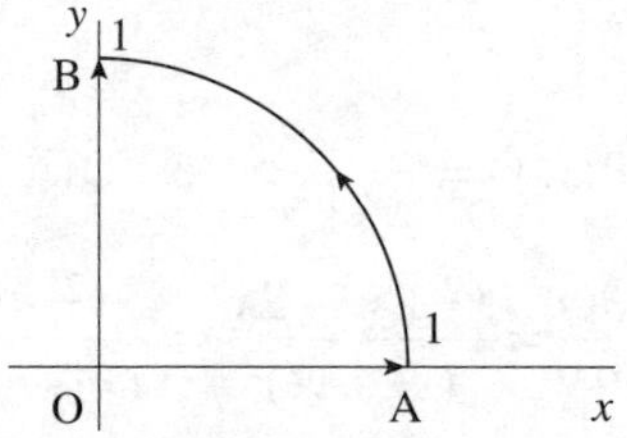

On peut considérer γ comme une courbe paramétrée par x.

Lorsque x varie de 1 à 0, le point $M(x, -x^2+1)$ décrit la courbe γ de A vers B.

$dy = -2x\,dx$, ce qui donne :

$$I = \int_1^0 (-x^2+1)^2\,dx + x^2(-2x\,dx) = \int_1^0 (x^4 - 2x^3 - 2x^2 + 1)\,dx$$

$$= \left[\frac{1}{5}x^5 - \frac{1}{2}x^4 - \frac{2}{3}x^3 + x\right]_1^0 = -\frac{1}{30}$$

14 Champ de gradient

1) Montrer que le vecteur $\vec{V} = \dfrac{1}{x^2+y^2}(x\vec{i} + y\vec{j})$ est un champ de gradient dans $\mathbb{R}^2 \setminus (0, 0)$.

2) Trouver une fonction f telle que $\vec{V} = \overrightarrow{\text{grad} f}$.

3) En déduire la circulation du vecteur $\vec{V}$ le long d'un arc reliant le point A$(a, 0)$ au point B$(0, b)$ où a et b sont non nuls et l'arc $\overset{\frown}{AB}$ ne passe pas par 0.

■ SOLUTION

1) $\vec{V} = P(x, y)\vec{i} + Q(x, y)\vec{j}$ avec $P(x, y) = \dfrac{x}{x^2+y^2}$ et $Q(x, y) = \dfrac{y}{x^2+y^2}$.

$$\frac{\partial P}{\partial y} = \frac{-2xy}{(x^2+y^2)^2} \quad \text{et} \quad \frac{\partial Q}{\partial x} = \frac{-2xy}{(x^2+y^2)^2}$$

On a : $\dfrac{\partial P}{\partial y} = \dfrac{\partial Q}{\partial x}$ donc, $\vec{V}$ est un champ de gradient sur $\mathbb{R}^2$ privé de l'origine $(0, 0)$.

2) On cherche une fonction $f(x, y)$ telle que :

$$\frac{\partial f}{\partial x} = \frac{x}{x^2+y^2} \quad \text{et} \quad \frac{\partial f}{\partial y} = \frac{y}{x^2+y^2}$$

Ces deux équations s'intègrent facilement si l'on sait que $\dfrac{u'}{u}$ admet pour primitive $\ln|u|$.

On a donc d'une part : $f(x, y) = 1/2 \ln(x^2 + y^2) + \varphi(y)$, φ fonction quelconque de y

d'autre part : $f(x, y) = 1/2 \ln(x^2 + y^2) + \psi(x)$, ψ fonction quelconque de x

Finalement, la fonction $f(x, y) = 1/2 \ln(x^2 + y^2)$ convient.

3) Puisque $\vec{V}$ est un champ de gradient, sa circulation sur un arc ne passant pas par 0 ne dépend que de l'origine A et de l'extrémité B de cet arc.

$$\int_\gamma \vec{V}\,\overrightarrow{dM} = \int_\gamma \overrightarrow{\text{grad} f}\,\overrightarrow{dM} = \int_\gamma df = f(B) - f(A) = \frac{1}{2}(\ln b^2 - \ln a^2) = \ln\left|\frac{b}{a}\right|$$

15 Circulation d'un champ de gradient sur une courbe fermée

Montrer que le vecteur $\vec{V} = \dfrac{1}{x^2+y^2}(x\vec{j} - y\vec{i})$ est un champ de gradient dans $\mathbb{R}^2$ privé de l'origine.

Calculer la circulation du vecteur $\vec{V}$ le long du cercle trigonométrique parcouru dans le sens direct.

■ SOLUTION

On a : $\vec{V} = P(x, y)\vec{i} + Q(x, y)\vec{j}$ avec : $P(x, y) = \dfrac{-y}{x^2+y^2}$ et $Q(x, y) = \dfrac{x}{x^2+y^2}$

$$\frac{\partial P}{\partial y} = \frac{-(x^2+y^2)+2y^2}{(x^2+y^2)^2} = \frac{y^2-x^2}{(x^2+y^2)^2} \quad \text{et} \quad \frac{\partial Q}{\partial x} = \frac{x^2+y^2-2x^2}{(x^2+y^2)^2} = \frac{y^2-x^2}{(x^2+y^2)^2}$$

L'égalité $\dfrac{\partial P}{\partial y} = \dfrac{\partial Q}{\partial x}$ est vérifiée, donc $\vec{V}$ est un champ de gradient.

$$I = \int_\gamma \vec{V}\,\overrightarrow{dM} = \int_\gamma \frac{1}{x^2+y^2}(x\,dy - y\,dx)$$

On passe en coordonnées polaires. Sur le cercle trigonométrique, $r = 1$.
$x = \cos t$, $y = \sin t$; $dx = -\sin t \, dt$; $dy = \cos t \, dt$

$$I = \int_0^{2\pi} (\cos^2 t + \sin^2 t)\, dt = \int_0^{2\pi} dt = 2\pi$$

La circulation d'un champ de gradient le long d'une courbe fermée est nulle à condition que les composantes du vecteur $\vec{V}$ soient des fonctions continues en tout point intérieur à la courbe. Ici, les fonctions $P(x, y)$ et $Q(x, y)$ ne sont pas définies à l'origine. De plus, elles ne sont pas prolongeables par continuité à l'origine, comme on peut le voir en passant en coordonnées polaires :

$$P(r, \theta) = \frac{-r\sin\theta}{r^2} = -\frac{\sin\theta}{r} \;;\; Q(r, \theta) = \frac{r\cos\theta}{r^2} = \frac{\cos\theta}{r}$$

Les deux fonctions tendent vers l'infini lorsque r tend vers 0.

16 Champ de gradient et circulation

Montrer que le vecteur $\vec{V}$ défini dans $\mathbb{R}^3$ par : $\vec{V} = (yz + 2x)\vec{i} + (xz + 2y)\vec{j} + xy\vec{k}$ est un champ de gradient. Trouver une fonction f telle que $\vec{V} = \overrightarrow{\text{grad} f}$.
Calculer la circulation de $\vec{V}$ le long d'un arc paramétré reliant A(1, 1, 1) à B(2, – 1, – 1).

■ SOLUTION

$\vec{V}$ est un champ de gradient si son rotationnel est nul. On calcule le vecteur $\overrightarrow{\text{Rot}\vec{V}}$.

$$\overrightarrow{\text{Rot}\vec{V}} = \begin{vmatrix} \vec{i} & \dfrac{\partial}{\partial x} & yz+2x \\ \vec{j} & \dfrac{\partial}{\partial y} & xz+2y \\ \vec{k} & \dfrac{\partial}{\partial z} & xy \end{vmatrix} = (x-x)\vec{i} - (y-y)\vec{j} + (z-z)\vec{k} = \vec{0}$$

Donc $\vec{V}$ est un champ de gradient. Les composantes de $\overrightarrow{\text{grad} f}$ sont $\left(\dfrac{\partial f}{\partial x}, \dfrac{\partial f}{\partial y}, \dfrac{\partial f}{\partial z}\right)$.
L'équation : $\vec{V} = \overrightarrow{\text{grad} f}$ conduit à :

$$\frac{\partial f}{\partial x} = yz + 2x, \quad \text{donc } f(x, y, z) = xyz + x^2 + \varphi_1(y, z)$$

où φ_1 est une fonction qui ne dépend pas de x.

$$\frac{\partial f}{\partial y} = xz + 2y, \text{ donc } f(x, y, z) = xyz + y^2 + \varphi_2(x, z)$$

où φ_2 est une fonction qui ne dépend pas de y.

$$\frac{\partial f}{\partial z} = xy, \quad \text{donc } f(x, y, z) = xyz + \varphi_3(x, y)$$

où φ_3 est une fonction qui ne dépend pas de z.
Finalement, les fonctions $f(x, y, z) = xyz + x^2 + y^2 + C$, C constante, conviennent.

$$\int_{\overset{\frown}{AB}} \vec{V}\,\overrightarrow{dM} = \int_{\overset{\frown}{AB}} df = f(B) - f(A) = (2 + 4 + 1) - (1 + 1 + 1) = 4$$

17 Circulation

Calculer la circulation du vecteur $\vec{V}\left(\dfrac{x-y}{x^2+y^2}, \dfrac{x+y}{x^2+y^2}\right)$ sur le cercle de centre O et de rayon r parcouru dans le sens direct.

■ **SOLUTION**

$$I = \int_\gamma \overrightarrow{V}\,\overrightarrow{dM} = \int_\gamma \frac{(x-y)\,dx + (x+y)\,dy}{x^2+y^2}$$

En coordonnées polaires : $x = r\cos t,\ dx = -r\sin t\,dt$; $y = r\sin t,\ dy = r\cos t\,dt$

$$I = \int_0^{2\pi} \frac{[-r^2(\cos t - \sin t)\sin t + r^2(\cos t + \sin t)\cos t]\,dt}{r^2} = \int_0^{2\pi} dt = 2\pi$$

18 Le vecteur $\overrightarrow{dS}$

Soit f une fonction différentiable et (S) la surface d'équation $f(x, y, z) = 0$. Montrer que le vecteur $\overrightarrow{dS}$ de composantes $(dy\,dz\ ,\ dz\,dx\ ,\ dx\,dy)$ est normal en tout point à la surface (S).

■ **SOLUTION**

On connaît déjà un vecteur normal à (S). C'est le vecteur $\overrightarrow{\text{gradf}}\left(\frac{\partial f}{\partial x}, \frac{\partial f}{\partial y}, \frac{\partial f}{\partial z}\right)$. Il suffit donc de montrer que $\overrightarrow{\text{gradf}}$ et $\overrightarrow{dS}$ sont colinéaires, ou encore que leur produit vectoriel est nul. Les composantes de $\overrightarrow{\text{gradf}} \wedge \overrightarrow{dS}$ sont :

$$\left(\frac{\partial f}{\partial y}dx\,dy - \frac{\partial f}{\partial z}dz\,dx\ ,\ \frac{\partial f}{\partial z}dy\,dz - \frac{\partial f}{\partial x}dx\,dy\ ,\ \frac{\partial f}{\partial x}dz\,dx - \frac{\partial f}{\partial y}dy\,dz\right)$$

Mais l'équation $f(x, y, z) = 0$ implique $df = 0$, donc :

$$\frac{\partial f}{\partial x}dx + \frac{\partial f}{\partial y}dy + \frac{\partial f}{\partial z}dz = 0 \qquad (1)$$

En multipliant à gauche par dx, sachant que $dx\,dx = 0$ et $dx\,dz = -dz\,dx$, on obtient :

$$\frac{\partial f}{\partial y}dx\,dy - \frac{\partial f}{\partial z}dz\,dx = 0$$

En multipliant l'équation (1) par dy à gauche, sachant que $dy\,dx = -dx\,dy$ et $dy\,dy = 0$, on obtient :

$$\frac{\partial f}{\partial z}dy\,dz - \frac{\partial f}{\partial x}dx\,dy = 0$$

Puis, en multipliant par dz :

$$\frac{\partial f}{\partial x}dz\,dx - \frac{\partial f}{\partial y}dy\,dz = 0$$

Les trois composantes de $\overrightarrow{\text{gradf}} \wedge \overrightarrow{dS}$ sont nulles, donc $\overrightarrow{\text{gradf}} \wedge \overrightarrow{dS} = \overrightarrow{0}$ et $\overrightarrow{dS}$ est normal à (S).

19 Flux d'un champ constant

Déterminer le flux du vecteur $\overrightarrow{V}$ à travers le disque unité du plan (xOy) dans les trois cas suivants :

a) $\overrightarrow{V} = \overrightarrow{i}$ **b)** $\overrightarrow{V} = \overrightarrow{j} + \overrightarrow{k}$ **c)** $\overrightarrow{V} = \overrightarrow{k}$

■ **SOLUTION**

a) $\overrightarrow{dS}$ est normal au disque et $\overrightarrow{V} = \overrightarrow{i}$ est dans le plan du disque, donc $\overrightarrow{V} \perp \overrightarrow{dS}$ et $\overrightarrow{V}\cdot\overrightarrow{dS} = 0$. Le flux est nul.

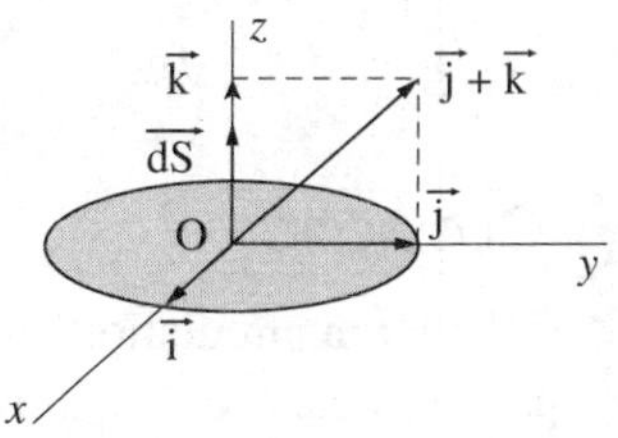

b) L'angle $(\overrightarrow{V}, \overrightarrow{dS})$ vaut $\pi/4$.

$$\overrightarrow{V}\,\overrightarrow{dS} = \|\overrightarrow{V}\|\cos\pi/4\,dS = \sqrt{2}\,\frac{\sqrt{2}}{2}\,dS = dS$$

$$\int_D \overrightarrow{V}\,\overrightarrow{dS} = \int_D dS = \pi$$

Remarque : dS est l'élément de surface. Son intégrale sur le disque est égale à la surface du disque : πR^2 avec $R = 1$, soit π.

c) $\int_D \vec{V}\,\vec{dS} = \int_D \vec{k}\,\vec{dS} = \int_D \|\vec{k}\|\,dS = \int_D dS = \pi$

20 Élément différentiel en coordonnées cylindriques

1) Calculer l'élément différentiel $dx\,dy$ en coordonnées cylindriques.

2) Calculer les éléments différentiels $dy\,dz$, $dz\,dx$ et $dx\,dy$ en coordonnées sphériques.

■ SOLUTION

1) On a :

$$x = r\cos\theta,\ y = r\sin\theta,\ z = z.$$

$$dx = \cos\theta\,dr - r\sin\theta\,d\theta;\ dy = \sin\theta\,dr + r\cos\theta\,d\theta$$

Donc : $dx\,dy = (\cos\theta\,dr - r\sin\theta\,d\theta)(\sin\theta\,dr + r\cos\theta\,d\theta)$

$$= \cos\theta\sin\theta\,dr\,dr + r\cos^2\theta\,dr\,d\theta - r\sin^2\theta\,d\theta\,dr - r^2\sin\theta\cos\theta\,d\theta\,d\theta$$

Mais : $dr\,dr = d\theta\,d\theta = 0$ et $d\theta\,dr = -\,dr\,d\theta$

Donc : $dx\,dy = r\cos^2\theta\,dr\,d\theta + r\sin^2\theta\,dr\,d\theta = r\,dr\,d\theta$

2) En coordonnées sphériques :

$$\begin{cases} x = r\sin\theta\cos\varphi \\ y = r\sin\theta\sin\varphi \\ z = r\cos\theta \end{cases}$$

$dx = \sin\theta\cos\varphi\,dr + r\cos\theta\cos\varphi\,d\theta - r\sin\theta\sin\varphi\,d\varphi$
$dy = \sin\theta\sin\varphi\,dr + r\cos\theta\sin\varphi\,d\theta + r\sin\theta\cos\varphi\,d\varphi$
$dz = \cos\theta\,dr - r\sin\theta\,d\theta$

$dy\,dz = -\,r\sin\varphi\,dr\,d\theta - r\sin\theta\cos\theta\cos\varphi\,dr\,d\varphi + r^2\sin^2\theta\cos\varphi\,d\theta\,d\varphi$
$dz\,dx = r\cos\varphi\,dr\,d\theta - r\sin\theta\cos\theta\sin\varphi\,dr\,d\varphi + r^2\sin^2\theta\sin\varphi\,d\theta\,d\varphi$
$dx\,dy = r\sin^2\theta\,dr\,d\varphi + r^2\sin\theta\cos\theta\,d\theta\,d\varphi$

21 Flux d'un champ à travers un cylindre

Calculer le flux du vecteur $\vec{V} = \left(\dfrac{x}{\sqrt{x^2+y^2}},\ \dfrac{y}{\sqrt{x^2+y^2}},\ 0\right)$ à travers le cylindre de base le cercle de centre O et de rayon R du plan $(x\text{O}y)$ et de hauteur h.

■ SOLUTION

Le flux de $\vec{V}$ est : $\displaystyle\int_S \vec{V}\,\vec{dS} = \int_S \frac{x}{\sqrt{x^2+y^2}}\,dy\,dz + \frac{y}{\sqrt{x^2+y^2}}\,dz\,dx$

On passe en coordonnées cylindriques.

Pour un point M du cylindre : $x = R\cos\theta$, $y = R\sin\theta$, $z = z$.

$$dy\,dz = R\cos\theta\,d\theta\,dz \text{ et } dz\,dx = -\,R\sin\theta\,dz\,d\theta$$

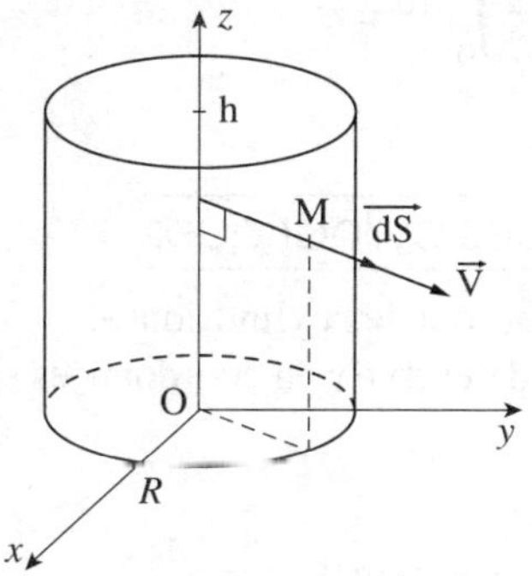

Remarque : les vecteurs $\overrightarrow{V}$ et $\overrightarrow{dS}$ sont colinéaires et orientés dans le même sens. De plus $\|\overrightarrow{V}\| = 1$.

Le flux de $\overrightarrow{V}$ à travers le cylindre n'est autre que la surface latérale du cylindre, soit $2\pi R$h.

$$\int_S \overrightarrow{V}\ \overrightarrow{dS} = \int_S dS = 2\pi R h$$

22 Flux d'un champ à travers une sphère

Calculer le flux du vecteur $\overrightarrow{V} = \dfrac{\overrightarrow{OM}}{\|\overrightarrow{OM}\|}$ à travers la sphère de centre O et de rayon R. Retrouver ainsi la surface de la sphère.

■ SOLUTION

Les composantes du vecteur $\overrightarrow{V}$ sur la sphère sont : $\left(\dfrac{x}{R}, \dfrac{y}{R}, \dfrac{z}{R}\right)$

On a : $\displaystyle\int_S \overrightarrow{V}\ \overrightarrow{dS} = \frac{1}{R}\int_S x\,dy dz + y\,dz dx + z\,dx dy$

En coordonnées sphériques (voir exercice 20) : $dy dz = R^2 \sin^2\theta \cos\varphi\, d\theta\, d\varphi$

$dz dx = R^2 \sin^2\theta \sin\varphi\, d\theta\, d\varphi$ et $dx dy = R^2 \sin\theta \cos\theta\, d\theta\, d\varphi$

dr est nul sur la sphère car r = constante.

En remplaçant dans l'intégrale, on obtient :

$$\int_S \overrightarrow{V}\ \overrightarrow{dS} = \frac{1}{R}\int_S (R^3\sin^3\theta\cos^2\varphi + R^3\sin^3\theta\sin^2\varphi + R^3\cos^2\theta\sin\theta)\, d\theta\, d\varphi$$

$$= R^2\int_S (\sin^3\theta + \cos^2\theta\sin\theta)\, d\theta\, d\varphi = R^2\int_S (\sin^3\theta + (1-\sin^2\theta)\sin\theta)\, d\theta\, d\varphi$$

$$= R^2\int_S \sin\theta\, d\theta\, d\varphi = R^2\int_0^{\pi}\sin\theta\, d\theta\int_0^{2\pi} d\varphi = 2\pi R^2\left[-\cos\theta\right]_0^{\pi} = 4\pi R^2$$

Remarque : le vecteur $\overrightarrow{V}$ est normal à la sphère et sa norme est égale à 1.

Donc $\displaystyle\int_S \overrightarrow{V}\ \overrightarrow{dS} = \int_S dS$ et l'on retrouve la surface de la sphère : $4\pi R^2$.

23 Flux d'un champ à travers un disque

Calculer le flux du vecteur $\overrightarrow{V} = \dfrac{\overrightarrow{OM}}{\|\overrightarrow{OM}\|^2}$ à travers le disque défini par $x^2 + y^2 \leq 1$ et $z = 1$.

■ **SOLUTION**

Les coordonnées cartésiennes du vecteur $\overrightarrow{V}$ sont :

$$\left(\frac{x}{x^2+y^2+z^2}, \frac{y}{x^2+y^2+z^2}, \frac{z}{x^2+y^2+z^2}\right)$$

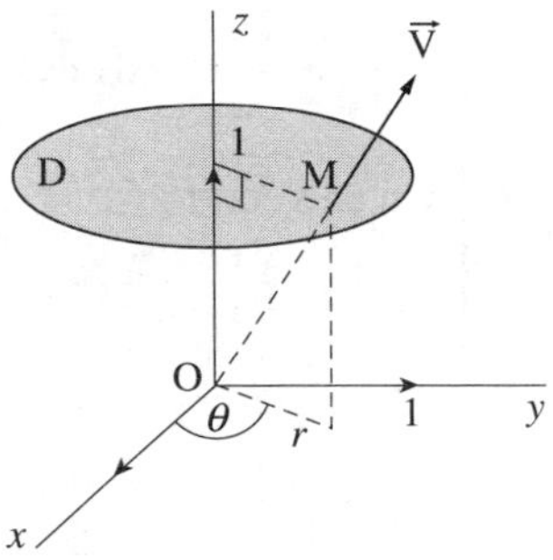

Sur le disque, on a : $z = 1$;
donc $dz = 0$ et $dy dz = dx dz = 0$.
Le flux du vecteur $\overrightarrow{V}$ à travers le disque est :

$$\int_D \overrightarrow{V}\cdot\overrightarrow{dS} = \int_D \frac{1}{x^2+y^2+1}\,dx\,dy$$

En coordonnées cylindriques : $x^2 + y^2 = r^2$ et $dx dy = r\,dr\,d\theta$. Ce qui donne :

$$\int_D \overrightarrow{V}\cdot\overrightarrow{dS} = \int_D \frac{1}{r^2+1}\,r\,dr\,d\theta$$

Lorsque r varie de 0 à 1, θ fixé, le point M décrit un rayon du disque. Lorsque θ varie de 0 à 2π, r fixé, le point M décrit un cercle de rayon r intérieur au disque.
On intègre par rapport à r sur [0, 1], puis par rapport à θ sur [0, 2π]. Ce qui s'écrit :

$$\int_D \overrightarrow{V}\cdot\overrightarrow{dS} = \int_0^{2\pi} d\theta \int_0^1 \frac{r}{r^2+1}\,dr = \frac{1}{2}\left[\ln(r^2+1)\right]_0^1 \int_0^{2\pi} d\theta = \frac{1}{2}\ln 2 \times 2\pi = \pi \ln 2$$

24 Intégrale de Gauss

1) Calculer le flux du vecteur $\overrightarrow{V} = e^{-(x^2+y^2)}\,\overrightarrow{k}$ à travers le disque de centre O et de rayon R du plan (xOy). Que devient ce flux lorsque R tend vers $+\infty$?

2) En déduire la valeur de l'intégrale :

$$\int_{-\infty}^{+\infty} e^{-x^2}\,dx$$

■ **SOLUTION**

1) Le flux de $\overrightarrow{V}$ à travers le disque D(O, R) est : $I_R = \int_D e^{-(x^2+y^2)}\,dx\,dy$

En coordonnées cylindriques : $x^2 + y^2 = r^2$ et $dx\,dy = r\,dr\,d\theta$; donc :

$$I_R = \int_D r\,e^{-r^2}\,dr\,d\theta = \int_0^{2\pi} d\theta \int_0^R r\,e^{-r^2} dr = 2\pi \times \frac{-1}{2}\left[e^{-r^2}\right]_0^R = \pi\left(1 - e^{-R^2}\right)$$

$$\lim_{R\to+\infty} e^{-R^2} = 0 \text{ donc } \lim_{R\to+\infty} I_R = \pi$$

2) Lorsque R tend vers $+\infty$, le disque de centre O et de rayon R s'étend jusqu'à recouvrir entièrement le plan (xOy). Il est alors possible d'écrire :

$$\lim_{R\to+\infty} I_R = \lim_{R\to+\infty} \int_{D(0,R)} e^{-(x^2+y^2)}\,dx\,dy = \int_{\mathbb{R}^2} e^{-(x^2+y^2)}\,dx\,dy = \pi$$

Mais :

$$\int_{\mathbb{R}^2} e^{-(x^2+y^2)}\,dx\,dy = \int_{\mathbb{R}^2} e^{-x^2}\,e^{-y^2}\,dx\,dy = \int_{-\infty}^{+\infty} e^{-x^2}\,dx \int_{-\infty}^{+\infty} e^{-y^2}\,dy = \left(\int_{-\infty}^{+\infty} e^{-x^2}dx\right)^2$$

On en déduit :

$$\int_{-\infty}^{+\infty} e^{-x^2}\,dx = \sqrt{\pi}$$

22 ESPACES VECTORIELS

STRUCTURES ALGÉBRIQUES

1. Groupe

Un groupe est un ensemble G muni d'une opération $*$ qui possède les propriétés suivantes :

- Associativité : $\forall\, x \in G,\ \forall\, y \in G,\ \forall\, z \in G,\ x * (y * z) = (x * y) * z$
- Existence d'un élément neutre : $\exists\, e \in G,\ \forall\, x \in G,\ x * e = e * x = x$
- Tout élément est inversible : $\forall\, x \in G,\ \exists\, x' \in G,\ x * x' = x' * x = e$

Si l'opération est commutative ($\forall\, x \in G, \forall\, y \in G, x * y = y * x$), on dit que le groupe G est commutatif.

Si l'opération est l'addition, l'inverse de x est noté $-x$, opposé de x et l'élément neutre 0.

Si l'opération est la multiplication, l'inverse de x est noté x^{-1} ou $1/x$ et l'élément neutre 1.

sous-groupe : une partie H d'un groupe G est un sous-groupe de G si :

- $e \in H$ (l'élément neutre de G est dans H)
- $\forall\, x \in H,\ \forall\, y \in H,\ x * y \in H$
- $\forall\, x \in H,\ x' \in H$ (tout élément de H a son inverse dans H).

2. Anneau

Un anneau est un ensemble A muni de deux opérations, une addition et une multiplication, avec les propriétés suivantes :

- (A, +) est un groupe commutatif
- La multiplication est associative : $\forall\, x \in A,\ \forall\, y \in A,\ \forall\, z \in A,\ x(yz) = (xy)z$
- La multiplication est distributive par rapport à l'addition :

$$\forall\, x \in A,\ \forall\, y \in A,\ \forall\, z \in A,\ x(y + z) = xy + xz$$

Si la multiplication est commutative, on dit que l'anneau est commutatif.

S'il existe un élément neutre pour la multiplication, noté en général 1, on dit que l'anneau est unitaire.

3. Corps

Un corps est un ensemble K muni de deux opérations, une addition et une multiplication, possédant les propriétés suivantes :

- (K, +) est un groupe commutatif
- (K_*, $\times$) est un groupe (K_* désigne l'ensemble K privé de 0)
- La multiplication est distributive sur l'addition.

Si la multiplication est commutative, on dit que le corps est commutatif.

Un corps est un anneau dans lequel tous les éléments sauf 0 ont un inverse.

Espaces vectoriels

1. Définition

Soit K un corps. On appelle espace vectoriel sur K un ensemble E muni de deux opérations :

- Une addition, pour laquelle E est un groupe commutatif
- Une opération externe : $K \times E \to E$, $(\alpha, x) \mapsto \alpha x$ possédant les propriétés suivantes :

– $\forall \alpha \in K$, $\forall x \in E$, $\forall y \in E$, $\alpha(x+y) = \alpha x + \alpha y$

– $\forall \alpha \in K$, $\forall \beta \in K$, $\forall x \in E$, $(\alpha + \beta)x = \alpha x + \beta x$

– $\forall \alpha \in K$, $\forall \beta \in K$, $\forall x \in E$, $(\alpha\beta)x = \alpha(\beta x)$

– $\forall x \in E$, $1x = x$

Les éléments de E sont appelés vecteurs et ceux de K scalaires.
Si $K = \mathbb{R}$, E est un espace vectoriel réel.
Si $K = \mathbb{C}$, E est un espace vectoriel complexe.

2. Sous-espace vectoriel

Soit E un espace vectoriel sur un corps K. Une partie F de E est un sous-espace vectoriel de E si :

- $0 \in F$
- $\forall x \in F$, $\forall y \in F$, $x + y \in F$ (stabilité pour l'addition)
- $\forall \alpha \in K$, $\forall x \in F$, $\alpha x \in F$ (stabilité pour la loi externe)

Tout sous-espace vectoriel d'un espace vectoriel est un espace vectoriel.

L'intersection de deux sous-espaces vectoriels d'un même espace vectoriel E est un sous-espace vectoriel de E.

3. Somme de deux sous-espaces vectoriels

Soit F_1 et F_2 deux sous-espaces vectoriels d'un espace vectoriel E. On appelle somme de F_1 et de F_2 l'ensemble : $F_1 + F_2 = \{x_1 + x_2 \mid x_1 \in F_1 \text{ et } x_2 \in F_2\}$.
$F_1 + F_2$ est un sous-espace vectoriel de F.
Si $E = F_1 + F_2$ et $F_1 \cap F_2 = \{0\}$, F_1 et F_2 sont supplémentaires et on écrit $E = F_1 \oplus F_2$. La somme est alors dite directe. Tout élément x de E s'écrit de manière unique sous la forme $x = x_1 + x_2$ avec $x_1 \in F_1$ et $x_2 \in F_2$.

4. Combinaison linéaire

Soient $x_1, x_2, ..., x_n$ des éléments d'un espace vectoriel E, et x un élément de E. On dit que x est combinaison linéaire de $x_1, x_2, ..., x_n$ s'il existe n scalaires $\alpha_1, \alpha_2, ..., \alpha_n$ tels que : $x = \alpha_1 x_1 + \alpha_2 x_2 + ... + \alpha_n x_n$.

5. Indépendance linéaire

Soient $x_1, x_2, ..., x_n$ des éléments d'un espace vectoriel E. Si l'un des vecteurs x_i est combinaison linéaire des autres, on dit que les vecteurs $x_1, x_2, ..., x_n$ sont linéairement dépendants ou que la famille $(x_1, x_2, ..., x_n)$ est liée.

Dans le cas contraire la famille $(x_1, x_2, ..., x_n)$ est dite libre.

Les deux propositions suivantes sont équivalentes :

- $(x_1, x_2, ..., x_n)$ est une famille libre
- $\forall (\alpha_1, \alpha_2, ..., \alpha_n) \in K^n$, $\alpha_1 x_1 + \alpha_2 x_2 + ... + \alpha_n x_n = 0 \Rightarrow \alpha_1 = \alpha_2 = ... = \alpha_n = 0$

6. Famille génératrice

Une famille $(x_1, x_2, ..., x_n)$ de vecteurs d'un espace vectoriel E est une famille génératrice de E si : $\forall x \in E$, $\exists (\alpha_1, \alpha_2, ..., \alpha_n) \in K^n$, $x = \alpha_1 x_1 + \alpha_2 x_2 + ... + \alpha_n x_n$.
Autrement dit, tout vecteur de E est combinaison linéaire des vecteurs $(x_1, x_2, ..., x_n)$.

7. Base

Une base d'un espace vectoriel E est une famille de vecteurs de E qui est à la fois libre et génératrice. Si $(x_1, x_2, ..., x_n)$ est une base de E alors, tout vecteur x de E s'écrit de manière unique sous la forme : $x = \alpha_1 x_1 + \alpha_2 x_2 + ... + \alpha_n x_n$, où $(\alpha_1, \alpha_2, ..., \alpha_n) \in K^n$. Les scalaires $\alpha_1, \alpha_2, ..., \alpha_n$ s'appellent les coordonnées (ou composantes) du vecteur x dans la base $(x_1, x_2, ..., x_n)$.

8. Dimension

Un espace vectoriel E est dit de dimension finie s'il est engendré par un nombre fini de vecteurs. Dans ce cas, toutes les bases de E ont le même nombre d'éléments. Ce nombre est appelé la dimension de E et se note dimE.

Si F_1 et F_2 sont deux sous-espaces supplémentaires de E alors : $\dim E = \dim F_1 + \dim F_2$.

Soit F un sous-espace vectoriel de E. Si dimF = dimE alors F = E.

APPLICATION LINÉAIRE

1. Définition

Soient E et F deux espaces vectoriels sur un corps K et f une application de E dans F. On dit que f est une application linéaire si :

- $\forall x \in E, \quad \forall y \in E, f(x + y) = f(x) + f(y)$
- $\forall \alpha \in K, \quad \forall x \in E, f(\alpha x) = \alpha f(x)$

La somme et la composition de deux applications linéaires sont encore des applications linéaires.

2. Noyau et image

Soit $f : E \to F$ une application linéaire.

- On appelle noyau de f et l'on note Ker f, l'ensemble des vecteurs $x \in E$ tels que $f(x) = O_F$.
- On appelle image de f, et l'on note Imf, l'ensemble f(E), des images par f des éléments de E.

Kerf est un sous-espace vectoriel de E et Imf est un sous-espace vectoriel de F.

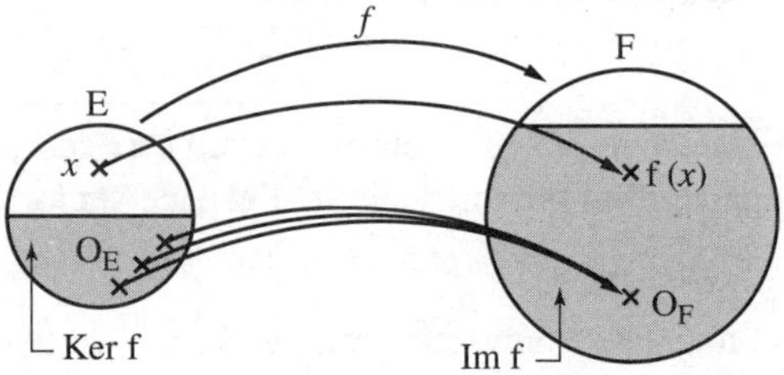

Théorème de la dimension :

$$\dim E = \dim \mathrm{Ker} f + \dim \mathrm{Im} f$$

La dimension de Imf est aussi appelée le rang de l'application linéaire f.

3. Isomorphisme

Soit f une application de E dans F :

f injective $\Leftrightarrow \forall x \in E, \quad \forall y \in E, x \neq y \Rightarrow f(x) \neq f(y)$

f surjective $\Leftrightarrow \forall y \in F, \quad \exists x \in E, f(x) = y$

On a les deux équivalences suivantes :

- f injective $\Leftrightarrow \mathrm{Ker} f = \{O_E\}$
- f surjective $\Leftrightarrow \mathrm{Im} f = F$

Si dimE = dimF alors : f injective $\Leftrightarrow$ f surjective $\Leftrightarrow$ f bijective.

Une application de E dans F linéaire et bijective est appelée isomorphisme d'espace vectoriel.

4. Forme linéaire

Soit E un espace vectoriel sur un corps K. On appelle **forme linéaire sur E**, toute application linéaire de E dans K.

ESPACE VECTORIEL NORMÉ

1. Produit scalaire

Soit E un espace vectoriel sur K = $\mathbb{R}$ ou $\mathbb{C}$. On appelle **produit scalaire** sur E, toute application φ de $E \times E$ dans K telle que :

- $\forall\, y \in E$, l'application $x \rightarrow \varphi(x, y)$ est une forme linéaire sur E.
- $\forall\, x \in E, \forall\, y \in E, \varphi(y, x) = \overline{\varphi(x, y)}$
- $\forall\, x \in E, x \neq 0 \Rightarrow \varphi(x, x) > 0$

$\overline{\varphi(x, y)}$ désigne le nombre complexe conjugué de $\varphi(x, y)$. Si K = $\mathbb{R}$, $\overline{\varphi(x, y)} = \varphi(x, y)$.

2. Norme

Soit E un espace vectoriel sur K = $\mathbb{R}$ ou $\mathbb{C}$. On appelle **norme** sur E toute application N de E dans $\mathbb{R}^+$ telle que :

- $N(x) = 0 \Leftrightarrow x = 0$
- $\forall\, x \in E, \ \forall\, \alpha \in K, N(\alpha x) = |\alpha|\, N(x)$
- $\forall\, x \in E, \ \forall\, y \in E, N(x + y) \leq N(x) + N(y)$ (inégalité triangulaire)

La norme $N(x)$ d'un vecteur x est usuellement notée $\|x\|$.
Si φ est un produit scalaire sur E, l'application : $x \mapsto \sqrt{\varphi(x, x)}$ est une norme sur E.

Inégalité de Cauchy-Schwarz :

$$\forall\, x \in E, \ \forall\, y \in E, \ |\varphi(x, y)| \leq \|x\|\, \|y\|$$

Un espace vectoriel normé est un espace vectoriel muni d'une norme. Si la norme est définie à partir d'un produit scalaire, l'espace vectoriel est dit Euclidien.

3. Distance

La distance du vecteur x au vecteur y est le nombre réel positif : $d(x, y) = \|x - y\|$.

Propriétés :

- $d(x, y) = 0 \Leftrightarrow x = y$
- $d(x, y) = d(y, x)$
- $d(x, z) \leq d(x, y) + d(y, z), \ \forall\, (x, y, z) \in E^3$.

EXERCICES

1 Calcul dans un groupe

Soit (G, •) un groupe d'élément neutre e. Démontrer les propriétés suivantes :

a) $\forall x \in G, \quad \forall y \in G, \quad \forall z \in G, \qquad xy = xz \Rightarrow y = z$

b) $\forall x \in G, \quad \forall y \in G, \qquad (xy)^{-1} = y^{-1}x^{-1}$

c) $\forall x \in G, \quad \forall y \in G, \qquad xy = e \Rightarrow yx = e$

d) $\forall x \in G, \qquad xx = x \Rightarrow x = e$

■ **SOLUTION**

En multipliant à gauche les deux membres de l'équation $xy = xz$ par x^{-1}, on obtient : $x^{-1}(xy) = x^{-1}(xz)$. L'associativité de la multiplication donne $(x^{-1}x)y = (x^{-1}x)z$, d'où $ey = ez$, donc $y = z$.

On a de même avec $yx = zx \Rightarrow y = z$. On dit que tout élément est régulier.

b) On a : $(xy)(y^{-1}x^{-1}) = x(yy^{-1})x^{-1}$, d'après l'associativité

$= x\,ex^{-1}$ car $yy^{-1} = e$

$= xx^{-1}$ car $x\,e = x$

$= e$

Ce qui prouve que $y^{-1}x^{-1}$ est l'inverse de xy ; donc $(xy)^{-1} = y^{-1}x^{-1}$.

c) Si $xy = e$ alors $xy = xx^{-1}$. En simplifiant à gauche par x on obtient $y = x^{-1}$. En multipliant à droite par x, $yx = x^{-1}x$, donc $yx = e$.

d) Si $xx = x$ alors $xx = x\,e$. En simplifiant à gauche par x, on obtient $x = e$.

2 Reconnaître des groupes

Parmi les ensembles suivants, quels sont ceux qui sont des groupes pour l'opération indiquée.

a) $(\mathbb{N}, +)$ **b)** $(\mathbb{Z}, +)$ **c)** $(\mathbb{Z}^*, \times)$ **d)** $(\mathbb{Q}, +)$

e) $(\mathbb{Q}, \times)$ **f)** $(\mathbb{Q}^*, \times)$ **g)** $(\mathbb{R}^*, \times)$ **h)** $(\mathbb{C}^*, \times)$

i) $(n\mathrm{Z}, +)$ où $n\mathrm{Z}$ est l'ensemble des multiples de n.

j) (Isom, o) où Isom est l'ensemble des isométries du plan et « o » la composition.

k) $(\mathbb{R}_n[X], +)$ où $\mathbb{R}_n[X]$ est l'ensemble des polynômes de degré inférieur ou égal à n.

l) $(G_n, \times)$ où G_n est l'ensemble des racines $n^{\text{ième}}$ de l'unité dans $\mathbb{C}$.

■ **SOLUTION**

a) $(\mathbb{N}, +)$ n'est pas un groupe car l'opposé de 1 n'est pas dans $\mathbb{N}$.

b) Dans $\mathbb{Z}$, l'addition est commutative et associative, 0 est neutre et tout élément x de $\mathbb{Z}$ admet un opposé $-x$ dans $\mathbb{Z}$. $(\mathbb{Z}, +)$ est un groupe commutatif.

c) $(\mathbb{Z}^*, \times)$ n'est pas un groupe car l'inverse de 2 est 1/2 qui n'est pas dans $\mathbb{Z}$.

d) $(\mathbb{Q}, +)$ est un groupe commutatif d'élément neutre 0.

e) $(\mathbb{Q}, \times)$ n'est pas un groupe car 0 est dans $\mathbb{Q}$ et n'a pas d'inverse.

f) $(\mathbb{Q}*, \times)$ est un groupe commutatif d'élément neutre 1. L'inverse de a/b est b/a.

g) $(\mathbb{R}*, \times)$ est un groupe commutatif d'élément neutre 1. L'inverse d'un réel x non nul est le réel $1/x$.

h) La multiplication dans $\mathbb{C}$ est commutative et associative, 1 est neutre et tout complexe non nul admet un inverse. $(\mathbb{C}*, \times)$ est un groupe commutatif.

i) $0 = 0 \times n$, donc 0 est un multiple de n et $n\mathbb{Z} \neq \emptyset$. La somme de deux multiples de n est un multiple de n et l'opposé d'un multiple de n est un multiple de n. $(n\mathbb{Z}, +)$ est un sous-groupe du groupe $(\mathbb{Z}, +)$ donc un groupe commutatif.

j) Les isométries du plan sont les applications qui conservent la distance (translations, rotations et symétries orthogonales par rapport à des droites). La composée de deux isométries est une isométrie et c'est une opération associative, d'élément neutre l'identité du plan. Toute isométrie est bijective ; l'inverse de l'isométrie f est l'isométrie réciproque f^{-1} et $fof^{-1} = f^{-1}of = Id$. Identité du plan. (Isom, o) est un groupe.
Ce groupe n'est pas commutatif car souvent $fog \neq gof$. Par exemple, si S_A est la symétrie de centre A et S_B la symétrie de centre B, S_A o S_B est la translation de vecteur $2\,\overrightarrow{AB}$ et S_B o S_A est la translation de vecteur $2\,\overrightarrow{BA}$ Si $B \neq A$, ces deux translations ne sont pas égales.

k) La somme de deux polynômes de degrés inférieur ou égal à n est un polynôme de degré inférieur ou égal à n. L'addition est commutative et associative, d'élément neutre le polynôme nul. L'opposé du polynôme P est le polynôme – P. $(\mathbb{R}_n[X], +)$ est un groupe commutatif.

i) Les racines $n^{\text{ième}}$ de l'unité sont les n nombres complexes $z_k = e^{2jk\pi/n}$, $k = 0, 1, ..., n-1$. $z_0 = 1 \in G_n$. Si $z_k \in G_n$ et $z_{k'} \in G_n$ alors $z_k z_{k'} = e^{2jk\pi/n} e^{2jk'\pi/n} = e^{2j(k+k')\pi/n} \in G_n$, donc G_n est stable pour la multiplication, et $(z_k)^{-1} = e^{-2jk\pi/n} \in G_n$. $(G_n, \times)$ est un sous-groupe du groupe $(\mathbb{C}*, \times)$, donc un groupe commutatif.

3 Le groupe des entiers modulo n

Soit n un entier naturel. Deux entiers relatifs x et y sont dits congrus (ou égaux) modulo n si la différence $x - y$ est un multiple de n. On écrit $x \equiv y \pmod{n}$.

1) Trouver le plus petit entier positif a tel que $x \equiv a \pmod{n}$ dans les cas suivants.

a) $x = 7$ et $n = 3$ **b)** $x = 30$ et $n = 12$ **c)** $x = -17$ et $n = 4$ **d)** $x = 35$ et $n = 7$

2) Démontrer que les deux propositions suivantes sont équivalentes :

a) $x \equiv y \pmod{n}$

b) x et y ont le même reste dans la division euclidienne par n.

Soit x un entier relatif. On appelle classe de x, l'ensemble des entiers relatifs congrus à x modulo n. On note $\hat{x}$ la classe de x et $\mathbb{Z}/n\mathbb{Z}$ l'ensemble $\{\hat{0}, \hat{1}, \hat{2}, ..., \widehat{n-1}\}$.

3) Dans $\mathbb{Z}/3\mathbb{Z}$, expliciter les classes de 0, 1 et 2.

4) Démontrer les propositions suivantes :

a) $\forall x \in \mathbb{Z}, \hat{x} \neq \emptyset$

b) $\forall x \in \mathbb{Z}, \exists \hat{a} \in \mathbb{Z}/n\mathbb{Z}, x \in \hat{a}$

c) $\forall \hat{a} \in \mathbb{Z}/n\mathbb{Z}, \forall \hat{b} \in \mathbb{Z}/n\mathbb{Z}, \hat{a} \neq \hat{b} \Rightarrow \hat{a} \cap \hat{b} = \emptyset$

d) $\forall x \in \hat{a}, \forall y \in \hat{b}, x + y \in \widehat{a+b}$ et $xy \in \widehat{ab}$

On définit dans $\mathbb{Z}/n\mathbb{Z}$ une addition et une multiplication de la manière suivante :

$$\hat{a} + \hat{b} = \widehat{a+b} \quad \text{et} \quad \hat{a}\,\hat{b} = \widehat{ab}$$

5) Calculer dans $\mathbb{Z}/5\mathbb{Z}$, $\hat{3} + \hat{4}$ et $\hat{3} \times \hat{4}$.

6) Montrer que $(\mathbb{Z}/n\mathbb{Z}, +, \times)$ est un anneau commutatif unitaire.

7) Construire les tables d'addition et de multiplication dans $\mathbb{Z}/n\mathbb{Z}$ pour $n = 2, 3, 4$ et 5 et reconnaître parmi ces ensembles ceux qui sont des corps.

8) Résoudre dans $\mathbb{Z}/4\mathbb{Z}$ les équations suivantes :

a) $\hat{2}x + \hat{1} = \hat{0}$ **b)** $\hat{3}x - \hat{1} = \hat{0}$ **c)** $(\hat{3}x - \hat{1})(\hat{2}x + \hat{1}) = \hat{0}$

9) Résoudre dans $\mathbb{Z}/5\mathbb{Z}$:

a) $\hat{3}x + \hat{4} = \hat{2}$ **b)** $(\hat{3}x + \hat{2})(\hat{2}x + \hat{1}) = \hat{0}$

■ SOLUTION

1.a) $7 \equiv 1 \pmod 3$ car $7 - 1 = 6$ et 6 est un multiple de 3.

b) $30 \equiv 6 \pmod{12}$ car $30 - 6 = 24 = 2 \times 12$.

c) $-17 \equiv 3 \pmod 4$ car $-17 - 3 = -20 = -5 \times 4$

d) $35 \equiv 0 \pmod 7$ car 35 est un multiple de 7.

2) Démontrons que $(a) \Rightarrow (b)$: l'hypothèse est : $x \equiv y \pmod n$.

Soit : q_1 et r_1 le quotient et le reste dans la division de x par n,
q_2 et r_2 le quotient et le reste dans la division de y par n.

On a : $x = q_1 n + r_1$ et $0 \le r_1 < n$; $y = q_2 n + r_2$ et $0 \le r_2 < n$

donc : $x - y = (q_1 - q_2)n + (r_1 - r_2)$ et $-n < r_1 - r_2 < n$

mais, par hypothèse, $x - y$ est un multiple de n, donc : $x - y = \mathrm{k}n$ avec k entier.

On en déduit : $\mathrm{k}n = (q_1 - q_2)n + (r_1 - r_2)$, donc : $r_1 - r_2 = (\mathrm{k} - q_1 + q_2)n$;

$r_1 - r_2$ est un multiple de n strictement compris entre $-n$ et n, cela ne peut être que 0.

Conclusion : $r_1 = r_2$.

Réciproquement, démontrons que $(b) \Rightarrow (a)$:

$x = q_1 n + r_1$ et $y = q_2 n + r_1$, donc : $x - y = (q_1 - q_2)n$, ce qui prouve que $x - y$ est un multiple de n et $x \equiv y \pmod n$.

3) Dans $\mathbb{Z}/3\mathbb{Z}$:

$\hat{0} = \{..., -9, -6, -3, 0, 3, 6, 9, ...\}$, ensemble des multiples de trois.

$\hat{1} = \{..., -8, -5, -2, 1, 4, 7, 10, ...\}$.

$\hat{2} = \{..., -7, -4, -1, 2, 5, 8, 11, ...\}$.

4.a) $x \equiv x \pmod n$ car $x - x = 0$ et 0 est un multiple de n, donc $x \in \hat{x}$.

b) Soit x un entier et a son reste dans la division de x par n. On a : $x = q\,n + a$, d'où : $x - a = q\,n$, ce qui prouve que $x \in \hat{a}$ avec $0 \le a \le n - 1$.

c) On prouve la contraposée : $\hat{a} \cap \hat{b} \ne \emptyset \Rightarrow \hat{a} = \hat{b}$.

Soit $x \in \hat{a} \cap \hat{b}$; $x \in \hat{a}$ et $x \in \hat{b}$, donc x a pour reste a dans la division par n et aussi b.

Comme le reste est unique, $a = b$, d'où $\hat{a} = \hat{b}$.

d) Soient $x \in \hat{a}$ et $y \in \hat{b}$; $x = a + \mathrm{k}n$ et $y = b + \mathrm{k'}n$, k et k' entiers.

Donc $x + y = (a + b) + (\mathrm{k} + \mathrm{k'})n$, ce qui prouve que $x + y$ est dans la classe de $a + b$;

$xy = ab + (a\mathrm{k'} + b\mathrm{k} + \mathrm{kk'})n$, ce qui prouve que xy est dans la classe de ab.

5) Dans $\mathbb{Z}/5\mathbb{Z}$, $\hat{3}+\hat{4}=\hat{7}=\hat{2}$ et $3 \times 4 = 12 = \hat{2}$

6) $\hat{b}+\hat{a} = \widehat{b+a} = \widehat{a+b} = \hat{a}+\hat{b}$, l'addition est commutative.

$\hat{a}+(\hat{b}+\hat{c}) = \hat{a}+(\widehat{b+c}) = \widehat{a+(b+c)} = \widehat{(a+b)+c} = (\widehat{a+b})+\hat{c} = (\hat{a}+\hat{b})+\hat{c}$, l'addition est associative ; $\hat{a}+\hat{0} = \widehat{a+0} = \hat{a}$, $\hat{0}$ est neutre pour l'addition ; $\hat{a}+\widehat{(-a)} = \widehat{a+(-a)} = \hat{0}$, tout élément admet un opposé pour l'addition ; $(\mathbb{Z}/n\mathbb{Z}, +)$ est un groupe commutatif.

De plus, $\hat{a}\hat{b} = \widehat{ab} = \widehat{ba} = \hat{b}\hat{a}$, la multiplication est commutative ;

$\hat{a}(\hat{b}+\hat{c}) = \hat{a}(\widehat{b+c}) = \widehat{ab} + \widehat{ac} = \hat{a}\hat{b} + \hat{a}\hat{c}$, la multiplication est distributive sur l'addition, et : $\hat{1}\hat{a} = \widehat{1a} = \hat{a}$, $\hat{1}$ est neutre pour la multiplication.

En conclusion, $(\mathbb{Z}/n\mathbb{Z}, +, \times)$ est un anneau commutatif unitaire.

7) Tables d'addition et de multiplication : on identifie $\hat{x}$ et x :

Dans $\mathbb{Z}/2\mathbb{Z}$:

+	0	1
0	0	1
1	1	0

×	0	1
0	0	0
1	0	1

1 est son propre inverse, $(\mathbb{Z}/2\mathbb{Z}, +, \times)$ est un corps commutatif.

Dans $\mathbb{Z}/3\mathbb{Z}$:

+	0	1	2
0	0	1	2
1	1	2	0
2	2	0	1

×	0	1	2
0	0	0	0
1	0	1	2
2	0	2	1

1 a pour inverse 1 et 2 a pour inverse 2. $(\mathbb{Z}/3\mathbb{Z}, +, \times)$ est un corps commutatif.

Dans $\mathbb{Z}/4\mathbb{Z}$:

+	0	1	2	3
0	0	1	2	3
1	1	2	3	0
2	2	3	0	1
3	3	0	1	2

×	0	1	2	3
0	0	0	0	0
1	0	1	2	3
2	0	2	0	2
3	0	3	2	1

2 n'a pas d'inverse, $(\mathbb{Z}/4\mathbb{Z}, +, \times)$ n'est pas un corps.

Dans $\mathbb{Z}/5\mathbb{Z}$:

+	0	1	2	3	4
0	0	1	2	3	4
1	1	2	3	4	0
2	2	3	4	0	1
3	3	4	0	1	2
4	4	0	1	2	3

×	0	1	2	3	4
0	0	0	0	0	0
1	0	1	2	3	4
2	0	2	4	1	3
3	0	3	1	4	2
4	0	4	3	2	1

Tous les éléments sauf 0 ont un inverse, $(\mathbb{Z}/5\mathbb{Z}, +, \times)$ est un corps commutatif.

8) On utilise les tables pour résoudre les équations dans $\mathbb{Z}/4\mathbb{Z}$.

a) $2x+1=0 \Leftrightarrow 2x=-1 \Leftrightarrow 2x=3$, mais 2 n'a pas d'inverse donc l'équation n'a pas de solution.

b) $3x-1=0 \Leftrightarrow 3x=1 \Leftrightarrow x=3$.

c) $(3x-1)(2x+1)=0 \Leftrightarrow \begin{cases} \quad 3x-1=0 & \Rightarrow x=3 \\ \text{ou} \quad 2x+1=0 & \text{pas de solution dans } \mathbb{Z}/4\mathbb{Z}. \\ \text{ou} \quad (3x-1=2 \text{ et } 2x+1=2) & \end{cases}$

$3x-1=2 \Leftrightarrow 3x=2+1 \Leftrightarrow 3x=3 \Leftrightarrow x=1$

et $2x+1=2 \Leftrightarrow 2x=2-1 \Leftrightarrow 2x=1$ et cette équation n'a pas de solution dans $\mathbb{Z}/4\mathbb{Z}$.

L'unique solution est $x=3$.

9) On résoud dans $\mathbb{Z}/5\mathbb{Z}$.

a) $3x+4=2 \Leftrightarrow 3x=-2 \Leftrightarrow 3x=3 \Leftrightarrow x=1$.

b) $(3x+2)(2x+1)=0 \Leftrightarrow 3x+2=0$ ou $2x+1=0$.

$3x+2=0 \Leftrightarrow 3x=-2 \Leftrightarrow 3x=3 \Leftrightarrow x=1$.

$2x+1=0 \Leftrightarrow 2x=-1 \Leftrightarrow 2x=4 \Leftrightarrow x=2$.

L'équation admet deux solutions : 1 et 2.

4 Sous-espaces vectoriels

Soit E l'espace vectoriel sur $\mathbb{R}$ des fonctions réelles définies sur $\mathbb{R}$.

Parmi les parties suivantes de E, reconnaître lesquelles sont des sous-espaces vectoriels de E.

a) L'ensemble des fonctions paires.

b) L'ensemble des fonctions impaires.

c) L'ensemble des fonctions T-périodiques.

d) L'ensemble des fonctions continues.

e) L'ensemble des fonctions dérivables.

f) L'ensemble des fonctions intégrables sur $\mathbb{R}$.

g) L'ensemble des fonctions polynômes.

h) L'ensemble des fonctions polynômes de degré 2.

i) L'ensemble des fonctions polynômes de degré inférieur ou égal à 2.

■ **SOLUTION**

On vérifie dans chaque cas que :

– la fonction nulle appartient à l'ensemble ;

– la somme de deux éléments de l'ensemble est encore un élément de l'ensemble ;

– le produit par un réel d'un élément de l'ensemble est un élément de l'ensemble.

Tous les ensembles cités sont des sous-espaces vectoriels sauf les polynômes de degré 2, la somme pouvant avoir un degré strictement inférieur à 2, par exemple : $P(x)=x^2+x$ et $Q(x)=-x^2$, la somme est de degré 1. Le polynôme nul a pour degré $-\infty$.

5 Fonctions paires, impaires. Sous-espaces vectoriels supplémentaires

Dans l'espace vectoriel E des fonctions réelles définies sur $\mathbb{R}$, montrer que l'ensemble des fonctions paires et l'ensemble des fonctions impaires sont deux sous-espaces vectoriels supplémentaires.

■ SOLUTION

Désignons par F l'ensemble des fonctions paires et G l'ensemble des fonctions impaires. F et G sont deux sous-espaces vectoriels de E. Montrons qu'ils sont supplémentaires dans E.

Soit $f \in F \cap G$, alors $f \in F$ et $f \in G$,

donc : $\forall x \in \mathbb{R}, f(-x) = f(x) \text{ et } f(-x) = -f(x)$.

On en déduit : $\forall x \in \mathbb{R}$, $f(x) = -f(x)$, d'où $f(x) = 0$. f est la fonction nulle.

Montrons que toute fonction de E s'écrit comme somme d'une fonction paire et d'une fonction impaire.

Soit $f \in E$, on définit deux fonctions f_1 et f_2 de la façon suivante :

$$\forall x \in \mathbb{R},\ f_1(x) = 1/2\ [f(x) + f(-x)] \quad \text{et} \quad f_2(x) = 1/2\ [f(x) - f(-x)]$$

On a d'une part : $f = f_1 + f_2$

et d'autre part : $f_1(-x) = 1/2\ [f(-x) + f(x)] = f_1(x)$,

donc f_1 est paire, et :

$$f_2(-x) = 1/2\ [f(-x) - f(x)] = -1/2\ [f(x) - f(-x)] = -f_2(x)$$

donc f_2 est impaire.

En conclusion F et G sont supplémentaires dans E et $E = F \oplus G$.

6 Réunion de deux sous-espaces vectoriels

En donnant un contre exemple dans $\mathbb{R}^2$, montrer que la réunion de deux sous-espaces vectoriels n'est pas en général un sous-espace vectoriel.

■ SOLUTION

Considérons dans $\mathbb{R}^2$ les deux parties suivantes :

$$F = \{(x, y) \in \mathbb{R}^2 \mid y = 0\} \quad \text{et} \quad G = \{(x, y) \in \mathbb{R}^2 \mid x = 0\}$$

F et G sont deux sous-espaces vectoriels de $\mathbb{R}^2$, en effet :

$$(0, 0) \in F,\ (x_1, 0) + (x_2, 0) = (x_1 + x_2, 0) \in F \text{ et } \alpha(x_1, 0) = (\alpha x_1, 0) \in F$$
$$(0, 0) \in G,\ (0, y_1) + (0, y_2) = (0, y_1 + y_2) \in G \text{ et } \alpha(0, y_1) = (0, \alpha y_1) \in G$$

Mais : $(1, 0) \in F \cup G$ car $(1, 0)$ est dans F,
$(0, 1) \in F \cup G$ car $(0, 1)$ est dans G

et : $(1, 0) + (0, 1) = (1, 1)$ n'est ni dans F ni dans G, n'est donc pas dans $F \cup G$.

$F \cup G$ n'est pas stable pour l'addition, ce n'est pas un sous-espace vectoriel de $\mathbb{R}^2$.

7 Base de $\mathbb{R}^3$ et composantes d'un vecteur

Dans $\mathbb{R}^3$, montrer que les vecteurs $a = (1, 2, 1)$, $b = (-1, 1, 0)$ et $c = (-2, 1, 3)$ constituent une base.

Trouver les composantes du vecteur $v = (1, 1, 1)$ dans cette base.

■ **SOLUTION**

Trois vecteurs de $\mathbb{R}^3$ forment une base si leur déterminant est non nul :

$$\text{Dét}(a, b, c) = \begin{vmatrix} 1 & -1 & -2 \\ 2 & 1 & 1 \\ 1 & 0 & 3 \end{vmatrix} = 1\begin{vmatrix} -1 & -2 \\ 1 & 1 \end{vmatrix} + 3\begin{vmatrix} 1 & -1 \\ 2 & 1 \end{vmatrix} = (-1+2) + 3(1+2) = 10$$

Ces trois vecteurs forment une base.

Cherchons les composantes α, β, γ du vecteur v dans cette base :

$(1, 1, 1) = \alpha(1, 2, 1) + \beta(-1, 1, 0) + \gamma(-2, 1, 3) = (\alpha - \beta - 2\gamma, 2\alpha + \beta + \gamma, \alpha + 3\gamma)$

Ce qui conduit au système linéaire :

$$\begin{cases} \alpha - \beta - 2\gamma = 1 \\ 2\alpha + \beta + \gamma = 1 \\ \alpha + 3\gamma = 1 \end{cases}$$

La méthode Pivot de Gauss donne immédiatement les composantes du vecteur v dans la base (a, b, c) : $\left(\frac{7}{10}, -\frac{1}{2}, \frac{1}{10}\right)$.

8 Sous-espace vectoriel engendré par une famille de vecteurs

On considère dans $\mathbb{R}^3$ les vecteurs : $a = (1, 2, 1)$, $b = (0, 1, 1)$, $c = (3, 1, -2)$ et $d = (1, 4, 3)$. Soit E le sous-espace vectoriel engendré par a et b et F le sous-espace vectoriel engendré par c et d.

1) Quelles sont les dimensions de E et F.

2) Montrer que E = F.

3) Compléter la famille (a, b) pour obtenir une base de $\mathbb{R}^3$.

■ **SOLUTION**

E est l'ensemble des combinaisons linéaires de a et b, par conséquent (a, b) est une famille génératrice de E et $\dim E \leq 2$. Montrons que (a, b) est une famille libre, c'est-à-dire qu'il n'existe pas de combinaisons linéaires de a et b égale à 0 autre que la combinaison $0a + 0b = 0$.

Soient α et β deux réels tels que $\alpha a + \beta b = 0$ (0 dans $\mathbb{R}^3$).

On a : $\alpha(1, 2, 1) + \beta(0, 1, 1) = (0, 0, 0)$

$(\alpha, 2\alpha + \beta, \alpha + \beta) = (0, 0, 0)$

d'où : $\alpha = 0, 2\alpha + \beta = 0$ et $\alpha + \beta = 0$

donc : $\alpha = \beta = 0$

La famille (a, b) est libre et génératrice. C'est une base de E, donc $\dim E = 2$.

On montre de même que (c, d) est une base de F :

$$\alpha c + \beta d = 0 \Leftrightarrow \alpha(3, 1, -2) + \beta(1, 4, 3) = (0, 0, 0)$$
$$\Leftrightarrow (3\alpha + \beta, \alpha + 4\beta, -2\alpha + 3\beta) = (0, 0, 0)$$
$$\Leftrightarrow \begin{cases} 3\alpha + \beta = 0 \\ \alpha + 4\beta = 0 \\ -2\alpha + 3\beta = 0 \end{cases}$$

Le système formé par les deux premières équations a un déterminant non nul $(12 - 1 = 11)$, il admet l'unique solution $\alpha = \beta = 0$ qui est aussi solution de la troisième équation. Donc (c, d) est une base de F et dimF = 2.

Remarque : deux vecteurs dépendants dans $\mathbb{R}^3$ sont colinéaires ; donc leur produit vectoriel est nul et réciproquement. Par conséquent les trois déterminants 2×2 extraits de la matrice des coordonnées sont nuls. Inversement, s'il existe un déterminant extrait non nul, alors les deux vecteurs sont indépendants.

Dans le cas des vecteurs c et d, le déterminant : $\begin{vmatrix} 3 & 1 \\ 1 & 4 \end{vmatrix} = 11$ est non nul, donc c et d sont indépendants.

2) Pour montrer que E = F il suffit de montrer que $c \in$ E et $d \in$ E. Cela peut se faire par un calcul de déterminant. On a :

$$\begin{vmatrix} 1 & 0 & 3 \\ 2 & 1 & 1 \\ 1 & 1 & -2 \end{vmatrix} = \begin{vmatrix} 1 & 1 \\ 1 & -2 \end{vmatrix} + 3\begin{vmatrix} 2 & 1 \\ 1 & 1 \end{vmatrix} = -3 + 3 \times 1 = 0$$

Le déterminant est nul, donc les vecteurs a, b et c sont dépendants et $c \in$ E.

$$\begin{vmatrix} 1 & 0 & 1 \\ 2 & 1 & 4 \\ 1 & 1 & 3 \end{vmatrix} = \begin{vmatrix} 1 & 4 \\ 1 & 3 \end{vmatrix} + \begin{vmatrix} 2 & 1 \\ 1 & 1 \end{vmatrix} = -1 + 1 = 0$$

Les vecteurs a, b et d sont dépendants donc $d \in$ E.

3) On cherche un vecteur v tel que (a, b, v) soit une base de $\mathbb{R}^3$. On doit avoir : Dét$(a, b, v) \neq 0$.
Posons $v = (x, y, z)$.

$$\text{Dét}(a, b, v) = \begin{vmatrix} 1 & 0 & x \\ 2 & 1 & y \\ 1 & 1 & z \end{vmatrix} = \begin{vmatrix} 1 & y \\ 1 & z \end{vmatrix} + x\begin{vmatrix} 2 & 1 \\ 1 & 1 \end{vmatrix} = z - y + x \neq 0.$$

Tout triplet (x, y, z) qui vérifie : $x - y + z \neq 0$ convient. On peut prendre $v = (0, 0, 1)$.

9 Fonctions linéairement indépendantes

Dans l'espace vectoriel des fonctions réelles définies sur $\mathbb{R}$, démontrer que les trois fonctions : $x \to 1$, $x \to e^x$ et $x \to e^{2x}$ sont linéairement indépendantes.

■ SOLUTION

Formons une combinaison linéaire, égale à la fonction nulle, de ces trois fonctions :

$$\alpha 1 + \beta e^x + \gamma\, e^{2x} = 0, \text{ pour tout } x \in \mathbb{R}$$

En dérivant deux fois les deux membres on obtient :

$$\beta e^x + 2\gamma e^{2x} = 0 \quad \text{puis} \quad \beta e^x + 4\gamma e^{2x} = 0$$

En donnant à x la valeur particulière 0, on obtient le système linéaire :

$$\begin{cases} \alpha + \beta + \gamma = 0 \\ \beta + 2\gamma = 0 \\ \beta + 4\gamma = 0 \end{cases}$$

qui a pour déterminant : $\begin{vmatrix} 1 & 1 & 1 \\ 0 & 1 & 2 \\ 0 & 1 & 4 \end{vmatrix} = 1\begin{vmatrix} 1 & 2 \\ 1 & 4 \end{vmatrix} = 2$

Ce déterminant n'est pas nul donc le système admet une solution unique : $\alpha = \beta = \gamma = 0$.
En conclusion, les trois fonctions 1, e^x et e^{2x} forment une famille libre.

10 Décomposition en série de Fourier d'une fonction périodique

Soit E l'ensemble des fonctions 2π-périodiques, continues et dérivables, de $\mathbb{R}$ dans $\mathbb{C}$.

1) Montrer que E est un espace vectoriel sur $\mathbb{C}$.

2) Montrer que les fonctions $f_n : x \to e^{jnx}$, $n \in \mathbb{Z}$, appartiennent à E.

3) Montrer que les fonctions $(f_{-n}, f_{-n+1}, ..., f_{-1}, f_0, f_1, ..., f_{n-1}, f_n)$ forment une famille libre.

4) En utilisant le théorème de Dirichlet, trouver une base de E. Que peut-on dire de la dimension de E ?

■ SOLUTION

1) Pour montrer qu'un ensemble est un espace vectoriel il est toujours plus rapide de montrer que c'est un sous-espace vectoriel d'un espace vectoriel connu. On sait que l'ensemble des fonctions de $\mathbb{R}$ dans $\mathbb{C}$, continues et dérivables, est un espace vectoriel sur $\mathbb{C}$. On montre que E en est un sous-espace vectoriel.

– La fonction nulle : $f(x) = 0$, $\forall x \in \mathbb{R}$, est 2π-périodique, continue et dérivable.

– Soient f et g deux fonctions de E.

On a : $\forall x \in \mathbb{R}$, $(f + g)(x + 2\pi) = f(x + 2\pi) + g(x + 2\pi) = f(x) + g(x) = (f + g)(x)$
donc f + g est 2π-périodique.

De plus, la somme de deux fonctions continues et dérivables est une fonction continue et dérivable, donc $f + g \in E$. E est stable pour l'addition.

– Soient $\alpha \in \mathbb{C}$ et $f \in E$.

On a : $\forall x \in \mathbb{R}$, $(\alpha f)(x + 2\pi) = \alpha f(x + 2\pi) = \alpha f(x) = (\alpha f)(x)$
donc αf est 2π-périodique. De plus, αf est continue et dérivable, donc $\alpha f \in E$. E est stable pour la multiplication externe.

2) On a $f_n(x + 2\pi) = e^{jn(x+2\pi)} = e^{jnx} e^{2jn\pi} = e^{jnx}$, car $n \in \mathbb{Z}$ et $e^{2jn\pi} = 1$.
Donc $f_n(x + 2\pi) = f_n(x)$, $\forall x \in \mathbb{R}$. Les fonctions f_n sont 2π-périodiques.
De plus, $f_n(x) = \cos nx + j \sin nx$. Les fonctions $\cos nx$ et $\sin nx$ sont continues et dérivables, donc les fonctions f_n sont continues et dérivables. Conclusion : $\forall n \in \mathbb{Z}$, $f_n \in E$.

3) Considérons une combinaison linéaire égale à la fonction nulle des fonctions de la famille :

$$\sum_{p=-n}^{p=n} \alpha_p e^{jpx} = 0$$

Soit $q \in \mathbb{Z}$, $-n \le q \le n$, on a d'une part :

$$\int_0^{2\pi} \left(e^{-jqx} \sum_{p=-n}^{p=n} \alpha_p e^{jpx} \right) dx = 0$$

d'autre part :

$$\int_0^{2\pi} \left(e^{-jqx} \sum_{p=-n}^{p=n} \alpha_p e^{jpx} \right) dx = \sum_{p=-n}^{p=n} \left(\alpha_p \int_0^{2\pi} e^{j(p-q)x}\, dx \right)$$

$$= \sum_{\substack{p=-n \\ p \neq q}}^{p=n} \left(\alpha_p \int_0^{2\pi} e^{j(p-q)x}\, dx \right) + \alpha_q \int_0^{2\pi} e^0\, dx$$

Quand p est différent de q :

$$\int_0^{2\pi} e^{j(p-q)x}\,dx = \frac{1}{p-q}\left[e^{j(p-q)x}\right]_0^{2\pi} = \frac{1}{p-q}\left(e^{2j(p-q)\pi} - e^0\right) = 0$$

Toutes les intégrales sous le signe $\sum$ sont nulles, il ne reste que : $\alpha_q \int_0^{2\pi} dx$ qui vaut $2\pi\alpha_q$.

En conclusion, $2\pi\alpha_q = 0$, d'où $\alpha_q = 0$, pour tout $q \in \mathbb{Z}$, $-n \leq q \leq n$. Tous les coefficients sont nuls donc : $\forall\, n \in \mathbb{N}$, les fonctions $(e^{jpx})_{-n\leq p\leq n}$ forment une famille libre dans E.

4) Les fonctions de E sont continues et dérivables sur $\mathbb{R}$. D'après le théorème de Dirichlet, elles sont égales en tout point à leur série de Fourier :

$$\forall\, x \in \mathbb{R},\ f(x) = \sum_{p=-\infty}^{p=+\infty} c_n\, e^{jpx}$$

Toute fonction de E est combinaison linéaire des fonctions de la famille $(e^{jpx})_{p\in\mathbb{Z}}$. Famille libre et génératrice, c'est une base de E. Les composantes d'une fonction f dans cette base sont ses coefficients de Fourier complexes. E est un espace vectoriel de dimension infinie.

11 Reconnaître des applications linéaires

Parmi les applications suivantes, quelles sont celles qui sont linéaires ?

a) $f : \mathbb{R}^2 \to \mathbb{R}^2$; $(x, y) \to (2x + y, 3x - 2y)$

b) $f : \mathbb{R}^2 \to \mathbb{R}^2$; $(x, y) \to (x + y, xy)$

c) $f : \mathbb{R}^2 \to \mathbb{R}^2$; $(x, y) \to (x + 1, y)$

d) $f : \mathbb{R}^2 \to \mathbb{R}^3$; $(x, y) \to (x + y, x, 0)$

■ SOLUTION

a) $f((x, y) + (z, t)) = f(x + z, y + t) = (2(x + z) + y + t, 3(x + z) - 2(y + t))$
$= (2x + 2z + y + t, 3x + 3z - 2y - 2t)$

$f(x, y) + f(z, t) = (2x + y, 3x - 2y) + (2z + t, 3z - 2t)$
$= (2x + y + 2z + t, 3x - 2y + 3z - 2t)$

Les résultats sont identiques.

$$f(\alpha(x, y)) = f(\alpha x, \alpha y) = (2\alpha x + \alpha y, 3\alpha x - 2\alpha y) = \alpha(2x + y, 3x - 2y) = \alpha f(x, y)$$

f est une application linéaire.

b) On peut se douter que f n'est pas linéaire à cause du produit xy. Pour le prouver calculons par exemple :

$$f((1, 0) + (0, 1)) = f(1, 1) = (2, 1)$$

et : $$f(1, 0) + f(0, 1) = (1, 0) + (1, 0) = (2, 0)$$

Les résultats sont différents donc f n'est pas linéaire.

c) f n'est pas linéaire à cause de $x + 1$.

En effet : $f((0, 0) + (0, 1)) = f(0, 1) = (1, 1)$ et, $f(0, 0) + f(0, 1) = (1, 0) + (1, 1) = (2, 1)$.

d) $f((x, y) + (z, t)) = f(x + z, y + t) = (x + y + z + t, x + z, 0)$

et : $f(x, y) + f(z, t) = (x + y, x, 0) + (z + t, z, 0) = (x + y + z + t, x + z, 0)$

$$f(\alpha(x, y)) = f(\alpha x, \alpha y) = (\alpha x + \alpha y, \alpha x, 0) = \alpha(x + y, x, 0) = \alpha f(x, y)$$

f est une application linéaire.

12 Image et noyau

Déterminer la dimension et une base de l'image et du noyau de l'application linéaire suivante :

$f : \mathbb{R}^3 \to \mathbb{R}^3$

$(x, y, z) \to (x + y + 2z, 2x + y + 3z, -x + y)$

■ SOLUTION

L'image d'une application linéaire de E dans F est le sous-espace vectoriel engendré par l'image d'une base de E.

Considérons la base canonique de $\mathbb{R}^3$: $e_1 = (1, 0, 0)$, $e_2 = (0, 1, 0)$, $e_3 = (0, 0, 1)$.

On a : $f(e_1) = (1, 2, -1)$, $f(e_2) = (1, 1, 1)$ et $f(e_3) = (2, 3, 0)$

et :

$$\begin{vmatrix} 1 & 1 & 2 \\ 2 & 1 & 3 \\ -1 & 1 & 0 \end{vmatrix} = 2\begin{vmatrix} 2 & 1 \\ -1 & 1 \end{vmatrix} - 3\begin{vmatrix} 1 & 1 \\ -1 & 1 \end{vmatrix} = 2 \times 3 - 3 \times 2 = 0$$

Le déterminant est nul donc les trois vecteurs $f(e_1)$, $f(e_2)$, $f(e_3)$ sont linéairement dépendants et $\dim f(E) \leq 2$. Mais en considérant uniquement les deux premières colonnes, le déterminant 2×2 extrait : $\begin{vmatrix} 1 & 1 \\ 2 & 1 \end{vmatrix} = -1$ est non nul, ce qui prouve que $f(e_1)$ et $f(e_2)$ sont indépendants et, par conséquent, engendrent un sous-espace vectoriel de dimension 2.

En conclusion : $\dim f(E) = 2$ et $f(E)$ est le plan vectoriel engendré par les vecteurs $(1, 2, -1)$ et $(1, 1, 1)$.

D'après le théorème de la dimension : $\dim\mathbb{R}^3 = \dim \operatorname{Ker} f + \dim f(E)$.

On a : $\dim \operatorname{Ker} f = 3 - 2 = 1$.

Il suffit de trouver un vecteur non nul de Kerf pour en avoir une base.

$$(x, y, z) \in \operatorname{Ker} f \Leftrightarrow f(x, y, z) = (0, 0, 0) \Leftrightarrow \begin{cases} x + y + 2z = 0 \\ 2x + y + 3z = 0 \\ -x + y = 0 \end{cases} \Leftrightarrow \begin{cases} x + z = 0 \\ x = y \end{cases}$$

Le vecteur $(1, 1, -1)$ vérifie le système. Kerf est la droite vectorielle engendrée par $(1, 1, -1)$.

13 Noyau et équation différentielle

Soit E l'espace vectoriel des fonctions de $\mathbb{R}$ dans $\mathbb{R}$, deux fois dérivables et φ l'application :

$\varphi : E \to E$

$y \to y'' + y' - 2y$

1) Montrer que φ est une application linéaire.

2) Déterminer une base du noyau de φ.

■ SOLUTION

1) Soient y_1 et y_2 deux fonctions de E et α un réel :

• $\varphi(y_1 + y_2) = (y_1 + y_2)'' + (y_1 + y_2)' - 2(y_1 + y_2)$

$= y_1'' + y_2'' + y_1' + y_2' - 2y_1 - 2y_2 = (y_1'' + y_1' - 2y_1) + (y_2'' + y_2' - 2y_2)$

$= \varphi(y_1) + \varphi(y_2)$

• $\varphi(\alpha y_1) = (\alpha y_1)'' + (\alpha y_1)' - 2\alpha y_1 = \alpha y_1'' + \alpha y_1' - 2\alpha y_1$
$= \alpha(y_1'' + y_1' - 2y_1) = \alpha\varphi(y_1)$

2) Le noyau de φ est l'ensemble des solutions de l'équation différentielle : $y'' + y' - 2y = 0$ qui est une équation différentielle du second ordre à coefficients constants. Les racines du polynôme caractéristique $r^2 + r - 2$ sont : 1 et – 2.

Les solutions sont les fonctions : $y = C_1 e^x + C_2 e^{-2x}$, où C_1 et C_2 sont deux constantes.

Une base de Kerφ est formée des deux fonctions indépendantes : e^x et e^{-2x}. Kerφ est un espace vectoriel de dimension 2.

14 Interpolation de Lagrange

On note $\mathbb{R}_n[X]$ l'espace vectoriel des polynômes de degré inférieur ou égal à n.

1) Quelle est la dimension de $\mathbb{R}_n[X]$?

Soient $x_0, x_1, ..., x_n$ des réels distincts de l'intervalle $[a, b] \subset \mathbb{R}$ et φ l'application :

$$\varphi : \mathbb{R}_n[X] \to \mathbb{R}^{n+1}$$
$$P \to (P(x_0), P(x_1), ..., P(x_n))$$

2) Montrer que φ est une application linéaire. Déterminer son noyau.

3) Soit f une fonction définie sur $[a, b]$.
Montrer qu'il existe un unique polynôme $P_f \in \mathbb{R}_n[X]$ tel que : $P_f(x_i) = f(x_i)$, $\forall i \in \{0, 1, ..., n\}$.

4) $\forall j \in \{0, 1, ..., n\}$, on définit les polynômes de Lagrange : $L_j = \prod_{\substack{0 \le k \le n \\ k \ne j}} \frac{X - x_k}{x_j - x_k}$ ainsi que les applications : $\delta_i : \mathbb{R}_n[X] \to \mathbb{R}$

$$P \to P(x_i)$$

Montrer que les applications δ_i sont des formes linéaires sur $\mathbb{R}_n[X]$ et que :
$\forall i \in \{0, 1, ..., n\}$, $\forall j \in \{0, 1, ..., n\}$, $\delta_i(L_j) = \begin{cases} 0 \text{ si } i \ne j \\ 1 \text{ si } i = j \end{cases}$

5) En déduire que les polynômes L_i forment une base de $\mathbb{R}_n[X]$ et que :

$$P_f = \sum_{i=0}^{n} f(x_i) L_i$$

■ **SOLUTION**

1) Une base de $\mathbb{R}_n[X]$ est formée des polynômes $1, x, x^2, ..., x^n$. $\mathbb{R}_n[X]$ est un espace vectoriel de dimension $n + 1$.

2) $\forall P \in \mathbb{R}_n[X]$, $\forall Q \in \mathbb{R}_n[X]$, $\forall \alpha \in \mathbb{R}$

• $\varphi(P + Q) = ((P + Q)(x_0), (P + Q)(x_1), ..., (P + Q)(x_n))$
$= (P(x_0) + Q(x_0), P(x_1) + Q(x_1), ..., P(x_n) + Q(x_n))$
$= (P(x_0), P(x_1), ..., P(x_n)) + (Q(x_0), Q(x_1), ..., Q(x_n))$
$= \varphi(P) + \varphi(Q)$

• $\varphi(\alpha P) = ((\alpha P)(x_0), (\alpha P)(x_1), ..., (\alpha P)(x_n))$
$= (\alpha P(x_0), \alpha P(x_1), ..., \alpha P(x_n)) = \alpha(P(x_0), P(x_1), ..., P(x_n)) = \alpha\gamma(P) = \alpha\varphi(P)$

Donc φ est linéaire.

$P \in \operatorname{Ker}\varphi \Leftrightarrow \varphi(P) = 0 \Leftrightarrow (P(x_0), P(x_1), ..., P(x_n) = (0, 0, ..., 0)$
$\Leftrightarrow P(x_0) = 0, P(x_1) = 0, ..., P(x_n) = 0$

Le polynôme P est de degré n et admet $n + 1$ racines. En application du théorème de d'Alembert, P est le polynôme nul. Donc $\operatorname{Ker}\varphi = \{0\}$.

3) $\operatorname{Ker}\varphi = \{0\}$, donc φ est injective.
Comme $\mathbb{R}_n[X]$ et $\mathbb{R}^{n+1}$ ont la même dimension, $n + 1$, φ est bijective.
Donc il existe un unique polynôme P tel que $\varphi(P) = (f(x_0), f(x_1), ..., f(x_n))$. On note ce polynôme P_f.

4) $\forall P \in \mathbb{R}_n[X],\ \forall Q \in \mathbb{R}_n[X],\ \delta_i(P + Q) = (P + Q)(x_i) = P(x_i) + Q(x_i) = \delta_i(P) + \delta_i(Q)$
et : $\forall P \in \mathbb{R}_n[X],\ \forall \alpha \in \mathbb{R},\ \delta_i(\alpha P) = (\alpha P)(x_i) = \alpha P(x_i) = \alpha \delta_i(P)$.
Les applications δ_i sont linéaires. L'espace d'arrivée étant $\mathbb{R}$, ce sont des formes linéaires.

Si $i \neq j$, $\delta_i(L_j) = L_j(x_i) = \prod_{\substack{0 \le k \le n \\ k \neq j}} \frac{x_i - x_k}{x_j - x_k} = 0$ (pour $k = i$, un facteur s'annule)

Si $i = j$, $\delta_i(L_i) = L_i(x_i) = \prod_{\substack{0 \le k \le n \\ k \neq i}} \frac{x_i - x_k}{x_i - x_k} = 1$

5) Montrons que les polynômes L_i forment une famille libre dans $\mathbb{R}_n[X]$.
Soient $\alpha_0, \alpha_1, ..., \alpha_n$ des réels tels que :

$$\alpha_0 L_0 + \alpha_1 L_1 + ... + \alpha_n L_n = 0 \quad \text{(le polynôme nul)}$$

$\forall i \in \{0, 1, ..., n\}$, $\delta_i(\alpha_0 L_0 + \alpha_1 L_1 + ... + \alpha_n L_n) = \delta_i(0) = 0$, (l'image de 0 par une application linéaire est toujours 0).
D'après la linéarité de δ_i, on a : $\alpha_0 \delta_i(L_0) + \alpha_1 \delta_i(L_1) + ... + \alpha_n \delta_i(L_n) = 0$.
Tous les termes de la somme sont nuls sauf le terme $\delta_i(L_i)$ qui vaut 1, donc :

$$0 + 0 + ... + \alpha_i \delta_i(L_i) + 0 + ... + 0 = 0, \text{ d'où } \alpha_i = 0, \text{ pour tout } i$$

La famille $(L_i)_{0 \le i \le n}$ est une famille libre à $n + 1$ éléments dans un espace vectoriel de dimension $n + 1$, c'est une base de $\mathbb{R}_n[X]$.
Soient $\beta_0, \beta_1, ..., \beta_n$ les composantes de P_f dans la base $(L_i)_{0 \le i \le n}$.

$P_f = \beta_0 L_0 + \beta_1 L_1 + ... + \beta_n L_n \Rightarrow \delta_i(P_f) = \delta_i(\beta_0 L_0 + \beta_1 L_1 + ... + \beta_n L_n)$
$\Rightarrow \delta_i(P_f) = \beta_i \delta_i(L_i)$
$\Rightarrow P_f(x_i) = \beta_i,\ \forall i \in \{0, 1, ..., n\}$
$\Rightarrow \beta_i = f(x_i)$

d'où : $P_f = f(x_0)L_0 + f(x_1)L_1 + ... + f(x_n)L_n = \sum_{i=0}^{n} f(x_i) L_i$.

15 Produit scalaire usuel dans $\mathbb{R}^n$

Soient $x = (x_1, x_2, ..., x_n)$ et $y = (y_1, y_2, ..., y_n)$ deux vecteurs de $\mathbb{R}^n$ et φ l'application :

$$\varphi : \mathbb{R}^n \times \mathbb{R}^n \to \mathbb{R}$$
$$(x, y) \to \sum_{i=1}^{n} x_i y_i$$

1) Montrer que φ est un produit scalaire sur $\mathbb{R}^n$.

2) Quelle est la norme et la distance associée à φ ?

3) On donne dans $\mathbb{R}^3$ les vecteurs $a = (1, 2, 0)$ et $b = (-1, 1, 3)$.
Calculer : $\varphi(a, b)$, $\|a\|$, $\|b\|$ et $d(a, b)$.

■ SOLUTION

1) On vérifie les trois axiomes qui définissent un produit scalaire.

Soient $x = (x_1, x_2, ..., x_n)$, $y = (y_1, y_2, ..., y_n)$ et $z = (z_1, z_2, ..., z_n)$ trois vecteurs de $\mathbb{R}^n$ et α un réel.

On a : $x + y = (x_1 + y_1, x_2 + y_2, ..., x_n + y_n)$, $\alpha x = (\alpha x_1, \alpha x_2, ..., \alpha x_n)$

et : $$\varphi(x + y, z) = \sum_{i=1}^{n} (x_i + y_i) z_i = \sum_{i=1}^{n} (x_i z_i + y_i z_i) = \sum_{i=0}^{n} x_i z_i + \sum_{i=1}^{n} y_i z_i$$
$$= \varphi(x, z) + \varphi(y, z)$$
$$\varphi(\alpha x, y) = \sum_{i=1}^{n} (\alpha x_i) y_i = \alpha \sum_{i=1}^{n} x_i y_i = \alpha\varphi(x, y)$$

Donc φ est linéaire par rapport au premier vecteur.

– Il est évident que $\varphi(x, y) = \varphi(y, x)$. Donc φ est symétrique.

Remarque : la symétrie de φ et la linéarité par rapport au premier vecteur implique la linéarité par rapport au deuxième vecteur.

– $\varphi(x, x) = \sum_{i=1}^{n} x_1^2 \geq 0$, somme de carrés et, $\varphi(x, x) = 0 \Leftrightarrow x = 0$, une somme de nombres positifs est nulle si et seulement si tous les nombres sont nuls.

Conclusion : φ est un produit scalaire sur $\mathbb{R}^n$.

2) La norme associée à φ est définie par : $\|x\| = \sqrt{\varphi(x, x)} = \left(\sum_{i=1}^{n} x_i^2\right)^{\frac{1}{2}}$

et la distance : $d(x, y) = \|x - y\| = \left(\sum_{i=1}^{n} (x_i - y_i)^2\right)^{\frac{1}{2}}$

3) $\varphi(a, b) = 1 \times (-1) + 2 \times 1 + 0 \times 3 = 1$.

$\|a\| = \sqrt{1^2 + 2^2 + 0^2} = \sqrt{5}$, $\|b\| = \sqrt{(-1)^2 + 1^2 + 3^2} = \sqrt{11}$

$b - a = (-2, -1, 3)$ et $d(a, b) = \|a - b\| = \sqrt{14}$.

16 Produit scalaire sur l'espace des polynômes

Soient $\mathbb{R}[X]$ l'espace vectoriel des polynômes et φ l'application :
$$\varphi : \mathbb{R}[X] \times \mathbb{R}[X] \to \mathbb{R}$$
$$(P, Q) \to \int_{-1}^{1} P(t)\, Q(t)\, dt$$

1) Montrer que φ est un produit scalaire sur $\mathbb{R}[X]$.

Soit $\mathbb{R}_2[X]$ le sous-espace vectoriel des polynômes de degré inférieur ou égal à 2 et la base $\mathcal{B}$ formée des polynômes $P_0 : t \to 1$, $P_1 : t \to t$, $P_2 : t \to t^2$.

2) Montrer que P_1 est orthogonal à P_0 et à P_2.

3) Montrer que la base $\mathcal{B}$ n'est pas orthogonale.

4) Trouver un polynôme non nul Q_2 de la forme $P_2 - \alpha P_0$ orthogonal à P_0 et P_1.

5) En déduire une base orthonormée de $\mathbb{R}_2[X]$.

■ SOLUTION

1) φ est symétrique : $\varphi(P, Q) = \int_{-1}^{1} P(t)\,Q(t)\,dt = \int_{-1}^{1} Q(t)\,P(t)dt = \varphi(Q, P)$

φ est linéaire par rapport à la première composante :

$$\varphi(P+Q, R) = \int_{-1}^{1} (P(t)+Q(t))\,R(t)dt = \int_{-1}^{1} (P(t)R(t)+Q(t)R(t))\,dt$$
$$= \int_{-1}^{1} P(t)R(t)dt + \int_{-1}^{1} Q(t)R(t)dt = \varphi(P, R) + \varphi(Q, R)$$

Donc φ est une forme bilinéaire symétrique.

$\varphi(P, P) = \int_{-1}^{1} P^2(t)\,dt \geq 0$ (l'intégrale d'une fonction positive est un nombre positif)

et : $\varphi(P, P) = 0$ entraîne $P(t) = 0$, pour tout $t \in [-1, 1]$ car P est continue. Or un polynôme ne peut pas avoir plus de racines que son degré sauf s'il est nul.
Donc $P(t) = 0$, pour tout $t \in \mathbb{R}$.
Conclusion : φ est un produit scalaire sur $\mathbb{R}[X]$.

2) On a : $\varphi(P_0, P_1) = \int_{-1}^{1} t\,dt = 0$, car $t \to t$ est une fonction impaire et l'intervalle $[-1, 1]$ est centré en 0. Ceci prouve que P_0 et P_1 sont deux polynômes orthogonaux.
De même : $\varphi(P_1, P_2) = \int_{-1}^{1} t^3\,dt = 0$, P_1 et P_2 sont orthogonaux.

3) On a : $\varphi(P_0, P_2) = \int_{-1}^{1} t^2\,dt = \frac{1}{3}[t^3]_{-1}^{1} = \frac{2}{3}$, donc P_0 et P_2 ne sont pas orthogonaux et la base $\mathcal{B}$ n'est pas orthogonale.

4) On cherche α tel que $\varphi(Q_2, P_0) = \varphi(Q_2, P_1) = 0$.
Par linéarité de φ, on a :

$$\varphi(Q_2, P_0) = \varphi(P_2 - \alpha P_0, P_0) = \varphi(P_2, P_0) - \alpha\varphi(P_0, P_0) = \frac{2}{3} - \alpha\int_{-1}^{1} dt = \frac{2}{3} - 2\alpha$$

$\varphi(Q_2, P_0) = 0 \Rightarrow 2/3 - 2\alpha = 0$, d'où $\alpha = 1/3$.
De plus $\varphi(Q_2, P_1) = \varphi(P_2 - \alpha P_0, P_1) = \varphi(P_2, P_1) - \alpha\varphi(P_0, P_1) = 0$, car P_1 est orthogonal à P_0 et P_2 ; donc Q_2 est orthogonal à P_1 et $Q_2(t) = t^2 - 1/3$.

5) (P_0, P_1, Q_2) est une base orthogonale de $\mathbb{R}_2[X]$. On obtient une base orthonormée en divisant chaque polynôme par sa norme.

$\|P_0\|^2 = \varphi(P_0, P_0) = \int_{-1}^{1} dt = 2 \Rightarrow \|P_0\| = \sqrt{2}$

$\|P_1\|^2 = \varphi(P_1, P_1) = \int_{-1}^{1} t^2\,dt = 2/3 \Rightarrow \|P_1\| = \sqrt{\frac{2}{3}}$

$\|Q_2\|^2 = \varphi(Q_2, Q_2) = \int_{-1}^{1} (t^2 - 1/3)^2\,dt = \int_{-1}^{1} (t^4 - 2/3t^2 + 1/9)\,dt = \frac{2}{5} - \frac{4}{9} + \frac{2}{9} = \frac{8}{45}$

$$\|Q_2\| = \sqrt{\frac{8}{45}}$$

En conclusion, une base orthonormée de $\mathbb{R}_2[X]$ est formée des polynômes :

$t \to \frac{1}{\sqrt{2}}$, $\quad t \to \sqrt{\frac{3}{2}}\, t$, $\quad t \to \sqrt{\frac{45}{8}}\left(t^2 - \frac{1}{3}\right)$

17 Projection orthogonale et statistique

Dans l'espace vectoriel $\mathbb{R}^n$ muni du produit scalaire usuel on considère les vecteurs :
$X = (x_1, x_2, ..., x_n)$, les x_i n'étant pas tous égaux. $Y = (y_1, y_2, ..., y_n)$. $U = (1, 1, ..., 1)$
On note (P) le plan vectoriel engendré par les vecteurs (X, U), Z la projection orthogonale du vecteur Y dans le plan (P) et (a, b) les coordonnées de Z dans la base (X, U) de (P).

1) Représenter sur une figure le plan (P) et les vecteurs X, Y, U, Z.

2) Montrer que : $\overline{Y} = a\,\overline{X} + b$ et $a = \dfrac{\mathrm{Cov}(X, Y)}{V(X)}$

où $\overline{X}$ et $\overline{Y}$ représentent respectivement les moyennes des composantes des vecteurs X et Y, Cov(X, Y) la covariance de X et Y et V(X) la variance de X.

■ SOLUTION

1)

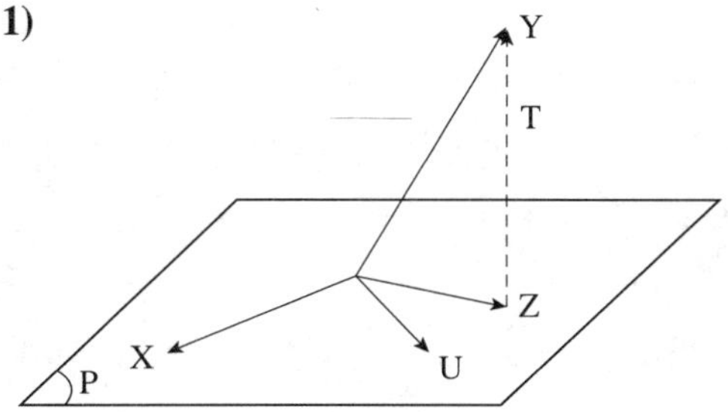

2) On a Z + T = Y, donc T = Y – Z, et le vecteur T est orthogonal au plan (P), d'où $(Y - Z) \perp X$ et $(Y - Z) \perp U$.
En traduisant l'orthogonalité de deux vecteurs par la nullité de leur produit scalaire, on obtient :

$$\varphi(Y - Z, X) = 0 \text{ et } \varphi(Y - Z, U) = 0$$

La bilinéarité du produit scalaire conduit à :

$$\varphi(Y, X) = \varphi(Z, X) \text{ et } \varphi(Y, U) = \varphi(Z, U)$$

Remplaçons Z par $aX + bU$:

$$\varphi(Y, X) = \varphi(aX + bU, X) \text{ et } \varphi(Y, U) = \varphi(aX + bU, U)$$

d'où : $\varphi(Y, X) = a\varphi(X, X) + b\varphi(U, X)$ et $\varphi(Y, U) = a\varphi(X, U) + b\varphi(U, U)$

Exprimons les produits scalaires avec les composantes des vecteurs X, Y et U :

$$\varphi(X, Y) = \sum_{i=1}^{n} x_i y_i = n\overline{XY}, \quad \varphi(X, X) = \sum_{i=1}^{n} x_i^2 = n\overline{X^2},$$

$$\varphi(U, X) = \sum_{i=1}^{n} x_i = n\overline{X}, \quad \varphi(Y, U) = \sum_{i=1}^{n} y_i = n\overline{Y}, \quad \varphi(U, U) = \sum_{i=1}^{n} 1 = n$$

Le report dans les équations conduit au système :

$$\begin{cases} \overline{XY} = a\overline{X^2} + b\overline{X} \\ \overline{Y} = a\overline{X} + b \end{cases}$$

On remplace b par $\overline{Y} - a\overline{X}$ dans la première équation :

$$\overline{XY} = a\overline{X^2} + (\overline{Y} - a\overline{X})\overline{X}$$

ce qui donne : $a = \dfrac{\overline{XY} - \overline{X}\,\overline{Y}}{\overline{X^2} - \overline{X}^2} = \dfrac{\mathrm{Cov}(X, Y)}{V(X)}$

18 Produit scalaire hermitien

On note E l'ensemble des signaux à temps continu d'énergie finie, c'est-à-dire l'ensemble des fonctions définies sur $\mathbb{R}$, à valeurs dans $\mathbb{C}$ et telles que l'intégrale $\int_{-\infty}^{+\infty} |f(t)|^2 \, dt$ converge.
Un signal d'énergie nulle sera considéré comme nul.

1) Montrer que : $\forall a \in \mathbb{R}, \ \forall b \in \mathbb{R}, (a+b)^2 \leq 2(a^2+b^2)$.

2) Montrer que E est un espace vectoriel sur $\mathbb{C}$.

3) Montrer que : $\forall f \in E, \ \forall g \in E$, l'intégrale $\int_{-\infty}^{+\infty} f(t)\,\overline{g(t)}\,dt$ est convergente.

Soit φ l'application :

$$\varphi : E \times E \to \mathbb{R}$$
$$(f, g) \to \int_{-\infty}^{+\infty} f(t)\,\overline{g(t)}\,dt$$

4) Montrer que φ définit un produit scalaire sur E. Quelle est la norme associée à φ ?

■ SOLUTION

1) $2(a^2+b^2)-(a+b)^2 = 2a^2+2b^2-a^2-b^2-2ab = a^2+b^2-2ab = (a-b)^2 \geq 0$, d'où l'inégalité : $(a+b)^2 \leq 2(a^2+b^2)$.

2) On montre que E est un sous-espace vectoriel de l'espace vectoriel des applications de $\mathbb{R}$ dans $\mathbb{C}$.

– La fonction nulle appartient à E.

– Soient f et g deux fonctions de E. Il faut prouver que f + g est dans E, c'est-à-dire que l'intégrale $\int_{-\infty}^{+\infty} |(f+g)(t)|^2 \, dt$ converge.

On a : $|(f+g)(t)| = |f(t)+g(t)| \leq |f(t)| + |g(t)|$, d'après l'inégalité triangulaire

donc : $|(f+g)(t)|^2 \leq (|f(t)|+|g(t)|)^2 \leq 2(|f(t)|^2+|g(t)|^2)$, d'après la question **a).**

Le dernier membre est une fonction intégrable à l'infini. Du théorème de comparaison sur la convergence des intégrales généralisées, on déduit que le premier membre est une fonction intégrable à l'infini. Ce qui prouve que f + g est dans E.

– Soient $\alpha \in \mathbb{C}$ et f une fonction de E.

On a : $\int_{-\infty}^{+\infty} |(\alpha f)(t)|^2 \, dt = |\alpha^2| \int_{-\infty}^{+\infty} |f(t)|^2 \, dt < \infty$. Ce qui prouve que αf est dans E.

En conclusion : E est un espace vectoriel sur $\mathbb{C}$.

3) On a : $f\overline{g} = 1/2\,[(f+\overline{g})^2 - f^2 - \overline{g}^2]$. Les fonctions f, $\overline{g}$ et $f+\overline{g}$ sont de carré intégrable, donc la fonction $f\overline{g}$ est intégrable.

4) Montrons que φ vérifie les axiomes d'un produit scalaire.

• $\varphi(f+g, h) = \int_{-\infty}^{+\infty} (f+g)(t)\,\overline{h(t)}\,dt = \int_{-\infty}^{+\infty} f(t)\,\overline{h(t)}\,dt + \int_{-\infty}^{+\infty} g(t)\,\overline{h(t)}\,dt$

$= \varphi(f, h) + \varphi(g, h)$

• $\varphi(\alpha f, g) = \int_{-\infty}^{+\infty} \alpha f(t)\,\overline{g}(t)\,dt = \alpha\varphi(f, g)$

• $\varphi(g, f) = \int_{-\infty}^{+\infty} g(t)\,\overline{f(t)}\,dt = \overline{\int_{-\infty}^{+\infty} \overline{g(t)}\,f(t)\,dt} = \overline{\varphi(f, g)}$

φ a la propriété de symétrie hermitienne.

• $\varphi(\mathrm{f}, \mathrm{f}) = \int_{-\infty}^{+\infty} \mathrm{f}(t)\,\overline{\mathrm{f}(t)}\,\mathrm{d}t = \int_{-\infty}^{+\infty} |\mathrm{f}(t)|^2\,\mathrm{d}t$

L'intégrale d'une fonction positive est un nombre positif. Donc $\varphi(\mathrm{f}, \mathrm{f}) \geq 0$, pout tout f, et $\varphi(\mathrm{f}, \mathrm{f}) = 0 \Rightarrow |\mathrm{f}|^2 = 0$ (puisque l'on a identifié les fonctions d'intégrale nulle à la fonction nulle) donc, $\varphi(\mathrm{f}, \mathrm{f}) = 0 \Rightarrow \mathrm{f} = 0$.

En conclusion φ est un produit scalaire sur E.

La norme associée est : $\|\mathrm{f}\| = \sqrt{\varphi(\mathrm{f}, \mathrm{f})} = \left(\int_{-\infty}^{+\infty} |\mathrm{f}(t)|^2\,\mathrm{d}t\right)^{\frac{1}{2}}$ (valeur efficace de f).

23 CALCUL MATRICIEL

MATRICES

1. Définitions

On appelle **matrice** un tableau rectangulaire de nombres réels ou complexes.

$$\begin{pmatrix} \alpha_{11} & \alpha_{12} & \ldots & \ldots & \alpha_{1p} \\ \alpha_{21} & \alpha_{22} & \ldots & \ldots & \alpha_{2p} \\ \ldots & \ldots & \ldots & \ldots & \ldots \\ \ldots & \ldots & \ldots & \ldots & \ldots \\ \alpha_{n1} & \alpha_{n2} & \ldots & \ldots & \alpha_{np} \end{pmatrix}$$

n est le nombre de lignes et p le nombre de colonnes.
La matrice est dite de type (n, p).
L'élément situé à l'intersection de la $i^{\text{ième}}$ ligne et de la $j^{\text{ième}}$ colonne est noté α_{ij}.
La matrice est notée (α_{ij}).

2. Matrices particulières

• Une **matrice ligne** est une matrice qui n'a qu'une seule ligne.

• Une **matrice colonne** est une matrice qui n'a qu'une seule colonne.

• Une **matrice nulle** est une matrice dont tous les éléments sont nuls.

• Une **matrice carrée** est une matrice de type (n, n). Le nombre de lignes est égal au nombre de colonnes.
Les éléments α_{11}, α_{22}, ..., α_{nn} constituent alors la **diagonale principale**.

• Une **matrice diagonale** est une matrice carrée dont tous les éléments situés en dehors de la diagonale principale sont nuls.
Une matrice diagonale qui n'a que des « 1 » sur la diagonale est la **matrice identité**, notée I_n.

• Une **matrice triangulaire supérieure** est une matrice carrée dont tous les éléments situés au-dessous de la diagonale principale sont nuls ($i > j \Rightarrow \alpha_{ij} = 0$).

• Une **matrice triangulaire inférieure** est une matrice carrée dont tous les éléments situés au-dessus de la diagonale principale sont nuls ($i < j \Rightarrow \alpha_{ij} = 0$).

• Une **matrice symétrique** est une matrice carrée dont les éléments symétriques par rapport à la diagonale principale sont égaux. $\alpha_{ij} = \alpha_{ji}$ quels que soient i et j.

3. Opérations sur les matrices

• **Addition des matrices**

Soient $A = (a_{ij})$ et $B = (b_{ij})$ deux matrices de type (n, p). Leur somme est la matrice $C = (c_{ij})$ où $c_{ij} = a_{ij} + b_{ij}$.
L'ensemble des matrices de type (n, p) muni de l'addition est un groupe commutatif.
L'élément neutre est la matrice nulle.

• **Multiplication par un scalaire**
Soient A = (a_{ij}) une matrice et α un scalaire. α A est la matrice $(\alpha\, a_{ij})$ obtenue en multipliant tous les éléments de la matrice A par α.

L'ensemble des matrices (n, p) à coefficients réels, muni de l'addition et de la multiplication par un réel est un espace vectoriel sur $\mathbb{R}$ de dimension np.

• **Produit de deux matrices**
Le produit de deux matrices n'est possible que si le nombre de colonnes de la première matrice est égal au nombre de lignes de la deuxième.

Soient A = (a_{ij}) une matrice de type (n, p) et B = (b_{ij}) une matrice de type (p, q). Le produit AB est la matrice C = (c_{ij}) de type (n, q), où :

$$c_{ij} = \sum_{k=1}^{p} a_{ik}\, b_{kj}$$

Exemple : $c_{ij} = a_{i1}\, b_{1j} + a_{i2}\, b_{2j} + a_{i3}\, b_{3j}$.
L'ensemble des matrices carrées (n, n), muni de l'addition et de la multiplication est un anneau unitaire.
L'élément neutre pour la multiplication est la matrice identité I_n.
Cet anneau n'est pas commutatif car on n'a pas, en général, AB = BA.

4. Opérations élémentaires sur les lignes d'une matrice

Il y a trois types d'opérations élémentaires :
- Multiplier une ligne par un nombre $\alpha \neq 0$: $\alpha L_i \rightarrow L_i$.
- Permuter deux lignes : $L_i \leftrightarrow L_j$.
- Ajouter à une ligne, une autre ligne multipliée par un nombre α : $L_i + \alpha L_j \rightarrow L_i$.

Deux matrices sont dites **ligne-équivalentes** si on passe de l'une à l'autre par une suite d'opérations élémentaires.
Une **matrice élémentaire** de type (n,n) est une matrice obtenue à partir de I_n par une opération élémentaire.
Modifier une matrice par une opération élémentaire revient à la multiplier à gauche par la matrice élémentaire obtenue en faisant subir à I_n la même opération élémentaire.

5. Matrices carrées inversibles

L'inverse d'une matrice carrée A est une matrice notée A^{-1} et vérifiant :

$$\boxed{AA^{-1} = A^{-1}A = I_n}$$

L'inverse d'une matrice n'existe pas toujours. Lorsque l'inverse de A existe, A est dite inversible.
• Le produit de deux matrices inversibles est inversible et on a :

$$\boxed{(AB)^{-1} = B^{-1}A^{-1}}$$

• Les propositions suivantes sont équivalentes :
– A est inversible.
– A est ligne-équivalente à I_n.

– Il existe des matrices élémentaires P_1 , P_2 , ..., P_k tels que :

$$P_k P_{k-1} \dots P_2 P_1 A = I_n$$

L'inverse de A est alors la matrice : $P_k P_{k-1} \dots P_2 P_1 I_n$.

Pour calculer A^{-1} on transforme A par opérations élémentaires pour arriver à I_n . Les mêmes opérations élémentaires appliquées à I_n donnent à la fin du calcul A^{-1}. Si le calcul n'aboutit pas, alors A^{-1} n'existe pas.

6. Rang d'une matrice

Soit A une matrice (n, p). Les p colonnes de A forment une famille de p vecteurs dans l'espace vectoriel $\mathbb{R}^n$.

Le **rang** de la matrice A est la dimension du sous-espace vectoriel engendré par les vecteurs colonnes de A. C'est aussi le nombre maximum de colonnes linéairement indépendantes.

Le rang d'une matrice est inchangé par opérations élémentaires sur les lignes. Deux matrices ligne-équivalentes ont le même rang.

A est une matrice carrée (n, n) inversible $\Leftrightarrow$ rang(A) = n

Systèmes d'équations linéaires

1. Définitions et écritures

On appelle système linéaire toute équation de la forme **AX = B** où A est une matrice (n, p), B une matrice colonne à n lignes et X une matrice colonne inconnue à p lignes.

Un système linéaire peut se présenter sous plusieurs formes :

• AX = B est la forme la plus abrégée.

• On écrit explicitement les matrices :

$$\begin{pmatrix} a_{11} & a_{12} & \cdots & \cdots & a_{1p} \\ a_{21} & a_{22} & \cdots & \cdots & a_{2p} \\ \cdots & \cdots & \cdots & \cdots & \cdots \\ \cdots & \cdots & \cdots & \cdots & \cdots \\ a_{n1} & a_{n2} & \cdots & \cdots & a_{np} \end{pmatrix} \begin{pmatrix} x_1 \\ x_2 \\ \\ \\ x_p \end{pmatrix} = \begin{pmatrix} b_1 \\ b_2 \\ \\ \\ b_n \end{pmatrix}$$

• On écrit les n équations : $\begin{cases} a_{11} x_1 + a_{12} x_2 + \dots + a_{1p} x_p = b_1 \\ a_{21} x_1 + a_{22} x_2 + \dots + a_{2p} x_p = b_2 \\ \dots\dots\dots\dots\dots\dots\dots\dots \\ a_{n1} x_1 + a_{n2} x_2 + \dots + a_{np} x_p = b_n \end{cases}$

2. Résolution des systèmes (n, n)

Le nombre d'équations est égal au nombre d'inconnues. La matrice A est carrée. Deux types de systèmes se présentent :

• A est inversible : le système admet une solution unique, $\mathbf{X = A^{-1} B}$. Le système se résout par opérations élémentaires sur les lignes (méthode du pivot de Gauss).

• A n'est pas inversible : la méthode du pivot de Gauss conduit à :

– deux équations contradictoires (mêmes premiers membres et seconds membres différents). Le système n'a pas de solution ;

– certaines équations sont identiques. Le système est alors équivalent à un système à r équations (où r est le rang de A) et n inconnues ($r < n$). En choisissant convenablement r inconnues, appelées inconnues principales, on se ramène à un système du premier type. Les inconnues principales s'expriment alors en fonction des inconnues non principales.

Diagonalisation d'une matrice

1. Matrice d'une application linéaire

Soient E et F deux espaces vectoriels de dimension finie, $(e_1, e_2, ..., e_p)$ une base de E, $(f_1, f_2, ..., f_n)$ une base de F, et u une application linéaire de E dans F.
On appelle matrice de u par rapport aux bases $(e_1, e_2, ..., e_p)$ et $(f_1, f_2, ..., f_n)$ la matrice de type (n, p) dont la $j^{\text{ième}}$ colonne est formée des coordonnées de $u(e_j)$ dans la base $(f_1, f_2, ..., f_n)$.
En notant A la matrice de u, on peut calculer facilement l'image d'un vecteur X par u puisque :

$$u(X) = Y \Leftrightarrow AX = Y$$

Les opérations sur les matrices s'accordent bien avec les opérations sur les fonctions, puisque :

$$\text{Matrice}(u + v) = \text{Matrice}(u) + \text{Matrice}(v) ;$$
$$\text{Matrice}(u \circ v) = \text{Matrice}(u) \times \text{Matrice}(v)$$

où « o » désigne la composition des applications.

2. Changement de bases

On se limite ici au cas E = F.
Matrice de passage : soient B et B' deux bases de E. On appelle matrice de passage de la base B à la base B' la matrice carrée P dont les colonnes sont les composantes dans la base B des vecteurs de la base B'. Si X est la matrice colonne des composantes dans la base B d'un vecteur de E et X' la matrice colonne des composantes dans la base B' du même vecteur, alors :

$$\boxed{X = PX'}$$

Une matrice de passage P est toujours inversible. Son inverse P^{-1} est la matrice de passage de la base B' à la base B.
Matrice de changement de base : soient B et B' deux bases de E, u une application linéaire de E dans E, M la matrice de u dans la base B, M' la matrice de u dans la base B' et P la matrice de passage de la base B à la base B', alors les matrices M, M' et P sont liées par la relation :

$$\boxed{M' = P^{-1} MP}$$

3. Valeurs propres et vecteurs propres d'un endomorphisme

Soit u un endomorphisme d'un espace vectoriel E, c'est-à-dire une application linéaire de E dans E. Un scalaire λ est une **valeur propre** de u s'il existe un vecteur non nul x de E tel que :

$$\boxed{u(x) = \lambda x}$$

Les vecteurs x qui vérifient $u(x) = \lambda x$ sont les **vecteurs propres** associés à la valeur propre λ.
L'ensemble E_λ de ces vecteurs est un sous-espace vectoriel de E, noyau de $u - \lambda I$, appelé sous-espace propre associé à la valeur propre λ.
En dimension finie : $\dim E = n$.
Soit A la matrice de u dans une base B de E.

Les propositions suivantes sont équivalentes :

- λ est valeur propre de u.
- La matrice $A - \lambda I_n$ n'est pas inversible.
- Rang $(A - \lambda I_n) < n$.
- Dét $(A - \lambda I_n) = 0$.

Dét $(A - \lambda I_n)$ est un polynôme de degré n appelé **polynôme caractéristique** de l'endomorphisme u ou de la matrice A. Ses racines sont les valeurs propres de u.

Dimension du sous-espace propre E_λ :

$$\dim E_\lambda = n - \text{rang}\,(A - \lambda I_n)$$

4. Diagonalisation d'un endomorphisme

Diagonaliser un endomorphisme u ou diagonaliser sa matrice A consiste à trouver une base de E dans laquelle la matrice de u est diagonale.

S'il existe une base B' de E formée uniquement de vecteurs propres alors la matrice D de u dans cette base est diagonale et on a la relation :

$$D = P^{-1} AP$$

où P est la matrice de passage de la base B à la base B' et :

$$D = \begin{pmatrix} \lambda_1 & 0 & \ldots\ldots & \ldots\ldots & 0 \\ 0 & \lambda_2 & 0 & \ldots\ldots & 0 \\ \ldots\ldots & \ldots\ldots & \ldots\ldots & \ldots\ldots & \ldots\ldots \\ 0 & \ldots\ldots & 0 & \lambda_{n-1} & 0 \\ 0 & \ldots & \ldots\ldots & 0 & \lambda_n \end{pmatrix}$$

où les λ_i sont les valeurs propres de u, certaines d'entre elles pouvant être identiques.

La diagonalisation d'une matrice à coefficients réels n'est pas toujours possible.

Par contre :

- Les matrices à coefficients complexes sont toutes diagonalisables dans $\mathbb{C}$.
- Une matrice (n, n) qui a n valeurs propres distinctes est diagonalisable.
- Les deux propositions suivantes sont équivalentes :

(1) A est diagonalisable.

(2) Pour toutes valeurs propres λ d'ordre k, $\dim E_\lambda = k$.

- Si A est une matrice symétrique réelle, alors A est diagonalisable et toutes ses valeurs propres sont réelles.

EXERCICES

1 Produit de matrices

On donne trois matrices A, B et C :

$$A = \begin{pmatrix} 0 & 2 & -1 \\ -2 & -1 & 2 \end{pmatrix} \quad B = \begin{pmatrix} 1 & 0 & 1 \\ -1 & 1 & -2 \\ 0 & 2 & 1 \end{pmatrix} \quad C = \begin{pmatrix} -2 & 1 \\ 1 & 0 \\ 0 & 2 \end{pmatrix}$$

Calculer les produits AB, BC, (AB)C et A(BC).

■ SOLUTION

$$AB = \begin{pmatrix} -2 & 0 & -5 \\ -1 & 3 & 2 \end{pmatrix} ; BC = \begin{pmatrix} -2 & 3 \\ 3 & -5 \\ 2 & 2 \end{pmatrix} ; (AB)C = \begin{pmatrix} 4 & -12 \\ 5 & 3 \end{pmatrix} ; A(BC) = \begin{pmatrix} 4 & -12 \\ 5 & 3 \end{pmatrix}.$$

On vérifie sur cet exemple l'associativité de la multiplication des matrices.

2 Équation matricielle

Soient B et C les matrices suivantes :

$$B = \begin{pmatrix} 0 & 2 & -1 \\ -2 & -1 & 2 \end{pmatrix} \quad C = \begin{pmatrix} 1 & 0 & 0 \\ -1 & 2 & 1 \end{pmatrix}$$

Existe-t-il des matrices A telles que AB = C ?

■ SOLUTION

Pour que le produit AB soit possible, il faut que le nombre de colonnes de A soit égal au nombre de lignes de B, soit 2. Il faut aussi que le nombre de lignes de A soit égal au nombre de lignes de C, soit 2. Donc les matrices A, s'il en existe, sont de type (2, 2).

Posons : $A = \begin{pmatrix} a & b \\ c & d \end{pmatrix}$, on a : $AB = \begin{pmatrix} -2b & 2a-b & -a+2b \\ -2d & 2c-d & -c+2d \end{pmatrix}$, AB = C conduit à :

– 2b = 1 donc b = – 1/2 ; 2a – b = 0 donc a = – 1/4 ; – a + 2b = 0 donc a = – 1.
Il y a contradiction, il n'existe pas de matrice A telles que AB = C.

3 Image et noyau

Soit u l'application linéaire de $\mathbb{R}^4$ dans $\mathbb{R}^3$ définie sur les bases canoniques par la matrice :

$$\begin{pmatrix} 5 & 11 & -1 & 3 \\ 2 & -2 & 6 & -2 \\ 1 & 3 & -1 & 1 \end{pmatrix}$$

1) Quel est le rang de u ? Donner une base de l'image de u.

2) Quelle est la dimension du noyau de u ? Donner une base du noyau.

■ SOLUTION

1) Une opération élémentaire sur les lignes de la matrice d'une application linéaire modifie l'image mais ne modifie ni son rang, ni son noyau.

Nous allons transformer la matrice par opérations élémentaires sur les lignes dans le but d'amener suffisamment de 0 pour pouvoir conclure.
On note L_i la $i^{\text{ième}}$ ligne. Remplaçons L_1 par $L_1 - 5\,L_3$ et L_2 par $L_2 - 2\,L_3$, on obtient :

$$\begin{pmatrix} 0 & -4 & 4 & -2 \\ 0 & -8 & 8 & -4 \\ 1 & 3 & -1 & 1 \end{pmatrix}$$

Remplaçons L_2 par $L_2 - 2\,L_1$, puis divisons L_1 par 2 :

$$\begin{pmatrix} 0 & -2 & 2 & -1 \\ 0 & 0 & 0 & 0 \\ 1 & 3 & -1 & 1 \end{pmatrix}$$

Les deux vecteurs lignes non nuls étant indépendants, le rang de u est égal à 2.
Une base de l'image de u est formée de deux vecteurs colonnes indépendants (5, 2, 1) et (11, – 2, 3), par exemple.

2) De la formule : $\dim \mathbb{R}^4 = \dim \operatorname{Ker} u + \dim \operatorname{Im} u$, on déduit : $\dim \operatorname{Ker} u = 4 - 2 = 2$.
Le noyau de u est formé des vecteurs X de $\mathbb{R}^4$ qui vérifient $u(X) = 0$; système équivalent à :

$$\begin{cases} \quad -2y + 2z - t = 0 \\ x + 3y - z + t = 0 \end{cases}$$

En choisissant x et y comme inconnues principales, on trouve :

$$\begin{cases} y = z - \frac{1}{2}t \\ x = -2z + \frac{1}{2}t \end{cases}$$

Une base de Ker$u$ est formée, par exemple, des vecteurs (– 2, 1, 1, 0) et (1, – 1, 0, 2).

4 Inverse d'une matrice

Calculer l'inverse de la matrice A par la méthode du pivot de Gauss.

$$A = \begin{pmatrix} 3 & -1 & 2 \\ 1 & 0 & 3 \\ 4 & 0 & 2 \end{pmatrix}$$

■ SOLUTION

On procède par opérations élémentaires sur les lignes de la matrice et simultanément sur les lignes de la matrice identité.

$$\left(\begin{array}{ccc|ccc} 3 & -1 & 2 & 1 & 0 & 0 \\ 1 & 0 & 3 & 0 & 1 & 0 \\ 4 & 0 & 2 & 0 & 0 & 1 \end{array}\right)$$

Commençons par échanger L_1 et L_2.

$$\left(\begin{array}{ccc|ccc} 1 & 0 & 3 & 0 & 1 & 0 \\ 3 & -1 & 2 & 1 & 0 & 0 \\ 4 & 0 & 2 & 0 & 0 & 1 \end{array}\right)$$

Remplaçons L_2 par $L_2 - 3\,L_1$ et L_3 par $L_3 - 4\,L_1$.

$$\left(\begin{array}{ccc|ccc} 1 & 0 & 3 & 0 & 1 & 0 \\ 0 & -1 & -7 & 1 & -3 & 0 \\ 0 & 0 & -10 & 0 & -4 & 1 \end{array}\right)$$

Multiplions L_2 par – 1 et L_3 par – 1/10.

$$\left(\begin{array}{ccc|ccc} 1 & 0 & 3 & 0 & 1 & 0 \\ 0 & 1 & 7 & -1 & 3 & 0 \\ 0 & 0 & 1 & 0 & \frac{2}{5} & -\frac{1}{10} \end{array}\right)$$

Remplaçons L_2 par $L_2 - 7\,L_3$ et L_1 par $L_1 - 3\,L_3$.

$$\left(\begin{array}{ccc|ccc} 1 & 0 & 0 & 0 & -\frac{1}{5} & \frac{3}{10} \\ 0 & 1 & 0 & -1 & \frac{1}{5} & \frac{7}{10} \\ 0 & 0 & 1 & 0 & \frac{2}{5} & -\frac{1}{10} \end{array}\right)$$

En conclusion, la matrice A est inversible et :

$$A^{-1} = \begin{pmatrix} 0 & -\frac{1}{5} & \frac{3}{10} \\ -1 & \frac{1}{5} & \frac{7}{10} \\ 0 & \frac{2}{5} & -\frac{1}{10} \end{pmatrix}$$

5 Système linéaire

Résoudre par la méthode du pivot de Gauss le système :

$$\begin{cases} x_1 + 3x_2 + 3x_3 = 1 \\ 2x_1 + 5x_2 + 3x_3 = 0 \\ x_1 + 2x_2 + x_3 = 0 \end{cases}$$

■ SOLUTION

Adoptons l'écriture matricielle :

$$\left(\begin{array}{ccc|c} 1 & 3 & 3 & 1 \\ 2 & 5 & 3 & 0 \\ 1 & 2 & 1 & 0 \end{array}\right)$$

$L_2 - 2\,L_1 \to L_2$ et $L_3 - L_1 \to L_3$ donne :

$$\left(\begin{array}{ccc|c} 1 & 3 & 3 & 1 \\ 0 & -1 & -3 & -2 \\ 0 & -1 & -2 & -1 \end{array}\right)$$

$-L_2 \to L_2$ puis $L_3 + L_2 \to L_3$ donne :

$$\left(\begin{array}{ccc|c} 1 & 3 & 3 & 1 \\ 0 & 1 & 3 & 2 \\ 0 & 0 & 1 & 1 \end{array}\right)$$

$L_2 - 3\,L_3 \to L_2$ et $L_1 - 3\,L_3 \to L_1$ donne :

$$\left(\begin{array}{ccc|c} 1 & 3 & 0 & -2 \\ 0 & 1 & 0 & -1 \\ 0 & 0 & 1 & 1 \end{array}\right)$$

$L_1 - 3\,L_2 \to L_1$ donne :

$$\left(\begin{array}{ccc|c} 1 & 0 & 0 & 1 \\ 0 & 1 & 0 & -1 \\ 0 & 0 & 1 & 1 \end{array}\right)$$

Le système admet l'unique solution, $x_1 = 1$, $x_2 = -1$, $x_3 = 1$.

6 Changement de base

Dans l'espace vectoriel $\mathbb{R}^3$ muni de la base canonique, on donne les vecteurs :

$$a_1 = (1, 2, -1) \quad a_2 = (5, 3, 1) \quad a_3 = (-1, 1, 2) \quad X = (4, 3, -2)$$

1) Montrer que les vecteurs a_1, a_2, a_3 forment une base de $\mathbb{R}^3$.

2) Quelles sont les coordonnées du vecteur X dans cette base ?

■ **SOLUTION**

1) Soit P la matrice :

$$\begin{pmatrix} 1 & 5 & -1 \\ 2 & 3 & 1 \\ -1 & 1 & 2 \end{pmatrix}$$

(a_1, a_2, a_3) est une base de $\mathbb{R}^3 \Leftrightarrow$ P est de rang 3 $\Leftrightarrow$ P inversible.

On applique la méthode du pivot sur P et I_3 :

$$\left(\begin{array}{ccc|ccc} 1 & 5 & -1 & 1 & 0 & 0 \\ 2 & 3 & 1 & 0 & 1 & 0 \\ -1 & 1 & 2 & 0 & 0 & 1 \end{array}\right)$$

$L_2 - 2\,L_1 \to L_2$ et $L_3 + L_1 \to L_3$ donne :

$$\left(\begin{array}{ccc|ccc} 1 & 5 & -1 & 1 & 0 & 0 \\ 0 & -7 & 3 & -2 & 1 & 0 \\ 0 & 6 & 1 & 1 & 0 & 1 \end{array}\right)$$

$L_3 + \frac{6}{7}\,L_2 \to L_3$ donne :

$$\left(\begin{array}{ccc|ccc} 1 & 5 & -1 & 1 & 0 & 0 \\ 0 & -7 & 3 & -2 & 1 & 0 \\ 0 & 0 & \frac{25}{7} & -\frac{5}{7} & \frac{6}{7} & 1 \end{array}\right)$$

À ce stade du calcul, on peut affirmer que P est de rang 3. Donc (a_1, a_2, a_3) est une base de $\mathbb{R}^3$.

Poursuivons le calcul jusqu'à obtenir P^{-1}.

$-1/7\ L_2 \to L_2$ et $7/25\ L_3 \to L_3$ donne :

$$\left(\begin{array}{ccc|ccc} 1 & 5 & -1 & 1 & 0 & 0 \\ 0 & 1 & -\frac{3}{7} & \frac{2}{7} & -\frac{1}{7} & 0 \\ 0 & 0 & 1 & -\frac{1}{5} & \frac{6}{25} & \frac{7}{25} \end{array}\right)$$

$L_2 + 3/7\ L_3 \to L_2$ et $L_1 + L_3 \to L_1$ donne :

$$\left(\begin{array}{ccc|ccc} 1 & 5 & 0 & \frac{4}{5} & \frac{6}{25} & \frac{7}{25} \\ 0 & 1 & 0 & \frac{1}{5} & -\frac{1}{25} & \frac{3}{25} \\ 0 & 0 & 1 & -\frac{1}{5} & \frac{6}{25} & \frac{7}{25} \end{array}\right)$$

$L_1 - 5\ L_2 \to L_1$ donne :

$$\left(\begin{array}{ccc|ccc} 1 & 0 & 0 & -\frac{1}{5} & \frac{11}{25} & -\frac{8}{25} \\ 0 & 1 & 0 & \frac{1}{5} & -\frac{1}{25} & \frac{3}{25} \\ 0 & 0 & 1 & -\frac{1}{5} & \frac{6}{25} & \frac{7}{25} \end{array}\right)$$

d'où la matrice inverse de P :

$$P^{-1} = \begin{pmatrix} -\frac{1}{5} & \frac{11}{25} & -\frac{8}{25} \\ \frac{1}{5} & -\frac{1}{25} & \frac{3}{25} \\ -\frac{1}{5} & \frac{6}{25} & \frac{7}{25} \end{pmatrix} = \frac{1}{25}\begin{pmatrix} -5 & 11 & -8 \\ 5 & -1 & 3 \\ -5 & 6 & 7 \end{pmatrix}$$

2) P est la matrice de passage de la base canonique à la base (a_1, a_2, a_3). On obtiendra les coordonnées du vecteur X dans la nouvelle base en calculant le produit $X' = P^{-1}X$.

$$X' = P^{-1}X = \frac{1}{25}\begin{pmatrix} -5 & 11 & -8 \\ 5 & -1 & 3 \\ -5 & 6 & 7 \end{pmatrix}\begin{pmatrix} 4 \\ 3 \\ -2 \end{pmatrix} = \frac{1}{25}\begin{pmatrix} 29 \\ 11 \\ -16 \end{pmatrix}$$

7 Nature géométrique d'un endomorphisme

Soit u l'endomorphisme de $\mathbb{R}^3$ dont la matrice dans la base canonique est :

$$A = \begin{pmatrix} 1 & 1 & 1 \\ 1 & 1 & 1 \\ 1 & 1 & 1 \end{pmatrix}$$

1) Quel est le rang de la matrice A ?

2) Trouver une base B_1 du noyau de u et une base B_2 de l'image de u.

3) Soit $B = B_1 \cup B_2$. Montrer que B est une base de $\mathbb{R}^3$.

4) Quelle est la matrice de u dans la base B ?

5) En déduire la nature géométrique de l'endomorphisme.

■ SOLUTION

1) Le rang de A est la dimension du sous-espace vectoriel engendré par les vecteurs colonnes de A. Les trois vecteurs étant égaux, le rang de A est égal à 1.

2) Ker$u$ est l'ensemble des vecteurs $X = (x, y, z)$ tels que : $x + y + z = 0$.

$\dim \mathrm{Ker} u = 3 - 1 = 2$. Une base de Ker$u$ est formée des vecteurs $a_1 = (1, -1, 0)$ et $a_2 = (1, 0, -1)$, par exemple.

Le vecteur $a_3 = (1, 1, 1)$, image par u du vecteur $(1, 0, 0)$ est un vecteur de Imu et en constitue une base.

3) On peut montrer que (a_1, a_2, a_3) est une base de $\mathbb{R}^3$ en calculant le déterminant de ces trois vecteurs.

Le déterminant est non nul donc (a_1, a_2, a_3) est une base de $\mathbb{R}^3$.

4) On a $u(a_1) = 0$ et $u(a_2) = 0$, car a_1 et a_2 sont dans le noyau de u.

$u(a_3) = (3, 3, 3) = 3(1, 1, 1) = 3\,a_3$, d'où la matrice de u dans la base B :

$$\begin{pmatrix} 0 & 0 & 0 \\ 0 & 0 & 0 \\ 0 & 0 & 3 \end{pmatrix}$$

5) Soit $x = \alpha a_1 + \beta a_2 + \gamma a_3$ un vecteur de E. $u(x) = \alpha u(a_1) + \beta u(a_2) + \gamma u(a_3) = 3\,\gamma a_3$

u est la composée d'une projection sur la droite vectorielle engendrée par a_3, parallèlement au plan vectoriel engendré par (a_1, a_2) et d'une homothétie de rapport 3.

8 Matrice transposée et moindres carrés

On donne les matrices :

$$X = \begin{pmatrix} 1 \\ 2 \\ 3 \end{pmatrix} \quad A = \begin{pmatrix} 1 & 1 \\ 2 & 1 \\ 3 & 1 \end{pmatrix} \quad \text{et} \quad Y = \begin{pmatrix} 4 \\ 2 \\ 1 \end{pmatrix}$$

1) Calculer le produit : $({}^t\!AA)^{-1}\,({}^t\!AY)$ où ${}^t\!A$ désigne la matrice transposée de la matrice A.

2) On considère X et Y comme deux séries statistiques. Trouver l'équation de la droite de régression de y en x par la méthode des moindres carrés. Comparer avec le résultat de la première question.

■ SOLUTION

1)

$${}^t\!AA = \begin{pmatrix} 1 & 2 & 3 \\ 1 & 1 & 1 \end{pmatrix} \begin{pmatrix} 1 & 1 \\ 2 & 1 \\ 3 & 1 \end{pmatrix} = \begin{pmatrix} 14 & 6 \\ 6 & 3 \end{pmatrix}$$

$$({}^t\!AA)^{-1} = \begin{pmatrix} \frac{1}{2} & -1 \\ -1 & \frac{7}{3} \end{pmatrix} \qquad {}^t\!AY = \begin{pmatrix} 1 & 2 & 3 \\ 1 & 1 & 1 \end{pmatrix} \begin{pmatrix} 4 \\ 2 \\ 1 \end{pmatrix} = \begin{pmatrix} 11 \\ 7 \end{pmatrix}$$

$$({}^t\mathrm{AA})^{-1}\,({}^t\mathrm{AY}) = \begin{pmatrix} \frac{1}{2} & -1 \\ -1 & \frac{7}{3} \end{pmatrix} \begin{pmatrix} 11 \\ 7 \end{pmatrix} = \begin{pmatrix} -\frac{3}{2} \\ \frac{16}{3} \end{pmatrix}$$

2) $\overline{X} = 2$, $\overline{Y} = \frac{7}{3}$, $\overline{XY} = \frac{11}{3}$, $\overline{X^2} = \frac{14}{3}$, $V(X) = \frac{14}{3} - 4 = \frac{2}{3}$, $\mathrm{Cov}(X, Y) = \frac{11}{3} - 2 \times \frac{7}{3} = -1$.

L'équation de la droite de régression est : $y - \overline{Y} = \dfrac{\mathrm{Cov}(X, Y)}{V(X)}(x - \overline{X})$.

Ce qui donne : $y - \frac{7}{3} = -\frac{3}{2}(x - 2)$ ou $y = -\frac{3}{2}x + \frac{16}{3}$.

On remarque que $\left(-\frac{3}{2}, \frac{16}{3}\right)$ sont les coordonnées du vecteur trouvé à la première question.

9 Valeurs propres et vecteurs propres. Diagonalisation

Dans $\mathbb{R}^2$ muni de la base canonique $e_1 = (1, 0)$, $e_2 = (0, 1)$, on considère l'endomorphisme u défini par : $u(e_1) = 4\,e_1 + e_2$ et $u(e_2) = -2\,e_1 + e_2$. On note A la matrice de u dans la base (e_1, e_2).

1) Écrire la matrice A.

2) Calculer les valeurs propres de A.

3) Déterminer les sous-espaces propres associés aux valeurs propres de A.

4) En déduire l'existence d'une base de vecteurs propres.

5) Effectuer la diagonalisation de A. Quelle est la matrice de passage ?

■ SOLUTION

1)

$$A = \begin{pmatrix} 4 & -2 \\ 1 & 1 \end{pmatrix}$$

2) Les valeurs propres sont les racines du polynôme caractéristique $P(\lambda) = \mathrm{Dét}(A - \lambda I_2)$.

$$A - \lambda I_2 = \begin{pmatrix} 4 & -2 \\ 1 & 1 \end{pmatrix} - \lambda \begin{pmatrix} 1 & 0 \\ 0 & 1 \end{pmatrix} = \begin{pmatrix} 4-\lambda & -2 \\ 1 & 1-\lambda \end{pmatrix}$$

$$P(\lambda) = \begin{vmatrix} 4-\lambda & -2 \\ 1 & 1-\lambda \end{vmatrix} = (4-\lambda)(1-\lambda) + 2 = \lambda^2 - 5\lambda + 6$$

Les valeurs propres de A sont les racines de $P(\lambda)$: 2 et 3.

3) Soit E_1 le sous-espace propre associé à la valeur propre 2.

$$E_1 = \{v \in \mathbb{R}^2 \mid u(v) = 2v\} = \mathrm{Ker}(u - 2I)$$

$u - 2I$ a pour matrice :

$$\begin{pmatrix} 2 & -2 \\ 1 & -1 \end{pmatrix}$$

Les vecteurs colonnes sont linéairement dépendants donc la matrice est de rang 1 et $\dim E_1 = 2 - 1 = 1$. $E_1 = \{(x, y) \in \mathbb{R}^2 \mid x - y = 0\}$. Une base de E_1 est $v_1 = (1, 1)$.

Soit E_2 le sous-espace propre associé à la valeur propre 3, noyau de $u - 3I$ dont la matrice est :

$$\begin{pmatrix} 1 & -2 \\ 1 & -2 \end{pmatrix}$$

Matrice de rang 1 donc $\dim E_2 = 2 - 1 = 1$. $E_2 = \{(x, y) \in \mathbb{R}^2 \mid x - 2y = 0\}$. Une base de E_2 est $v_2 = (2, 1)$.

4) $B = (v_1 , v_2)$ est une base de vecteurs propres.

5) La matrice de u dans la base B est diagonale.

$$D = \begin{pmatrix} 2 & 0 \\ 0 & 3 \end{pmatrix}$$

avec pour matrice de passage de la base canonique à la base B :

$$P = \begin{pmatrix} 1 & 2 \\ 1 & 1 \end{pmatrix}$$

10 Matrice 2 × 2 non diagonalisable

Soit u l'endomorphisme de $\mathbb{R}^2$ de matrice dans la base canonique :

$$A = \begin{pmatrix} 4 & 9 \\ -1 & -2 \end{pmatrix}$$

1) Calculer les valeurs propres de A.

2) Montrer que A n'est pas diagonalisable.

3) Soit $v_1 = (3, -1)$ et $e_1 = (1, 0)$. Montrer que v_1 est vecteur propre de u et que $B = (v_1 , e_1)$ est une base de $\mathbb{R}^2$.

4) Trouver la matrice de u dans la base B.

■ SOLUTION

1) $$P(\lambda) = \begin{vmatrix} 4-\lambda & 9 \\ -1 & -2-\lambda \end{vmatrix} = (4-\lambda)(-2-\lambda)+9 = \lambda^2 - 2\lambda + 1 = (\lambda - 1)^2$$

A admet une seule valeur propre $\lambda = 1$.

2) Cherchons le sous-espace propre E_1 associé à la valeur propre $\lambda = 1$. La matrice de $u - \lambda I = u - I$ est :

$$\begin{pmatrix} 3 & 9 \\ -1 & -3 \end{pmatrix}$$

Les deux vecteurs colonnes sont linéairement dépendants donc la matrice est de rang 1 et $\dim E_1 = 2 - 1 = 1$. $E_1 = \{(x, y) \in \mathbb{R}^2 \mid x + 3y = 0\}$.

Il n'existe pas de base de $\mathbb{R}^2$ formée de vecteurs propres de u donc A n'est pas diagonalisable.

3) Les coordonnées $(3, -1)$ de v_1 vérifient l'équation $x + 3y = 0$, donc v_1 est vecteur propre de u.

$$\text{Dét}(v_1 , e_1) = \begin{vmatrix} 3 & 1 \\ -1 & 0 \end{vmatrix} = 1 \neq 0, \text{ donc B est une base de } \mathbb{R}^2$$

4) La matrice de passage de la base canonique à la base B est : $P = \begin{pmatrix} 3 & 1 \\ -1 & 0 \end{pmatrix}$, de matrice inverse : $P^{-1} = \begin{pmatrix} 0 & -1 \\ 1 & 3 \end{pmatrix}$.

La matrice de u dans la base B est :

$$C = P^{-1}AP = \begin{pmatrix} 0 & -1 \\ 1 & 3 \end{pmatrix}\begin{pmatrix} 4 & 9 \\ -1 & -2 \end{pmatrix}\begin{pmatrix} 3 & 1 \\ -1 & 0 \end{pmatrix} = \begin{pmatrix} 1 & 1 \\ 0 & 1 \end{pmatrix}$$

11 Calcul de la puissance $n^{\text{ième}}$ d'une matrice

Soit u l'endomorphisme de $\mathbb{R}^3$ représenté dans la base canonique par la matrice :

$$A = \begin{pmatrix} 2 & -1 & 1 \\ 3 & -2 & 1 \\ 3 & -3 & 2 \end{pmatrix}$$

1) Calculer les valeurs propres de A.

2) Trouver une base B de vecteurs propres.

3) Écrire la matrice D de u dans la base B.

4) Calculer D^n, $n \in \mathbb{N}^*$.

5) En déduire A^n.

■ SOLUTION

1) On calcule le polynôme caractéristique $P(\lambda) = \text{Dét}(A - \lambda I_3)$.

$$P(\lambda) = \begin{vmatrix} 2-\lambda & -1 & 1 \\ 3 & -2-\lambda & 1 \\ 3 & -3 & 2-\lambda \end{vmatrix} = (2-\lambda)\begin{vmatrix} -2-\lambda & 1 \\ -3 & 2-\lambda \end{vmatrix} + \begin{vmatrix} 3 & 1 \\ 3 & 2-\lambda \end{vmatrix} + \begin{vmatrix} 3 & -2-\lambda \\ 3 & -3 \end{vmatrix}$$

$$= (2-\lambda)\,[-(2+\lambda)(2-\lambda)+3] + 3(2-\lambda) - 3 - 9 + 3(2+\lambda) = (2-\lambda)(\lambda^2 - 1)$$

Les valeurs propres de A sont les racines du polynôme caractéristique, soit 1, – 1 et 2.

A a trois valeurs propres distinctes, donc A est diagonalisable.

2) Soit $E_1 = \text{Ker}(u - I)$, le sous-espace propre associé à la valeur propre $\lambda = 1$.

$$A - I_3 = \begin{pmatrix} 1 & -1 & 1 \\ 3 & -3 & 1 \\ 3 & -3 & 1 \end{pmatrix}$$

Matrice de rang 2, donc $\dim E_1 = 3 - 2 = 1$ et,

$$E_1 = \{(x, y, z) \in \mathbb{R}^3 \mid x - y + z = 0 \text{ et } 3x - 3y + z = 0\}$$

En fixant, par exemple, $x = 1$ on obtient le système :

$$\begin{cases} y - z = 1 \\ 3y - z = 3 \end{cases}$$

La différence membres à membres des deux équations donne : $2y = 2$, d'où $y = 1$, et $z = 0$.

Une base de E_1 est donnée par le vecteur $v_1 = (1, 1, 0)$.

Soit $E_2 = \text{Ker}(u + I)$, le sous-espace propre associé à la valeur propre $\lambda = -1$.

$$A + I_3 = \begin{pmatrix} 3 & -1 & 1 \\ 3 & -1 & 1 \\ 3 & -3 & 3 \end{pmatrix}$$, est une matrice de rang 2 donc $\dim E_2 = 1$

Les vecteurs de E_2 sont les triplets (x, y, z) qui vérifient le système :

$$\begin{cases} 3x - y + z = 0 \\ x - y + z = 0 \end{cases}$$

Une base de E_2 est donnée par le vecteur $v_2 = (0, 1, 1)$, par exemple.

Soit $E_3 = \text{Ker}(u - 2I)$, le sous-espace propre associé à la valeur propre $\lambda = 2$.

$$A - 2I_3 = \begin{pmatrix} 0 & -1 & 1 \\ 3 & -4 & 1 \\ 3 & -3 & 0 \end{pmatrix}$$

Les opérations élémentaires sur les lignes : $L_2 - L_3 \to L_2$ puis $1/3\, L_3 \to L_3$ donnent la matrice :

$$\begin{pmatrix} 0 & -1 & 1 \\ 0 & -1 & 1 \\ 1 & -1 & 0 \end{pmatrix}, \text{ matrice de rang 2}$$

Les vecteurs de E_3 sont les triplets (x, y, z) qui vérifient le système :

$$\begin{cases} -y + z = 0 \\ x - y = 0 \end{cases}$$

Une base de E_3 est donnée par le vecteur $v_3 = (1, 1, 1)$, par exemple.
$B = (v_1, v_2, v_3)$ est une base de vecteurs propres de $\mathbb{R}^3$.

3) On a : $u(v_1) = v_1$, $u(v_2) = -v_2$ et $u(v_3) = 2v_3$. Ce qui donne la matrice de u dans la base B :

$$D = \begin{pmatrix} 1 & 0 & 0 \\ 0 & -1 & 0 \\ 0 & 0 & 2 \end{pmatrix}$$

4) La matrice D étant diagonale, D^n s'obtient en élevant à la puissance n les éléments diagonaux de D :

$$D^n = \begin{pmatrix} 1 & 0 & 0 \\ 0 & (-1)^n & 0 \\ 0 & 0 & 2^n \end{pmatrix}$$

5) Soit P la matrice de passage de la base canonique à la base B. Les matrices D et A vérifient la relation $D = P^{-1}AP$.
Donc $D^n = (P^{-1}AP)^n = P^{-1}APP^{-1} \ldots P^{-1}AP = P^{-1}A^nP$ d'où : $A^n = PD^nP^{-1}$.

Avec $P = \begin{pmatrix} 1 & 0 & 1 \\ 1 & 1 & 1 \\ 0 & 1 & 1 \end{pmatrix}$, la méthode du pivot, par exemple, donne $P^{-1} = \begin{pmatrix} 0 & 1 & -1 \\ -1 & 1 & 0 \\ 1 & -1 & 1 \end{pmatrix}$,

d'où :

$$A^n = \begin{pmatrix} 1 & 0 & 1 \\ 1 & 1 & 1 \\ 0 & 1 & 1 \end{pmatrix} \begin{pmatrix} 1 & 0 & 0 \\ 0 & (-1)^n & 0 \\ 0 & 0 & 2^n \end{pmatrix} \begin{pmatrix} 0 & 1 & -1 \\ -1 & 1 & 0 \\ 1 & -1 & 1 \end{pmatrix}$$

$$= \begin{pmatrix} 2^n & 1 - 2^n & -1 + 2^n \\ (-1)^{n+1} + 2^n & 1 + (-1)^n - 2^n & -1 + 2^n \\ (-1)^{n+1} + 2^n & (-1)^n - 2^n & 2^n \end{pmatrix}$$

12 Ordre de multiplicité des valeurs propres

On considère la matrice :

$$A = \begin{pmatrix} 1 & 0 & 1 \\ 0 & 1 & 1 \\ 1 & -1 & 2 \end{pmatrix}$$

1) Calculer les valeurs propres de A.

2) A est-elle diagonalisable ?

■ **SOLUTION**

1)

$$P(\lambda) = \text{Dét}(A - \lambda I_3) = \begin{vmatrix} 1-\lambda & 0 & 1 \\ 0 & 1-\lambda & 1 \\ 1 & -1 & 2-\lambda \end{vmatrix}$$

$$= (1-\lambda)\,[(1-\lambda)(2-\lambda)+1] - (1-\lambda) = (1-\lambda)(\lambda^2 - 3\lambda + 2) = (1-\lambda)^2 (2-\lambda)$$

Les valeurs propres de A sont : $\lambda_1 = 1$ et $\lambda_2 = 2$.

Soit E_1 le sous-espace propre associé à $\lambda_1 = 1$:

$A - I_3 = \begin{pmatrix} 0 & 0 & 1 \\ 0 & 0 & 1 \\ 1 & -1 & 1 \end{pmatrix}$ est une matrice de rang 2, donc $\dim E_1 = 3 - 2 = 1$

A n'est pas diagonalisable car $\lambda = 1$ est valeur propre d'ordre 2 et $\dim E_1 = 1 < 2$.

13 Système linéaire récurrent

Soient (u_n) et (v_n) deux suites numériques telles que :

$$\forall\, n > 0,\ \begin{cases} u_n = u_{n-1} + 4v_{n-1} \\ v_n = 2u_{n-1} - v_{n-1} \end{cases} \quad \text{et} \quad u_0 = v_0 = 1$$

1) Écrire le système sous forme matricielle.

2) On pose $X_n = (u_n, v_n)$. Exprimer X_n en fonction de X_{n-1}, puis X_n en fonction de n.

3) Diagonaliser la matrice.

4) En déduire u_n et v_n en fonction de n.

■ **SOLUTION**

1) Le système s'écrit matriciellement :

$$\begin{pmatrix} u_n \\ v_n \end{pmatrix} = \begin{pmatrix} 1 & 4 \\ 2 & -1 \end{pmatrix} \begin{pmatrix} u_{n-1} \\ v_{n-1} \end{pmatrix}$$

2) En appelant A la matrice, on a : $X_n = AX_{n-1}$ et par récurrence sur l'entier n, $X_n = A^n X_0$.

3) On calcule les valeurs propres de A :

$$P(\lambda) = \text{Dét}(A - \lambda I_2) = \begin{vmatrix} 1-\lambda & 4 \\ 2 & -1-\lambda \end{vmatrix} = -(1-\lambda)(1+\lambda) - 8 = \lambda^2 - 9$$

Les valeurs propres sont $\lambda_1 = 3$ et $\lambda_2 = -3$.

Soit E_1 le sous-espace propre associé à $\lambda_1 = 3$.

La matrice $A - 3I_2 = \begin{pmatrix} -2 & 4 \\ 2 & -4 \end{pmatrix}$ est ligne-équivalente à $\begin{pmatrix} -1 & 2 \\ 0 & 0 \end{pmatrix}$.

E_1 est l'ensemble des couples (x, y) tels que : $-x + 2y = 0$.

Une base de E_1 est $v_1 = (2, 1)$.

Soit E_2 le sous-espace propre associé à $\lambda_2 = -3$.

La matrice $A + 3I_2 = \begin{pmatrix} 4 & 4 \\ 2 & 2 \end{pmatrix}$ est ligne-équivalente à $\begin{pmatrix} 1 & 1 \\ 0 & 0 \end{pmatrix}$.

E_2 est l'ensemble des couples (x, y) tels que : $x + y = 0$.
Une base de E_2 est $v_2 = (1, -1)$.
D'où la matrice de passage , $P = \begin{pmatrix} 2 & 1 \\ 1 & -1 \end{pmatrix}$, et la matrice diagonale $D = \begin{pmatrix} 3 & 0 \\ 0 & -3 \end{pmatrix}$.

4) On a : $A^n = P\,D^n\,P^{-1}$ avec $D^n = \begin{pmatrix} 3^n & 0 \\ 0 & (-3)^n \end{pmatrix}$.

On calcule P^{-1} :

$$\left(\begin{array}{cc|cc} 2 & 1 & 1 & 0 \\ 1 & -1 & 0 & 1 \end{array}\right) \rightarrow \left(\begin{array}{cc|cc} 1 & 1/2 & 1/2 & 0 \\ 0 & -3/2 & -1/2 & 1 \end{array}\right) \rightarrow \left(\begin{array}{cc|cc} 1 & 0 & 1/3 & 1/3 \\ 0 & 1 & 1/3 & -2/3 \end{array}\right)$$

$$A^n = \begin{pmatrix} 2 & 1 \\ 1 & -1 \end{pmatrix}\begin{pmatrix} 3^n & 0 \\ 0 & (-3)^n \end{pmatrix}\begin{pmatrix} 1/3 & 1/3 \\ 1/3 & -2/3 \end{pmatrix}$$

$$= \begin{pmatrix} 3^{n-1}(2+(-1)^n) & 3^{n-1}(2-2(-1)^n) \\ 3^{n-1}(1-(-1)^n) & 3^{n-1}(1+2(-1)^n) \end{pmatrix}$$

n entier strictement positif.
La relation $X_n = A^n X_0$, avec $X_n = \begin{pmatrix} u_n \\ v_n \end{pmatrix}$ et $X_0 = \begin{pmatrix} 1 \\ 1 \end{pmatrix}$ donne :

$$\begin{cases} u_n = 3^{n-1}\,[4-(-1)^n] \\ v_n = 3^{n-1}\,[2+(-1)^n] \end{cases}$$

4 Système différentiel linéaire

On considère le système différentiel suivant :

$$\begin{cases} \dfrac{dx}{dt} = 2x - y \\ \dfrac{dy}{dt} = -x + 2y \end{cases}$$

où x et y sont deux fonctions de la variable t. On pose $X = (x, y)$.

1) Écrire le système sous forme matricielle.

2) Diagonaliser la matrice.

3) En déduire les solutions du système.

■ SOLUTION

1) Le système s'écrit matriciellement :

$$\begin{pmatrix} \dfrac{dx}{dt} \\ \dfrac{dy}{dt} \end{pmatrix} = \begin{pmatrix} 2 & -1 \\ -1 & 2 \end{pmatrix}\begin{pmatrix} x \\ y \end{pmatrix}$$

ou, en notant A la matrice : $\dfrac{dX}{dt} = AX$

2) Valeurs propres de A :

$$P(\lambda) = (2-\lambda)^2 - 1 = (3-\lambda)(1-\lambda).$$

Les valeurs propres sont 1 et 3.

$\lambda_1 = 1$: les vecteurs propres vérifient : $x - y = 0$: base : $v_1 = (1, 1)$
$\lambda_2 = 3$: les vecteurs propres vérifient : $x + y = 0$: base : $v_2 = (1, -1)$.

Matrice diagonale : $D = \begin{pmatrix} 1 & 0 \\ 0 & 3 \end{pmatrix}$.

Matrice de passage : $P = \begin{pmatrix} 1 & 1 \\ 1 & -1 \end{pmatrix}$, $P^{-1} = \begin{pmatrix} 1/2 & 1/2 \\ 1/2 & -1/2 \end{pmatrix}$ et $D = P^{-1}AP$.

3) $\dfrac{dX}{dt} = AX \Leftrightarrow \dfrac{dX}{dt} = PDP^{-1}X$

$$\Leftrightarrow P^{-1}\frac{dX}{dt} = DP^{-1}X$$

$$\Leftrightarrow \frac{d(P^{-1}X)}{dt} = DP^{-1}X, \text{ car la dérivation est une opération linéaire.}$$

Posons $P^{-1}X = Y$. On obtient, $\dfrac{dY}{dt} = DY$, système différentielle qui s'écrit :

$$\begin{pmatrix} \dfrac{du}{dt} \\ \dfrac{dv}{dt} \end{pmatrix} = \begin{pmatrix} 1 & 0 \\ 0 & 3 \end{pmatrix}\begin{pmatrix} u \\ v \end{pmatrix}, \quad \text{avec } Y = (u, v)$$

soit, $\begin{cases} \dfrac{du}{dt} = u \\ \dfrac{dv}{dt} = 3v \end{cases}$, système qui admet pour solution : $\begin{cases} u = C_1\, e^{t} \\ v = C_2\, e^{3t} \end{cases}$

où C_1 et C_2 sont deux constantes quelconques.
La relation $P^{-1}X = Y$ permet alors de calculer X :

$$X = PY = \begin{pmatrix} 1 & 1 \\ 1 & -1 \end{pmatrix}\begin{pmatrix} C_1\, e^{t} \\ C_2\, e^{3t} \end{pmatrix} = \begin{pmatrix} C_1\, e^{t} + C_2\, e^{3t} \\ C_1\, e^{t} - C_2\, e^{3t} \end{pmatrix}$$

d'où les solutions :

$$x(t) = C_1\, e^{t} + C_2\, e^{3t} \quad \text{et} \quad y(t) = C_1\, e^{t} - C_2\, e^{3t}$$

24 STATISTIQUES

SÉRIE STATISTIQUE À UNE VARIABLE

1. Définition

Une série statistique à une variable X est formée de deux vecteurs de $\mathbb{R}^n$.

$$X = (x_1, x_2, ..., x_n) \text{ et } P = (p_1, p_2, ..., p_n)$$

Chaque valeur p_i est un coefficient de pondération (poids, effectif ou fréquence) affecté à la valeur x_i de la variable X.

2. Moyenne, variance, écart-type

On note N la somme des coefficients p_i.

- La moyenne d'une série statistique est le nombre :

$$\overline{X} = \frac{1}{N} \sum_{i=1}^{n} p_i x_i$$

- La variance est la moyenne des carrés des écarts des valeurs x_i par rapport à la moyenne $\overline{X}$.

$$V(X) = \frac{1}{N} \sum_{i=1}^{n} p_i (x_i - \overline{X})^2$$

Pour calculer la variance, on utilise de préférence la formule :

$$V(X) = \overline{X^2} - \overline{X}^2 \quad \text{avec} \quad \overline{X^2} = \frac{1}{N} \sum_{i=1}^{n} p_i x_i^2$$

- L'écart-type est la racine carrée de la variance. On le note σ.

$$\sigma = \sqrt{V(X)}$$

SÉRIE STATISTIQUE À DEUX VARIABLES

1. Définition

Une série statistique à deux variables X et Y est formée de trois vecteurs de $\mathbb{R}^n$:

$$X = (x_1, x_2, ..., x_n), \quad Y = (y_1, y_2, ..., y_n) \text{ et } P = (p_1, p_2, ..., p_n).$$

Les valeurs p_i sont des coefficients de pondération positifs (poids, effectif ou fréquences) affectés à chaque couple de valeurs (x_i, y_i) des variables (X, Y).

2. Ajustement linéaire. Moindres carrés

La recherche d'une relation de type $Y = \alpha X + \beta$, liant les deux variables X et Y, conduit à un système de n équations à deux inconnues α et β : $\alpha x_i + \beta = y_i$, $1 \leq i \leq n$. Si n est supérieur à 2, ce système n'a, en général, pas de solutions exactes.

Pour tout i variant de 1 à n, on pose : $\hat{y}_i = \alpha x_i + \beta$ et l'on souhaite que l'écart $\hat{y}_i - y_i$ soit le plus faible possible. On définit donc la distance entre les vecteurs $Y = (y_1, y_2, ..., y_n)$ et $\hat{Y} = (\hat{y}_1, \hat{y}_2, ..., \hat{y}_n)$ par $J(\alpha, \beta) = \sum_{i=1}^{n} p_i (\hat{y}_i - y_i)^2$. J est aussi nommé critère des moindres carrés.

Le problème est de trouver α et β de façon à minimiser la distance J (α, β). La réponse au problème est donnée par la formule :

$$\boxed{\theta = ({}^t\mathrm{FKF})^{-1}\, {}^t\mathrm{FKY}}$$

où,

$$\theta = \begin{pmatrix} \alpha \\ \beta \end{pmatrix}, \mathrm{F} = \begin{pmatrix} x_1 & 1 \\ x_2 & 1 \\ \vdots & \vdots \\ \vdots & \vdots \\ x_n & 1 \end{pmatrix}, \quad {}^t\mathrm{F} = \begin{pmatrix} x_1 & x_2 & \dots & \dots & x_n \\ 1 & 1 & \dots & \dots & 1 \end{pmatrix} \text{ et } \mathrm{K} = \begin{pmatrix} p_1 & 0 & \dots & 0 & 0 \\ 0 & p_2 & \dots & 0 & 0 \\ \vdots & 0 & \dots & \vdots & \vdots \\ 0 & 0 & \dots & 0 & p_n \end{pmatrix}$$

Si les coefficients p_i sont tous égaux à 1, K = Id et $\theta = ({}^t\mathrm{FF})^{-1}\, {}^t\mathrm{FY}$.
La droite d'ajustement linéaire ou droite de régression de y en x a pour équation : $\mathrm{Y} = \alpha\mathrm{X} + \beta$.

3. Covariance et coefficient de corrélation linéaire

Soit (X, Y, P) une série statistique à deux variables et N la somme des coefficients p_i. On pose :

- $\overline{\mathrm{XY}} = \frac{1}{\mathrm{N}} \sum_{i=1}^{n} p_i x_i y_i$ moyenne des produits.
- $\mathrm{Cov}(\mathrm{X}, \mathrm{Y}) = \frac{1}{\mathrm{N}} \sum_{i=1}^{n} p_i (x_i - \overline{\mathrm{X}})(y_i - \overline{\mathrm{Y}}) = \overline{\mathrm{XY}} - \overline{\mathrm{X}}\,\overline{\mathrm{Y}}$ covariance de X et Y.
- $r = \frac{\mathrm{Cov}(\mathrm{X}, \mathrm{Y})}{\sigma_\mathrm{X}\, \sigma_\mathrm{Y}}$ coefficient de corrélation linéaire.

r est un nombre réel compris entre – 1 et 1. Il permet de mesurer la qualité de l'ajustement. Si $|r|$ est proche de 1, on dit qu'il y a une bonne corrélation entre les deux séries statistiques X et Y.

L'équation de la droite de régression de y en x est aussi donnée par la formule :

$$\boxed{(\mathrm{Y} - \overline{\mathrm{Y}}) = \alpha(\mathrm{X} - \overline{\mathrm{X}}) \quad \text{avec} \quad \alpha = \frac{\mathrm{Cov}(\mathrm{X}, \mathrm{Y})}{\mathrm{V}(\mathrm{X})}}$$

EXERCICES

1 Moyenne et écart-type

On a, au cours d'une expérience, relevé les mesures suivantes :

Mesures : X	1	2	3	4
Fréquences	0,1	0,3	0,4	0,2

Calculer la valeur moyenne et l'écart-type des mesures X.

■ SOLUTION

$\overline{\mathrm{X}} = 1 \times 0{,}1 + 2 \times 0{,}3 + 3 \times 0{,}4 + 4 \times 0{,}2 = 2{,}7$

$\overline{\mathrm{X}^2} = 1 \times 0{,}1 + 4 \times 0{,}3 + 9 \times 0{,}4 + 16 \times 0{,}2 = 8{,}1$

$\mathrm{V}(\mathrm{X}) = 8{,}1 - 2{,}7^2 = 0{,}81$

$\sigma = \sqrt{0{,}81} = 0{,}9.$

2 Droite de régression

On a, au cours d'une expérience, relevé les mesures suivantes des couples (X, Y) :

X	2	1	4	3
Y	0	2	2	5

1) Calculer l'équation de la droite de régression de y en x.

2) Calculer les valeurs $\hat{y}_i$ estimées par cette droite. Les comparer aux valeurs y_i .

3) Calculer l'écart quadratique moyen $\frac{1}{N}\sum_{i=1}^{n}(\hat{y}_i - y_i)^2$.

4) Calculer le coefficient de corrélation linéaire. Le modèle paraît-il satisfaisant ?

■ **SOLUTION**

1) $\overline{X} = \dfrac{2+1+4+3}{4} = 2{,}5$ $\qquad \overline{Y} = \dfrac{9}{4} = 2{,}25$

$\overline{X^2} = \dfrac{4+1+16+9}{4} = 7{,}5$ $\qquad \overline{Y^2} = \dfrac{33}{4} = 8{,}25$

$V(X) = 7{,}5 - 2{,}5^2 = 1{,}25$ $\qquad V(Y) = 8{,}25 - 2{,}25^2 = 3{,}1875$

$\sigma_X = \sqrt{1{,}25} = 1{,}118$ $\qquad \sigma_Y = 1{,}785$

$\overline{XY} = \dfrac{2\times 0 + 1\times 2 + 4\times 2 + 3\times 5}{4} = 6{,}25$ et $\text{Cov}(X, Y) = 6{,}25 - 2{,}5 \times 2{,}25 = 0{,}625$.

$\alpha = \dfrac{0{,}625}{1{,}25} = 0{,}5$

L'équation de la droite de régression est : $Y - 2{,}25 = 0{,}5(X - 2{,}5)$ soit : $Y = 0{,}5\,X + 1$.

2) Valeurs de $\hat{Y}$ calculées à partir de la droite $Y = 0{,}5\,X + 1$.

X	2	1	4	3
$\hat{Y}$	2	1,5	3	2,5

3) Écart quadratique moyen : $e = 1/4\,[2^2 + (2 - 1{,}5)^2 + (2 - 3)^2 + (5 - 2{,}5)^2] = 2{,}875$.

4) Coefficient de corrélation linéaire : $r = \dfrac{0{,}625}{1{,}118 \times 1{,}785} = 0{,}313$.

r est trop éloigné de 1 ; le modèle $Y = 0{,}5\,X + 1$ n'est pas satisfaisant pour rendre compte de l'expérience.

3 Coefficient de corrélation linéaire

Soient (X, Y) une série statistique à deux variables, $Y = \alpha X + \beta$ la droite de régression de y en x, $e = \frac{1}{N}\sum_{i=1}^{n}(\alpha x_i + \beta - y_i)^2$ l'écart quadratique moyen et r le coefficient de corrélation linéaire.

1) Démontrer que : $e = V(Y) \times (1 - r^2)$.

2) En déduire que r est toujours compris entre – 1 et 1.

■ **SOLUTION**

1) L'équation générale de la droite de régression $Y - \overline{Y} = \alpha(X - \overline{X})$ montre que $\beta = \overline{Y} - \alpha\overline{X}$.

On a : $e = \frac{1}{N}\sum_{i=1}^{n}(\alpha x_i + \bar{Y} - \alpha\bar{X} - y_i)^2 = \frac{1}{N}\sum_{i=1}^{n}(\alpha(x_i - \bar{X}) - (y_i - \bar{Y}))^2$

$$= \frac{1}{N}\sum_{i=1}^{n}\alpha^2(x_i - \bar{X})^2 + \frac{1}{N}\sum_{i=1}^{n}(y_i - \bar{Y})^2 - \frac{2}{N}\sum_{i=1}^{n}\alpha(x_i - \bar{X})(y_i - \bar{Y})$$

$$= \alpha^2 V(X) + V(Y) - 2\alpha \mathrm{Cov}(X, Y) \quad \text{avec } \alpha = \frac{\mathrm{Cov}(X, Y)}{V(X)}$$

$$e = \frac{\mathrm{Cov}^2(X, Y)}{V(X)} + V(Y) - \frac{2\,\mathrm{Cov}^2(X, Y)}{V(X)} = V(Y) - \frac{\mathrm{Cov}^2(X, Y)}{V(X)}$$

Mais, $r^2 = \frac{\mathrm{Cov}^2(X, Y)}{V(X)V(Y)}$, donc : $e = V(Y) - V(Y)r^2 = V(Y)(1 - r^2)$

2) e est une somme de carrés, donc positif, et $V(Y)$ est positif, donc $1 - r^2$ est positif.
$1 - r^2 \geq 0 \Leftrightarrow -1 \leq r \leq 1$.

4 Moindres carrés et calcul matriciel

On considère la série statistique suivante :

X	1	2	3	4
Y	3	1	2	4

1) Exprimer la matrice F. Calculer ${}^t\mathrm{FF}$, $({}^t\mathrm{FF})^{-1}$, puis $\theta = ({}^t\mathrm{FF})^{-1}\mathrm{FY}$.
En déduire l'équation de la droite de régression.

2) On considère la même série statistique avec les coefficients P = (2, 2, 1, 1).
Exprimer la matrice K. Calculer ${}^t\mathrm{FKF}$, $({}^t\mathrm{FKF})^{-1}$, puis $\theta = ({}^t\mathrm{FKF})^{-1}\,{}^t\mathrm{FKY}$.
En déduire l'équation de la nouvelle droite de régression.

■ **SOLUTION**

1) $F = \begin{pmatrix} 1 & 1 \\ 2 & 1 \\ 3 & 1 \\ 4 & 1 \end{pmatrix}$, ${}^t\mathrm{FF} = \begin{pmatrix} 1 & 2 & 3 & 4 \\ 1 & 1 & 1 & 1 \end{pmatrix}\begin{pmatrix} 1 & 1 \\ 2 & 1 \\ 3 & 1 \\ 4 & 1 \end{pmatrix} = \begin{pmatrix} 30 & 10 \\ 10 & 4 \end{pmatrix}$, $\mathrm{Dét}({}^t\mathrm{FF}) = 20$

$$({}^t\mathrm{FF})^{-1} = \frac{1}{20}\begin{pmatrix} 4 & -10 \\ -10 & 30 \end{pmatrix}, \quad {}^t\mathrm{FY} = \begin{pmatrix} 1 & 2 & 3 & 4 \\ 1 & 1 & 1 & 1 \end{pmatrix}\begin{pmatrix} 3 \\ 1 \\ 2 \\ 4 \end{pmatrix} = \begin{pmatrix} 27 \\ 10 \end{pmatrix}$$

$$\theta = \frac{1}{20}\begin{pmatrix} 4 & -10 \\ -10 & 30 \end{pmatrix}\begin{pmatrix} 27 \\ 10 \end{pmatrix} = \begin{pmatrix} 0{,}4 \\ 1{,}5 \end{pmatrix}$$

L'équation de la droite de régression est : Y = 0,4 X + 1,5.

2) $K = \begin{pmatrix} 2 & 0 & 0 & 0 \\ 0 & 2 & 0 & 0 \\ 0 & 0 & 1 & 0 \\ 0 & 0 & 0 & 1 \end{pmatrix}$, $\mathrm{KF} = \begin{pmatrix} 2 & 0 & 0 & 0 \\ 0 & 2 & 0 & 0 \\ 0 & 0 & 1 & 0 \\ 0 & 0 & 0 & 1 \end{pmatrix}\begin{pmatrix} 1 & 1 \\ 2 & 1 \\ 3 & 1 \\ 4 & 1 \end{pmatrix} = \begin{pmatrix} 2 & 2 \\ 4 & 2 \\ 3 & 1 \\ 4 & 1 \end{pmatrix}$

$${}^t\text{FKF} = \begin{pmatrix} 1 & 2 & 3 & 4 \\ 1 & 1 & 1 & 1 \end{pmatrix} \begin{pmatrix} 2 & 2 \\ 4 & 2 \\ 3 & 1 \\ 4 & 1 \end{pmatrix} = \begin{pmatrix} 35 & 13 \\ 13 & 6 \end{pmatrix}, \text{ et Dét}({}^t\text{FKF}) = 41, \text{ d'où :}$$

$$({}^t\text{FKF})^{-1} = \frac{1}{41}\begin{pmatrix} 6 & -13 \\ -13 & 35 \end{pmatrix}, \quad {}^t\text{FKY} = \begin{pmatrix} 1 & 2 & 3 & 4 \\ 1 & 1 & 1 & 1 \end{pmatrix} \begin{pmatrix} 6 \\ 2 \\ 2 \\ 4 \end{pmatrix} = \begin{pmatrix} 32 \\ 14 \end{pmatrix}$$

$$\theta = \frac{1}{41}\begin{pmatrix} 6 & -13 \\ -13 & 35 \end{pmatrix}\begin{pmatrix} 32 \\ 14 \end{pmatrix} = \begin{pmatrix} 10/41 \\ 74/41 \end{pmatrix}$$

L'équation de la droite de régression est : $Y = \frac{10}{41} X + \frac{74}{41} \approx 0{,}25\, X + 1{,}8$.

5 Ajustement polynômial

On a, au cours d'une expérience, relevé les mesures suivantes :

X	0	1	2	3
Y	0	2	3	1

Pour représenter la série statistique, on choisit un modèle de la forme : $Y = aX^2 + bX + c$, où a, b et c sont des coefficients à déterminer, en sorte que la parabole soit la plus proche possible, au sens des moindres carrés, des quatre points (x_i, y_i), $1 \le i \le 4$.

1) Écrire le système : $ax^2_i + bx_i + c = y_i$, pour i variant de 1 à 4.

2) On pose : $\theta = {}^t(a, b, c)$. Exprimer le système sous forme matricielle : $F\theta = Y$.

3) F est la matrice d'un endomorphisme φ de $\mathbb{R}^3$ dans $\mathbb{R}^4$. Quel est le rang de la matrice F ? Quelle est la dimension de $\text{Ker}\,\varphi$? En déduire que φ est un isomorphisme de $\mathbb{R}^3$ sur $\text{Im}(\varphi)$.

4) On note : $E = \text{Im}(\varphi)$ et $E^\perp$ la droite vectorielle orthogonale à E dans $\mathbb{R}^4$. E et $E^\perp$ sont deux sous-espaces vectoriels supplémentaires. Le vecteur Y s'écrit : $Y = Y_1 + Y_2$, avec $Y_1 \in E$ et $Y_2 \in E^\perp$. Y_1 est la projection orthogonale de Y dans E, c'est aussi le vecteur de E le plus proche de Y. Montrer que : ${}^tFY_2 = 0$. En déduire que : ${}^tFY = {}^tFY_1$.

5) Sans calculer θ, montrer que l'équation $F\theta = Y_1$ admet une solution unique.

6) Calculer θ.

7) En déduire l'équation de la parabole qui répond au problème posé. Placer les points (x_i, y_i) et tracer la parabole.

■ SOLUTION

1) $\begin{cases} c = 0 \\ a + b + c = 2 \\ 4a + 2b + c = 3 \\ 9a + 3b + c = 1 \end{cases}$ **2)** $\begin{pmatrix} 0 & 0 & 1 \\ 1 & 1 & 1 \\ 4 & 2 & 1 \\ 9 & 3 & 1 \end{pmatrix}\begin{pmatrix} a \\ b \\ c \end{pmatrix} = \begin{pmatrix} 0 \\ 2 \\ 3 \\ 1 \end{pmatrix}$

3) Le rang de F est le nombre maximum de colonnes linéairement indépendantes. Montrons que les trois vecteurs colonnes sont linéairement indépendants.

$$\alpha\begin{pmatrix} 0 \\ 1 \\ 4 \\ 9 \end{pmatrix} + \beta\begin{pmatrix} 0 \\ 1 \\ 2 \\ 3 \end{pmatrix} + \gamma\begin{pmatrix} 1 \\ 1 \\ 1 \\ 1 \end{pmatrix} = \begin{pmatrix} 0 \\ 0 \\ 0 \\ 0 \end{pmatrix} \Rightarrow \begin{cases} \gamma = 0 \\ \alpha + \beta + \gamma = 0 \\ 4\alpha + 2\beta + \gamma = 0 \end{cases} \Rightarrow \gamma = \alpha = \beta = 0$$

donc rang (F) = 3.

$\mathrm{Dim}(\mathrm{Ker}\,\varphi) + \mathrm{rang}(\mathrm{F}) = \dim\mathbb{R}^3$, donc $\dim(\mathrm{Ker}\,\varphi) = 0$. Ce qui prouve que φ est injective donc bijective de $\mathbb{R}^3$ sur $\mathrm{Im}(\varphi)$.

4) Appelons f_1, f_2, f_3 les trois vecteurs colonnes de la matrice F. Ce sont aussi les trois vecteurs lignes de la matrice ${}^t\mathrm{F}$. Le vecteur ${}^t\mathrm{F}\mathrm{Y}_2$ a pour composantes les produits scalaires $(f_1\mathrm{Y}_2, f_2\mathrm{Y}_2, f_3\mathrm{Y}_2)$ qui sont tous nuls puisque Y_2 est orthogonal à E et f_1, f_2, f_3 sont des vecteurs de E.

On en déduit : ${}^t\mathrm{F}\mathrm{Y} = {}^t\mathrm{F}(\mathrm{Y}_1 + \mathrm{Y}_2) = {}^t\mathrm{F}\mathrm{Y}_1 + {}^t\mathrm{F}\mathrm{Y}_2 = {}^t\mathrm{F}\mathrm{Y}_1$.

5) F est la matrice d'une bijection de $\mathbb{R}^3$ sur E et $\mathrm{Y}_1 \in \mathrm{E}$, donc il existe un vecteur θ unique tel que $\mathrm{F}\theta = \mathrm{Y}_1$.

6) $\mathrm{F}\theta = \mathrm{Y}_1 \Rightarrow {}^t\mathrm{F}\mathrm{F}\theta = {}^t\mathrm{F}\mathrm{Y}_1$.

On a :

$${}^t\mathrm{FF} = \begin{pmatrix} 0 & 1 & 4 & 9 \\ 0 & 1 & 2 & 3 \\ 1 & 1 & 1 & 1 \end{pmatrix} \begin{pmatrix} 0 & 0 & 1 \\ 1 & 1 & 1 \\ 4 & 2 & 1 \\ 9 & 3 & 1 \end{pmatrix} = \begin{pmatrix} 98 & 36 & 14 \\ 36 & 14 & 6 \\ 14 & 6 & 4 \end{pmatrix}$$

$\mathrm{Dét}({}^t\mathrm{FF}) = 80 \neq 0$, donc ${}^t\mathrm{FF}$ est inversible et $\theta = ({}^t\mathrm{FF})^{-1}\,{}^t\mathrm{F}\mathrm{Y}_1 = ({}^t\mathrm{FF})^{-1}\,{}^t\mathrm{F}\mathrm{Y}$.

$$({}^t\mathrm{FF})^{-1} = \begin{pmatrix} 0{,}25 & -0{,}75 & 0{,}25 \\ -0{,}75 & 2{,}45 & -1{,}05 \\ 0{,}25 & -1{,}05 & 0{,}95 \end{pmatrix}, \quad {}^t\mathrm{F}\mathrm{Y} = \begin{pmatrix} 23 \\ 11 \\ 6 \end{pmatrix}, \quad \theta = \begin{pmatrix} -1 \\ 3{,}4 \\ -0{,}1 \end{pmatrix}$$

7) Équation de la parabole : $y = -x^2 + 3{,}4x - 0{,}1$.

Meilleure parabole passant par quatre points :

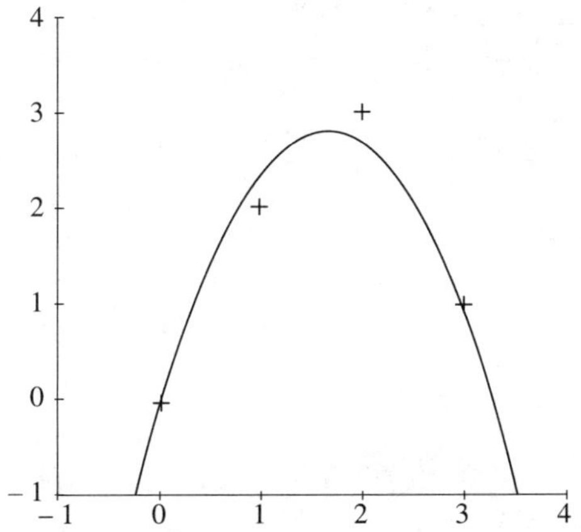

6 Identification numérique d'un processus

Modèle du premier ordre.

Pour représenter un système dynamique discret, on choisit un modèle paramétrique du premier ordre de la forme : $y[\mathrm{k}] = -ay[\mathrm{k}-1] + bu[\mathrm{k}-1]$.

u est l'entrée et y la sortie du système, a et b sont les paramètres du modèle (coefficients de couplage).

On a, au cours d'une expérience, relevé les mesures suivantes des couples (u, y) :

k	1	2	3	4
u[k]	2	1	4	
y[k]	– 0,5	2,1	1,7	5,3

1) Calculer $\hat{\theta} = \begin{pmatrix} \hat{a} \\ \hat{b} \end{pmatrix}$, l'estimateur au sens des moindres carrés des paramètres a et b du modèle.

2) En prenant $\hat{y}[1] = -0,5$ calculer les valeur $\hat{y}[2]$, $\hat{y}[3]$, $\hat{y}[4]$ que donnera le modèle.

3) Calculer l'écart quadratique moyen $\frac{1}{3}\sum_{k=2}^{k=4}[y[k] - \hat{y}[k]]^2$.

■ SOLUTION

1) Les mesures des couples (u, y) appliquées au modèle fournissent un système linéaire à trois équations et deux inconnues :

$$\begin{cases} 0,5a + 2b = 2,1 \\ -2,1a + b = 1,7 \\ -1,7a + 4b = 5,3 \end{cases}$$

Ce système n'a pas de solutions exactes, la troisième équation étant incompatible avec les deux premières. La meilleure solution, au sens des moindres carrés est donnée par :

$$\hat{\theta} = ({}^t\mathrm{F}\mathrm{F})^{-1}\,{}^t\mathrm{F}\mathrm{Y} \quad \text{avec, } \mathrm{F} = \begin{pmatrix} 0,5 & 2 \\ -2,1 & 1 \\ -1,7 & 4 \end{pmatrix} \text{ et } \mathrm{Y} = \begin{pmatrix} 2,1 \\ 1,7 \\ 5,3 \end{pmatrix}$$

$${}^t\mathrm{F}\mathrm{Y} = \begin{pmatrix} -11,53 \\ 27,10 \end{pmatrix} \quad {}^t\mathrm{F}\mathrm{F} = \begin{pmatrix} 7,55 & -7,9 \\ -7,9 & 21 \end{pmatrix} \quad ({}^t\mathrm{F}\mathrm{F})^{-1} = \begin{pmatrix} 0,2184 & 0,0822 \\ 0,0822 & 0,0785 \end{pmatrix}$$

$$\hat{\theta} = \begin{pmatrix} \hat{a} \\ \hat{b} \end{pmatrix} = \begin{pmatrix} -0,2917 \\ 1,1808 \end{pmatrix}$$

2) Valeurs calculées sur le modèle :

k	1	2	3	4
$\hat{y}$[k]	– 0,5	2,22	1,83	5,26

3) Écart quadratique moyen : 0,0105. Le modèle est bien adapté.

25 PROBABILITÉS

DÉFINITIONS DE LA THÉORIE DES ENSEMBLES. LANGAGE DES ÉVÉNEMENTS

Ensembles	Événements
• Un **ensemble** est constitué d'**éléments**. Leur nombre, s'il est fini, est le **cardinal** de l'ensemble. L'ensemble vide noté $\varnothing$ ne contient aucun élément. • Un ensemble à un élément est un **singleton**.	• Une expérience est **aléatoire** lorsque son issue est imprévisible. • L'**univers** Ω est l'ensemble de tous les résultats possibles d'une expérience aléatoire (ou éventualités). • Un **événement élémentaire** est un singleton de Ω.
• **Inclusion :** $A \subset B$ A est un sous-ensemble de B 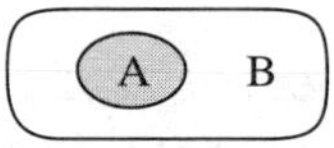	• Un **événement** est un sous-ensemble de l'univers Ω.
• **Union :** $C = A \cup B$ 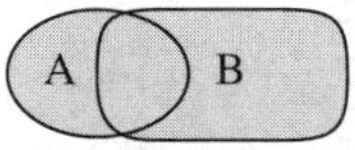	• La conjonction « ou » traduit la réunion de deux événements.
• **Intersection :** $D = A \cap B$ 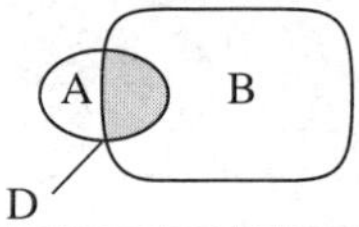	• La conjonction « et » traduit l'intersection de deux événements.
• **Ensembles disjoints :** $A \cap B = \varnothing$ 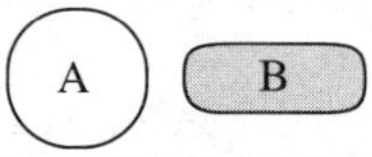	• Deux événements A et B sont **incompatibles** si $A \cap B = \varnothing$.
• **Complémentaire :** 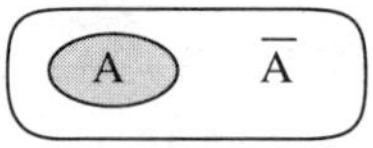	• L'événement **contraire** de A est $\overline{A}$.

THÉORÈMES

- $A \subset B \Leftrightarrow A \cap B = A$
- $A \cap (B \cup C) = (A \cap B) \cup (A \cap C)$
- $A \cup (B \cap C) = (A \cup B) \cap (A \cup C)$
- $\overline{A \cup B} = \overline{A} \cap \overline{B}$
- $\overline{A \cap B} = \overline{A} \cup \overline{B}$
- $A = (A \cap B) \cup (A \cap \overline{B})$

PROBABILITÉS

1. Définition

Soit Ω un univers et $\mathcal{P}(\Omega)$ l'ensemble des événements de cet univers.

Une probabilité est une application $p : \mathcal{P}(\Omega) \to [0, 1]$ telle que :

• $p(\varnothing) = 0$,
• $p(\Omega) = 1$;
• $p(A \cup B) = p(A) + p(B)$ **si A et B sont incompatibles.**

Si l'univers Ω est fini et si les événements élémentaires sont **équiprobables**, alors :

$$p(A) = \frac{\text{Card}(A)}{\text{Card}(\Omega)}$$

Ainsi, la probabilité d'un événement A est la **fréquence** (au sens statistique) de A dans Ω.

2. Propriétés

Quels que soient les événements A et B :
• $p(A \cup B) = p(A) + p(B) - p(A \cap B)$;
• $p(\bar{A}) = 1 - p(A)$.

3. Probabilité conditionnelle

La probabilité de A sachant B notée, $p(A / B)$ est la probabilité de $A \cap B$ dans l'univers restreint à l'événement B.

$$p(A/B) = \frac{p(A \cap B)}{p(B)}. \text{ De même, } p(B/A) = \frac{p(A \cap B)}{p(A)}$$

• **Formule des probabilités totales :**

$$p(B) = p(A) \cdot p(B / A) + p(\bar{A})\, p(B / \bar{A})$$

• **Formule de Bayes :**

$$p(A/B) = \frac{p(A)\, p(B/A)}{p(A)\, p(B/A) + p(\bar{A})\, p(B/\bar{A})}$$

4. Événements indépendants

A et B sont indépendants si $p(A \cap B) = p(A)\, p(B)$

Dans ce cas, $p(A / B) = p(A)$ et $p(B / A) = p(B)$. A et B n'ont pas « d'influence » l'un sur l'autre.

Variable aléatoire

1. Définition

Au cours d'une expérience aléatoire, les résultats sont souvent associés à des valeurs numériques. L'application $X : \mathcal{P}(\Omega) \rightarrow \mathbb{R}$ est une **variable aléatoire**.

$p(X = a)$ est la probabilité que la variable aléaotoire X prenne la valeur a.

Les valeurs prises par X peuvent être isolées, X est alors une **variable aléatoire discrète**. Si X prend toutes les valeurs d'un intervalle, la variable aléatoire est **continue**.

2. Somme, produit

Comme toutes les applications, deux variables aléatoires peuvent s'additionner ou se multiplier. On écrira : $X + Y = a$ ou $XY = b$ ...

Fonction de probabilité d'une variable discrète. Densité de probabilité d'une variable continue

Ces deux concepts sont mis en parallèle dans le tableau suivant :

Fonction de probabilité d'une variable aléatoire discrète	**Densité de probabilité d'une variable aléatoire continue**
Soit X une variable aléatoire discrète. $\{x_i\}$ l 'ensemble des valeurs prises par X. **La fonction de probabilité de X** est définie par : $$f : x_i \rightarrow p_i = p(X = x_i)$$ Elle vérifie : $f(x_i) > 0$ pour tout x_i ; $$\sum_{i \in \mathbb{N}} f(x_i) = 1.$$ f est donnée soit par un tableau de valeurs dans le cas fini, soit par une fonction. Dans tous les cas, son graphe est un diagramme en bâtons identique à celui des fréquences en statistiques.	Dans le cas où la variable prend toutes les valeurs d'un intervalle, la probabilité $p(X = a) = 0$. Par contre : $\frac{1}{\varepsilon} p(a - \varepsilon/2 < X < a + \varepsilon/2) \neq 0.$ Par passage à la limite lorsque $\varepsilon \rightarrow 0$, on peut définir une densité de probabilité. Une **densité de probabilité** de la variable aléatoire continue X est une fonction f telle que : $f(x) > 0$ pour tout x ; $$\int_{-\infty}^{+\infty} f(x)dx = 1.$$ La représentation graphique de f est une courbe continue située au-dessus de l'axe des x et tendant asymptotiquement vers 0 en $\pm\infty$.

1) Fonction de répartition :

$$F : \mathbb{R} \rightarrow [0, 1].$$

Pour $x \in \mathbb{R}$, $F(x) = p(X < x) = \sum_{x_i \leq x} f(x_i)$ Son graphe est celui d'une fonction croissante en escalier (donc non continue). De plus : $$\lim_{x \to +\infty} F = 1 \; ; \; \lim_{x \to -\infty} F = 0$$	$F(x) = \int_{-\infty}^{x} f(t)\,dt$ (F est une primitive de f) D'une manière générale, le graphe de F est celui d'une fonction croissante, continue, dérivable F' = f. De plus : $$\lim_{x \to +\infty} F(x) = 1 \; ; \; \lim_{x \to -\infty} F(x) = 0$$ $$p(a < X < b) = F(b) - F(a) = \int_a^b f(t)dt$$

2) Espérance mathématique, variance, écart-type

Cas discret	**Cas continu**
Espérance ou moyenne : $E(X) = \sum_i x_i f(x_i)$	Espérance ou moyenne : $E(X) = \int_{-\infty}^{+\infty} x f(x)dx$
Moyenne quadratique : $E(X^2) = \sum_i x_i^2 f(x_i)$	Moyenne quadratique : $E(X^2) = \int_{-\infty}^{+\infty} x^2 f(x)dx$

Variance : $V(X) = E(X^2) - E(X)^2 = E[(X - E(X))^2]$; écart-type : $\sigma = \sqrt{V(X)}$

Propriétés

- E(X + Y) = E(X) + E(Y).
- E(aX) = aE(X).
- E(XY) = E(X) . E(Y) **si X et Y sont indépendantes**
- V(X + Y) = V(X) + V(Y) **si X et Y sont indépendantes**

Remarque : En fait, il est possible d'utiliser uniquement les concepts associés aux variables continues. Pour ce faire, on a recours aux distributions de Dirac. Dans le cas discret, en tout point x, la fonction de répartition F est soit constante dans ce cas $F'(x) = 0$, soit discontinue, et $F'(x_i) = f(x_i)\ \delta_{x_i}$.

La densité de probabilité égale à F' est une somme d'impulsions de Dirac aux points x_i.

On retrouve le diagramme en bâtons de la loi de probabilité discrète.

PRINCIPALES LOIS DE PROBABILITÉ. CHAMPS D'APPLICATION ET PARAMÈTRES

Définition	Champs d'application	Paramètres	Limites
	Lois discrètes		
Loi binomiale : $\mathcal{B}(n, p)$ $p(X = k) = C_n^k\, p^k\, (1 - p)^{n-k}$	– n épreuves indépendantes à 2 issues (succès, échec) ; – k est le nombre de succès ; – p est la probabilité d'un succès.	$E(X) = np$ $V(X) = npq$	Difficile à calculer dès que n est « grand ».
Loi de Poisson : $\mathcal{P}(m)$ $p(X = k) = e^{-m}\, \dfrac{m^k}{k!}$	Événements se réalisant de façon aléatoire dans le temps. Le paramètre m est le nombre moyen d'apparitions de l'événement pendant le temps T.	$E(X) = m$ $V(X) = m$	Limite de la loi binomiale B(n, p) lorsque $n \to \infty$ et $p \to 0$. Pour n grand et p petit $m = np$
	Lois continues		
Loi normale : $\mathcal{N}(m, \sigma)$ Densité de probabilité : $f_{m,\sigma}(t) = \dfrac{1}{\sigma\sqrt{2\pi}}\, e^{-\frac{(t-m)^2}{2\sigma^2}}$	Phénomènes soumis à l'influence d'un grand nombre de facteurs dont les variations accidentelles sont très petites et indépendantes.	$E(X) = m$ $V(X) = \sigma^2$	$\mathcal{N}(np, \sqrt{npq})$ est une bonne approximation de la loi binomiale $\mathcal{B}(n, p)$ pour $n > 30$ $np > 15$. La correction de continuité consiste à remplacer une valeur ponctuelle k par l'intervalle $[k - 1/2, k + 1/2]$.
Loi normale centrée réduite : $f_{0,1}(t) = \dfrac{1}{\sqrt{2\pi}}\, e^{-\frac{t^2}{2}}$	Si X suit une loi normale $\mathcal{N}(m, \sigma)$ alors, la variable aléatoire $T = \dfrac{X - m}{\sigma}$ suit la loi normale centrée réduite $\mathcal{N}(0, 1)$.	$E(X) = 0$ $V(X) = 1$	

EXERCICES

1 Jeu de dés

On lance deux dés. Quelles sont les probabilités des événements suivants :
A : « faire un double »
B : « faire au moins un point pair »
C : « faire un double ou au moins un point pair »

■ SOLUTION

Il y a 6 possibilités pour le premier dé et dans chaque cas, 6 possibilités pour le deuxième dé. Ce qui donne $6 \times 6 = 36$ résultats possibles.

• Calcul de $p(A)$:
Il y a 6 doubles possibles, donc $p(A) = \frac{6}{36} = \frac{1}{6}$.

• Calcul de $p(B)$:
$\overline{B}$ est l'événement : « faire deux points impairs ».
Il y a 3 possibilités pour le premier dé et dans chaque cas 3 possibilités pour le deuxième dé. Ce qui donne $3 \times 3 = 9$ cas favorables à l'événement $\overline{B}$.

$$p(\overline{B}) = \frac{9}{36} = \frac{1}{4}, \text{ donc : } p(B) = 1 - p(\overline{B}) = 1 - \frac{1}{4} = \frac{3}{4}$$

• Calcul de $p(C)$:
C'est la réunion des événements A et B ($C = A \cup B$). A et B ne sont pas incompatibles d'où : $p(A \cup B) = p(A) + p(B) - p(A \cap B)$.
Or :

$$p(A \cap B) = \frac{3}{36} = \frac{1}{12} \text{ (il y a trois doubles pairs)}$$

d'où :

$$p(A \cup B) = \frac{1}{6} + \frac{3}{4} - \frac{1}{12} = \frac{5}{6}$$

2 Tirages avec ou sans remise

Deux cartes sont tirées dans un jeu de 32 cartes. Quelle est la probabilité que les deux cartes soient de pique si on effectue le tirage :
– sans remise ?
– avec remise de la première carte tirée ?

■ SOLUTION

1er cas : tirage sans remise.

Deux cartes tirées forment une combinaison de 2 éléments dans un ensemble à 32 éléments. Il y a donc C_{32}^2 tirages possibles de 2 cartes, soit 496.
Le nombre de piques dans le jeu est 8. Le nombre de tirages favorables est : $C_8^2 = 28$.
La probabilité de tirer 2 piques est donc : $\frac{28}{496} = 0{,}056$.

2e cas : tirage avec remise.

Nombre de tirages possibles : on a 32 choix pour la première carte et à nouveau 32 choix pour la deuxième carte. Ce qui donne 32^2 tirages possibles.
Nombre de tirages favorables : on a 8 choix favorables au premier tirage et 8 choix favorables au second. Ce qui donne 8^2 choix favorables.

La probabilité de tirer 2 piques est donc : $\dfrac{8^2}{32^2} = 0{,}0625$.

3 Loterie

Pour une loterie, on émet des carnets de 20 billets tels que dans chaque carnet, un billet gagne 30 francs, deux billets gagnent 10 F, cinq billets gagnent 5 F et douze billets ne gagnent rien.

Une personne achète deux billets d'un même carnet. Quelle est la probabilité :

a) qu'elle ne gagne rien ?

b) qu'elle gagne 30 F ?

c) qu'elle gagne 10 F ?

d) que les deux billets soient gagnants ?

■ **SOLUTION**

L'ordre ne compte pas. On utilise les combinaisons. Le nombre de tirage possibles de 2 billets parmi 20 billets est : $C_{20}^2 = 190$.

a) Il faut 2 billets perdants parmi 12 billets perdants. Soit $C_{12}^2 = 66$ cas favorables. La probabilité de ne rien gagner est : $\dfrac{66}{190} = 0{,}347$.

b) Pour gagner 30 F il faut le billet gagnant 30 F et 1 billet perdant parmi 12.

Soit 12 cas favorables. La probabilité de gagner 30 F est $\dfrac{12}{190} = 0{,}063$.

c) Gagner 10 F est la réunion de deux événements incompatibles. Tirer deux billets gagnant 5 F ou bien tirer un billet gagnant 10 F et 1 billet perdant. Le premier événement a pour probabilité $\dfrac{C_5^2}{190}$ et le deuxième $\dfrac{2 \times 12}{190}$. La probabilité de gagner 10 F est donc :

$$\frac{C_5^2}{190} + \frac{2 \times 12}{190} = \frac{34}{190} = 0{,}179$$

d) Il y a 8 billets gagnants. Le nombre de cas favorables est C_8^2 et la probabilité :

$$\frac{C_8^2}{190} = 0{,}147$$

4 Probabilité conditionnelle

Vous vous rendez chez une famille de deux enfants. C'est une petite fille qui vous ouvre la porte.

a) Quelle est la probabilité que l'autre enfant soit une fille ?

b) Quelle est la probabilité que ce soit un garçon ?

■ **SOLUTION**

On demande en fait de calculer la probabilité que les deux enfants soient des filles sachant qu'il y a au moins une fille.

a) Notons A l'événement « Il y a deux filles dans la famille » et B l'événement « Il y a au moins une fille ».

On a : $p(A/B) = \dfrac{p(A \cap B)}{p(B)}$.

Mais $A \cap B = A$ car s'il y a deux filles alors il y en a au moins une.

L'événement A est inclus dans l'événement B.

Donc : $p(A/B) = \dfrac{p(A)}{p(B)}$. Or $\Omega = \{(F, F), (F, G), (G, F), (G, G)\}$.

D'où : $p(A) = \dfrac{1}{4}$ (une éventualité sur 4) et $p(B) = \dfrac{3}{4}$ (3 éventualités sur 4).

Donc $p(A/B) = \dfrac{1}{3}$.

b) Notons C l'événement « Il y a une fille et un garçon », $p(C) = \dfrac{2}{4}$.

$$p(C/B) = \frac{p(C \cap B)}{p(B)}$$

Mais $(C \cap B) = C$ car s'il y a une fille et un garçon alors il y a au moins une fille :

$$(C \subset B). \text{ Donc } p(C/B) = \frac{p(C)}{p(B)} = \frac{2}{3}$$

5 Défaillance électrique

La boîte à fusibles d'une voiture contient 6 fusibles. Une défaillance électrique provient une fois sur deux d'un fusible. On suppose que deux fusibles ne tombent pas en panne en même temps. Ayant constaté une défaillance électrique, le propriétaire a examiné les 5 premiers fusibles. Ils sont en bon état. Quelle est la probabilité que le sixième soit défectueux ?

■ SOLUTION

Notons A_k l'événement « le $k^{\text{ième}}$ fusible est défectueux » et C l'événement « la panne provient d'un fusible ».

On a : $p(A_k/C) = \dfrac{1}{6}$ et $p(C) = \dfrac{1}{2}$.

D'après la formule des probabilités composées :

$$p(A_k \cap C) = p(A_k/C)p(C) = \frac{1}{6} \times \frac{1}{2} = \frac{1}{12}$$

Mais, $A_k \subset C$ car si le $k^{\text{ième}}$ fusible est défectueux, alors la panne provient d'un fusible.

Donc : $A_k \cap C = A_k$ et $p(A_k \cap C) = p(A_k) = \dfrac{1}{12}$.

Notons B l'événement « le fusible défectueux est l'un des cinq premiers fusibles ».

$B = A_1 \cup A_2 \cup A_3 \cup A_4 \cup A_5$. Réunion d'événements incompatibles, donc :

$$p(B) = \sum_{k=1}^{5} p(A_k) = \frac{5}{12} \quad \text{et} \quad p(\overline{B}) = \frac{7}{12}$$

D'après la formule des probabilités composées : $p(A_6 / \overline{B}) = \dfrac{p(A_6 \cap \overline{B})}{p(\overline{B})}$

Mais $A_6 \cap \overline{B} = A_6$ car si le 6e fusible est défectueux alors les 5 premiers fusibles ne le sont pas. $A_6 \subset \overline{B}$.

Donc :
$$p(A_6 / \overline{B}) = \frac{p(A_6)}{p(\overline{B})} = \frac{\frac{1}{12}}{\frac{7}{12}} = \frac{1}{7}$$

6 Formule des probabilités composées

Un détaillant vend des ampoules en provenance de deux usines dans les proportions suivantes :
60 % des ampoules proviennent de l'usine Alpha.
40 % des ampoules proviennent de l'usine Béta.
le taux de défections de l'usine Alpha est de 7 %, celui de l'usine Béta est de 4 %.

Un client achète une ampoule à ce détaillant.

a) Quelle est la probabilité qu'elle soit défectueuse ?

b) L'ampoule achetée est défectueuse. Quelle est la probabilité qu'elle provienne de l'usine Alpha ?

■ SOLUTION

a) Notons : A l'événement « l'ampoule provient de l'usine Alpha ».

$\bar{A}$ l'événement « l'ampoule provient de l'usine Béta ».

B l'événement « l'ampoule est défectueuse ».

En assimilant fréquence et probabilité, on a :

$$p(A) = \frac{60}{100} \quad p(\bar{A}) = \frac{40}{100} \quad p(B/A) = \frac{7}{100} \quad p(B/\bar{A}) = \frac{4}{100}$$

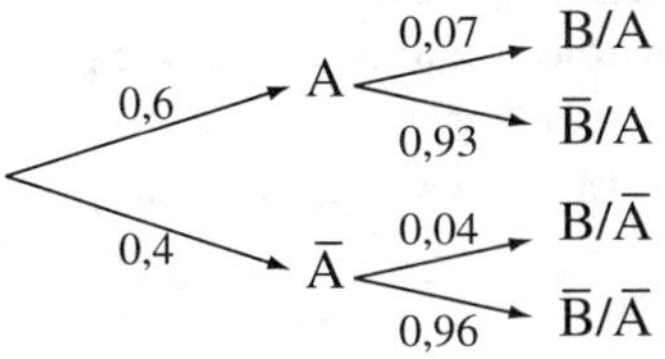

$$p(A \cap B) = p(A) \times p(B/A) = 0{,}042$$
$$p(A \cap \bar{B}) = p(A) \times p(\bar{B}/A) = 0{,}558$$
$$p(\bar{A} \cap B) = p(\bar{A}) \times p(B/\bar{A}) = 0{,}016$$
$$p(\bar{A} \cap \bar{B}) = p(\bar{A}) \times p(\bar{B}/\bar{A}) = 0{,}384$$

L'événement B est la réunion des deux événements incompatibles $A \cap B$ et $\bar{A} \cap B$; $B = (A \cap B) \cup (\bar{A} \cap B)$.

$$P(B) = p((A \cap B) \cup (\bar{A} \cap B)) = p(A \cap B) + p(\bar{A} \cap B) = \frac{4{,}2}{100} + \frac{1{,}6}{100} = \frac{5{,}8}{100}$$

La probabilité que l'ampoule soit défectueuse est 0,058.

Les résultats peuvent être représentés dans le tableau suivant. Sur une base de cent ampoules :

	Usine A Alpha	**Usine $\bar{A}$ Béta**	
Défaut B	4,2 $(A \cap B)$	1,6 $(\bar{A} \cap B)$	5,8
Sans défaut $\bar{B}$	55,8 $(A \cap \bar{B})$	38,4 $(\bar{A} \cap \bar{B})$	94,2
	60	40	100

b) Calculons la probabilité que l'ampoule provienne de l'usine Alpha sachant qu'elle est défectueuse, c'est-à-dire $p(A/B)$

$$p(A/B) = \frac{p(A \cap B)}{p(B)} = \frac{4{,}2}{5{,}8} \approx 0{,}724.$$

7 Formule de Bayes

Un jeu consiste à tirer deux cartes d'un jeu de 32 cartes. Le gagnant est celui qui tire deux as. Un tricheur s'est glissé dans un groupe de 10 personnes. Une personne est choisie au hasard dans le groupe. Elle tire 2 as. Quelle est la probabilité que ce soit le tricheur ?

■ SOLUTION

Notons : A l'événement « la personne choisie est le tricheur » ;
B l'événement « la personne choisie tire deux as » ;

Il y a un tricheur et neuf personnes honnêtes, donc $p(\mathrm{A}) = \frac{1}{10}$ et $p(\bar{\mathrm{A}}) = \frac{9}{10}$.

Si la personne choisie est le tricheur, il est certain qu'elle retournera deux as ; donc : $p(\mathrm{B}/\mathrm{A}) = 1$.

Si la personne choisie est honnête, la probabilité qu'elle retourne deux as est :

$$p(\mathrm{B}/\bar{\mathrm{A}}) = \frac{4}{32} \times \frac{3}{31}$$

(4 cas favorables sur 32 au 1er tirage, 3 cas favorables sur 31 au 2e tirage).

En appliquant la formule de Bayes, on obtient :

$$p(\mathrm{A}/\mathrm{B}) = \frac{\frac{1}{10} \times 1}{\frac{1}{10} \times 1 + \frac{9}{10} \times \frac{4}{32} \times \frac{3}{31}} = 0{,}90$$

Il y a neuf chances sur dix que la personne choisie soit le tricheur.

8 Somme de deux variables aléatoires discrètes

Un fabriquant vend deux types d'articles A et B. La vente d'un article A rapporte 100 F, celle d'un article B rapporte 200 F. Le nombre de ventes journalières de l'article A varie de 0 à 3, celui de B varie de 0 à 2.

X et Y représentent les gains réalisés en une journée par la vente des articles A et B respectivement. La loi de probabilité du couple (X, Y) est donnée par le tableau suivant :

Y \ X	0	100	200	300	Loi de Y
0	0,02	0,04	0,10	0,04	0,20
200	0,05	0,15	0,15	0,05	0,40
400	0,02	0,20	0,10	0,08	0,40
Loi de X	0,09	0,39	0,35	0,17	1

1) Dresser le tableau de la loi de X + Y. Calculer l'espérance, la variance, l'écart-type des variables X, Y, X + Y. Less variables X et Y sont-elles indépendantes ?

2) En supposant que les variables X et Y sont indépendantes, dresser le tableau de la loi de probabilité du couple (X, Y).

■ SOLUTION

1) Calcul de la loi X + Y

X + Y	Réalisé par les couples	Probabilité	Loi de X + Y
0	(0, 0)	0,02	0,02
100	(100, 0)	0,04	0,04
200	(0, 200) et (200, 0)	0,05 + 0,10	0,15
300	(300, 0) et (100, 200)	0,04 + 0,15	0,19
400	(0,400) et (200, 200)	0,02 + 0,15	0,17
500	(100, 400) et (300, 200)	0,20 + 0,05	0,25
600	(200, 400)	0,10	0,10
700	(300, 400)	0,08	0,08

On remarque que : $P(X = 0 \text{ et } Y = 0) = 0{,}02$; $P(X = 0)\,P(Y = 0) = 0{,}09 \times 0{,}20 = 0{,}018$.

Les résultats étant différents, les événements X = 0 et Y = 0 sont dépendants.

Cela signifie que la vente d'un article d'un certain type a une influence sur la vente d'un article de l'autre type.

Les variables aléatoires X et Y sont dépendantes.

Le calcul des espérances mathématiques, variances et écarts-types des variables aléatoires X, Y et X + Y peut se faire avec une calculatrice.

On obtient les résultats suivants :

	Espérance	Variance	Écart-type
X	160	7 600	87
Y	240	22 400	149
X + Y	400	28 399	168

On remarque que : $E(X + Y) = E(X) + E(Y)$. Par contre : $V(X + Y) \neq V(X) + V(Y)$.

2) Supposons que les ventes des articles A n'aient aucune influence sur les ventes des articles B et inversement.

Il est alors possible de reconstituer entièrement le tableau des probabilités du couple (X, Y) car les variables aléatoires X et Y sont alors indépendantes.

On a, par exemple :

$$P(X = 0 \text{ et } Y = 0) = P(X = 0)\,P(Y = 0) = 0{,}09 \times 0{,}20 = 0{,}018$$

$$P(X = 0 \text{ et } Y = 200) = P(X = 0)\,P(Y = 200) = 0{,}09 \times 0{,}40 = 0{,}036$$

et, d'une façon générale :

$$P(X = x_i \text{ et } Y = y_j) = P(X = x_i)\,P(Y = y_j).$$

On obtient alors, le tableau suivant :

Y \ X	0	100	200	300	Loi de Y
0	0,018	0,078	0,070	0,034	0,20
200	0,036	0,156	0,140	0,068	0,40
400	0,036	0,156	0,140	0,068	0,40
Loi de X	0,09	0,39	0,35	0,17	1

P(X = 100 et Y = 200) = P(X = 100) P(Y = 200) = $0{,}39 \times 0{,}40 = 0{,}156$.

On calcule alors la loi de probabilité de X + Y.

X + Y	0	100	200	300	400	500	600	700
P(X + Y = *k*)	0,018	0,078	0,106	0,190	0,176	0,224	0,140	0,068

9 Loi binomiale (1)

Un magasin reçoit chaque jour d'un grossiste, une quantité constante de produit A. La probabilité pour qu'un jour donné, le grossiste ne livre pas le produit A est de 2 %.

a) Dans ces conditions, quelle est la probabilité pour que le magasin soit approvisionné au moins 235 jours sur 240 jours ouvrables dans l'année ?

b) Quelle est la durée moyenne annuelle pendant laquelle on peut s'attendre à ne pas trouver le produit A dans le magasin ?

■ SOLUTION

Notons X la variable aléatoire égale au nombre de jours de non approvisionnement du produit A. En admettant que chaque jour les livraisons sont indépendantes les unes des autres, X suit une loi binomiale de paramètres : $n = 240$ et $p = 0{,}02$.
En effet, chaque jour, la livraison du produit A est assimilée à une épreuve à deux issues selon qu'elle est ou non effectuée.

a) $P(X \leq 5) = P(X = 0) + P(X = 1) + P(X = 2) + P(X = 3) + P(X = 4) + P(X = 5)$

$$= \sum_{k=0}^{5} C^k{}_{240} \times 0{,}02^k \times 0{,}98^{240-k} = 0{,}65$$

b) On calcule l'espérance mathématique de X : $E(X) = np = 240 \times 0{,}02 = 4{,}8$ jours.
Avec un écart-type de : $\sigma_X = \sqrt{V(X)} = \sqrt{npq} = \sqrt{240 \times 0{,}02 \times 0{,}98}$; $\sigma_X = 2{,}17$ jours.
Le produit A ne sera pas livré dans une fourchette $E(x) \pm \sigma_x$ c'est-à-dire de 2 à 7 jours par an.

10 Loi Binomiale (2)

• Problème de panne

Un commerçant vend le même jour 6 magnétoscopes. La probabilité qu'un appareil de ce type soit en bon état de fonctionnement au bout de 5 ans est 8/10. Calculer les probabilités que, 5 ans plus tard :

a) 4 magnétoscopes exactement soient en bon état ;

b) tous les magnétoscopes soient en bon état ;

c) au moins un magnétoscope soit en panne.

■ SOLUTION

À chaque magnétoscope peut être associé une épreuve de Bernoulli, où le succès est le bon état avec une probabilité $p = 0{,}8$ et l'échec est la panne avec une probabilité $q = 1 - p = 0{,}2$.

Les pannes des magnétoscopes sont indépendantes. La variable aléatoire X égale au nombre de magnétoscopes en bon état après 5 ans est la somme de 6 variables de Bernoulli indépendantes et de même probabilité de succès $p = 0{,}8$. Donc X suit la loi $\mathcal{B}(6\ ;\ 0{,}8)$.

a) $P(X = 4) = C_6^4\, 0{,}8^4 \times 0{,}2^2 = 0{,}25$.

b) $P(X = 6) = C_6^6\, 0{,}8^6 \times 0{,}2^0 = 0{,}8^6 = 0{,}26$.

c) Soit A l'événement « au moins un magnétoscope est en panne ».

L'événement contraire est : $\bar{A}$ = « tous les magnétoscopes sont en bon état ».

Donc $p(A) = 1 - p(\bar{A}) = 1 - 0{,}26 = 0{,}74$.

11 Durée de vie d'une marchandise

Une usine fabrique des tubes fluorescents. Elle a testé les durées de vie de 400 tubes et obtenu le tableau ci-contre.

1) Calculer la moyenne et l'écart-type de la durée de vie d'un tube.

2) L'entreprise vend ces tubes par lots de 20. Elle garantit qu'ils ont une durée de vie supérieure ou égale à 400 heures.

Soit X le nombre de tubes par lots de 20 qui ne répondent pas à cette condition (on dira que les tubes sont défectueux). On suppose que X suit une loi binomiale.

a) Quelle est la probabilité, pour que dans un lot, il n'y ait aucun tube défectueux ?

b) Quelle est la probabilité, pour que dans un lot, il y a ait au plus deux tubes défectueux (on donnera les résultats à 10^{-4} près) ?

Durée de vie en heures	**Nombres de tubes**
300 – 400	8
400 – 500	52
500 – 600	58
600 – 700	76
700 – 800	68
800 – 900	62
900 – 1 000	48
1 000 – 1 100	22
1 100 – 1 200	6

■ **SOLUTION**

1) On prend les centres des classes comme valeurs x_i. La calculatrice donne les résultats : $\overline{X} = 717$ h ; $\sigma_x = 187{,}6$ h.

2) Sur 400 tubes testés, 8 sont défectueux. La probabilité pour qu'un tube soit défectueux est $\frac{8}{400} = 0{,}02$. X suit la loi binomiale $\mathcal{B}(20 ; 0{,}02)$.

a) $P(X = 0) = C_{20}^{0}\, 0{,}02^0 \times 0{,}98^{20} = 0{,}98^{20} = 0{,}6676$.

b) $P(X \leq 2) = P(X = 0) + P(X = 1) + P(X = 2)$
$= 0{,}98^{20} + C_{20}^{1}\, 0{,}02^1 \times 0{,}98^{19} + C_{20}^{2}\, 0{,}02^2 \times 0{,}98^{18} = 0{,}9929$.

12 Loi de Poisson

Sur une année, un magasin est en ruptures de stock d'un produit A, en moyenne 3 semaines, et d'un produit B, en moyenne 2 semaines. Les approvisionnement se font toutes les semaines et sont indépendants.

Appelons X le nombre aléatoire de ruptures de stock du produit A, Y le nombre aléatoire de ruptures de stock du produit B et Z le nombre aléatoire de ruptures de stock d'un produit A ou B sur une période d'un an. On considère que la variable aléatoire X suit une loi de Poisson de paramètre 3 et Y suit une loi de Poisson de paramètre 2.

1) Quelle est la probabilité que le nombre de ruptures de stock du produit A soit strictement supérieur à 1 ?

2) Quelle est la probabilité que sur un an, il n'y ait aucune rupture de stock.

3) Quelle est la probabilité qu'il y ait au moins 2 ruptures de stock ?

■ **SOLUTION**

1) Calculons la probabilité : $P(X > 1)$.

On a : $P(X > 1) = 1 - P(X \leq 1) = 1 - [P(X = 0 \text{ ou } X = 1)] = 1 - [P(X = 0) + P(X = 1)]$

Or : $P(X = 0) = e^{-3}\,\frac{3^0}{0!} = 0{,}0498$ et $P(X = 1) = e^{-3}\,\frac{3^1}{1!} = 0{,}1494$.

D'où : $P(X > 1) = 1 - [0{,}0498 + 0{,}1494] = 0{,}80$

2) L'événement $Z = 0$ est réalisé lorsque $X = 0$ et $Y = 0$: $P(Z = 0) = P[(X = 0) \text{ et } (Y = 0)]$.

Les livraisons en produit A et en produit B étant indépendantes, on a :

$$P(Z = 0) = P(X = 0)\, P(Y = 0) = 0{,}0498 \times 0{,}1353 = 0{,}00673$$

3) L'événement $Z = 1$ est réalisé lorsque ($X = 0$ et $Y = 1$) ou ($X = 1$ et $Y = 0$) :

$$P(Z = 1) = P(X = 0)\, P(Y = 1) + P(X = 1)\, P(Y = 0)$$
$$= 0{,}0498 \times 0{,}2707 + 0{,}1494 \times 0{,}1353 = 0{,}0337$$
$$P(Z > 1) = 1 - [0{,}0067 + 0{,}0337] = 0{,}96$$

En fait, la variable aléatoire Z est la somme de deux variables aléatoires X et Y. Celles-ci étant indépendantes, on sait que Z suit une loi de Poisson de paramètre 2 + 3 = 5. Cette remarque permet de calculer plus rapidement $P(Z > 1)$.

$$P(Z > 1) = 1 - P(Z \leq 1) = 1 - [P(Z = 0) + P(Z = 1)]$$
$$= 1 - [e^{-5}\,\frac{5^0}{0!} + e^{-5}\,\frac{5^1}{1!}] = 1 - [0{,}0067 + 0{,}0337] = 0{,}96$$

13 Approximation d'une loi binomiale par une loi de Poisson

La loi de probabilité du nombre de ventes mensuelles d'un produit x est donné par le tableau suivant :

Quantités (en millions)	0	1	2	3	4	5	6
Probabilités	0,21	0,32	0,26	0,14	0,05	0,02	0

a) Comparer le nombre moyen m et l'écart-type des ventes mensuelles. La loi de probabilité des ventes peut-elle être assimilée à une loi de Poisson ?

b) Calculer les probabilités déduites de la loi de Poisson $\mathcal{P}(m)$.

c) En supposant que les ventes mensuelles soient indépendantes deux à deux, quelle est la loi de probabilité suivie par le nombre de ventes annuelles ? Quelle est sa moyenne et son écart-type ?

d) Calculer la probabilité que le nombre de ventes annuelles soit supérieur ou égal à 20 millions d'unités.

■ SOLUTION

a) On obtient : $m = 1{,}56$; $\sigma = 1{,}3$; $\sigma^2 = 1{,}49$. m est assez proche de σ^2.

b) En utilisant la loi de Poisson $\mathcal{P}(1{,}56)$ on obtient les mêmes probabilités.

c) Les douze variables aléatoires associées au douze mois de l'année sont indépendantes. Leur somme suit une loi de Poisson de paramètre $12 \times 1{,}56 = 18{,}72$.
Le nombre moyen des ventes annuelles est 18,72 millions ;
l'écart-type est de $\sqrt{18{,}72} = 4{,}3$ millions.

d) $P(Z \geq 20) = 1 - P(Z \leq 19) = 1 - 0{,}586 = 0{,}414$.

14 Loi continue

Déterminer k pour que la fonction $f : \mathbb{R} \to \mathbb{R}$ définie par $f(t) = k\,e^{-|t|}$ soit une densité de probabilité. Calculer l'espérance et la variance de la variable aléatoire X.

■ SOLUTION

Pour que la fonction positive f, soit une densité de probabilité, il faut que :

$$\int_{-\infty}^{+\infty} f(t)\,dt = 1$$

La fonction f étant paire, on a :

$$\int_{-\infty}^{+\infty} f(t)\,dt = 2\int_0^{+\infty} k\,e^{-t}\,dt = 2k\left[-e^{-t}\right]_0^{+\infty} = 2k\left[\lim_{t \to +\infty}(-e^{-t}) - (-e^0)\right] = 2k(0+1) = 2k = 1$$

Donc :

$$k = \frac{1}{2} \quad \text{et} \quad f(t) = \frac{1}{2}e^{-|t|}$$

$$E(X) = \int_{-\infty}^{+\infty} \frac{1}{2}\,t\,e^{-|t|}\,dt = 0$$

car la fonction : $t \to t\,e^{-|t|}$ est impaire et l'on intègre sur un intervalle symétrique par rapport à 0.

$$E(X^2) = \int_{-\infty}^{+\infty} \frac{1}{2} t^2 e^{-|t|} dt = \int_0^{+\infty} t^2 e^{-t} dt$$

Deux intégrations par parties successives donnent : $E(X^2) = 2$. D'où :

$$V(X) = E(X^2) - [E(X)]^2 = 2 \text{ et } \sigma_X = \sqrt{2}$$

15 Loi uniforme

Une variable aléatoire X suit une loi uniforme si la fonction densité de probabilité f est de la forme :

$$f(x) = \begin{cases} \dfrac{1}{b-a} & \text{si } xt\,[a, b] \\ 0 & \text{sinon} \end{cases}$$

1) Vérifier que f est une densité de probabilité.

2) Déterminer la fonction de répartition F.

3) Calculer l'espérance et la variance de la variable X.

■ **SOLUTION**

Représentation graphique :

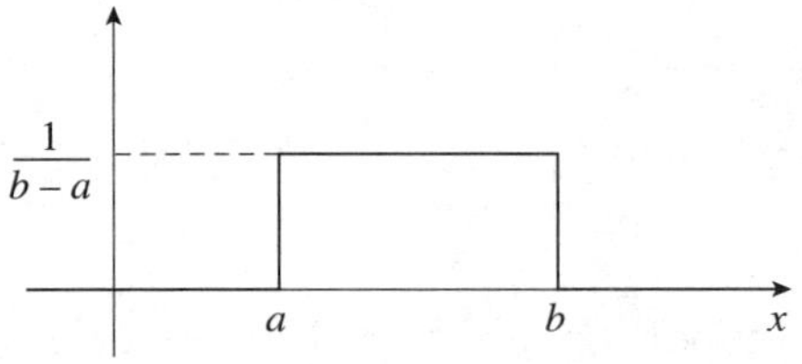

1) On vérifie que : $\int_{-\infty}^{+\infty} f(t)\,dt = 1$

En effet, on a : $\int_{-\infty}^{+\infty} f(t)\,dt = \int_a^b \frac{1}{b-a} dt$ puisqu'en dehors de $[a, b]$, f est nulle.

De plus :

$$\int_a^b \frac{1}{b-a} dt = \frac{1}{b-a} \int_a^b dt = \frac{1}{b-a}(b-a) = 1$$

2) Calcul de la fonction de répartition F :

– Si $x \leq a$ $\quad F(x) = 0$

– Si $a \leq x \leq b$

$$F(x) = \int_{-\infty}^{x} f(t)\,dt = \int_a^x f(t)\,dt = \int_a^x \frac{1}{b-a} dt = \frac{x-a}{b-a}$$

– Si $x \geq b$ $\quad F(x) = 1$

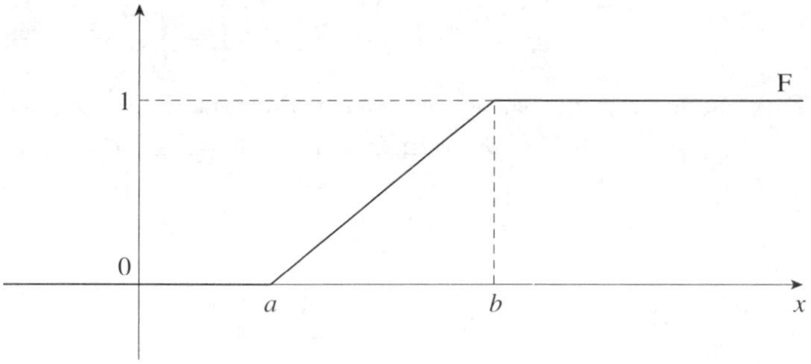

3) Calcul de l'espérance mathématique :

$$E(X) = \int_a^b t f(t)\, dt = \int_a^b \frac{t\, dt}{b-a} = \frac{1}{b-a}\left[\frac{t^2}{2}\right]_a^b = \frac{b^2-a^2}{2(b-a)} = \frac{a+b}{2}$$

Pour une loi uniforme sur $[a, b]$, on a : $E(X) = \dfrac{a+b}{2}$

Calcul de la variance :

$$E(X^2) = \int_{-\infty}^{+\infty} t^2 f(t)\, dt = \frac{1}{b-a}\left[\frac{1}{3}t^3\right]_a^b = \frac{b^3-a^3}{3(b-a)}$$

Sachant que $b^3 - a^3 = (b-a)(b^2 + ab + a^2)$, on obtient :

$$E(X^2) = \frac{b^2+ab+a^2}{3}$$

D'où : $V(X) = E(X^2) - [E(X)]^2 = \dfrac{b^2+ab+a^2}{3} - \dfrac{(a+b)^2}{4} = \dfrac{(b-a)^2}{12}$

Pour une loi uniforme sur $[a, b]$: $V(X) = \dfrac{(b-a)^2}{12}$

17 Loi exponentielle

Soit $f(x) = \begin{cases} \lambda e^{-\lambda x} & \text{si } x \geq 0 \\ 0 & \text{si } x < 0 \end{cases}$ et $\lambda \in \mathbb{R}^+$

1) Étudier et tracer la fonction f.

2) Montrer que f est une densité de probabilité et représenter la fonction de répartition.

3) Calculer l'espérance et la variance de x.

■ **SOLUTION**

Étude de f :

$$f'(x) = -\lambda^2 e^{-\lambda x} \quad \forall x \in \mathbb{R}^+$$

Or la fonction exponentielle est strictement positive, donc $f'(x) < 0 \;\; \forall x \in \mathbb{R}^+$, f est strictement décroissante sur $\mathbb{R}^+$.

$$f(0) = \lambda \quad \text{et} \quad \lim_{x \to +\infty} \lambda \, e^{-\lambda x} = 0 \quad \text{car} \quad \lambda > 0 \quad \text{donc} \quad \lim_{x \to +\infty} f(x) = 0$$

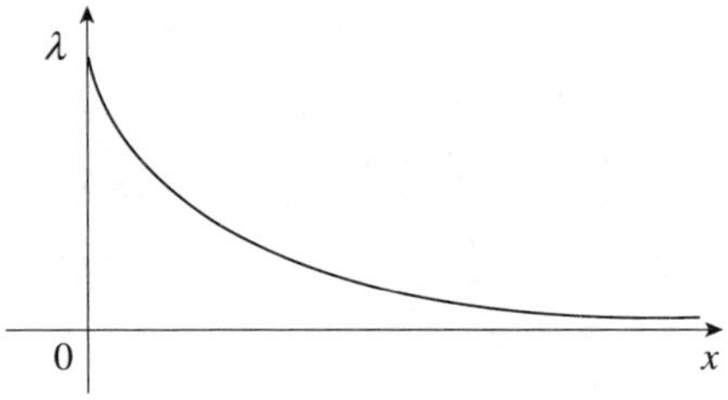

2) $\displaystyle\int_{-\infty}^{+\infty} f(t)\,dt = \int_0^{+\infty} \lambda \, e^{-\lambda t}\,dt$ puisque f est nulle sur $\mathbb{R}^-$

$$= \left[-e^{-\lambda t}\right]_0^{+\infty} = \left[\lim_{t \to +\infty} - e^{-\lambda t}\right] - (-1) = 1$$

La fonction f est bien une densité de probabilité.

Calcul de la fonction de répartition F

– Si $x < 0$ $\quad F(x) = 0$

– Si $x \geq 0$: $\quad F(x) = \displaystyle\int_{-\infty}^{x} f(t)\,dt = \int_0^x \lambda \, e^{-\lambda t}\,dt = \left[-e^{-\lambda t}\right]_0^x = -e^{-\lambda x} - (-1) = 1 - e^{-\lambda x}$

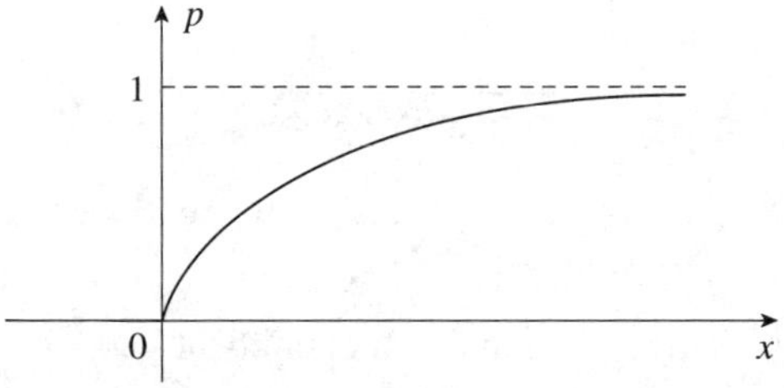

Graphe de la fonction de répartition d'une loi exponentielle

3) Calcul de l'espérance mathématique

$$E(X) = \int_{-\infty}^{+\infty} t \, f(t)\,dt = \int_0^{+\infty} \lambda t \, e^{-\lambda t}\,dt$$

Intégrons par parties en posant :

$$u = t, \quad u' = 1 \quad \text{et} \quad v' = \lambda \, e^{-\lambda t}, \; v = -e^{-\lambda t}$$

On a alors :

$$E(X) = \left[-t \, e^{-\lambda t}\right]_0^{+\infty} - \int_0^{+\infty} - e^{-\lambda t}\,dt$$

Sachant que $\lim_{t \to +\infty} t \, e^{-\lambda t} = 0$, on obtient :

$$E(X) = 0 + \int_0^{+\infty} e^{-\lambda t}\,dt = \left[-\frac{1}{\lambda} e^{-\lambda t}\right]_0^{+\infty} = 0 + \frac{1}{\lambda} = \frac{1}{\lambda}$$

L'espérance mathématique d'une loi exponentielle de paramètre λ, est égale à $\dfrac{1}{\lambda}$.

Calcul de la variance :

$$E(X^2) = \int_{-\infty}^{+\infty} t^2 f(t)\,dt = \int_0^{+\infty} \lambda t^2 e^{-\lambda t}\,dt$$

Intégrons par parties en posant :

$$u = t^2, \quad u' = 2t \quad \text{et} \quad v' = \lambda e^{-\lambda t}, \quad v = -e^{-\lambda t}$$

$$E(X^2) = \left[-t\,e^{-\lambda t}\right]_0^{+\infty} - \int_0^{+\infty} -2t\,e^{-\lambda t}\,dt$$

Sachant que $\lim\limits_{t \to +\infty} t^2 e^{-\lambda t} = 0$, on obtient :

$$E(X^2) = 0 + 2\int_0^{+\infty} t\,e^{-\lambda t}\,dt = \frac{2}{\lambda}\int_0^{+\infty} \lambda t\,e^{-\lambda t}\,dt = \frac{2}{\lambda}E(X) = \frac{2}{\lambda}\frac{1}{\lambda} = \frac{2}{\lambda^2}$$

D'où :

$$V(X) = E(X^2) - [E(X)]^2 = \frac{2}{\lambda^2} - \frac{1}{\lambda^2} = \frac{1}{\lambda^2}$$

La variance d'une loi exponentielle de paramètre λ est : $V(X) = \dfrac{1}{\lambda^2}$

et l'écart-type : $\sigma_X = \dfrac{1}{\lambda}$

17 Loi de Poisson et loi exponentielle

Un commerçant reçoit en moyenne 6 clients par heure. Il vient de recevoir un client.

1) Quelle est la probabilité qu'il dispose d'au moins 5 minutes avant l'arrivée du prochain client ?

2) Quel est le temps d'attente moyen du premier client ?

■ SOLUTION

La variable aléatoire X_t égale au nombre de clients entrant chez ce commerçant pendant une période de temps de durée t suit une loi de Poisson $\mathcal{P}(6t)$.

1) La probabilité de ne voir aucun client pendant un temps t est :

$$P(X_t = 0) = e^{-6t}\frac{(6t)^0}{0!} = e^{-6t}$$

Comme 5 minutes = $\dfrac{1}{12}$ heure, la probabilité de ne voir aucun client pendant 5 minutes est :

$$e^{-6/12} = e^{-0{,}5} = 0{,}606$$

2) Appelons Y la variable aléatoire mesurant le temps d'attente du premier client.

Les événements $X_t = 0$ et $Y > t$ sont les mêmes. En effet, il est équivalent de dire :

– pendant un temps t, aucun client ne s'est présenté ;

– le temps d'attente du premier client est supérieur à t.

Par conséquent : $P(Y > t) = P(X_t = 0)$.

Or : $P(Y \leq t) = 1 - P(Y > t)$

On en déduit : $P(Y \leq t) = 1 - P(X_t = 0) = 1 - e^{-6t}$

On reconnaît la fonction de répartition d'une loi exponentielle de paramètre $\lambda = 6$. Par conséquent, la variable aléatoire Y (temps d'attente du premier client) suit une **loi exponentielle de paramètre $\lambda = 6$**.

On a :

$$E(Y) = \frac{1}{\lambda} = \frac{1}{6} \text{ heure} = 10 \text{ minutes} \quad \text{et} \quad \sigma_Y = \frac{1}{\lambda} = 10 \text{ minutes}$$

Le temps d'attente moyen du premier client est 10 mn avec un écart-type de 10 mn.

19 Loi normale

Les erreurs de mesure liées à une expérience suivent une loi normale de moyenne nulle et d'écart-type σ.

1) Calculer σ sachant que la valeur absolue de l'erreur est supérieure à 0,1 dans 10 % des cas.

2) Quelle est la probabilité pour que l'erreur soit en valeur absolue supérieure à 0,2 ?

3) Pour quelle valeur de a la probabilité que l'erreur soit inférieure à a soit de 95 % ?

■ SOLUTION

On note X la variable aléatoire égale à l'erreur.

1) $P(|X| \geq 0{,}1) = 0{,}1 \Leftrightarrow P(X \leq -0{,}1) + P(X \geq 0{,}1) = 0{,}1$.

On centre et on déduit : $T = \frac{X - m}{\sigma} = \frac{X}{\sigma}$ suit la loi $\mathcal{N}(0, 1)$.

$P\left(T \leq -\frac{0{,}1}{\sigma}\right) + P\left(T \geq \frac{0{,}1}{\sigma}\right) = 0{,}1$. Par symétrie, on obtient :

$$2\,P\left(T \geq \frac{0{,}1}{\sigma}\right) = 0{,}1 \quad \Leftrightarrow \quad 2\left[1 - P\left(T \leq \frac{0{,}1}{\sigma}\right)\right] = 0{,}1$$

$P\left(T \leq \frac{0{,}1}{\sigma}\right) = 0{,}95$. On lit dans la table : $P(T \leq 1{,}645) = 0{,}95$.

D'où : $\frac{0{,}1}{\sigma} = 1{,}645 \Rightarrow \sigma = 0{,}06$.

2) $P(|X| \geq 0{,}2) = P(X \leq -0{,}2) + P(X \geq 0{,}2) = 2\,P(X \geq 0{,}2)$

$= 2\,P(T \geq 3{,}33) = 2\,[1 - P(T \leq 3{,}33)] \approx 2\,(1 - 0{,}999) \approx 0$.

3) $P(|X| \leq a) = P(-a \leq X \leq a) = P\left(-\frac{a}{0{,}06} \leq T \leq \frac{a}{0{,}06}\right) = 2\,P\left[T \leq \frac{a}{0{,}06}\right] - 1 = 0{,}95$

D'où :

$$P\left(T \leq \frac{a}{0{,}06}\right) = 0{,}975 \Rightarrow \frac{a}{0{,}06} = 1{,}96 \Rightarrow a = 0{,}1176$$

19 Rentabilité publicitaire

Un spot publicitaire touche à peu près 5 millions de foyers. Ce spot a coûté en réalisation et en diffusion 2 millions de francs. Suite à la campagne publicitaire, 1 foyer sur 1 000 en moyenne passe commande du produit promotionné. La vente d'un produit rapporte, tous frais de production déduits 2 000 F à l'entreprise. Calculer la probabilité pour que le bénéfice tiré de cette opération publicitaire soit :

1) positif ;

2) supérieur à 7 millions de francs ?

■ **SOLUTION**

Soit X le nombre de commandes. X suit la loi binomiale de paramètres :

$n = 5 \times 10^6$; $p = 10^{-3}$. n est grand ; $np = 5 \times 10^3$; $q = 0{,}999$; $nqp = 4\,995$.

On peut considérer que X suit la loi normale $\mathcal{N}(np, \sqrt{npq}) = \mathcal{N}(5\,000 ; 70{,}68)$.

Soit B le bénéfice : B = 2 000 X – 2 000 000.

B suit la loi normale de moyenne :

$2\,000 \times 5\,000 - 2\,000\,000 = 8\,000\,000$ et d'écart-type $2\,000 \times 70{,}68 = 141\,360$.

En posant $\mathrm{T} = \dfrac{\mathrm{B} - 8\,000\,000}{141\,314}$, T suit la loi normale $\mathcal{N}(0, 1)$.

1) $\mathrm{P}(\mathrm{B} \geq 0) = \mathrm{P}\left(\mathrm{T} \geq \dfrac{-8\,000\,000}{141\,360}\right) = \mathrm{P}(\mathrm{T} \geq -56{,}6) \approx 1$

2) $\mathrm{P}(\mathrm{B} \geq 7\,000\,000) = \mathrm{P}\left(\mathrm{T} \geq \dfrac{-1\,000\,000}{141\,360}\right) = \mathrm{P}(\mathrm{T} \geq -7) \approx 1$

20 Densité de probabilité d'un signal aléatoire

Soit $y(t)$ un processus aléatoire défini par $y(t) = a\cos(\omega t + \varphi)$ dans lequel ω et a sont deux constantes positives, et φ une variable aléatoire uniformément distribuée entre 0 et 2π.

1) Calculer la densité de probabilité de l'amplitude $y(t)$.

2) Montrer que l'espérance associée $\mathrm{E}(y(t))$ est égale à la moyenne temporelle $\overline{y(t)}$.

■ **SOLUTION**

Le principe est le suivant : on détermine la fonction de répartition F de l'amplitude de $y(t)$, la densité de probabilité f est la dérivée de la fonction de répartition F.

$$\mathrm{F}(x) = \mathrm{P}(y(t) < x) = \mathrm{P}(a\cos(\omega t + \varphi) < x) = \mathrm{P}(\cos(\omega t + \varphi) < \frac{x}{a}).$$

Pour simplifier, faisons le calcul à partir de l'événement contraire :

$$\begin{aligned}\mathrm{P}(\cos(\omega t + \varphi) < \tfrac{x}{a}) &= 1 - \mathrm{P}(\cos(\omega t + \varphi) > \tfrac{x}{a})\\ &= 1 - \mathrm{P}(-\operatorname{Arccos}\tfrac{x}{a} + 2k\pi < \omega t + \varphi < \operatorname{Arccos}\tfrac{x}{a} + 2k\pi)\\ &= 1 - \mathrm{P}(-\operatorname{Arccos}\tfrac{x}{a} + 2k\pi - \omega t < \varphi < \operatorname{Arccos}\tfrac{x}{a} + 2k\pi - \omega t).\end{aligned}$$

On vérifie que l'intervalle dans lequel φ est compris, a une longueur égale à $(2\operatorname{Arccos}\frac{x}{a})$ (compris entre 0 et 2π).

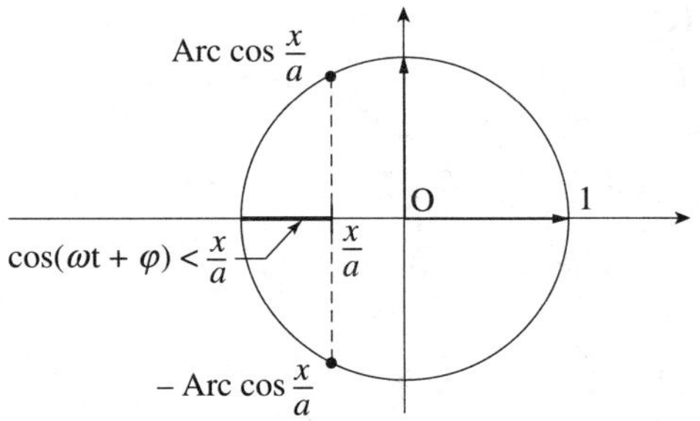

Par ailleurs, la variable aléatoire φ suit une loi uniforme entre 0 et 2π ; sa densité de probabilité est donc égale à $\frac{1}{2\pi}$. Par conséquent, $P(\alpha < \varphi < \beta) = (\beta - \alpha)\frac{1}{2\pi}$. Dans notre cas, $1 - P(-\text{Arccos}\frac{x}{a} + 2k\pi - \omega t < \varphi < \text{Arccos}\frac{x}{a} + 2k\pi - \omega t) = 1 - (2\,\text{Arccos}\frac{x}{a})\frac{1}{2\pi}$.

Si $-a < x < a$: $F(x) = P(y(t) < x) = 1 - (\text{Arccos}\frac{x}{a})\frac{1}{\pi}$.

Si $x > a$: $F(x) = 1$.

La densité de probabilité cherchée est obtenue par dérivation de la fonction F :

$$f(x) = 0 \text{ si } x < -a \text{ ou si } x > a$$
$$f(x) = \frac{1}{\pi a} \times \frac{1}{\sqrt{1 - \frac{x^2}{a^2}}} = \frac{1}{\pi\sqrt{a^2 - x^2}}$$

2) Calcul de la moyenne : $E(y(t)) = \int_{-a}^{a} \frac{x}{\pi\sqrt{a^2 - x^2}}\,dx = \frac{1}{\pi}\left[\sqrt{a^2 - x^2}\right]_{-a}^{a} = 0$

Comparons avec $\overline{y(t)}$:

$$\overline{y(t)} = \lim_{T\to\infty} \frac{1}{T}\int_{-T/2}^{T/2} \cos(\omega t + \varphi)\,dt = \lim_{T\to\infty} \frac{1}{\omega T}\left[\sin(\omega\frac{T}{2} + \varphi) - \sin(-\omega\frac{T}{2} + \varphi)\right]$$

$\overline{y(t)} = \lim_{T\to\infty} \frac{1}{\omega T}[2\sin(\varphi)\cos(\omega\frac{T}{2})] = 0$, $E(y(t)) = \overline{y(t)}$, le signal est dit **ergodique**.

21 Le signal du télégraphiste

Un signal $x(t)$ prend uniquement deux valeurs 0 ou A avec une égale probabilité. Soit m le nombre moyen de changements de valeur pendant une unité de temps.

On suppose que le nombre de changements de valeurs pendant un temps θ suit une loi de Poisson.

1) Pour $m = 2$, évaluer la probabilité d'avoir au moins 10 changements de valeur pendant une durée $\theta = 2{,}5$.

2) On définit la fonction d'autocorrélation d'un signal aléatoire par : $C_{xx}(\theta) = E(x(t)\,x(t - \theta))$. Calculer dans le cas du signal du télégraphiste, la fonction d'autocorrélation.

■ SOLUTION

1) La paramètre de la loi de Poisson est le nombre moyen de changements de valeurs pendant la durée θ c'est-à-dire $m|\theta|$.

Pour $\theta = 2{,}5$, et $m = 2$, $m\theta = 5$; $P(X > 10) = 1 - P(X < 10) = 1 - 0{,}9863 = 0{,}0137$.

D'une manière générale, $P(X = k) = \dfrac{(m|\theta|)^k}{k!} e^{-m|\theta|}$ est la probabilité pour qu'il y ait k changements pendant une durée θ.

2) Calcul de la fonction d'autocorrélation : $C_{xx}(\theta) = E(x(t)\,x(t-\theta))$.

$x(t)$ et $x(t-\theta)$ prennent uniquement les valeurs 0 ou A. Dans un cas seulement, le produit n'est pas nul : si $x(t) = A$ et $x(t-\theta) = A$.

Il reste alors : $C_{xx}(\theta) = A^2\, P\,[x(t) = A \text{ et } x(t-\theta) = A]$.

Les événements $x(t) = A$ et $x(t-\theta) = A$ ne sont pas indépendants ; on utilise les probabilités conditionnelles :

$$P[x(t) = A \text{ et } x(t-\theta) = A] = P(x(t-\theta) = A / x(t) = A).\, P(x(t) = A)$$

$P(x(t) = A) = 1/2$ (le signal prend les valeurs A et 0 avec une égale probabilité.)

$P(x(t-\theta) = A / x(t) = A)$ est la probabilité que pendant la durée θ il y ait eu **un nombre pair de changements de valeurs.** Le nombre de changements de valeurs pendant une durée θ obéit au processus de Poisson énoncé précédemment.

Soit $P(x(t-\theta) = A / x(t) = A) = P(X = 0) + P(X = 2) + P(X = 4) + P(X = 6) + \ldots$

$$= \sum_{n=0}^{\infty} e^{-m|\theta|} \frac{(m|\theta|)^{2n}}{2n!}$$

$$C_{xx}(\theta) = A^2 \cdot \frac{1}{2} e^{-m|\theta|} \sum_{n=0}^{\infty} \frac{(m|\theta|)^{2n}}{2n!} = \frac{A^2}{2} e^{-m|\theta|} \frac{e^{m|\theta|} + e^{-m|\theta|}}{2}$$

$$\boxed{C_{xx}(\theta) = \frac{A^2}{4}\left(1 + e^{-2m|\theta|}\right)}$$

La fonction d'autocorrélation est une fonction paire, admettant un maximum en $\theta = 0$ égal à $\dfrac{A^2}{2}$.

Tracé de $C_{xx}(\theta)$ pour A = 1, m = 2

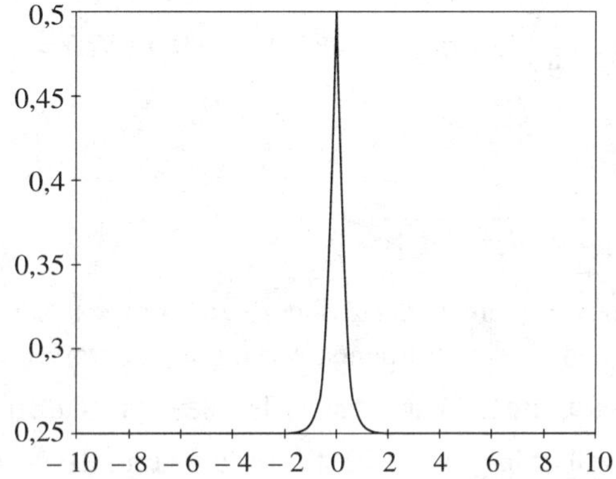

Lorsque θ est petit, l'amplitude du signal aléatoire à un instant donnée est « fortement influencée » par sa valeur à l'instant θ plus tôt. Cette influence diminue au fur et à mesure que θ augmente.

Saisie et mise en page : Soft office
Dépôt légal : avril 2000 - Édition n° 2
Impression : Normandie Roto Impression s.a., 61250 Lonrai - N° d'impr. : 000734